Die Textilfärberei vom Spätmittelalter
bis zur Frühen Neuzeit

Waxmann Verlag GmbH
Steinfurter Straße 555, 48159 Münster
info@waxmann.com

Cottbuser Studien

zur Geschichte von Technik, Arbeit und Umwelt

herausgegeben von Günter Bayerl

Band 35

Waxmann 2011

Münster / New York / München / Berlin

Sabine Struckmeier

Die Textilfärberei vom Spätmittelalter bis zur Frühen Neuzeit (14.–16. Jahrhundert)

Eine naturwissenschaftlich-technische Analyse deutschsprachiger Quellen

Waxmann 2011
Münster / New York / München / Berlin

Bibliografische Informationen der Deutschen Nationalbibliothek
Die Deutsche Nationalbibliothek verzeichnet diese Publikation
in der Deutschen Nationalbibliografie; detaillierte bibliografische
Daten sind im Internet über http://dnb.d-nb.de abrufbar.

ISBN 978-3-8309-2527-9
ISSN 1430-2659

www.waxmann.com
info@waxmann.com

Umschlaggestaltung: Pleßmann Design, Ascheberg
Umschlagbild: Wollfärber mit Färbestock:
Hausbuch der Landauerschen Zwölfbrüderstiftung. Bd. 1, fol. 13r,
Stadtbibliothek Nürnberg [Abb. 279.2°]

Gedruckt auf alterungsbeständigem Papier, säurefrei gemäß ISO 9706

Printed in Germany

Inhalt

Danksagung

Die vorliegende Arbeit entstand als Dissertation am ehemaligen Institut für Textil- und Bekleidungstechnik und ihre Didaktik der Leibniz Universität Hannover in Zusammenarbeit mit dem Institut für Technische Chemie. Mein Dank gilt meinen Betreuern Frau Prof. Gudrun Schreiber und Herrn Prof. Dr. Thomas Scheper.

Für die Hilfe bei der Literaturrecherche und Literaturbeschaffung danke ich den Mitarbeitern der Gottfried Wilhelm Leibniz Bibliothek und der Technischen Informationsbibliothek und Universitätsbibliothek Hannover, ein ganz besonderer Dank gilt Ingeborg Muirhead, die so vieles möglich machte.

In Fragen der Textilrestaurierung waren mir Frau Dipl.-Rest. Carmen Markert und Frau Dipl.-Des. Eva Jordan-Fahrbach vom Herzog Anton Ulrich-Museum, Braunschweig, behilflich.

Der Stadtbibliothek Nürnberg, insbesondere Dr. Christine Sauer, danke ich für die Erlaubnis, Abbildungen aus den Hausbüchern der Mendelschen und Landauerschen Zwölfbrüderstiftungen zu verwenden; ebenfalls danke ich Dr. Georg Kremer von der Firma Kremer Pigmente GmbH & Co. KG, Aichstetten für die Überlassung von Farbmittelfotos. Ein herzlicher Dank gilt Judith Wolff von der Sahl, die mich bei der Beschaffung der Farbmittel sowie zeitweise bei der Durchführung der Färbeexperimente unterstützt hat und Stefanie Meyer, die das abschließende Korrekturlesen übernommen hat.

Schließlich danke ich den ehemaligen Kolleginnen und Kollegen aus dem Institut für Textil- und Bekleidungstechnik, Dipl.-Ing. Sylvia Bossenz, Sabine Sarnoch, Prof. Dr.-Ing. Dittrich und Prof. Dr. Reumann, sowie meinen Freundinnen Dr. Anne Reich, Prof. Dorothea Wenzel und Dr. Ute Hayen für die Unterstützung und Freundschaft, die ich im Laufe der Jahre erfahren habe. Ein herzlicher Dank gilt Frank Schrader und Bernhard Sieve aus dem Institut für Didaktik der Naturwissenschaften, Fachgebiet Chemiedidaktik, die mir in der letzten Phase der Arbeit mit Rat und Hilfe zur Seite standen sowie Herrn Prof. Dr. Sascha Schanze, der den Abschluss dieser Arbeit ermöglichte.

Nicht zuletzt gilt der Dank meiner Familie, insbesondere Thomas, der die Jahre mit mir und meiner Arbeit mit Gleichmut und viel Toleranz ertragen hat.

1. Zielsetzung und methodisches Vorgehen

Farben sind faszinierend. Über Wahrnehmung, Eindruck und Ausdruck besteht ein besonderes Verhältnis zwischen Mensch und Farbe. Daher hat der Mensch schon früh farbige Materialien benutzt, um sich selbst bzw. seine Umwelt zu gestalten und zu verschönern. Die Farbgebung durch Malen oder Färben lässt sich bis in die prähistorische Zeit zurückführen. Als Beispiel für die Anwendung von Farbpigmenten in der Höhlenmalerei sei hier die 1994 im Ardèche (Frankreich) entdeckte Höhle Chauvet-Pont-d'Arc genannt, deren Malereien nach C^{14}-Datierungen z.Z. als die Ältesten der Welt gelten (ca. 33.500 v. Chr.)[1]. Die Farbigkeit wurde durch die Verwendung von Erdpigmenten wie Ocker oder Umbra erreicht. Das Haupteinsatzgebiet der Pigmente war die Malerei. Schon in der Antike wurde den in der Natur selten vorkommenden Farbtönen, wie z.B. Blau, ein besonderer Wert beigemessen und Rohmaterialien für die synthetische Pigmentgewinnung wurden gesucht.[2]

Die Deutung des Begriffes Farbe und die wissenschaftlichen Hintergründe für die Farbentstehung wurden seit der Antike von Philosophen und Naturwissenschaftlern erforscht. Die griechischen Autoren Pythagoras (580–496 v. Chr.), Demokrit (um 460–um 370 v. Chr.) und Plato (427–347 v. Chr.), entwickelten erste Farbtheorien. Am umfangreichsten waren die Arbeiten von Aristoteles (384–322 v. Chr.), der den Zusammenhang zwischen Farbe und Licht erkannte und postulierte, dass Farbe nur im Licht sichtbar sei. Römische Verfasser, wie Plinius (23–79 n. Chr.) oder Dioskurides (1. Jh. n. Chr.), beschäftigten sich vorrangig mit den Rohstoffen, die zum Malen und Färben verwendet wurden.[3] Die bis zu diesem Zeitpunkt erzielten Ergebnisse hatten im Wesentlichen bis zum Ende des Mittelalters Bestand. Nun kam aber ein weiterer Aspekt, die Farbensymbolik, hinzu, die Farben vorrangig im biblischen und herrschaftlichen Kontext deutete. Nach mittelalterlicher Auffassung gehörten die Farben zur Welt

---

1 Vgl. Valladas et al.: Palaeolithic paintings, S. 479. Die Ergebnisse dieser Untersuchungen sind inzwischen umstritten. Neue C^{14}-Datierungen sollen durchgeführt werden. Zu den verwendeten Farbmitteln vgl. Vignaud et al.: Farbstoffe prähistorischer Malereien, S. 48. Weitere Zeugnisse der Anwendung von Pigmenten für die Wandmalerei sind aus Altamira (Nordspanien, ca. 15.000 v. Chr.), Lascaux (17.000–15.000 v. Chr.) oder Çatal Hüyük (Türkei, ca. 6.000 v. Chr.) bekannt; vgl. hierzu Deutsches Museum: Altamira-Höhle; vgl. Zahn: Farbe, Kunst und Technik, S. 59–70.

2 Bereits im Ägypten der vordynastischen Zeit wurden Methoden für die Gewinnung eines künstlichen Blaupigmentes mit ausreichender Stabilität entwickelt. Es ist heute als Ägyptisch-Blau bekannt und wurde z.B. in der Farbschicht der Büste der Nofretete nachgewiesen. In China wurden Chinesisch-Blau und Chinesisch-Purpur (auch: Han-Blau und Han-Purpur) entwickelt, die dem Ägyptisch-Blau verwandt sind. Beide Pigmente wurden in den Farbschichten der Terrakotta-Armee des ersten Kaisers Qin Shihuang (221–207 v. Chr.) identifiziert. Vgl. Berke: Chemie im Altertum, S. 2595–2600; vgl. Pagès-Camagna, Colinart: Ägyptisch Blau und Grün, S. 2483–2487; vgl. Berke, Wiedemann: Das Blau der Terrakotta-Armee; vgl. Krejsa: Die Chinesischen Tonkrieger, vgl. Krejsa: Terrakotta-Armee; vgl. Karisch: Farben der Götter, S. 22–23; vgl. Krätz: 7000 Jahre Chemie, S. 10.

3 Vgl. Gericke, Schöne: Phänomen Farbe, S. 11–17.

der signifikanten Dinge, die Zeichencharakter hatten und mit bestimmten Eigenschaften verbunden wurden. Mittelalterliche Farbbezeichnungen haben unterschiedlichen Deutungshintergrund und müssen im Zusammenhang betrachtet werden. So steht z.B. die Farbe roten Blutes für die Passion Christi, die rote Feuerglut für den Heiligen Geist, die Schamröte für die Buße, die Farbe eines roten Weines für das Blut Christi, aber die Farbe rötlich gefleckter Haut eines Aussätzigen für die Sünde.[4]

Weitere Betrachtungen zum Thema Farbe wurden erst wieder in der Zeit der Renaissance, insbesondere durch Leonardo da Vinci (1452–1519) und Albrecht Dürer (1471–1528), angestellt.[5] Den Zusammenhang zwischen Licht und Farbe wies später Isaac Newton (1643–1727) nach. Zusätzlich beschäftigte er sich mit der Farbmischung und entwickelte einen Farbtonkreis.[6] Eine umfassende Farbtheorie und -lehre, in deren Mittelpunkt Wirkung und Ausdruck von Farben stand, wurde von Johann Wolfgang von Goethe (1749–1832) erarbeitet. Nach der Entdeckung der synthetischen Farbstoffe hielt die Mathematik Einzug in die Farbentheorie. Die Anforderungen einer wachsenden Industrie führten zunächst zur Entwicklung von Farbordnungssystemen (z.B. Munsell), die die Vielfalt der Farbtöne benannten und die Voraussetzung für ihre Reproduzierbarkeit schufen. Anfang des 20. Jahrhunderts wurden die Farbordnungssysteme durch die Theorie und Praxis der Farbmetrik ergänzt, deren Wegbereiter die Physiker James Clerck Maxwell (1831–1879) und Hermann von Helmholtz (1821–1894) sowie der Chemiker Wilhelm Ostwald (1853–1932) waren.

Die heute geläufigen physikalischen und chemischen Vorgänge, die eine Färbung bewirken, waren bis in das späte Mittelalter hinein nicht bekannt. Man glaubte an eine Kraft in den Pflanzen, die beim Färben auf die Textilien übertragen wurde und deren Farbe verursachte. Diese Vorstellung beruhte auf dem Volksglauben aus germanischer und keltischer Zeit, der Pflanzen und Bäumen mystische Eigenschaften zuschrieb. Die Ernte- und Sammelzeiten im Frühjahr, zu Johanni oder Michaeli beweisen aber, dass ebenso Erfahrungen aus dem täglichen Leben berücksichtigt wurden. Zu bestimmten Jahreszeiten waren der Farbstoffgehalt in den Pflanzen und damit ihre „Färbekraft" besonders groß. Die übertragene Kraft konnte dem Textil bei falscher Behandlung aber wieder entzogen werden, was Ploß an einem Beispiel aus einem Färbebüchlein aus dem späten 17. Jahrhundert schildert: *„Berberbehre/ Brombehren und Himbeeren/ ... werden gesammelt von Bartholomäe biss Michaelis/ was hiermit gefärbt wird/ muß/ wan es blühet/ nicht gewaschen werden/ sonst wäscht sich die Farbe aus."*[7] Seine Aussage, dass in der Färberei ähnlich wie bei anderen Textilarbeiten noch im Mittelalter Zauber- und Segenssprüche verwendet

4 Vgl. Farbe, Färber, Farbensymbolik, a. Begriff, in: Angermann et al.: LexMa, Bd. 4, Sp. 289; vgl. Suntrup: Farbe, Färber, Farbensymbolik, 2. Farbvorkommen; Beispiele der Auslegung, in: Angermann et al.: LexMa, Bd. 4, Sp. 290–291.

5 Vgl. Gericke, Schöne: Phänomen Farbe, S. 17–26.

6 Vgl. ebd., S. 28.

7 Vgl. Ploss: Buch von alten Farben, S. 35.

wurden,[8] erscheint logisch. Auf diese Weise sollte vermutlich das Gelingen des Färbevorgangs gesichert und die Haltbarkeit des Farbtones verbessert werden. Der weitere Wissenszuwachs beruhte auf mit empirischen Ergebnissen ergänzter Erfahrung. Besonders deutlich wird dieses bei der Blaufärberei mit Färberwaid oder Indigo. Der in den Pflanzen enthaltene blaue Farbstoff wurde erst nach umfangreicher Aufbereitung des Pflanzenmaterials sichtbar. Das anschließende Färben war ebenfalls aufwendig, außerdem veränderte der Farbstoff bei dieser Prozedur seine Farbe von Blau zu Gelb und später wieder zu Blau. Obwohl dieses den frühen Färbern als Wunder erschienen sein muss, variierten sie die Färbeflotten und zogen aus ihren Beobachtungen Schlüsse, die auch ohne naturwissenschaftliche Kenntnisse im Laufe der Zeit zu immer exakteren Färbeanleitungen führten.

Die Textilherstellung gehört zu den ältesten Tätigkeiten des Menschen. In allen Kulturkreisen wurden Fasern zu Fäden und diese zu textilen Flächen verarbeitet, aus denen Bekleidung und vielfältige Ausstattungsgegenstände produziert wurden. Für die Farbgebung wurde zunächst die Kontrastwirkung durch helle und dunkle naturfarbene Wolle genutzt, dieses lässt sich im deutschsprachigen Raum insbesondere für die Bronzezeit nachweisen.[9] Archäologische Belege für die Nutzung von Naturfarbstoffen stammen aus keltischer und germanischer Zeit sowie dem frühen Mittelalter.[10]

Der Aufwand beim Färben und die Seltenheit von reinen leuchtenden Farbtönen sorgten dafür, dass Farben in der Kleidung des Mittelalters und der frühen Neuzeit eine zentrale Rolle spielten. Sie dienten zur Verdeutlichung sozialer Hierarchien der ständischen Gesellschaft. Als Zeichen niederer Herkunft trugen Hörige und Unfreie Kleidung in blassen oder gebrochenen Farbtönen, wie Grau und Braun, häufig auch ungefärbte Woll- und Leinenkleidung.[11] Die oberen Schichten, insbe-

---

8 Vgl. Ploß: Färberei in der germanischen Hauswirtschaft, S. 5–7; Johanni ist der 24. Juni, Michaeli ist der 29. September.

9 Vgl. Farbe und Färben, in: Beck et al.: RGA, Bd. 8, S. 219.

10 Aus keltischer Zeit (späte Hallstattzeit, um 450 v. Chr.) stammen die Grabbeigaben aus dem Fürstengrab von Hochdorf; vgl. hierzu Banck-Burgess und Landesdenkmalamt Baden-Württemberg (Hrsg.): Hochdorf IV. Aus der germanischen Eisenzeit (um 300 n. Chr.) stammen die Prachtmäntel von Thorsberg und aus dem Vehnemoor. Die Garne für den Thorsberger Prachtmantel wurden mit Waid in verschiedenen Blautönen gefärbt; vgl. Schlabow: Textilfunde der Eisenzeit, S. 61–66, vgl. ders. Prachtmantel Nr. II. Aus der Merowingerzeit (um 600 n. Chr.) stammt das sog. Arnegundis-Grab in der Basilika St. Denis bei Paris. Die im Grab gefundene Tote trug über einem Leinenhemd ein Kleid aus violetter Seide und eine Tunika aus dunkelroter bzw. braunroter Seide; vgl. Ennen: Frauen im Mittelalter, S. 55; vgl. Sasse: Regina Mater, in: Brandt, Koch: Königin, Klosterfrau Bäuerin, S. 104. Textile Funde aus der Wikingerzeit (um 900 n. Chr.) sind durch die Ausgrabungen in Oseberg und Haithabu (Hedeby) dokumentiert. Neben Tapisserieresten wurden Decken sowie Fragmente von Woll- und Seidengeweben gefunden; vgl. Hägg: Textilfunde aus dem Hafen von Haithabu; vgl. Ingstad: Textiles from the Oseberg Ship; vgl. Christensen et al.: Osebergdronningens grav.

11 Vgl. Blanch: Medieval color symbolism, S. 1; vgl. Nixdorff, Müller: Weiße Westen, S. 83–86; vgl. Pritchard: Textiles, S. 355–377.

sondere der Adel, konnten sich Stoffe in leuchtenden tiefen Farbtönen leisten und übten mit ihrer Kleidung eine Vorbildfunktion für die restliche Bevölkerung aus. Die ab dem Hochmittelalter durch die wirtschaftliche Entwicklung immer einflussreicher werdenden Stände drückten ihr neu gewonnenes soziales Wertgefühl durch Kleidung und Schmuck aus.[12] So mehren sich zu Beginn des 13. Jahrhunderts Berichte, dass Bauern Kleidung trugen, die ihnen nach ihrer gesellschaftlichen Position nicht zustand. 1244 verordnete der Bayrische Landfrieden (Art. 71), dass Bauern keine vornehmere Kleidung als „graue und billigere" tragen durften.[13]

Die ständische Zuordnung durch Kleidung bzw. Farbe machte sich insbesondere im Spätmittelalter und der frühen Neuzeit durch Ausgrenzung von Randgruppen bemerkbar. „Unehrliche Handwerker", wie Henker und Abdecker, aber auch fahrendes Volk, Aussätzige und Prostituierte wurden in einigen Städten durch farbige Attribute gekennzeichnet.[14] Juden und „Andersgläubige" waren ebenfalls von dieser sichtbaren Ausgrenzung betroffen. Die Kennzeichnung der Juden, meist durch einen gelben, spitzen Hut, einen gelben Ring oder einen runden Fleck, wurde in den christlichen Ländern Mitteleuropas während der Kreuzzüge im 12. und 13. Jahrhundert eingeführt.[15] 1215 beschloss das 4. Laterankonzil die deutliche Kennzeichnung der Juden und Sarazenen.[16] Durch die farbige Markierung auf der Kleidung sollten sie von der christlichen Bevölkerung isoliert werden und es sollten Mischehen verhindert werden. Noch im 15. Jahrhundert wurden diese Vorschriften in Augsburg (1434), Nürnberg (1451) und Frankfurt/Main (1452) wiederholt.[17]

Während mittelalterliche Handschriften zum Thema Malerei von den (Kunst-) Historikern Mary P. Merrifield, Lynn Thorndike, Daniel V. Thompson u.a. bereits

---

12 Vgl. Kühnel et al.: Alltag im Spätmittelalter, S. 232; vgl. Dinges: Soziale Funktion der Kleidung, S. 52.

13 Eine vergleichbare Beschreibung bäuerlicher Kleidung stammt aus der um 1150 entstandenen Kaiserchronik eines Regensburger Geistlichen. Vgl. Nonn: Quellen zur Alltagsgeschichte, S. 15–17.

14 Vgl. Nixdorff, Müller: Weiße Westen, S. 29–41; vgl. Reichel: Die Kleider der Passion, S. 97–110. Die Züricher Kleiderordnung von 1319 verpflichtete Prostituierte zum Tragen eines roten „*keppli*"; vgl. Kühnel: Bildwörterbuch, S. LI; vgl. Schuster: Das Frauenhaus, S. 145. Der Kölner Rat beschloss im Jahre 1389, dass Dirnen rote Schleier oder Kopftücher tragen sollten; vgl. Irsigler, Lassotta: Bettler und Gaukler, Dirnen und Henker, S. 196. In Wien mussten Dirnen ein gelbes Tuch an der Achsel und in Augsburg einen Schleier mit zwei fingerbreitem grünen Strich tragen; vgl. Kühnel: Bildwörterbuch, S. LI.

15 Vgl. Deneke: Die Kennzeichnung von Juden, S. 240–252; vgl. Reichel: Die Kleider der Passion, S. 101.

16 Konzile sind Versammlungen der katholischen Bischöfe und kirchlicher Würdenträger zur Erörterung von Fragen der Lehre. Die Beschlüsse sind gesamtkirchlich bindend. Das 4. Laterankonzil fand 1215 unter Papst Innozenz III. im Lateranpalast (bis 1308 Amtssitz der Päpste) statt. Vgl. ohne Verfasser: Ökumenisches Heiligenlexikon; zu den Vorschriften für die Juden vgl. Halsall: Lateran IV Canon 68.

17 Vgl. Nixdorff, Müller: Weiße Westen, S. 29–41; vgl. Deneke: Die Kennzeichnung von Juden, S. 240–252; vgl. Kühnel: Bildwörterbuch, S. LII.

gegen Ende des 19. Jahrhunderts aufgelistet, in Teilen veröffentlicht und kommentiert wurden,[18] beschränkt sich die wissenschaftliche Aufarbeitung des Bereiches Färberei auf die Betrachtung der kulturhistorischen Bedeutung ausgewählter Farben,[19] überblicksartige Darstellungen zur Geschichte der Färberei[20] oder die Bearbeitung spezieller historischen Quellen.[21] Neuere Veröffentlichungen zum Thema Farbe beschäftigen sich ebenfalls vorrangig mit der Herstellung von Malfarben.[22]

Kleiderordnungen werden insbesondere in den Arbeiten von Eisenbart und Reich dargestellt.[23] Die Lektüre dieser Veröffentlichungen zeigt, dass in den Ordnungen Regelungen zur Qualität von Textilien und Accessoires im Vordergrund stehen. Deutlich wird außerdem, dass Textilien im Vergleich zur heutigen Zeit einen höheren Wert hatten. Kleidung und textiler Hausrat waren Wertgegenstände, die über einen langen Zeitraum benutzt und in Nachlässen vererbt wurden.[24] Alt-

---

18 Vgl. Merrifield: Original treatises; vgl. Thorndike: Medieval texts on colours; vgl. ders.: Other texts on colours; vgl. Thompson: De arte illuminandi; vgl. ders.: The Craftsman's Handbook; vgl. ders.: De Clarea; vgl. ders.: De Coloribus.

19 Vgl. Müller: Kulturgeschichte von Stoffen und Farben; vgl. Karstensen: Auferstehungsteppich, S. 22. Vgl. Sandberg: The red dyes; vgl. Pastoureau: Blue; vgl. Butler Greenfield: A Perfect Red; vgl. Burde: Bedeutung und Wirkung.

20 Vgl. Kielmeyer: Entwicklung der Färberei; vgl. Brunello: The Art of Dyeing; vgl. Berry, Willard: A History of Dyes; vgl. Webb: Dyes and Dyeing; vgl. Decelles: The Story of Dyes and Dyeing; vgl. Menzi: Die Kunst des Färbens vor Perkin; vgl. Forbes: Studies in Ancient Technology, S. 99–150; vgl. Freb: Wie färbte man vor Perkin?; vgl. Vogler: Färben im alten Ägypten; Die Färberei der Antike; Farbstoffe der altindischen Färber; Färberei im Minoerreich; Gefärbt wird schon seit Jahrtausenden; Germanen und Kelten; Färberei und Farben Alt-Griechenlands; Färbern in der Römerzeit; Waren die Färber der Antike Alchemisten; Textilveredlung in der Antike; vgl. Volke: Waschen und Färben im Altertum; vgl. Schweppe: Naturfarbstoffe, S. 17–78.

21 Die aus dem 3. Jahrhundert stammenden und zu Anfang des 18. Jahrhunderts in Theben entdeckten Papyri „*Papyrus Graecus Holmiensis*" (Signatur P. Holm., Victoria Museum für Ägyptische Kunst, Universität Uppsala) und „*Leyden Papyrus X*" (Katalognummer I 397, Inventarnummer A.MS 66, Rijksmuseum van Oudheden, Leiden) wurden 1926 und 1927 veröffentlicht und mit Kommentaren ergänzt. Sie enthalten Rezepte zur Herstellung und Anwendung von Mal- und Textilfarben. Vgl. Caley: The Leyden Papyrus X; vgl. ders.: The Stockholm Papyrus. Weitere bearbeitete Quellen sind z.B. die „*Compositiones ad tingenda musiva*" (Cod. Carolinus 490, Biblioteca Capitolare Feliniàna, Lucca), die „*Schedula diversarum artium*" (älteste Exemplare in Wien, Österreichische Nationalbibliothek, Cod. 2527 und Wolfenbüttel, Herzog August Bibliothek, Cod. Guelf. 69) oder die „*Mappae clavicula*" (Signatur Ms. 17 Bibliothèque Humaniste, Sélestat). Zur Edition und deutschen Übersetzung vgl. Hedfors (Hrsg.): Compositiones ad tingenda musiva; vgl. Ilg: De Diversis artibus; vgl. ebenfalls Brepohl: Theophilus Presbyter; vgl. Roosen-Runge: Farbgebung und Technik; vgl. ders.: Farben- und Malrezepte, S. 49–51. Eine umfangreiche Auflistung von Handschriften mit Anleitungen zur Farbenherstellung gibt Clarke; vgl. Clarke: The Art of All Colours.

22 Vgl. z.B. Brepohl: Theophilus Presbyter; vgl. Brachert: Lexikon historischer Maltechniken.

23 Vgl. Eisenbart: Kleiderordnungen der deutschen Städte; vgl. Reich: Kleidung als Spiegelbild.

24 Vgl. Mosler-Christoph: Die materielle Kultur, hier insbesondere die Kapitel 5, 6 und 8; vgl. Boockmann: Die Stadt, S. 72.

textilien, die heute häufig im Müll landen, wurden von speziellen Handwerkern, den Altwerkern, gesammelt, aufgearbeitet und für wenig Geld wieder verkauft.[25]

Die besondere Bedeutung textiler Techniken und Produktionsverfahren in früherer Zeit, ist noch heute in vielen Orten und Regionen sichtbar. Vor allem Straßennamen erinnern an das einstmals ansässige Handwerk.[26] In Leipzig und Braunschweig sind die Gewandhäuser erhalten, in denen der Gewandschnitt stattfand, und in einigen flämischen Städten stehen noch heute die eindrucksvollen Tuch- oder Lakenhallen. Die Gebäude haben z.T. selbst für die heutige Zeit große Ausmaße und sind ein anschaulicher Beleg für die Bedeutung der Textilproduktion und des Textilhandels im späten Mittelalter und der frühen Neuzeit.[27]

In naturwissenschaftlichen Arbeiten zur Geschichte der Chemie ist das Thema Färberei von Textilien ein Randthema, da sich diese Arbeiten mit der Entwicklung der Alchemie/Chemie seit der Antike beschäftigen,[28] oder bestimmte Teilaspekte wie die Entdeckung der synthetischen Farbstoffe im 19. und 20. Jahrhundert in den Vordergrund rücken.[29] Lediglich Schweppe gibt mit seinem „Handbuch der Naturfarbstoffe" eine umfassende Übersicht hinsichtlich deren Vorkommen, Chemie, Verwendung und Nachweis.[30]

Der Erlanger Germanist und Philologe Ploss (1925–1972), der sich schon in sprachwissenschaftlichen Arbeiten mit dem Thema Textilfärberei befasst hat, stellt 1962 in seinem „Buch von alten Farben" neben der Malerei auch das Textile in den Vordergrund. Er listet erhaltene Quellen auf, ediert und diskutiert einige mittelalterliche Rezepturen.[31] Färberezepte aus einer niederländischen Quelle des 17. Jahrhunderts werden von Hofenk de Graaff in ihrer 2004 erschienenen Publikation

25 Vgl. Illi: Schîssgruob, S. 18.

26 In vielen Orten gibt es Straßennamen mit „textilem" Bezug, wie z.B. Färbergasse, Webergasse oder Spinnereistraße; vgl. hierzu Volckmann: Alte Gewerbe, S. 68–103. In der heutigen Hamburger Speicherstadt findet man die Straßen „Alter und Neuer Wandrahm". Hier standen früher die Rahmen, auf denen das Tuch (die Wand) zum Trocknen und Spannen aufgehängt wurde; vgl. hierzu GHS: Hafencity Hamburg, S. 63. Auf der „Große Bleichen" wurde Leinen zum Bleichen ausgelegt.

27 Die Konzentration der Wolltuchproduktion im flämischen Raum ist auf die direkte Zugänglichkeit von Walkerde und die regionale Nähe zu England, dem Haupterzeuger von Rohwolle im Mittelalter, zurückzuführen. Vgl. Gies: Cathedral, Forge and Waterwheel, S. 120.

28 Vgl. Krätz: 7000 Jahre Chemie; vgl. Stillman: Story of Alchemy; vgl. Schwedt: Chemische Experimente in Schlössern; vgl. ders.: Chemie für alle Jahreszeiten; vgl. Kopp: Geschichte der Chemie, S. 120–132; vgl. Brock: Viewegs Geschichte der Chemie, S. 187–197.

29 Vgl. z.B. Edelstein: Chemistry in the Development of Dyeing and Bleaching; vgl. Beecken et al.: Orcein und Lackmus; vgl. Hapke: Vom Krapp zum Alizarin; vgl. Werner: Geschichte der Farbstoffchemie; vgl. Garfield: Lila; vgl. Hübner: 150 Jahre Mauvein; vgl. Andreas: Schweinfurter Grün; vgl. Ludi: Berliner Blau; vgl. Roth: Berliner Blau; vgl. Meth-Cohn/Travis: The mauvein mystery.

30 Vgl. Schweppe: Naturfarbstoffe.

31 Vgl. Ploss: Buch von alten Farben.

„The Colourful Past" vorgestellt[32], und Oltrogge legt an der Fachhochschule Köln zur Zeit eine „Datenbank mit mittelalterlichen und frühneuzeitlichen kunsttechnologischen Rezepten aus handschriftlicher Überlieferung" an, in die auch Textilfärberezepte aufgenommen werden.[33] Sie ist ebenfalls an der Veröffentlichung der Rezepte aus dem „Liber illuministarum" beteiligt, dessen Edition, Übersetzung und Kommentar die in der Handschrift enthaltenen Textilfärberezepte umfasst.[34]

Alle bisherigen Publikationen sind als Überblicksdarstellung konzipiert, stellen die heutigen Kenntnisse in den Vordergrund oder befassen sich mit einer ausgewählten historischen Quelle. Der Abgleich des modernen Wissens und der heute üblichen Verfahrenstechnik mit den im Mittelalter oder der frühen Neuzeit bekannten Details fehlt. Entwicklungen in der Technik werden angesprochen, aber nicht eingehender diskutiert. So führt die Literatur immer wieder Indigo, Färberwaid, Krapp und Wau als wichtigste und schon lange bekannte Farbstoffe auf. Als Beweis für diese Behauptung werden von den Verfassern lediglich einzelne historische Färbevorschriften aufgeführt.

Im Rahmen dieser Arbeit erfolgt die Auswertung edierter deutschsprachiger Quellen des späten Mittelalters und der frühen Neuzeit bezüglich naturwissenschaftlich-technischer Inhalte und die Diskussion des belegbaren Kenntnisstandes. Die Quellenanalyse erfolgt im Wesentlichen hinsichtlich der verwendeten Farbmittel, Hilfsmittel und Faserrohstoffe sowie substratspezifischer Unterschiede in den Rezepten. Weiterhin werden die Färbeanleitungen auf Angaben zur Qualität, zum Nutzungszeitraum sowie zur Bedeutung der Materialien überprüft. Dabei wird auch untersucht, ob sich die in der Literatur beschriebene herausragende Stellung der Farbmittel Indigo bzw. Waid, Krapp und Wau für den betrachteten Zeitraum belegen lässt.

Die Analyse der Vorschriften hinsichtlich Aufbau und enthaltener Färbeparameter sowie der für die Färberei genutzten technischen Hilfsmittel und Geräte soll klären, inwieweit die historischen Quellen gesichertes „naturwissenschaftliches Wissen" enthalten und ob sich anhand der Handschriften eine technische Entwicklung des Färbeprozesses darstellen lässt.

Auf Basis des Quellenmaterials werden Laborfärbeversuche durchgeführt, mit deren Hilfe die mit historischen Vorschriften erreichten Farbtöne beurteilt werden. Anhand von Licht- und Waschechtheitsprüfung werden Hinweise für die Restaurierung und Erhaltung historischer Textilien diskutiert.

Diese umfassende Betrachtung erfordert intensive Recherchen zur Klärung von mittelalterlichen Begriffen aus Handwerk und Technik sowie die Berücksichtigung wirtschaftshistorischer Aspekte zum Handel mit Farbstoffen, Hilfsmitteln und Tex-

---

32 Nach Hofenk de Graaff handelt es sich um ein unveröffentlichtes Manuskript, das als Haarlem Manuskript bekannt ist und sich im Besitz des Frans Hals Museums in Haarlem befindet, vgl. dazu Hofenk de Graaff: The Colourful Past, S. 7.

33 Vgl. Oltrogge: Datenbank.

34 Vgl. Bartl et al.: Liber illuministarum.

tilien. Durch die für die Quellenanalyse berücksichtigten naturwissenschaftlichen, wirtschaftswissenschaftlichen, historischen sowie sprachwissenschaftlichen Aspekte, schließt die vorliegende Arbeit eine Lücke in der Forschung zur Geschichte der Naturwissenschaften und leistet einen Beitrag zur Alltagsgeschichte des Spätmittelalters und der frühen Neuzeit.

In Kapitel 2 werden zunächst die bearbeiteten Quellen aufgelistet und ihre Auswahl begründet. Anschließend werden farb- und färbereitechnische Begriffe erläutert und definiert. Dabei erfolgt eine kurze Einführung in verschiedene Farbordnungssysteme, in die Farbmessung und in das Entstehen von Farbigkeit bei Farbstoffen und Pigmenten sowie in die Grundlagen der Farbechtheitsprüfung. Kapitel 3 beinhaltet die verfahrenstechnische Analyse der Färbeanleitungen aus den bearbeiteten Quellen. Die Vorschriften werden nach der verwendeten Verfahrenstechnik unterteilt und kurz beschrieben. Außerdem werden die benutzte technische Ausstattung und der Umgang mit den erforderlichen Ressourcen betrachtet. In Kapitel 4 stehen die Anleitungen für Färbungen nach dem Ausziehverfahren im Vordergrund. Dabei werden Färbeparameter, wie Faserrohstoff, Lösemittel, Beize, Hilfsmittel, Färbedauer und -temperatur, näher betrachtet und ihr Einfluss auf den Färbeprozess diskutiert. Die Vorschriften werden hinsichtlich der diesbezüglich enthaltenen Angaben ausgewertet. Die in den Quellen für die Textilfärberei genannten Farbmittel werden in Kapitel 5 dargestellt. Dabei werden die historische Bedeutung, Anwendung und die heute bekannten färberischen Eigenschaften berücksichtigt. Das moderne Wissen wird mit den Angaben in den historischen Färberezepturen verglichen. Kapitel 6 beinhaltet die Ergebnisse eigener Färbeversuche im Labor. Diese wurden auf Basis des bearbeiteten Quellenmaterials nachgestellt und hinsichtlich des erzielten Farbtons beurteilt. Außerdem erfolgt die Bewertung der erzielten Licht- und Waschechtheiten der Musterfärbungen. Im darauf folgenden Kapitel 7 wird die Bedeutung von „Farbe“ bei der Restaurierung und Konservierung historischer Textilien erläutert sowie gängige Methoden für die Farbstoffanalyse dargestellt. Kapitel 8 enthält eine Zusammenfassung der Ergebnisse und die abschließende Darstellung der in den bearbeiteten Quellen belegten Entwicklung des Kenntnisstands und Färbetechnik in der Übergangszeit vom späten Mittelalter bis zur frühen Neuzeit.

2. Quellenauswahl, Begriffe und Definitionen

2.1 Quellen und Begründung der Quellenauswahl

In der Zeit vom späten Mittelalter bis zur frühen Neuzeit fanden in der gewerblichen Produktion, so auch bei der Textilherstellung, viele Veränderungen statt. Durch technische Entwicklungen und Veränderungen in einzelnen Bereichen wurden die Produktionsmengen gesteigert und gleichzeitig die Qualität der Waren verbessert.[35] Mit dem steigenden Bedarf und durch zunehmenden Handel wurde die Fabrikation im Textilbereich arbeitsteilig. Wurden bisher alle erforderlichen Arbeitsschritte, wie Fasergewinnung, Faden- und Flächenherstellung oder Färberei, im häuslichen Bereich erledigt, entwickelten sich nun verschiedene Handwerksberufe, die Teile des Herstellungsprozesses übernahmen. Hierzu gehörten z.B. für den Bereich der Wollproduktion Walker, Wollschläger, Scherer oder Weber, die sich im Laufe der Zeit in Zünften organisierten. Die Zünfte regelten den Zugang zum Handwerk, sie gestalteten Arbeitszeiten, Preise sowie Löhne und boten den Zugehörigen soziale Absicherung.[36]

Ein Beleg für die Vielzahl an Berufen im textilen Bereich ist im „*Livre des métiers*“ des Étienne Boileau zu finden. Boileau (1200–1270), königlicher Vogt der Stadt Paris (Prévôt de Paris), ließ im Jahr 1268 die vertretenen Berufe, ihre Rechte und Gewohnheiten sowie ihre Pflichten dem König gegenüber aufzeichnen.[37] Unter den 101 aufgelisteten Tätigkeiten sind Seiden- und Wollweber (Nr. XLIV: *tisserandes des soie*, Nr. L: *tisserandes de laine*), Walker (Nr. LIII: *foulons*), Gewandschneider (Nr. LVI: *tailleurs de robes*), Teppichweber (Nr. LI: *tapissiers sarrasinois*, Nr. LII: *tapissiers nostrés*), Färber (Nr. LIV: *teinturiers*), verschiedene Tuchhändler (für Leinenwaren Nr. LVII: *liniers*, für Hanfgewebe Nr. LIX: *chanevaciers*), aber ebenso spezialisierte Berufe wie der Posamentenmacher (Nr. XXXVII: *crépiniers de fil et de soie*) oder die Seidenspinnerin (Nr. XXXV: *fileresse à grand fuseaux*, Nr. XXXVI: *fileresse à petits fuseaux*) zu finden.[38]

---

35 Die technische Entwicklung ist mit der Einführung des Spinnrades und des Pedalwebstuhls verbunden. Bis ins Mittelalter wurde Garn mit der Handspindel erzeugt. Die Verwendung des Handspinnrades ist in Europa ab der zweiten Hälfte des 12. Jahrhunderts belegt, wodurch sich die Produktionsmenge verdoppelte. Das Garn konnte feiner und gleichmäßiger ausgesponnen werden, war also auch qualitativ besser als das mit der Handspindel erzeugte Garn. Spätestens um die Mitte des 13. Jahrhunderts wich der Gewichtswebstuhl in ganz Europa dem horizontalen Webstuhl, was mit einer Erleichterung der Fachbildung und Beschleunigung der Produktion verbunden war. Vgl. hierzu Bohnsack: Spinnen und Weben, S. 78–90; ten Horn-van Nispen: Technik-Geschichte, S. 72; Sporbeck: Textilherstellung, S. 471–473.

36 Vgl. Dirlmeier et al.: Europa im Spätmittelalter, S. 35–36; vgl. Sinz: Handwerk, S. 60–67.

37 Vgl. Autrand: Livre des métiers, in: Angermann et al.: LexMa, Bd. 5, Sp. 2033–2054; vgl. Cazelles: Boileau, Étienne, in: Lexma, Bd. 2, Sp. 351.

38 Vgl. de Lespinasse, Bonnardot: Les métiers et corporations de Paris, S. 83, 93, 107, 116, 102, 106, 111, 117, 121, 68, 70. Zur Übersetzung der Berufsbezeichnungen aus dem Altfranzösisch

Die Färberei ist nicht überall und zum Teil erst spät als selbständiges Zunfthandwerk nachweisbar. Im deutschen Raum waren die Färber häufig in den Zünften der Weber organisiert und werden deshalb von Ploss als Gehilfen der Weberei bezeichnet.[39] Allerdings ist auch hier ab dem 12. und 13. Jahrhundert eine Spezialisierung in Schwarz- (Schlicht-, Schlechtfärber), Waid- (Blaufärber) und Schönfärber zu erkennen, die bei der Färbung einen unterschiedlichen verfahrenstechnischen Aufwand betrieben.[40] Der Schwarzfärber arbeitete mit Gerbstoffen und Eisen, der Blaufärber hatte in zeit- und kontrollaufwendigen Verfahren die Färbeküpe herzustellen und der Schönfärber führte vorrangig Beizenfärbungen durch, die zu leuchtenden Farbtönen führten.[41]

In der Färberei mussten große Garn- und Gewebemengen in gleichbleibender Qualität gefärbt werden und der zunehmende Handel erweiterte das Angebot an Farbstoffen und Hilfsmitteln.[42] Neben der Verwendung einheimischer oder schon seit langem bekannter Fasern und Farbmittel aus dem Nahen Osten, wurden mit der Entdeckung Amerikas gegen Ende des 15. Jahrhunderts neue Rohstoffquellen erschlossen und insbesondere das Angebot an qualitativ hochwertigen Farbmitteln erweitert. Die Färberei war der Arbeitsschritt der Textilherstellung, der großen Einfluss auf den Wertzuwachs einer textilen Ware hatte. Die entstehenden Kosten wurden vorrangig durch den Wert des Farbmittels, sowie den bei der Färbung betriebenen Aufwand bestimmt. Edmonds nennt am Beispiel von Wolltuchen eine Wertsteigerung von 47 % durch die Färberei. Nach Abgaben von Munro, der italienische Abrechnungsbücher des späten Mittelalters und der frühen Neuzeit auswertete, hatten die Färbereikosten im Durchschnitt einen Anteil von 15,5 % (Datini, Ende 14. Jh.) bzw. 11,6 % (Medici, Mitte 16. Jh.) an den Produktionskosten der

---

vgl. die entsprechenden Stichworte in Chatry: Les Métiers de nos Ancéstres. *Tapissiers sarrasinois* produzierten dicke Teppiche im orientalischen Stil, *Tapissiers nostrés* kurzhaarige Teppiche. Die Seidenspinnerinnen haspelten die Seidenkokons ab und spulten den Faden auf große (*grand fuseaux*) oder kleine (*petits fuseaux*) Spulen auf.

39 Vgl. Ploss: Buch von alten Farben, S. 64–65. Zu den verschiedenen in der Wollproduktion erforderlichen Arbeitsschritten vgl. Brocher: Wollenindustrie, S. 88–97.

40 Vgl. Ploss: Buch von alten Farben, S. 65; vgl. Brocher: Wollenindustrie, S. 97; vgl. Schmidtchen: Die Technik des Färbens und Gerbens, in: König: Propyläen Technikgeschichte, Bd. 2, S. 542.

41 Diese Unterteilung der Färberei war sicher nicht in allen Gegenden gleich. Hier muss berücksichtigt werden, dass je nach Gegend unterschiedliche Substrate von Bedeutung waren. Im flämischen Raum die Wolle, in Niedersachsen und Westfalen das Leinen und in Süddeutschland die Mischung Leinen/Baumwolle. Auch die sich verändernden Qualitätsanforderungen hatten Einfluss auf die für die verschiedenen Färber benutzten Begriffe. Schwarzfärbungen wurden zunächst von den Schwarzfärbern mit Gerbsäuren und Eisen durchgeführt. Mit wachsendem Qualitätsbewusstsein sind in Quellen immer häufiger Hinweise zu finden, wonach Schwarz jetzt mit Waid erzeugt werden sollte. Der Waidfärber übernimmt also die Schwarzfärbung.

42 Vgl. Clasen: Textilherstellung in Augsburg, Bd. 2, S. 238–254; vgl. Sakuma: Die Nürnberger Tuchmacher, S. 97–120.

Tuchmachereien.[43] Auch in der Entlohnung der Gewerbe ist die unterschiedliche Wertschätzung der Arbeit sichtbar. Deneke und Kuhn zeigen am Beispiel der Göttinger Wollenweberverordnung von 1476, dass örtliche Färber im Vergleich zu Webern und Walkern je nach Farbe der Ware das Drei- bis Vierfache für ein Stück Tuch an Entlohnung erhielten.[44]

Mit wachsendem Handel und Export textiler Waren gewann die Kontrolle und Überwachung von Qualitätsstandards an Bedeutung. Ein wichtiges Mittel der Qualitätskontrolle war die „Schau", in Norddeutschland auch als „Legge" oder „Brake" bezeichnet, die von Zünften, der städtischen Obrigkeit oder den Landesherren seit dem 13., insbesondere aber im 14. Jahrhundert europaweit eingeführt wurde.[45] Geschaute Waren, bei denen Qualitätsmerkmale wie beispielsweise Länge, Breite, Fadenanzahl, Gewicht oder Farbe der vorgegebenen Norm entsprachen, erhielten eine Bestätigung der Güte in Form eines Stempels oder Siegels (Schaumarke, Beschauzeichen, Tuchplombe).[46] Ware, die nicht der Norm entsprach konnte verbrannt, zerschnitten oder zerrissen werden. Schlechte Arbeit wurde zum Teil sogar mit körperlicher Züchtigung bestraft.[47] Zusätzlich wurden die Waren in bestimmte Güteklassen eingeordnet.[48] Tuchsiegel dienten als Herkunftsnachweis und belegten die Qualität der gesiegelten Ware.

Auf die Qualität der Färbung wurde während des Mittelalters besonders streng geachtet. Grunfelder führt aus der Schweidnitzer Tuchweberordnung aus, dass „*mit*

43 Vgl. Edmonds: Medieval Textile Dyeing, S. 19. Vgl. Munro: Medieval Woollens, S. 216–217.

44 Für Blau, Rot oder Grün wurden 21 Schillinge, für Braun mit Holz 24 Schillinge und für Schwarz 31 Schillinge Lohn und Materialkosten gezahlt. Die Schwarzfärbung wurde wohl auf Basis von Waid durchgeführt, da Tinte, Vitriol und Weinstein für die Färbung nicht verwendet werden sollten. Vgl. Deneke, Kuhn: Göttingen, S. 338–339.

45 Vgl. Kaiser: Mittelalterliche Tuchplomben, S. 377; vgl. North: Deutsche Wirtschaftsgeschichte, S. 85.

46 Die frühesten Belege für Tuchsiegel im deutschen Raum stammen aus der Mitte des 13. Jahrhunderts aus Soest und Speyer. Die bei archäologischen Grabungen gefundenen Tuchplomben geben einen Eindruck vom Absatzgebiet der Waren einer bestimmten Region. Vgl. Kühnel: Alltag im Spätmittelalter, S. 37–38; vgl. Storz-Schumm: Textilproduktion in der mittelalterlichen Stadt, S. 404; vgl. Kaiser: Mittelalterliche Tuchplomben, S. 377 und S. 379; vgl. Clemens, Matheus: Tuchsiegel, S. 479–480; vgl. Kühlborn: „... 33 Ellen Leinenwandes ...", S. 18–19; vgl. Felgenhauer-Schmidt: Sachkultur des Mittelalters, S. 180. Für Beispiele der in Schauordnungen enthaltene Längen- und Breitenangaben, Fadenanzahl usw. vgl. Brocher: Wollenindustrie, S. 132–136.

47 Durch Zerschneiden wurde die Ware für den Markt unbrauchbar. Vgl. Jaritz: Produktion und Qualität, S. 42; vgl. Brocher: Wollenindustrie, S. 136–137; vgl. North: Deutsche Wirtschaftsgeschichte, S. 85; vgl. Zahn: «Bei Leibesstraff sollen die Tücher ...», S. 360.

48 Bei der Barchentschau in Süddeutschland gab es vier Qualitätsstufen, die unterschiedlich gekennzeichnet wurden: Ochse (beste Qualität), Löwe, Traube und Brief (geringste Qualität). Vgl. North: Deutsche Wirtschaftsgeschichte, S. 85. Für Kölner Sartuch (Barchent) sind drei Kategorien belegt. Alle sollten 52 Ellen lang und 1 Elle breit sein. Sie unterschieden sich nach der eingesetzten Baumwollmenge, 8 Pfund für die beste Qualität und 7,5 Pfund für die zweite Qualität. Vgl. Kühnel: Alltag im Spätmittelalter, S. 38.

Waid nur zwei Tuch gefärbt werden sollen“[49], um die Durchfärbung der Ware und eine ausreichende Farbtiefe zu gewährleisten. Wäre mehr Tuch mit der gleichen Farbstoffmenge gefärbt worden, hätte sich die Farbtiefe des einzelnen Tuches reduziert. Die Farben sollten leuchtend und echt sein, das Material durfte keine Flecken haben[50] und es sollten keine „schlechten“ Farben, wie Lohe oder Attichbeeren, verwendet werden.[51] Vergleichbare Forderungen sind in den Statuten der Göttinger Wollenweber vom Ende des 15. Jahrhunderts enthalten.[52]

Leuchtende und dauerhafte Farbtöne hatten einen hohen Stellenwert. War ein handwerklicher Färber in der Lage solche Färbungen zu erzielen, hatte er einen Wettbewerbsvorteil. Färbevorschriften und Rezeptbücher gehörten zum persönlichen Besitz eines Färbers. Wechselte er den Arbeitgeber, nahm er sein Wissen mit. Die Färbeanleitungen wurden daher noch in der frühen Neuzeit wie Geheimnisse gehütet[53], so dass das erhaltene und bisher edierte Quellenmaterial vorrangig aus Klöstern oder Aufzeichnungen für den Bereich des Hauswerks stammt. Zunftstatuten und -ordnungen enthielten keine detaillierten Färbeanleitungen, sondern Anforderungen allgemeinerer Art, die sich z.B. auf die Farbmittelauswahl für bestimmte Farbtöne bezogen.

Für diese Untersuchung wurden 29 Quellen aus der Zeit von ca. 1330 bis zum ausgehenden 16. Jahrhundert berücksichtigt. Sie entstammen einem Zeitraum, der für die Entwicklung von Technik, Handwerk und Handel im Bereich der Textilproduktion von besonderer Bedeutung war. Sie entwickelte sich von der „Hausarbeit“ zum spezialisierten Handwerk, von der Produktion für den eigenen Bedarf zu einer ersten „Massenproduktion“. Die gesellschaftlichen Auswirkungen waren so einschneidend, dass der französische Historiker Jean Gimpel sie mit den Veränderungen im 19. Jahrhundert vergleicht und von einer ersten „industriellen Revolution“ spricht.[54] Die in Handel und Handwerk erfolgten Veränderungen und Verbesserung, wie z.B. neue Farb- und Hilfsmittel, müssten sich ebenso in den Anleitungen des Hauswerks widerspiegeln und einen Eindruck von der Partizipation der breiten Bevölkerung an technischen und wirtschaftlichen Neuerungen geben. Von Ploss aufgelistete und teilweise edierte Färbevorschriften dienten als Basis für diese Untersuchung. Sie wurden durch weitere Anleitungen aus verschiedenen spätmittelalterlichen

49 Vgl. Grunfelder: Färberei in Deutschland, S. 311. Der Begriff „Tuch“ steht in der heutigen Veredlung für ein Gewebe aus dem Substrat Wolle. Auch in der von Grunfelder zitierten Quelle ist in anderen Teilen vom Rohstoff Wolle die Rede. Im Mittelalter war mit dem Begriff aber zusätzlich eine bestimmte Warenmenge, die örtlich und zeitlich variierte, verbunden; vgl. dazu Kap. 4.1.

50 Vgl. Zahn: «Bei Leibesstraff sollen die Tücher ...», S. 360.

51 Vgl. Brocher: Wollenindustrie, S. 135.

52 Vgl. Deneke, Kühn: Göttingen, S. 339.

53 Vgl. Ponting: Dictionary of dyes and dyeing, S. 59; vgl. Flieger: Bürgerstolz und Wollgewerbe, S. 57.

54 Vgl. Gimpel: Die industrielle Revolution des Mittelalters, S. 5; zur technischen und wirtschaftlichen Entwicklung im Mittelalter vgl. Lopez: The Commercial Revolution, S. 130–137.

Sammelhandschriften, alchemistischen Handschriften und sog. Hausbüchern ergänzt. Hier fanden die vorwiegend sprachgeschichtlichen Veröffentlichungen von Jeitteles, Bossert und Storck, Wiswe, Seidensticker und anderen Berücksichtigung.[55] Außerdem wurden Anleitungen aus dem ersten gedruckten Buch mit Inhalten zu Fleckentfernung und Färberei, der „*Allerley Matkel*", für die vorliegende Untersuchung berücksichtigt.[56] Dieses Quellenmaterial wurde durch die von Oltrogge und Mitarbeitern in die „Datenbank mittelalterlicher und frühneuzeitlicher kunsttechnologischer Rezepte in handschriftlicher Überlieferung" aufgenommenen Rezepte für die Textilfärberei ergänzt.[57] In den bearbeiteten Quellen sind neben Anleitungen für die Textilfärberei Rezepte für das Färben von Leder, Horn und Haaren zu finden.[58] Für diese Betrachtung wurden lediglich die Vorschriften berücksichtigt, die sich eindeutig als Rezepte für die Textilfärberei identifizieren ließen.

Um die Übersichtlichkeit der Ausführungen zu verbessern, wurden die Quellen nach ihrem Standort mit einer Abkürzung versehen, z.B. **In** = **In**nsbruck, **B** = **B**erlin. Sind mehrere Handschriften eines Standortes aufgeführt (**M**ünchen, **H**eidelberg usw.), wurde zusätzlich in der Reihenfolge der Chronologie eine römische Ziffer vergeben (**H I**, **H II**, **H III** usw.). Tab. 1 zeigt eine zusammenfassende Auflistung der Quellen mit der Anzahl der enthaltenen Rezepte. Weitere Details zu den einzelnen Handschriften sind dem Anhang zu entnehmen.

2.2 Farb- und färbereitechnische Begriffe

Die Begriffe Farbe, Farbmittel, Farbstoff oder Pigment werden im täglichen Sprachgebrauch häufig im gleichen Sinne verwendet und nicht voneinander unterschieden. Die technische Anwendung, Reproduzierbarkeit von Färbungen, industrielle Qualitätskontrolle und Vergleichbarkeit von Beurteilungsergebnissen erfordern aber exakte Definitionen und eine deutliche Abgrenzung der Begriffe.

---

55 Vgl. Ploss: Buch von alten Farben, S. 125–154; vgl. Ploß: Die Färberei in der germanischen Hauswirtschaft, S. 22; Jeitteles: Färbemittel und andere Recepte, S. 338–340; vgl. Bossert, Storck (Hrsg.): Das Mittelalterliche Hausbuch, S. XXV–XXVI; vgl. Wiswe: Mittelalterliche Rezepte zur Färberei, S. 49–58; vgl. Seidensticker: Mal- und Färberezepte, S. 287–304; vgl. Reinking: Färberei der Pflanzenfasern, S. 198–200; vgl. Vermeer: Technisch-naturwissenschaftliche Rezepte, S. 110–126; vgl. Baufeld (Hrsg.): Gesundheits- und Haushaltslehren, S. 11; vgl.: Berlin-Brandenburgische Akademie der Wissenschaften: DTM (24.08.2009); vgl. Ehlert: Maister Hannsen, S. S. 275–277 und 281–283; vgl. Bartl et al.: Liber illuministarum, S. 96–101, 166–169, 220–221, 266–269, 282–285, 306–307, 366–367 und 386–399.

56 Vgl. Edelstein: The Allerley Matkel, S. 297–321; vgl. Eamon: Arcana disclosed: the advent of printing, S. 111–150.

57 Vgl. Oltrogge: Datenbank.

58 Zur Färbung von Leder vgl. z.B. Vermeer: Technisch-naturwissenschaftliche Rezepte, S. 119, Rezept 27 und 28.

Tab. 1: Historische Quellen mit Rezepten für die Textilfärberei

Abk.	Standort und Signatur	Entstehungsort bzw. Sprache	Entstehungszeit	Rezepte
In	Innsbruck, Universitätsbibliothek, Cod. 355	Tirol	um 1334	14
M I	München, Bayerische Staatsbibliothek, Cgm. 824	Böhmen	um 1400	12
Gr	Greifswald, Universitätsbibliothek, 8°Ms 875	Nürnberg ?	um 1430	1
E	Elbing, Stadtbibliothek, (Handschrift verschollen), Fol. 10	Leubus (Schlesien)?	1434	2
M II	München, Bayerische Staatsbibliothek, Cgm. 317	Österreich	1. Hälfte 15. Jh. (vor 1453)	20
Ba	Bamberg, Staatsbibliothek, Msc. med. 12	Bamberg ?	1. Hälfte 15. Jh.	4
Bas	Basel, Universitätsbibliothek, Cod. A.N.V. 12	bairisch-alemannisch	1460	3
M III	München, Bayerische Staatsbibliothek, Clm. 20174	Tegernsee	1464–1473	3
Be	Bern, Burgerbibliothek, Cod. Hist. Helv. XII 45	Colmar	1478	8
W	Wolfegg, Fürstl. Waldburg-Wolfeggsche Bibliothek, ohne Sig.	Mittelrhein ?	3. Viertel 15. Jh. (ca.1480)	6
H I	Heidelberg, Universitätsbibliothek, Cod. Pal. germ. 558	Regensburg	15. Jh. (1483)	2
Au	Augsburg, Universitätsbibliothek, Cod. III. 2. 8°34	Bamberg	15./16. Jh. (ab 1489)	32
Am	Amberg, Staatliche Provinzialbibliothek, Ms. 77	Bayern	Ende 15. Jh. (ca. 1492)	4
N I	Nürnberg, Germanisches Nationalmuseum, Hs. 181503	Böhmen	2. Hälfte 15. Jh.	4
N II	Nürnberg, Stadtbibliothek, Ms. Cent. VI. 89	Nürnberg	3. Drittel 15. Jh.	14
M IV	München, Bayerische Staatsbibliothek, Cgm. 720	Aldersbach (Passau)	4. Viertel 15. Jh.	22
Tr	Trier, Stadtbibliothek, Hs. 1957/1491, 8°	Moselfranken	4. Viertel 15. Jh.	2
H II	Heidelberg, Universitätsbibliothek, Cod. Pal. germ. 620	Süddeutschland	15. Jh.	24
Wo	Wolfenbüttel, Herzog-August-Bibliothek, Cod. Guelf. Helmst. 1213	Niedersachsen	15. Jh.	2
M V	München, Bayerische Staatsbibliothek, Cgm. 821	Tegernsee	um 1500	57
H III	Heidelberg, Universitätsbibliothek, Cod. Pal. germ. 211	Südwestdeutschland	um 1500	1
Gö	Göttingen, Staats- und Universitätsbibliothek, Cod. hist. nat. 51	Rostock	1528	4
Al	-	Mainz	1532	5
B	Berlin, Staatsbibliothek Preußischer Kulturbesitz, Ms. germ. qu. 417	Süddeutschland	1. Hälfte 16. Jh.	89
H IV	Heidelberg, Universitätsbibliothek, Cod. Pal. germ. 489	Süddeutschland	1562/1563	84
H V	Heidelberg, Universitätsbibliothek, Cod. Pal. germ. 183	Amberg	1560–1570/71	36
Wi	Winterthur, Stadtbibliothek, Cod. 4°47	Basel ?	15./16. Jh. (1575, 1579)	19
Ka	Karlsruhe, Landesbibliothek, Cod. R. 49	Schwaben	15./16. Jh.	1
H VI	Heidelberg, Universitätsbibliothek, Cod. Pal. germ. 212	Heidelberg ?	16. Jh.	6
			Σ	481

Färbereitechnische Fachtermini, wie Färbeverfahren, Prozessparameter, Rezept oder Echtheit, müssen ebenfalls erläutert werden, um für die weiteren Ausführungen zu einem einheitlichen Sprachgebrauch zu gelangen.

2.2.1 Farbe, Farbnamen und Farbordnungssysteme

Farbe ist ein durch das Auge vermittelter Sinneseindruck. Licht, elektromagnetische Strahlung im Wellenlängenbereich von ca. 400 bis 700 nm, fällt auf einen Gegenstand, z.B. eine Textilprobe, und wird selektiv absorbiert. Die Reststrahlung wird reflektiert und gelangt in das menschliche Auge. In der Netzhaut des Auges befindliche Photorezeptoren (Sehzellen) registrieren den Lichtreiz (Farbreiz) und lösen elektrische Signale aus, die im Gehirn zu einem Farbeindruck verarbeitet werden (vgl. Tafel 1). Die Photorezeptoren bestehen aus den Stäbchen, die Hell-Dunkel-Kontraste registrieren, und den Zapfen, die für die Farbwahrnehmung verantwortlich sind. Die Zapfen werden weiterhin nach ihrer spektralen Empfindlichkeit in L-, M- und S- Zapfen unterteilt.[59]

Eine Farbe wird durch drei Begriffe umschrieben, die Helligkeit (**L**ightness), den Buntton oder Farbton (**H**ue) und die Sättigung (**C**hroma). Unbunte Farben unterscheiden sich nur in der Helligkeit. Weiß und Schwarz legen die Grenzen des Beurteilungsbereiches fest. Bei „Idealweiß" werden 100 %, bei „Idealschwarz" 0 % des einfallenden Lichtes reflektiert. Die Helligkeitsskala reicht also von 0–100 %. Das menschliche Auge kann ca. 300 verschiedene Helligkeitsstufen voneinander unterscheiden. Der Buntton beschreibt den Farbton eines Farbeindruckes, beispielsweise Rot, Gelb etc., hier kann das menschliche Auge bis zu 190 verschiedene Farbtöne unterscheiden. Die Sättigung stellt die Stärke des Farbeindruckes dar, von gerade noch wahrnehmbar bis zur gesättigten Farbe. In Abhängigkeit vom Buntton kann der Mensch unterschiedlich viele Sättigungsstufen erkennen, im Schnitt 20 für jeden Buntton.

Die Kombination von Helligkeit, Buntton und Sättigung führt zu etwa 10^6 unterschiedlichen Spektralfarben. Unter Einbeziehung der unbunten Farben, der Purpurfarben und der Mischfarben, können ca. 10^7 Farben unterschieden werden. Bei dieser großen Anzahl ist es nicht möglich jede Farbe mit einem Namen zu kennzeichnen. Auch Ordnungssysteme die auf Buchstaben- und/oder Zahlenkombinationen basieren, stoßen an Grenzen.[60] Ein normalsichtiger Beobachter kann ca. 1 Million Farbnuancen voneinander unterscheiden,[61] hat aber je nach Bildungsgrad,

59 L = Long, 563 nm, Rotrezeptor, M = Medium, 533 nm, Grünrezeptor, S = Short, = 420 nm, Blaurezeptor; vgl. Bowmaker und Darnall: Visual Pigments of Rods and Cones, S. 501. Für den Sehprozess und das Farbensehen vgl. Küppers: Farbe, S. 22–27; vgl. Simon: Farbe, S. 13–38; vgl. Meyer, Zollinger: Farbmetrik, S. 2–7; vgl. Christie: Colour Chemistry, S. 13–17.

60 Vgl. Reumann: Prüfverfahren, S. 735–738.

61 Vgl. Bäurle: Farbe, in: RÖMPP Online, RD-06-00159.

Beruf, Interessen und sozialer Umgebung lediglich einen Wortschatz von 6.000 bis 10.000 Worten im Alltagsdeutsch zur Verfügung.[62] Es ist daher ausgeschlossen, alle Farbnuancen durch Farbnamen zu kennzeichnen. Für den alltäglichen Gebrauch reicht ein einfaches vergleichendes Beschreiben (Zitronengelb, Apfelgrün oder Meerblau) der Farbtöne aus, industrielle Produktion und Qualitätskontrolle erfordern aber eindeutige Farbbezeichnungen, die zu jeder Zeit und an jedem Ort überprüfbar sein müssen. Diese Tatsache hat zur Entwicklung unterschiedlicher Farbordnungs- (Munsell, NCS, Pantone, SCOTDIC, RAL)[63] und Farbmesssysteme (CIELab, Hunterlab) geführt, die in verschiedenen Bereichen der Produktion zum Einsatz kommen.

Farbordnungssysteme sind Sammlungen von Farbmustern, die als Druck, Kunststoffprobe oder auch textile Färbungen erhältlich sind. Die Muster sind in der Regel nach Farbton (20–40 Farbtöne), Helligkeit sowie Sättigung (jeweils ca. 5–10 Stufen) sortiert. Sie sollen visuell möglichst gleichabständig sein und eine eindeutige numerische oder alphanumerische Kennzeichnung des Farbtones erlauben. Bei der Herstellung der Muster sind Toleranzen einzuhalten und die Proben dürfen nur geringe Alterungseffekte aufweisen. Durch eine farbmetrische Vermessung ist jedes Muster mathematisch eindeutig charakterisierbar.[64]

Eines der ältesten Farbsysteme ist das **Munsell-System**. Es wurde 1905 von dem amerikanischen Maler Albert Henry Munsell entwickelt und 1943 von der Optical Society of America überarbeitet. Das System geht von 40 Farbtönen aus und unterscheidet nach Helligkeit, Buntton bzw. Farbton und Sättigung. Die Farbtöne Rot (R), Gelbrot (YR), Gelb (Y) usw. sind in Abschnitten auf einem Zylindermantel angeordnet, und wiederum 10-fach unterteilt. Auf der Zylinderachse ist die Helligkeit zu finden, sie reicht von 0 für Schwarz bis 10 für Weiß. Auf dem Radius des Zylinders ist die Sättigung zu finden, wobei 0 einem Grauwert entspricht. Der Zahlenwert für die maximale Farbsättigung ist vom jeweiligen Buntton abhängig.[65] Die Farbkennzeichnung setzt sich aus den Angaben zu Farbton, Helligkeit

62 Vgl. Knipf-Komlósi et al.: Aspekte des Wortschatzes. S. 15.

63 Das skandinavische NCS (Natural Color System) wurde 1981 entwickelt und beruht auf der Gegenfarbentheorie von Hering, vgl. Simon: Farbe, S. 129–131; vgl. Scandinavian Colour Institute AB: NCS. Das Pantone Matching System ist ein amerikanisches Farbsystem, das insbesondere in der Grafik- und Druckindustrie weit verbreitet ist, vgl. Pantone Europe. Das RAL-Farbsystem ist kein Farbordnungssystem im eigentlichen Sinn, sondern aus einer Farbtonsammlung entstanden. Es hat im öffentlichen Bereich und in der Industrie Bedeutung, vgl. RAL: RAL-Farben. Die berufsgenossenschaftliche Vorschrift (BGV) A8 schreibt verschiedene RAL-Farben für die Sicherheits- und Gefahrenkennzeichnung am Arbeitsplatz vor. Verbotszeichen od. Gefahr: RAL 3001 Signalrot, vgl. dazu DGUV: BGV A8.

64 Vgl. Simon: Farbe, S. 125–126; vgl. McCamy: Color Order Systems, S. 21–24.

65 Vgl. Simon: Farbe, S. 127–129; vgl. Choudhury: Textile Preparation, S. 356–358. Die Aktualisierung der Farbdaten betreut das Munsell Color Science Laboratory (MCSL) am Rochester Institute of Technology (RIT), Rochester, New York. Produktion und Vertrieb der Standards erfolgt durch die Firma X-Rite Incorporated, Grand Rapids, Michigan.

und Sättigung zusammen. 5R8/2 steht für ein mittleres Rot (5R), das hell (8) und nur gering gesättigt (2) ist.

Das SCOTDIC-Farbsystem ist eine textile Anwendung des Munsell-Systems. Es wurde aus dem japanischen Standard Color of Textiles und dem französischen Dictionnaire Internationale de la Couleur entwickelt und wird heute von der Kensaikan International Ltd. vertrieben. SCOTDIC enthält Farbmuster für Polyester (2.468 Proben), Baumwolle (2.300 Proben) und Wolle (1.100 Proben). Für Baumwolle und Polyester bilden 54 Farbtöne die Basis des Systems, für Wolle 20 Farbtöne. Die Helligkeitsskala ist in 16 Stufen (je 5-%-Schritte) von 15 % Schwarzanteil bis zu 90 % Weißanteil dargestellt. Die Sättigung ist ebenfalls in 16 Schritte unterteilt, wobei die Anzahl der real dargestellten Stufen vom Farbton, der Helligkeit und dem Faserrohstoff abhängig ist.[66]

Die SCOTDIC-Farbbezeichnung enthält neben den Angaben zu Farbton, Helligkeit und Sättigung auch das zur Ausfärbung des Musters verwendete Substrat. Dabei steht P für Polyester, C für Baumwolle und W für Wolle. Die Angabe C-01 50 10 steht für eine Färbung auf Baumwolle mit dem Grundfarbton 01, einer Helligkeit von 50 % und einer Sättigung von 10 %.

2.2.2 Farbmessung

Die Farbtonbeurteilung mit Hilfe eines Farbordnungssystems kann in der Praxis problematisch sein, da der gewonnene Farbeindruck eines Gegenstandes von der am Sehvorgang beteiligten Lichtquelle, dem betrachteten Gegenstand (Probe) und vom Betrachter (Beobachter) selbst beeinflusst wird. Für die objektive Bewertung von Farbtönen ist für die Qualitätssicherung eine Farbmessung erforderlich. Sie berücksichtigt die Einflussfaktoren und quantifiziert das Ergebnis.

Die Strahlung der natürlichen Lichtquellen enthält alle Wellenlängen des sichtbaren Spektrums. Entsprechendes gilt für die meisten künstlichen Lichtquellen wie Glüh- und Leuchtstofflampen. Die Strahlungsverteilung S(λ), d.h. die Menge der Strahlung, die bei den verschiedenen Wellenlängen abgegeben wird, ist allerdings in Abhängigkeit von der Lichtart unterschiedlich groß. Deshalb strahlen Lichtquellen unterschiedlich helles und verschiedenfarbiges Licht aus. Selbst Sonnenlicht zeigt Unterschiede in der Strahlungsverteilung und -intensität. Wenn die Sonne abends als glutrote Scheibe am Horizont steht, überwiegt die langwellige Strahlung, bei bedecktem Himmel mittags im Sommer haben wir es vorrangig mit kurzwelligen Strahlen zu tun.[67] Mit der Lichtart ändert sich der Farbeindruck, so dass die Commission Internationale de l'Eclairage (CIE) bestimmte Normlichtarten zur Abmusterung und Farbmessung empfohlen hat, deren Strahlungsverteilungen in Abb. 1 dargestellt sind. Die Normlichtarten D 65 (mittleres Tageslicht, 6504 K), A

66 Vgl. Scotdic Colours Limited: SCOTDIC; vgl. Kensaikan: SCOTDIC-Online.

67 Vgl. Reumann: Prüfverfahren, S. 728–730.

(Glühlampe zur Raumbeleuchtung, 2856 K) und F 2 (Cool White, Leuchtstofflampe zur Bürobeleuchtung, 4100 K) sind über die Farbtemperatur charakterisiert und werden in der Praxis vorrangig durch Verwendung von Xenon-Lampen mit UV-Filtern realisiert.[68]

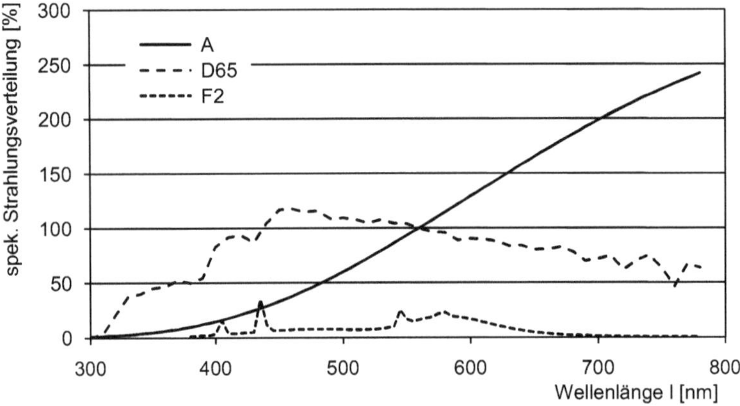

Abb. 1: Spektrale Strahlungsverteilung verschiedener Normlichtarten[69]

Ein weiterer Parameter, der Einfluss auf den Farbeindruck hat, ist die zu beurteilende Probe. Textilmuster sind in der Regel undurchsichtige Proben, die einen Teil des auffallenden Lichtes absorbieren und den Rest diffus, in alle Richtungen reflektieren. Der Anteil des reflektierten Lichtes, der Reflexionsgrad R(λ) [%], ergibt, gegen die Wellenlänge aufgetragen, die Reflexionskurve für den Farbeindruck. Bei ungefärbten, weißen Proben hat das austretende Licht die gleiche Farbe wie das eintretende Licht. Sind die Fasern gefärbt, wird ein Teil des eintretenden Lichtes durch die Farbstoffmoleküle selektiv absorbiert und in Wärme umgewandelt. Da jeder Farbstoff nur in bestimmten Wellenlängenbereichen absorbiert, ist die Zusammensetzung des reflektierten, austretenden Lichtes von der Art und der Konzentration des eingesetzten Farbstoffes abhängig. Werden nur kleine Farbstoffmengen aufgebracht, wird wenig Licht absorbiert, somit viel Licht reflektiert und die Färbung erscheint hell. Bei größeren Farbstoffmengen wird mehr Licht absorbiert, weniger Licht reflektiert und die Probe erscheint dunkler. Reflektiert ein Muster

68 Die Körperfarbe bezeichnet die Farbe eines Nichtselbstleuchters, zB. einer textilen Probe, deren Farbe erst bei selektiver Absorption der auftreffenden Strahlung durch eine Lichtquelle sichtbar wird. Die resultierenden Reflexionswerte sind charakteristisch für die Körperfarbe, vgl. Bäurle: Körperfarbe, in: RÖMPP Online, RD-11-01429. Die Farbtemperatur [K] basiert auf der sich ändernden Strahlungsverteilung eines schwarzen Körpers beim Erhitzen. Die vom Körper abgegebene Strahlung verändert sich mit der Temperatur. Bei niedriger Temperatur ist die ausgesendete Strahlung rot, mit steigender Temperatur wird sie gelber und heller, vgl. hierzu Berger-Schunn: Praktische Farbmessung, S. 15–26; vgl. Bäurle: Lichtart, in: RÖMPP Online, RD-12-01053.

69 Zahlenwerte für F2 nach CIE: CIE No. 15.2 (1986); Zahlenwerte für D65 und A nach CIE Technical Report 15-2004.

alles auffallende Licht, ist die entsprechende Reflexionskurve im Idealfall eine Gerade bei 100 %, das Muster wäre Ideal-Weiß. Ein ideales Schwarz ergäbe eine Gerade bei 0 %, da das gesamte auffallende Licht absorbiert wird.[70]

Der letzte Einflussfaktor, der Beobachter, ist das menschliche Auge bzw. in der Farbmetrik ein definierter „Normalbeobachter". Sinnesempfindungen sind subjektiv, sie variieren von Mensch zu Mensch und werden durch äußere Faktoren wie Müdigkeit oder Alter beeinflusst. Außerdem sind die für das Helligkeits- und Farbensehen verantwortlichen Photorezeptoren auf der Netzhaut nicht gleichmäßig verteilt, im sog. gelben Fleck (Fovea) befinden sich nur Zäpfchen. Der außerhalb der Fovea entstehende Farbeindruck weicht von dem des gelben Flecks ab. Die Mitte einer betrachteten Probe wird auf der Fovea abgebildet. Sie ist so klein, dass nur Proben mit einem Durchmesser bis 1,7 cm bei einem Betrachtungsabstand von 25 cm vollständig abgebildet werden. Dieses entspricht in der Praxis einem Betrachtungswinkel von 2° (2°-Normalbeobachter, 1931). Da farbige Flächen in der Realität aber größer als 1,7 cm sind, muss auch der außerhalb der Fovea entstehende Farbeindruck bei der Beurteilung berücksichtigt werden. Deshalb wird heute ein Beobachtungswinkel von 10° (10°-Normalbeobachter, 1964) verwendet, der einer Probengröße von ca. 9 cm Durchmesser entspricht. Auf Basis der Normalbeobachter bestimmte die CIE die Stärke des erzeugten Farbreizes als Funktion der Wellenlänge, die Normspektralwertkurven.[71] Auf diesen Untersuchungen und Festlegungen der CIE basiert die Farbmetrik. Mit Hilfe von Messungen wird die Sinnesempfindung „Farbe" objektiviert und in Zahlenwerte gefasst. Voraussetzung für eine objektive Beurteilung ist die Verwendung von genormten Lichtquellen, Beleuchtungs- und Beobachtungsgeometrien sowie einer genormten, mittleren Augenempfindlichkeit.

Ein heute in der Industrie gebräuchliches Farbmeßsystem ist das CIELab-System. Es dient insbesondere zur objektiven und nummerischen Bestimmung von Farbunterschieden. Der geometrische Abstand zwischen zwei Farbtönen entspricht im CIELab-Farbraum in etwa der menschlichen Wahrnehmung. Das Koordinatensystem besteht aus den sich kreuzenden Farbachsen Rot-Grün (a*Achse) und Blau-Gelb (b*-Achse). Die vertikale L*-Achse (Lightness) repräsentiert die Helligkeit von Schwarz (0) bis Weiß (100). Auf der a-Achse sind die positiven Werte (+a) als rote und die negativen Werte (-a) als grüne Farbtöne definiert, auf der b-Achse entsprechend die positiven Werte (+b) als gelbe und die negativen Werte (-b) als blaue

70 Idealweiß bzw. -schwarz sind die Eichvorlagen für Farbmessgeräte. Weiß-Standards bestanden früher aus Bariumsulfat-Tabletten, heute werden Keramik- oder Kunststoffkacheln verwendet. Schwarz-Standards bestehen aus einem Innen mit schwarzem Samt oder schwarzem Kunststoff ausgekleidetem Körper.

71 Die Testpersonen mussten durch Variieren der Intensität dreier Primärvalenzen (x = Rot, 700nm; y = Grün, 546,1nm und z = Blau, 435,8 nm) alle Spektralfarben nachmischen; vgl. Berger-Schunn: Praktische Farbmessung, S. 33–42; vgl. ebenfalls Konica-Minolta: Farbkommunikation, S. 4.1.

Farbtöne. Farben gleichen Farbtons, aber unterschiedlicher Sättigung C* (Chroma), liegen in der a*-b*-Ebene auf Geraden vom Mittelpunkt (C = 0) nach außen (C = 100). Der Drehwinkel h (von Rot nach Gelb zunehmend) ist das Maß für den Farbton (H*, hue).[72] In diesem Farbenraum kann jede Farbe über die zugehörigen Koordinaten eindeutig bestimmt werden.

Die Farbdifferenz ΔE zwischen einer Probe (P) und einem Bezug (B) ist der bestimmende Wert bei der Farbmessung. Er wird aus den Differenzen der Einzelwerte für L*, a*, b* bzw. L*, C*, h gebildet.[73] Neben der Farbdifferenz dienen die aus der Messung erhaltenen Reflektionsdiagramme, in denen der reflektierte Anteil des eingestrahlten Lichtes jeder Wellenlänge gegen den Wellenlängenbereich des sichtbaren Spektrums zwischen 400 und 700 nm aufgetragen sind, zur Interpretation des Farbtones. Die Reflektionskurve für einen Farbton zeigt, welche Bereiche des Spektrums an der Entstehung des Farbtones beteiligt sind. Außerdem können anhand dieser Kurven Aussagen bezüglich Brillanz und Leuchtkraft gewonnen werden. Matte, stumpfe Farbtöne zeigen einen eher gleichmäßigen Verlauf der Reflektionskurven, während die Kurven für brillante Farbtöne deutliche Maxima und Minima aufweisen.

Wird ein Einflussparameter wie die Lichtart während der Messung verändert, können sich deutliche Farbunterschiede ergeben, die in der Realität nicht vorhanden sind (vgl. Tafel 2). Die für eine Probe mit unterschiedlichen Lichtarten bestimmten Farbkoordinaten L*, a* und b* weichen voneinander ab. Der resultierende Farbabstand ΔE, der sich allein durch den Wechsel der Lichtart ergibt, liegt deutlich über den in der Praxis tolerierbaren Grenzwerten von $< 1{,}5$.

2.2.3 Farbmittel, Farbstoff, Pigment und Färbedroge

DIN 55943 definiert den Begriff Farbmittel als Sammelbezeichnung für alle farbgebenden Substanzen und unterteilt in Farbstoffe und Pigmente. Der Farbstoff ist als ein im Anwendungsmedium lösliches Farbmittel, das Pigment ist als ein im Anwendungsmedium praktisch unlösliches Farbmittel definiert. Des Weiteren werden Pigmente in bunte und unbunte Pigmente unterteilt.[74] Einfache Einteilungen unterscheiden weiterhin nach der Herkunft der Farbmittel in natürliche und synthe-

---

72 Die extremen Werte von a* und b* für sehr brillante Farben liegen bei +80 bzw. -80.

73 Für die Berechnung vgl. Berger-Schunn: Praktische Farbmessung, S. 58; vgl. Choudhury: Textile Preparation, S. 337–353; vgl. weiterhin Booth et al.: Dyes, S. 28–35. In der modernen Produktion ist ΔE ein Teil des Anforderungsprofils einer Ware, das zwischen Veredler und Kunde ausgehandelt wird. Anhand der Unterschiede $\Delta L^* = L_P^* - L_B^*$ (positiv = heller, negativ = dunkler), $\Delta a^* = a_P^* - a_B^*$ (positiv = roter, negativ = grüner) und $\Delta b^* = b_P^* - b_B^*$ (positiv = gelber, negativ = blauer) kann die Richtung der Farbabweichung bestimmt werden. Dieses ist insbesondere in der Produktion von Bedeutung, da der größte Teil der Färbungen nicht als Typfärbung mit einem Farbstoff, sondern mit Mischungen aus mehreren Farbstoffen durchgeführt werden.

74 Vgl. DIN 55943; vgl. Wingender, Welsch: Farbstoffe, in: RÖMPP Online RD-06-00215.

tische Farbstoffe oder Pigmente oder nach dem mit dem Farbmittel zu erzielenden Farbton in Rot-, Blau- und Gelbfarbstoffe oder -pigmente. Naturfarbstoffe werden in pflanzliche und tierische Farbstoffe unterteilt. Pflanzenfarbstoffe werden dann wiederum nach ihrer Herkunft in Blüten-, Beeren-, Blatt- oder Wurzelfarbstoffe oder nach der chemischen Grundstruktur in Carotinoide, Flavonoide oder Anthocyane unterschieden.[75]

Farbstoffe können aus wässriger Lösung auf Textilfasern appliziert werden. Pigmente hingegen werden ohne Hilfsmittel weder physikalisch noch chemisch in ausreichendem Maße an Fasern gebunden, so dass sie mit Hilfe von Binde- und Verdickungsmitteln auf die Ware gebracht werden.[76]

In der Literatur wird häufig der Begriff Färbedroge verwendet. Unter einer Droge versteht man im ursprünglichen Sinn getrocknete pflanzliche oder tierische Stoffe, die für Heilmittel oder technische Zwecke verwendet werden bzw. wurden.[77] Krünitz nennt hier „Spezereien und Gewürze", die für Arzneien, in der Küche oder zum Färben benutzt wurden und Schmidt erweitert den Begriff in der technischen Anwendung auf die natürliche Farbstoffe und Pigmente.[78]

2.2.4 Farbentstehung bei Farbstoffen und Pigmenten

Nach physikalisch-chemischen Gesichtspunkten sind Substanzen dann farbig, wenn sie einen Teil der sich zu Weiß ergänzenden Strahlung aus dem sichtbaren Teil des Spektrums (ca. 400–770 nm) selektiv absorbieren. Der nicht absorbierte Teil der Strahlung wird reflektiert und vom menschlichen Auge als Farbe wahrgenommen. Eine Absorption im sichtbaren Bereich des Spektrums kann nur dann eintreten, wenn die eingestrahlte Energie den Anregungsmöglichkeiten der im Molekül befindlichen Elektronen entspricht. Durch das Licht wird den Elektronen Energie zugeführt und sie werden in ein höheres Energieniveau gehoben (angeregt).

Leicht anzuregen sind die π-Elektronen in Doppelbindungen. Ein organisches Molekül mit nur einer Doppelbindung absorbiert kurzwellige ultraviolette Strahlung und erscheint farblos. Liegen in Molekülen konjugierte Doppelbindungen vor, d.h. Doppelbindungen wechseln sich mit Einfachbindungen ab, wird die Absorption mit zunehmender Anzahl der Doppelbindungen immer weiter in den sichtbaren

75 Vgl. o.V.: Pflanzenfarbstoffe, in: RÖMPP Online RD-16-01364; vgl. Rosenberg: Historical organic dyestuffs, S. 35.

76 Für eine Übersicht vgl. Differenzierung von Farbmitteln, in: Emrath: Restaurierung von Gemälden. Die moderne Färberei verwendet den Begriff „Pigmentfarbstoff" für Farbmittel in der Druckerei. Eine Besonderheit unter den modernen Farbstoffen sind die Dispersionsfarbstoffe, die bevorzugt für die Färbung von Polyester eingesetzt werden. Da sie wasserunlöslich sind, müssen sie mit Hilfsmitteln in der wässrigen Flotte dispergiert werden. Unter Einsatz von Carriern oder unter Hochtemperaturbedingungen, durch die sich die Faser öffnet und für den Farbstoff zugänglicher wird, erfolgt die Färbung.

77 Vgl. o.V.: Droge, in: RÖMPP Online, RD-04-02578; vgl. Duden: Fremdwörterbuch, S. 200.

78 Vgl. Krünitz: Oekonomische Enzyklopädie, Th. 9, S. 638; vgl. Schmidt: Drogen und Drogenhandel, S. 1 u. 18–19.

Bereich des Spektrums verschoben. Naturfarbstoffe, deren Farbigkeit auf ausgedehnten konjugierten Doppelbindungssystemen beruhen, sind die Carotinoidfarbstoffe.

Das System aus konjugierten Doppelbindungen wird als Chromogen bezeichnet. An diesem System können weitere funktionelle Gruppen mit freien Elektronenpaaren hängen, die das Doppelbindungssystem erweitern und durch das Vorliegen mesomerer Strukturen die Anregbarkeit der Elektronen erleichtern.[79] Diese Gruppen werden als chromophore Gruppen bezeichnet (griech. *chroma* = Farbe, *phoros* = tragen). Die chromophore Gruppe der Anthrachinonfarbstoffe und der indigoiden Farbstoffe ist z.B. die chinoide bzw. Carbonylgruppe (–C=O).

Die Farbnuance einer organischen Verbindung kann durch Substituenten[80] mit freien Elektronenpaaren weiter beeinflusst werden. Die freien Elektronen dieser als Auxochrome bezeichneten Gruppen, beteiligen sich am π-Elektronensystem des Chromogens und können den Farbeindruck verändern. Auxochrome Gruppen sind beispielsweise die Hydroxylgruppe (–OH), die Aminogruppe ($-NH_2$) oder die Methoxygruppe ($-OCH_3$). Sie wirken farbvertiefend, vermitteln Affinität zur Faser und können über spezielle Färbemethoden (Chelat-Metallkomplexbildung oder Farblackbildung[81]) die Bindung an die Faser ermöglichen. Wird die Lichtabsorption nach längeren Wellen hin verschoben, spricht man von bathochromen Gruppen, bei einer Verschiebung in die entgegengesetzte Richtung von hypsochromen Gruppen. Zu den hypsochromen Gruppen gehört z.B. die in synthetischen Farbstoffen vorkommende Nitrogruppe ($-NO_2$). Diese Gruppen werden häufig auch als Antiauxochrome bezeichnet. Auxochrome Gruppen stellen dem Molekül Elektronen zur Verfügung (elektronenliefernd), Antiauxochrome entziehen dem Molekül Elektronen (elektronensaugend).[82]

---

79 Als Mesomerie oder auch Resonanz wird die Erscheinung bezeichnet, dass die in einem Molekül oder mehratomigen Ion vorliegenden Bindungsverhältnisse nicht durch eine einzige Strukturformel dargestellt werden können, sondern nur durch mehrere Grenzformeln. Keine dieser Grenzformeln beschreibt die Bindungsverhältnisse und damit die Verteilung der Elektronen in ausreichender Weise. Der wirkliche Zustand eines Moleküls, also der Zwischenzustand zwischen den Grenzstrukturen wird als mesomerer Zustand bezeichnet.

80 substituieren, von lat. *substituere* = ersetzen; Ein Substituent ist ein Atom oder eine Atomgruppe, die ein anderes Atom in einem Molekül ersetzt. Bsp.: In Methan (CH_4) wird ein Wasserstoff durch ein Chlor (Cl) ersetzt, Chlor ist der Substituent.

81 Vgl. Wingender, Welsch: Farbstoffe, in: RÖMPP Online RD-06-00215.

82 Diese Aussagen beruhen auf der 1876 von Nicolaus Otto Witt (1853–1915) aufgestellten Theorie vom Zusammenhang zwischen Farbstoffbau und Farbe. Die Begriffe Chromogen, Chromophor und Auxochrom wurden von Witt eingeführt. Die Deutung der Auxochrome als elektronenliefernde und Antiauxochrome als elektronenentziehende Gruppen entstammt der Mesomerielehre. Vgl. Behr: Taschenbuch der Textilchemie, S. 244–252; vgl. Ebner, Schelz: Textilfärberei und Farbstoffe, S. 89–100; vgl. Wittke: Farbstoffchemie, S. 31–41; vgl. Klessinger: Konstitution und Lichtabsorption, vgl. Zollinger: Color Chemistry, S. 11–24; vgl. Choudhury: Textile Preparation, S. 329–337; vgl. Christie: Colour Chemistry, S. 17–21; vgl. Wingender, Welsch: Farbstoffe, in: RÖMPP Online RD-06-00215.

Wird das mesomere System des Moleküls verkürzt oder unterbrochen, führt dieses zu einer Farbänderung (vgl. Reduktion von Indigo zu Leukoindigo) oder dem völligen Verschwinden der Farbe. Neben bathochromen und hypsochromen Effekten können Substituenten zusätzlich die Absorptionsintensität verstärken (hyperchromer Effekt) oder verringern (hypochromer Effekt).

Die Farbigkeit der Pigmente beruht ebenfalls auf der selektiven Absorption von Licht bestimmter Wellenlänge, mögliche Ursachen sind Ladungsverschiebungen oder Ladungsübertragungen, die durch Teile des Lichtes ausgelöst werden. Betroffen sind hiervon insbesondere Verbindungen mit Übergangselementen[83], wie Kupfer, Chrom, Cobalt, Eisen, Nickel usw., deren farbige Salze oder Oxide schon in der Antike als Pigmente Verwendung fanden. Nach der Art der Ladungsverschiebung unterscheidet man d-d-Übergänge[84] (Azurit, Malachit), Charge-Transfer-Prozesse[85] oder Valenz-Leitungsband-Übergänge[86] (Auripigment, Zinnober, Mennige). Eine Ladungsverschiebung, die nicht zwischen Metallen sondern zwischen Schwefelatomen stattfindet, ist die Ursache der Farbe des blauen Lapislazuli.[87] Ne-

---

83 Übergangs- oder Nebengruppenelemente sind die Elemente der Gruppen 3 bis 12 des Periodensystems. Bei den Hauptgruppenelementen werden mit zunehmender Ordnungszahl die s- und p-Orbitale mit Elektronen gefüllt, bei den Nebengruppenelementen werden die d- und f-Orbitale besetzt.

84 In einem Atom sind die fünf d-Orbitale entartet, d.h. energiegleich. Befindet sich das Element in einer Verbindung, werden die d-Orbitale vom Verbindungspartner beeinflusst und energetisch aufgespalten, d.h. es entstehen d-Orbitale mit unterschiedlichem Energieniveau. Die Elektronen befinden sich in der Regel auf den untersten Energieniveaus, können aber durch Absorption von Energie (Licht) in die energetisch höheren d-Orbitale angehoben werden. Erfolgt die Absorption im sichtbaren Spektralbereich, erscheint die Verbindung farbig. Die Größe der Energiedifferenz ΔE zwischen den d-Orbitalen wird im Wesentlichen durch den Bindungspartner beeinflusst. Durch d-d-Übergänge hervorgerufene Farbigkeit ist in der Regel aber nicht sehr intensiv. Vgl. Klöckl: Farbchemie.

85 Während bei d-d-Übergängen die Ladung innerhalb eines Atoms verschoben wird, ist die Ursache der Farbigkeit bei Charge-Transfer-Prozessen, die Ladungsübertragung von einem elektronenreichen Partner (Donator) auf einen elektronenarmen Partner (Akzeptor) durch Anteile des sichtbaren Lichtes. Charge-Transfer-Prozesse treten in Pigmenten häufig auf, wenn ein Element in unterschiedlichen Oxidationsstufen (zB. Fe^{2+}/Fe^{3+}) enthalten ist. Vgl. Klöckl: Farbchemie.

86 Von Bändern spricht man, wenn sich in einem Festkörper (hier: Pigment) aus Molekülorbitalen energetisch dicht beieinander liegende Kristallorbitale gebildet haben. Das Valenzband ist das energetisch höchste, noch von Elektronen besetzte Band, das Leitungsband ist das energetisch niedrigste unbesetzte Band. Die Energielücke zwischen den Bändern wird als Bandlücke bezeichnet, sie ist charakteristisch für die Substanz. Können durch sichtbares Licht Elektronen aus dem Valenz- in das Leitungsband gehoben werden, tritt Farbigkeit auf. Vgl. Brock et al.: Lacktechnologie, S. 118; vgl. Fritsch, Rossman: Edelsteinfarben S. 40.

87 Lapislazuli besteht aus einem Käfige (Hohlräume) bildenden Alumosilicatgrundgerüst, den Zeolithen vergleichbar, in dessen Hohlräumen Polysulfid-Anionen (S_3^-) eingeschlossen sind. Die blaue Farbe entsteht durch den Übergang eines Elektrons von einem Schwefelatom des Anions auf ein anderes; vgl. Holleman, Wiberg: Lehrbuch der anorganischen Chemie, S. 485,

ben der chemischen Zusammensetzung und den auftretenden Ladungsverschiebungen wird die Farbigkeit von Pigmenten zusätzlich durch die Teilchengröße, die Teilchengrößenverteilung und damit verbunden durch die Lichtstreuung an den Teilchen beeinflusst.[88] Je kleiner die Pigmentteilchen, desto intensiver ist die Farbe des Pigments.

2.2.5 Farbstoffe nach färbereitechnischen Prinzipien

In der Färberei werden Farbstoffe nach verschiedenen Prinzipien auf textile Faserstoffe appliziert. In Abhängigkeit von der angewandten Technik, den einflussnehmenden Prozessparametern sowie vom textilen Rohstoff, muss der Farbstoffbegriff daher erweitert werden.

Die einfachste anwendungstechnische Unterscheidung ist die Einteilung nach Handelsnamen oder die Systematisierung nach den zu färbenden Fasern in Woll-, Baumwoll- oder Polyesterfarbstoffe. Diese Klassifizierungen beinhalten keine bzw. wenig Informationen bezüglich des färberischen Verhaltens der Farbstoffe. Farbstoffchemiker und Färber unterscheiden daher üblicherweise nach der chemischen Konstitution des Farbstoffes oder nach seinem Verhalten zur Faser und der damit verbundenen Färbetechnik, was ebenso die Basis der Einteilung der Farbmittel in DIN 55944 ist.[89]

In Abhängigkeit von den chemischen Grundstrukturen werden Naturfarbstoffe z.B. in anthrachinoide, benzochinoide, flavonoide, indigoide oder naphthochinoide Farbstoffe unterschieden. Nach ihrem Verhalten zur Faser werden sie als Direkt-, Beizen- und Küpenfarbstoffe bezeichnet, was einen unterschiedlichen verfahrenstechnischen Aufwand beinhaltet. Beide Einteilungsarten sind die Basis der Systematisierung der Farbmittel nach dem Colour Index (C.I.).[90] Der im Jahr 1926 von der Society of Dyers and Colourists (SDC, Bradford, UK) begonnene Farbmittelkatalog beinhaltet eine umfassende Auflistung der gebräuchlichen Farbstoffe und Pigmente. In der Sammlung sind Informationen über Nomenklatur, chemische Struktur, Synthese, Reaktionsverhalten, Löslichkeit, Trivialnamen, Hersteller und Literatur zu den einzelnen Farbmitteln zu finden.[91] Die Einteilung erfolgt nach Gattungsnamen (Kombination aus Anwendungstechnik und chemischer Struktur) und Konstitutionsnummern (chemische Struktur). Gattungsnamen sind beispielsweise Säure- (C.I. Acid Dyes), Direkt- (C.I. Direct Dyes), Reaktivfarbstoffe (C.I. Reactive Dyes) oder Naturfarbstoffe (C.I. Natural Dyes). Die Unterteilung nach

---

778 und 885; vgl. Amelingmeier: Lapislazuli, in: RÖMPP Online, RD-12-00409; vgl. Fritsch, Rossman: Edelsteinfarben S. 43; vgl. Seel et al.: Das Geheimnis des Lapis lazuli, S. 67–69.

88 Vgl. Groteklaes: anorganische Pigmente, in: RÖMPP Online, RD-01-02596; vgl. Goldschmidt, Streitberger: Lackiertechnik, S. 146.

89 Vgl. DIN 55944:2003-11.

90 Vgl. SDC und AATCC: Colour Index.

91 Vgl. Storey: Manual of Dyes and Fabrics, S. 182–183; vgl. Rosenberg: Historical organic dyestuffs, S. 35.

Konstitutionsnummern umfasst z.B. Nr. 10000–10299 (Nitroso), Nr. 11000–19999 (Monoazo), Nr. 58000–72999 (Anthrachinon) oder Nr. 73000–73999 (Indigoid). Naturindigo ist unter C.I. Natural Blue 1 mit der Konstitutionsnummer C.I. 73000 aufgelistet.

2.2.6 Färbeverfahren

Färbungen werden meist in wässriger Lösung nach dem sog. „Ausziehverfahren" durchgeführt, da die meisten Naturfarbstoffe wasserlöslich sind bzw. durch chemische Reaktionen in eine wasserlösliche Form überführt werden können. Beim Ausziehverfahren wird das zu färbende Substrat als loses Fasermaterial, Garn oder textile Fläche in der Färbeflotte, einer wässrigen Lösung der Farbmittel bzw. Farbstoffe und verschiedener Hilfsmittel, unter Bewegung und Temperatureinfluss über einen längeren Zeitraum behandelt. Verfahrenstechnische Varianten der Färbungen nach dem Ausziehverfahren sind Stufen-, Mehrfach-, Nachzug- und Überfärbungen.[92] Diese Verfahrensvarianten dienen vorrangig der Steigerung der Farbstoffaufnahme. Zusätzlich können Farbtöne erzielt werden, die durch einmaliges Färben nicht erreicht würden.

Stufenfärbungen sind schrittweise Färbungen, bei denen das Substrat in die Flotte getaucht, an der Luft ausgehängt und wieder in die Flotte getaucht wird. Tauchen und Verhängen werden bis zu einer ausreichenden Farbtiefe wiederholt. Anschließend wird getrocknet. Dieses Verfahren kommt bevorzugt bei der Küpenfärbung zur Anwendung.

Bei **Mehrfachfärbungen** wird das Substrat gefärbt, getrocknet und anschließend wird es nochmals in derselben Flotte gefärbt. Diese Vorgehensweise führt häufig zu tieferen Farbtönen als sie durch ein Heraufsetzen der Färbezeit erreichbar wären. Wird für die zweite Färbung eine andersfarbige Färbeflotte verwendet, können neue Farbtöne erzeugt werden. So wird durch Behandlung eines im ersten Schritt blau gefärbten Gewebes in einer gelben Färbeflotte ein Grünton erzielt. Bei dieser Variante handelt es sich um eine mehrbadige Färbung, da zwei unterschiedliche Flotten für die Färbung verwendet werden.

Für **Nachzugfärbungen** werden Färbeflotten verwendet, die nicht vollständig ausgezogen sind. Insbesondere Naturfarbstoffflotten können nach Abschluss einer Färbung noch beträchtliche Farbstoffmengen enthalten, so dass die Flotten für hellere oder als Grundierung für andere Farbtöne weiterverwendet werden. Beispielsweise wird mit einer neu angesetzten Indigoküpe Dunkelblau gefärbt, mit dem Nachzug erhält man helle Blautöne, die als Grundlage für Grünfärbungen dienen.

92 Vgl. Sroka: Textilchemisches Färbereipraktikum, S. 194.

Unter **Überfärben** ist die Färbung von bereits coloriertem Substrat zu verstehen. Beispielsweise entsteht auf einer blauen Ware durch Überfärben mit einer roten Flotte ein Violettton.

Die Färbungen nach dem Ausziehverfahren können nach der Art des verwendeten Naturfarbstoffes weiterhin in Direkt-, Beizen- und Küpenfärbungen unterteilt werden. Diese Einteilung beinhaltet einen unterschiedlich großen Aufwand bei der Extraktion und der anschließenden Applikation der Farbstoffe.

Der **Direktfarbstoff** zieht „direkt", d.h. ohne Hilfsmittel, lediglich durch Temperatur- und Zeiteinflüsse auf die Faser auf. Bis auf die Küpenfarbstoffe können prinzipiell alle Naturfarbstoffe direkt gefärbt werden. Da aber die Affinität der meisten Farbstoffe zur Faser unter diesen Bedingungen nicht sehr hoch ist, können nur unzureichende Farbtiefen erzielt werden. Außerdem binden Direktfarbstoffe lediglich über Wasserstoffbrücken und/oder Van-der-Waals-Kräfte an die Faser, so dass die Nassechtheiten dieser Färbungen eher schlecht sind. Einige Direktfarbstoffe können allerdings zusätzlich über eine Ionenbindung auf Proteinfasern fixiert werden. Moderne Direktfarbstoffe, meist aus der Azogruppe, werden heute bevorzugt für Fasern aus nativer und regenerierter Cellulose verwendet.

Die Färbung mit einem **Beizenfarbstoff** erfordert die Behandlung des zu färbenden Substrates mit einer Beize. Je nach Faser- und Farbstoffart werden für die Beize wasserlösliche Metallsalze und/oder Gerbstoffe verwendet, die mit Farb- und Faserstoff wasserunlösliche Komplexe bilden und so den Farbstoff an die Faser binden. Durch die Anwendung unterschiedlicher Metalle (Al, Fe, Cu oder Zn) kann die Farbe der Komplexe variiert werden. Als Beizenfarbstoffe können Naturfarbstoffe fungieren, die funktionelle Gruppen mit freien Elektronenpaaren wie Carbonyl- oder Hydroxylgruppen in ortho-Stellung besitzen, die den Farbstoff zur Komplexbildung mit einem Metall befähigen. Die Farbstoffkomplexe werden auch als Farblacke bezeichnet.[93] Die Beizenfärbung kann einbadig oder zweibadig durchgeführt werden. Beim einbadigen Verfahren erfolgt die Beize während der Färbung, bei der zweibadigen Arbeitsweise wird die Ware gebeizt, dann getrocknet und anschließend gefärbt. Außerdem kann durch Zugabe des Beizmittels am Ende des Färbeprozesses oder durch Nachbehandlung mit einer Metallsalzlösung auch eine Nachbeize erfolgen. Das Prinzip der Beizenfärbung liegt der Färberei mit modernen Metallkomplexfarbstoffen zu Grunde. Hier reicht allerdings ein Färbeschritt aus, da die Komplexbildung schon bei der Herstellung des Farbstoffes erfolgt und der Metallkomplexfarbstoff als wasserlösliches Farbsalz vorliegt. Mit der Beizenfärbung vergleichbar sind ebenfalls die Direktfärbungen mit Nachchromierungsfarbstoffen. Die Farbstoffe enthalten Gruppen, die mit Chromionen Komplexe ausbilden. Die Komplexbildung erfolgt hier während einer Nach-

---

93 Vgl. Welsch: Farblacke, in: RÖMPP Online RD-06-00183.

behandlung und führt zu einer Molekülvergrößerung und damit verbunden zu besseren Waschechtheiten.

Die **Küpenfärbung** ist der verfahrenstechnisch aufwendigste Färbeprozess. Indigo und Purpur, die einzigen in der Natur vorkommenden Farbstoffe dieser Art, sind wasserunlöslich, also nach strenger Definition Pigmente. Erst durch die chemische Reaktion mit einem Reduktionsmittel in alkalischer Lösung entsteht der wasserlösliche Leukofarbstoff, der auf die Faser aufzieht und in den amorphen Bereichen eingelagert wird. Anschließend muss der Leukofarbstoff durch Oxidation wieder zum wasserunlöslichen Farbstoff rückoxidiert werden. Hervorragende Nass- und Lichtechtheiten rechtfertigen noch heute den hohen technischen Aufwand der Küpenfärberei.

2.2.7 Färbeparameter

Der Farbausfall einer Färbung nach dem Ausziehverfahren wird durch verschiedene Faktoren beeinflusst, die allgemein als Färbeparameter bezeichnet werden. In Abhängigkeit von Art und Menge der zu färbenden Ware ergeben sich durch die Anforderung der Reproduzierbarkeit, bestimmte Bedingungen, die während des Färbevorgangs einzuhalten sind. Die Masse des zu färbenden Substrates, das Flächengewicht, bestimmt die einzusetzenden Farbmittel- und Hilfsmittelmengen. Die benötigte Flottenmenge für eine Färbung errechnet sich über das Flottenverhältnis (FV) ebenfalls aus dem Gewicht der zu färbenden Ware. Es gibt an, wie viel kg Ware (Substrat) mit wie viel Liter Flotte gefärbt werden. Man spricht je nach Größe des Flottenverhältnis von „kurzen“ (1:10) bzw. „langen“ (1:40) Flotten. Die Wahl hängt von der Substratart und der Löslichkeit der Farbstoffe und Hilfsmittel ab. Empfindliche Substrate aus Seide werden in einer größeren Flottenmenge gefärbt, um die mechanische Beanspruchung während des Färbeprozesses herabzusetzen. In der modernen Färberei bestimmen neben ökonomischen und ökologischen Kriterien vor allem die Färbemaschinen die Größe des Flottenverhältnisses.[94] Die Art des Faserrohstoffes (Wolle oder Baumwolle) und die Art des einzusetzenden Farbmittels (Direkt-, Beizen-, Küpenfarbstoff oder Pigment) bestimmen den pH-Wert der Färbeflotte, die Färbetemperatur und -dauer.

2.2.8 Echtheiten von Färbungen

Färbungen auf Textilien sollen egal, d.h. gleichmäßig, und dauerhaft sein. In Abhängigkeit vom Einsatzzweck müssen sie den auftretenden Beanspruchungen im täglichen Gebrauch widerstehen. Diese Dauerhaftigkeit, der Fachmann bezeichnet sie als Echtheit, wird durch verschiedene äußere Einflüsse bestimmt. Hierzu gehört

94 In der modernen Färberei sind Flottenverhältnisse von 1:8 für Jet-Färbemaschinen bis 1:20 für Haspelkufen üblich.

der mechanische Abrieb von nicht fest gebundenem Farbstoff, das Herauslösen des Farbstoffes durch die Wäsche, das Verblassen des Farbtons durch Lichteinwirkung oder die Farbtonänderung durch Chemikalieneinfluss (Säuren oder Alkalien aus Lebensmitteln). Die Echtheit gegenüber diesen Beanspruchungen ist ein wesentliches Qualitätsmerkmal textiler Färbungen.

Mangelnde Echtheit führt zu einer Farbveränderung, die sich in der Regel durch ein Verblassen der Farbe oder durch die Änderung des Farbtones bemerkbar macht. Dass nicht alle Färbungen die an sie gestellten Ansprüche erfüllen, ist nicht erst seit dem Einsatz synthetischer Farbstoffe bekannt. Schon vor etwa 300 Jahren wurden daher in Frankreich Belichtungstests an Wollfärbungen durchgeführt[95] und im Jahr 1780 schildert Johann Nicolaus Bischoff das Problem wie folgt:

> „Denn, wenn gleich ein Zeug noch so feurig und glänzend gefärbt ist, aber diese schöne Farbe sich in ein schmutziges Gelb oder Grau verwandelt, oder gänzlich verschießt, so ist die ganze Kunst des Färbers umsonst und der Zeug hat seinen vorzüglichen Werth verloren.“[96]

Ein wesentliches Kriterium für die Echtheit ist die Bindung, die zwischen Farbstoff und Faser besteht. Farbstoffe, die nur über Nebenvalenzkräfte binden, haben schlechtere Waschechtheiten als Farbstoffe, die Hauptvalenzbindungen mit der Faser eingehen. Von Bedeutung ist außerdem die vollständige Durchführung der Färbung mit allen abschließenden Spül- und Nachbehandlungsvorgängen, um nicht gebundenen Farbstoff zu entfernen.

Für den Gebrauch von Bekleidungs- und Heimtextilien sind Wasch-, Trockenreinigungs-, Schweiß-, Licht- und Reibechtheiten von Interesse. Für ausgewählte Waren können weitere Echtheiten, wie z.B. Meerwasser- und Chlorwasserechtheit für Badebekleidung, hinzukommen. Aus der Vielzahl der möglichen Verarbeitungs- und Gebrauchsechtheiten haben für den Verbraucher insbesondere die Licht- und Waschechtheit Bedeutung.

---

95 Vgl. Ulshöfer: Farbechtheiten, 3/4, S. 25.

96 Vgl. Bischoff: Färberkunst, S. 25.

3. Färberei im Mittelalter

Die textilen Arbeitsbereiche Spinnerei, Weberei und Walkerei waren im Mittelalter durch die Entwicklung von Maschinen und technischen Hilfsmitteln von grundlegenden Veränderungen betroffen. So wurde in der Spinnerei die bisher verwendete Handspindel durch das Spinnrad ersetzt, in der Weberei folgte der Horizontalwebstuhl dem älteren Gewichts- oder Vertikalwebstuhl und in der Walkerei konnte durch die Einführung der Welle und der damit möglichen Umsetzung einer Kreisbewegung in eine Schlagbewegung die erforderliche körperliche Arbeit zum Verdichten der Ware durch Maschinenarbeit ersetzt werden.[97] Alle Veränderungen führten zu einer gesteigerten Produktion, die auch Auswirkungen auf die Färberei hatte, da nun größere Mengen gefärbt werden mussten. Das umfangreicher und größer werdende Angebot an Farbmitteln resultierte in einer Spezialisierung der Färber in Schwarz- (Schlicht-, Schlechtfärber), Waid- (Blaufärber) und Schönfärber[98]. Neben dieser handwerklichen Arbeit für den Handel, hatte die Färberei im häuslichen Bereich aber weiter Bestand.

Die Verwendung unterschiedlicher Faserrohstoffe, Farb- und Hilfsmitteln erlaubte eine Bandbreite an möglichen Rezeptvarianten. In historischen Anleitungen sind daher neben den üblichen Vorschriften für die Ausziehfärbung auch solche für das Aufstreichen von Farbmittellösungen, verschiedene Arten der Beize oder spezielle Methoden der Flottenherstellung wie z.B. das Verküpen zu erwarten. Die hier betrachteten Quellen wurden daher zunächst bezüglich der enthaltenen Rezeptarten und der Häufigkeit der Rezeptvarianten betrachtet. Weiterhin wurden enthaltene Angaben zur technischen Ausstattung und zur Ressourcennutzung berücksichtigt.

3.1 Rezeptarten in den Quellen

Die Analyse der Quellen zeigt, dass einige Färbeanleitungen alternative Flottenansätze, aber ebenso Vor- und Nachbehandlungsschritte für das Textil beschreiben. Diese Varianten wurden für die Strukturierung und Auswertung der Quellen hinsichtlich der Rezeptarten als eigenständige Teilrezepte betrachtet, wodurch sich die Anzahl der Einzelrezepte von 481 auf insgesamt 584 erhöht (vgl. Tab. 2).

Der größte Teil der betrachteten Anleitungen beschreibt Färbungen nach dem Ausziehverfahren (ca. 70 %), die sowohl einbadig als auch mehrbadig durchgeführt werden, und Überfärbungen (7 %), die ebenfalls nach dem Ausziehverfahren erfolgen. Die Vorschriften für das Überfärben sind in der Mehrzahl um Teilrezepte der Färbungen nach dem Ausziehverfahren, durch die auf bereits gefärbter Ware durch nochmaliges Färben Schwarz-, Braun- und Grüntöne erzielt werden sollen.

97 Vgl. Reininghaus: Gewerbe, S. 13–14.
98 Vgl. Ploss: Buch von alten Farben, S. 65.

Tab. 2: Rezeptarten und Verfahrensvarianten

Quelle	Entstehungszeit	Teilrezepte	Ausziehfärbung		Überfärben	Aufstreichen	Teil- Beizrezept	Extra Beizrezept	Verküpung	Tüchleinfarbe	Farbstoffwieder-gewinnung	Meisterei	Stärken + Steifen	Unvollständiges Rezept	Allgemeine Hinweise zum Färben
			einbadig	mehrbadig											
In	um 1334	18	16	-	1	1	-	-	-	-	-	-	-	-	-
M I	um 1400	17	12	-	3	1	-	-	-	-	1	-	-	-	-
Gr	um 1430	1	1	-	-	-	-	-	-	-	-	-	-	-	-
E	1434	2	2	-	-	-	-	-	-	-	-	-	-	-	-
M II	vor 1453	23	15	-	6	1	-	-	-	-	-	-	-	1	-
Ba	1. H. 15. Jh.	4	2	-	-	-	-	-	-	-	2	-	-	-	-
Bas	1460	3	2	-	-	1	-	-	-	-	-	-	-	-	-
M III	1464 - 1473	5	2	2	-	-	1	-	-	-	-	-	-	-	-
Be	1478	10	6		1	1	2	-	-	-	-	-	-	-	-
W	ca. 1480	9	3	2	1	-	1	1	-	-	1	-	-	-	-
H I	1483	2	1	-	-	-	-	-	-	-	1	-	-	-	-
Au	ab 1489	36	26	1	4	3	1	-	-	-	1	-	-	-	-
Am	ca. 1492	4	-	-	-	-	-	-	-	3	1	-	-	-	-
N I	2. H. 15. Jh.	6	4		1	1	-	-	-	-	-	-	-	-	-
N II	3. D. 15. Jh.	17	8	2	2	1	1	-	-	-	2	-	1	-	-
M IV	4. V. 15. Jh.	22	19	-	-	1	-	-	-	-	2	-	-	-	-
Tr	4. V. 15. Jh.	4	-	2	-	-	1	-	-	-	-	-	1	-	-
H II	15. Jh.	25	21	1	-	1	1	1	-	-	-	-	-	-	-
Wo	15. Jh.	2	2	-	-	-	-	-	-	-	-	-	-	-	-
M V	um 1500	69	46	7	2	4	3	-	-	3	-	-	1	-	3
H III	um 1500	3	-	-	-	-	-	-	-	-	3	-	-	-	-
Gö	1528	4	2	1	-	-	-	-	-	-	1	-	-	-	-
Al	1532	7	6	-	-	-	1	-	-	-	-	-	-	-	-
B	1. H. 16. Jh.	121	51	11	8	14	8	6	9	-	3	5	1	1	4
H IV	1562/1563	96	70	2	5	1	1	8	-	-	-	-	2	3	4
H V	1560-1570/71	45	30	-	8	5	1	-	-	-	-	-	-	-	1
Wi	15./16. Jh.	19	17	-	-	-	-	1	-	-	-	-	-	-	1
Ka	15./16. Jh.	1	1	-	-	-	-	-	-	-	-	-	-	-	-
H VI	16. Jh.	9	7	-	-	-	1	-	-	-	-	-	1	-	-
		Σ 584	**403**		**42**	**36**	**23**	**17**	**9**	**6**	**18**	**5**	**7**	**5**	**13**

Ein wichtiger Einflussfaktor bei der Ausziehfärbung ist die Beize, die im größten Teil der Färbevorschriften als Direktbeize erfolgt und damit Bestandteil der Ausziehfärbung ist. Die Quellen enthalten aber ebenfalls Anleitungen, die die Beize als Vorbehandlungsschritt beschreiben (7 %).

Alle bei der Ausziehfärbung zu berücksichtigenden Färbeparameter sowie die nach der Quellenlage benutzten Farbmittel werden in Kap. 4 bzw. Kap. 5 eingehender diskutiert und detailliert ausgewertet.

Eine besondere Art des Ausziehverfahrens ist die Küpenfärberei, für die eine spezielle Flottenvorbereitung, die Verküpung, erforderlich ist. Diese verfahrenstechnische Rezeptvariante ist lediglich in einigen Vorschriften (1,5 %) der frühneuzeitlichen Quelle **B** geschildert. Farbmittel und Vorgehensweise werden in Kap. 5.7 beschrieben.

Weitere, nicht als Bestandteil der Ausziehfärbung aufzufassende Vorschriften schildern das Aufstreichen der Färbeflotte (6 %), die Herstellung von Tüchleinfarben (1 %), die Farbstoffwiedergewinnung (3,1 %), Anleitungen für das Stärken bzw. Steifen (1,2 %) der Ware sowie als „Meisterei“ bezeichnete Nachbehandlungen (0,9 %). Außerdem sind neben unvollständigen Vorschriften (0,9 %) auch allgemeine Hinweise (2,2 %) für die Färbung oder das Aufbewahren der Flotte aufgeführt.[99] Diese Rezeptarten werden im Folgenden kurz in ihrem Ablauf beschrieben, da sie für die Quellenanalyse bezüglich naturwissenschaftlich-technischer Inhalte nicht berücksichtigt wurden.

Das **Aufstreichen** der Farbflotte war eine verfahrenstechnische Variante für das Applizieren der Farbmittel auf weiße oder bereits gefärbte Ware. Hier wurden häufig die für die Ausziehfärbung hergestellten Flotten durch Einkochen oder Leimzusätze verdickt, um ein Zerfließen auf dem Substrat zu verhindern. Das Verfahren wurde als Kottinieren bzw. Kuttenieren bezeichnet.[100] Anleitungen für das Aufstreichen sind über den gesamten betrachteten Zeitraum in den Quellen zu finden. Auffällig ist allerdings, dass sehr häufig Indigo bzw. Waid als eine Komponente dieser Flotten genannt ist. In 50 % der Vorschriften wird Indigo allein oder mit Kornblumen sowie Beeren wie ein Pigment auf das Substrat aufgebracht.

Rezepte für blaue und violette **Tüchleinfarben**, die in der Malerei verwendet wurden, sind in den Quellen **Am** und **M V** aufgeführt. Da die Farben nicht lange haltbar waren, wurden Leinenstücke in mit Beeren oder Kornblumenblüten hergestellte Farbauszüge getaucht, bis sie genug Farbe aufgenommen hatten und getrocknet. Auf diese Weise konnte die Farbe „gelagert“ werden. Zum Malen wurde sie mit wenig Wasser wieder abgelöst.[101]

18 Teilrezepte beschreiben die **Rückgewinnung eines Farbstoffes** aus Scherwolle, den in der Tuchausrüstung abgeschorenen Wollfasern. Walken, Rauhen, Spannen und Scheren waren wichtige Arbeitsschritte der Wolltuchproduktion. Insbesondere

99 Vgl. dazu die entsprechenden Tabellen im Anhang.

100 Vgl. Oltrogge: Datenbank; vgl. Grimm, Bd. 11, Sp. 1899, 2903–2904; vgl. Cassebaum: Ursprünge der Indigofärberei, 1965, S. 626.

101 Vgl. Ploss: Buch von alten Farben. S. 84; vgl. ders: Das Amberger Malerbüchlein, S. 698–701; vgl. Thompson: Medieval Painting, S. 143–144.

Tuche aus Streichgarn wurden durch Walken verdichtet und verfilzt. Der Walkflor wurde anschließend im nassen Zustand mit Distelkarden aufgerauht und die Fasern gleichmäßig in eine Richtung gelegt, der Flor erhielt einen Strich (vgl. Tafel 3, links). Durch Spannen und Scheren bekam das Tuch Form und die Faserdecke wurde auf eine gleichmäßige Höhe geschnitten (vgl. Tafel 3, rechts). Hochwertige Wollwaren, wie Scharlachtuch, durchliefen die Arbeitsschritte Rauhen und Scheren mehrmals.[102]

Anleitungen für die Farbstoffgewinnung aus farbigen Wollresten sind in den Quellen über den gesamten betrachteten Zeitraum zu finden. Verwendet wurden blaue, grüne und schwarze Wollreste, besonders häufig ist rote oder scharlachfarbene Scherwolle aufgeführt. Die Beschreibung der Qualität des Ausgangsmaterials (z.B. *Flocken von rote lundischen oder lampartischen tuche, fyn rodt scarlakenß scarwulle, plab flocken von gutem tuch*) und der mit der neuen Flotte zu erzielende Farbton (z.B. *parizrot, lacham, indich*) deuten daraufhin, dass zuvor teure Farbstoffe wie Kermes oder Indigo für die Färbungen eingesetzt wurden.[103] Die Scherwolle wurde mit einer starken Lauge (Kalklauge oder Waidaschenlauge) über einen längeren Zeitraum heiß behandelt. Der hohe pH-Wert bewirkt bei Siedetemperatur die Aufspaltung der Cystinbrücken in den Fasern und eine beschleunigte hydrolytische Spaltung der Peptidbindungen, so dass sich die Wollfasern auflösen. Die entstandene farbige Lösung (Flotte) wurde z.T. direkt zum Färben weiterverwendet, wobei eine Schädigung der zu färbenden Ware auf Grund des stark alkalischen pH-Wertes nicht auszuschließen war. Alternativ konnte der aus den Textilresten gelöste Farbstoff mittels Kreide[104] oder Alaun aus der Lösung extrahiert und für die spätere Nutzung getrocknet werden. Im Rezept fol. 32v, 3 der Quelle **W** soll der Farbstoff mit einer sauren Flotte (Weizenkleie) ausgezogen und direkt auf eine zuvor mit Alaun gebeizte Ware aufgefärbt werden. Hier werden die Fasern der Textilreste nicht aufgelöst, sondern lediglich ein Teil des Farbstoffes abgezogen und mit Hilfe des Beizmittels Alaun auf der neuen Ware fixiert.

---

102 Vgl. Reith: Lohn und Leistung, S. 148–150.

103 Brachert schildert verschiedene Varianten der Gewinnung von Parisrot. Er nennt Brasilholz, verschiedene Pigmente und Lacca, bei dem es sich um Kermes handeln kann. Vgl. Brachert: Maltechniken, S. 148, 187–188 und 225. Für die Färbung von Parisrot sind Brasilholz und Saflor genannt (Quelle **Au** fol. 25r–25v, Nr. 51 und fol. 26r–26v, Nr. 52). Die Verwendung von Brasilholz ist bei Merrifield beschrieben, für die Nutzung von Saflor finden sich keine Belege. Vgl. Merrifield: Original treatises, S. xxvi. Nach Untersuchungen von Kirby et al. war Parisrot ein Malpigment, das hauptsächlich in Deutschland und den Niederlanden verwendet wurde. Es wurde aus Kermes, Brasilholz oder Scherwolle gewonnen; vgl. Kirby et al.: Paris red, S. 238. In den hier aufgeführten Anleitungen handelt es sich vermutlich um Kermes, dessen Farbstoffe auf Grund besserer Echtheiten wertvoller als die des Brasilholzes waren. Zur Gewinnung von Parisrot vgl. ebenfalls Augustyn, Lepsky: RDK-WEB, Bd. 6, Sp. 1474. Blaue Scherwolle war vermutlich zuvor mit Indigo bzw. Waid gefärbt worden. Vgl. Leggett: Ancient and Medieval Dyes, S. 34–38.

104 Kreide (Calciumcarbonat, $CaCO_3$) dient in Quelle **M I**, fol. 66v–67, Rezept 52 zur Aufnahme des zurückgewonnenen Farbstoffes.

Die Vorschriften zum **Steifen** bzw. Stärken beschreiben die Behandlung von Leinengewebe mit einem aus Pergamentabgängen oder der Schwimmblase des Störs (Hausenblase) hergestellten Leimes.[105] Die Behandlung konnte als Vor- oder Nachbehandlung erfolgen, was auch in den Quellenrezepten belegt ist. Als Vorbehandlung diente das Steifen häufig für textile Flächen, die anschließend mit einer Farbmittellösung bestrichen wurden.

Die „**Meisterei**" ist eine in Quelle **B** beschriebene Nachbehandlung der gefärbten Ware.[106] Hellblaue (*Spyba das ist Liechtplaw*), himmelblaue (*Hymel plaw*), braune oder rosenfarbene (*Rosin*) Tuche wurden mit einer warmen „*philot*"-Lösung behandelt. Im Rezept fol. 86v, 245 ist die Meisterei für braune Tuche näher beschrieben. Zunächst erfolgte eine mehrmalige Behandlung der Ware mit einer heißen Lauge aus Waidasche und Weinstein mit einer abschließenden Wäsche. Danach wurde die Ware durch eine Beizflotte aus Kleie und *philot* gezogen. Dieser Teilschritt wurde als „*medieren*" bezeichnet. Nach der Art der Anwendung ist *philot* eine Nachbeize, um welche Substanz es sich handelt, konnte aber nicht geklärt werden. Auch der Verfasser der Quelle scheint nicht zu wissen, worum es sich handelt. Im Rezept fol. 87, 244b vermutet er, dass *philot* ein Pulver sei.

3.2 Färbetechnik in den Quellen

Der Färbeprozess umfasste verschiedene aufeinander folgende Arbeitsschritte, für die diverse Geräte und technische Hilfsmittel benötigt wurden. Nach der Quellenlage wurden die benötigten Farbmittel zunächst zerkleinert. Beeren wurden mit den Händen zerdrückt, Brasilholz geraspelt, Pigmente oder Alaun wurden zum Pulverisieren auf einem Stein gerieben[107], die Verwendung von Mörser und Pistill ist ebenfalls denkbar. Anschließend mussten in der Regel die im Farbmittel enthaltenen Farbstoffe unter neutralen, sauren oder alkalischen Bedingungen extrahiert werden. Wurde für das Ausziehen der Farbstoffe eine Lauge verwendet, musste diese zuvor mit Asche und/oder Kalk sowie Wasser hergestellt werden. Nach einer

105 Pergamentabgänge wurden nach Krünitz von den „Steifleinwandmachern" verwendet wurde; vgl. Krünitz: Oekonomische Encyklopädie, Th. 108, S. 498. Für Pergament sind bei Grimm die mhd. und md. Bezeichnungen *përgamënte, përgemënte, përgemënt,* gekürzt *përmënt, përmint, përgmît, përmît, pirmint* belegt; vgl. Grimm: DWb, Bd. 13, Sp. 1544. Hausenblase oder Hausenblatter ist die Schwimmblase des Störs, aus der Fischleim gewonnen wurde. Krünitz beschreibt die Herstellung des Leims und nennt verschiedene Anwendungsbereiche. In der Textilproduktion wurde Fischleim zur Erzeugung von Glanz oder zum Leimen der Kette verwendet; vgl. Grimm: DWb, Bd. 10, Sp. 660 und Krünitz: Oekonomische Encyklopädie, Th. 22, S. 469–473; vgl. ebenfalls Brachert: Maltechnik, S. 119–120.

106 Vgl. Quelle **B**, fol. 84–84v, Rezept 240, fol. 84–84v, Rezept 241, fol. 87, Rezept 244b, fol. 86v, Rezept 245 und fol. 92v, Rezept 256b.

107 Vgl. Quelle **In**, fol. 100v, Rezept 5a + b.

Wartezeit wurden die nicht löslichen Bestandteile mit Hilfe eines Laugensacks entfernt.[108]

Die für die Färbung benutzten Flottenbehälter bestanden je nach Art der Färbung aus Holz oder Metall. Färbetröge aus Holz (vgl. Tafel 7), die als Küpen[109] bezeichnet wurden, konnten von den Blaufärbern in der Küpenfärberei eingesetzt werden, da diese bei Temperaturen bis höchstens 60 °C stattfand. Die Küpe war ein Trog, der bis zu 25 kg Waid und ca. 600 L Flotte fasste.[110] Das für die Färbung benötigte warme Wasser wurde in Metallbehältern erhitzt und der Küpenlösung zugefügt, wenn diese zu sehr abkühlte. Nach der Quellenlage war es auch üblich, den Färbebehälter einzupacken, um die Temperatur der Flotte möglichst lange konstant zu halten.[111] Pierer beschreibt die Indigofärberei mit Holzküpen und indirekt beheizbaren Kupferkesseln, die mit ihrem unteren Teil in den Boden eingelassen waren. Die Seiten waren mit einer Mauer umgeben, die bei nicht beheizbaren Holzküpen für die Isolierung sorgte. Die beheizbaren Küpen konnten seitlich über einen als „Küche“ bezeichneten Zwischenraum mit glühenden Kohlen erwärmt werden. Durch das indirekte Beheizen wurde ein „Aufwühlen“ des Bodensatzes in den Waid- oder Indigoflotten vermieden.[112]

Andere Färbungen, die bei Kochtemperatur durchgeführt wurden oder die zur Vorbereitung der Flotte das Kochen des Farbmittelsuds erforderten, konnten nur in feuerbeständigen Behältern erfolgen. Das im mittelalterlichen Haushalt übliche Gefäß zum Kochen und Erhitzen war der Grapen, ein dickwandiges gegossenes Eisengefäß, das drei Beine hatte und über das Feuer gestellt werden konnte.[113] Grapen hatten bei einem Fassungsvermögen von ca. sieben Litern ein Gewicht von sieben Kilogramm. In Süddeutschland wurde der Grapen auch als *Hafen* bezeichnet, so dass in den Färbevorschriften der aus dem süddeutschen Raum stammenden Quellen **M I**, **M II**, **Au**, **N II**, **M IV**, **H II** und **Wi** ein *Hafen* zum Ansetzen der Färbeflotte aufgeführt ist.[114]

Für die gewerbliche Nutzung und insbesondere für die Stückfärbung wurden größere Flottenbehälter benötigt, so dass an Stelle des schweren Grapen der dünnwandige Kupfer- oder Messingkessel trat, dessen Gewicht lediglich 1/10 des

108 Vgl. Quelle **Au**, fol. 26v–28v, Rezept 53

109 Der Begriff Küpe stammt vom mnd. *Kûpvat*, womit eine Kufe, ein Bottich oder ein großes Fass gemeint ist; vgl. Lasch, Borchling: Mittelniederdeutsches Handwörterbuch, Bd. 2, Teil 2, S. 711. Der Begriff Küpe hat sich auf die darin befindliche Färbeflotte übertragen. Heute ist mit Küpe im Allgemeinen die besondere Art der Färbeflotte gemeint.

110 Vgl. Dézsy: Alaun, S. 15; vgl. Schmidtchen: Die Technik des Färbens und Gerbens, in: König: Propyläen Technikgeschichte, Bd. 2, S. 537.

111 In Quelle **B**, fol. 78–79, Rezept 229 heißt es: *„daruber leg ein guten tepich vnd pind den mit einem strick zu der prenten*“, „darüber lege einen guten Teppich und binde ihn mit einem Strick auf den Bottich“.

112 Vgl. Indigfärberei, in: Pierer: Universal-Lexikon, Bd. 8, S. 885–886.

113 Vgl. Grimm: DWb, Bd. 8, Sp. 1887.

114 Vgl. Hasse: Hausgerät, S. 66.

Grapens betrug. Für Kessel sind Größen bis zu 500 Litern Inhalt belegt. Er konnte an Ketten oder Kesselhaken über das Feuer gehängt werden (vgl. Tafel 4, rechts). Gewerbliche Behälter hatten einen Gegenwert von eineinhalb Ochsen, so dass sie in Testamenten und Inventaren aufgeführt sind.[115]

Die Art des zur Herstellung des Kessels verwendeten Metalls konnte Einfluss auf die Nuance der Färbung haben. Das Wissen um diesen Einfluss zeigt sich in einigen Färbeanleitungen, in denen das bei der Färbung zu verwendende Gefäß näher beschrieben ist, während der größte Teil der Färbevorschriften keine Angaben zu den benötigten Flottenbehältern macht.[116] In den Beschreibungen wird die Nutzung eines „*verglasten*" Gefäßes beschrieben. Die Glasur ist ein durch Brennen erzeugter dünner, glasartiger Überzug aus Salz oder Metalloxiden auf Keramikgefäßen, die den Ton für Flüssigkeiten undurchlässig macht. Metallkessel erhalten diese Schutzschicht durch die Emailierung, die durch Schmelzen unterschiedlicher glasbildender Oxide auf der Metalloberfläche gewonnen wird.[117] Ob es sich bei den geforderten Gefäßen um emailierte Metall- oder glasierte Tonwaren handelt, ist anhand der Beschreibung in den Vorschriften nicht erkennbar.

Ausgezogene Holzspäne, Pflanzen- und Beerenreste konnten bei Berührung mit der Ware zu Flecken führen. Daher wurden sie nach der Farbmittelextraktion mit Hilfe eines als Sieb fungierenden Tuches durch Abseihen aus der Flotte entfernt.[118] Verblieben die Pflanzenreste während der Färbung in der Flotte, wie es z.B. bei der Küpenfärbung mit Waidblättern der Fall war, verhinderten in den Behälter eingelegte Siebe oder Bretter den Kontakt mit dem Textil.[119]

Der Farbstofftransport in wässriger Lösung erfolgt mittels Konvektion, hohe Temperaturen und Flottenbewegung begünstigen den Prozess. Das gleichmäßige Durchdringen der Ware ist nur bei einer ausreichenden Flottenmenge gegeben. Durch das stetige Bewegen des Substrates in der Flotte wird die Egalität der Färbung, d.h. der gleichmäßige Farbausfall der Ware, maßgeblich beeinflusst. Die einfachste Art der Warenbewegung war das Umziehen des Färbegutes mit Hilfe eines Färbestocks (vgl. Tafel 4, links), was vor allem bei der Färbung von Faserflocken oder Garnsträngen erfolgte. Wurden Gewebe (Stückfärbung) gefärbt, war der Kraftaufwand für das Bewegen der Ware erheblich größer, so dass diese Arbeit schon im Hochmittelalter durch die Einführung von Haspeln bzw. Winden erleichtert wurde.

115 Vgl. Hasse: Hausgerät, S. 25, 71–72.

116 In Quelle **H II**, fol. 57–57v, Rezept 4 ist ein *verglastes* Gefäß genannt, was darauf hindeutet, dass hier der Metalleinfluss auf den Farbton vermieden werden soll. Bei der Färbung mit Grünspan dagegen soll ein Kupfergefäß verwendet werden (zB. Quelle **H IV**, fol. 190v–191v, Rezept 321).

117 Vgl. o.V.: Glasur, in: RÖMPP Online, RD-07-01218; vgl. Steiner: Email, in RÖMPP Online, RD-05-00871.

118 Vgl. Quelle **H II**, fol. 63v–64, Rezept 16.

119 Vgl. Quelle **W**, fol. 33r, Rezept 6a + b.

Mit Hilfe der Haspel konnten längere Tuche ohne Egalitätsprobleme gefärbt werden, so dass die Stückfärbung an Bedeutung gewann. Das eine Ende der Ware wurde über die Breite an einem von der Decke hängenden oder auf einem Gestell liegenden Färbebaum befestigt und der Rest wurde aufgewickelt. Zum Färben konnte fortlaufend ein weiteres Stück der Ware in die Flotte abgelassen werden.

Erfolgte das Einlassen und Aufwickeln zunächst mit der Hand, wurde es schon bald durch die Nutzung der Kurbel erleichtert (Tafel 4, rechts). Dieses einfache Prinzip wird noch heute in der modernen Technik bei Färbungen in Haspelkufen genutzt. Die Ware wird allerdings im Gegensatz zur historischen Technik in Strangform über den Haspelbaum gelegt, an den Enden zusammengenäht und fortlaufend durch die Flotte bewegt, wodurch ein Ab- und Wiederaufwickeln entfällt. Die Verwendung der Haspel zur Bewegung der Ware ist in einigen Färbeanleitungen der aus dem 16. Jahrhundert stammenden Quelle **B** belegt.[120] Das Rezept fol. 92, 255 der Handschrift **B** beschreibt die Arbeitsweise mit der Haspel, in der Quelle als *werben* bezeichnet, näher. Hier heißt es:

> „[...] darnach wind das tuch auff ein werben die so lang, als das tuch prait ist, daran wind das das tuch auß der farb hin vnd wider das es nit verprenn, In der farb, prait auch das tuch auff der werben wol auff, das es nit flecket werdt [...]“[121]

Die Haspelbaumbreite soll also der Tuchbreite entsprechen. Außerdem wird auf die breite, glatte Warenführung hingewiesen, damit Flecken durch Knicke oder Falten in der Warenbahn vermieden werden.

Nach dem Färben wurden die Warenbahnen gespült und zum Trocknen aufgehängt[122], was Anbauten oder freie Flächen neben der Werkstatt erforderte. Die Größe der Gestelle zum Aushängen, Spannen oder Trocknen der Ware (vgl. Tafel 7, im Hintergrund), in Augsburg z.B. als Rechen oder Hencken bezeichnet, in Hamburg Rahm oder Rehm genannt, wurde von der städtischen Obrigkeit geregelt. Sie durften nicht zu hoch sein, um Nachbarn nicht das Licht zu nehmen. Bei großen, breiten Gestellen musste abtropfende Färbeflotte bzw. Spülwasser aufgefangen und auf dem Grundstück des Färbers gesammelt werden, um das benachbarte Areal nicht zu verunreinigen.[123] In der Zunftrolle der Lübecker Färber heißt es dazu:

---

120 *Werben* ist bei J. und W. Grimm als Begriff für sich drehen, umkehren vom ahd. bis ins ältere nhd. Belegt; vgl. Grimm: DWb, Bd. 29, Sp. 156. Zu den Anleitungen vgl. Quelle **B**, fol. 86v, Rezept 243; fol. 90, Rezept 251; fol. 90v, Rezept 252; fol. 92, Rezept 255a, b + c; fol. 93v, Rezept 259.

121 Vgl. Quelle **B**, fol. 92, Rezept 255.

122 Die Verwendung des Rahmens (*Ram*) zum Spannen und Trocknen der Ware ist im Rezept fol. 93v, 259 der Quelle **B** beschrieben.

123 Vgl. Clasen: Textilherstellung in Augsburg, S. 227.

> „De farver schoelen de lacken, als stalblawen und alle blawenn, reine spoelen, ehr se de up de lehnen bringenn, up dat de loge daruth kame, by poene van achte schillinggenn."[124]

Der abschließende Arbeitsschritt das Spülens der Ware mit sauberem Wasser, um nicht fixierten, nur oberflächlich aufgelagerten Farbstoff zu entfernen, ist in den hier betrachteten Quellen lediglich in den Handschriften **M IV**, **Tr**, **H II**, **M V**, **Gö**, **B** und **H IV** beschrieben. 4,5 % aller Anleitungen für das Ausziehverfahren beinhalten das Spülen, wobei die Hälfte der Angaben auf Vorschriften der Quelle **H II** entfällt. Vermutlich war der Spülvorgang für die Quellenverfasser so selbstverständlich, dass er nicht explizit in den Färbevorschriften aufgeführt wurde.

3.3 Ressourcennutzung und Umweltprobleme

Neben den für die Farbgebung erforderlichen heimischen oder importierten Farb- und Hilfsmitteln, Räumlichkeiten und Gerätschaften, benötigte die Färberei, wie viele andere Handwerke ebenso, vor allem die vor Ort vorhandenen Ressourcen Holz und Wasser.

Holz war der wichtigste Energieträger während des Mittelalters. Außerdem diente es als Grundstoff in der Pottaschegewinnung und in Form von Baumrinde als Gerbstofflieferant. Der große Bedarf an Holz führte gegen Ende des Mittelalters zu einer Verknappung und Verteuerung des Rohstoffes.[125] In der Färberei wurden beträchtliche Mengen an Holz für das Erhitzen von Wasch-, Färbe- und Spülflotten benötigt. Nach Angaben von Clasen rechneten die Nürnberger Färber mit einem Verbrauch von einem Klafter[126] Holz für 75 Tücher, wobei über die Größe eines Tuches keine Angaben gemacht werden. Die Kosten beliefen sich in Abhängigkeit vom Holzpreis auf 10–24 % der gesamten Produktionskosten. Das Holz musste in der Regel auf dem freien Markt beschafft werden, bei Engpässen übernahm aber

124 Zitiert nach Wehrmann: Wantfarver, S. 487.

125 Vgl. Schubert: Der Wald, S. 261–263. Eine andere Energiequelle war die Steinkohle, die seit ca. 1200 im Raum Lüttich abgebaut wurde, deren Bedeutung aber mengenmäßig gering war. Erst mit der Verknappung des Rohstoffes Holz nahm die Kohleförderung zu. Zum Holzbedarf verschiedener Gewerke vgl. Dirlmeier et al.: Europa im Spätmittelalter, S. 9–10 und zum Holzbedarf im Bergbau vgl. Hillebrecht: Energiekrise, S. 275–282; vgl. Sosson: Holzhandel, in: Angermann et al.: LexMa, Bd. 5, Sp. 104–105.

126 Das Klafter war ein Längenmaß und beschreibt die Entfernung zwischen den ausgestreckten Armen eines erwachsenen Mannes, die 6 Fuß entsprachen. Ein Klafter Holz war ein Holzstapel mit 1 Klafter Länge und 1 Klafter Höhe. Die Tiefe des Stapels entsprach der Länge der Holzscheite (meist 3 Fuß). Da der Fuß unterschiedlich lang war, ergeben sich für einen Klafter Brennholz je nach Ort unterschiedliche Werte: für Hannover 3,589 m^3, Lippe 5,242 m^3 oder Nürnberg 3,031 m^3. Vgl. Verdenhalven: Alte Maße, S. 31; vgl. ebenfalls Rottleuthner: Nichtmetrische Gewichte und Maße, S. 98.

der Rat den Holzverkauf an die Färber zu einem Festpreis.[127] Im 16. Jahrhundert gingen die städtischen Verwaltungen dazu über, bestimmte hochwertige Holzarten, wie beispielsweise Buchenholz, als Brennholz in der Färberei zu verbieten. Außerdem wurde die Brennholzmenge auf ein bestimmtes Quantum beschränkt.[128]

Wasser wurde in der Färberei zum Ansetzen der Färbeflotten und zum abschließenden Spülen der gefärbten Ware benutzt, den Waidproduzenten diente es zum Befeuchten der Waidblätter bei der Aufbereitung des Farbstoffes und die Walker benötigten Wasser zum Vorbereiten der Walkspeisen sowie nach der Erfindung der Walkmühle als Antriebskraft für die Walkhämmer. Viele nicht textile Handwerke, wie Gerber, Fleischhauer, Brauer oder Müller, waren ebenfalls auf die Wassernutzung angewiesen. Das während der Produktion verwendete Wasser viel nach Abschluss der Arbeit als Abwasser an. Mit dem Wachstum der Produktion entstanden zunehmend Konflikte zwischen den Zünften, die in Konkurrenz um die Wassernutzung standen.

Bereits im Mittelalter gab es Probleme der Umweltverschmutzung. Neben den menschlichen und tierischen Exkrementen, die die Hauptverschmutzungsquelle waren[129], wurden die Gewässer durch Abfälle und Abwässer der verschiedenen Gewerbe verunreinigt. Außer den Fleischhauern und Gerbern, durch die Fleisch- und Schmutzreste, Fette, vegetabilische und mineralische Gerbstoffe ins Wasser gelangten, zählten Färber, Bleicher und Walker durch das Einbringen von Farbstoffen, Beizen, Laugen und Seifen zu den Hauptverursachern der Wasserverschmutzung. So wurden die Restflotten der Augsburger Färber in den Lech geschüttet.[130] Zusätzlich führten die siedenden Beiz- und Färbeflotten zu Rauch- und Geruchsbelästigungen in der Umgebung der Betriebe.[131] Zusammenhänge zwischen verunreinigtem Trinkwasser und verschiedenen Krankheiten wurden schon früh vermutet.[132] Diese Kenntnisse flossen z.T. in Verordnungen zum Schutz von Wasser, Boden und Luft ein.[133] So heißt es z.B. im Erfurter Zuchtbrief aus dem Jahr 1351 in Artikel 161:

> „Von dem weydmuss wo man das hiene brengen sal. Das Weydmuss sal man bringen vor die stat, wer es daruber schotet in die Gera oder in die kersslach, der sal ein pfund geben, als dicke er das bricht.“[134]

---

127 Vgl. Clasen: Textilherstellung in Augsburg, S. 254.

128 Vgl. Baumann: Merchant Adventurers, S. 35–36.

129 Vgl. Illi, Schîssgruob, S. 18.

130 Vgl. Dirlmeier: Lebensbedingungen, S. 157.

131 Vgl. Illi, Schîssgruob, S. 20 und 55.

132 Vgl. Dirlmeier: Lebensbedingungen, S. 157–158.

133 Vgl. Simon-Muscheid: Abfälle, Abwässer und Kloaken, S. 117–120; vgl. Höfler, Illi: Versorgung und Entsorgung, S. 351–364; vgl. Delamare, Guineau: Colors, S. 42–43.

134 Vgl. Förstemann: Erfurter Zuchtbrief, S. 128.

Im Vordergrund von Wasserordnungen stand dabei im Allgemeinen die Sicherung der Ressource Wasser für den Mühlenbetrieb. Ein Beispiel ist in der Erfurter Wasserordnung aus der Zeit um 1500 zu finden.

> „... den fervern uff dem wenigen marcte sal man dar uff sehen, dasz sie die weitaschen und sinder nicht in die molgraben schotten, dan es thut groszen schaden."[135]

Neben Waidasche und Sinter sollten auch Reste der Waidfärbung, das „*weydtmusz*", nicht im Mühlengraben entsorgt, sondern aus der Stadt gefahren werden, um den Betrieb der Mühlen nicht zu gefährden. Vergleichbare Regelungen sind in der Ordnung für die Gewerbe der Gerber und Seifensieder enthalten.[136] In Augsburg schrieb der Rat einem Färber vor, seine Abwässer nicht auf die Straße laufen zu lassen, sondern in die „*Schweinsgrube*" zu leiten, die er auf seine Kosten zu reinigen hatte.[137]

Die produktionstechnischen Bedürfnisse und z.T. Gebote zur Reinhaltung der Gewässer führten häufig zur Ansiedelung gleichartiger Handwerksbetriebe in einer Gasse oder einem Stadtviertel. Die Färber siedelten dabei an einem Wasserlauf oder Stadtbach. Diese Zentralisierung des Handwerks wird im 10. Jahrhundert erwähnt und ist für das 12. Jahrhundert nachgewiesen.[138] Ein Beispiel aus Köln ist der linksrheinische Duffesbach. Am Oberlauf, dort wo das Wasser am saubersten war, arbeiteten Wäscher und Bleicher. Stadteinwärts kamen Gerber, Färber und Walker hinzu. Zur Trinkwassergewinnung wurde der Bach nicht genutzt.[139]

---

135 Vgl. Michelsen (Hrsg.): Die alte Erfurtische Wasserordnung, S. 128. Die Wasserordnung regelte die Aufgaben des der städtischen Obrigkeit eingerichteten Wasseramtes, insbesondere die Nutzung des Wassers.

136 Vgl. Michelsen (Hrsg.): Die alte Erfurtische Wasserordnung, S. 128–129.

137 Vgl. Clasen: Textilherstellung in Augsburg, S. 227.

138 Vgl. Reininghaus: Gewerbe, S. 11–12; vgl. Wasmuth: Lexikon der Baukunst, S. 49–50; vgl. Bingener/Dirlmeier: Öffentliche Sauberkeit, S. 8. In Lübeck konzentrierte sich das Textilgewerbe z.B. im Nordosten der Stadt; vgl. Hammel: Berufstopographie Lübecks, S. 70.

139 Der Duffesbach verlief entlang der Straßen Weidenbach, Rothgerberbach, Blaubach und Mühlenbach zum Rhein, vgl. Arens et al.: Köln, S. 133–134; vgl. Stadtentwässerungsbetriebe Köln: Gewässerausbau.

4. Färbevorschriften für das Ausziehverfahren in den Quellen

Nach der Quellenlage wurden ca. 70 % der Färbungen nach dem Ausziehverfahren durchgeführt. Diese verfahrenstechnische Variante setzt eine Affinität zwischen dem Farbstoff und der Textilfaser voraus. Die „Kunst" des Färbens besteht darin, den Färbevorgang über verschiedene Prozessparameter so zu steuern, dass sich nach dem Färben ein möglichst großer Teil des zuvor in der Flotte gelösten Farbstoffs auf der Faser befindet.

Die Färbung nach dem Ausziehverfahren kann in vier Schritte unterteilt werden. Zunächst diffundiert der Farbstoff durch die Flotte an die Faseroberfläche, wo er im nächsten Schritt adsorbiert wird. Farbstoffdiffusion und -adsorption werden vor allem durch das Flottenverhältnis (FV) und die Färbetemperatur beeinflusst. Eine Verkürzung des Flottenverhältnisses oder das Heraufsetzen der Färbetemperatur vergrößert die Wahrscheinlichkeit, dass ein Farbstoffmolekül auf die Faser trifft und dort adsorbiert wird. Anschließend wandert der Farbstoff in der Migrationsphase in die Faser und verteilt sich dort gleichmäßig. Die Farbstoffmigration beruht auf dem Konzentrationsgefälle zwischen Faseräußerem und -innerem und kann vor allem durch die Färbedauer gesteuert werden. Kurze Färbezeiten führen zu Ringfärbungen, längere fördern die Durchfärbung der Faser. Auf bzw. in der Faser wird der Farbstoff dann nach unterschiedlichen Prinzipien fixiert. Bei Naturfarbstoffen erfolgt die Farbstofffixierung im Wesentlichen durch Van-der-Waals-Kräfte, Wasserstoffbrückenbindung, Ionenbindung, koordinative Bindungen oder durch die Einlagerung von wasserunlöslichen Farbpigmenten in Faserhohlräume. In Abhängigkeit von der Farbstoff- und Faserart kann die Fixierung durch den Färbe-pH-Wert und eingesetzte Hilfsmittel, wie z.B. Beizen beeinflusst werden.[140] Während der Migrations- und der Fixierphase zieht weiterer Farbstoff aus der Flotte auf die Faser auf. Am Ende der Färbung muss nicht fixierter, auf der Warenoberfläche abgelagerter Farbstoff, durch Spül- und Reinigungsvorgänge entfernt werden.

Um Färbungen nach dem Ausziehverfahren in ausreichender Farbtiefe und vor allem reproduzierbar durchzuführen, braucht der Färber detaillierte Angaben zu den einzusetzenden Faser-, Flotten-, Farbstoff- und Hilfsmittelmengen. Des Weiteren sind in Abhängigkeit vom Faserrohstoff und dem verwendeten Farbmittel zusätzliche Informationen zur Temperaturführung während der Färbung, zur Färbedauer und zum Färbe-pH-Wert erforderlich. Das folgende Beispiel (Abb. 2) zeigt ein vereinfachtes modernes Färberezept für das Ausziehverfahren mit den wichtigsten erforderlichen Angaben.

140 Vgl. Welham: The theory of dyeing, S. 142.

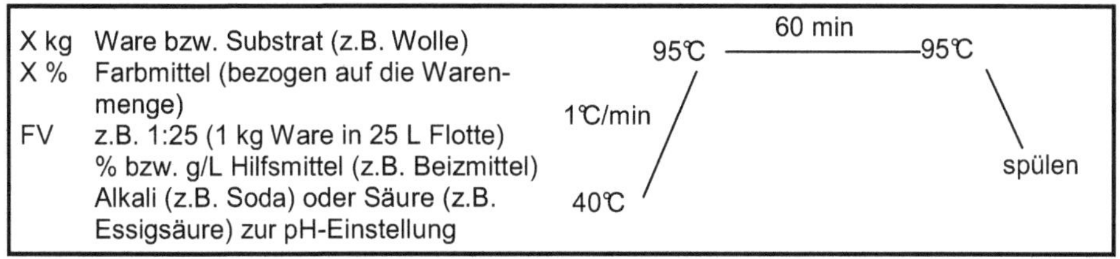

Abb. 2: Modernes Färberezept und Temperatur-Zeit-Kurve

Den Farbausfall, d.h. Farbton, Farbtiefe und Gleichmäßigkeit der Färbung, beeinflussen sowohl die Qualität der für die Färbung verwendeten Substanzen als auch die eingesetzten Mengen. Die Bedeutung der einzelnen Färbeparameter und ihr Einfluss auf den Farbton werden im Folgenden diskutiert. Die Färberezepte aus den bearbeiteten Quellen werden hinsichtlich der erforderlichen Rezept- und Prozessangaben betrachtet.

4.1 Faserart und Fasermenge

Während des Mittelalters wurden in der Textilherstellung vorrangig Wolle und Leinen verarbeitet, Seiden- und Baumwollstoffe waren Luxusgüter und hatten einen vergleichsweise geringen Anteil an der heimischen Produktion.

Das Schaf gehört zu den ältesten Haustieren des Menschen, da es sowohl **Wolle** als auch Milch, Fleisch und Felle liefert. Die ältesten schriftlichen Belege über die Wollverarbeitung stammen aus Babylonien um 2.000 v. Chr., die ältesten Gewebefunde im europäischen Raum wurden in Dänemark (ca. 1.500 v. Chr.) gemacht.[141] Im Mittelalter war Wolle der wichtigste Textilrohstoff in Europa, der größte Wolllieferant war England. Die englischen Abteien Fountains, Rievaulx und Jervaulx lieferten im Zeitraum von der Mitte des 12. Jahrhunderts bis zum 14. Jahrhundert jedes Jahr 50–70 Sack Wolle in die Verarbeitungszentren in Flandern (Gent, Brügge, Ypern, Arras) und Italien (Genua, Florenz, Venedig), was einer jährlichen Menge von 8–11 Tonnen Wolle entsprach.[142] Ab der zweiten Hälfte des 14. Jahrhunderts wurde die englische Wolle vermehrt in heimischen Betrieben zu Tuchen verarbeitet. In den flämischen und italienischen Tuchzentren gewann spanische Wolle an Bedeutung.[143] Im deutschsprachigen Raum ist die Wollwarenherstellung

141 Vgl. Zahn et al.: Schafwolle, S. 4. Für den Raum zwischen Main und Donau ist das Schaf als Haustier schon um 3.500 v. Chr. belegt; vgl. Bohnsack: Spinnen und Weben, S. 16; vgl. Blankenburg: Wolle, S. 638; vgl. Koch: Textilrohstoffe, S. 200;

142 Vgl. Kühnel: Beiträge der Orden zur materiellen Kultur des Mittelalters und weltliche Einflüsse auf die klösterliche Sachkultur, in: Kühnel: Klösterliche Sachkultur, S. 11 und S. 15

143 Vgl. Zahn et al.: Schafwolle, S. 4; vgl. Holbach: Wolle, in: Angermann et al.: LexMa, Bd. 9, Sp. 320–322. Vom Römischen Imperium nach Spanien gebracht, entwickelte sich dort unter den Mauren die Schafzucht etwa im 6. Jahrhundert. Als Ergebnis der Zucht wurde die Schaf-

seit der karolingischen Zeit in den Gynäzeen der Herrenhöfe belegt, eine gewerbliche Produktion gab es bis ins 11. und 12. Jahrhundert lediglich im Rheinland. Danach begann in Schlesien, Sachsen und Thüringen mit dort angesiedelten flämischen Webern die Wollproduktion.[144]

Leinen ist eine Faser, die aus der Lein- oder Flachspflanze *(Linum usitatissimum* L.) gewonnen wird. Flachsanbau zur Öl- und Faserproduktion ist seit den Anfängen der Ackerbaukulturen in ganz Europa belegt.[145] Die Gewinnung der als Bastfaserbündel in den Pflanzenstängel eingebetteten Fasern ist ein aufwendiger und langwieriger Prozess, der sich in die Arbeitsschritte Raufen (Ernte durch Ausziehen der ganzen Pflanze), Trocknen (in Bündeln auf dem Feld), Riffeln (Abstreifen der Samen zur Ölgewinnung), Rösten (Anlösen des Pektins in der Rindenschicht des Pflanzenstängels mittels Mikroorganismen im Boden oder im Wasser), nochmals Trocknen, Boken oder Brechen (Schlagen der Stängel auf einem Holzklotz oder mit Hilfe eines Hammerwerks in einer Bokemühle und Zerbrechen der Holzteile), Schwingen (Schlagen, um letzte Holzteile des Stängels zu entfernen) sowie Hecheln (Auskämmen der Fasern mit immer feiner werdenden Kämmen) unterteilt. Die so gewonnenen Langfasern (ca. 40–70 cm) werden zu Garnen und Geweben weiterverarbeitet. Je nach Herkunft und Aufbereitung variiert die Farbe der Fasern von Hellgelb bis zu Braun, so dass Leinengewebe für ein einheitliches Aussehen im Allgemeinen gebleicht werden. In früheren Zeiten kam dafür die Rasenbleiche zur Anwendung, bei der die Gewebe im Freien ausgelegt und befeuchtet wurden.[146] Durch Sonneneinstrahlung bildeten sich geringe Mengen an Wasserstoffperoxid und Ozon, die die oxidative Bleiche der natürlichen Verfärbungen bewirkten.

Im Mittelalter erlebte die Leinenproduktion in Europa eine Blütezeit. In Deutschland wurde Flachsanbau und -verarbeitung vorrangig im gemäßigten, feuchten Klima des Bodenseeraumes, Westfalens, Niedersachsens, Sachsens und Schlesiens meist als bäuerlicher oder kleinstädtischer Nebenerwerb betrieben. Im

---

wolle immer feiner und letztendlich entstand um 1300 das Merinoschaf mit seiner feinen, gleichmäßigen Wolle. Die Ausfuhr dieser Schafe war durch das spanische Königshaus bei Todesstrafe untersagt. Dadurch konnte Spanien bis ins 18. Jahrhundert das Monopol auf feine Wollen halten. Erst im 18. Jahrhundert gelangten die ersten Merinoschafe in das restliche Europa. Vgl. Vones: Mesta, in: Angermann et al.: LexMa, Bd. 6, Sp. 565–566; vgl. Blankenburg: Wolle, S. 638.

144 Vgl. Zahn et al.: Schafwolle, S. 4; vgl. Hägermann: Schaf, II. Wirtschaft, in: Angermann et al.: LexMa, Bd. 7, Sp. 1433; vgl. Kapitel des Capitulare de villis, in: Freundeskreis Botanischer Garten Aachen e.V.: Der Karlsgarten; vgl. Dirlmeier et al.: Europa im Spätmittelalter, S. 28–29.

145 Vgl. Rösch: Lein, In: Beck et al.: RGA, Bd. 18, S. 244; vgl. Meineke: Flachs, in: Beck et al.: RGA, Bd. 9, S. 161–162; vgl. Körber-Grohne: Nutzpflanzen in Deutschland, S. 372–373. Die Verwendung von Leinen als Textilfaser während des Mittelalters ist im Capitulare de Villis beschrieben; vgl. Kapitel des Capitulare de villis, in: Freundeskreis Botanischer Garten Aachen e.V.: Der Karlsgarten.

146 Vgl. Schlabow: Bleichen, in: Beck et al.: RGA, Bd. 3, S. 76; vgl. Behler, Gänzle: Bleichen, in: RÖMPP Online, RD-02-01910.

12. und 13. Jahrhundert begann die Verlagerung der Gewebeherstellung und -veredlung in die Städte, während die Schritte der Faseraufbereitung in den Dörfern verblieben. Bedeutende Produktionszentren für Leinengewebe im deutschsprachigen Raum waren Konstanz, St. Gallen, Ulm, Osnabrück, Bielefeld oder Göttingen.[147] Für die Handelszentren an der Nord- und Ostsee waren Leinenprodukte wichtige Handelsgüter. Sie verloren erst im 19. Jahrhundert durch die Importe amerikanischer Baumwolle an Bedeutung.

Der Ursprung der **Seide** liegt vermutlich im 3. Jahrtausend v. Chr. in China. Aus der Zeit der Shang-Dynastie (1600–1100 v. Chr.) stammen erste erhaltene Seidenfragmente, die als fürstliche Grabbeigaben verwendet wurden. Bis ins 5. Jahrhundert n. Chr. blieb die Seidengewinnung ein chinesisches Monopol und es war bei Todesstrafe verboten, die Raupen oder ihre Eier außer Landes zu bringen. Um 950 n. Chr. erreichten die Kenntnisse der Seidenherstellung mit islamischen Eroberern Sizilien. Roger II. (1095–1154) gründete in Palermo die erste Werkstatt, in der Seidenstoffe und Gewänder angefertigt wurden. Lucca (im 11. Jh.), Venedig (um 1200) und ab dem 14 Jh. Florenz, Genua, Pisa und Bologna waren die führenden Orte der mittelalterlichen europäischen Seidenproduktion. Französische Seidenstädte waren Montpellier und Marseille (14. Jahrhundert) und ab 1536 unter Franz I. Lyon.[148] Nach Deutschland kamen Seidenwaren bis zum Ende des späten Mittelalters meist als Fertigwaren aus Italien oder Konstantinopel, wirkliche Bedeutung hatte zu dieser Zeit lediglich das Kölner Seidengewerbe.[149]

Als **Baumwolle** bezeichnet man die Samenhaare verschiedener *Gossypium*-Arten, die ursprünglich auf dem indischen Subkontinent und in Südamerika beheimatet waren. Die ältesten Textilfunde sind ca. 5.000 Jahre alt. In Indien wurde ab 1500 v. Chr. der Baumwollanbau und die Verarbeitung der Fasern in größerem Umfang betrieben und verbreitete sich bis in den südöstlichen Mittelmeerraum. Durch die Araber fand die Faser in Süditalien und auf der Iberischen Halbinsel Verbreitung, Venedig entwickelte sich zum Handelszentrum für Baumwolle und ab dem 14. Jahrhundert wurde Baumwolle auch in Deutschland verarbeitet. Die Verarbeitung war aber noch auf Mischgewebe mit Leinen (Barchent) und anderen Fasern beschränkt. Der Siegeszug der Baumwolle begann mit der Gründung der englischen

147 Vgl. Flachs, 2. Flachsanbau, in: Angermann et al.: LexMa, Bd. 4, Sp. 508; vgl. Reinicke: Flachs, 3. Flachsgewerbe und -handel, in: Angermann et al.: LexMa, Bd. 8, Sp. 59; vgl. Reinicke: Leinen, in: Angermann et al.: LexMa, Bd. 5, Sp. 1858–1860; vgl. Koch: Textilrohstoffe, S. 193–196; vgl. Körber-Grohne: Nutzpflanzen in Deutschland, S. 367; vgl. Dirlmeier et al.: Europa im Spätmittelalter, S. 32–33; vgl. North: Deutsche Wirtschaftsgeschichte, S. 50. Als Grund für den Verbleib der Faseraufbereitung im ländlichen Raum führen F. und J. Gies die leichte Zugänglichkeit des für die Röste benötigten Wassers an, zusätzlich bestand keine Konkurrenz zu Gerbern, Fleischhauern und anderen Gewerben um die Ressource. Vgl. Gies: Cathedral, Forge and Waterwheel, S. 122.

148 Vgl. Massa: Seide, II. Italien, in: Angermann et al.: LexMa, Bd. 7, Sp. 1702–1704.

149 Vgl. Pohl: Seide, V. Deutschland, in: Angermann et al.: LexMa, Bd. 7, Sp. 1706–1707.

Ost-Indien-Kompanie (um 1600), die große Mengen Rohbaumwolle aus den Erzeugerländern bezog, sowie dem planmäßigen Baumwollanbau in den Südstaaten Amerikas ab dem Anfang des 17. Jahrhunderts.[150]

Die Proteinfasern Wolle und Seide unterscheiden sich in ihrem färberischen Verhalten deutlich von den Cellulosefasern Leinen und Baumwolle. Wolle und Seide sind aus α-Aminosäuren aufgebaute Polypeptide, die in einer wässrigen Lösung je nach Umgebungsmilieu (pH-Wert) und Reaktionspartner als Säure oder Base fungieren können (vgl. Abb. 3). Endständige oder an den Aminosäureresten (R) befindliche Carboxylgruppen haben sauren Charakter und können dissoziieren, die Aminogruppen haben basischen Charakter und können bis zu einem gewissen Grad H^+-Ionen binden.

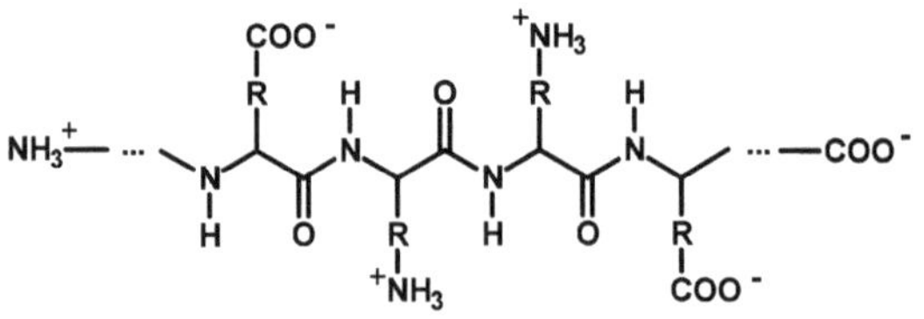

Abb. 3: Ausschnitt aus einer Polypeptidkette – Zwitterion[151]

Das Polypeptid liegt als Zwitterion vor. Ist die Zahl der negativen und positiven Ladungen im Molekül gleich groß, spricht man vom isoelektrischen Punkt (auch isoionischer Punkt oder IEP). Der isoelektrische Punkt des Wollkeratins liegt bei pH 4,9, der der Seide bei 5,0. An diesem Punkt zeigen beide Fasern die geringste Quellung und Reaktionsfähigkeit sowie die größte Faserstabilität.

Alkalien können Proteinfasern schädigen. Dabei werden zunächst intra- und intermolekulare Wasserstoffbrücken gespalten. Bei Wolle werden auch die zwischen den Proteinketten vorliegenden Salzbrücken und Disulfidbindungen gelöst. Erfolgt die Alkalieinwirkung über einen längeren Zeitraum und bei höheren Temperaturen, werden Peptidbindungen aufgespalten, was zu Kettenverkürzungen und daraus resultierenden Festigkeitsverlusten führt. Ein hydrolytischer Abbau der Faser findet zwar auch im sauren oder neutralen pH-Bereich statt, er ist allerdings sehr viel geringer als bei alkalischem pH-Wert. Um die Proteinfasern während des Färbens möglichst wenig zu schädigen, werden sie in der modernen Färberei im sauren Milieu gefärbt. Seide ist in ihrem färberischen Verhalten mit der Wolle vergleichbar. Auf Grund fehlender Schwefelbrücken ist sie allerdings alkaliempfindlicher und zusätzlich muss während der Färbung auf eine reduzierte Mechanik geachtet werden, um die Waren- bzw. Faseroberfläche nicht aufzurauhen.

150 Schwerpunkte der Barchentherstellung waren Süddeutschland und die Schweiz; vgl. Peyer: Baumwolle, in: Angermann et al.: LexMa, Bd. 1, Sp. 1669; vgl. von Stromer: Baumwollindustrie in Mitteleuropa, S. 155.

151 Alle im Rahmen dieser Arbeit verwendeten Strukturformeln wurden mit der Software Symyx Draw Version 3.2 SP 3 der Symyx Solutions, Inc., San Ramon, CA, USA, erstellt.

Direktfärbende, ungeladene Naturfarbstoffe werden an Proteinfasern über Wasserstoffbrücken und/oder Van-der-Waals-Kräfte gebunden.[152] Basische Naturfarbstoffe können auf Grund des amphoteren Charakters der Fasern über Ionenbindung fixiert werden. Die amphoteren Eigenschaften begründen auch die Affinität von Proteinfasern zu Metallionen, die als Metallbeizen die Ausbildung zusätzlicher koordinativer Bindungen zu geeigneten Farbstoffen ermöglichen (vgl. Kap. 4.3).

Cellulosefasern wie Leinen oder Baumwolle sind aus dem Grundbaustein ß-D-Glucose aufgebaut. Die einzelnen Glucosemoleküle sind abwechselnd spiegelverkehrt angeordnet (um 180° gedreht) und 1,4-ß-glykosidisch miteinander verbunden (vgl. Abb. 4).

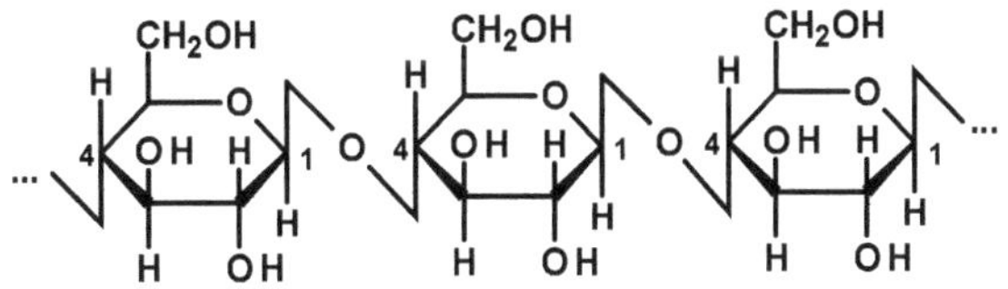

Abb. 4: Ausschnitt aus der Cellulosekette

Im Gegensatz zu den Proteinfasern liegen im Cellulosemolekül keine ionischen Gruppen vor. Die Hydroxylgruppen haben alkoholischen Charakter und keine saure Funktion, d.h. es werden keine Protonen abgespalten.[153] Cellulose ist besonders empfindlich gegenüber Säuren, während sie in Alkalien stabil ist und lediglich quillt. Mineralsäuren bewirken die Spaltung der glykosidischen Bindungen unter Aufnahme von Wasser, was zu einer Verkürzung der Polymerketten führt. Organische Säuren wirken weniger schädigend, allerdings kann es bei längerer Einwirkzeit ebenfalls zu Kettenverkürzungen kommen.[154] Cellulosefasern werden in der modernen Färberei in neutraler oder alkalischer Flotte gefärbt. Der Hauptunterschied im färberischen Verhalten von Baumwolle und Leinen beruht auf der schwereren Zugänglichkeit der Leinenfaser[155], die eine schlechtere Durchfärbung bzw. verlängerte Färbezeiten bewirkt. Da Cellulosefasern keine Ladungen aufweisen, beruht die Fixierung direkt gefärbter Naturfarbstoffe auf Wasserstoffbrücken und Van-der-Waals-Kräften. Sollen Farbstoffaufnahme und -fixierung verbessert

152 Vgl. Vankar: Chemistry of Natural Dyes, S. 78–80.

153 Vgl. Bruch: Verwendung von Eisenbeizen, S. 56. Der alkoholische Charakter der Gruppen zeigt sich bei der Nutzung von modernen Reaktivfarbstoffen. Reaktivfarbstoffe können als Säuren (Abgangsgruppe ist ein Halogen) aufgefasst werden, die mit dem Alkohol „Cellulose" unter Veresterung reagieren.

154 Vgl. Rath: Textilchemie, S. 24–25.

155 Baumwollfasern sind Elementarfasern, d.h. sie liegen als Einzelfasern vor. Flachsfasern bestehen nach der mechanischen Faseraufbereitung aus miteinander „verklebten" Einzelfasern. Je nach Aufwand des Hechelprozesses, können diese Faserbündel weiter verfeinert werden.

werden, muss das Substrat einer Beizbehandlung unterzogen werden. Durch eine Beize wird ebenfalls die Bindung an basische Farbstoffe ermöglicht (vgl. Kap. 4.3).

Eine erste Betrachtung der Färbevorschriften für das Ausziehverfahren bezüglich des verwendeten textilen Rohstoffes zeigt, dass insbesondere die ältesten Handschriften keine Angaben zum Faserrohstoff enthalten oder das zu färbende Material lediglich als „*Weißes*", „*was du färben willst*" sowie „*allerlei*" aufführen (Abb. 5). In den Anleitungen des 15. und 16. Jahrhunderts ist die zu färbende Faserart jeweils zu über 40 % aufgeführt. Die restlichen Rezepte enthalten die Bezeichnungen Garn, Zwirn, Faden oder Tuch, die nach heutigem Verständnis die Aufmachung des zu färbenden Faserrohstoffes beschreiben. Der Begriff „Flocke" für loses Fasermaterial fehlt in allen Quellen, so dass es sich bei den hier betrachteten historischen Färbeanleitungen vorrangig um Garn- und Stückfärbungen handelt.

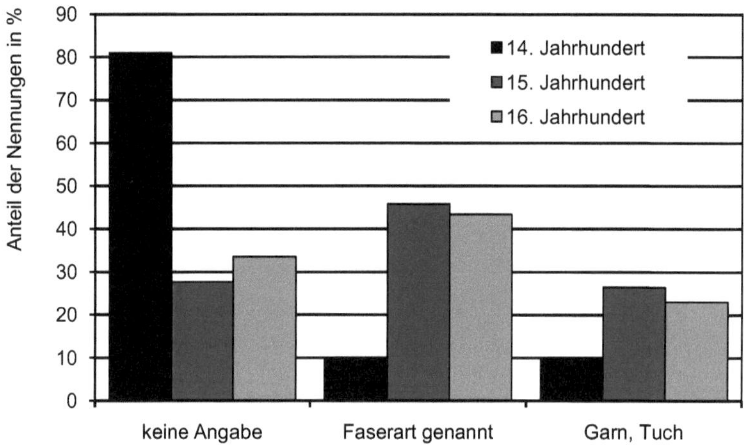

Abb. 5: Analyse der Quellen bezüglich der zu färbenden Faserrohstoffe[156]

Unter den zu färbenden Rohstoffen sind alle zuvor beschriebenen Faserarten genannt, wobei teilweise spezielle textile Waren aufgeführt sind, zu denen der aus Seide hergestellte Zendel[157], die Leinengewebe Schetter, Gugler und *Bickero*[158] und

156 Berücksichtigt wurden 369 Anleitungen ohne Teilrezepte, um Doppelnennungen zu vermeiden.

157 Zendel ist bereits in der ältesten Quelle (**In**, Rezept 83v, 4) genannt und kommt gehäuft in den Quellen der frühen Neuzeit vor (**B**, **H IV**, **H V**). Zendel war ein leichtes stückgefärbtes leinwandbindiges Seidengewebe, das meist als Futterstoff Verwendung fand. Kette und Schuss waren annähernd gleich stark. Vgl. Endrei: Unidentifizierte Gewebenamen, S. 245; vgl. Grimm: DWb, Bd. 31, Sp. 631; vgl. Zander-Seidel: Textiler Hausrat, S. 403.

158 Schetter, eine gesteifte Leinwand, Glatt- oder Glanzleinwand, ist insbesondere in der Quelle **H IV** aufgeführt. Gröberer Schetter wurde als Verstärkung für Knopflöcher verwendet, feinere Ware diente als Unterfutter für Kleidung oder für Schürzen. Vgl. Grimm: DWb, Bd. 14, Sp. 2603; vgl. Zander-Seidel: Textiler Hausrat, S. 402; vgl. Zedler: Universallexikon, Bd. 16, Sp.

das Wollgewebe Biber[159] gehören. Außerdem ist das Leinen-Baumwoll-Mischgewebe Barchent bzw. Schürlitz, ein Basler Barchent, als zu färbendes Substrat erwähnt.[160]

Betrachtet man die Rezepte, die Angaben zur Faserart enthalten, genauer und setzt sie zum Alter der Quelle in Beziehung, wird deutlich, dass Seide und Leinen, in den Quellen häufig als Leinwand[161] bezeichnet, über den gesamten Zeitraum besonders oft genannt sind. In den Anleitungen des 15. Jahrhunderts sind beide Faserrohstoffe mit ca. 20 % gleich häufig enthalten, während im 16. Jahrhundert die Bedeutung des Rohstoffes Seide im Vergleich zum Leinen überwiegt (Tab. 3, obere Zeilen). Wolle ist dagegen in lediglich 2,4 % aller Vorschriften als Faserrohstoff aufgeführt. Auffällig sind außerdem die Anleitungen, die Färbungen sowohl für Protein- als auch für Cellulosefasern beschreiben.

Welcher Faserrohstoff sich hinter der Aufmachungsform „Garn" und „Tuch" in historischen Rezepten verbirgt, kann nur vermutet werden. Während die Identifikation von Garn als Leinengarn sowohl bei Hofenk de Graaff als auch bei J. und W. Grimm beschrieben ist[162], ist Tuch ein mehrdeutiger Begriff. Nach Grimm steht er zum einen für ein Gewebestück beliebiger Größe und beliebigen Materials, zum anderen bezeichnet er neben dem Begriff „Gewand" einen *„stoff, der aus verschiedenem fadenmaterial, in erster linie aus wolle hergestellt und noch nicht für einen bestimmten zweck zugerichtet ist"*. Im Sprachgebrauch der Zünfte hatte „Gewand" die umfassendere Bedeutung, während Tuch bevorzugt auf das Fasermaterial Wolle angewandt wurde.[163] Andere Autoren sprechen von wollenem Tuch, das in vielen

---

1600. Der in den Quellen **H II** und **Gö** genannte Gugler war ein ca. eine Elle breiter Leinwandstoff, der vor allem für Kleidung verwendet wurde. Er wurde roh und gefärbt gehandelt. Vgl. Grimm: DWb. Bd. 9, Sp. 1052; vgl. Zander-Seidel: Textiler Hausrat, S. 399. Mit der Warenbezeichnung *Bickero* oder *buckenro* (Quelle **H IV**) ist mglw. Buckeram gemeint, ein dem Barchent vergleichbares Leinengewebe. Buckeram war zunächst ein wertvoller Stoff, der aber ab dem 15. Jahrhundert für Matratzen und als Malgrund verwendet wurde. Heute versteht man unter Buckeram Buchbinderleinwand; vgl. Schulte: Geschichte des mittelalterlichen Handels, S. 140; vgl. Endrei: Unidentifizierte Gewebenamen, S. 244.

159 Biber (Quelle **W**) aufgeführt, wird von J. und W. Grimm als wollenes, langhaariges Tuch identifiziert; vgl. hierzu Grimm: DWb. Bd. 1, Sp. 1807.

160 Der in der Handschrift **W** genannte Barchent war ein köperbindiges, seltener auch atlasbindiges, Mischgewebe mit Leinenkette und Baumwollschuss, das häufig einseitig aufgeraut wurde. Er wurde seit dem 14. Jahrhundert in Deutschland hergestellt; vgl. Grimm: DWb, Bd. 1, Sp. 1125; vgl. Reith: Lexikon des alten Handwerks, S. 259; vgl. Zander-Seidel: Textiler Hausrat, S. 398; vgl. Koch, Satlow: Textil-Lexikon, Bd. 1, S. 115. Schürlitz oder Schürletz (Quelle **H VI**) war eine Basler Barchentsorte; vgl. Grimm: DWb. Bd. 15, Sp. 2051; vgl. von Stromer: Baumwollindustrie in Mitteleuropa, S. 21; vgl. Endrei: Unidentifizierte Gewebenamen, S. 245.

161 Vgl. Zander-Seidel: Textiler Hausrat, S. 400; vgl. Koch, Satlow: Textil-Lexikon, Bd. 2, S. 16.

162 Vgl. Hofenk de Graaff: The Colourful Past, S. 144; vgl. Grimm: DWb, Bd. 4, Sp. 1361–1362.

163 Grimm: DWb, Bd. 22, Sp. 1450.

unterschiedlichen Qualitäten produziert wurde[164], und nach der heutigen textilen Fachsprache beschreibt Tuch ein Wollgewebe, das einer Tuchausrüstung, d.h. Rauh-, Walk- und Scherprozessen, unterzogen wurde.[165]

Da der im Mittelalter und der frühen Neuzeit so bedeutende Faserrohstoff Wolle nur in vergleichsweise wenigen Färbeanleitungen vorkommt, könnte die Identifikation des aufgeführten Tuchs als Wolltuch möglich sein. Diese Vermutung wird dadurch gestützt, dass Leinengewebe in den Quellen häufig als Leinentücher bezeichnet sind. Die Wolltuchproduktion fand überwiegend durch die Handwerkszünfte statt, während die Leinenverarbeitung bis in das 19. Jahrhundert auch im heimischen Bereich erfolgte. Da die hier bearbeiteten Quellen vorrangig Rezepte für die Hausfärberei oder die Textilproduktion in Klöstern enthalten, erklärt sich so das Fehlen der teureren Wollwaren. Von vergleichbaren Ergebnissen berichten Sakuma in seiner Arbeit über die Nürnberger Tuchmacher sowie Mosler-Christoph in ihrer Untersuchung über Lüneburger Testamente. In den von beiden ausgewerteten Unterlagen sind ebenfalls Leinentuch und -garn häufiger aufgeführt als Wollwaren.[166]

Tab. 3: Faserrohanteile [%] nach dem Alter der Quelle ohne (obere Zeilen) und mit Berücksichtigung der Aufmachungsart (untere Zeilen)[167]

Zeit	keine Angaben	Aufmachung	Rohstoff genannt	davon in %							
				Wolle	Seide	Leinen	Wolle, Leinen	Wolle, Baumwolle	Seide, Leinen	Leinen, Baumwolle	Seide, Wolle, Leinen
14. Jh.	81.0	9.5	9.5	-	4.8	4.8	-	-	-	-	-
		19.0		-	4.8	14.3	-	-	-	-	-
15. Jh.	27.7	45.9	26.5	1.8	19.9	20.5	2.4	-	-	0.6	0.6
		72.3		7.2	19.9	25.9	3.6	-		0.6	0.6
16. Jh.	33.5	43.4	23.1	3.3	23.6	12.1	1.6	0.5	1.6	0.5	-
		66.5		3.3	23.6	38.5	11.5	0.5	1.6	0.5	-

Unter der Voraussetzung, dass „Tuch" Flächenwaren aus dem Faserrohstoff Wolle und „Garn" Leinengarne bezeichnet, ist Leinen die am häufigsten in den Quellen genannte Faserart (Tab. 3, untere Zeilen). Anleitungen, die Flotten beschreiben, die sowohl für die Färbung von Wolle als auch Leinen dienen sollen, sind ebenfalls

164 Vgl. Zander-Seidel: Textiler Hausrat, S. 402; vgl. Endrei: Unidentifizierte Gewebenamen, S. 239–240.

165 Vgl. Koch, Satlow: Textil-Lexikon, Bd. 2, S. 517.

166 Vgl. Sakuma: Die Nürnberger Tuchmacher, S. 93; vgl. Mosler-Christoph: Die materielle Kultur, S. 85.

167 Anleitungen: 14. Jh.: 21, 15. Jh.: 166, 16. Jh.: 182.

von Bedeutung. Rezepte, die reine Wollfärbungen beschreiben, treten aber immer noch vergleichsweise selten auf.

Neben der Faserart, die den Färbe-pH-Wert und mögliche Beizbehandlungen bestimmt, ist für eine reproduzierbare Farbtiefe bei Färbungen nach dem Ausziehverfahren das Warengewicht, d.h. die Masse des zu färbenden Substrates, von Bedeutung. Auf der Basisgröße des Flächengewichtes beruhen alle weiteren Flottenzusätze.

Dem Wiegen kam im Mittelalter große Bedeutung zu, nicht nur Waren und Güter wurden nach Gewicht gehandelt, auch das beim Handeln verwendete Geld wurde durch Wiegen überprüft. Bei den belegten bzw. erhaltenen mittelalterlichen Waagen handelt es sich im Wesentlichen um gleicharmige Waagen mit Schalen oder um Laufgewichtswaagen, die schon in römischer Zeit bekannt waren. Allerdings war die mit den mittelalterlichen Geräten zu erzielende Genauigkeit geringer als die der römischen.[168]

Die Laufgewichts- oder Schnellwaage hat einen Waagebalken, dessen Schenkel nicht gleich lang sind. Am kürzeren Schenkel wird die zu wiegende Ware befestigt, hier kann auch eine Waagschale angebracht sein. Am längeren Schenkel befindet sich das Laufgewicht, welches auf dem Schenkel bewegt wird, bis sich die Waage im Gleichgewicht befindet. Da die Wägung lediglich durch das Bewegen des Gewichtes erfolgt, wird die Waage als Schnellwaage bezeichnet.

Balken- oder Schalenwaagen haben einen gleichschenkligen Waagebalken, in dessen Mitte sich der Drehpunkt bzw. die Achse der Waage befindet. An den Enden der Balken sind die Waagschalen aufgehängt. Gewichtsunterschiede, d.h. Abweichungen vom Gleichgewicht, werden durch die Zunge („Zünglein an der Waage“) angezeigt.[169] Durch Hinzufügen bzw. Entfernen von Gewichtsstücken kann die Masse der zu wiegenden Ware bestimmt werden (vgl. Tafel 5). Für schwere Lasten wurden entsprechend größere Balkenwaagen verwendet (vgl. Tafel 6).

Längen-, Flächen- und Raummaße sowie Gewichtsmaße waren seit der Antike bekannt. Die Einheiten waren aufeinander bezogen, fußten aber nicht auf einem verbindlichen Urmaß. Schon in der Merowingerzeit und insbesondere unter Karl dem Großen wurde versucht, einheitliche Maße durchzusetzen, was aber nicht gelang, da im Laufe der Zeit die königlichen bzw. kaiserlichen Privilegien des Münzrechtes und der Kontrolle von Maß und Gewicht auf lokale Obrigkeiten übergingen. Mit dem zunehmenden Fernhandel begannen italienische Händler, die von ihren Handelspartnern benutzten Maße in Tabellen aufzulisten. Die Verwendung von Näherungswerten bei der Übertragung von Einheiten führte dazu, dass diese zwar den

168 Vgl. Jenemann: Geschichte der Waage, S. 150; vgl. Braun: Erfindungen der Weltgeschichte, S. 19–20; vgl. Ortanderl: Waagen, in: RÖMPP online, RD-23-00005.

169 Vgl. Krünitz: Oekonomische Enzyklopädie, Th. 232, S. 381; vgl. Ortanderl: Waagen, in: RÖMPP online, RD-23-00005.

gleichen Namen trugen, aber häufig zahlenmäßig voneinander abwichen.[170] Daher wurde bis zu Einführung des metrischen Systems[171] eine Vielzahl von Maßen und Gewichten verwendet, die sich von Ort zu Ort und auch im Laufe der Zeit erheblich in ihrer Größe unterschieden. Um Einheiten umrechnen zu können und um den Handel zu erleichtern, waren dann in der Neuzeit Tabellenwerke in Gebrauch, die insbesondere in Handel und Bankenwesen genutzt wurden.[172] Sie listeten auf, welche Einheiten an einzelnen Orten üblich waren und wie diese zu einander im Verhältnis standen. Als Beispiele für die zum Teil erheblichen Unterschiede seien hier das Längenmaß Elle und das Gewichtsmaß Pfund aufgeführt.

Das Maß für die Elle leitete sich vom Abstand zwischen Ellenbogen und Mittelfingerspitze eines ausgewachsenen Mannes ab. Es betrug in Braunschweig 57,1 cm, in Preußen 66,7 cm, in Hannover 58,4 cm, in Nürnberg 65,6 cm und in Frankfurt am Main 54,7 cm. Im Textilhandel war zusätzlich die Brabanter Elle mit einer Länge von 69,5–69,9 cm in Gebrauch und in der frühen Neuzeit wurden außerdem je nach Warenart unterschiedliche Ellen verwendet. In der Literatur sind Seiden-, Tuch- und Leinenellen belegt.[173] Das Ellenmaß der verschiedenen Städte orientierte sich an einem tradierten „Normmaß“, das die Stadt aufbewahrte oder das an einem öffentlichen Gebäude, wie einer Kirche oder dem Rathaus, angebracht war. Hier konnte vor Ort überprüft werden, ob „das rechte Maß“ verwendet wurde.[174] So ist die Braunschweiger Elle in einen Pfeiler des Rathauses auf dem Altstadtmarkt eingelassen. Direkt gegenüber befindet sich das Gewandhaus, in dem in früheren Zeiten der Gewandhandel stattfand.[175]

Basis der historischen Gewichtsmaße ist das Pfund, eine noch heute umgangssprachlich verwendete Maßangabe. Das Wort leitet sich vom lateinischen *pondus* = Gewicht ab und hat seinen Ursprung in der römischen *Libra*, deren Masse auf einer bestimmten Menge an Weizenkörnern basierte. Da im Laufe der Zeit die Größe der

---

170 Vgl. Haustein: Weltchronik des Messens, S. 94; vgl. Witthöft: Maß, I. Westlicher Bereich, in: Angermann et al.: LexMa, Bd. 6, Sp. 366–367.

171 Während der Französischen Revolution schaffte die Nationalversammlung die alten Maßsysteme ab und vereinheitlichte sie auf Basis des Meters. Das Deutsche Reich übernahm dieses System erst um 1870; vgl. PTB: Das metrische System.

172 Vgl. Nelkenbrecher: Allgemeines Taschenbuch der Münz-, Maß- und Gewichtskunde.

173 Vgl. Verdenhalven: Alte Maße, S. 21–22; vgl. Elle, in: Bibliographisches Institut: Meyers Konversationslexikon, Bd. 5, S. 563; vgl. auch Grimm: DWb, Bd. 3, Sp. 414 und Krünitz: Oekonomische Enzyklopädie, Th. 10, S. 742–762; vgl. Kühnel: Alltag im Spätmittelalter, S. 34–35; vgl. Rottleuthner: Nichtmetrische Gewichte und Maße, S. 21–25.

174 Zur Gewinnmaximierung wurden falsche Gewichte oder zu kurze Ellen verwendet, so dass die örtliche Obrigkeit früh regelnd eingriff, um den Betrug einzuschränken; vgl. Kühnel: Alltag im Spätmittelalter, S. 29–30. Zünfte, die sich auf die Herstellung „genormter“ Gefäße und Instrumente spezialisiert hatten, sind in Frankreich ab dem 13. Jh. nachweisbar, in Deutschland treten sie in geringerem Umfang erst zu Beginn der Neuzeit auf; vgl. Witthöft: Maß und Gewicht, S. 386.

175 Vgl. Vollrath: Ellen im Mathematikunterricht, S. 5–6; vgl. Deimling: Das mittelalterliche Kirchenportal, S. 326.; vgl. Eckhardt: Stadtrecht Bremen von 1303–1308, IV 113, in: Rechtsquellen der Stadt Bremen, S. 107.

Getreidekörner zunahm, veränderte sich auch das Gewicht des Pfundes. Im Handel wurde das schwere Handels- (1 Pfund = 16 Unzen = 32 Lot = 128 Quentchen) und das leichtere Apothekerpfund (1 Pfund = 12 Unzen = 24 Lot = 96 Quentchen) mit einem geringeren Gewicht verwendet, deren Masse je nach Ort variierte. Zusätzlich gab es in einigen Städten neben dem schweren Pfund noch ein leichtes Handelspfund.[176]

Tab. 4: Ausgewählte Beispiele für das heutige Gewicht des historischen Pfunds und abgeleiteter Einheiten [g][177]

Ort	Handelspfund (schwer)	Handelspfund (leicht)	Apothekerpfund	Vierding	Unze	Lot	Quentchen
Tirol	564.3	-	-	141.075	35.269	17.634	4.409
	-	-	420.0	105.000	35.000	17.500	4.375
Wien	562.7	-	-	140.675	35.169	17.584	4.396
Augsburg	-	472.4	-	118.100	29.525	14.763	3.691
Nürnberg	-	476.9	-	119.225	29.806	14.903	3.726
	-	-	360.0	90.000	30.000	15.000	3.750
Frankfurt/Main	505.4	-	-	126.350	31.588	15.794	3.948
	-	468.0	-	117.000	29.250	14.625	3.656
Hannover	-	467.7	-	116.925	29.231	14.616	3.654
	-	-	350.8	87.700	29.233	14.617	3.654

Wie die Zahlenwerte in Tab. 4 zeigen, können bei der Verwendung unterschiedlicher Bezugsgrößen deutliche Gewichtsdifferenzen auftreten. So ergibt sich beispielsweise zwischen dem schweren Tiroler Pfund und dem hannoverschen Handelspfund bezogen auf ein Lot ein Unterschied von 3,018 g. Die Maßsysteme waren aber in Abhängigkeit von Ort und Zeit kongruente, in sich geschlossene Systeme.

Die Auswertung der vorliegenden Quellen bezüglich der Warenmenge zeigt, dass von 403 Anleitungen für das Ausziehverfahren lediglich fünf Rezepte der Quellen **B** und **H VI** aus dem 16. Jahrhundert das Warengewicht enthalten. Angaben zur Warenlänge in Ellen oder der Stückzahl der zu färbenden Ware sind in 24 weiteren Vorschriften aus den Quellen ab der Mitte des 15. Jahrhunderts zu finden (Tab. 5).

Historische Warenbezeichnungen standen zwar für bestimmte Warenparameter, wie den verwendeten Rohstoff, Gewebebreite und -länge oder die Gewebedichte sowie verschiedene Ausrüstungsprozesse. Je nach Herstellungsort konnten diese Parameter der entsprechenden Ware jedoch variieren, was bei Breite und Länge schon mit den unterschiedlichen Größen der Elle zu begründen ist.

176 Vgl. Krünitz: Oekonomische Enzyklopädie, Th. 112, S. 460–467; vgl. vgl. Niemann, Krüger: Handbuch der Münzen, Maaße und Gewichte, S. 239; vgl. Verdenhalven: Alte Maße, S. 40; vgl. Rottleuthner: Nichtmetrische Gewichte und Maße, S. 11.

177 Vgl. Niemann, Krüger: Handbuch der Münzen, Maaße und Gewichte, S. 240–247; vgl. Verdenhalven: Alte Maße, S. 40; vgl. Rottleuthner: Nichtmetrische Gewichte und Maße, S. 11.

Tab. 5: Warengewicht und -länge bzw. Stückzahl

Quelle	Rezept	Warengewicht	Warenlänge bzw. Stückzahl
M III	fol. 183v, 71b	-	1 Elle Leinentuch
W	fol. 32v, 2	-	1 Elle [Tuch]
Au	fol. 24v-25r, 50	-	6 Ellen Zendel
N II	fol. 29v-31r, 54b + c	-	20 Nürnberger Ellen Leinwand
	fol. 31r-32r, 55a	-	1 Stück Schetter
	fol. 54v, 98	-	6 Ellen Leinentuch
Tr	fol. 16r-17r, 64a	-	1 Elle Tuch
H II	fol. 58v-59, 7	-	10 oder 11 Ellen Leinentuch
	fol. 61-61v, 11a	-	1 Elle Tuch
M V	fol. 99r-99v, 228	-	1 Elle Tuch
	fol. 122v-123r, 330b	-	1 Elle Leinentuch
	fol. 177v, 674	-	1 Strang Garn
	fol. 225r-225v, 1201	-	½ Elle Leinwand
	fol. 231v, 1233a	-	6 Garnstränge
	fol. 231v, 1234a + b	-	8 Garnstränge
B	fol. 91, 253b + c	-	1 Tuch
	fol. 91v, 254	-	1 Tuch
	fol. 92, 255b + c	1 Pfd. Wolle od. Garn	1 Tuch
	fol. 92v, 256a	-	1 Tuch
	fol. 93, 257	-	1 Tuch
	fol. 93, 258	-	10 Ellen Tuch
	fol. 96, 267a	-	6 Schurz (Stücke Schürlitz?)
	fol. 105v, 303	4 Pfd. Garn	15 Ellen Tuch
	fol. 106, 306a	4 Pfd. Garn	15 Ellen Tuch
	fol. 106v, 308	1.5 Pfd. Garn	-
H IV	fol. 129-129v, 223	-	20 Ellen Tuch
	fol. 129v-130v, 224	-	10 Ellen Tuch
H VI	fol. 50v, 5	-	1 Schurlitz
	fol. 50v, 6b	½ Pfd. [Garn]	-

Außerdem erfuhren die Gewebeparameter im Laufe der Zeit weitere Veränderungen. Endrei führt als Beispiel Florentiner Tuch auf, dessen Stücklänge sich in der Zeit von 1317 bis 1524 von 48–56 über 50–58 auf 39–40 Ellen änderte.[178] Zusätzlich variierte die Warenbezeichnung, was sowohl auf einen Wandel in der Sprache, als auch auf mangelnde Kenntnisse der Quellenverfasser zurückzuführen ist. Für diesen Aspekt sind wieder Beispiele bei Endrei zu finden. Aus *cöllisch* (kölnischer) Leinwand wird *Golschen*, aus *hondschooter sayen* wird *hundskutten*.[179] Qualitäts-

178 Vgl. Endrei: Unidentifizierte Gewebenamen, S. 235.

179 Vgl. ebd., S. 236–237. Saye (dt. Zeug, engl. worsted) war ein leichtes Tuch aus geringwertiger Wolle. Eine der besten Qualitäten wurde seit dem 13. Jahrhundert in der heute im französischen Teil Flanderns gelegenen Stadt Hondschoote produziert; vgl. Verhulst: Hondschoote, in: Angermann et al.: LexMa, Bd. 5, Sp. 116; vgl. Van der Wee: draperies légères, S. 428.

einteilungen über die verarbeitete Fasermenge sind in der Literatur ebenfalls belegt, so beispielsweise für Kölner Barchent. Bei einer Länge von 52 Ellen und einer Elle Breite wurden für die beste Qualität 8 Pfund und für die zweite Qualität 7,5 Pfund Baumwolle verwendet. Angaben zur verarbeiteten Leinenmenge werden dabei allerdings nicht gemacht, so dass das Gesamtgewicht der Ware nicht bekannt ist.[180]

Die Umrechnung historischer Einheiten auf metrische Maße wurde bereits von Ploss am Beispiel des aus dem Nürnberger Kunstbuch (Quelle **N II**, fol. 29v-31r) stammenden Rezeptes 54 erläutert. Die Anleitung beschreibt die Färbung von 20 Nürnberger Ellen Leinwand mit einem Pfund Brasilholz. Ploss geht von einer Webstuhlbreite von 80 bis 100 cm aus, so dass nach seinen Berechnungen die 20 Ellen Leinwand 10–12 m² Ware und die eingesetzte Brasilholzmenge nach heutigen Größen 450 g entsprechen würden.[181] Das für einen reproduzierbaren Farbton erforderliche Warengewicht ist mit dieser Berechnung aber noch nicht bekannt. Ein feines leichtes Leinwandgewebe (Flächengewicht z.B. 100 g/m²) würde bei der angenommenen Menge 1.000–1.200 g wiegen. Die Färbung mit 450 g Brasilholz entspräche einer Farbmittelmenge von 45 bzw. 37,5 %, aus der sich schon deutliche Farbabweichungen ergeben. Würde aber statt des feineren Materials ein dickeres Gewebe (Flächengewicht z.B. 150 g/m²) verwendet, müsste mehr Ware (Warengewicht ≙ 1.500–1.800 g) mit gleichbleibender Farbmittelmenge gefärbt werden, d.h. die bei der Färbung erreichbare Farbtiefe wäre nochmals deutlich reduziert (Farbmittel ≙ 30 bzw. 25 %). Für einzusetzende Hilfsmittelmengen gelten vergleichbare Aussagen.

Aus den in den Quellen aufgeführten Längenangaben oder Stückzahlen kann daher kein Warengewicht ableitet werden, so dass 98,8 % der Färbevorschriften keine Angaben über die zu färbende Warenmenge enthalten. Sind historische Warenbezeichnungen wie Zendel oder Schetter genannt, kann aus diesen lediglich auf den verwendeten Faserrohstoff geschlossen werden.

Die hier bearbeiteten Quellen stammen aus dem gesamten deutschsprachigen Raum und die aufgeführten Maße und Gewichte sind nicht nur sehr vielfältig, sondern unterscheiden sich auch zahlenmäßig. Da die Bezugsgröße Warengewicht in den Färbevorschriften nicht genannt ist und sich nicht alle Quellen zweifelsfrei einer Region oder Stadt zuordnen lassen, wird auf eine Umrechnung der historischen Einheiten in das metrische System verzichtet. Ein Überblick der verschiedenen in den Vorschriften genannten Maße und Gewichte ist im Anhang dieser Arbeit zu finden.

---

180 Vgl. Kühnel: Alltag im Spätmittelalter, S. 38. Fußnote 37.

181 Vgl. Ploss: Rotfärbungen, S. 230 und Ploss: Buch von alten Farben, S. 142.

4.2 Wasserqualität und -menge (Flottenverhältnis)

Färbungen nach dem Ausziehverfahren finden in der Färbeflotte, einer wässrigen Lösung des Farbstoffes und der benötigten Hilfsmittel statt. Die Qualität des zur Herstellung der Färbeflotte verwendeten Wassers hat Einfluss auf das Färbeergebnis. Im Wasser befindliche kalkbildende Ionen wie Calcium oder Magnesium, die insbesondere im Alpenraum häufig im Wasser zu finden sind, aber auch Eisen-, Kupfer- und weitere Metallionen bewirken Farbtonänderungen. Sie wurden deshalb bei Färbungen mit Naturfarbstoffen als Beizen eingesetzt. Über die zu verwendende Wasserqualität wird in vergleichsweise wenigen Anleitungen (10 %) eine Aussage gemacht. Bei der geforderten Wasserart handelt es sich im Wesentlichen um Regenwasser oder fließendes Wasser. Regenwasser wird insbesondere bei Rotfärbungen mit Brasilholz verwendet, hier ist z.T. auch faules oder weiches Wasser aufgeführt.[182] Fließendes Wasser wird z.B. für die Vorbereitung von Saflorfärbeflotten und zum Ausspülen der Färbungen benutzt.[183]

Wasser als Lösemittel ist in den älteren Quellen lediglich in 12 % der Vorschriften genannt und in den jüngeren Handschriften in ca. ⅓ der Anleitungen. Über den betrachteten Zeitraum enthalten 36 % (14. Jh.) bis 22 % (16. Jh.) der Rezepte keine Angaben zum Lösemittel. Vermutlich war die Verwendung von Wasser so selbstverständlich, dass es in den Quellen nicht explizit aufgeführt wurde.

Tab. 6: Lösemittel für die Färbeflottenherstellung

Zeit	ausgewertete Vorschriften	Lösemittel						
		nicht genannt	Wasser	Säure	Lauge	Urin[184]	Öl	Mischlsg.[185]
14. Jh.	25	36.0	12.0	32.0	4.0	8.0	-	8.0
15. Jh.	160	23.8	27.5	32.5	6.9	0.6	1.3	7.5
16. Jh.	190	21.6	28.4	24.2	10.5	0.5	2.1	12.6

182 Zu Regenwasser vgl. Quelle **H II**, fol. 61–61v, Rezept 11; Quelle **Al**, S. 308, 318, Rezept 18; Quelle **B**, 98v, Rezept 279; Quelle **H IV**, fol. 58v–59, Rezept 123 oder Quelle **Wi**, fol. 303, Rezept 2. Zu faulem Wasser vgl. Quelle **H I**, fol. 148, Rezept 5 oder Quelle **N II**, fol. 29v–31r, Rezept 54. Zu weichem Wasser vgl. Quelle **Au**, fol. 25r–25v, Rezept 51 oder Quelle **N II**, fol. 29v–31r, Rezept 54.

183 Zu fließendem Wasser vgl. Quelle **Al**, fol. 307, 317/18, Rezept 15 oder Quelle **B**, fol. 103–103v, Rezept 299.

184 Enthalten die Färbeanleitungen Urin, fehlt im Allgemeinen eine Altersangabe. Es wird nicht klar, ob frischer saurer oder abgestandener alkalischer Harn verwendet wird. Daher wird Harn in der Auswertung gesondert aufgelistet.

185 Für Mischlösungen wurde mehr als ein Lösemittel verwendet. Hierzu gehören Wasser + Öl, Wasser + Säure + Harn, Wasser + Säure + Lauge oder Wasser + Säure + Öl.

An Stelle von Wasser wurden z.T. auch Säuren, Laugen oder Mischungen aus beiden zur Herstellung der Flotte benutzt (Tab. 6). Außerdem sind Urin und Öl als Flüssigkeitszusätze für die Flotte vorgeschrieben. Abgesehen von den mit Öl hergestellten Flotten handelt es sich in allen Fällen um wässrige Flotten, die sich lediglich im pH-Wert voneinander unterscheiden.

In der modernen Färbetechnik ist das Flottenverhältnis (FV), das Verhältnis zwischen zu färbender Waren- und verwendeter Flottenmenge, ein wichtiger Färbeparameter. Es hat einen deutlichen Einfluss auf die Tiefe des Farbtons. Ein zu langes FV, d.h. im Vergleich zur Ware wird zu viel Flotte verwendet, kann zu reduzierten Farbtiefen führen (vgl. Tafel 8). Zu kurze Flottenverhältnisse führen insbesondere bei dunklen Farbtönen zu wolkigen, ungleichmäßigen Färbungen oder im schlimmsten Fall beim Überschreiten der Löslichkeitsgrenze zum Ausfallen des Farbstoffes.

Die fünf Färbevorschriften, die das Warengewicht aufführen, geben keine Information zur Flottenmenge, so dass in den Quellen keine Aussagen zum Flottenverhältnis nach modernem Verständnis enthalten sind. Ein Teil der Anleitungen gibt aber einen Eindruck von der zu verwendenden Flottenmenge, die zumindest zum Benetzen bzw. Eintauchen des Substrates ausreichen soll (Tab. 7).

Tab. 7: Warengewicht, Stückzahl bzw. -länge sowie Flottenmengen

Quelle	Rezept	Warengewicht, -länge bzw. Stückzahl	Flottenmenge
M III	fol. 183v, 71b	1 Elle Leinentuch	so viel, um das Leinentuch einzutauchen
N II	fol. 29v–31r, 54b+c	20 Nürnberger Ellen Leinen	so viel, dass du die Leinwand netzen kannst
	fol. 54v, 98	6 Ellen Leinentuch	so viel, dass du das Tuch netzen kannst
Tr	fol. 16r–17r, 64a	1 Elle Tuch	ob du viel oder wenig färben willst
M V	fol. 122v–123r, 330b	1 Elle Leinentuch	doppelt so viel Wasser, wie zum Eintauchen benötigt wird
	fol. 225r–225v, 1201	½ Elle Leinwand	$^{1}/_{6}$ Maß
	fol. 231v, 1233a	6 Garnstränge	1–2 Maß + 6 Schälchen
	fol. 231v, 1234a+b	8 Garnstränge	1 Maß
B	fol. 91v, 254	1 Tuch	1 Kessel
	fol. 92, 255b+c	**1 Pfd. Wolle**, Garn, 1 Tuch	-
	fol. 105v, 303	**4 Pfd. Garn**, 15 Ellen Tuch	-
	fol. 106, 306a	**4 Pfd. Garn**, 15 Ellen Tuch	-
	fol. 106v, 308	**1.5 Pfd. Garn**	-
H IV	fol. 129v–130v, 224	10 Ellen Tuch	vier Finger hoch Waidaschenlauge
H VI	fol. 50v, 6b	**½ Pfd. [Garn]**	-

Da es sich vorrangig um Stückfärbungen handelt, wird es bei diesen geringen Flottenmengen Probleme mit der Egalität der Färbung gegeben haben. Das Rezept fol.

225r–225v, 1201 aus Quelle **M V** beschreibt, wie dem begegnet wurde: „[...] *Vnd ným das leine tuch / vnd waiches in dem Ersten wasser vnd reib es wol mit den henndten* [...]“. Die erhöhte Mechanik durch Drücken und Reiben verbesserte die gleichmäßige Durchdringung der Ware mit der Färbeflotte, wodurch dann egalere Färbungen erreicht werden konnten. Unterschiede zwischen älteren und neueren Quellen in Bezug auf die Genauigkeit der Angaben zur Substrat- und Flottenmenge sind nicht erkennbar.

4.3 Beizen und Beizmittel

Alle wasserlöslichen Naturfarbstoffe ziehen ohne Hilfsmittelzusatz aus der wässrigen Färbeflotte auf die Ware auf.[186] Werden die Farbstoffe direkt auf Protein- oder Cellulosefasern gefärbt, binden sie lediglich über Wasserstoffbrücken (Abb. 6) und Van-der-Waals-Kräfte an die Fasern, die Farbstoffaufnahme ist begrenzt.

Insbesondere im Fall der Cellulosefasern stehen weniger leicht zugängliche Gruppen zur Verfügung, und durch die relativ schwachen Bindungen sind die Nassechtheiten der Färbungen eher schlecht. Der weitaus größte Teil der Naturfarbstoffe wird daher als sog. Beizenfarbstoff angewendet, indem der Farbstoff mittels einer Beize auf der Faser fixiert wird. Dadurch wird mehr Farbstoff an die Faser gebunden, die Echtheit der Färbung wird verbessert und der Farbton wird leuchtender (vgl. Tafel 9).

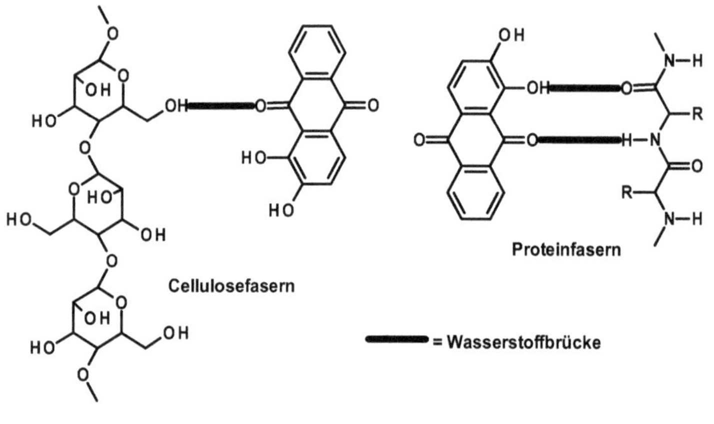

Abb. 6: Wasserstoffbrücken zwischen Farbstoff (Alizarin) und Faser[187]

Als Beizenfarbstoffe können Naturfarbstoffe eingesetzt werden deren Moleküle funktionelle Gruppen mit freien Elektronenpaaren (OH-Gruppen oder Carbonyl-

186 Eine Ausnahme ist die Gerbstoffschwarzfärbung, da sich das Schwarz nur bei der Verwendung eines Eisensalzes bildet.

187 In Anlehnung an Vankar: Chemistry of Natural Dyes, S. 80.

gruppen) in ortho-Stellung enthalten (vgl. Abb. 7 und Abb. 8). Diese Gruppen können mit Metallionen koordinative Verbindungen bilden, die als innere Komplexe bezeichnet werden. Die Koordinationszahl des Zentralatoms, zweiwertige Metallionen wie Cu^{2+} haben die Koordinationzahl vier, dreiwertige Ionen wie Al^{3+} oder Fe^{3+} haben die Koordinationszahl sechs, bestimmt die Anzahl der Liganden, die sich um das zentrale Metallion gruppieren können. Beizenfarbstoffe sind im Allgemeinen zweizähnige Liganden, d.h. sie haben zwei funktionelle Gruppen, die dem Metallion Elektronen zur Verfügung stellen können. Die gebildeten Komplexe werden auch als Chelate (von lat.: *chelae* = Schere) bezeichnet, da die Liganden das Zentralatom wie Krebsscheren umfassen.[188] Chelate bilden durch eine Salzbindung und eine koordinative Bindung Komplexe mit 5- und 6-gliedrigen Ringen aus, die besonders beständig sind.[189]

Die Komplexbildung bewirkt eine Molekülvergrößerung, die eine Verringerung der Wasserlöslichkeit des Farbstoffes und damit verbunden verbesserte Nassechtheiten der Färbungen zur Folge hat. Gleichzeitig verändert sich die Lichtabsorption, was zu leuchtenderen Farbtönen führt.

Das bekannteste Beispiel für einen Beizenfarbstoff ist das im Krapp enthaltene Alizarin. Bei der Komplexbildung wird der in der intramolekularen Wasserstoffbrücke befindliche Wasserstoff durch das Metallion ersetzt (Abb. 7).

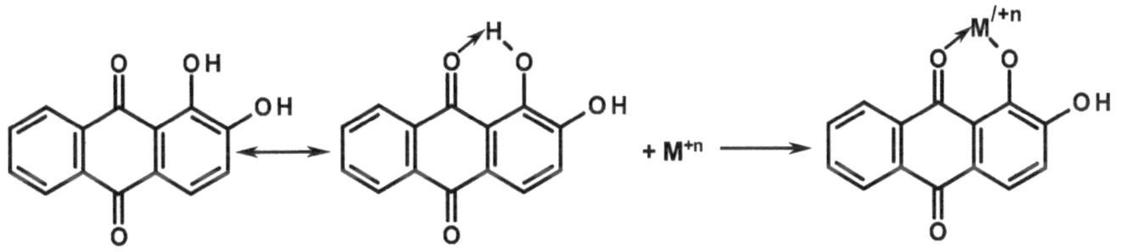

Abb. 7: Komplexbildung beim Alizarin[190]

Durch Einsatz unterschiedlicher Beizmetalle kann der Farbton zusätzlich variiert werden. Am Beispiel der Krappfärbung (vgl. Tafel 10) zeigt sich der Einfluss verschiedener Beizmetalle auf die Farbnuance. Aluminiumbeizen ergeben Rot-, Zinnbeizen ergeben Orangerot-, Kupferbeizen Violettbraun- und Eisenbeizen Brauntöne mit dem Beizenfarbstoff Alizarin.

Weitere Beispiele für Naturfarbstoffe, die Metallkomplexe ausbilden, sind Luteolin aus dem Färberwau, Brasilein, der Farbstoff des Brasilholzes oder das in grünen Walnussschalen enthaltene Juglon (Abb. 8, fett: Gruppen für die Komplexbildung). Einige Anthocyanfarbstoffe bilden ebenfalls mit Metallen farbige Komplexe aus.

---

188 Vgl. Neumüller: Römpp, Bd. 1, S. 644 und Bd. 3, S. 2205; vgl. auch Grychtol, Mennicke: Metal-Complex Dyes, S. 1–2.

189 Vgl. Pfitzner: Innere Komplexverbindungen, S. 242; vgl. Pfeiffer: Aufbauprinzipien, S. 95; vgl. Grychtol, Mennicke: Metal-Complex Dyes, S. 1–2.

190 In Anlehnung an Pfitzner: Innere Komplexverbindungen, S. 242.

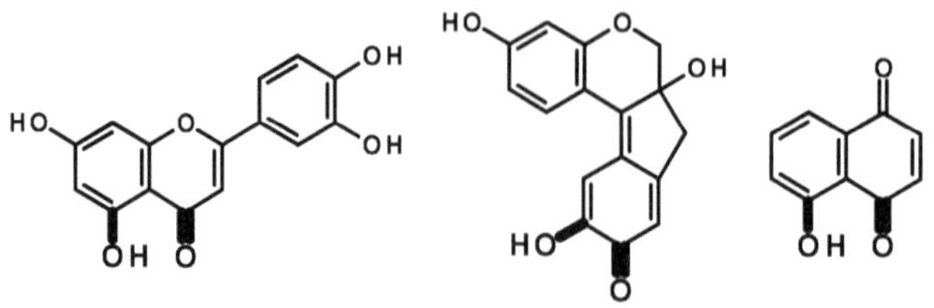

Luteolin Brasilein Juglon

Abb. 8: Luteolin, Brasilein und Juglon

In Abhängigkeit von der zu färbenden Faser, ist das Beizen unterschiedlich aufwendig. Proteinfasern haben auf Grund ihres ionischen Charakters von Natur aus Affinität zu Metallionen. Über die funktionellen Gruppen der Faser, insbesondere die Aminogruppe, werden Elektronen für die Ausbildung von Komplexen zur Verfügung gestellt. Wird Wolle mit einer wässrigen Alaunlösung gebeizt, wird Wasser aus der Umgebung des Aluminiumkations gegen funktionelle Gruppen der Faser ausgetauscht, es bildet sich ein „Beizmittel-Faser-Komplex". Bei einer anschließenden Färbung mit einem Beizenfarbstoff wird weiteres Wasser aus der Umgebung des Metalls nach und nach durch funktionelle Gruppen des Farbstoffs ersetzt (Abb. 9).

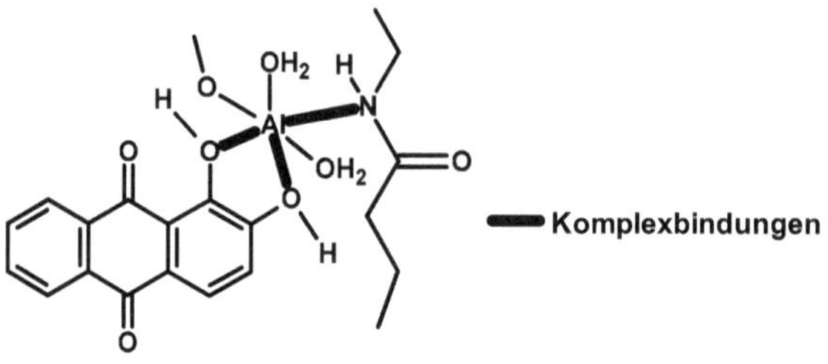

Komplexbindungen

Abb. 9: Farbstoff-Beizmittel-Faser-Komplex[191]

Werden Cellulosefasern mit wasserlöslichen Metallsalzen wie Aluminiumsulfat ($Al_2(SO_4)_3$) gebeizt, müssen diese anschließend durch eine alkalische Nachbehandlung mit Soda oder Pottasche in wasserunlösliche bzw. schwer wasserlösliche Verbindungen überführt werden.[192] Im Falle des Aluminiumsulfats bildet sich mit Sodalösung schwerlösliches Aluminiumhydroxid auf der Faser (Abb. 10). Anschließend erfolgt die Färbung mit dem Beizenfarbstoff.

$$\mathbf{Al_2(SO_4)_3 + 3Na_2CO_3 + 3H_2O \rightarrow 2Al(OH)_3 + 2Na_2SO_4 + 3\,CO_2}$$

Aluminiumsulfat **Soda** **Aluminiumhydroxid**

Abb. 10: Bildung einer schwer wasserlöslichen Aluminiumverbindung

191 In Anlehnung an Nicolai, Nechwatal: Aluminiumbeize, S. 333.

192 Vgl. Gulrajani: Natural dyes, S. 26.

Neben der Beizmittelart haben die eingesetzte Beizmittelmenge, der Beiz-pH-Wert, die Beizdauer, die Beiztemperatur sowie der Zeitpunkt der Beize Einfluss auf die Farbtiefe. Roth et al. nennen für die Beize mit Alaun Einsatzmengen von 15–25 % bezogen auf das Warengewicht.[193] Neuere Untersuchungen zeigen, dass bis zu einer Konzentration von 10 % Alaun die Farbtiefe zunimmt, größere Beizmittelmengen aber keinen signifikanten Einfluss auf die Farbtiefe haben. Die Beizbehandlung sollte über 60 Minuten kochend erfolgen. Der optimale pH-Wert liegt bei ca. 3,5, er stellt sich durch Hydrolyse des Alauns in der wässrigen Lösung automatisch ein.[194] Untersuchungen mit anderen Metallbeizen zeigen ähnliche Ergebnisse.[195]

Besonders große Auswirkungen auf die Farbtiefe hat der Zeitpunkt der Beize. Sie kann als Vor-, Direkt- oder Nachbeize durchgeführt werden. Die Vorbeize findet zweibadig statt, d.h. die Ware wird in der Beizflotte behandelt, getrocknet und anschließend gefärbt. Bei der Direktbeize wird das Metallsalz in die Färbeflotte gegeben und gleichzeitig mit dem Farbstoff auf das Substrat appliziert. Die Nachbeize ist ein Nuancierungsschritt im Anschluss an die Färbung, wobei das Beizmittel entweder der Färbeflotte zugefügt oder die Ware in einem frischen Bad nachbehandelt wird. Probefärbungen zeigen, dass eine vom Färbeprozess abgetrennte Vorbeize unabhängig vom verwendeten Farbmittel im Vergleich zur Direktbeize zu deutlich gesteigerten Farbtiefen führt (vgl. Tafel 11).

Bei der Vorbeize bildet sich der Aluminium-Faser-Komplex auf der Ware, an den sich der Farbstoff bei der Färbung anlagert. Wird während der Färbung gebeizt beginnt die Komplexbildung Farbstoff-Aluminium bereits in der Flotte. Die Komplexe sind vergleichsweise groß und damit weniger beweglich als das Farbstoffmolekül allein. Es zieht weniger Farbstoff auf die Faser auf.

Für die Beize wurden seit alters her wasserlösliche Metallsalze, metallhaltige Wässer (eisenhaltiges Moorwasser), essigsaure Tonerde (basisches Aluminiumacetat[196]) und/oder Gerbstoffe verwendet. In der Hausfärberei wurden zusätzlich die vegetabilischen Beizen, d.h. alaun-, kalium- oder oxalsäurehaltige Extrakte von Bärlapp (*Lycopodium selago* L.), Sternmiere (*Stellaria media* L.) oder Sauerampfer (*Rumex*

193 Vgl. Roth et al.: Färberpflanzen, S. 25.

194 PH-Werte unter 3,5 führen zu einer reduzierten Alaunaufnahme, da die Faser Protonen bindet und ihre positive Ladung zunimmt. Die Aufnahme des Aluminiumkations wird erschwert. Vgl. Nicolai, Nechwatal: Aluminiumbeize, S. 333.

195 Bei der Beize mit Cu(II)-Ionen auf Wolle zeigt die 60-minütige Behandlung bei 90 °C die besten Ergebnisse; vgl. Sheffield, Doyle: Uptake of Copper(II), S. 204–205. Wird Wolle mit Eisensalzen gebeizt, kann die Faser je nach Wollart bis zu 30 % der eingesetzten Salzmenge aufnehmen. Der optimale Beiz-pH liegt zwischen 3 und 4,5 und die Temperatur sollte bei 80 °C liegen; vgl. Giesen, Ziegler: Absorption von Eisen, S. 482–483. Das Bindevermögen von Wolle für Eisenionen hat in der modernen Veredlung bei der selektiven Wollbleiche Bedeutung.

196 Vgl. Amelingmeier: Tonerde, in: RÖMPP Online RD-20-02130, vgl. Jahn, Westermann: Aluminiumacetate in: RÖMPP Online RD-01-01787.

acetoso L.) verwendet.[197] Besondere Bedeutung in der handwerklichen Färberei hatten Alaun und die Vitriole.

4.3.1 Alaun

Als Alaune bezeichnet man heute kristallwasserhaltige Doppelsalze aus ein- und dreiwertigen Metall-Kationen und Sulfationen, wobei an Stelle des einwertigen Metalls auch ein Ammoniumion treten kann. Die allgemeine Formel lautet: $Metall^{(1+)}Metall^{(3+)}(SO_4)_2 \cdot 12H_2O$.[198] Der am längsten bekannte Alaun ist Kaliumaluminiumsulfat, auch Kaliumalaun oder Kalialaun genannt ($KAl(SO_4)_2 \cdot 12H_2O$). Alaun hat seinen Namen von lat. *alumen* = Tonerdesalz. Ist in der modernen Literatur allgemein von Alaun die Rede, ist meist Kaliumaluminiumsulfat gemeint. Im Mittelalter war die Zusammensetzung des Alauns nicht bekannt, sowohl alaunhaltige Mineralien, als auch einfache Aluminiumsalze oder Mischungen aus Alaun und Vitriol wurden als Alaun bezeichnet. Diesen Sachverhalt beschreibt Beckmann, indem er darauf hinweist, „... *wie leicht man irren kann, wenn man, ohne genaue Untersuchung, annimmt, daß die Alten, unter einem noch jetzt gebräuchlichen Namen, eben dasjenige gedacht haben, was wir jetzt darunter verstehen.*“[199] Erst Paracelsus (1493–1541) unterschied Salz, Alaun und Vitriol voneinander.[200]

Schon bei Griechen und Römern bekannt, war Alaun während des Mittelalters die Universalchemikalie. Neben der Anwendung als Beizmittel in der Textilfärberei wurde er wegen seiner adstringierenden und bakterienabtötenden Eigenschaften auch im medizinischen Bereich, in der Gerberei und als Holzschutzmittel eingesetzt.[201] Alaun wurde aus Syrien, Ägypten, Griechenland und Kleinasien eingeführt, wobei die beste Qualität aus Phokäa an der kleinasiatischen Küste kam.[202] Die Genuesen bauten den Alaun in Kleinasien ab und reinigten ihn durch Kristallisationsprozesse auf. Auf der ägäischen Insel Chios, die ihnen als Handelszentrum diente, betrieben sie den Alaunhandel als Monopol. Sie setzten Preise fest und be-

197 Vgl. Reckel: Teufelsfarbe, S. 75–76; vgl. Schwedt: Chemie für alle Jahreszeiten, S. 104–107; vgl. Reinking: Anwendung der Beizen, S. 520; zu weiteren als Beizmittel verwendeten Pflanzen vgl. Taylor: Alternatives to Alum, S. 37–39.

198 Vgl. Holleman, Wiberg: Lehrbuch der Anorganischen Chemie, S. 882

199 Vgl. Beckmann, Erfindungen, Bd. 2, 1. Stück, S. 92–100.

200 Vgl. Helmboldt et al.: Aluminium Compounds, S. 5.

201 Als Adstringens (von lat. *adstringere* = zusammenziehen) werden Substanzen bezeichnet, die Eiweiße zum Koagulieren bringen. Es entsteht eine Membran, die Kapillarblutungen zum Stillstand bringen und die Wundheilung beschleunigen kann; vgl. hierzu Vollmer, Franz: Chemische Produkte, S. 151. Kosmetisch wird Alaun für Deostifte genutzt. Durch die adstringierende Wirkung ziehen sich die Hautporen zusammen, die Schweißabsonderung wird vermindert und gleichzeitig hemmen die enthaltenen Sulfationen die Wirkung der geruchsverursachenden Bakterien; vgl. Vollmer, Franz: Chemische Produkte, S. 143–144. Beim Alaungerben wird feuchter Alaun in die Lederhaut gerieben, die in der Haut vorhandenen Eiweiße koagulieren und verfestigen sich; vgl. Helmboldt et al.: Aluminium Compounds, S. 5.

202 Vgl. Dézsy: Alaun, S. 12; vgl. Beckmann: Erfindungen, Bd. 2, 1. Stück, S. 114–116.

stimmten über die gehandelten Mengen, die in die großen Wollzentren Venedig, Florenz und Brügge geliefert wurden. Von dort wurde der Alaun in Europa weiter verteilt.[203] Nach dem Sieg der Türken über Byzanz (1453) kam der Handel mit kleinasiatischem Alaun ins Stocken und die Preise in Europa stiegen. Bei der Suche nach neuen Lagerstätten wurden 1462 in Tolfa bei Civitavecchia (damals im Besitz des Papstes) große Alaunvorkommen gefunden und ein für den Papst und die Medici einträgliches Alaunmonopol aufgebaut.[204] 1463 verbot Papst Pius II. allen christlichen Kaufleuten, orientalischen Alaun zu kaufen und sein Nachfolger Paul II. verpflichtete alle, nur Alaun aus den Minen von Tolfa zu verwenden. Das Nichtbeachten dieses Erlasses wurde als Todsünde bezeichnet.[205] Erst zur Zeit der Reformation wurde in Nord- und Mitteleuropa nach weiteren Alaunvorkommen gesucht, um Unabhängigkeit vom katholischen Monopol zu erlangen.

Die Gewinnung des Alauns ging vom Alaunstein (Alunit) oder vom Alaunschiefer aus. Alunit entsteht durch Einwirken von vulkanischer schwefliger Säure auf Gestein. Er enthält etwa 38 % Schwefelsäure, 34–39 % Tonerde, 10 % Kalium und Wasser. Nach verschiedenen Röst-, Auslaug- und Kristallisationsverfahren erhielt man den kubischen oder „römischen" Alaun, der sehr rein war.[206] Alaunschiefer enthält Schwefelkies, Calciumcarbonat und Magnesiumcarbonat, aber nur wenig Kaliumsalz. Nach dem Rösten bildeten sich während einer 2–3 jährigen Lagerung Aluminiumsulfat und Eisensulfat. Nach nochmaligem Rösten wurde das Aluminiumsulfat ausgelaugt und durch Zusatz eines Kaliumsalzes Alaun gefällt.[207] Über weitere Einzelheiten zur Geschichte des Alauns, zur Alaungewinnung und zum Alaunhandel informieren verschiedene Veröffentlichungen.[208] Die Bedeutung des Alauns als Universalbeizmittel zeigt sich auch in den hier bearbeiteten Quellen. Alaun ist in allen bearbeiteten Quellen aufgeführt.[209]

---

203 Vgl. Delamare, Guineau: Colors, S. 47–48; vgl. Jüttner: Alaun, [1], in: Angermann et al.: LexMa, Bd. 1, Sp. 272; vgl. Balard: Alaun, [1], in: Angermann et al.: LexMa, Bd. 1, Sp. 272.

204 Vgl. Dézsy: Alaun, S. 13; vgl. Day: Textile Chemicals, S. 199–200; vgl. Balard: Alaun [1], in: Angermann et al.: LexMa, Bd. 1, Sp. 272; vgl. Beckmann: Erfindungen, Bd. 2, 1. Stück, S. 123–124.

205 Vgl. Dézsy: Alaun, S. 139; vgl. Beckmann: Erfindungen, Bd. 2, 1. Stück, S. 137–140.

206 Vgl. Dézsy: Alaun, S. 15.

207 Vgl. ebd., S. 14.

208 Vgl. Dézsy: Alaun; vgl. Taylor, Singer: Pre-scientific industrial chemistry, S. 367–369; vgl. Agricola: Vom Berg- und Hüttenwesen, S. 484–489.

209 Alaun ist in den Quellen *als alaun, alwn, alawn, allawn, alavn, alun, alaunes, alluns, aluns, aluminis, alumine, alunwazzer, alaunwazzer, aqua aluminis* oder *alumen glaciei* aufgeführt. *alumen glaciei* ist vermutlich ein durch Umkristallisation aufgereinigter Alaun, aus dem letzte Reste von Eisen- oder Kupfersalzen entfernt wurden; vgl. Brachert: Maltechniken, S. 19.

4.3.2 Vitriole

Neben dem Alaun kamen Kupfer-, Eisen-, Zink-, Chrom- und Zinnsalze als Beizmittel zum Einsatz. Sie haben wie Alaun Einfluss auf die Farbtiefe, beeinflussen aber vor allem die Nuance des Farbtons, da die metallischen Zentralatome auf das konjugierte Elektronensystem des Farbstoffes wirken.

Eisen, Kupfer und Zink wurden meist in Form ihres Vitriols für die Färbung verwendet. Wie der Alaun gehörten die Vitriole zu den chemischen Substanzen, die schon im Mittelalter gewonnen wurden. Ihre Herstellung war eng mit dem Bergbau und der Verhüttung verbunden, die Verfahren waren seit der Antike bekannt. Detailliert beschrieben wurden sie erstmals von Vannoccio Biringuccio (1480–1537) in seinem zehnbändigen Werk „*Pirotechnia*" und von Georg Agricola (1494–1555) in „*De re metallica*".[210] Agricola schildert neben verschiedenen anderen Verfahren für die Vitriolgewinnung, die Herstellung aus Vitriolwasser sowie aus vitriolhaltigen Erden und Gesteinen. Sie fielen bei der Alaungewinnung an und wurden durch Auslaug-, Röst- und Kristallisationsverfahren weiter aufbereitet.[211]

Der Name Vitriol, eine veraltete Bezeichnung für kristallwasserhaltige Sulfate von zweiwertigen Metallen, insbesondere von Eisen, Kupfer und Zink, mit der allgemeinen Formel $M^{II+}SO_4 \cdot nH_2O$, leitet sich von lat. *vitrum* = Glas ab, da große Kristalle dieser Verbindungen glasartig durchsichtig sind.[212] Die Vitriole wurden nach ihrer Farbe und Herkunft unterschieden (Tab. 8). Das blaue Vitriol enthält überwiegend Kupfersulfat, das grüne Vitriol Eisensulfat und das weiße Vitriol Zinksulfat.[213] Auf Grund der Herkunft und des unterschiedlichen Gehaltes waren die Bezeichnungen für die Vitriole sehr vielfältig, sie wurden auch begrifflich nicht immer vom Alaun unterschieden.

Ist in historischen Quellen allgemein von Vitriol die Rede, steht der Begriff meist für das Eisenvitriol. Das in der mittelalterlichen Färberei verwendete Vitriol war aber selten rein, es handelte sich vorwiegend um „gemischtes Vitriol", das auch als Doppel- oder Adlervitriol bezeichnet wurde. Die beste Qualität mit einem hohen Eisen- und einem geringen Kupfergehalt wies das römische Vitriol, in Quel-

---

210 Vgl. Schmidtchen: Montan- und Hüttenwesen, wirtschaftliche Aspekte, in: König: Propyläen Technikgeschichte, Bd. 2, S. 242–243.

211 Vgl. Agricola: Vom Berg- und Hüttenwesen, S. 484, 489–495; vgl. Schmidtchen: Montan- und Hüttenwesen, wirtschaftliche Aspekte, in: König: Propyläen Technikgeschichte, Bd. 2, S. 243.

212 Vgl. Karpenko, Norris: Vitriol in the history, S. 1001; vgl. o.V.: Vitriole, in: RÖMPP Online, RD-22-00998.

213 Vgl. Brachert: Maltechniken, S. 262–263; die Unterscheidung nach der Farbe ist seit dem späten Mittelalter bekannt, vgl. Ludwig: Vitriol, in: Angermann et al.: LexMa, Bd. 8, Sp. 1778; vgl. o.V.: Vitriole, in: RÖMPP Online, RD-22-00998.

len *Vitriolum romanum*[214] genannt, auf. Hickel nennt hier einen Eisensulfatgehalt von 82 % und einen Kupfersulfatgehalt von lediglich 2 %.[215]

Tab. 8: Vitriole – Namen, Farben und Synonyme nach der Quellenlage

Trivialname	Farbe	Chemischer Name, Formel	Synonyme in den Quellen
Eisenvitriol	Grün	Eisen(II)-sulfat-Heptahydrat $FeSO_4 \cdot 7H_2O$	römischer Vitriol[216] grüner Alaun[217] Linphorwasser, Tragatum[218] grüner Galitzenstein[219] Atramentum
Kupfervitriol	Blau	Kupfer(II)-sulfat-Pentahydrat $CuSO_4 \cdot 5H_2O$	Kupferwasser[220]
Zinkvitriol	Weiß	Zink(II)-sulfat-Heptahydrat $ZnSO_4 \cdot 7H_2O$	Galitzenstein, Augstein[221]

Das im deutschen Raum gewonnene Vitriol war weniger rein. Für das Salzburger Zweiadlervitriol sind 24 % Kupferanteil und für das weitverbreitete, aus dem Rammelsberg bei Goslar stammende Adlervitriol sind 9 % Kupferanteil belegt.[222] In der Frühen Neuzeit wurden nach Untersuchungen von Hickel die Begriffe Vitriol, Atramentum und Kupferwasser häufig gleichgesetzt.[223] In den hier bearbeiteten

---

214 Römischer Vitriol ist in zwei Anleitungen (fol. 55–55v, Rezept 116 und fol. 194v–195, Rezept 328) der Quelle **H IV** für die Schwarzfärbung aufgeführt.

215 Vgl. Hickel: Arzneischatz deutscher Apotheken, S. 126 und 130.

216 Vgl. Hickel: Arzneischatz deutscher Apotheken, S. 126 und 130.

217 Brachert führt die Bezeichnung *alunen viridiam* auf die grüne Farbe (lat. *viridis* = grün) zurück; vgl. Brachert: Maltechniken, S. 20.

218 Die Identifikation von Linphorwasser oder Tragatum als Eisenvitriol geht aus der Anleitung (Quelle **Be**, fol. 143–144, Rezept 71) hervor: „... *ein grünes steines der zargat als allunt und heisß linphor wasser oder tragatum oder alunen viridiam ...* "

219 Vgl. Quelle **H VI**, fol. 50–50v, Rezept 4 und fol. 50v, Rezept 5. Grüner Galitzenstein ist als Bezeichnung für Eisenvitriol bei Beckmann belegt; vgl. Beckmann: Erfindungen, Bd. 2, 3. Stück, S. 394–396.

220 Vgl. Quelle **B**, fol. 93, Rezept 257, Quelle **H IV**, fol. 258–258v, Rezept 407 und fol. 258v, Rezept 408, Quelle **H V**, fol. 281–281v, Rezept 32. Kupferwasser ist ein alchemistischer Begriff für Vitriol bzw. ein Synonym für Kupfervitriol; vgl. Brachert: Maltechniken, S. 147; vgl. Grimm: DWb, Bd. 11, Sp. 2770 u. Krünitz: Oekonomische Encyklopädie, Th. 56, S. 555. Im Gewerbe wurde z.T. Eisenvitriol als Kupferwasser bezeichnet; vgl. Krünitz: Oekonomische Encyklopädie, Th. 56, S. 555.

221 Vgl. Quelle **H II**, fol. 57–57v, Rezept 4; hier heißt es: „... *galiczenstain der wol gestossen sey das ist verttriol ...* " Galitzenstein bezeichnet Zinkvitriol oder als blauer Galitzenstein Kupfervitriol; vgl. Brachert: Maltechniken, S. 20; vgl. Grimm: DWb, Bd. 4, Sp. 1180 und Krünitz: Oekonomische Encyklopädie, Th. 15, S. 684; Augstein (Quelle **H IV**, fol. 67v, Rezept 139, *ógestein*) ist ein weiteres Synonym für Zinkvitriol; vgl. Brachert: Maltechniken. S. 31; vgl. Keferstein: Mineralogia polyglotta, S. 161; vgl. Gabelkover: Artzney-Buch, S. 74.

222 Vgl. Adlervitriol, in: Merck: Merck's Warenlexikon, S. 3; vgl. o.V.: Ueber gemischten Vitriol, S. 378–379, der Goslarer Vitriol enthält zusätzlich noch Manganverunreinigungen.

223 Vgl. Hickel: Arzneischatz deutscher Apotheken, S. 123 und 125.

Quellen ist der synonyme Gebrauch des Begriffes Atramentum für Vitriol bereits in der aus dem 14. Jahrhundert stammenden Handschrift **M I** zu finden.[224]

Atramentum ist ein vieldeutiger Begriff. Er bezeichnete Eisengallustinte (von lat. *ater*, *atra*, *atrum* = schwarz), die in den Skriptorien als *atramentum librarium* (Büchertinte) oder *atramentum scriptorium* (Schreibtinte)[225] verwendet wurde, er wurde aber ebenfalls als Bezeichnung für jede andere Art von schwarzer Farbe benutzt. So wurde Ruß als *atramentum tectorium*, die schwarze Farbe der Maler als *atramentum pictorium* und die schwarze Schuhfarbe als *atramentum sutorium* bezeichnet. Schusterschwarz ist wiederum bei J. und W. Grimm als Eisenschwärze (*atramentum ferrarium*) belegt.[226] Krünitz identifiziert Atrament als Kiesart, aus der Vitriol zum Schwarzfärben sowie für Tinte gewonnen wurde und Brachert nennt unter dem Stichwort Atrament eisen-, kupfer- und zinkhaltige Vitriole, die für die Herstellung von Gerbstoffschwarz dienten.[227] Merrifield führt unter dem Stichwort ebenfalls mehrere mögliche Definitionen auf. Sie nennt künstlich hergestellte Pigmente wie Lampenschwarz (Lampenruß) oder Pflanzenkohle (charcoal), die durch die Verbrennung organischer Materialien entstanden. Weiterhin nennt sie mit siedendem Öl und geschupptem Eisen gewonnenes Schusterschwarz und mit Galläpfeln, Eisenvitriol und Gummi arabicum hergestellte Tinte.[228]

Für den Kontext Textilfärberei erscheint die Identifikation des Atramentums als Eisenvitriol die Wahrscheinlichste. Eisenvitriol ergibt mit Gerbstoffen ein blaustichiges Schwarz. Mit steigendem Kupfergehalt wird der Farbton immer braunstichiger, so dass in den Quellen sicher eine Substanz mit hohem Eisensulfatanteil gemeint ist.[229] Die ebenfalls in den Quellen genannte Schwarze Farbe könnte ein zuvor hergestelltes Gerbstoffschwarz sein.

4.3.3 Weitere Metalle als Beizmittel

Neben den zuvor beschriebenen Beizmitteln sind in den Quellen weitere metallhaltige Substanzen oder Metallabfälle genannt, die Einfluss auf den Farbton haben können. Außer den bei der Gerbstoffschwarzfärbung verwendeten Feilspänen, Hammerschlag und Schliff sind hier Grünspan, Kupferhammerschlag und Galmei zu nennen.

Grünspan, ein kupferhaltiges, schon im Mittelalter synthetisch gewonnenes Pigment wurde nach der Quellenlage als Farbmittel für Grüntöne, aber ebenso als Beizmittel bei der Färbung mit Beeren, Brasilholz und weiteren Farbmitteln verwendet. Für die Beize interessant war das enthaltene Kupfer, das den üblicherweise mit einem Farbmittel erzielbaren Farbton veränderte. Kupferhammerschlag, eine

224 In der Handschrift **M I** ist im Rezept fol. 67v, 57 *atrament* für eine Schwarzfärbung genannt.
225 Vgl. Krünitz: Oekonomische Enzyklopädie, Th. 2, S. 632; vgl. Brachert: Maltechniken, S. 29.
226 Vgl. Grimm: DWb, Bd. 15, Sp. 2084 und Bd. 3, Sp. 373.
227 Vgl. Brachert: Maltechniken, S. 225.
228 Vgl. Merrifield, Original treatises, S. xiii; für Tinte vgl. ebd., S. 60.
229 Vgl. Hickel: Arzneischatz deutscher Apotheken, S. 125.

weitere Möglichkeit der Färbeflotte Kupfer zuzusetzen ist als *chupffer aschen* in Quelle **M IV**, fol. 229v, Rezept 60 aufgeführt.[230] Galmei, eine Mischung verschiedener carbonat- und silicathaltiger Zinkerze, im engeren Sinn Zinkspat ($ZnCO_3$)[231], ist in mehreren Quellen als *galmey, galmei* und *perchweis* genannt.[232] Hier steht ebenfalls die Funktion des Zinks als Beizmittel im Vordergrund. Die Bezeichnung Galmei ist vom lat. *cadmea* abgeleitet und bezeichnete Mineralien, die bei der Verarbeitung mit Kupfer Messing ergaben.[233] Galmei wurde im Mittelalter als *Lapis calaminaris*, später als *Calamine* oder *Kelmis* bezeichnet. Die umfangreichen Erz-Vorkommen im belgischen Grenzgebiet zu Aachen waren so bedeutend, dass sie für die Stadt Kelmis (La Calamine) namengebend waren.[234] Bei dem in Quelle **B**, fol. 107v, Rezept 315b für die Beize genannten *kalmas* kann es sich daher um den Galmei handeln.[235]

4.3.4 Gerbstoffe

Gerbstoffe, auch als Tannine bezeichnet, gehören zu den natürlich vorkommenden Pflanzenpolyphenolen. Die Bezeichnungen Gerbstoff oder Tannin (franz. *tanner* = gerben) beziehen sich auf die Haupteigenschaft dieser Verbindungen. Sie wirken gerbend auf Proteine, d.h. sie können Eiweißmoleküle vernetzen, wodurch Leder entsteht. Gerbstoffe werden in hydrolysierbare und nicht hydrolysierbare, kondensierte Gerbstoffe unterteilt, wobei für die Beizbehandlung von Textilfasern bevorzugt die Ersteren genutzt werden.

---

230 Nach Grimm und Krünitz ist Kupferasche ein Synonym für Kupferhammerschlag. Brachert unterscheidet drei Arten von Kupferasche: rotes Kupfer(I)-oxid (Cu_2O), schwarzes Kupfer(II)-oxid (CuO) und ein Gemisch aus beiden; vgl. Grimm: DWb, Bd. 11, Sp. 2760; vgl. Krünitz: Oekonomische Encyklopädie, Th. 56, S. 190 u. 222; vgl. Brachert: Maltechniken, S. 145.

231 Vgl. Neumüller: Römpp, Bd. 2, S. 1393.

232 Vgl. **Ba**, fol. 119v, Rezept 15 und fol. 119v–120, Rezept 21, **M IV**, fol. 227v–228r, Rezept 30 und **In**, fol. 101r, Rezept 12. *perchweis* wird von Ploss als unreiner Zinkspat, also Galmei, aus Tirol identifiziert, vgl. Ploss: Buch von alten Farben, S. 100. J. und W. Grimm identifizieren Galmei als Zinkerz und unterscheiden edlen Galmei (Zinkspat) und Kieselgalmei (Zinkglaserz); vgl. Grimm: DWb, Bd. 4, Sp. 1201. Krünitz nennt Galmei als mit Eisen verunreinigtes Ausgangsprodukt für die Zink- und Messingherstellung; vgl. Krünitz Oekonomische Encyklopädie, Th. 15, S. 800. Keferstein erwähnt ebenfalls die natürlichen Verunreinigungen durch Eisen, vgl. Keferstein: Mineralogia polyglotta, S. 239.

233 Vgl. Holleman, Wiberg: Lehrbuch der anorganischen Chemie, S. 1041, vgl. Heitfeld et al.: Galmei-Erzbergbau, S. 60; vgl. Pohl: Galmei, in: Angermann et al.: LexMa, Bd. 4, Sp. 1099–1100.

234 Vgl. Heitfeld et al.: Galmei-Erzbergbau, S. 60; vgl. Hickel: Arzneischatz deutscher Apotheken, S. 104.

235 Bei Grimm sind *kalms*, *calms* oder *kalmes* als volkstümliche Bezeichnungen für den Kalmus (*Acorus calamus* L. od. *Calamus aromaticus*) belegt. Kalmus enthält neben etherischem Öl etwa 20 % Stärke sowie verschiedene Gerb- und Bitterstoffe. Er ist allerdings erst seit Ende des 16. Jahrhunderts in Europa heimisch; vgl. Grimm: DWb, Bd. 11, Sp. 73.

Die für die Gerberei und Färberei interessanten Gerbstoffe sind mit unterschiedlichem Gehalt vor allem in Galläpfeln und Baumrinden enthalten. Nach der Quellenlage wurde für die Beize bevorzugt der hohe Gerbstoffgehalt von Galläpfeln oder Gallen genutzt.[236] Die Bezeichnung Gallapfel ist seit dem 15. Jahrhundert im deutschen Sprachraum in Gebrauch, regional verwendete Synonyme waren Laubäpfel, Gallen, Knoppern oder Eichäpfel.[237] Galläpfel (vgl. Tafel 24) sind Gewebewucherungen bei Pflanzen, die durch Insekten aus der Familie der Gallwespen (*Cynips*-Spezies) hervorgerufen werden. Sie werden je nach Pflanzenfamilie (Eiche, Rose), Pflanzenart (Galleiche (*Quercus infectoria* OLIV.), Traubeneiche (*Quercus petraea* L.) und dem verursachenden Insekt in verschiedene Gruppen unterteilt. Aleppogallen entstehen beispielsweise durch Stich der Gallwespe (*Cynips tinctoria* OLIV.) auf den Blättern der Galleiche.[238] Durch den Insektenstich entstehen kugelförmige Wucherungen an den Blättern, in denen die Larven des Insekts Schutz finden und heranwachsen. Dieser Wachstumsprozess dauert etwa ein halbes Jahr.[239] Erfolgt der Stich in die Fruchtkelche (Eicheln) der Pflanze, werden die Galläpfel als Knoppern bezeichnet.[240]

Bei den enthaltenen hydrolysierbaren Tanninen handelt es sich um Zuckerester (vorrangig Glucose) von Phenolcarbonsäuren, wie Gallus- oder Ellagsäure (Abb. 11). Sie können hydrolytisch in Säure und Zucker aufgespalten werden. Wegen ihrer Abstammung werden diese Gerbstoffe auch als Gallo- bzw. Ellagtannine bezeichnet.[241]

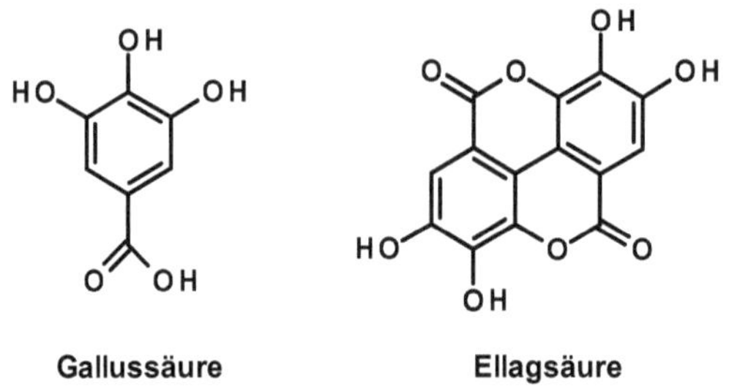

Gallussäure **Ellagsäure**

Abb. 11: Gallussäure, Ellagsäure

Neben Farbe, Form und Herkunft unterscheiden sich die Galläpfel deutlich in ihrem Gerbstoffgehalt (Tab. 9), der auch die Qualität bestimmt.

236 Vgl. Quelle **M III**, fol. 183v, Rezept 71: Vorbeize von Leinen mit Galläpfeln (Gerbstoff) und Alaun, Rotfärbung mit Brasilholz.

237 Vgl. Grimm: DWb, Bd. 3, Sp. 416 und Bd. 4, Sp. 1182; vgl. Adelung: Grammatisch-kritisches Wörterbuch, Bd. 2, S. 393.

238 Vgl. Schweppe: Naturfarbstoffe, S. 473–475.

239 Vgl. Neumüller: Römpp, Bd. 2, S. 1390.

240 Vgl. Adelung: Grammatisch-kritisches Wörterbuch, Bd. 2, S. 1670; vgl. Grimm: DWb, Bd. 11, Sp. 1483.

241 Vgl. Neumüller: Römpp, Bd. 2, S. 1452 und Bd. 6, S. 4121; vgl. Schweppe: Naturfarbstoffe, S. 469.

Tab. 9: Gerbstoffgehalte verschiedener Gallapfelarten[242]

Rohstoff	Gerbstoffgehalt [%]
Aleppo-Gallen	50–70
Knoppern	45
Türkische Gallen	35
Deutsche Gallen	10–15

Über die Qualität der Galläpfel und deren Verwendung in der Färberei schreibt Krünitz:

> „Man gebraucht die Galläpfel insonderheit zur Färberey, beym Schwarz=, Grau= und Braun=Färben; auch bedient man sich ihrer, schwarzes Haar und schwarze Tinte, wie auch Gärber= und Leder=Schwärze zu machen. Die türkischen und schwarzen, dienen mehr die wollenen, die Puisch=Gallus aber die seidenen Zeuge zu färben.“[243]

Für die Beize werden die Galläpfel zu Pulver zermahlen und mit Wasser gekocht. Anschließend wird die Ware in der heißen Beize behandelt. Laut Quellenlage wurden aber ebenso unzermahlene Galläpfel gekocht und nachdem sie weich geworden waren vor der Beize zerstoßen. Die Gerbstoffe stellen auf der Cellulosefaser saure Carboxylgruppen zur Verfügung, durch die eine bessere Farbstofffixierung ermöglicht wird. Durch eine anschließende zweite Beize mit Metallsalzen, können auch auf Cellulosefasern Farbstoffkomplexe gebildet werden.[244]

Da natürliche Gerbmittel häufig Naturfarbstoffe enthalten, kann bereits durch die Gerbstoffbeize und eine anschließende Alaunbeize eine deutliche Beige- oder Braunfärbung der Ware auftreten, die den durch die Färbung resultierenden Farbeindruck beeinflusst (vgl. Tafel 12).[245]

4.3.5 Weinstein und Kleie

Weinstein entsteht aus dem in Weintrauben und andere Beerenfrüchten enthaltenen Kaliumhydrogentartrat ($HOOC\text{-}(CHOH)_2\text{-}COOK$), das sich zusammen mit Calciumtartrat nach der Gärung als harte Kruste an den Wänden der Weinfässer abscheidet. Historische Bezeichnungen für den Weinstein waren *Tartarus* oder *Cremor tartari*.[246]

242 Alle Zahlenangaben nach Hofenk de Graaff: The Colourful Past, S. 288, 294.

243 Vgl. Krünitz: Oekonomische Encyklopädie, Th. 15, S. 688.

244 Vgl. Gulrajani: Natural dyes, S. 25–26. Zusätzlich ermöglicht eine Gerbstoffbeize der Cellulose die Färbung mit basischen Farbstoffen (vgl. Kap. 5.2). Die Farbstoffe werden über Ionenbindung an die durch den Gerbstoff eingeführten Carboxylgruppen fixiert.

245 Vgl. Wagner: Metallbeize, S. 64.

246 Vgl. Neumüller: Römpp, Bd. 3, S. 2018; vgl. Otteneder: Kaliumhydrogentartrat, in: RÖMPP Online RD-11-00214; vgl. Jüttner: Tartarus, in: Angermann et al.: LexMa, Bd. 8, Sp. 484.

Er wurde schon im Mittelalter von den Fassbindern aus leeren Fässern herausgekratzt und an die Färber verkauft, die ihn bei der Beize verwendeten.[247] Weinstein wurde in seiner ursprünglichen Form als „saurer“ Weinstein (pH ca. 3,5) verwendet, konnte aber ebenso durch Glühen oder Brennen in calcinierten alkalischen Weinstein, der fast reines Kaliumcarbonat enthält, umgewandelt werden.[248] Nicolai und Nechwatal haben in Untersuchungen zur Beize nachgewiesen, dass Weinstein ohne gleichzeitige Alaunverwendung nicht zu ausreichenden Echtheiten führt, er beeinflusst aber die Reinheit und Klarheit der Farbtöne.[249] Diese Tatsache wurde schon von Menzi beschrieben, der den Weinstein daher als Hilfsbeize bezeichnete. Hilfsbeizen können den Beizvorgang beschleunigen und trübende Substanzen beseitigen.[250] In den Quellen ist sowohl Weinstein als auch gebrannter Weinstein bei der Färbung genannt, die Bedeutung des Weinsteins als Hilfsbeize zur Erhöhung der Reinheit der Farbtöne ist ebenfalls belegt.[251]

Außer Alaun, Vitriolen oder Gerbstoffen sind in den Anleitungen für die Vorbehandlung weiterhin Kleie und Getreidezusätze aufgeführt. Diese gehören wie Weinstein in den Bereich der Hilfsbeizen, da sie insbesondere die Reinheit und Klarheit von Rottönen fördern. Als Beizmittel wurden Kleie, Gerstenwasser bzw. ein Teig aus Gerstenmehl vorrangig in der Gerberei verwendet. Durch saure Gärung entstehen Gase, die die Tierhaut auflockern und das Eindringen anderer Beizlösungen fördern.[252] Feddersen-Fieler erwähnt, dass der Zusatz von Weizenkleie zur Färbeflotte eine Reinigung des Farbtons bewirkt.[253] Zu diesem Zweck ist Kleie (*kirner grisch, grisch*) in zwei Anleitungen der Quelle **B** (fol. 91v, 254 und 256) beschrieben.

4.3.6 Auswertung der Färbevorschriften bezüglich der Beiz- und Beizmittelart

Die Auswertung der Färbeanleitungen bezüglich der benutzten Beizmittel bzw. Beizarten zeigt, dass über den gesamten untersuchten Zeitraum ca. 15 % der Färbungen ohne eine Beizbehandlung erfolgen sollen (Tab. 10). Es ist nicht erkennbar, dass für die Färbung ohne Beize bestimmte Farbstoffe bevorzugt wurden.

247 Vgl. Illi, Schîssgruob, S. 19.

248 Vgl. Brachert: Maltechniken, S. 242.

249 Vgl. Nicolai, Nechwatal: Alaunbeize, S. 334; vgl. Roth et al.: Färberpflanzen, S. 26.

250 Vgl. Menzi: Die Kunst des Färbens vor Perkin, S. 554.

251 Vgl. *weinstain* für die Rotfärbung mit Brasilholz in Quelle **H II**, fol. 61–61v, Rezept 11. *gepranten winstain* (alkalisch) für die Rotfärbung mit Saflor in Quelle **Ka**, fol. 8r. Weinstein mit Alaun als Vorbeize für Rotfärbung mit Brasilholz in Quelle **H II**, fol. 62, Rezept 12.

252 Vgl. Krünitz: Oekonomische Encyklopädie, Th. 17, S. 428; vgl. Leder, in: Merck: Merck's Warenlexikon, S. 314; vgl. Grimm: DWb, Bd. 5, Sp. 3737 u. 3739, Bd. 15, Sp. 2487.

253 Vgl. Feddersen-Fieler: Farben aus der Natur, S. 18; vgl. Kremer Pigmente: historische und moderne Pigmente, Krapp Wurzeln.

Tab. 10: Beizmittelanteile [%] und Beizvarianten nach dem Alter der Quellen

Zeit	Anzahl der Anleitungen	ohne Beize	Direktbeize								Vorbeize	Vor- und Direktbeize
			Alaun	Eisen	Kupfer	Zink	Alaun-Kupfer	Alaun-Eisen	Alaun-Zink	Σ Direktbeize		
14. Jh.	28	14.3	64.3	-	-	-	17.9	3.6	-	85.7	-	-
15. Jh.	177	16.4	41.2	5.6	6.2	-	11.3	5.6	0.6	70.5	6.2	6.8
16. Jh.	108	14.1	33.3	6.6	8.1	0.5	4.5	3.5	-	56.5	15.7	13.6

Als Beizmittel überwiegt deutlich Alaun, der für alle Farbtöne verwendet wurde. Selbst Färbungen mit Safran oder Indigo, bei deren Farbstoffen es sich um Direkt- bzw. Küpenfarbstoffe handelt, die keinen Beizmittelzusatz erfordern, wurden nach der Quellenlage mit Alaun durchgeführt. Eisenbeizen kamen für die Schwarz- und Graufärbung und Kupferbeizen bevorzugt für Blaufärbungen mit Beeren zur Anwendung. In den ältesten Quellen (14. Jh.) hat die Direktbeize einen Anteil von über 80 %. In der zweiten Hälfte des 15. Jahrhunderts ist dann erstmals die Vorbeize in Färbevorschriften beschrieben und der Anteil der Alaundirektbeize nimmt ab. Allerdings wird nicht zwangsläufig auf Grund der Vorbeize auf die Verwendung von Alaun während der eigentlichen Färbung verzichtet. Für eine relativ große Anzahl der Vorbeizrezepte ist für die anschließende Färbung die eigentlich nicht erforderliche Alaunverwendung beschrieben. Daraus ist zu schließen, dass nicht erkannt wurde, dass durch den Beizmittelzusatz die Farbtiefe der Ware nicht „unendlich" zu steigern ist.

Besonders deutlich wird der Einfluss eines Alaunzusatzes bei Färbungen mit Pigmenten auf Proteinfasern, bei denen auf Grund der Affinität des Pigmentes zur Faser keine Beize erforderlich ist. Hier hat das Beizmittel retardierende Wirkung, d.h. durch Konkurrenzreaktionen zwischen Pigment und Alaun um die funktionellen Gruppen der Faser, wird das Aufziehen des Pigmentes behindert und Farbtiefe verringert (vgl. Tafel 13).

Während für die Direktbeize vorrangig Alaun verwendet werden soll, sind in den ab Mitte des 15. Jahrhunderts auftretenden Rezepten für die Vorbeize neben Alaun außerdem Gerbstoffe als Beizmittel oder Kombinationsbeizen aus beiden genannt (Tab. 11). Zusätzlich ist die Verwendung der Hilfsbeize Weinstein oder die Vorbehandlung mit einer Lauge beschrieben.

Tab. 11: Teilrezepte und gesonderte Anleitungen für die Vorbeize

		Vorbeize im Rezept					gesonderte Beizrezepte				
Quelle	**Entstehungszeit**	**Alaun**	**Alaun/ Weinstein**	**Gerbstoff**	**Alaun/ Gerbstoff**	**Lauge**	**Alaun**	**Alaun/ Weinstein**	**Gerbstoff**	**Alaun/ Gerbstoff**	**Lauge**
M III	1464 – 1473	-	-	-	1	-	-	-	-	-	-
Be	1478	1	-	-	-	1	-	-	-	-	-
W	ca. 1480	1	-	-	-	-	-	-	-	1	-
Au	ab 1489	1	-	-	-	-	-	-	-	-	-
N II	3. Drittel 15. Jh.	-	-	-	-	-	-	-	-	-	-
Tr	4. Viertel 15. Jh.	1	-	-	1	-	-	-	-	-	-
H II	15. Jh.	1	-	-	-	-	-	1	-	-	-
M V	um 1500	-	-	-	2	-	-	-	-	-	-
Al	1532	-	-	-	-	1	-	-	-	-	-
B	1. Hälfte 16. Jh.	7	2	-	-	-	-	4	1	-	1
H IV	1562/1563	-	-	-	-	-	4	-	2	-	2
H V	1560–1570/71	-	-	-	-	1	-	-	-	-	-
Wi	15./16. Jh.	-	-	-	-	-	-	1	-	-	-
H VI	16. Jh.	1	-	-	-	-	-	-	-	-	-
Σ		13	2	-	4	3	4	6	3	1	3

4.4 Färbe-pH-Wert

Der Färbe-pH-Wert ist im Wesentlichen von der zu färbenden Faserart und vom verwendeten Farbmittel abhängig. Um Faserschädigungen zu vermeiden werden Cellulosefasern neutral oder alkalisch, Proteinfasern dagegen im sauren pH-Bereich gefärbt. Viele Naturfarbstoffe liegen im Farbmittel nicht als freie Farbstoffe vor, sondern sind z.B. an Zucker gebunden. Um den Farbstoff zu hydrolysieren, d.h. vom Zucker zu trennen, und die Extraktion aus der Färbepflanze zu fördern, werden in Abhängigkeit von der Farbstoffart wässrige, saure oder alkalische Lösungen verwendet. Beispielsweise kann Saflorgelb mit Wasser aus dem Farbmittel gelöst werden, während für die Extraktion des wasserunlöslichen Saflorrots (Carthamin) eine alkalische Lösung benötigt wird. Der wasserunlösliche Küpenfarbstoff Indigo muss in alkalischer Lösung und mit weiteren Hilfsmitteln in eine wasserlösliche Form überführt werden, die auf der Faser fixiert werden kann. Zusätzlich hat der pH-Wert der Lösung bei einigen Farbmitteln Einfluss auf den Farbton. Hiervon sind insbesondere die Anthocyanfarbstoffe aus Beeren und Blüten betroffen, deren Farbton direkt vom pH-Wert der Flotte abhängig ist.

Die Änderung des pH-Wertes durch Alkali- oder Säurezugabe kann auch nach der Farbstoffextraktion in der Färbeflotte erfolgen, wodurch das Aufziehen des Farbstoffes auf das Substrat gefördert wird. So bindet der Farbstoff Luteolin aus dem Färberwau besser an die Faser, wenn der pH-Wert der Färbeflotte zum Basischen verschoben wird.[254]

In den bearbeiteten Quellenrezepten sind verschiedene den pH-Wert der Lösung beeinflussende Substanzen aufgeführt. Für saure Flotten werden Essig (verdünnte Essigsäure), saure Kleielösungen und Salze, für basische Lösungen Aschenlauge, Urin und Kalk verwendet. Außerdem haben sowohl zugesetzte Beizmittel als auch einige Farbmittel Einfluss auf den pH-Wert. So verändert sich der pH-Wert einer wässrigen Lösung (pH 6) durch Zusatz von jeweils 10 % Alaun (pH 3,8), Kupfervitriol (pH 5,0), Eisenvitriol (pH 5,5) oder Grünspan (pH 5,6) zum Teil deutlich. In einer wässrigen neutralen Flotte mit 10 % Erlenrinde stellt sich während des Kochens durch Hydrolyse der Gerbsäure ein pH-Wert von 5,1 ein.

4.4.1 Saure Flotten

Essig, die stark verdünnte Form der Essigsäure, ist die älteste bekannte Säure. Er wurde zur Konservierung von Lebensmitteln verwendet, aber ebenso als Heilmittel und für technische Anwendungen.[255] Hier wurde Essig zum Lösen von Metallen oder zur Herstellung künstlicher Pigmente genutzt. Krünitz nennt die Verwendung von Essig in der Woll- und Seidenfärberei und beschreibt insbesondere den Einfluss des Essigzusatzes auf den Farbton.[256]

Bleiben Wein oder Bier an warmen Tagen offen stehen, bildet sich langsam Essig (Abb. 12). Dieses war schon den Ägyptern und Babyloniern bekannt. Louis Pasteur beschrieb 1868 erstmals die dafür verantwortlichen Mikroorganismen, die Essigsäurebakterien mit dem Hauptvertreter *Acetobacter aceti*. Essigsäurebakterien sind in kohlenhydrathaltigen bzw. nach einer Hefegärung ethanolhaltigen Pflanzensäften enthalten oder können auch von Blütennektar oder beschädigten Früchten stammen.[257]

$$\underset{\textbf{Ethanol}}{\mathbf{H_3C\text{-}CH_2OH + O_2}} \xrightarrow{\textit{Essigsäurebakterien}} \underset{\textbf{Essigsäure}}{\mathbf{H_2C\text{-}COOH + H_2O}}$$

Abb. 12: Essigsäureproduktion

Die Säurekonzentration im Essig wird vom Alkoholgehalt des benutzten Weines bzw. Bieres und den Reaktionsbedingungen beeinflusst. Unter Essig versteht man

254 Vgl. Reckel: Teufelsfarbe, S. 75–76.

255 Vgl. Schmitz: Acetum, in: Angermann et al.: LexMa, Bd. 1, Sp. 77.

256 Vgl. Krünitz: Oekonomische Encyklopädie, Th. 11, S. 650–651.

257 Vgl. Krämer: Lebensmittel-Mikrobiologie, S. 224–225; vgl. Ulber, Soyez: Biotechnologie, S. 173.

heute in der Regel eine 5–10%ige Essigsäure.[258] In den alten Rezepten wird zwischen starkem Essig und schwachem (altem) Essig oder Weinessig unterschieden. Nach Untersuchungen von Hickel deuten die Bezeichnungen auf eine unterschiedliche Säurekonzentration hin. Sie nennt für gewöhnlichen Weinessig eine Konzentration von 2 %, für starken Weinessig von 3 % und für den stärksten Essig einen Säuregehalt von höchstens 6 %.[259] Dass der in den Färbeanleitungen verwendete Essig nicht nur ein Zufallsprodukt war, sondern gezielt hergestellt wurde, ist anhand zweier Rezepte der Handschrift **Bas**, dem Kochbuch des Meisters Hans, ersichtlich. Als Beispiel sei hier das Rezept fol. 60r–60v, 159 aufgeführt:

> „von gůtem essich wie ma[n] den mach[e]n sol. Item Nÿm weinper vmb sand michels tag ee sy recht czeittig werden, vnd z knör oder zer knüsch die mit den hennden, vnd nÿm dann ain glasiertes peck, vnd thue das darein, vnd secz es an die sonnen vnd lass es wol v[er]=jären, vnd thue dann die hüllsen da=uon, vnd geuss das lautter jn ain fäss=lein das sauber vnd schön sein. vnd schwenngks mit dem aller pesten wein so du jn gehaben macht, vnd lass das fässlein wider trucken werden vnd thue den vor geschriben wein jn das fässlein nit gar zue vol vnd las es sten an der wir[e]m, So hast den aller sterckisten essich vnd der haist jn der Appodecken Acetu[m] fortissimu[m].“[260]

Der Essigzusatz zu Farbmittellösungen fördert die Hydrolyse der häufig an Zucker gebundenen natürlichen Farbstoffe, was deren Extraktion aus dem Färbematerial erleichtert. Zusätzlich wirkt er konservierend auf die Färbeflotte. In den bearbeiteten Quellen ist Essig als *ezzeich*, *ezzig*, *essig*, *essich* und *wynetikes* aufgeführt.

Zur Einstellung eines sauren pH-Wertes können an Stelle des Essigs außerdem verschiedene Salze wie der bereits beschriebene Alaun benutzt werden. In den hier untersuchten Quellen wird außerdem Ammoniumchlorid (NH_4Cl), auch als Ammoniaksalz oder Salmiak bezeichnet, verwendet. Der Name Salmiak leitet sich von *sal ammoniacum* ab, dem Salz, das in der Oase des Ra Ammon gefunden wurde,[261] in den Färbevorschriften ist Ammoniumchlorid als *salis armoniaci*, *salamanis*, *salarmoniack iglichs* (kristallines Salz), *Armoniack*, *sal ammoniacum* und *salarmoniacis* aufgeführt.[262] Ammoniumchlorid reagiert in wässriger Lösung auf Grund von Hydrolyse schwach sauer. Das Salz dient noch heute in der Färberei und

258 Vgl. Brachert: Maltechniken, S. 80–81.

259 Vgl. Hickel: Arzneischatz deutscher Apotheken, S. 78.

260 Vgl. Ehlert: Maister Hannsen, S. 276–277. Bei diesem Essig handelt es sich nach der Definition von Hickel um den Essig mit der höchsten Säurekonzentration (*Acetum fortissimum*); vgl. Hickel: Arzneischatz deutscher Apotheken, S. 78.

261 Vgl. Grimm: DWb, Bd. 14, Sp. 1699. Zur Herleitung und Umwandlung des Namens vgl. ebenfalls Ploss: Salmiak, S. 4–6. Laut Römpp handelt es sich bei dem Salz der Oase um Kochsalz und nicht um Ammoniumchlorid; vgl. Neumüller: Römpp, Bd. 1, S. 187–188.

262 Vgl. Quelle **Wi**, fol. 32v, Rezept 1, Quelle **Au**, fol. 17r–18r, Rezept 26, fol. 20v–21r, Rezept 37, Quelle **H II**, fol. 58v–59, Rezept 7 oder Quelle **B**, fol. 95v, Rezept 265.

der Textilveredlung als Säurespender. Krünitz beschreibt außerdem die Verwendung von Ammoniumchlorid als Arzneimittel.[263]

Saure Färbeflotten konnten ebenfalls durch die Verwendung von Kleie, Gerstenwasser oder Bier erzielt werden. Als Nuancierungsmittel in der Färberei sind saure Kleieabsude seit dem Mittelalter belegt.[264] Saure Kleielösungen dienten ebenfalls zum Abziehen des Farbstoffes von Scherwollflocken oder zum Reinigen des Farbtons bei roten Färbeflotten aus Krapp oder Labkraut.[265] Eine weitere Verwendungsmöglichkeit für Kleie war die Nutzung als Waidspeise bei der Küpenfärberei, was in den Anleitungen zur Küpenherstellung in Quelle **B** aufgeführt ist. Bier wurde nach Brachert wegen seiner Extraktstoffe als Bindemittel für Farben und als Zusatz für Tinte verwendet.[266] Milchsäurehaltiges, sauer gewordenes Bier ist seit dem Mittelalter in der Färberei für die Nuancierung belegt.[267] Köcher gibt für abgestandenes Bier einen pH-Wert von 3,5–4 an, frisches Pilsener hat nach eigenen Versuchen einen pH-Wert von 4,5.[268] Die Verwendung von Bier (*starken pyr*) ist in Quelle **Au** in den Rezepten fol. 129v–130r, 57 und fol. 130r, 58 für eine Grünfärbung mit reifen Kreuzdornbeeren und eine Gelbfärbung mit unreifen Kreuzdornbeeren beschrieben.

In einigen Rezepten ist Wachswürz, Metwürz, Wachswasser oder auch Honigwasser für die Flottenherstellung genannt.[269] Ploss identifiziert Wachswürz als mittelalterlichen Begriff für eine scharfe Lauge.[270] Vermutlich handelt es sich hier aber um das Wasser, das beim Auswaschen der letzten Honigreste aus den Waben, beim Auspressen von Wachs oder bei der Reinigung von Honiggefäßen anfiel. Die Verwendung von Wachs- oder Honigwasser ist für die Herstellung von Met, Brannt-

---

263 Vgl. Krünitz: Oekonomische Encyklopädie, Th. 31, S. 206.

264 Vgl. Peyer: Beizmittel, 1. Säuren und Salze, in: Angermann et al.: LexMa, Bd. 1, Sp. 1828. Für die Herstellung der Färbeflotte wird Gerstenwasser in Quelle **H IV**, fol. 54v–55, Rezept 115 (*gersten wasser*), ungestampfte Gerste in Quelle **H IV**, fol. 194–194v, Rezept 327 (*gersten die vngestampft sej*) und Kleie in Quelle **Tr**, fol. 16r–17r, Rezept 64 (*klÿen*) verwendet.

265 In Quelle **W**, fol. 32v, Rezept 3 soll mit einer Weizenkleielösung (*weissen klyen*) ein roter Farbstoff aus Schwerwollflocken extrahiert und auf vorgebeiztes Tuch oder Seide gefärbt werden (vgl. Kap. 3.1).

266 Vgl. Brachert: Maltechniken, S. 41.

267 Vgl. Peyer: Beizmittel, 1. Säuren und Salze, in: Angermann et al.: LexMa, Bd. 1, Sp. 1828.

268 Vgl. Köcher: Herstellung natürlicher Krapplacke, S. 18.

269 Vgl. zu Wachswürze Quelle **M II**, fol. 119v, Rezept 11, fol. 119v, Rezepte 14, 15, 16, fol. 119v–120, Rezept 21, Quelle **M IV**, fol. 227v–228r, Rezept 30, Quelle **Tr**, fol. 229v, Rezept 60. Zu Metwürze vgl. **M IV** fol. 227r, Rezept 22, Quelle **B**, fol. 97, Rezept 270, Quelle **H IV**, fol. 256v, Rezept 402, Quelle **H V**, fol. 277, Rezept 9.

270 Vgl. Ploss: Buch von alten Farben, S. 156, Anmerkung 11 und S. 157, Anmerkung 15. Zur Bedeutung der Bezeichnung Würze vgl. Grimm: DWb, Bd. 30 Sp. 2335 und 2338; vgl. Krünitz: Oekonomische Encyklopädie, Th. 240, S. 153.

wein oder Essig nachgewiesen.[271] Lässt man das zuckerhaltige Wasser stehen, bildet sich unter Sauerstoffausschluss zunächst Alkohol (Abb. 13) aus dem dann unter Sauerstoffeinwirkung wieder Essig entstehen kann.

$$\underset{\text{Zucker}}{C_6H_{12}O_6} \xrightarrow{\textit{Hefe, Bakterien}} \underset{\text{Ethanol}}{2C_2H_5OH} + 2CO_2$$

Abb. 13: Alkoholische Gärung

In den Rezepten **M II**, fol 119v–120, 21 und **M IV**, fol. 229v, 60 wird mit Wachswürz und Asche eine Lauge hergestellt, was die Identifikation von Wachs- bzw. Metwürz als zucker- oder alkoholhaltige Flüssigkeit stützt. Wenn es sich um eine starke Lauge nach heutigem Verständnis, d.h. um eine alkalische Lösung handeln würde, müsste keine Asche mehr zugesetzt werden. Ein weiteres Beispiel ist die Anleitung fol. 280v–281, Rezept 28 der Quelle **H V**. Hier soll mit Ampfer, Wachswürz und Alaun ein Violettton erzielt werden. Die im Sauerampfer enthaltenen Anthrachinonfarbstoffe, insbesondere Emodin, lösen sich aber nur in alkoholischen oder alkalischen Lösungen[272], so dass Wachswürz hier eine Lauge beschreiben könnte, die Identifikation als „zu Alkohol vergorenes Zuckerwasser" aber ebenso möglich ist.

Vermutlich kann aus der Bezeichnung keine allgemeingültige Aussage bezüglich des pH-Wertes abgeleitet werden. Ob es sich im Einzelfall um alkalische oder eher saure bzw. alkoholische Lösungen handelt, hängt wohl vom genutzten Farbmittel und weiteren, nicht immer aufgeführten Zutaten ab.

4.4.2 Alkalische Flotten

Um den pH-Wert in den alkalischen Bereich zu verschieben, werden seit alters her Basen, auch Laugen genannt, eingesetzt. Aus naturwissenschaftlicher Sicht ist Lauge ein nicht eindeutig abzugrenzender Begriff, der sich auf wässrige Lösungen von Basen wie Natronlauge oder Salzen wie Soda bezieht, in der chemischen Technik aber unabhängig vom pH-Wert ebenso allgemein für wässrige Lösungen stehen kann.[273] Nach J. und W. Grimm bezeichnet Lauge (ahd. und mhd. *Louge*) eine *„ätzende, mit Salzauflösung bereitete Flüssigkeit"*. Brachert weist daraufhin, dass der Begriff Lauge in alten Rezepten in der Regel Aschenlaugen oder deren Mischungen mit gebranntem Kalk (CaO, Calciumoxid) bezeichnet. Auch Krünitz beschreibt Lauge als ein mit Asche angerührtes Wasser. Es musste einige Zeit stehen, wurde dann gekocht und anschließend mit Hilfe eines Laugensackes gereinigt.

271 Vgl. Grimm: DWb, Bd. 10, Sp. 1794 und Bd. 27, Sp. 157; vgl. Krünitz: Oekonomische Encyklopädie, Th. 25, S. 20–22 und Th. 232, S. 115; vgl. van Winter: Met, in: Angermann et al.: LexMa, Bd. 6, Sp. 568.

272 Vgl. Schweppe: Handbuch, S. 213.

273 Vgl. Sitzmann: Lauge, in: RÖMPP Online, RD-12-00505.

Von einem „Kaltguss" wurde gesprochen, wenn die Asche in kaltem Wasser ohne Erwärmen gelöst und anschließend dekantiert wurde.[274]

Asche ist die umgangssprachliche Bezeichnung für Verbrennungsrückstände organischer Substanzen wie Holz oder Knochen. In diesem Rückstand sind anorganische Bestandteile, insbesondere Alkalisalze, angereichert. Durch Auslaugen der enthaltenen Verbindungen kann Lauge gewonnen werden. Nach Römpp erhält man bei der vollständigen Verbrennung von 100 kg Holz 0,2–2 kg Asche, deren Hauptbestandteil Kaliumcarbonat ist, das sich aus dem an organische Säurereste gebundenen Kalium bei der Verbrennung gebildet hat.[275] Zur Laugengewinnung wurde die Holzasche in Bottichen ausgelaugt, bis die Lösung etwa 25 % Salze enthielt. Anschließend wurde die Lauge in Töpfen (Pötten) eingedampft, worauf die noch heute gebräuchliche Bezeichnung für Kaliumcarbonat, „Pottasche", beruht.[276]

Der Aschenbedarf war in früheren Zeiten sehr groß. Sie wurde neben der Laugenherstellung als Düngemittel, in der Seifensiederei und für die Glasproduktion benötigt.[277] Für die Gewinnung einer Gewichtseinheit Pottasche wurden 2.000 Einheiten Holz benötigt.[278] Um den großen Bedarf zu decken, bestand an vielen Orten eine Abgabepflicht für Asche.[279] Auch stand die Aschenproduktion in Konkurrenz zu anderen Verwendungszwecken für das Holz. Neben Bauholz wurden insbesondere Eichen- und Buchenrinden zum Gerben bei der Lederherstellung verwendet und außerdem war Brennholz Hauptenergielieferant früherer Zeiten. Erste Regelungen für die Nutzung der Wälder sind daher schon im 12. und 13. Jahrhundert zu finden.[280] In der Regel wurden Abfallholz, das bei der Waldrodung oder Nutzholzgewinnung anfiel, und anderweitig nicht verwendbares Schadholz für die Aschenbrennerei verwendet.[281] Die Qualität der Asche richtet sich nach der Art der enthaltenen Salze (Kalium- oder Natriumsalze) und der Konzentration der Salze in der Asche. Kaliumreiche Holzaschen aus Buchen-, Eichen- und weiteren Laubholzarten kamen überwiegend aus den waldreichen Gebieten Osteuropas, während sodahaltige Aschen aus heimischen Pflanzen gewonnen oder aus den holzarmen Gebie-

274 Vgl. Grimm: DWb, Bd. 12, Sp. 338; vgl. Kluge, Seebold: Etymologisches Wörterbuch, S. 561; vgl. Brachert: Maltechniken, S. 152; Ätzkalk ist CaO und wird auch als gebrannter Kalk, Branntkalk oder ungelöschter Kalk bezeichnet. Der Laugensack dient zum Entfernen (Filtrieren) der nicht wasserlöslichen Bestandteile der Asche; vgl. Krünitz: Oekonomische Encyklopädie, Th. 66, S. 96–97 und Th. 44, S. 484; vgl. Grimm: DWb, Bd. 11, Sp. 90.

275 Vgl. Neumüller: Römpp, Bd. 3, S. 1736.

276 Vgl. ebd., Bd. 3, S. 2013; vgl. Jüttner: Pottasche, in: Angermann et al.: LexMa, Bd. 7, Sp. 134.

277 Vgl. Taylor, Singer: Pre-scientific industrial chemistry. S. 354; vgl. Peters: Asche, in: Angermann et al.: LexMa, Bd. 1, Sp. 1102.

278 Vgl. Dirlmeier et al.: Europa im Spätmittelalter, S. 9.

279 Vgl. Brachert: Maltechniken, S. 26

280 Vgl. Lohrmann: Energieprobleme, S. 310–312.

281 Vgl. Gelius: Waidasche und Pottasche, S. 91; vgl. Bogucka: Pottaschehandel in Danzig, S. 145; vgl. Peters: Asche, in: Angermann et al.: LexMa, Bd. 1, Sp. 1102.

ten des Mittelmeerraumes geliefert wurden. Über die Herstellung der Aschen schreibt Krünitz:

> „Zum Asche=Brennen sind unter den Laubbäumen die härtere Arten besser, als die weichern; daher Eichen und Büchen die beste und häufigste Asche geben, welche man jedoch zu anderm Gebrauche schonen mus; um so mehr, da an andern hierzu dienlichen Holzarten, als: Birken, Erlen und Espen, Ueberfluß ist".[282]

Die unterschiedlichen Aschequalitäten unterscheidet Krünitz wie folgt:

> „Pottasche, ein weißes, gemeiniglich bläuliches, calcinirtes alkalisches Salz, welches aus gemeiner Holz= oder Pflanzenasche ausgelaugt wird. Den Nahmen hat sie von dem Nieders. Pott, ein Topf, ein eiserner Grapen, weil man die Lauge, woraus dieses Salz bereitet wird, in solchen Grapen oder Kesseln abrauchen läßt, daher sie bey einigen auch Kesselasche heißt. In andern Gegenden kennt man sie unter dem Nahmen Fluß. Die Drusenasche ist ein solches aus den getrockneten Weinhefen ausgelaugtes Salz, welches, weil es häufig von den Waidfärbern gebraucht wird, auch Waidasche oder Weidasche, Franz. Vedasse, heißt. Im Lat. nennt man die Pottasche Cinis clavatus und clavellatus, weil sie anfänglich, wie man will, aus den Dauben alter Weinfässer verfertigt wurde, ob sich gleich Clavus und Clavella in der Bedeutung einer Faßdaube noch nicht haben wollen finden lassen. Franz. heißt sie Cendres de Gravelée".[283]

Gelius bezeichnet die Waidasche als den historischen Vorläufer der Pottasche. Danach war Waidasche eine aus Laubholzasche gewonnene mindere Qualität mit 20–50 % Kaliumcarbonat (K_2CO_3).[284] Bei J. und W. Grimm wie auch bei Krünitz wird Waidasche als *„eine aus gebrannten weinhefen hergestellte lauge, deren sich die färber bei herstellung der waidküpe bedienten"* beschrieben und als Synonym für Pottasche definiert. Hefen bezeichnet in historischen Rezepten die durch Gärung entstandenen Absonderungen bei der Herstellung von Wein (Schalen, Samen, Stiele) und Bier (Hülsen von ausgebrautem Malz), die mundartlich *bärme*, *drusen*, *gest*, *gerbe*, *habe*, *treber* oder *trester* hießen und für die Aschenproduktion verbrannt wurden.[285]

Mit Holzaschenlauge können in wässriger Lösung pH-Werte um 10 erreicht werden. Eigene Versuche mit Buchenholzasche ergaben für eine 10%ige Aschenlauge einen pH-Wert von 10,5, vergleichbare Werte (10,5–11) erzielte Köcher.[286]

Werden in den Quellen für die Flottenherstellung stark alkalische Lösungen benötigt, ist Kalk aufgeführt. Er wurde für die Rückgewinnung von Farbstoffen verwendet oder diente bei der Indigofärberei zur Neutralisation der bei der Verküpung entstehenden Säuren. Der Name Kalk leitet sich vom lat. *calx* = Kalkstein, Kalk

282 Vgl. Krünitz: Oekonomische Encyklopädie, Th. 2, S. 512.

283 Vgl. ebd., Th. 116, S. 372; vgl. auch Grimm: DWb, Bd. 13, Sp. 2039.

284 Vgl. Gelius: Historische Experimente, S. 164.

285 Vgl. Grimm: DWb, Bd. 10, Sp. 763 und Bd. 21, Sp. 1568; vgl. Krünitz: Oekonomische Encyklopädie, Th. 186, S. 539–540; Grimm: DWb, Bd. 13, Sp. 2039 und Bd. 27, Sp. 1035.

286 Vgl. Köcher: Herstellung natürlicher Krapplacke, S. 17.

ab.[287] Unterschieden werden kohlensaurer Kalk (Calciumcarbonat, Kreide, $CaCO_3$), gebrannter Kalk (Calciumoxid, CaO) und gelöschter Kalk (Calciumhydroxid, $Ca(OH)_2$).[288] Gebrannter Kalk wurde im Mittelalter häufig als „lebendiger Kalk" (lat. *calx viva*) bezeichnet.[289]

$$\textbf{(1)}\quad CaCO_3 \xrightarrow{\Delta} CaO + CO_2$$

$$\textbf{(2)}\quad CaO + H_2O \longrightarrow Ca(OH)_2$$

$$\textbf{(3)}\quad K_2CO_3 + Ca(OH)_2 \longrightarrow 2KOH + CaCO_3$$

$$Na_2CO_3 + Ca(OH)_2 \longrightarrow 2NaOH + CaCO_3$$

Abb. 14: Kalkbrennen, -löschen und Laugenbildung

Aus kohlensaurem Kalk entsteht durch Brennen gebrannter Kalk (Abb. 14, 1.), aus dem sich bei der Umsetzung mit Wasser gelöschter Kalk bildet (Abb. 14, 2.). Gelöschter Kalk wiederum reagiert mit Pottasche bzw. Soda weiter zu Kali- bzw. Natronlauge und schwerlöslichem Calciumcarbonat (Kreide, $CaCO_3$, Abb. 14, 3.).

Krünitz beschreibt die Verwendung von Kalk in der Färberei wie folgt:

> „Von den Färbern wird der Kalk zur Verfertigung einiger Farben gebraucht, und von ihnen unter die nicht färbenden Ingredienzien gerechnet; es ist aber der Gebrauch desselben nur den Schönfärbern erlaubt. Bey den Waidkupen hält man, wenn die Gährung eingetreten ist, deren Uebergang in die Fäulung durch einen Zusatz von gebranntem und mit Wasser gelöschten Kalk ab; auch wird der Kalk hier deswegen gebraucht, weil er auflösende Kräfte gegen Körper, die in bloßem Wasser nicht auflösbar sind, besitzt, welche Eigenschaft er gegen die färbenden Theile des Waids und des Indigs in einem hohen Grade äussert."[290]

Eine weitere Möglichkeit zur Gewinnung alkalischer Lösungen war die Nutzung von Urin. Die Tatsache, dass abgestandener Urin reinigende Eigenschaften hat, war schon in der Antike bekannt. Urin wurde insbesondere beim Waschen und Walken von Wolle verwendet.[291] Die im Wollfett enthaltenen Fettsäuren wurden durch die Urinbehandlung in lösliche Ammoniakseifen umgewandelt, die auf Schmutz dispergierend und emulgierend wirken. Durch die Reinigung mit Urin bleibt Wolle weich und biegsam, während sie durch Behandlung mit Soda (Natriumcarbonat) oder Pottasche (Kaliumcarbonat) häufig versprödet, was auf die stärkere alkalische Wirkung der beiden zurückzuführen ist. Die Fullones, die römische Gilde der Wäscher und Walker, sammelten den erforderlichen Urin in Gefäßen am Straßenrand. Kaiser Vespasian (69–79 n. Chr.) belegte sie mit einer Urinsteuer und zog Gewinn

287 Vgl. Grimm: DWb, Bd. 11, Sp. 64; vgl. Kluge, Seebold: Etymologisches Wörterbuch, S. 462.

288 Vgl. Neumüller: Römpp, Bd. 3, S. 2026.

289 Vgl. Brachert: Maltechniken, S. 132.

290 Vgl. Krünitz: Oekonomische Encyklopädie, Th. 32, S. 787–788.

291 Vgl. Binz: Verwendung des Harnes, S. 355; vgl. Vogler: Textilveredlung in der Antike, S. 34–36 und 28–29.

aus der Tatsache, dass „Geld nicht stinkt“.[292] Ein Hauptgrund für die abnehmende Verwendung des Urins in der Veredlung war sein schlechter Geruch.[293]

Ein gesunder Erwachsener produziert pro Tag 1.200–1.500 mL Urin, wobei die Menge in Abhängigkeit von der aufgenommenen Flüssigkeitsmenge oder durch die zusätzliche Anregung der Nierentätigkeit wie z.B. durch Alkohol, variiert. Neben gelösten Salzen, Aminosäuren, Proteinen etc. ist der Hauptinhaltsstoff des Urins Harnstoff ($CO(NH_2)_2$). Die in 24 Stunden abgesonderte Harnmenge enthält im Durchschnitt 20 g Harnstoff, wobei der Gehalt durch proteinreiche Ernährung erhöht wird.[294] Der pH-Wert des Urins liegt bei normaler Ernährung zwischen 5,0–6,4.[295] Lässt man Urin stehen, unterliegt er einer aeroben bakteriellen Zersetzung, bei der Harnstoff in alkalischen Ammoniak umgewandelt wird (Abb. 15).

$$\underset{\text{Harnstoff}}{CO(NH_2)_2} + 2H_2O \longrightarrow \underset{\text{Ammoniumcarbonat}}{(NH_4)_2CO_3} \longrightarrow \underset{\text{Ammoniak}}{2NH_3} + CO_2 + H_2O$$

Abb. 15: Harnstoffumwandlung in Ammoniak

Alter sechs Monate gelagerter Urin hat einen pH-Wert von 9–10 und enthält neben Ammoniak verschiedene Ammoniumsalze, wie z.B. Ammoniumcarbonat ($(NH_4)_2CO_3$). Alter Urin wurde nach Brachert als Kammerlauge bezeichnet, was bei J. und W. Grimm als allgemeiner Ausdruck für Urin belegt ist.[296] Urin wurde in der Färberei beispielsweise als Alkali für die Gärungsküpe bei der Küpenfärbung mit Indigo auf Wolle verwendet.

In den hier bearbeiteten Quellen wird häufig Asche oder eine aus dieser hergestellte kaltgegossene Lauge genannt.[297] Die bei J. und W. Grimm beschriebene Waidasche

292 Vgl. Winkle: Die sanitären und ökologischen Zustände im alten Rom, S. 14; vgl. Vogler: Textilveredlung in der Antike, Teil 2, S. 29; vgl. Mann: Abwassertechnik und Wasserreinhaltung, S. 87.

293 Vgl. Pratt: Ammonia’s better, S. 23–24; vgl. Taylor, Singer: Pre-scientific industrial chemistry, S. 355.

294 Die Menge an Inhaltsstoffen unterliegt sowohl physiologischen als auch tagesperiodischen Schwankungen, daher beziehen sich Gehaltsangaben auf den sog. 24-h-Harn.

295 Vgl. Pratt: Ammonia’s better, S. 23; vgl. Ponting: Dictionary of dyes and dyeing, S. 174–175; vgl. Neumüller: Römpp, Bd. 3, S. 1627.

296 Vgl. Brachert: Maltechniken, S. 253; vgl. Grimm: DWb, Bd. 11, Sp. 124.

297 Vgl. *cinis clavellati* (Quelle **N I**, fol. 226v, Rezept 40), *ustum* (Quelle **W**, fol. 32v, Rezept 1), *bokenasche* (Quelle **Gö**, fol. 312r–312v, IV, Rezept 14), *puochenn aschen* (Quelle **H II**, fol. 66v–67, Rezept 22), *wetassche* (Quelle **Gö**, fol. 312r–312v, IV, Rezept 14). Bei dem in Quelle **Gö**, fol. 311, Rezept VI, 11 genannten *bokener kolt gate* dürfte es sich um einen wässrigen Auszug aus Buchenholzasche handeln, mit dem die Färbung ausgewaschen werden soll; vgl. Köbler: Neuhochdeutsch-altsächsisches Wörterbuch, S. 54.

aus gebrannten Weinhefen ist ebenfalls in den bearbeiteten Quellen belegt.[298] Eine starke Lauge dient in einigen Anleitungen zur Nachbehandlung und Nuancierung von Brasilholzfärbungen.[299] Kalk bzw. ein daraus hergestellter Kalkguss[300] ist insbesondere in den Rezepten für die Farbstoffrückgewinnung als *kalch, chalich, calch vivi, ungeleschten kalch, lemtigen chal, loskalk* oder *chalg guess* aufgeführt.[301]

4.4.3 Auswertung der Färbevorschriften bezüglich des Flotten-pH-Wertes

Die Auswertung der Quellen bezüglich der für Färbungen auf Wolle, Seide und Leinen verwendeten Flotten zeigt, dass insgesamt saure und neutral vorbereitete Färbeflotten überwiegen, alkalische Lösungen haben einen geringeren Anteil (Tab. 12). Nach dem Extrahieren des Farbmittels wird in einem Großteil der Anleitungen Alaun für die Direktbeize verwendet, was den pH-Wert der Färbeflotte verschiebt.

Tab. 12: Faserart und „Flotten-pH", Anteile in %, Al = Alaundirektbeize

Zeit		14. Jh.		15. Jh.		16. Jh.	
	Teilrezepte	-	Al	12	Al	12	Al
Wolle	sauer	-	-	58.3	85.7	8.3	100.0
	neutral	-	-	16.7	50.0	33.3	25.0
	alkalisch	-	-	8.3	100.0	16.7	50.0
	nicht eindeutig	-	-	-	-	16.7	-
	keine Angabe	-	-	16.7	50.0	25.0	33.3
	Teilrezepte	1	Al	33	Al	43	Al
Seide	sauer	-	-	36.4	75.0	25.6	36.4
	neutral	-	-	30.3	30.0	32.6	57.1
	alkalisch	100.0	100.0	21.2	28.6	11.6	-
	nicht eindeutig	-	-	3.0	100.0	4.7	100.0
	keine Angabe	-	-	9.1	33.3	25.6	54.5
	Teilrezepte	3	Al	58	Al	47	Al
Leinen	sauer	33.3	100.0	17.2	70.0	31.9	66.7
	neutral	33.3	100.0	34.5	55.0	29.8	43.0
	alkalisch	-	-	15.5	66.7	17.0	12.5
	nicht eindeutig	33.3	100.0	13.8	50.0	2.1	100.0
	keine Angabe	-	-	19.0	45.0	19.1	22.0

Aus den betrachteten Färbevorschriften geht aber nicht hervor, dass der Zusammenhang zwischen Faserart und Färbe-pH bekannt war. Ob Säure, Wasser oder

298 Vgl. *geprent weinheffen* (Quelle **N II**, fol. 31r–32r, Rezept 55) oder *hefen von rothem weyn* Quelle **Al**, fol. 308, 319, Rezept 19).

299 Vgl. Quelle **H IV**, fol. 187v–189, Rezept 318c.

300 Kalkguss wird von Grimm als Guss aus Kalkmörtel definiert, Kaltguss wird mit Lauge gleichgesetzt. Vgl. Grimm: DWb, Bd. 11, Sp. 66 und Sp. 90.

301 Vgl. Quelle **M I**, fol. 66v–67, Rezept 52; Quelle **Am**, fol. 226v, Rezept 40; Quelle **Gö**, fol. 311v, Rezept IV 14.

Lauge für die Flotte verwendet wurde, scheint eher durch das benutzte Farbmittel als durch die zu färbende Faser beeinflusst worden zu sein.

4.5 Färbetemperatur und Färbezeit

Neben dem eigentlichen Färberezept ist der prozesstechnische Ablauf der Färbung für die Reproduzierbarkeit eines Farbtones von Bedeutung. Daher müssen die Anleitungen Angaben zu Färbetemperatur und Färbezeit enthalten. Beide Parameter, insbesondere aber die Färbetemperatur, können einen deutlichen Einfluss auf die Farbtiefe haben (vgl. Tafel 15).

Bei Naturfarbstoffen zeigt sich der Temperatureinfluss häufig durch eine Veränderung der Farbnuance. So ist bekannt das sich der Farbton von Krappfärbungen bei zu hoher Färbetemperatur vom Roten ins Bräunliche verändert. Bei der Küpenfärberei mit Indigo oder Waidindigo zeigt sich die Wichtigkeit der Färbetemperatur ebenfalls, sie soll bei ca. 50 °C liegen. Ober- und unterhalb dieses Wertes findet keine vollständige Verküpung des Farbstoffes statt und es wird nur eine unzureichende Farbtiefe erzielt. Um das Einhalten der Vorgaben zu gewährleisten, wurden die Färbebehälter indirekt beheizt oder die nicht beheizbaren Flottentröge aus Holz wurden zum Warmhalten eingepackt. Das erste Gerät zur Temperaturmessung wird Galileo Galilei (1564–1642) zugeschrieben,[302] die Temperaturmessung war also während der Entstehungszeit der bearbeiteten Quellen noch nicht möglich. Deshalb sind in den Quellen auch keine Temperaturangaben im eigentlichen Sinne, sondern lediglich qualitative Aussagen zu finden. In einem großen Teil der Färbeanleitungen sind unterschiedliche Angaben bezüglich der Temperatur enthalten, da in den Vorschriften zwischen der Extraktion des Farbmittels und der eigentlichen Färbung unterschieden wird.[303]

Über 95 % der Anleitungen beschreiben eine Vorbereitung der Färbeflotte. Sie erfolgt kochend, mit heißem oder warmem Wasser sowie kalt. Ca. 30 % der Vorschriften enthalten aber diesbezüglich keine Angaben (Tab. 13). Über den gesamten betrachteten Zeitraum hat das Ausziehen des Farbmittels in einer kochenden Lösung die größte Bedeutung. Ein Zusammenhang zwischen dem Alter der Quellen und der Exaktheit der Hinweise zur Herstellung der Flotte ist nicht erkennbar.

302 Dieses „Thermoskop“ aus dem Jahr 1596 bestand aus einem luftgefüllten Glaskolben mit angesetzter Glasröhre. Die Röhre taucht mit ihrem offenen Ende in ein mit gefärbtem Wasser gefülltes Vorratsgefäß. Erwärmt sich die Luft im Glaskolben, dehnt sie sich aus und drückt die Wassersäule in der Glasröhre nach unten, kühlt sie ab, steigt die Wassersäule wieder. Die Höhe des Wasserpegels wird zur Temperaturanzeige herangezogen; vgl. Leitner, Finckh: Geschichtliches zur Temperaturmessung.

303 Vgl. z.B. Quelle **Be**, fol. 126–127, Rezept 40 (Flotte sieden, färben wenn die Flotte abgekühlt ist).

Tab. 13: Qualitative Temperaturangaben für die Flottenvorbereitung

Quelle	Teilrezepte	ohne Flotten-vorbereitung	Qualitative Temperaturangaben				
			keine Angabe	kochend	heiß	warm	kalt
14. Jh.	28	-	17.9	75.0	7.1	-	-
15. Jh.	177	2.8	27.7	64.4	1.7	2.3	0.6
16. Jh.	198	4.5	33.3	57.6	2.5	1.5	0.5
∅	403	3.5	29.8	61.8	2.5	1.7	0.5

Die Temperaturangaben für die Färbung sind ebenfalls nur qualitativer Art, hier zeigt sich aber ein Einfluss des Quellenalters (Tab. 14). Während in über 90 % der Rezepte des 14. Jahrhunderts keine Angaben zur „Färbetemperatur“ enthalten sind, nimmt dieser Anteil in den Rezepten der jüngeren Quellen deutlich ab. Hier sollen laut den Vorschriften des 15. und 16. Jahrhunderts insgesamt jeweils ca. 25 % der Färbungen kochend oder mit einer aufgekochten Flotte erfolgen. In den Vorschriften des 16. Jahrhunderts haben die Färbungen, „die heiß, aber nicht kochend“ durchgeführt werden einen Anteil von ca. 13 %. Bei diesen Färbungen handelt es sich vorrangig um Rotfärbungen mit Brasilholz,[304] in den Rezepten des 15. Jahrhunderts fehlt dieser Hinweis noch. Der Anteil lauwarmer und kalter Färbungen ist insgesamt betrachtet gering.

Tab. 14: Qualitative Temperaturangaben für die Färbung

Quelle	Teilrezepte	Qualitative Temperaturangaben					
		keine Angabe	kochend	aufkochen	heiß, nicht kochend	lauwarm	kalt
14. Jh.	28	92.9	-	3.6	3.6	-	-
15. Jh.	177	62.1	13.6	10.7	4.0	6.8	2.3
16. Jh.	198	58.6	9.6	15.2	13.1	2.5	1.0
∅	403	63.0	11.0	12.0	8.4	4.2	1.5

Die Färbedauer hat bis zur Einstellung des Gleichgewichtes „Farbstoff auf der Faser ↔ Farbstoff in der Flotte“ ebenfalls einen deutlichen Einfluss auf die Farbtiefe. Daher sind auch in mittelalterlichen Färbevorschriften Angaben zur Färbedauer zu erwarten, aber die mittelalterliche Wahrnehmung der Zeit war eine andere als unsere heutige, von Minutentakten und Produktivität bestimmte Sichtweise.[305] In der

304 Vgl. z.B. Quelle **Al**, fol. 308, 319, Rezept 19a (lass es heiß sein wenn du färben willst, aber nicht kochen).

305 Vgl. hierzu insbesondere Fouquet: Zeit, Arbeit und Muße, S. 250ff.

Färberei wurde nach fertigen Stücken entlohnt.[306] Ein Tuch war fertig, wenn es den geforderten Farbton erreicht hatte, was insbesondere bei Färbungen mit Naturfarbstoffen nicht nur von der Färbezeit sondern ebenso von der Qualität des eingesetzten Farbmittels abhängt. Bei guter Farbmittelqualität ist die gewünschte Farbtiefe schneller erreicht als bei schlechterer Beschaffenheit. Zusätzlich muss der Einfluss des Lichts auf den Farbeindruck berücksichtigt werden. Da „*nachts alle Katzen grau sind*“[307], wird die handwerkliche Färberei während des Mittelalters bevorzugt bei Tageslicht stattgefunden haben.

Uhren waren zu Beginn des Mittelalters vor allem in Klöstern, wo sie zur Bestimmung der Gebetszeiten dienten, zu finden. Benutzt wurden neben der Sonnenuhr Kerzen-, Öl- und Wasseruhren. Der Tag wurde wie heute in 24 Stunden eingeteilt, zwölf Stunden für den Tag, zwölf Stunden für die Nacht. Der Lichttag, an dem das „Tagwerk“ erbracht wurde, reichte allerdings von Sonnenaufgang bis Sonnenuntertag, so dass eine Stunde im Sommer länger war als im Winter. Nach heutigen Maßstäben hatte eine Stunde zwischen 30 Minuten im Winter bis zu 90 Minuten im Sommer. Nur an den Tag- und Nacht-Gleichen im Frühling und im Herbst waren alle Stunden des Tages gleich lang. Diese Art der Stundeneinteilung bezeichnet man als Temporalstunden. Die Arbeitszeit, das Tagwerk, wurde durch Glockenschläge der Klöster und Kirchen bestimmt. Die heute üblichen gleich langen Stunden, die Äquinoktialstunden, konnten erst mit der Einführung der Räderuhren dargestellt werden. Mit der Nutzung des mechanischen Uhrwerks wurden alle Stunden des Tages gleich lang. LeGoff spricht vom Übergang „*von einer kirchlichen zu einer weltlichen Zeiteinteilung*“.[308] Erste Räderuhren sind um 1270 in englischen Klöstern nachgewiesen und ab 1300 als Turmuhren an Kathedralen und Rathäusern großer Städte. Seit Mitte des 14. Jahrhunderts sind Sanduhren bekannt, mit denen Stunden oder deren Bruchteile gemessen wurden.[309]

Obwohl ab Mitte des 14. Jahrhunderts die Angabe der Äquinoktialstunden möglich war, wurden häufig beide Zeitsysteme nebeneinander genutzt, so dass anhand der Zeitangaben in den vorliegenden Quellen keine gesicherten Aussagen in Bezug auf die exakte Färbedauer gemacht werden können (Tab. 15). Angaben zur Färbedauer sind in den ältesten Handschriften in ca. 7 % der Vorschriften enthalten. Dieser Anteil wird in den jüngeren Quellen größer. Die enthaltenen Aussagen sind zum größten Teil qualitativer Art. So soll die Ware besonders häufig (ca. 20 %) eingelegt, hineingestoßen, genetzt oder mehrmals gefärbt werden. Werden technische

306 Vgl. Deneke, Kuhn: Göttingen, S. 338–339.

307 Vgl. Lüders, Pohl: Einführung in die Physik, Bd. 2, S. 432.

308 Vgl. LeGoff: Zeit, Arbeit und Kultur, S. 29 und 35.

309 Vgl. Braun: Erfindungen der Weltgeschichte S. 25–26; vgl. Uhr, -macher, I. Uhr, in: Angermann et al.: LexMa, Bd. 8, Sp. 1181–1183; vgl. Fouquet: Zeit, Arbeit und Muße, S. 238.

Vorrichtungen wie die Haspel genutzt, ist angegeben wie oft das Tuch in die Flotte abgelassen werden soll.[310]

Tab. 15: Angaben zur Färbedauer

Quelle	Teilrezepte	Färbedauer				
		keine Angabe	bis es genug ist	hineinstoßen, einlegen, netzen, eine Weile, mehrmals färben	durchziehen, über die Winde lassen	Zeitangaben
14. Jh.	28	92.9	-	7.1	-	-
15. Jh.	177	59.9	6.2	21.5	3.4	8.5
16. Jh.	198	65.2	6.6	19.2	4.5	5.1
∅	403	64.8	6.0	19.4	3.7	6.2

Bei diesen Färbungen wird die resultierende Färbedauer durch die geforderte Farbtiefe, die Länge der Gewebebahn sowie die Qualität des Farbmittels beeinflusst. Rezepte mit exakter Angabe der Färbedauer sind eher selten zu finden. Ist eine Zeitangabe in der Anleitung genannt, beinhaltet diese dann trotzdem den Hinweis auf eine möglicherweise erforderliche Verlängerung der Färbezeit, wie „*[...] koche das Garn oder Tuch vier Stunden oder mehr darin [...].*[311] Alle in den Vorschriften enthaltenen Angaben greifen auf die Erfahrung des Färbers zurück.

4.6 Hilfsmittel für die Färbung

Hilfsmittel haben in der modernen Färberei eine große Bedeutung und werden vielseitig eingesetzt. Sie fördern das Benetzen der zu färbenden Ware (Netzmittel) und ermöglichen das Färben mit wasserunlöslichen Farbstoffen aus wässrigen Flotten (Dispergiermittel). Besonders wichtig ist ihr Einfluss auf das Ziehverhalten von Farbstoffen, wodurch Farbtiefe und Egalität von Färbungen durch beschleunigtes (Salze zur Erhöhung der Substantivität) bzw. abgebremstes Aufziehen (Egalisiermittel) begünstigt werden. Zusätzlich können Farbunterschiede, die z.B. durch schwankende Faserqualität entstehen, ausgeglichen werden. Bei Farbstoffen mit keiner bzw. nur geringer Affinität zur Faser übernehmen Hilfsmittel den Transport auf und in die Faser (Carrier). Ein in der modernen Färberei genutztes Hilfsmittel soll das Aufziehen und Egalisieren fördern, ohne den Farbton zu verändern.

310 Zu qualitativen Angaben zur Färbedauer vgl. Quelle **M III**, fol. 183v, Rezept 71 (2 x färben); Quelle **M I**, fol. 67, Rezept 53 oder Quelle **H IV**, 264v, 432 (hineinstoßen); Quelle **B**, fol. 90v, Rezept 252 (bis zu 16 x über die Winde gehen lassen).

311 Vgl. Quelle **M III**, fol. 195r, Rezept 133.

Die in der historischen Färberei benutzten Beizmittel, Säuren und Laugen können ebenfalls als Hilfsmittel betrachtet werden. Sie haben aber einen deutlichen Einfluss auf den Farbton einer Färbung und somit eine Sonderstellung, da bestimmte Farbtöne ohne Zusatz dieser Substanzen nicht zu erreichen wären.

Weitere in historischen Färbeanleitungen aufgeführte Flottenzusätze haben dagegen keinen oder nur einen auf einer Eigenfärbung beruhenden Einfluss auf den Farbton. Sie wirken benetzend, dispergierend oder farbmittelfixierend. Im Wesentlichen handelt es sich bei diesen Zusätzen um Gummi und Öl, die nach der Quellenlage immer dann benutzt wurden, wenn die Textilfärbung mit einem Pigment erfolgte. Die Anwendung dieser nicht „textiltypischen" Hilfsmittel beruht auf dem Ursprung vieler Färbevorschriften in der Malerei. Pigmente mussten für eine gleichmäßige Verteilung in der Malerfarbe mit einer dispergierend wirkenden Substanz versetzt werden. Außerdem wurden Bindemittel benötigt, welche für die Haftung an Oberflächen dienten. Der Hauptteil der hier betrachteten Quellen entstammt dem monastischen Bereich, der im Mittelalter in der Buch- und Tafelmalerei führend war. Rezepte zur Gewinnung von Malerfarben wurden auf die Textilfärbung übertragen, so dass in den Färbeanleitungen Gummi und Öle als Hilfsmittelzusätze aufgeführt sind.

Gummi, die bekannteste Art ist Gummi arabicum, das getrocknete Exsudat[312] der afrikanischen Akazienarten *Acacia senegal* (L.) WILLD. und *Acacia seyal* ist ein sauer reagierendes, leicht wasserlösliches, hochmolekulares Polysaccharid mit hervorragenden Emulgier- und Dispergiereigenschaften, das bei der Färbung mit Pigmenten genutzt wurde. Gummi arabicum wurde über arabische Häfen nach Europa verschifft, worauf der Name beruht. Es hat adhäsive Eigenschaften, d.h. es besitzt die Fähigkeit an einer Oberfläche zu haften.[313] In Wasser aufgelöstes Gummi arabicum wurde als Gummiwasser bezeichnet. In der Malerei wurde es zum „Anmachen" der Farben verwendet, um für eine gute Haftung auf der Oberfläche (Papier, Pergament, Elfenbein) zu sorgen, wobei allerdings zu viel Gummi zu einem Absplittern der Farbe führen konnte.[314]

Von einheimischen Kirsch-, Pflaumen- und anderen Steinobstbäumen wurde sog. Kirsch- oder Pflaumengummi gewonnen, das dem Gummi arabicum ähnelt, allerdings dunkler und weniger rein ist.[315] Thompson weit daraufhin, dass es sich bei dem in historischen Quellen genannten Gummi arabicum nicht unbedingt um ein Importprodukt handeln muss. So beschreibt das von ihm edierte Rezept 17 der

312 Als Exsudat bezeichnet man die Absonderungen aus Wunden oder Gefäßen bei Pflanzen, die durch Anritzen entstehen. Beispiele sind Kautschuk, Gummi arabicum oder Harze; vgl. Neumüller: Römpp, Bd. 2, S. 1228.

313 Vgl. Bénech: Gummi Arabicum, S. 2–4; vgl. FAO: Food Additive Specifications; vgl. Seibel: Gummi arabicum, in: RÖMPP Online RD-07-02169; vgl. Voragen: Gum Arabic.

314 Vgl. Krünitz: Oekonomische Enzyklopädie, Th. 20, S. 346.

315 Vgl. Kühn et al.: Handbuch der künstlerischen Techniken, S. 48.

Handschrift Ms. Amplonius Quart. 189 die Herstellung von Gummi arabicum aus Kirschgummi durch Lösen in Wasser und Kochen.[316]

Ein Gummizusatz zu Färbeflotten senkt die Oberflächenspannung der Flotte und fördert das Benetzen des zu färbenden Substrates. Gummi ist faseraffin und der im Substrat verbleibende Rest wirkt versteifend.[317] In den bearbeiteten Quellen sind Gummi arabicum, Kirsch- oder Pflaumengummi über den gesamten Zeitraum als Hilfsmittel für verschiedene Färbungen genannt.[318] Insbesondere bei Färbungen mit Pigmenten (Grünspan, Indigo, Lasur, Auripigment, Mennige, Zinnober, Ruß) ist der Gummizusatz erwähnt. Hier stehen die dispergierenden Eigenschaften des Gummis im Vordergrund, die die Textilfärbung mit wasserunlöslichen Pigmenten erleichtert.[319] Außerdem ist Gummi für Färbungen mit Brasilholz und Ahornlaub sowie Beerenfärbungen aufgeführt. Bei diesen Anleitungen könnte die Anwendung auf der Oberflächenaktivität des Gummis beruhen, die Benetzbarkeit der zu färbenden Ware wird erleichtert.

Öle wurden in der Malerei zum Anrühren der Farben verwendet. Darüber hinaus dienten sie als Bindemittel. In den hier betrachteten Quellen sind Lein-, Nuss- und Olivenöl als Zusätze für Färbeflotten mit Pigmenten aufgeführt.[320]

Die Nutzung von Pflanzenölen als Bindemittel beruht auf den Trocknungseigenschaften der Öle. Im Öl enthaltene mehrfach ungesättigte Fettsäuren, wie z.B. Linolensäure, werden durch Sauerstoff-, Licht- und Temperatureinwirkung im Laufe der Zeit oxidativ polymerisiert, sie nehmen Sauerstoff auf und das Öl wird

316 Vgl. Thompson: De Coloribus, S. 143. Zur Handschrift vgl. Schum: Amplonianischen Handschriften-Sammlung zu Erfurt, 448–449.

317 Vgl. Ploss: Buch von alten Farben, S. 125–127; vgl. Seibel: Gummi arabicum, in: RÖMPP Online RD-07-02169.

318 Vgl. Quelle **In**, fol. 100v, Rezept 8; fol. 101r, Rezept 11a+b; fol. 101r, Rezept 14; Quelle **Gr**, fol. 6r; Quelle **M II**, fol. 119, Rezept 3; fol. 119v, Rezept 8; Quelle **W**, fol. 32v, Rezept 2; Quelle **Au**, fol. 19r, Rezept 31; fol. 21v, Rezept 39; fol. 24r–24v, Rezept 49; Quelle **N I**, fol. 1–1v, Rezept 2b; Quelle **N II**, fol. 53r, Rezept 92; fol. 54r, Rezept 96; fol. 54v, Rezept 97; Quelle **M IV**, fol. 227r, Rezept 20; fol. 227r, Rezept 21; fol. 227v, Rezept 25; fol. 227v, Rezept 27; fol. 227v, Rezept 28; fol. 227v–228r, Rezept 30; fol. 228v, Rezept 44; fol. 229v–230r, Rezept 61; fol. 230r, Rezept 62; fol. 230r, Rezept 63; Quelle **H II**, fol. 66–66v, Rezept 21; fol. 66v–67, Rezept 22; fol. 69v, Rezept 29; Quelle **M V**, fol. 232v, Rezept 1244; Quelle **H IV**, fol. 51v–52, Rezept 108; fol. 53–53v, Rezept 111; fol. 57–57, Rezept 120; fol. 189v–190v, Rezept 320; fol. 192–192v, Rezept 323; fol. 196v–197, Rezept 331; fol. 223v–224, Rezept 366.

319 Vgl. Quelle **Au**, fol. 21v, Rezept 39 (*gummi arabicum*), Quelle **N I**, fol. 1–1v, Rezept 2 (*harcz von arabia*), Quelle **H II**, fol. 66–66v, Rezept 21 (*gumy wasser*), Quelle **Au**, fol. 20v–21r, Rezept 37 (*Kirschen harz*) und **Au**, fol. 19r, Rezept 31 (*gummi von pflawmen pawmen*). Für Färbungen mit Pigmenten vgl. Quelle **In**, fol. 100v, Rezept 8 (Grünspan) oder Quelle **N II**, fol. 53r, Rezept 92 (Indigo/Beeren).

320 Quelle **M IV**, fol. 228r, Rezept 33 beschreibt eine Färbung mit Indigo. Der Farbstoff wird nicht verküpt, sondern soll mit Öl, Essig und Salz vermischt und dann gefärbt werden. In Quelle **H II** ist auf fol. 66v–67 im Rezept 22 eine Rotfärbung mit Mennige und Öl beschrieben.

fest.[321] Wie schnell ein Öl trocknet, hängt von seinem Gehalt an ungesättigten Fettsäuren ab. Je höher die Konzentration, desto besser ist das Trocknungsvermögen. Das Maß für das Trocknungsvermögens ist die Iodzahl (IZ). Schnell trocknende Öle haben eine IZ > 170, halbtrocknende Öle von 100–170 und nicht trocknende Öle von < 100.[322]

Leinöl (*lin ölÿ*, *leinöl*) wird aus den Samen der Flachsfaser (*Linum usitatissimum* L.)[323] gewonnen und gehört auf Grund eines hohen Anteils (bis zu 71 %) der mehrfach Linolensäure zu den trocknenden Ölen (IZ: 155–205). Nussöl wird bevorzugt aus Walnüssen gewonnen, die einen Ölgehalt von bis zu 60 % aufweisen.[324] Es enthält einen hohen Anteil der zweifach ungesättigten Linolsäure und gehört zu den halbtrocknenden Ölen (IZ: 143–162). Olivenöl, in den Quellen häufig als Baumöl (*paumol*, *pamol*) bezeichnet[325], ist mit einem Gewichtsanteil von bis zu 58 % im Fruchtfleisch der Oliven, der Früchte des Olivenbaumes (*Olea europaea*) enthalten ist.[326] Es ist ein nicht trocknendes Öl (IZ: 79–80) mit einem hohen Gehalt der einfach ungesättigten Ölsäure. Olivenöl diente auch in früheren Zeiten bevorzugt als Speiseöl. Außerdem wurde es zur Herstellung von Marseiller Seife, zum Einfetten von Wolle und später als Maschinenöl verwendet. Tournantöl, ein dunkles, schlecht riechendes, saures Olivenöl aus angefaulten oder überreifen Früchten wurde in der Türkischrotfärberei benutzt.[327]

Ein Ölzusatz für die Färbeflotte ist lediglich in den Quellen **Be**, **M IV**, **H II**, **H IV**, **Wi** und **H VI** enthalten.[328] Bis auf zwei Anleitungen, die eine Blaufärbung mit

---

321 Vgl. Neumüller: Römpp, Bd. 3, S. 2348; vgl. Brachert: Maltechniken, S. 154; vgl. Streitberger, Behler: Leinöl, in: RÖMPP Online, RD-12-00757; zum Mechanismus der oxidativen Ölhärtung vgl. Goldschmidt, Streitberger: Lackiertechnik, S. 34–36. Die oxidative Polymerisation wird seit Mitte des 19. Jahrhunderts industriell bei der Herstellung der Herstellung der Bodenbeläge Linoleum und Stragula genutzt; vgl. hierzu Stockmeyer, Stappel: Linoleum und Stragula, S. 1; vgl. o.V.: Linoleum, in: RÖMPP Online, RD-12-01237; vgl. Poth, Ulrich. Drying Oils and Related Products, S. 3

322 Die Iodzahl steht für den Gehalt an Doppelbindungen in einem Öl, und sagt aus, wie viel Iod an 100 g Fett gebunden wird; vgl. Streitberger: Trocknende Öle, in: RÖMPP Online, RD-20-03232.

323 Je nach Flachssorte und in Abhängigkeit von den Anbaubedingungen sind in der Literatur Ölgehalte von 22–44 % genannt; vgl. Körber-Grohne: Nutzpflanzen in Deutschland, S. 371.

324 Vgl. Schieber: Walnußöl, in: RÖMPP Online, RD-23-00166.

325 Vgl. Grimm: DWb, Bd. 1, Sp. 1194.

326 Vgl. Schieber: Olivenöl, in: RÖMPP Online, RD-15-00555.

327 Vgl. ebd., RD-15-00555; vgl. Olivenöl, in: Merck: Merck's Warenlexikon, *S. 34.*

328 Vgl. Quelle **Be**, fol. 143–144, Rezept 71; Quelle **M IV**, fol. 227r–227v, Rezept 24; fol. 228r, Rezept 33; Quelle **H II**, fol. 66v–67, Rezept 22; fol. 67v–68, Rezept 24; fol. 68–68v, Rezept 25; fol. 69–69v, Rezept 28; fol. 69v, Rezept 29; Quelle **H IV**, fol. 51v–52, Rezept 108; fol. 52–52v, Rezept 109; fol. 53–53v, Rezept 111; fol. 53v–54, Rezept 112; fol. 54, Rezept 113; fol. 56–57, Rezept 119; fol. 59v–60, Rezept 125; fol. 189v–190v, Rezept 320; fol. 190v–191v, Rezept 321; fol. 192–192v, Rezept 323; fol. 192v–193, Rezept 324; fol. 193–193v, Rezept 325; fol. 195v–196v, Rezept 330b; fol. 266, Rezept 437b; Quelle **Wi**, fol. 304, Rezept 9; fol. 304, Rezept 10; Quelle **H VI**, fol. 50–50v, Rezept 4.

Heidelbeeren beschreiben, handelt es sich bei allen anderen Vorschriften um Färbungen mit Pigmenten (Grünspan, Auripigment, Mennige, Indigo, Ruß). Am häufigsten ist Olivenöl aufgeführt, so dass nicht die Fixierung des Pigmentes auf der Faser sondern das Verteilen des wasserunlöslichen Farbmittels in der Flotte im Vordergrund steht. Wozu das Öl bei der Färbung mit Beeren dienen soll, ist nicht erkennbar.

Als weiteres Hilfsmittel ist in zwei Färbeanleitungen aus den ältesten Quellen **In** (fol. 83v, Rezept 1) und **M I** (fol. 67v, Rezept 60) *waiches pech* bzw. *weÿs pech* (weißes oder weiches Pech?) für das Überfärben von Rot zu Braun genannt. Pech (lat. *pix, picis*) wurde im Mittelalter vorrangig aus dem Harz von Nadelhölzern gewonnen. Die zähflüssige braune Masse fand als Rohstoff für Kerzen, als Schmiermittel, als Dichtungsmittel, aber ebenso in der Medizin Verwendung.[329] Nach dem Erweichungsbereich werden Weich- (40 °C), Mittel- (70 °C) und Hartpech (85 °C) unterschieden.[330] Obwohl nach J. und W. Grimm weißes und gelbes Pech bekannt waren, handelt es sich hier vermutlich um braunes Holzpech mit einem niedrigen Erweichungsbereich, das zum Abdunkeln der Rotfärbung verwendet wird.[331]

329 Vgl. Hägermann: Pech, in: Angermann et al.: LexMa, Bd. 6, Sp. 1846–1847; vgl. o.V.: Holzpech, in RÖMPP online, RD-08-01672. Vgl. ebenfalls o.V.: Holzteer, in RÖMPP online, RD-08-01686.

330 Vgl. o.V.: Pech, in: RÖMPP Online, RD-16-00646.

331 Vgl. Grimm: DWb, Bd. 13, Sp. 1516.

5. Farbmittel in den Quellen

Von der verwendeten Farbmittelart hängen neben dem erreichbaren Farbton, die Herstellung der Färbeflotte, die einzusetzenden Hilfsmittel und die Prozessführung während der Färbung ab. So werden für direktziehende Farbstoffe keine Hilfsmittel benötigt, während Beizenfarbstoffe für bestimmte Farbtöne den Zusatz von Metallsalzen erfordern. Die Auswertung der Färbeanleitungen nach dem Ausziehverfahren bezüglich der verwendeten Farbmittelart ergab, dass in 99 % der Rezepte das Farbmittel genannt ist, lediglich in fünf Vorschriften fehlt die Angabe.[332] Dieses kann auf Übertragungsfehler oder Unkenntnis des Quellenverfassers zurückzuführen sein.

Die für die Färbung eingesetzte Farbmittelmenge bestimmt bei einer gegebenen Warenmenge die erreichbare Farbtiefe. Die Auswertung der Quellen in Bezug auf die genannten Farbmittelmengen ergab, dass 63,3 % der Färbeanleitungen keine diesbezüglichen Angaben enthalten. Unter Berücksichtigung des Alters der Quellen sind aber deutliche Unterschiede zu erkennen (Tab. 16). In den Rezepten des 14. Jahrhunderts fehlt die Farbmittelmenge, während die Vorschriften des 15. Jahrhunderts diese zu ca. 30 % und die des 16. Jahrhunderts zu ca. 50 % enthalten. Auffällig ist dabei, dass für die Rotfärbungen immer deutlich häufiger Mengenangaben aufgeführt sind als für die anderen Farbtöne. Hier zeigt sich vermutlich die hohe Wertschätzung der Farbe Rot. Außerdem ist denkbar, dass Vorlagen für diese Rezepte aus dem handwerklichen Bereich stammen und somit exakter sind oder auf langjähriger Erfahrung beruhen.

Tab. 16: Angaben zur Farbmittelmenge [%] für die Farbtöne nach dem Alter der Quelle

Zeit	Rezepte	nicht genannt	Blau	Violett	Rot	Gelb	Grün	Schwarz	Grau	Braun	nicht einzuordnen
14. Jh.	28	100.0	-	-	-	-	-	-	-	-	-
15. Jh.	177	70.6	4.5	0.6	11.3	2.3	3.4	4.0	0.6	2.8	-
16. Jh.	198	51.5	3.5	1.5	13.1	9.6	6.1	5.6	2.0	6.6	0.5
∅	403	63.3	3.7	1.0	11.4	5.7	4.5	4.5	1.2	4.5	0.2

In den bearbeiteten Quellen sind viele verschiedene Farbmittel für die Färbungen genannt. Dabei handelt es sich vorrangig um farbstoffhaltige Pflanzen, künstlich hergestellte Pigmente sind aber ebenso aufgeführt. Einige Farbmittel wie z.B. Bra-

332 Vgl. in den Quellen **M II**, fol. 120ra, Rezept 24; **B**, fol. 99v, Rezept 282; **H IV**, fol. 51–51v, Rezept 107, fol. 189–189v, Rezept 319 und fol. 262v, Rezept 423; vgl. unvollständige Anleitungen im Anhang.

silholz, werden für die unterschiedlichsten Farbtöne benutzt.[333] Andere wiederum sind lediglich in einer Anleitung und für einen Farbton aufgeführt.[334] Nuancierungsmöglichkeiten sind zusätzlich durch den Einsatz unterschiedlicher Beizmittel gegeben. Eine Darstellung und Diskussion der Farbmittel anhand der mit ihnen zu erzielenden Farbtöne ist daher wenig sinnvoll. Deshalb werden sie hier in Anlehnung an Schweppe anhand der chemischen Struktur der enthaltenen Farbstoffe besprochen.[335] Die Einteilung der Pigmente erfolgt nach der Pigmentfarbe. Bei der Beschreibung werden die historische Bedeutung sowie die heute bekannten chemischen und färberischen Eigenschaften berücksichtigt und mit der in den Quellen geschilderten Technik verglichen.

5.1 Anthrachinonfarbstoffe

Eine große Gruppe rotfärbender Naturfarbstoffe gehört in die Klasse der Anthrachinonfarbstoffe. Hauptvertreter dieser zu den Beizenfarbstoffen zählenden Farbstoffklasse sind die Farbstoffe der Krapp- und Labkrautarten. Anthrachinonfarbstoffe sind außerdem in Kermes, Cochenille und vielen Flechtenarten enthalten. Gemeinsam ist allen Farbstoffen dieser Klasse die Grundstruktur des Anthrachinons (9,10-Anthracendion, Abb. 16). Anthrachinone bestehen aus zwei über Carbonylgruppen verknüpften benzoiden Ringen, deren Reste R_1–R_8 je nach Farbstoff mit Hydroxyl- und/oder Methylgruppen substituiert sind.[336]

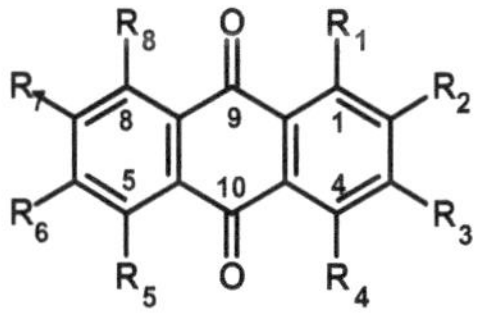

Abb. 16: Anthrachinon

5.1.1 Krapp

Krapp war nach der Literaturlage die bedeutendste Färbepflanze, deren Farbstoffe nach dem Beizenverfahren gefärbt wurden. In der Antike und im Mittelalter wurde Krapp in einem großen Gebiet des Nahen Ostens und später auch in Europa angebaut. Zum Färben dienten hauptsächlich der in Mitteleuropa heimische Krapp, auch

333 Für Blau: **Al**, fol. 308, Rezept 17; für Rot: **In**, fol. 83v, Rezept 4; für Gelb: **In**, fol. 101r, Rezept 10; für Schwarz: **M III**, fol. 184r, Rezept 72b oder für Braun: **N II**, fol. 29v–31r, Rezept 54c.

334 Vgl. Quelle **B**, fol. 105v, Rezept 305, Gelbfärbung mit Molke.

335 Vgl. Schweppe: Naturfarbstoffe, Kap. III.

336 Vgl. Neumüller: Römpp, Bd. 1, S. 223; vgl. Jahn, Westermann: Anthrachinon, in: RÖMPP Online, RD-01-02677.

Färberröte (*Rubia tinctorum* L., vgl. Tafel 16, links) genannt, und der levantinische Krapp (*Rubia peregrina* L.), der im Nahen Osten und im Kaukasus heimisch ist.[337]

Zu den ältesten Belegen für die Verwendung des Krapps als Farbmittel gehören gefärbte Mumienbinden aus Ägypten.[338] Die ersten schriftlichen Quellen, die die Verwendung des Krapps beschreiben, gehen auf alte hebräische Gesetzestexte zurück, die den Krappanbau für private Zwecke erlaubten, die kommerzielle Verwendung aber verboten. Weitere Nachweise sind bei Herodot (ca. 450 v. Chr.), Plinius und Dioscurides zu finden. In römischer Zeit ersetzten auch Germanen und Gallier die von ihnen zuvor für Rotfärbungen verwendeten Labkräuter durch Krapp.[339] Zu Beginn des 7. Jahrhunderts wird berichtet, dass Krapp in St. Denis bei Paris kultiviert wurde.[340] Etwa 100 Jahre später ist Krapp im „*Capitulare de villis*“, der Verordnung für die karolingischen Landgüter genannt.[341]

Während des Mittelalters vollzog sich mit der Einführung des Fruchtwechsels ein Wandel in der Landwirtschaft. Statt Felder brach liegen zu lassen, konnte stattdessen Krapp gepflanzt werden, was den Krappanbau förderte.[342] Der Anbau fand seit dem 12. Jahrhundert in Seeland, seit dem 13./14. Jahrhundert im Elsaß sowie am Oberrhein und seit Ende des 15. Jahrhunderts in Schlesien statt.[343] Noch zu Beginn der frühen Neuzeit unterstützte Kaiser Karl V. (1519–1556) den Krappanbau in den Niederlanden und im 16. und 17. Jahrhundert waren die Niederlande und Frankreich die Hauptproduzenten für Krapp in Europa.[344] Krapp behielt Bedeutung bis in die Zeit des I. Weltkrieges. Das nach dem Türkischrot-Verfahren, einem spe-

337 Vgl. Leggett: Ancient and Medieval Dyes, S. 1. Der Name Krapp ist aus dem Niederländischen (mndl. *crapmede*) entlehnt; vgl. Kluge, Seebold: Etymologisches Wörterbuch, S. 535. Mnd. wurde Krapp als *mêde* (*m□de*) oder *mêdewort* bezeichnet; vgl. Lasch, Borchling: Mittelniederdeutsches Handwörterbuch, Bd. 2, Teil 2, S. 930. Deutsche Bezeichnungen sind Röte oder Färberröte.

338 Vgl. Germer: Die Textilfärberei im Alten Ägypten, S. 7–8.

339 Vgl. Augustyn, Lepsky: RDK-WEB, Bd. 6, Sp. 1475–1476; vgl. Beckmann: Erfindungen, Bd. 4, 1. Stück, S. 42–43; vgl. Vogler: Germanen und Kelten, S. 232.

340 Vgl. Leggett: Ancient and Medieval Dyes, S. 4–9. Im Jahr 629 gründet der Frankenkönig Dagobert eine Messe in St. Denis. Die Erlaubnis des Königs enthält verschiedene Hinweise auf den dort stattfindenden Krapphandel; vgl. Halsall: Dagobert, King of the Franks.

341 Vgl. Krapp, in: Freundeskreis Botanischer Garten Aachen e.V.: Der Karlsgarten. Bei den Kapitularien handelt es sich um Erlasse und Verordnungen der fränkischen Könige. Das „*Capitulare de villis vel curtis imperialibus*“, kurz als „*Capitulare de villis*“ bezeichnet, regelte die Verwaltung und Bewirtschaftung der königlichen Hofgüter. Es wurde 792 oder 793 verfasst. Als Urheber gelten Karl der Große bzw. sein Sohn Ludwig der Deutsche; vgl. dazu Henning: Das vorindustrielle Deutschland, S. 48; Henning weist darauf hin, dass der Gültigkeitsbereich des Capitulare (Südfrankreich oder alle Teile des karolingischen Reichs) unter Historikern immer noch umstritten ist; vgl. außerdem Kapitel des Capitulare de villis, in: Freundeskreis Botanischer Garten Aachen e.V.: Der Karlsgarten; vgl. Beckmann: der Garten Karls des Großen, S. 51–52, 56.

342 Vgl. Leggett: Ancient and Medieval Dyes, S. 4–9.

343 Vgl. Reinicke: Krapp, in: Angermann et al.: LexMa, Bd. 5, S. 1475–1476; vgl. North: Deutsche Wirtschaftsgeschichte, S. 50.

344 Vgl. Zahn: Weh' dem der Safran schmiert, S. 222.

ziellen, durch die Abfolge von bis zu 20 verschiedenen Verfahrensschritten (Ölen, Beizen, Fixieren usw.)[345] sehr aufwendigen Färbeverfahren für Krapp auf Cellulosefasern, erzielte Alizarinrot wurde zu dieser Zeit noch für die Uniformhosen der französischen Infanterie verwendet.[346]

Die im Krapp enthaltenen Farbstoffe sind in den Wurzeln der Pflanze zu finden, wobei sich der Hauptteil zwischen der braunen Rinde und dem gelblichen Wurzelfleisch befindet. Nach der Ernte wurden die Wurzeln gewaschen, getrocknet und zu Pulver zermahlen (vgl. Tafel 16, rechts).[347] Schon in der Antike war ein Qualitätsunterschied zwischen wild wachsendem und kultiviertem Krapp bekannt. Außerdem wussten die Färber, dass der Farbstoffgehalt in den Wurzeln durch Lagern gesteigert werden konnte.[348] Deshalb wurde das nach dem Mahlen der Wurzeln gewonnene Pulver vor dem Verkauf noch bis zu fünf Jahre gelagert. In Europa wurde Krapp nach zwei bis drei Jahren geerntet und die Trocknung erfolgte in sog. Darren (Dörrstuben). Diese Trocknung im abgeschlossenen Raum konnte negative Auswirkungen auf die Farbstoffqualität haben.[349] Der im Orient angebaute Krapp enthielt mehr Farbstoff, da die Pflanzen 5 bis 6 Jahre im Boden verblieben und die Wurzeln anschließend an der Luft getrocknet wurden. Trotz dieser Qualitätsunterschiede wurde bevorzugt europäischer Krapp gehandelt, da er als feines Pulver zu bekommen war, während aus dem Orient getrocknete Wurzeln eingeführt wurden, die noch aufbereitet werden mussten.[350] Wie bei vielen anderen Handelsprodukten, gab es auch beim Krapp immer wieder Versuche, das Pulver durch Sand oder Krappspäne durch Holzzusätze zu strecken, um die Gewinnspanne zu vergrößern.[351]

Krappwurzeln enthalten je nach Herkunft 2–3,5 % Anthrachinonfarbstoffe (Tab. 17), insbesondere Alizarin (1,2-Dihydroxyanthrachinon, C.I. Natural Red 8), Pur-

---

345 Vgl. Rosenberg, Wie: Analytik von natürlichen organischen Farbstoffen, S. 37; vgl. Türkischrotfärberei vgl. Schaefer: Geschichte der Türkischrotfärberei, S. 1723–1732; vgl. ders.: Chemismus der Türkischrotfärberei, S. 1733–1737.

346 Vgl. Wagner: Von der Metallbeize zum metallhaltigen Farbstoff, S. 65; für die Türkischrotfärberei vgl. Schaefer: Geschichte der Türkischrotfärberei, S. 1723–1732; vgl. ders.: Chemismus der Türkischrotfärberei, S. 1733–1737; vgl. Bruns: Das Rätsel Farbe, S. 61. Die Struktur des Alizarins wurde 1868 von Carl Graebe und Carl Liebermann aufgeklärt. Die Entwicklung eines technischen Verfahrens zur Alizarin-Synthese begann 1869 in Zusammenarbeit mit der Badischen Anilin- & Soda-Fabrik (BASF) in Ludwigshafen. 1870 wurden 270 kg synthetisches Alizarin produziert; vgl. Richter: Feuriges Krapprot, S. 971.

347 Vgl. Leggett: Ancient and Medieval Dyes, S. 4–9; vgl. Schaefer: Veredelung der Krappwurzel, S. 1714–1722.

348 Vgl. Zahn: Weh' dem der Safran schmiert, S. 222; vgl. Rosenberg: Historical organic dyestuffs, S. 39.

349 Vgl. Kremer Pigmente: historische und moderne Pigmente, Krapp Wurzeln.

350 Vgl. Leggett: Ancient and Medieval Dyes, S. 3; vgl. Zahn: Weh' dem der Safran schmiert, S. 222; vgl. Hofenk-De Graaff: Red Dyestuffs, S. 76.

351 Vgl. Zahn: Weh' dem der Safran schmiert, S. 222.

purin (1,2,4-Trihydroxyanthrachinon) und Pseudopurpurin (1,2,4-Trihydroxyanthrachinon-3-carbonsäure), die je nach Krappvarietät in unterschiedlicher Konzentration vorliegen. Alizarin ist dabei mit 38–73 % Anteil der Hauptfarbstoff, während Purpurin (14–23 %) und Pseudopurpurin (1,5–15 %) in deutlich geringeren Mengen enthalten sind.[352]

Tab. 17: Alizarin, Purpurin, Pseudopurpurin[353]

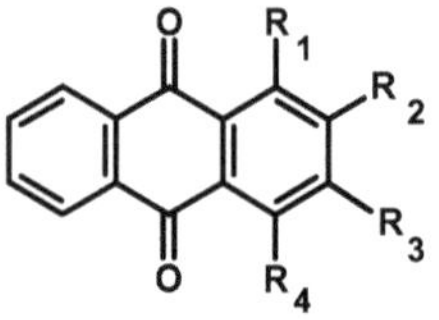

	Alizarin	Purpurin	Pseudopurpurin
R_1	-OH	-OH	-OH
R_2	-OH	-OH	-OH
R_3	-H	-H	-COOH
R_4	-H	-OH	-OH

Die Farbstoffe liegen in Form leicht aufzuspaltender Glykoside vor. Das wichtigste Glykosid ist die Ruberythrinsäure, die bei der Flottenaufbereitung hydrolytisch zu Alizarin und Zucker aufgespalten wird.[354] Zur Aufbereitung der Färbeflotte werden geraspelte oder gemahlene Krappwurzeln in ein Tuch eingebunden und über Nacht in Wasser eingeweicht. Anschließend wird die Flotte langsam (1 °C/min.) erhitzt und ca. 10 Minuten bei Kochtemperatur gehalten.[355] Alizarin färbt Wolle direkt Orangebraun an, bildet aber mit vielen Metallen leuchtende Farblacke und wird daher im Allgemeinen als Beizenfarbstoff verwendet. Mit einer Alaunbeize entsteht ein leuchtendes echtes Rot[356], mit einer Zinnbeize[357] ein Orange und mit Eisenbeize ein dunkles Violett. Bei der Färbung ist darauf zu achten, dass die Flottentemperatur 70–80 °C nicht überschreitet, da bei höheren Temperaturen ein unerwünschter Braunstich entsteht.[358]

In den bearbeiteten Quellen ist Krapp (*reczwurcz*, *ret*, *retÿ* oder *rettÿ*)[359] als Farbmittel in der Ausziehfärberei in acht Teilrezepten für Rot-, Braun- und Gelbtöne

352 Vgl. Marquard, Siebenborn: Züchtung und Anbau von Krapp in Deutschland und der Türkei, in: FNR: Forum Färberpflanzen 1999, S. 86.

353 Schweppe: Naturfarbstoffe, S. 200 und 207.

354 Vgl. Leggett: Ancient and Medieval Dyes, S. 2; vgl. Richter: Feuriges Krapprot, S. 971.

355 Vgl. Struckmeier: Naturfarbstoffe, S. 408.

356 Alizarin S, das Natriumsalz der Alizarin-3-Sulfonsäure, wird in der anorg. Chemie als qualitativer Nachweis für Aluminium verwendet. In schwach alkalischer Lösung bildet sich bei Anwesenheit von Aluminium ein hochroter Farblack. Vgl. Hofmann, Jander. Qualitative Analyse, S. 139.

357 Die Zinnbeize ist erst ab dem 17. Jahrhundert belegt. Sie geht auf den niederländischen Färber Cornelius van Drebbel (1572–1634) zurück, vgl. dazu Hofenk de Graaff: Geschichte der Textilfärberei. S. 30.

358 Vgl. Hofenk de Graaff: Geschichte der Textilfärberei, S. 29; vgl. Dean: Wild Color, S. 125; vgl. Feddersen-Fieler: Farben aus der Natur, S. 114; vgl. Nowak, Forkel: Wolle vom Schaf, S. 113.

359 Von ahd. *retza* = Röte, vgl. Lasch, Borchling: Mittelniederdeutsches Handwörterbuch, Bd. 2, Teil 2, S. 930., vgl. Marzell: Pflanzennamen, Bd. 3, Sp. 1446–1447.

genannt (Tab. 18). Die älteste Vorschrift entstammt der am Ende des 15. Jahrhunderts erstellten Quelle **M IV**, der größte Teil der Anleitungen ist aber in der frühneuzeitlichen Quelle **B** (16. Jahrhundert) zu finden.

Tab. 18: Krapp in den Färbeanleitungen

Quelle	Rezept	Farbton	Farb- und Hilfsmittel
M IV	fol. 228v, 46	*rott*	Krapp (*reczwurcz*), Essig
	fol. 91v, 254	*Rot*	Alaun/Weinstein-Vorbeize, 1 Korb Krapp (*rety*, 58 Pfd.), Wasser, Kleie, Mehl, Waidasche, Weinhefen
B	fol. 92, 255b	*Rot*	Alaun/Weinstein-Vorbeize, $^1/_3$ Pfd. Krapp (*Retÿ*), Waooor
	fol. 92v, 256b	*Rosin*	Alaun/Weinstein-Vorbeize, ½ Korb Krapp (*ret*, *retÿ*, 12 Pfd.?), Kleie
Wi	fol. 303v, 7	*brun rott*	2 Lot Krapp (*rötti die man vß niderland bringt*), Alaun, altes Regenwasser
B	fol. 92, 255c	*preun, prein*	Alaun/Weinstein-Vorbeize, $^1/_3$ Pfd. Krapp (*Retÿ*), Wasser, Alaun, mit Brasilholz nachbehandeln
	fol. 91, 253b	*Goldgelb*	Alaunvorbeize, 31 Pfd. Krapp (*Rettÿ*) 18 od. 28? Pfd. Gelbholz, mehrbadig, Wasser
B	fol. 91, 253c	*Goldgelb*	Alaunvorbeize, 1 Korb Krapp (*Rettÿ*) 18 od. 28? Pfd. Gelbholz, einbadig, Wasser; Weinhefe

Während in Quelle **M IV** kein Alaunzusatz für die Rotfärbung aufgeführt, so dass hier eher ein Rotbraun erzielt wird, beschreiben die drei Rotfärberezepte der Quelle **B** eine Vorbeize der Ware mit Alaun, wodurch ein leuchtendes Rot erreicht wird. Für die beiden Braunfärbungen soll ebenfalls Alaun verwendet werden, eine erfolgt zusätzlich mit Brasilholz. Die Gelbfärbungen erfolgen in Verbindung mit Gelbholz ebenfalls auf einer Alaunbeize, hier werden vermutlich eher Orangetöne erzielt. Die Färbeanleitung aus der Handschrift **Wi** verweist auf die Herkunft des Krapps aus den Niederlanden *„rötti die man vß niderland bringt"*.

Des Weiteren ist Krapp in Quelle **B** für eine Schwarzfärbung und für die Herstellung von Waidküpen aufgeführt. Die Schwarzfärbung (fol. 86–86v, 242) erfolgt durch Röten von mit Waid blaugefärbter Ware, die anschließend mit Gerbstoffschwarz überfärbt wird. Bei der Verküpung liefert der Krapp Kohlenhydrate, die für die Reduktion des wasserunlöslichen Indigos erforderlich sind (vgl. 5.7).

5.1.2 Labkräuter

Die Wurzeln verschiedener heimischer Labkrautarten, wie echtes Labkraut (*Galium verum* L., vgl. Tafel 17, links), Wiesen-Labkraut (*Galium mollugo* L.), Waldmeister (*Galium odoratum* L.) oder Klebkraut (*Galium aparine* L., vgl. Tafel 17, rechts), enthalten neben 2 % Flavonoidfarbstoffen (Rutin, vgl. Kap. 5.5) ebenfalls Anthrachinonfarbstoffe.[360]

360 Vgl. Bäumler: Heilpflanzen-Praxis heute, S. 260.

Hauptfarbstoffe sind hier Purpurin und Pseudopurpurin, während der Gehalt an Alizarin sehr viel geringer ist als beim Krapp.[361]

Die Name Labkraut leitet sich von dem im Blattgewebe enthaltenen Labenzym Chymosin ab (ca. 1 mg/ 100 g), das bei Germanen und Kelten zur Käsebereitung verwendet wurde.[362] Labkraut wurde außerdem als Bettstroh oder Liebfrauenstroh bezeichnet (engl. Ladies Bedstraw), da es der Legende zufolge zu den Kräutern gehörte, die in Bethlehem in der Wiege lagen. In der Medizin wurde Labkraut als Heilmittel gegen Hysterie und zur Stillung von Blutungen verwendet.[363] Die Labkrautarten sind in ihren färberischen Eigenschaften mit dem Krapp vergleichbar. Der Färbeprozess verläuft ebenfalls wie beim Krapp.

Labkraut ist lediglich in zwei Färbeanleitungen der Quelle **H IV** (fol. 56–57, 119 und fol. 195v–196v, 330b) aufgeführt, wo es als *kleberig* oder *kleberich* mit Ruß, Safran, Lauge und Öl für die Färbung von Brauntönen verwendet werden soll. Hier handelt es sich vermutlich um das Gemeine Labkraut (*Galium aparine* L.), dass auch als Klebkraut bezeichnet wurde.[364]

5.1.3 Kermes, Cochenille, Stocklack

Weitere anthrachinonfarbstoffhaltige Farbmittel sind Kermes, Wurzelkermes, Cochenille und Stocklack. Kermes ist ein Farbmittel, das aus den getrockneten Körpern weiblicher Schildläuse gewonnen wird, wobei zwei Arten unterschieden werden. *Kermococcus vermilio* P. lebt auf Blättern und Zweigen der in den Regionen des südlichen und westlichen Mittelmeeres beheimateten Kermeseiche (*Quercus coccifera* L.). *Kermococcus ilicis* L. kommt auf der im Orient und in der östlichen Mittelmeerregion beheimateten Steineiche (*Quercus ilex* L.) vor. Die Insekten wurden im Mai und Juni eingesammelt, abgetötet und getrocknet. In antiker Zeit wurde Kermes von Frauen bei Kerzenlicht vor Tagesanbruch geerntet. Zu dieser Tageszeit war der Tau noch nicht verdunstet und die Blätter der Pflanzen waren noch weich. Eine Frau konnte ca. 1 kg Kermes pro Tag sammeln.[365] Eine weitere Insektenart, *Porphyrophora polonica* L., wurde in Polen, Litauen, der Ukraine und Ostdeutschland gesammelt. Diese Tiere wurden als Wurzelkermes, Polnische Cochenille, Deutscher Kermes oder Johannisblut bezeichnet. Sie ernähren sich vom Wurzelsaft des Ausdauernden Knäuels (*Scleranthus perennis* L.), sind kleiner als

361 Vgl. Vogler: Germanen und Kelten, S. 231–232. Bei anderen Autoren sind für Echtes Labkraut 70 % Alizarin und 15 % aus Purpurin angegeben, vgl. Rosenberg: Historical organic dyestuffs, S. 39.

362 Vgl. Schwedt: Chemie für alle Jahreszeiten, S. 110; vgl. Ploß: Färberei in der germanischen Hauswirtschaft, S. 15–16; vgl. Hofmann: Färbepflanzen und Färbedrogen, S. 39.

363 Vgl. Bäumler: Heilpflanzen-Praxis heute, S. 259–260.

364 Vgl. Quelle **H IV** fol. 56–57, Rezept 119 und fol. 195v–196v, Rezept 330b. Zur Benennung der Labkräuter vgl. Grimm: DWb, Bd. 12, Sp. 9 und Bd. 11, Sp. 1043 und 1052.

365 Vgl. Leggett: Ancient and Medieval Dyes, S. 80.

die anderen Kermesarten und enthalten weniger Farbstoff.[366] Wurzelkermes wurde schon im 12. Jahrhundert für die Färberei gesammelt. Die Ernte begann mit religiösen Zeremonien am Mittag des Johannistages, daher auch die Bezeichnung Johannisblut.[367] Die Pflanzen wurden ausgegraben und der Wurzelkermes abgesammelt. Anschließend wurden die Pflanzen wieder in den Boden eingesetzt. Wurzelkermes fand wegen des geringeren Farbstoffgehaltes und der aufwendigen Gewinnung aber nie allgemeine Verbreitung. Er war im Vergleich zu den anderen Kermesarten teuer, da pro Tag und Person nur etwa 90 g geerntet werden konnten.[368]

Rotfärbungen mit Kermes sind schon aus assyrischer Zeit (7. Jahrhundert v. Chr.) bekannt und auch im alten Testament wird über Scharlachfärbungen berichtet. Im klassischen Griechenland fand im 8. Jahrhundert v. Chr. ein reger Kermeshandel mit Sardis, der Hauptstadt Lydiens statt. Dioscurides berichtet, dass Kermes in Armenien und in Kleinasien gesammelt wurde, Plinius der Ältere berichtet von Asien und Afrika. Außerdem erwähnt er auch Lusitania und Sardinien, wobei dieser Kermes von minderer Qualität sei.[369] In Rom wurde Kermes häufig als Grundlage für Purpurfärbungen verwendet.[370] Das Wort Kermes stammt aus dem Armenischen und bedeutet „kleiner Wurm". Der tierische Ursprung des Farbmittels war griechischen, römischen und mittelalterlichen Verfassern im Gegensatz zu hebräischen und arabischen Autoren aber nicht bekannt. In römischer Zeit und im frühen Mittelalter wurde Kermes für ein pflanzliches Produkt gehalten und deshalb meist als „*granum*" (engl. grain) bezeichnet. Die erste genaue Beschreibung des Insekts erschien 1551, und es dauerte weitere hundert Jahre bis der tierische Ursprung des Kermes allgemein bekannt und mit der Erfindung des Mikroskops im 17. Jahrhundert eindeutig bewiesen wurde.[371]

Neben den purpurgefärbten Stoffen waren die als „Scharlach" bezeichneten Waren besonders wertvoll, so dass sie in römischer Zeit häufig als Tributzahlungen genannt sind. Diese Tradition setzte sich im Mittelalter fort, in dem sich Feudalherren und Klöster einen Teil des Zehnten in Form von Kermes zahlen ließen.[372] Wie Krapp ist auch Kermes im „*Capitulare de villis*" als *vermiculo* für die Tuchherstellung aufgeführt.[373] Zu Beginn des Mittelalters war Venedig das Hauptzentrum für

---

366 Vgl. Zahn: Weh' dem der Safran schmiert, S. 223; vgl. Beckmann: Erfindungen, Bd. 3, 1. Stück, S. 24

367 Vgl. Richter: Cochenille und Kermes, S. 415.

368 Vgl. Leggett: Ancient and Medieval Dyes, S. 80–82; vgl. Zahn: Weh' dem der Safran schmiert, S. 223.

369 Vgl. Leggett: Ancient and Medieval Dyes, S. 72–73.

370 Vgl. ebd., S. 73–75.

371 Vgl. Leggett: Ancient and Medieval Dyes, S. 69–71; vgl. Ponting: Dictionary of dyes and dyeing, S. 119–120; vgl. Augustyn, Lepsky: RDK-WEB, Bd. 6, Sp. 1471–1472; vgl. Beckmann: Erfindungen, Bd. 3, 1. Stück, S. 9.

372 Vgl. Leggett: Ancient and Medieval Dyes, S. 75.

373 Vgl. Hopf et al.: Farbe und Färben, in: Beck et al.: RGA, Bd. 8, S. 227; vgl. Kapitel des Capitulare de villis, in: Freundeskreis Botanischer Garten Aachen e.V.: Der Karlsgarten.

den Kermeshandel, auch rotgefärbtes venezianisches Tuch war von großer Bedeutung. Das Tuch wurde in vielen verschiedenen Rottönen gefärbt, deren Bezeichnungen (Karmin, Karmesin, Scharlach) noch heute benutzt werden, um unterschiedliche Rottöne zu beschreiben. Im 15. Jahrhundert nahm die Bedeutung des Kermes zu. Papst Paul II. verordnete 1464 den „Kardinalspurpur" als Farbe für die Kleidung der Kardinäle.[374] Kardinalspurpur ist ein irreführender Begriff, denn die Färbung wurde nicht mit Purpur sondern mit Kermes und Alaun durchgeführt. Der Erlass hatte vor allem wirtschaftliche Gründe, da der Papst zu dieser Zeit das Monopol auf Alaun aus Tolfa besaß und damit an der Anwendung von Beizenfarbstoffen interessiert war.

Als die Spanier (Hernán Cortés) 1519–1521 Mexiko eroberten, lernten sie ein weiteres Insektenfarbmittel, die Cochenille (vgl. Tafel 18), kennen. Der leuchtend rote Farbstoff wurde aus den weiblichen Tieren der Schildlausart *Dactylopius Coccus* COSTA gewonnen.[375]

Cochenille war farbstärker als der bisher verwendete Kermes und verdrängte ihn in der europäischen Färberei innerhalb von 50 Jahren fast vollständig.[376] Zahn berichtet, dass das wertvolle Produkt Cochenille häufig durch Kermesbeimischungen gestreckt wurde.[377] Eine weitere Erhöhung der Farbbrillanz wurde dann im 17. Jahrhundert mit der Anwendung der Zinnbeize erreicht. Cochenille in Kombination mit einer Zinnbeize ergab das sog. „Hunting Scarlet" und das Scharlach verschiedener Militäruniformen.[378] Mit der Einführung der synthetischen Farbstoffe, insbesondere der sauren, roten Azofarbstoffe, verlor dann auch Cochenille an Bedeutung.[379]

Ein weiteres von Insekten produziertes Farbmittel mit verschiedenen Anthrachinonfarbstoffen ist der Stocklack, auch als Gummilack, Färberlack oder Lac-dye bezeichnet. Die Weibchen der in Süd- und Südostasien beheimateten Lackschildlaus (*Laccifera lacca* KERR, *Kerria lacca* od. *Kerria lacca* LINDINGER) saugen sich an frischen Zweigen ihrer Wirtspflanzen (Feigen-Arten) fest. Der ausgesaugte Pflanzensaft wird durch die Verdauung chemisch verändert, die harzartigen Exkremente erstarren und bilden mit der abgestorbenen Schildlaus rote Krusten um die Zweige. Die Inkrustationen werden gesammelt und als sog. Stocklack ge-

374 Vgl. Leggett: Ancient and Medieval Dyes, S. 78–79; vgl. Dyes and dyeing, in: Strayer: Dictionary of the Middle Ages, Bd. 4, S. 236; vgl. Schweppe: Naturfarbstoffe, S. 283.

375 Vgl. Topik et al.: From Silver to Cocaine, S. 76–82. Die südamerikanische Schildlaus lebt bevorzugt auf der Nopalpflanze (*Nopalea coccinellifera*), daher wird sie in der Literatur auch häufig als Nopalschildlaus bezeichnet.

376 Vgl. Hofenk de Graaff: Red Dystuffs, S. 75.

377 Vgl. Zahn: Weh' dem der Safran schmiert, S. 224.

378 Vgl. Ponting: A dictionary of dyes and dyeing, S. 119.

379 Vgl. Schweppe: Naturfarbstoffe, S. 263. Natürliche Karminsäure wird heute als Lebensmittelfarbstoff (E 120) für alkoholische Getränke (Campari) eingesetzt; vgl. Die Verbraucher-Initiative e.V.: E 120 – echtes Karmin.

handelt. Durch Auswaschen der Farbstoffe wurde das Ausgangsmaterial für Schellack gewonnen, der für Siegellack und Firnis diente. Im Mittelalter war Venedig der wichtigste Handelsort für Stocklack in Europa. Seine größte Bedeutung für die Färberei hatte Stocklack in der Zeit von 1790–1870 insbesondere in England, zuvor wurde er eher zum Färben von Leder als in der Textilfärberei verwendet.[380]

Kermes, Wurzelkermes und Cochenille enthalten die Anthrachinonfarbstoffe Kermessäure (C.I. Natural Red 3, C.I. 75460), Karminsäure (C.I. Natural Red 4, C.I. 75470) und Flavokermessäure (Laccainsäure D) in unterschiedlichen Anteilen (Tab. 19). Färberlack enthält neben Flavokermessäure noch Laccainsäure A, B und C. Diese Anthrachinonfarbstoffe bilden mit Metallen farbige Komplexe und werden daher als Beizenfarbstoffe verwendet.

Tab. 19: Struktur und Farbstoffgehalt verschiedener Insektenfarbstoffe[381]

	Karminsäure	**Kermessäure**	**Flavokermessäure**
Struktur	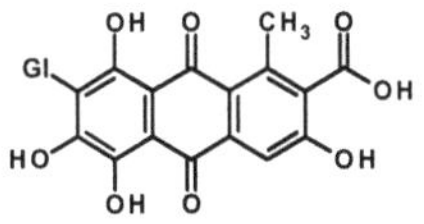	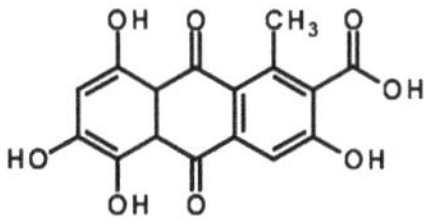	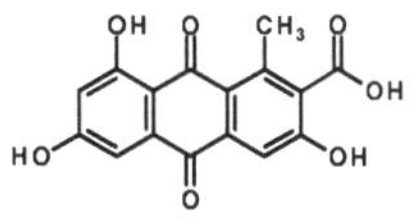
Kermes	> 1.0 %	1 %	-
Wurzelkermes	0.6 %	0.1–0.2 %	
Cochenille	9–10 %	0.4–2.2 %	

Die Zubereitung der Färbeflotte ist bei den Insektenfarbstoffen ähnlich. Die getrockneten Läuse werden gemahlen, in ein Tuch eingebunden und über Nacht in Wasser eingeweicht. Anschließend wird die Flotte für 15–30 Minuten gekocht. Die zuvor gebeizte Wolle oder Seide wird in der Färbeflotte bis zu ausreichender Farbtiefe gefärbt. Stocklack wird ebenfalls fein gemahlen und die enthaltenen Farbstoffe durch Kochen extrahiert und anschließend mit Alaun gefällt oder direkt auf vorgebeizte Wolle aufgefärbt. Mit Insektenfarbstoffen wird auf einer Alaunbeize ein leuchtendes Karmesinrot, auf Zinnbeize ein Scharlach und auf Chrom- bzw. Kupferbeize ein Purpur erzielt.[382]

In den Quellen schildern zwei Anleitungen für die Braunfärbung aus Quelle **Wi** die Verwendung von *lackten* in Verbindung mit Brasilholz und Alaun (fol. 303, Rezept 4, fol. 303v, Rezept 5). In Quelle **M V** sind zwei Lederfärbungen, die ebenfalls für Textilien anwendbar sein sollen, mit *lacce* beschrieben (fol. 38v, Rezept 105 und 106). Bartl et al. identifizieren *lacce* als Färberlack.[383] J. und W. Grimm beschreiben Lacca ebenfalls als das durch die Lackschildlaus gebildete Farbharz, während

380 Vgl. Schweppe: Naturfarbstoffe, S. 272–273; Hofenk de Graaff: The Colourful Past, S. 85–86.

381 Vgl. Schweppe: Naturfarbstoffe, S. 220–221, 258, 266 und 269; vgl. Rosenberg, Wei: Analytik von natürlichen organischen Farbstoffen, S. 37.

382 Vgl. Hofenk de Graaff: The Colourful Past, S. 58, 66, 79 und 87.

383 Vgl. Bartl et al.: Liber illuministarum, S. 707–708.

Krünitz unter dem Stichwort „Lack“ neben Stocklack auch Kermes als Rohstoff nennt, was ebenso bei Augustyn und Lepsky belegt ist.[384] Bei dem genannten Farbmittel kann es sich daher sowohl um Kermes als auch um Färberlack handeln.

5.1.4 Weitere Farbmittel mit Anthrachinonfarbstoffen

In den Wurzeln verschiedener Ampferarten (Großer Sauerampfer, *Rumex acetosa* L.) sowie der Rinde von Kreuzdorn (*Rhamnus catharticus* L.) und Erle (*Alnus glutinosa* L.) sind ebenfalls Anthrachinonderivate enthalten, insbesondere die Farbstoffe Emodin und Chrysophanol (C.I. 75400, Abb. 17). Weitere Inhaltsstoffe sind Gerbstoffe, die je nach Art in unterschiedlichen Mengen vorliegen.[385] Emodin und Chrysophanol sind praktisch unlöslich in Wasser, lösen sich dagegen gut in alkalischen Lösungen.

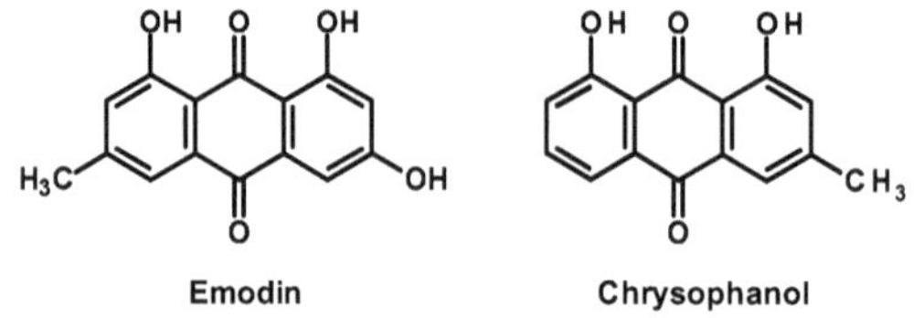

Emodin Chrysophanol

Abb. 17: Emodin (links), Chrysophanol (rechts)[386]

Mit Sauerampfer erhält man auf einer mit Alaun gebeizten Wolle gelbe, orangefarbene und braunrote Farbtöne.[387] In Quelle **H V**, fol. 280v–281, Rezept 28 soll mit Ampfer (*Ampffer*), Wachswürz und Alaun ein Violettton gefärbt werden. Die für die Färbung zu verwendenden Pflanzenteile sind nicht näher beschrieben. Falls Wachswürz ein alkalischer Flottenzusatz ist, wäre eine rötliche Färbung möglich.

Kreuzdorn- und Erlenrinde enthalten ebenfalls neben Flavonoidfarbstoffen und Gerbstoffen das Anthrachinonderivat Emodin. Die Färbung mit Kreuzdornrinde führt auf einer Alaunbeize zu einem dunklen Gelb und nach längerem Färben zu einem Rotton, ähnliches ist für Erlenrinde denkbar.[388] Erlenrinde ist in zwei Färbeanleitungen mit Kreuzdornrinde als Ersatz für Apfelbaumlaub bei Rotfärbungen genannt (Quelle **B**. fol. 100, Rezept 285 und Quelle **H V**, fol. 275v, Rezept 2). Hier soll in alkalischer Flotte gefärbt werden, aber zur Färbedauer geben die Vorschriften keine Auskunft. In zwei weiteren Vorschriften wird Erlenrinde mit Pflaumenbaum- und Schlehdornrinde ebenfalls für die Rotfärbung benutzt (Quelle **B**, fol.

384 Vgl. Grimm: DWb, Bd. 12, Sp. 34 und 36; vgl. Krünitz, Th. 58, S. 338 und 347–348; vgl. Augustyn, Lepsky: RDK-WEB, Bd. 6, Sp. 1471.

385 Vgl. Schweppe: Naturfarbstoffe, S. 226–227; vgl. Schwedt: Chemie für alle Jahreszeiten, S. 104.

386 Vgl. Schweppe: Naturfarbstoffe, S. 211 und 213.

387 Vgl. Schweppe: Naturfarbstoffe, S. 227.

388 Vgl. ebd., S. 378–379; vgl. Hofenk de Graaff: The Colourful Past, S. 294.

100, Rezept 284 und Quelle **H V**, fol. 275v, Rezept 1). Da in neutraler Lösung gefärbt wird, beruht der erzielte Rotton vermutlich auf den ebenfalls in den Rinden enthaltenen kondensierten Gerbstoffen, die bei längerem Kochen ebenfalls zu Rottönen führen können.

5.2 Basische Farbstoffe (Berberitze und Schöllkraut)

Basische Naturfarbstoffe enthalten eine quartäre Ammoniumgruppe im Molekül. Der bekannteste Farbstoff dieser Klasse ist das in der Berberitze (*Berberis vulgaris* L.) und dem Schöllkraut (*Chelidonium maius* L.) enthaltene gelbfärbende Berberin (C.I. Natural Yellow 18, C.I. 75160, Abb. 18).

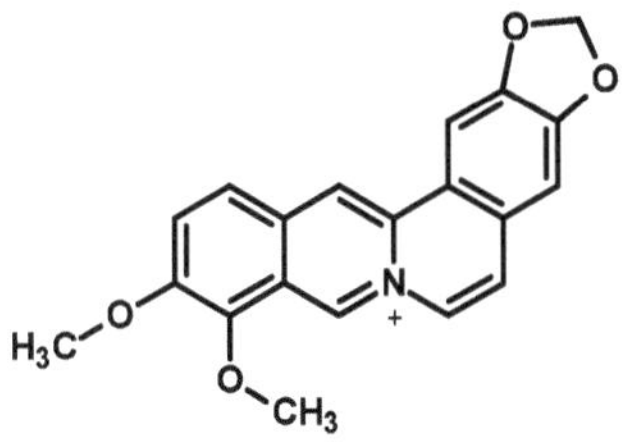

Abb. 18: Berberin mit quartärer Ammoniumgruppe[389]

Durch die positive Ladung im Molekül kann der Farbstoff über Ionenbindung an saure negativ geladene Gruppen in Proteinfasern binden (Abb. 19). An unbehandelte Cellulosefasern bindet der Farbstoff nur über Nebenvalenzbindungen, so dass hier zur Steigerung der Echtheit eine Gerbstoffvorbehandlung erfolgen muss. Die im Gerbstoff enthaltenen sauren Gruppen ermöglichen dann auch auf Cellulosefasern die Ausbildung von Ionenbindungen.[390]

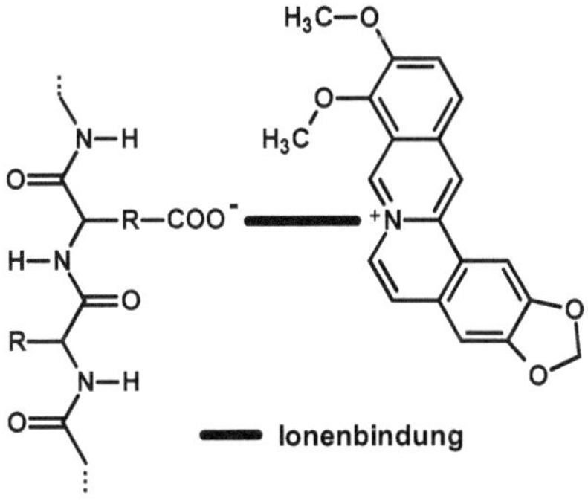

Abb. 19: Ionenbindung von Berberin an saure Gruppe der Wolle

389 Vgl. Schweppe: Naturfarbstoffe, S. 440.

390 Vgl. Brunello: The Art of Dyeing, S. 334.

Die Berberitze (vgl. Tafel 19, links), auch Sauerdorn genannt, ist ein in ganz Europa verbreiteter Strauch. Die Beeren haben einen säuerlichen, zusammenziehenden Geschmack, worauf der Name Sauerdorn beruht.[391]

Für Färbungen mit Berberitze werden Beerensaft, Blätter, Wurzeln oder Bastrinde verwendet.[392] Der Farbstoff Berberin bzw. dessen Derivate, ist in allen Teilen der Pflanze, insbesondere aber mit 1–3 % in der Bastrinde enthalten. Auf Wolle und Seide kann in schwach saurem Bad bei 50–60 °C direkt gefärbt werden, man erhält ein Zitronengelb.[393]

Schöllkraut (vgl. Tafel 19, rechts) ist eine in Europa und Asien weit verbreitete, krautige, 30 bis 90 cm hohe Pflanze, die an Mauern, Hecken und Zäunen vorkommt. Sie blüht vom Frühjahr bis zum Herbst und dient als Stickstoffanzeiger. Schöllkraut ist eine sehr alte Arzneipflanze, die bei Augenkrankheiten und gegen Gelbsucht angewendet wurde. Sie enthält das morphinähnlich wirkende Alkaloid Chelidonin, das auch Bestandteil der Hexensalbe gewesen sein soll und als Mittel gegen Warzen verwendet wurde.[394]

Schöllkraut, auch Schellkraut oder Schellwurz[395] genannt, enthält den basischen Farbstoff Berberin im Stängel und in den Blättern, wo er beim Abbrechen der Pflanze in einem orangegelben Milchsaft austritt.[396] Das im Mai gesammelte, frische Kraut ergibt beim Kochen mit Wasser einen braunen Absud, der Wolle gelb färbt. Auf alaungebeizter Wolle ändert sich der Farbton nur wenig, aber die Waschechheit der Färbung wird verbessert.[397]

Berberitzenwurzeln oder -bast sind in sechs Rezepten der bearbeiteten Quellen für die Gelbfärbung aus saurer Flotte genannt (Tab. 20). Färbungen mit Schöllkraut (*schelwurz* oder *schelle wurtzen*) sind in vier Vorschriften der bearbeiteten Quellen zu finden, wobei für eine Färbung zusätzlich ein wenig Brasilholz verwendet werden soll. Alle Färbungen erfolgen in saurer Flotte.

---

391 Weitere Namen sowohl für den Strauch als auch für dessen Früchte, die Beeren, sind *breiselbeere*, *peiselbeere*, *preiselbeere*, *reiselbeere*, *fersich*, *fersichdorn*, *erbsichdorn*, *erbseldorn* und *erbsal*, *erbsel*, *erbsich*; vgl. Grimm: DWb, Bd. 1, Sp. 1491 und Bd. 3, Sp. 738–740; vgl. Marzell: Pflanzennamen, Bd. 1, Sp. 568–579. Krünitz nennt die weiteren Namen Salsendorn, Sauerdorn, Saurach, Saurachdorn und Versich; vgl. Krünitz: Oekonomische Encyklopädie, Th. 4, 201.

392 Vgl. Brachert: Maltechniken, S. 37–38.

393 Vgl. Schweppe: Naturfarbstoffe, S. 445; vgl. Brunello: The Art of Dyeing, S. 334.

394 Vgl. Hegemann: Stift und Gemeinde Metelen, S. 220; vgl. Schwedt: Chemie für alle Jahreszeiten, S. 85; vgl. Dilg: Schöllkraut, in: Angermann et al.: LexMa, Bd. 7, Sp. 1530.

395 Vgl. Grimm: DWb, Bd. 15, Sp. 1457 und Bd. 14, Sp. 2504; vgl. Marzell: Pflanzennamen, Bd. 1, Sp. 923–932.

396 Vgl. Brachert: Maltechniken, S. 224.

397 Vgl. Schweppe: Naturfarbstoffe, S. 452.

Tab. 20: Berberitze und Schöllkraut in den Färbeanleitungen

Quelle	Rezept	Farbton	Farb- und Hilfsmittel
M I	fol. 67–67v, 56b	*gelbewe*	Berberitzenwurzel (*paizel wurcz*), Essig, Harn
M V	fol. 232r, 1237	*Gelb*	1 Vierding Berberitzenwurzel und -äste (*wurtz oder steben von der paisselper stauden*), Alaun
B	fol. 106, 307	*geel*	Berberitzenbast (*rynnden von Erbsich holtz*), Alaun
H IV	fol. 131, 227	*geel*	Berberitzenwurzel (*erbesel wurtzel*), Wein
	fol. 262–262v, 422	*gelb*	Berberitzenwurzel (*erbbisal wurtzen*), Essig, Harn
	fol. 265–265v, 435	*gelb*	Berberitzenwurzel (*bissebaumswurtz*), Essig, Alaun, Harn
In	fol. 101r, 10	*gelbiu?*	Berberitzenbast (*paizzelpaum*), Brasilholz, Auripigment
M II	fol. 119v, 10	*lawbuar*	Berberitze (*Suram*), Indigo, Safran
H IV	fol. 129–129v, 223	*grien*	Berberitzenwurzel (*erbesel wurtzel*), Waidküpe?, mehrbadig
M I	fol. 68, 63a	*gelb*	Schöllkraut (*schelchrawt*), Kupferhammerschlag, Essig, Alaun
Au	fol. 128v, 55	*gelb*	Schöllkraut (*schelwurz*), Wein
	fol. 129v, 56	*gelb*	Schöllkraut (*schelwurz*), Wein
Wi	fol. 306, 19	*gelw*	so viel ihr wollt Schöllkraut (*schel wurczen*), ein wenig Brasilholz, Alaun, Wachswasser

5.3 Benzochinonfarbstoffe (Saflor)

Die Bezeichnung Benzochinonfarbstoffe leitet sich von der Grundstruktur dieser Farbstoffklasse, dem 1,4-Benzochinon ab. In den hier bearbeiteten Quellen ist die Färbepflanze Saflor (*Carthamus tinctorius* L., vgl. Tafel 22, links) aufgeführt, die als rotfärbende Komponente den Benzochinonfarbstoff Carthamin enthält.

Saflor, auch Färberdistel, Bauernsafran, Deutscher Safran, Wilder Safran oder Falscher Safran genannt, ist eine alte Kulturpflanze.[398] Ursprünglich heimisch im Orient, wurde er gegen Ende des 10. Jahrhunderts von den Kreuzfahrern in Italien, Frankreich und Spanien eingeführt und im späten Mittelalter zu Handelszwecken insbesondere im Elsaß und in Thüringen angebaut.[399] Die Kultivierung in Hofgütern und Klostergärten vor dieser Zeit diente lediglich der Deckung des Farbstoffbedarfs für die Hausfärberei.

398 Vgl. Marzell: Pflanzennamen, Bd. 2, Sp. 855–856; vgl. Sauerhoff: Pflanzennamen, S. 110–111. Ploss vermutet, dass die Bezeichnungen Wilder Safran, Bauern- und Landsafran auf der Nutzung des Saflorgelbs als Ersatz für den echten Safran beruhen; vgl. Ploss: Rotfärbungen, S. 232.

399 Vgl. Hopf et al.: Farbe und Färben, in: Beck et al.: RGA, Bd. 8, S. 219; vgl. Schweppe: Naturfarbstoffe, S. 185; vgl. Leggett: Ancient and Medieval Dyes, S. 45–47.

Die Blütenköpfe wurden von Hand gepflückt und entweder sofort im Schatten getrocknet (direktes Sonnenlicht zerstört den Farbstoff)[400], um eine dem Safran ähnelnde orangefarbene, faserige Masse zu gewinnen (vgl. Tafel 22, rechts), oder für drei bis vier Tage in Wasser gewaschen und geknetet, um den ebenfalls enthaltenen leichtlöslichen gelben Farbstoff zu entfernen.[401]

Carthamin (C. I. Natural Red 26, C.I. 75140, Abb. 20), auch Saflor-Rot oder Saflor-Karmin genannt, bleibt nach dem Ausziehen des gelben Farbstoffes in den Blüten zurück, da es im neutralen Milieu unlöslich ist.

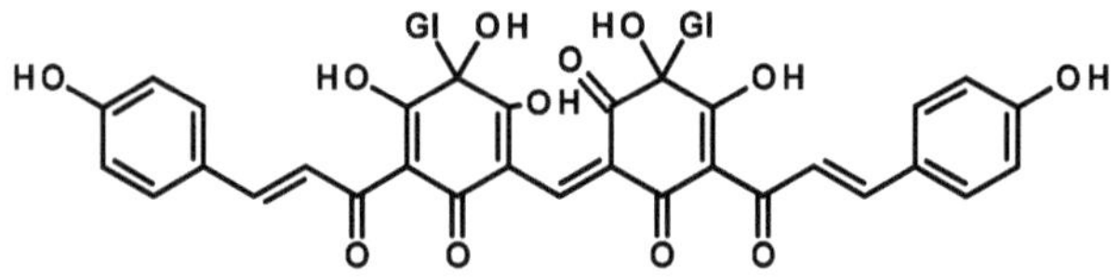

Abb. 20: Carthamin nach Sato et al. (Gl = Glukose)[402]

Die zu Laiben geformten gewaschenen Blüten kamen in den Handel, Hauptabnehmer waren die Seidenfärber.[403] Der Carthamingehalt liegt zwischen 0,3–0,6 %, nach neueren Untersuchungen bei 0,9 % bzw. 0,4–1,4 %.[404]

Wird ungewaschener Saflor zum Färben verwendet, muss für die Rotfärbung zunächst das Saflorgelb entfernt werden. Brunello, Schweppe und Hofenk de Graaff beschreiben diesen Vorgang[405]. Saflor wird in einen Beutel eingenäht, der über Nacht in Wasser gehängt und am folgenden Morgen ausgedrückt wird. Dieser Vorgang muss wiederholt werden bis das Spülwasser farblos bleibt. Ist das Saflorgelb ausgewaschen, wird das rotfärbende Carthamin mittels Lauge aus den Blüten extrahiert. Dazu werden die Blüten für einige Zeit in der Lauge behandelt, dann ausgepresst und abfiltriert. Der Lösevorgang wird einige Male wiederholt. Mit dem Filtrat kann direkt ohne Hilfsmittel gefärbt werden. Die Flotte wird dazu leicht sauer eingestellt, die Ware wird eingelegt und über Nacht bei Raumtemperatur ge-

---

400 Vgl. Hofenk de Graaff: The Colourful Past, S. 160; vgl. Schweppe: Naturfarbstoffe, S. 185.

401 Vgl. Leggett: Ancient and Medieval Dyes, S. 45–47; vgl. Dajue, Mündel: Safflower, S. 26.

402 Carthamin wurde erstmals 1910 isoliert; vgl. Sato et al.: Pigments in safflower petals, S. 9632; vgl. Obara und Onodera: Structure of Carthamin. Der Strukturvorschlag von Takahashi et al. stammt aus dem Jahr 1982, vgl. Takahashi et al.: Coloring matters in *Carthamus tinctorius;* vgl. ebenfalls Schweppe: Naturfarbstoffe, S. 183; vgl. Hofenk de Graaff: The Colourful Past, S. 159; vgl. Ferreira et al.: Historical textile dyes, S. 334; vgl. Oda: Red Carthamin, S. 204; vgl. Cho et al.: Enzymatic Conversion of Precarthamin, S. 3918.

403 Vgl. Reckel: Teufelsfarbe, S. 69.

404 Vgl. Schweppe: Naturfarbstoffe, S. 184–185; vgl. Dajue, Mündel: Safflower, S. 26; vgl. Srinivas et al.: Safflower petals, S. 90; vgl. Smith: Safflower, S. 50–51; vgl. terra fusca GbR et al.: Marktpotenzial von Saflorerzeugnissen, S. 14.

405 Vgl. Brunello: The Art of Dyeing, S. 340; vgl. Schweppe: Naturfarbstoffe, S. 186; vgl. Hofenk de Graaff: The Colourful Past, S. 161.

färbt.[406] Die erzielten Färbungen sind häufig leicht gelbstichig, da in der Flotte Reste des Saflorgelbs enthalten sind, die beim Färben mitaufziehen. Ein reinerer Farbton kann durch eine zusätzliche Aufreinigung des extrahierten Carthamins erreicht werden. Schon Krünitz weist auf die Probleme beim Rotfärben mit Saflor hin und beschreibt den Reinigungsvorgang wie folgt:

> „So schön auch die Farben erscheinen, welche der Seide mit dem Saflor ertheilt werden, so ist es dennoch nicht zu vermeiden, daß sich im Färben nicht etwas vom gelben Pigmente des Saflors damit vermengen und sie verschlechtern sollte. Um dieses zu verhüten, kann man folgende Operationen befolgen: Man bereite das Saflorbad mit Citronensaft zu, [...] und färbe nun kleine Lappen von Cattun oder Leinwand darin aus. Das rothe Pigment legt sich auf diese Lappen an und es bleibt eine schmutzige gelbe Flüssigkeit zurück. Soll nun die rothe Farbe von jenen Lappen abgezogen werden, so wasche man sie in reinem Flußwasser aus und knete sie hierauf in einem gleichfalls reinen Wasser, welchem man so oft etwas aufgelöste kristallinische Sode zusetzt, bis alle rothe Farbe von den Lappen abgezogen ist, [...]. Jetzt setze man der Brühe so viel reinen Citronensaft zu, bis die Sode abgestumpft ist, worauf dann in der röthlichen Farbebrühe ausgefärbt werden kann. Man gewinnt auf diesem Wege viel reinere und glänzendere Farben."[407]

Diese von Krünitz geschilderte Arbeitsweise zum Aufreinigen des Carthamins beschreibt auch Dean.[408]

Die für die Rotfärbung mit Saflor vorbereitete Flotte muss zügig verbraucht werden, da Carthamin in wässrigen Lösungen hydrolytisch abgebaut wird, was sich durch eine zunehmende Entfärbung der Lösung zeigt. Die Geschwindigkeit des Abbaus wird insbesondere durch Temperatur- und Lichteinwirkung beeinflusst. Versuche von Kanehira et al. zeigten, dass eine Erhöhung der Färbetemperatur auf 80 °C dazu führt, dass ca. 75 % des Carthamins in der Lösung zersetzt werden. Wird die Flotte acht Stunden dem Licht ausgesetzt, sinkt der Carthamingehalt der Flotte ebenfalls deutlich.[409]

Dajue und Mündel erwähnen, dass zum Färben sehr viel Farbstoff benötigt wird. Sie nennen als benötigte Menge für 1 kg Baumwollgarn je nach Farbton 1 kg (dunkelrot), 500 g (rosa-rot) bzw. 250 g (hellrosa) Farbstoff. Hier handelt es sich um einen Irrtum, da nicht der Farbstoff Carthamin, sondern die Färbepflanze Saflor gemeint ist.[410] Bei einem Carthaminhöchstgehalt des Saflors von 1,4 %, ergeben sich als einzusetzende Farbstoffmengen 14 g, 7 g bzw. 3,5 g Carthamin. Diese Zahlenwerte sind allerdings im Vergleich zu Einsatzmengen bei Färbungen mit modernen synthetischen Rotfarbstoffen hoch.[411]

---

406 Vgl. Schweppe: Naturfarbstoffe, S. 186; vgl. Hofenk de Graaff: The Colourful Past, S. 160.

407 Vgl. Krünitz: Oekonomische Encyklopädie. Th. 127, S. 399–400.

408 Vgl. Dean: Wild Color, S. 53.

409 Vgl. Kanehira et al.: Decomposition of Carthamin, S. 301–302.

410 Vgl. Dajue, Mündel: Safflower, S. 26; nach Leggett: Ancient and Medieval Dyes, S. 45–47 kann mit einem Pfund Extrakt ein Pfund Substrat karmesinrot gefärbt werden.

411 Moderne Direkt- und Reaktivfarbstoffe: 2–3 % Farbstoff.

Saflor enthält neben dem Rotfarbstoff Carthamin noch 25–30 % Gelbfarbstoffe. Die als Saflorgelb A und B (C.I. Natural Yellow 5) bezeichneten Farbstoffe haben nach dem Colour Index die Formel $C_{14}H_{16}O_7$, ihre Konstitution wird bis heute diskutiert (Abb. 21).[412]

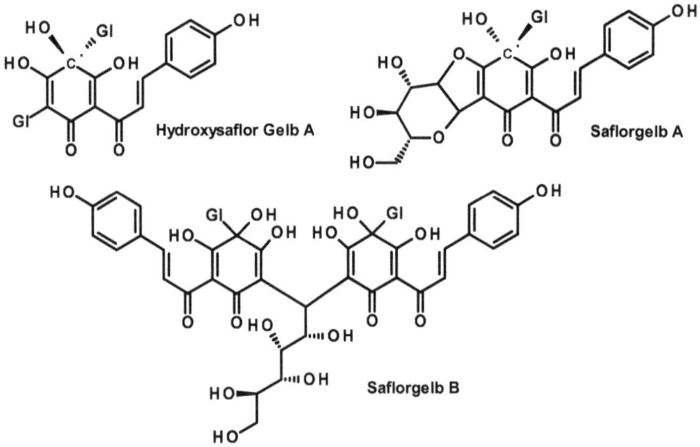

Hydroxysaflor Gelb A

Saflorgelb A

Saflorgelb B

Abb. 21: Gelbfarbstoffe des Saflors (Gl = Glukose)[413]

Die Gelbfarbstoffe sind leicht wasserlöslich und können direkt aus heißer Flotte auf unbehandelte Wolle oder Seide gefärbt werden. Die Anwendung beschränkt sich hauptsächlich auf das Gelbfärben von Wolle. Auf alaungebeizter Wolle erhält man einen leuchtenderen Gelbton.[414]

Nach Ploss diente Saflorgelb als Ersatz für den teuren Safran und erhielt daher die im deutschen Sprachraum üblichen Bezeichnungen „Wilder Safran, Bauernsafran oder Landsafran".[415] In den bearbeiteten Quellen wird Saflor (*wilden safran* oder *wilde prisilig*)[416] für Rot- Braun- und Gelbfärbungen verwendet (Tab. 21). Von acht Anleitungen für die Rotfärbung fehlt lediglich in zwei Vorschriften das Auswaschen des Saflors. In zwei Rezepten für die Braunfärbung ist das Auswaschen ebenfalls nicht genannt. Entweder sollte hier bereits gewaschenes Farbmittel verwendet werden oder der Reinigungsvorgang wurde vergessen. Das Göttinger Rezept beschreibt das Auswaschen des Saflors falsch, so soll „...*wyldeß saffranß* [genommen werden] *und* [unter] *reyneme vletendeme water so lange* [gewaschen werden] *dat de budel rot wert alse j blot...*". Durch Auswaschen in Wasser wird der Beutel nicht rot, da sich der rote Farbstoff nicht in Wasser löst.

412 Vgl. SDC: Colour Index, Bd. 4, S. 3227.

413 Vgl. Flos Carthami, in: WHO: WHO monographs, S. 117.

414 Vgl. Reckel: Teufelsfarbe, S. 159–160.

415 Vgl. Ploss: Rotfärbungen, S. 232.

416 Vgl. Grimm: DWb, Bd. 14, Sp. 1635; vgl. Ploss: Buch von alten Farben, S. 154.

Tab. 21: Saflor in den Färbeanleitungen

Quelle	Rezept	Farbton	Farb- und Hilfsmittel	Waschen
Au	fol. 26r–26v, 52	*parisgarn*	Saflor (*wilden safran*), Lauge	X
N II	fol. 31 r–32r, 55a	*rot*	5 Pfd. Saflor (*wilden saffran*), Lauge, Essig	X
	fol. 54v, 98	*rot*	3 Vierding Saflor (*wilden prisilg*), 1 Lot Grünspan, Lauge	-
M V	fol. 197v, 1018b	(Rot)	1 Pfd. Saflor (*wilden Saffran*), Lauge, Essig	X
	fol. 225r, 1200	(Rot)	Landsafran (*lantsaffran*), Lauge, Essig	X
	fol. 226r 226v, 1201	*Roto*	1 Lot Safran (*saffran*, *Saflor*), Lauge, Essig	X
Gö	fol. 312v, IV 15	*rod*	1 od. 2 Pfd. Saflor (*wyldeß saffranß*), Lauge	X
Ka	fol. 8r	*rott*	2 Pfd. Saflor (*wilden saffern* oder *saff-lor*), Lauge	-
M IV	fol. 230r, 63	*zigel farb*	Saflor (*wilde prisilig*), Grünspan, Lauge	-
Al	fol. 307, 15	*Brawn*	1 Pfd. Saflor (*wilden saffran*), Lauge, Essig	X
B	fol. 103–103v, 299	*braun*	1 Pfd. Saflor (*wilden saffran*), Lauge, Essig	X
	fol. 105, 301a	*negelfarb*	½ Pfd. Saflor (*wild prisilg*), ½ Pfd. gelbe Blumen, Lauge, Kupfervitriol	-
N II	fol. 54v, 97	*gelb*	Saflor (*wilden prisilg*), Grünspan, Lauge	
H II	fol. 63–63v, 15	*gelb*	Rinde von Weidenholz (März), etwas Saflor (*wilden saffran*), Lauge	
B	fol. 105v, 303	*Goldfarb*	½ Pfd. Saflor (*wild prisilg*), ½ Pfd. Gelbe Blumen, Grünspan, Lauge	

Für die Rot- und Braunfärbungen ist das Lösen des Carthamins mittels einer alkalischen Flotte beschrieben, in fünf Rezepten ist allerdings der Verfahrensschritt des Absäuerns nicht aufgeführt. Bei den Saflorfärbungen fehlt im Allgemeinen der Alaunzusatz zur Färbeflotte. Hier wurde erkannt, dass durch Alaun keine tieferen Farbtöne erreicht werden. Über ein Sieden der Färbeflotte ist ebenfalls nichts gesagt, daher kann vermutlich von einer Kaltfärbung ausgegangen werden.

Gelbfärbungen mit Saflor sind in drei Anleitungen beschrieben, zwei dieser Vorschriften enthalten zusätzlich andere gelbfärbende Pflanzen. Alle Rezepte beschreiben die Verwendung einer alkalischen Flotte. Da ein vorheriges Herauslösen des gelben Farbstoffes nicht erwähnt ist, werden hier auch Teile des Carthamins durch die Lauge aus dem Saflor extrahiert. Die Färbungen werden also keinen reinen Gelbton erreichen, worauf ebenfalls die Verwendung eines weiteren Gelbfarbmittels hindeutet.

5.4 Carotinoidfarbstoffe

Die Carotinoide, die Farbstoffklasse ist nach der Karotte (*Daucus carota* L.) benannt, umfassen mit über 600 Exemplaren die größte Klasse der in der Natur vorkommenden Farbstoffe. Sie liegen als Bestandteile in Bakterien, Algen, Pilzen und höheren Pflanzen vor und sind gelb bis violett gefärbt. Umwandlungsprodukte pflanzlicher Nahrungscarotinoide sind z.T. für Farben im Tierreich verantwortlich, beispielsweise die rosafarbenen Federn des Flamingos oder die Rotfärbung bei Hummern und Krebstieren.[417]

Für die Textilfärberei hatte lediglich das Crocetin bzw. Crocin, der Hauptfarbstoff des Safrans (*Crocus sativus* L.) Bedeutung. Er wurde in der Antike und während des Mittelalters zum Färben und für die Malerei verwendet. In den bearbeiteten Quellen sind in einigen Rezepturen außerdem zerstoßene Krebse für die Färbung aufgeführt.

5.4.1 Safran

Safran (*Crocus sativus* L., vgl. Tafel 23) war ursprünglich im Orient beheimatet und wurde dort schon vor über 3.500 Jahren kultiviert. Der Name Safran stammt aus dem Arabischen, „*za'faran*" bedeutet Gelb.[418] Safran liefert ein leuchtendes Orangegelb, das schon auf akkadischen Tontafeln aus dem 2. Jahrtausend v. Chr. erwähnt wurde. Die Phönizier verwendeten Safran als Stofffarbe, die Römer benutzten ihn zur Parfümierung der Luft in ihren Bädern und es wird berichtet, dass er zu Kaiser Neros Zeit auf Roms Straßen gestreut wurde.[419] In der Antike war Safran im Mittelmeerraum weit verbreitet. Später wurde er von den Arabern nach Spanien gebracht, von wo ihn die Kreuzfahrer in Nordeuropa einführten. Safran wurde zeitweise in der Gegend um Leipzig oder in England (Saffron-Walden, 16. – 18. Jahrhundert) angebaut, und Munder Safran aus der Schweiz ist seit dem 14. Jahrhundert bekannt. Heute ist insbesondere Spanien für qualitativ hochwertigen Safran bekannt.[420] Er war im Mittelalter ein wichtiges und wertvolles Handelsgut, weil Köche, Ärzte, Maler und Färber ihn benutzten.[421] Er diente zum Färben und Aromatisieren von Speisen („Safran macht den Kuchen gel"), als Beimischung in medizinischen Rezepten, in Mischung mit Auripigment als Buchmalfarbe und zum Färben von Textilien.[422]

---

417 Vgl. Schweppe: Naturfarbstoffe, S. 167; vgl. Meyer: Carotinoide, S. 179; vgl. Menzel, Hartmann-Schreier: Carotinoide, in: RÖMPP Online, RD-03-00583.

418 Vgl. Zahn: Weh' dem der Safran schmiert, S. 224; vgl. Hofenk de Graaff: The Colourful Past, S. 204; vgl. Marzell: Pflanzennamen, Bd. 1, Sp. 1249; vgl. Kluge, Seebold: Etymologisches Wörterbuch, S. 779.

419 Vgl. Leggett: Ancient and Medieval Dyes, S. 41–42; vgl. Zahn: Weh' dem der Safran schmiert, S. 224; vgl. Jakits: Safran – rotes Gold, S. 9–10; vgl. Augustyn, Lepsky: RDK-WEB, Bd. 6, Sp. 1478; vgl. Beckmann: Erfindungen, Bd. 2, 1. Stück, S. 81–85.

420 Vgl. Gemeindeverwaltung Mund: Safran von Mund; vgl. Reinicke: Safran, 2. Anbau und Handel, in: Angermann et al.: LexMa, Bd. 7, Sp. 1251.

421 Vgl. Jakits: Safran – rotes Gold, S. 10.

422 Vgl. Hofenk de Graaff: The Colourful Past, S. 204; vgl. Augustyn, Lepsky: RDK-WEB, Bd. 6, Sp. 1478; vgl. Beckmann: Erfindungen, Bd. 2, 1. Stück, S. 79–80; vgl. Reckel: Teufelsfarbe, S. 69; vgl. Leggett: Ancient and Medieval Dyes, S. 42.

Safran wird aus den Stempelfäden der Krokuspflanze gewonnen. Ca. 150.000 Blütennarben werden für 1 kg Gewürz mit der Hand gesammelt, wobei sich der erforderliche Aufwand bei Anbau und Ernte bis heute nicht verändert hat.[423] Der noch immer hohe Preis[424] findet seine Begründung in dieser aufwendigen Ernte und den dabei erzielten vergleichsweise geringen Mengen. Schon während des Mittelalters wurde Safran durch Beimischungen von Saflor, Ringelblumen oder getrocknetem Rindfleisch gestreckt, diese Fälschung wurde als „Schmieren" bezeichnet.[425] Eine weitere Möglichkeit des Fälschens war das Überfärben bereits extrahierter Safrannarben mit billigen Farbstoffen und der anschließende Verkauf als Frischware. Gemahlener Safran ließ sich besonders leicht verfälschen bzw. fiel hier ein Betrug weniger auf. Städte mit großen Gewürzmärkten, wie Venedig, Basel oder Nürnberg, bestellten daher Safranbeschauer, die die Qualität und Reinheit der Ware überwachen sollten.[426] Die Strafen für die Safranverfälschung waren drakonisch, überführte Betrüger wurden für Jahre in den Kerker gesperrt und Zeit ihres Lebens für unehrlich erklärt, sie wurden lebendig begraben oder auf dem Scheiterhaufen verbrannt.[427] In Nürnberg wurde die Safranschau im Jahr 1441 angeordnet. Zuvor hatte ein Ulmer Bürger versucht, 13 Pfund gefälschten Safran auf dem Markt in Nürnberg zu verkaufen. Der gefälschte Safran wurde eingezogen und verbrannt.[428] Die Vernichtung der verfälschten Ware musste vom schuldigen Kaufmann bezahlt werden, die Entlohnung des Henkers durch den Verurteilten war im Mittelalter ebenfalls üblich.[429] Für das Jahr 1508 ist in Breslau ein vergleichbarer Fall belegt. Für den Verkauf von mit *Parisrot*, Butter, Essig und Mehl verfälschtem Safran wurde der Händler geköpft.[430]

Safran enthält neben den Aromastoffen Picrocrocin und Safranal das Glykosid Crocin, das mittels heißer verdünnter Säure zu Crocetin (C.I. Natural Yellow 6,

423 Die Angaben in der Literatur schwanken: Siewek nennt 147.000, Melchior und Kastner 100.000–200.000 Fäden; vgl. Siewek: Exotische Gewürze, S. 106; Melchior, Kastner: Gewürze, S. 148; zu Anbau und Ernte vgl. Jakits: Safran – rotes Gold, S. 9.

424 Im Pigmenthandel kosten 50 g Safranfäden 130,90 €; vgl. Kremer Pigmente: historische und moderne Pigmente, Produkt 37110 (Safran). Im Gewürzhandel ist Safran erheblich teurer: 0,1 g Safranfäden = 1,69 €; vgl. Ostmann: Safran in Fäden. Größere Mengen (50 g) kosten im Gewürzhandel ca. 165,00 €; vgl. Tali: Safranfäden.

425 Vgl. Reinicke: Safran, 2. Anbau und Handel, in: Angermann et al.: LexMa, Bd. 7, Sp. 1251; vgl. Beckmann: Erfindungen, Bd. 2, 1. Stück, S. 90–92; vgl. Zahn: Weh' dem der Safran schmiert, S. 225; vgl. Jakits: Safran – rotes Gold, S. 10–11.

426 Vgl. Schmidtchen: Die Technik des Färbens und Gerbens, in: König: Propyläen Technikgeschichte, Bd. 2, S. 539–540; vgl. Jakits: Safran – rotes Gold, S. 11.

427 Vgl. Zahn: Weh' dem der Safran schmiert, S. 225; vgl. ebenfalls Freiburghaus et al. Geheimnisse des Safrans, S. 91.

428 Vgl. Roth: Geschichte des Nürnbergischen Handels, Bd. 4, S. 221.

429 Vgl. Bothe: Reichsstadt Frankfurt, S. 11.

430 Vgl. Klose: Verhältnisse der Stadt Breslau, S. 92.

Abb. 22), der Hauptfärbekomponente, hydrolysiert, welches zu den natürlich vorkommenden Direktfarbstoffen gehört.[431]

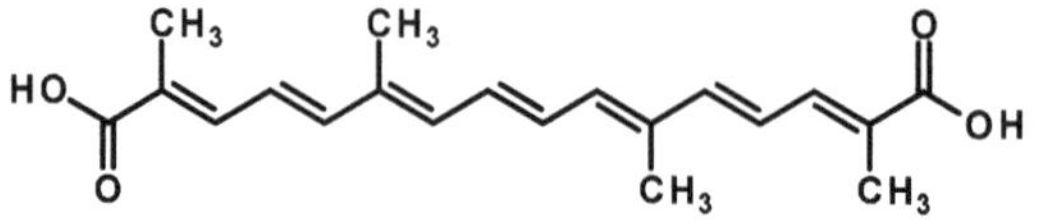

Abb. 22: Crocetin[432]

Safran kann für die Färbung von Wolle, Seide und Cellulosefasern genutzt werden. Die Fasern können im kochenden Färbebad ohne jegliche Hilfsmittel goldgelb gefärbt werden. Auf einer Aluminiumbeize werden Orangetöne und auf Zinnbeize dunkle Gelbtöne erreicht.[433] Der Farbstoffgehalt des Safrans liegt nach Angaben von Sewekow bei ca. 7 % und Roth et al. geben für das Gelbfärben von 1 kg Wolle einen Safranbedarf von 200–250 g an.[434] Bei einem Preis von z.Z. ca. 150 € für 50 g Safran[435] ergeben sich Farbmittelkosten von 600–750 € für die Färbung. Auf Grund der schon im Mittelalter anfallenden enormen Kosten, dürfte Safran vorrangig als Gewürz und Medikament sowie in der Buchmalerei eingesetzt worden sein und in der Färberei mengenmäßig eine eher untergeordnete Rolle gespielt haben, zumal das Angebot an preiswerteren gelbfärbenden Pflanzen mit besseren Echtheiten wie Färberwau oder -ginster groß war. Entgegen dieser Vermutung enthält ⅓ der Instruktionen in den hier bearbeiteten Quellen Safran für die Gelbfärbung.

Von insgesamt 58 Vorschriften für die Gelbfärbung nach dem Ausziehverfahren beschreiben elf Anleitungen die Färbung mit Safran und neun weitere Rezepte nennen ihn in Kombination mit anderen Farbmitteln. Weiterhin sind Rot-, Grün- und Braunfärbungen beschrieben, die ebenfalls Safran in Verbindung mit Brasilholz, Grünspan, Klebkraut, Ruß oder Walnussschalen, enthalten. Die reinen Safranfärbungen finden in saurer Lösung statt. Vier Anleitungen beschreiben die Direktfärbung, aus der reine Gelbtöne resultieren. Sieben Vorschriften beinhalten die Direktbeize mit Alaun, so dass orangestichige Gelbtöne erzielt werden. Bei allen anderen Färbungen dient Safran der Nuancierung (Tab. 22).

Dass es sich in den Färbevorschriften wirklich um Safran und nicht um den ebenfalls für die Gelbfärbung nutzbaren Saflor handelt, ist durch die Bezeichnung der Farbmittel in den Quellen belegt. Safran ist als *saffran* bezeichnet, während

431 Vgl. SDC: Colour Index, Bd. 3, S. 3228 und Bd. 4, S. 4623; vgl. Schweppe: Naturfarbstoffe, S. 167; vgl. Meyer: Carotinoide, S. 179.

432 Vgl. Schweppe: Naturfarbstoffe, S. 171.

433 Vgl. Hofenk de Graaff: The Colourful Past, S. 202–207.

434 Vgl. Sewekow: Naturfarbstoffe, S, 272; vgl. Roth, Kormann, Schweppe: Färbepflanzen, S. 53.

435 Vgl. Fußnote 424.

Saflor als wilder Safran (*wilden safran*), wildes Brasilholz (*wilden prisilg*), Landsafran (*lantsaffran*) oder auch *Saflor* aufgeführt ist.[436]

Tab. 22: Safran in den Färbeanleitungen

Quelle	Rezept	Farbton	Farb- und Hilfsmittel
M V	fol. 223v, 1258	*gelb*	Safran (*Saffran*), Alaunwasser
	fol. 223v, 1259	*gelb*	1 Lot Safran (*Saffran*), Wasser
	fol. 223v, 1260	(gelb)	Safran (*saffran pluemen*), Waidöpfel, Alaun, Wasser
B	fol. 105v, 304a	*goldfarb*	ein wenig Safran (*saffran*), Waidasche od. krir, Wasser
	fol. 106v, 309a	*geel*	1 Lot Safran (*saffran*), Alaun, Wasser
	fol. 106v, 309b	*geel*	1 Lot Safran (*saffran*), Essig, Wein
H IV	fol. 258v, 408	*gelb*	1 Lot Safran (*Saffrans*), Kupfervitriol, Alaun
	fol. 263v, 427	*gelb*	1 Lot Safran (*Saffrans*), Alaun, Wasser
H V	fol. 278, 14	*gelb*	1 Lot Safran (*saffrans*), Alaun, Wasser
	fol. 278, 15a	*gilb*	Safran (*saffran*), Essig, Wein
	fol. 281, 31	*gelw*	1 Lot Safran (*saffran*), Alaun, Wasser
M I	fol. 67–67v, 56a	*gelbewe*	Safran (*saffran*), gelbe Blumen, *weyd-öpfel*, Alaun
M IV	fol. 227v–228r, 30	*gell, gelb*	gelbe Blumen, ein wenig Safran (*saffran*), Galmei, Alaun, Wachswürz, Gummi
H II	fol. 62v–63, 14	*gelb*	untere Apfelbaumrinde (im Frühjahr geerntet) so viel du benötigst, etwas Safran (*saffran*), Lauge, Alaun
B	fol. 106v, 308	*saffran gell*	1 Quentchen Safran (*saffran*), für 1 Pfennig Bleigelb, Wasser
H IV	fol. 258v–259, 409	*gelb*	Auripigment, Safran (*Saffran*), Alaun
	fol. 57–57, 120	*goltbluemen*	½ Lot Safran (*Saffran*), 1 Lot Brasilholz, Wasser, Gummiwasser
	fol. 196v–197, 331	*goltbluemenn*	½ Lot Safran (*Saffran*), 1 Lot Brasilholz, Wasser, Gummiwasser
Wi	fol. 305v–306, 17	*gelb*	1 große Schüssel Moosblumen, ½ Lot Safran (*saffran*), Wachswasser, Essig, Alaun
	fol. 306, 18	*gelb*	2 Lot Auripigment, 1 Lot Safran (*saffran*), Alaun, Wachs- od. altes Regenwasser
M I	fol. 67, 53	*rot*	Brasilholz, Safran (*saffrian*), Alaun
M V	fol. 232v, 1243	*Rot*	Brasilholz, ein wenig Safran (*Saffran*), Alaun, Wasser
M II	fol. 119v, 10	*lawbuar*	Berberitze (suram), Indigo, Safran (*saffrian*), Wasser, Alaun
Au	fol. 15v, 20	*grun*	9 Lot Grünspan, ½ Lot Bleigelb, ein wenig Safran (*saffran*), Essig
M IV	fol. 227r, 20	*laubvarb*	Indigo, galmei gamillen, Safran (*saffran*), Gummi, Alaun
M V	39v, 114a	*viride*	Kreuzdornbeeren, ein wenig Safran (*croco*), Wein oder Essig, Alaun, Weinstein
	40r, 116a	(Grün)	ein wenig Safran (*croco*), Honig, Essig, Alaun, Kupfertopf

436 Vgl. Tab. 21, S. 109.

Quelle	Rezept	Farbton	Farb- und Hilfsmittel
H V	fol. 287v, 57	*grün*	1 Lot Grünspan, erbsengroße Menge Safran (*saffran*), Essig
H IV	fol. 56–57, 119	*har farb*	2 Teile Klebkraut, 4 Lot Ruß, 1 Settin Safran (*Saffrans*), 1 Maß kaltgegossene Lauge, ½ Lot Öl
	fol. 195v–196v, 330b	*harfarb*	2 Teile Klebkraut, 4 Lot Ruß, 1 Settin Safran (*saffrans*), 1 Maß kaltgegossene Lauge, ½ Lot Öl
	fol. 260v–261, 418	*harfarb*	Walnussschalen, Safran (*Saffran*), Alaun, ½ Wasser, ½ Harn

Die Verwendung von Safran als Heilmittel und in der Buchmalerei war in den mittelalterlichen Klöstern üblich. Da die Textilfärberezepte z.T. aus der Tradition der Malerei stammen, ist eine Übernahme des Farbmittels denkbar. Gelbfärberezepte mit Safran sind zwar bis zum Ende des hier betrachteten Zeitraums in den Quellen enthalten, auf eine umfangreiche Nutzung dieser Anleitungen für die Färberei lässt sich daraus aber nicht schließen.

5.4.2 Carotinoide in Schalentieren

Schalentiere, wie Hummer oder Krebse enthalten ebenfalls Carotinoidfarbstoffe. Im Panzer dieser Tiere befindet sich ein blauschwarzer Farbstoff, das Crustacyanin. Dieser Farbstoff besteht aus einem Astaxanthin-Protein-Komplex, aus dem beim Kochen durch Denaturierung des Proteins der rotviolette Carotinoidfarbstoff Astaxanthin freigesetzt wird (Abb. 23).[437]

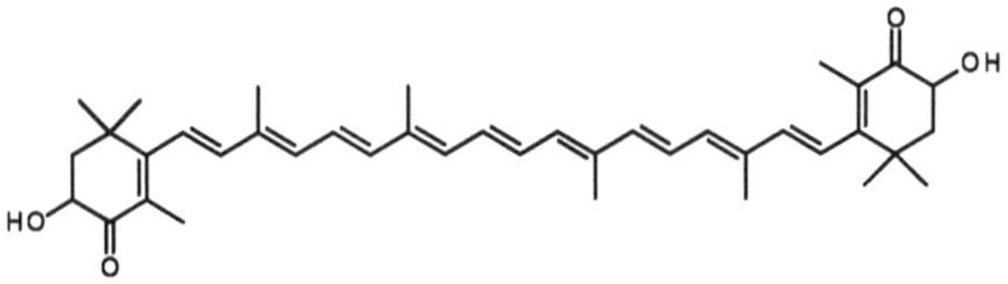

Abb. 23: Astaxanthin[438]

Der Farbstoff hat nachweislich färbende Eigenschaften, die heute in der Lebensmittelproduktion genutzt werden. Er ist unter der Nummer E 161j als Zusatzstoff für die Tierernährung zugelassen. Um Zuchtlachsen die bei Wildlachsen typische Fleischfärbung zu geben, wird der Farbstoff dem Fischfutter zugesetzt. Ebenso erhalten weißfleischige Regenbogenforellen lachsrotes Fleisch und werden als Lachsforellen vermarktet.[439]

Krebse oder Krebsscheren als Farbmittel sind in zwei der hier bearbeiteten Quellen für die Rot- und Braunfärbung aufgeführt. Die älteste Handschrift **In** ent-

437 Vgl. Wissenschaft-online: Astaxanthin; vgl. o.V.: Astaxanthin, in: RÖMPP Online, RD-01-03537; vgl. Kuhn, Sörensen: Farbstoffe des Hummers, S. 465.

438 Vgl. o.V.: Astaxanthin, in: RÖMPP Online, RD-01-03537.

439 Vgl. Europäische Kommission: Verordnung Nr. 2316/98, S. 4; vgl. Ratermann: Was Tiere bunt macht, S. 149.

hält ein Rezept (fol. 100v, 7a+b) in dem Krebse (*chrebsen*) allein bzw. mit Grünspanzusatz für einen Braunrotton (*ziegelvar*) dienen sollen und in einem weiteren Rezept aus der Handschrift **H IV** (fol. 256–256v, 399b) werden Krebsscheren (*krebsschern*) als Streckmittel bei einer Rotfärbung mit Brasilholz verwendet. Ploss weist bei dem Rezept aus der Innsbrucker Handschrift daraufhin, dass hier vermutlich abergläubische Vorstellungen zum Ausdruck kommen, vergleichbar mit der Anwendung von roten Verbänden zum Blutstillen.[440] Der Farbstoffgehalt in den Krebsen dürfte für eine Rotfärbung der Faser nicht ausreichen, eine schwache Rosafärbung ist aber vorstellbar.

5.5 Flavonoidfarbstoffe

Die Bezeichnung Flavonoide leitet sich von lat. *flavus* = gelb ab, weil es sich beim größten Teil der Flavonoide um Gelbfarbstoffe handelt. Flavonoide ist eine Sammelbezeichnung für häufig in Pflanzen vorkommende Verbindungen, die auf der Molekülstruktur des Flavons (Abb. 24) beruhen.

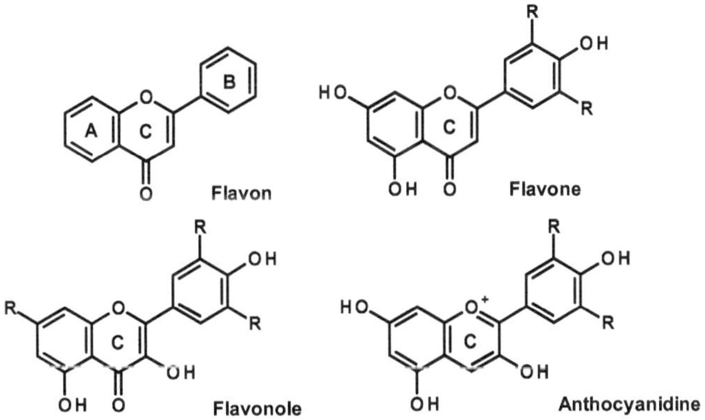

Abb. 24: Flavon und abgeleitete Flavone, Flavonole und Anthocyanidine (R = -H, -OH, $-OCH_3$)[441]

Das Farbstoffmolekül besteht aus zwei aromatischen (A, B) und einem heterocyclischen Ring C. Die aromatischen Ringe können mit elektronenliefernden Gruppen substituiert sein, so dass ein großer Teil der Flavonoidfarbstoffe mit Metallen Komplexe ausbildet und zu den Beizenfarbstoffen zählt.[442] Auf Grund struktureller

440 Vgl. Ploss: Buch von alten Farben, S. 100, Anmerkung 7.

441 Vgl. Neumüller: Römpp, Bd. 2, S. 1306; vgl. Watzl, Rechkemmer: Flavonoide, S. 499.

442 Vgl. Neumüller: Römpp, Bd. 2, S. 1306; vgl. Stintzing: Flavonoide, in: RÖMPP Online, RD-06-01067; vgl. Watzl, Rechkemmer: Flavonoide, S. 498; vgl. Schweppe: Naturfarbstoffe, S. 319.

Unterschiede an Ring C werden die Flavonoide weiter unterteilt.[443] In den hier bearbeiteten Quellen sind Flavone (Luteolin in Färberwau), Flavonole (Rhamnetin in Kreuzdornbeeren) und Anthocyanfarbstoffe (Delphinidin in Heidelbeeren) genannt. Die färbenden Komponenten liegen in der Pflanze meist als Glykoside vor, die während der Aufbereitung der Färbeflotte in Farbstoff und Zucker gespalten werden. Auf der Komplexbildung mit der Beize beruhen zusätzlich die meist guten Waschechtheiten der Färbungen.

5.5.1 Flavone (Färberwau, Färberscharte, Färberginster)

Färberwau (*Reseda luteola* L., vgl. Tafel 20), auch als Färberscharte, Gelbkraut, Gilbkraut, Wau, Waude, Streichkraut oder Harnkraut bezeichnet[444], ist eine der ältesten heimischen Pflanzen für Gelbfärbungen und wurde schon im Mittelalter in Nordeuropa kultiviert.[445] Des Weiteren ist die Verwendung vom Wau in der Miniaturmalerei seit römischer Zeit belegt.[446] Die ältesten Reste dieser Pflanzenart (Samen) wurden in Pfahlbau-Siedlungen der Jungsteinzeit im Schweizer Alpenvorland gefunden. Eine Verwendung in der Färberei ist allerdings nicht belegt. Weitere Funde im Stuttgarter Raum stammen aus spätkeltischer Zeit (125 v. Chr.). Die in römischen Niederlassungen (Neuss, Xanten, Köln, 1. Jahrhundert n. Chr.) gefundenen Samen legen den Einsatz als Färbepflanze nahe, da schon Vergil (70–19 v. Chr.) und Vitruv (ca. 80–20 v. Chr.) eine gelbfärbende Pflanze namens „*lutum*“ bzw. „*luteum*“ beschreiben. Für das damalige Italien ist keine andere Färbepflanze für Gelb bekannt, daher handelt es sich hier wohl um den Färberwau.[447]

Für das Mittelalter ist Wau ebenfalls unter den Pflanzenresten aus archäologischen Ausgrabungen belegt. Beispiele hierfür sind Köln, York (10. Jahrhundert), Beverly (12. Jahrhundert), Worcester u.a.[448] Aus dem frühen Mittelalter gibt es weitere Indizien für die Nutzung des Waus als Färberpflanze. In Rezepten für Handwerker (Mappae Clavicula aus Süditalien, etwa 800 n. Chr.) sind Anweisungen zum Gelbfärben enthalten.[449] Albertus Magnus (1200–1280) nennt eine Pflanze mit Namen „*gauda*“, die weißes Zeug gelb und blaues grün färbt. Hier handelt es sich vermutlich um Wau, da die französische Bezeichnung „*gaude*“ bzw. „*vaude*“ und die italienische „*guadone*“ lautet. Im Niederdeutschen soll der Name *Waude*

443 Vgl. Watzl, Rechkemmer: Flavonoide, S. 498.

444 Vgl. Grimm: DWb, Bd. 27, Sp. 2607; vgl. Marzell: Pflanzennamen, Bd. 3, Sp. 1301; vgl. Sauerhoff: Pflanzennamen, S. 115–116.

445 Vgl. Ponting: Dictionary of dyes and dyeing, S. 178; vgl. Reinicke: Wau, in: Angermann et al.: LexMa, Bd. 8, Sp. 2078–2079.

446 Vgl. Augustyn, Lepsky: RDK-WEB, Bd. 6, Sp. 1478–1479.

447 Vgl. Körber-Grohne: Nutzpflanzen in Deutschland, S. 417–418; vgl. Meyer: Farbstoffe aus der Natur, S. 31; vgl. Mell: Weld, S. 335–334.

448 Vgl. Körber-Grohne: Nutzpflanzen in Deutschland, S. 418.

449 Vgl. Meyer: Farbstoffe aus der Natur, S. 32.

bereits im 13. Jahrhundert auftreten.[450] Im deutschen Sprachraum wurde der Färberwau auch als „Färberblume“ bezeichnet, sicher ein Beleg für seine Bedeutung. Wauanbau fand ab dem 13. Jahrhundert in der Picardie sowie in Flandern statt, ab dem 15. Jahrhundert erfolgte der Anbau im Kölner Raum.[451] Die Färbepflanze behielt ihre Bedeutung für die Färberei bis zur Entdeckung Amerikas und der damit verbundenen Einfuhr neuer Farbmittel wie Gelbholz.

Färberwau wächst bevorzugt auf armen Böden, die zur optimalen Farbstoffentwicklung möglichst trocken, kalkhaltig und sandig sein sollen. Er wird im Juli/August gesät und im Sommer des nächsten Jahres kurz vor der Samenreife geerntet. Dabei wird die Pflanze mit der Wurzel ausgerissen und in gebündelter Form getrocknet.[452]

Nach Untersuchungen von Kaiser beträgt der Farbstoffgehalt in der Pflanze im Mittel 1,9 %, wobei die größte Menge des Hauptfarbstoffes Luteolin (C.I. Natural Yellow 2, C.I. 75590, Abb. 25) in Blättern und Samen enthalten ist.[453]

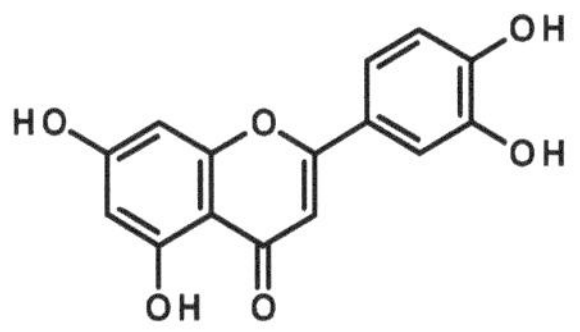

Abb. 25: Luteolin[454]

Das Färben ist vergleichsweise einfach. Durch Auskochen des Pflanzenmaterials in Wasser lässt sich ein farbstoffhaltiger Sud gewinnen, in dem das zu färbende Material direkt gefärbt werden kann. Luteolin ist aber nur bedingt wasserlöslich. Die Löslichkeit in Alkalien ist deutlich höher, so dass die Farbausbeute durch eine alkalische Flotte gesteigert werden kann.

Ohne Beize direktgefärbt wird auf Wolle ein Beigegelbton erzielt, aber bereits im Mittelalter wurde Wau vorrangig als Beizenfarbstoff verwendet, da die Beize zu leuchtenden Gelbtönen und besseren Echtheiten führt. Wau färbt mit Alaun gebeizte Wolle zitronengelb, mit Eisenbeize erhält man ein grünliches Oliv und mit Chrom entsteht ein Gelborange. Mit der Entdeckung der Chrombeize hatte Wau allerdings seine hervorragende Stellung als Gelbfarbstoff an das deutlich farbstärkere Gelbholz verloren.[455]

---

450 Vgl. Körber-Grohne: Nutzpflanzen in Deutschland, S. 418.

451 Vgl. Reinicke: Wau, in: Angermann et al.: LexMa, Bd. 8, Sp. 2078–2079.

452 Vgl. Reckel: Teufelsfarbe, S. 68.

453 Vgl. Kaiser: Quantitative Analyses of Flavonoids, S. 130; vgl. Ferreira et al.: Historical textile dyes, S. 334.

454 Vgl. Schweppe: Naturfarbstoffe, S. 322.

455 Vgl. Ponting: Dictionary of dyes and dyeing, S. 178.

Eine weitere Färbepflanze, die den Hauptfarbstoff Luteolin enthält, ist der Färberginster (*Genista tinctoria* L., vgl. Tafel 21, links). Er ist heimisch in England, in Mittel- und Südeuropa. Färberginster ist aus dem Mittelalter insbesondere aus englischen Quellen bekannt. Er diente hier im 14. Jahrhundert für „Kendal green“ und „Lincoln green“, die durch Überfärben von mit Waid erzielten Blautönen erreicht wurden.[456]

Zum Färben dient Ginster zur Zeit der vollen Blüte, verwendet werden Blüten, Blätter und dünne Zweige. Der Farbstoff Luteolin liegt in Form von verschiedenen an Zucker gebundenen Glykosiden vor. Zusätzlich ist noch der Isoflavonoidfarbstoff Genistein (C.I. 75610) enthalten.[457] Die Färbungen erfolgen auf gebeizter Wolle, wobei zu berücksichtigen ist, dass der Luteolingehalt lediglich ca. 0,3 % beträgt.[458] Für einen intensiven Gelbton müssen bezogen auf die zu färbende Warenmenge ca. 100 % Wau, aber 300–400 % Färberginster verwendet werden. Mit Alaunbeizen erhält man ein Zitronengelb, das durch Nachbehandlung mit Eisensalz dunkelbraun, durch Nachbehandlung mit Kupfersalz grünoliv wird.[459]

Die Färberscharte (vgl. Tafel 21, rechts) enthält neben anderen Flavonoidfarbstoffen ebenfalls den Hauptfarbstoff Luteolin als färbende Komponente.[460] Diese Tatsache ist erst seit Mitte der 1990er Jahre bekannt, bis dahin wurde der enthaltene Flavonoidfarbstoff als Serratulin bezeichnet.[461] Laut Kaiser sind je nach Pflanzengröße insgesamt zwischen 2,8 und 4 % Flavonoide enthalten, wobei der Farbstoffgehalt in den Blättern am größten ist.[462] Die färberischen Eigenschaften entsprechen denen des Waus und Färberginsters.

Die in den bearbeiteten Quellen genannten Pflanzen für die Gelbfärbung sind als *gilblume*, *gilbkraut*, *gelb plumen*, *plüemen die gel werden* und *gell pluemen* bezeichnet. Da alle Bezeichnungen Synonyme für den Färberwau, den Färberginster, die Färberscharte und weitere gelbfärbende Pflanzen sind, lässt sich das hier verwendete Farbmittel nicht eindeutig identifizieren.[463] Lediglich in sechs Anleitungen deutet die Bezeichnung der Färbepflanze auf die Verwendung von Färberginster

---

456 Vgl. Mell: Dyers's broom, S. 28; vgl. Ponting: Dictionary of dyes and dyeing, S. 89.

457 Vgl. Schweppe: Naturfarbstoffe, S. 347–348.

458 Vgl. Ferreira et al.: Historical textile dyes, S. 334.

459 Vgl. Schweppe: Naturfarbstoffe, S. 348.

460 Vgl. Ferreira et al.: Historical textile dyes, S. 334; vgl. Hofenk de Graaff: The Colourful Past, S. 214 und 228.

461 Vgl. Schweppe: Naturfarbstoffe, S. 349.

462 Vgl. Kaiser: Quantitative Analyses of Flavonoids, S. 130.

463 Gilbblume und Gilbkraut sind andere Bezeichnungen für den Färberginster, die Färberscharte und den Färberwau; vgl. Grimm: DWb, Bd. 3, Sp. 1329 und Bd. 7, Sp. 7483; vgl. Krünitz: Oekonomische Encyklopädie, Th. 18, S. 531; vgl. Marzell: Pflanzennamen, Bd. 2, Sp. 607 (Ginster), Bd. 4, Sp. 289 (Scharte) und Bd. 3, Sp. 1302 (Wau); vgl. Sauerhoff: Pflanzennamen, S. 111, 114–115. Gilbkraut ist ebenso für weitere gelbfärbende Pflanzen wie das Schöllkraut belegt; vgl. Marzell: Pflanzennamen, Bd. 1, Sp. 925.

bzw. Färberscharte hin.[464] Insgesamt sind gelbe Blumen, Gilbkraut, Färberginster und Färberscharte in 16 Rezepten für die Gelbfärbung aufgeführt. Teilweise werden zusätzlich weitere Gelbfarbmittel, wie Auripigment, Safran oder Saflor verwendet. Weiterhin sind drei Grün- und drei Braunfärbungen beschrieben (Tab. 23).

Tab. 23: Flavonfarbstoffhaltige Farbmittel in den Färbeanleitungen

Quelle	Rezept	Farbton	Farb- und Hilfsmittel
M I	fol. 67–67v, 56a	*gelbewe*	Safran, gelbe Blumen (*gelb plumen*), *weyd-öpfel*, Alaun
M II	fol. 119v, 15	*gelber*	gelbe Blumen (*plüemen die gel werden*), Galmei, Alaun, Wachswürz
	fol. 120, 23	*gelber*	gelbe Blumen (*pluemen, die gel werdent*), Alaun, Wasser
Au	fol. 23r, 45	*gelb*	gelbe Blumen (*gelbe Blumen*), Alaun, Wasser
M IV	fol. 227v–228r, 30	*gell, gelb*	gelbe Blumen (*gell pluemen*), ein wenig Safran, Galmei, Alaun, Wachswürz, Gummi
B	fol. 105v, 303	*Goldfarb*	½ Pfd. Saflor, ½ Pfd. Gilbkraut (*geelkraut*), Lauge, Grünspan
H IV	fol. 224–224v, 367a	*geel*	Blumen, die gelb färben (*bluemen die geel ferben*), 3 Finger dick Kupferschlag, ein wenig Auripigment
H V	fol. 277v–278, 13	*gelb*	gelbe Blumen (*blomen die geell seindt*), Wein, Alaun
Wi	fol. 305v–306, 17	*gelb*	*große gelbe mos blu(o)men*, Safran, Wachswasser, Essig, Alaun
H V	fol. 278–278v, 16	*gilb*	Färberginster oder -scharte (*schartt*), Lauge
	fol. 280v, 26	*gelb*	Färberginster oder -scharte (*schartt*), Alaun, Wachswürz
M IV	fol. 228v–229r, 48	*gelb*	1 Hand voll Färberscharte (*scharden*), Zinkvitriol, Kalklauge, Alaun
B	fol. 90, 251	*Keßprue*	10 Schapfen Farbe aus 90v, 252 (3x) (gilbkraut), Wasser
	fol. 90v, 252	*gelb*	2 Körbe deutsches und welsches Gilbkraut (*gilbkraut*), Asche, Weinhefen, Waidasche
	fol. 106, 306a	*geel*	1 Pfd.Gilbkraut (*geelkraut*), 1 guter Löffel Grünspan, Lauge
H V	fol. 281v, 35a	*geell*	Gilbkraut (*geell krauth*), Kupferhammerschlag, Essig, Horn, Alaun, Leim
H IV	fol. 262v–263, 424	*blaw* (grün?)	Indigo, Gilbblumen (*gelbluemen*), Alaun, Essig
W	fol. 33r, 6b	*dunckel grůn*	Färberscharte od. -ginster (*krautt, heischt walt v(e)l schart oder witschen*), blaue Flotte, Waidaschenlauge, Wasser
B	fol. 107v, 314	*grien*	Holunderbeeren, Färberscharte (*scharth*)
In	fol. 100v, 6	*ziegelvar*	Mennige, *zindlot* (Färberscharte?), Essig, Alaun, Alaunwasser
W	fol. 33r, 6a	*praun grůn*	Färberscharte od. -ginster (*krautt, heischt walt v(e)l schart oder witschen*), blaue Flotte, Waidaschen-

464 Die Färberscharte ist in den Quellen **M IV**, fol. 228v–229r, Rezept 48 (*scharden*), **H V**, fol. 278–278v, Rezept 16 und fol. 280v, Rezept 26 (*schartt*) zu finden. Mit *scharde* oder *scharten* wird die Färberscharte bezeichnet; vgl. Brachert: Maltechniken, S. 83. In Quelle **W**, fol. 33r, Rezept 6 ist Färberginster (*witschen*) oder Färberscharte (*walt v(el) scharten*) für die Grünfärbung mit Indigo aufgeführt. *Witsche* oder *witschen* ist ein alter Name für den Färberginster; vgl. Grimm: DWb, Bd. 30, Sp. 815.

			lauge, Wasser
B	fol. 105, 301a	*negelfarb*	½ Pfd. Saflor, ½ Pfd. Gilbkraut (*geelkraut*), Kupfervitriol, Lauge, Grünspan

Im Rezept fol. 100v, 6 der Quelle **In** soll mit Mennige und *zindlot* Braun gefärbt werden. Ploss vermutet hier die Verwendung der Färberscharte, deren Name auf die *„gesägten, schartigen Laubblätter"* zurückgeht.[465] Bei Marzell ist unter dem Begriff „Zindelwurz" der im Alpenraum beheimatete Gelbe Enzian (*Gentiana lutea* L.) aufgeführt, dessen Wurzeln nach Schweppe für die Gelbfärbung von Wolle auf einer Alaunbeize verwendet wurden. Allerdings führt Marzell das 17. Jahrhundert als frühesten Beleg an.[466] In der Vorschrift fol. 305v–306, 17 aus der Quelle **Wi** soll mit *großen gelben mos blu(o)men* und Safran ein Gelb erzielt werden. Hier könnte es sich um die Sumpfdotterblume (*Caltha palustris* L.) handeln, bei der allerdings eine färberische Nutzung in der Literatur nicht belegt ist.[467]

5.5.2 Flavonole (Gelbholz, Kreuzdornbeeren, Saftfarben)

Farbmittel mit Flavonolfarbstoffen, die zum Gelbfärben von Wolle und Seide verwendet wurden, sind im Kernholz des in Südeuropa und der Levante beheimateten Perückenstrauches oder Venezianischen Sumachs (*Cotinus coggygria* Scop., vgl. Tafel 25, links) und des aus Südamerika stammenden Färbermaulbeerbaumes (*Chlorophora tinctoria* L., alter Name: *Morus tinctoria* L., vgl. Tafel 25, rechts) enthalten. Beide Holzarten wurden im deutschen Sprachraum als Gelbholz bezeichnet, während im Englischen die Farbmittel auch dem Namen nach unterschieden wurden.[468] Heute wird das aus Südeuropa stammende Holz als Fisetholz (engl. young fustic) und das südamerikanische Holz als Gelbholz (engl. old fustic) bezeichnet.

Fisetholz enthält den Flavonoidfarbstoff Fisetin (Abb. 26, links), der sich mit heißem Wasser aus den Holzspänen extrahieren lässt. Proteinfasern werden gebeizt und anschließend in der wässrigen Farbstofflösung oder mit einem die Holzspäne enthaltenden Beutel heiß gefärbt. Auf Alaunbeize werden Gelb-, auf Zinnbeize Orange-, auf Chrombeize Rotbraun- und auf Eisenbeize Olivtöne erzielt.[469]

Nach der Entdeckung Amerikas 1492, wurde Gelbholz aus Südamerika in Europa bekannt und zunehmend für die Färberei verwendet. Das Holz enthält den Flavonoidfarbstoff Morin (Abb. 26, rechts) als Hauptfärbkomponente und einen Gerbstoff namens Maclurin, der die erzielbaren Gelbtöne häufig zu Brauntönen

465 Vgl. Ploss: Buch von alten Farben, S. 126; vgl. Sauerhoff: Pflanzennamen, S. 114.

466 Vgl. Marzell: Pflanzennamen, Bd. 2, Sp. 627; vgl. Schweppe: Naturfarbstoffe, S. 435.

467 Vgl. Grimm: DWb, Bd. 12, Sp. 2521; vgl. Krünitz: Oekonomische Encyklopädie, Th. 236, S. 65.

468 Vgl. Grimm: DWb, Bd. 5, Sp. 2886; vgl. Krünitz: Oekonomische Encyklopädie, Th. 16, S. 745–765. Für die Benennung im englischen Sprachraum vgl. Hofenk de Graaff: The Colourful Past, S. 176 und 182; vgl. Ponting: Dictionary of dyes and dyeing, S. 87–88.

469 Vgl. Hofenk de Graaff: The Colourful Past, S. 176–178.

verändert. Vor dem Färben werden die Holzspäne daher in einer wässrigen Lösung mit tierischem Lein gekocht. Der Leim bindet den Gerbstoff und mit der resultierenden Farbstofflösung können auf Alaunbeize reine Gelbtöne gefärbt werden. Auf Zinnbeize werden zitronengelbe, auf Chrombeize olivgelbe und auf Eisenbeize dunkelbraune Töne erzielt.[470]

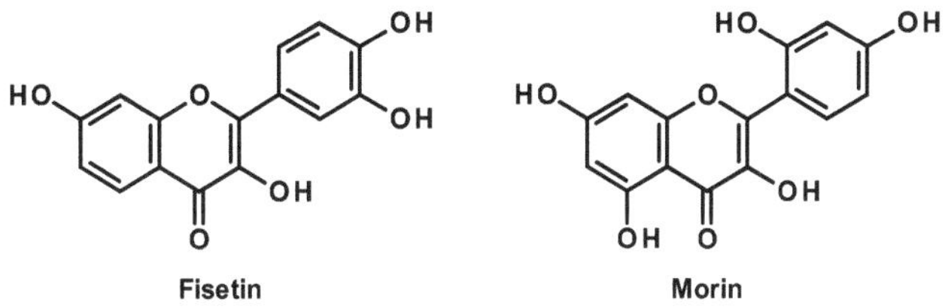

Fisetin Morin

Abb. 26: Fisetin (links), Morin (rechts)[471]

Der Unterschied zwischen Fiset- und Gelbholz ist in der historischen Literatur im Allgemeinen nicht ersichtlich. So führen J. und W. Grimm beide Holzarten unter der Bezeichnung Gelbholz im Deutschen Wörterbuch auf.[472] In der Gelbfärbeanleitung fol. 91, Rezept 253a + b der Quelle **B** ist für einen Goldgelbton *gelb prisilgen holtz* (gelbes Brasilholz, Gelbholz) mit Krapp genannt. Hier wird ebenfalls nicht deutlich, um welche Art es sich handelt, Oltrogge identifiziert es als Fisetholz, die Herkunft aus Südamerika ist allerdings ebenso denkbar, da die Handschrift aus der 2. Hälfte des 16. Jahrhunderts stammt.

Flavonolfarbstoffe sind ebenfalls die Hauptfarbstoffe der Kreuzdornbeeren oder Kreuzbeeren. Unter dem Begriff Kreuzdornbeeren werden die Früchte von weltweit ca. 100 Rhamnusarten zusammengefasst. Die im deutschen Sprachraum verwendeten Kreuzdornbeeren sind die Früchte des Purgierkreuzdorns (*Rhamnus catharticus* L., vgl. Tafel 26), dessen Name von lat. *purgare* = säubern, reinigen abgeleitet ist. Er bezieht sich auf die abführenden Eigenschaften der Beeren.[473] Mit Kreuzdornbeeren können je nach Reifegrad unterschiedliche Farbtöne erzielt werden.

Allen Kreuzdornbeeren gemeinsam ist die Hauptfärbekomponente Rhamnetin (C.I. 75690), neben der je nach Art noch weitere Flavonoide, das Glykosid des Rhamnetins, das Xanthorhamnin[474] (C.I. 75695), Rhamnazin (C.I. 75700) und Quercetin (C.I. 75670)) in unterschiedlicher Zusammensetzung enthalten sein können (Abb. 27).[475] Xanthorhamnin hydrolysiert in heißer verdünnter Säure zu

470 Vgl. Hofenk de Graaff: The Colourful Past, S. 182–185.

471 Vgl. ebd., S. 176 und 182.

472 Vgl. Grimm: DWb, Bd. 5, Sp. 2886.

473 Vgl. ebd., Bd. 13, Sp. 2254.

474 Die Vorsilbe Xantho- deutet auf die gelbe Farbe hin. Sie ist von griech. *xanthos* = gelb ableitet; vgl. Neumüller: Römpp, Bd. 6, S. 4655.

475 Vgl. Hofenk de Graaff: The Colourful Past. S. 194.

Rhamnetin und Zucker. Die in den Beeren enthaltenen Farbstoffe bilden mit Metallen Komplexe und gehören deshalb zu den Beizenfarbstoffen.[476] Mit Aluminiumsalz erzielt man Gelb-, mit Zinnsalz Orange-, mit Eisensalz Oliv- und mit Chromsalz Rotbrauntöne.[477]

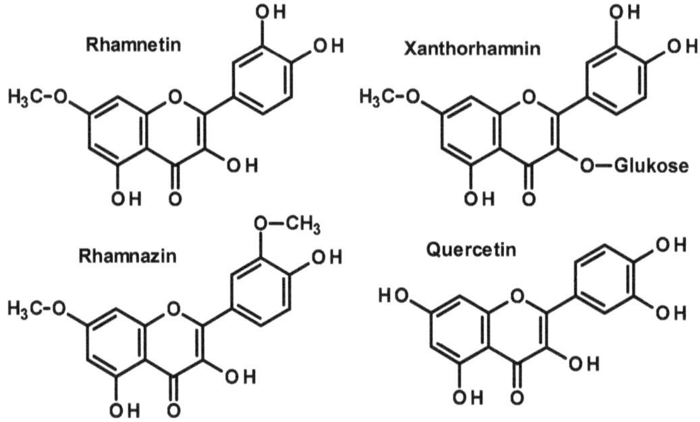

Abb. 27: Rhamnetin, Xanthorhamnin, Rhamnazin und Quercetin[478]

Der Farbstoffgehalt ist in den unreifen Beeren (Ernte von Juli – August, vgl. Tafel 27, links) am größten, sie wurden als Gelbbeeren, persische Beeren oder Avignonbeeren für die Gelbfärbung (C.I. Natural Yellow 13) genutzt.[479] In Merck's Warenlexikon aus dem Jahr 1884 sind die unterschiedlichen Beerenqualitäten beschrieben. Hiernach handelte es sich bei den einheimischen Beeren um die schlechteste und bei den persischen Beeren um die beste Qualität.[480] Für die Gelbfärbung sind unreife (*Un ezyttig*) Kreuzdornbeeren in den hier bearbeiteten Quellen nur in einer Anleitung (Quelle **Au**, fol. 130r, Rezept 58) enthalten.

Reife (vgl. Tafel 27, rechts) bzw. fast reife Kreuzdornbeeren waren ein wichtiger Rohstoff für die Gewinnung von Saftgrün oder Blasengrün (C.I. Natural Green 2). Saftfarben sind wässrige, saure, alkalische oder alkoholische Auszüge aus Kräutern, Beeren, Blumen, Wurzeln und Hölzern, die in der Malerei verwendet wurden.[481] Für Saftgrün wurden Kreuzdornbeeren nach mehrtägigem Einweichen in Wasser mit Alaun und Pottasche versetzt und anschließend eingekocht. Das Trocknen fand in Schweins-, Rinds-, oder Kalbsblasen statt, worauf der Name Blasengrün zurückzuführen ist. Zum Malen wurde die Farbe anschließend wieder in Was-

476 Vgl. ebd., S. 379.

477 Vgl. Hofenk de Graaff: The Colourful Past, S. 196–197; vgl. Schweppe: Naturfarbstoffe, S. 378–379.

478 Vgl. ebd., S. 330–331.

479 Vgl. ebd., S. 378–379.

480 Vgl. Gelbbeeren, in: Merck: Merck's Warenlexikon, S. 153.

481 Vgl. Brachert: Maltechniken, S. 211–212.

ser gelöst.[482] Fast reife Beeren wurden bei der Farbgewinnung bevorzugt, da die aus reifen Beeren hergestellte Farbe gelbstichiger war. In Meyers Konversationslexikon wird zusätzlich für die Zubereitung von Saftgrün auf die Verwendung eines Kupferkessels hingewiesen, während der Alkalizusatz nicht erwähnt ist.[483] Krünitz führt in seiner umfangreichen Beschreibung der Saftgrünherstellung ebenfalls die Verwendung des Kupferkessels auf und nennt Pottasche an Stelle des Alauns. Hier heißt es:

> „Zur Bereitung dieser Farbe sammelt man eine gute Quantität, [...], solcher Beeren, wenn sie im Sept. reif geworden sind, zerstoßt sie [...], und lässet sie, [...], 6 bis 8 Tage lang, in irdenen Gefäßen im Keller stehen, [...]. Nach Verlauf dieser Zeit, presset man den Saft [...], aus, [...] lässet man [...] sodann in einem kupfernen Kessel, [...] bis zur Honig=Dicke abrauchen. [...] So bald [...] die erkaltete Probe [...] die Consistenz des bekannten Hohlunder=Saftes hat, muß man augenblicklich [...] fein pulverisirten Alaun, [...], oder eben so viel gereinigte Pott=Asche, in den Kessel schütten, alles schnell durch einander mischen, und darauf unverzüglich den ganzen Saft ausschöpfen. So bald eines von diesen Salzen in den Saft geschüttet wird, verändert sich auch augenblicklich die vorige schmutzige Farbe in ein schönes Grün. Der Saft kann entweder in irdene Geschirre, die nicht allzu hoch sind, gefüllet werden, die man im folgenden Winter, mit einfachem Papiere für den Staub verbunden, auf den Stuben=Ofen setzt, und daselbst bis zur volligen Austrocknung stehen lässet. Oder man füllet ihn in große Schweins= oder Rinds=Blasen, steckt in die obere Oeffnung einer jeden derselben ein Stück ausgehöhltes Hohlunder=Holz, damit die noch übrige Feuchtigkeit ausdünsten könne, schnürt um selbiges die Blasen fest zu, und hängt sie den Winter durch um den Stuben=Ofen herum, bis auch darin der Saft ganz trocken und consistent geworden ist.“[484]

In den hier bearbeiteten Quellen sind Kreuzdornbeeren als Tintenbeeren, Wechelbeeren, Wehdornbeeren, Scheißbeeren oder *labruscis spinarum* für die Grünfärbung genannt. Tintenbeere ist bei Grimm, Krünitz und Marzell für Beeren des Kreuzdorns (Rhamnus catharticus L.) oder des Ligusters (*Ligustrum vulgare* L.) belegt.[485] Schweppe weist darauf hin, dass mit Ligusterbeeren und Alaun auf Wolle und Leinen blau gefärbt werden kann, für die Grünfärbung aber zusätzlich ein Auszug aus Ligusterblättern benötigt wird. Da in den Quellen in keinem Rezept von einem Blätterauszug die Rede ist, ist hier wohl die Kreuzdornbeere gemeint.[486] Als weitere Bezeichnung für Kreuzdornbeeren führen Grimm und Krünitz Wegdornbeere, Wachenbeerdorn, Wegedorn oder Wehdorn auf.[487]

---

482 Vgl. Kühn: Farbmaterialien. in: Kühn et al.: Handbuch der künstlerischen Techniken, S. 34.

483 Vgl. Saftgrün, in: Bibliographisches Institut: Meyer’s Konversations-Lexikon, Bd. 14, S. 168.

484 Vgl. Krünitz: Oekonomische Enzyklopädie, Th. 49, S. 103–105.

485 Vgl. Grimm: DWb, Bd. 2, Sp. 1181, Krünitz: Oekonomische Encyklopädie, Th. 185, S. 163; vgl. Marzell: Pflanzennamen, Bd. 3, Sp. 1310. Die Bezeichnung Scheißbeere beruht auf abführenden Eigenschaften der Beeren; vgl. DWb, Bd. 14, Sp. 2463; vgl. Marzell: Pflanzennamen, Bd. 3, Sp. 1309.

486 Vgl. Schweppe: Naturfarbstoffe, S. 404.

487 Vgl. Grimm: DWb. Bd. 27, Sp. 2676, 3079, Bd. 2, Sp. 1181; vgl. Krünitz: Oekonomische Encyklopädie, Th. 49, S. 92, 94; Th. 118, S. 739.

17 Anleitungen der hier bearbeiteten Quellen beschreiben Grünfärbungen mit Kreuzdornbeeren, in sechs Vorschriften ist dabei ein Zusatz von Grünspan bzw. die Färbung in einem Kupfertopf vorgesehen (Tab. 24). Unter dem in Quelle **H II**, fol. 59v–60, Rezept 8 aufgeführten *perick grün* (Berggrün) kann ebenfalls Grünspan verstanden werden, da Berggrün in der Literatur für Kupfergrün belegt ist, was wiederum eine alternative Bezeichnung für Grünspan war.[488] Während Alaun als Beizmittel in fast allen Rezepten aufgeführt ist, ist der Laugenzusatz lediglich in zwei Anleitungen genannt. Alle anderen Färbungen werden in saurer Flotte durchgeführt. Eine weitere Instruktion beschreibt die Verwendung von Kreuzdornbeeren mit Indigo und Alaun für einen Braun-Grünton. Hier wird aus saurer Lösung gefärbt, ohne dass der Indigo verküpt wird (vgl. 5.7).

Tab. 24: Kreuzdornbeeren in den Färbeanleitungen

Quelle	Rezept	Farbton	Farb- und Hilfsmittel
M II	fol. 119v, 8	*gruen*	Kreuzdornbeeren (*tinkkenper*), Alaun, Essig
Ba	fol. 181r, 4	*geilgrün*	Kreuzdornbeeren (*scheisber*), Alaun
Bas	fol. 59r, 154	*grün*	Kreuzdornbeeren (*dimpten*), Alaun
Be	fol. 139–141, 69	*saf grün*	1 Becher od. mehr Kreuzdornbeeren (*wechelber, tintenber*) Alaun
Au	fol. 129v–130r, 57	*grun*	Kreuzdornbeeren (*wedorn pir*), Alaun, Bier
M IV	fol. 227v, 27	*gruen*	Kreuzdornbeeren (*tincken per*), Alaun, Essig
M V	fol. 39v, 114b	*viride*	Kreuzdornbeeren (*labruscis spinarum*), Alaun, Essig od. Wein
B	fol. 107v, 312	*graßgrien*	Kreuzdornbeeren (*tyntenper*), Alaun, Lauge
H IV	fol. 265, 433	*grien*	Kreuzdornbeeren (*tingterber*), Alaun, Essig
Wi	fol. 304v, 12	*grün*	1 Maß Kreuzdornbeeren (*wechelber*), Alaun
	fol. 305, 14	*liechtt loub*	1 Maß Kreuzdornbeeren (*wechel bere*), Alaun, Kalkwasser
Au	fol. 16r, 22	*grun*	Kreuzdornbeeren (*tintten per*), Grünspan
H II	fol. 59v–60, 8	*grün*	Kreuzdornbeeren (*wedorn per*), evtl. Berggrün, Alaun, Essig
	fol. 60v–61, 9	*grün*	Kreuzdornbeeren (*Waidornbeeren*), Grünspan, Essig, Alaun
M V	39v, 114a	*viride*	Kreuzdornbeeren, ein wenig Safran, Wein od. Essig, Alaun, Weinstein
	fol. 39v, 115	*viride*	Kreuzdornbeeren (*wedorn*), Kupfertopf, Alaun, Wein
B	fol. 107, 310a	*grienn*	25 Maß Kreuzdornbeerensaft (*safftgrien per von den hagendorn*), evtl. Grünspan, Alaun, Wein
Wi	fol. 305, 15	*grün*	1 Maß reife Kreuzdornbeeren (*wechel bere*), 1 Lot Grünspan, Alaun, Essig
Wi	fol. 305, 13	*brun satt grün*	1 Maß reife Kreuzdornbeeren (*wechelber*), 1 Settin Indigo, Alaun

488 Vgl. Grimm: DWb, Bd. 1, Sp. 1512 und Bd. 11, Sp. 2763 und 2765; vgl. Brachert: Maltechniken, S. 145; vgl. Krünitz: Oekonomischen Encyklopädie, Th. 20, S. 229; vgl. Augustyn, Lepsky: RDK-Web, Bd. 6, Sp. 1480.

Neben Kreuzdornbeeren sind für die Herstellung von Saftgrün in der Literatur viele weitere Pflanzen belegt.[489] Alle diese Farbmittel sind in den bearbeiteten Quellen ebenfalls für Saftgrünfärbungen zu finden (Tab. 25).

21 Anleitungen beschreiben die Nutzung von Saftgrün, wobei in sechs Vorschriften das Farbmittel ohne einen Hinweis auf die Herkunft lediglich als „Saftgrün" bezeichnen. 15 weitere Färbevorschriften führen Nachtschattenblätter und –beeren (*Solanum nigrum* L.)[490], Rautenblätter (*Ruta graveolens* L.)[491], Schwertlilien (*Iris germanica* L.)[492], Wacholder (*Juniperus communis* L.)[493] oder Ysop (*Hyssopus officinalis* L.). als Rohstoff für Saftgrün auf.[494] Weitere Instruktionen beschreiben die Färbung mit frischen Trieben des *segellbaum*, Espenlaub und Indigo in Verbindung mit Saftgrün.[495]

---

489 Vgl. Brachert: Maltechnik, S. 211–212; vgl. Augustyn, Lepsky: RDK-WEB, Bd. 6, Sp. 1482–1483.

490 Ahd. *nahtscato* bzw. mhd. *nahtschate* sind bei Grimm für den Schwarzen Nachtschatten (*Solanum nigrum* L.) genannt; vgl. Grimm: DWb, Bd. 13, Sp. 213.

491 Die Raute (*Ruta graveolens* L.), wegen ihres aromatischen Duftes auch Weinraute genannt, ist in Kap. 70 des „Capitulare de villis" genannt. Sie wurde im Mittelalter als Gewürz- und Heilpflanze verwendet; vgl. Weinraute, in: Freundeskreis Botanischer Garten Aachen e.V.: Der Karlsgarten.

492 Die blaue Schwertlilie (*Iris germanica* L.) ist als *plab gilgen pluomen* in den Anleitungen genannt. *gilge* ist eine süddeutsche, vorwiegend alemannische Bezeichnung für die Lilie; vgl. Grimm: DWb, Bd. 7, Sp. 7504. Die Saftgrüngewinnung aus Schwertlilien für die mittelalterliche Buchmalerei beschreibt Thompson. Dazu wurden Leinentücher in eine Alaunlösung getaucht und getrocknet. Anschließend wurden sie in Liliensaft getränkt und getrocknet. Das Tauchen in Alaun- bzw. Liliensaft wurde wiederholt, bis das Tuch genug Farbe aufgenommen hatte. Zum Malen wurde der Farbstoff vom Tuch abgelöst; vgl. Thompson: Medieval Painting, S. 171.

493 Wacholderbeeren (*wachalter ber*), die Beeren des Wacholder (*Juniperus communis* L.), dienten schon im Mittelalter als Gewürz bzw. auf Grund des Gehalts an etherischem Öl als Heilmittel, vgl. Grimm: DWb, Bd. 27, Sp. 57. Brachert nennt die Verwendung von unreifen Beeren für die Färbung, vgl. Brachert: Maltechniken, S. 265. Der Reifegrad der Beeren ist im Rezept nicht genannt.

494 *Isop*, *Ispen*, *Hysop* sind nach Grimm Bezeichnungen für den Ysop (*Hyssopus officinalis* L.); vgl. Grimm: DWb, Bd. 30, Sp. 2575.

495 Segelbaum ist eine Bezeichnung für den Sade(l)baum oder auch Stinkwacholder (*Juniperus sabina* L.); vgl. Grimm: DWb, Bd. 16, Sp. 90; vgl. Krünitz: Oekonomische Encyklopädie, Th. 129, S. 484; vgl. Marzell: Pflanzennamen, Bd. 2, Sp. 1097. Schweppe führt aus, dass zum Färben mit Heidewacholder (*Juniperus communis* L.) Beeren oder frische Triebe verwendet werden, mit denen auf mit Alaun vorgebeizter Wolle Olivtöne gefärbt werden können. Wacholderspitzen enthalten den Flavonolfarbstoff Rutin (C.I. 75730) als Hauptfärbekomponente; vgl. Schweppe: Naturfarbstoffe, S. 500. Rutin ist gut löslich in heißem Wasser und hydrolysiert nicht beim Färben; vgl. SDC: Colour Index, Volume 4, S. 4638. Espenlaub dient mit Grünspan im Rezept fol. 107v, 313 der Quelle **B**, für die Grünfärbung. Espe oder Aspe ist ein anderer Name für die in Europa heimische Zitterpappel (*Populus tremula* L.). Über die Verwendung der Zitterpappel in der Textilfärbung ist nichts belegt, aber Krünitz erwähnt, dass die Butter von Kühen, die im Winter mit Espenlaub gefüttert werden, so gelb wie im Sommer ist. Dieses ist vermutlich auf enthaltene Flavonoidfarbstoffe zurückzuführen, wie sie für die Schwarzpap-

Tab. 25: Saftgrün in den Färbeanleitungen

Quelle	Rezept	Farbton	Farb- und Hilfsmittel
N II	fol. 54r, 96	*grün*	Saftgrün (*saftgrün*), Grünspan, Kreuzdornbeeren (*saftgrunper*), Alaun, Gummi, Wasser
M IV	fol. 227r, 21	*gruen*	Saftgrün (*saftgruen*), Grünspan, Kreuzdornbeeren (*tinckenper*), Alaun, Gummi, Wasser
H II	fol. 68–68v, 25	*laubgrün*	2 Lot Grünspan, ½ Lot Saftgrün (*saftgrún*), Öl, Essig
	fol. 53, 110	*lop gruen*	2 Lot Grünspan, Saftgrün (*safftgrien*), Kupfergefäß, Essig, Öl?
H IV	fol. 191v–192, 322	*laubgrien*	2 Lot Grünspan, Saftgrün (*Saftgrienn*), Kupfergefäß, Essig, Öl?
H II	fol. 61, 10	*grün*	Schwertlilien (*plab gilgen pluomen*), ein wenig Grünspan, Kupferhammerschlag, Leim
M V	fol. 232r, 1236	*Grüen*	4 Pfd. blaue Lilien (*plab gilgen*), 1 Vierdung Grünspan, Alaun
	fol. 223r–233v, 1250	*grüen*	blaue Lilienblätter (*plab lilgen pletter*), 1 Lot feingeriebener Grünspan
Au	fol. 15r, 18	*grun*	Nachtschatten (*nacht schaden pern*), Alaun, Essig
	fol. 15r–15v, 19	*grun*	Nachtschattenbeeren (*nacht schaden pern*), Alaun, heller: Grünspan
	fol. 128r, 54	*grun*	Nachtschattenblätter, Weinrautenblätter (*nacht schaden pletter, rautten pletter*), Alaun
H VI	fol. 50v, 6b	*grun*	Wacholderbeeren (*wachalter ber*), Lauge
M II	fol. 119v, 17	*grun*	Ysop (*hispen*),Wasser
	fol. 119v–120, 21	*grün*	Ysop (*hyspen*), Galmei, Wachswürz, Asche, Alaun
M IV	fol. 229v, 60	*gruen*	Ysop (*yspen*), Kupferasche, Kupfergrün, Wachswürz, Asche, Alaun
M V	fol. 223v, 1251	*grun*	4 Handvoll Ysop (*ýsopp*), 1 Lot Grünspan, Alaun, Essig, Wasser
H IV	fol. 257v–258, 405a	*grien*	Ysop (*ypschen*), Kupfergefäß
H V	fol. 281–281v, 32	*grün*	Ysop (*Ispen*), Kupferwasser, Asche?, Wasser
H V	fol. 280–280v, 24	*grün*	frische Triebe vom Sadebaum (*segellbaum, das wirtt gresting*), Kupferhammerschlag, Honig, Essig, Salz, Kupfergefäß?
B	107v, 313	*grienn*	Espenlaub (*Espenlaub*), Grünspan, Wasser
H IV	fol. 59v–60, 125	*gruen*	4 Lot Indigo, 1 Pfd. Saftgrün (*safftgrien*); Lauge, Öl

Bei einem großen Teil der Saftgrünfärbungen ist wieder der Zusatz von Grünspan oder die Verwendung eines Kupferkessels beschrieben, was nach Thompson eine in der Malerei übliche Verfahrensweise war.[496] In Quelle **M IV**, fol. 229v, Rezept 60 ist Grünspan als *chupffer aschen* bzw. *chupffer gruen* genannt.[497] Der überwiegende Teil der Färbungen soll aus saurer Flotte erfolgen.

pel (*Populus nigra* L.) bekannt sind. Knospen und Rinde wurden mit Alaunbeize für die Gelbfärbung von Wolle verwendet. Vgl. Schweppe: Naturfarbstoff, S. 365–366; vgl. Lagoni: Die Schwarzpappel, S. 70–71.

496 Vgl. Thompson: Medieval Painting, S. 170.

497 Vgl. Brachert: Maltechniken, S. 145; vgl. Grimm: DWb, Bd. 11, Sp. 2763; vgl. Krünitz: Oekonomischen Encyklopädie, Th. 20, S. 229.

5.5.3 Weitere Pflanzen mit Flavonolfarbstoffen

Gelbfärbende Flavonolfarbstoffe sind auch in Beeren, Blättern, Blüten oder Rinden verschiedener weiterer Pflanzen enthalten. In den Quellen sind Apfelbaumrinde, Ligusterbeeren und -rinde, unreife Attichbeeren, *galmei gamillen di plumen* sowie Lorbeerblätter genannt (Tab. 26).

Tab. 26: Weitere Farbmittel mit Flavonolfarbstoffen in den Färbeanleitungen

Quelle	Rezept	Farbton	Farb- und Hilfsmittel
H II	fol. 62v–63, 14	*gelb*	untere Apfelbaumrinde (*affalter rinden*, im Frühjahr geerntet) so viel du benötigst, etwas Safran, Lauge, Alaun
M V	fol. 223v, 1257	*Gelb*	mittlere Rinde von wilden Apfelbäumen (*Rintten von Wilden affalternn*), Alaun
H VI	fol. 51, 8	*gel*	untere Apfelbaumrinde (*affeltern schelfen*), Wasser, Alaun
H II	fol. 63–63v, 15	*gelb*	untere Rinde von Weidenholz (*weidem holcz die vnder rinden*, März), etwas Saflor, Lauge, Alaun
	fol. 63–63v, 16	*gel*	unreife Ligusterbeeren (*weyden per vmb sand Johannes tag*), Lauge, Essig, Alaun
Au	fol. 23v, 46	*gelb*	unreife Attichbeeren (*adich per nach sant johanns tag*), Wasser
M IV	fol. 227r, 20	*laubvarb*	Indigo, *galmei gamillen di plumen*, Safran, Gummi, Alaun
M III	fol. 195r, 133	*schwarcz*	Lorbeerblätter (*laub von den lauberen*), Gerbstoffschwarz
M V	143v, 440	*swertzen*	Lorbeerlaub (*laub von den lorberen*), Gerbstoffschwarz
H IV	fol. 225–225v, 370	*Schwartz*	Lorbeer (*lorper*), schwarze Farbe
Wi	fol. 303v, 8	*rött*	Holzapfellaub (*wild holcz öpfel loub*), gleich viel Ahornlaub, gleich viel *köstenn blumen* (Kastanienblüten?), Wachs- od. Regenwasser, Alaun

Apfelbaumrinde (*affalter rinden*) enthält den Flavonoidfarbstoff Quercetin. Auf alaungebeizter Ware wird ein Gelbton erzielt.[498] In Quelle **H II** wird in den Rezepten fol. 63–63v, 15 und 16 mit *weidem holcz* bzw. *weyden per* gelb gefärbt. Weide bezeichnet Pflanzen der Gattung *salix*. Ab ca. 1500 wird diese Bezeichnung auf „weidenähnliche“ Pflanzen wie den Liguster (*Ligustrum vulgare* L.) übertragen. Die Bezeichnung Rainweide ist für den Liguster noch heute üblich. Die Handschrift ist auf das 15. Jahrhundert datiert, die Identifikation des Weidenholzes als Ligusterholz(rinde) wäre also möglich. Blätter, gelbe Zweige und Rinde des Ligusters enthalten gelbfärbende Flavonoidfarbstoffe und 6–10 % Gerbstoffe. Ein Blätterextrakt färbt mit Alaun und Weinstein gebeizte Wolle gelb oder gelbbraun an. Wird alaungebeizte Wolle mit Beeren- und Blätterextrakt gefärbt, erhält man einen Grünton. Die genannten Weidenbeeren sollen um St. Johannes (24. Juni) geerntet

498 *affalter* oder *apfalter* ist der mhd. Name des Apfelbaumes; vgl. Grimm: DWb, Bd. 1, Sp. 185 und Sp. 534; vgl. BMZ, Bd. 4, S. 31.

werden. Ligusterbeeren sind ab September reif, im Juni werden also unreife Beeren geerntet. Diese sind bei Brachert für die Gelbfärbung belegt.[499]

Kastanienblüten (*köstenn blumen*) sind mit Apfelbaum- und Ahornlaub für eine Rotfärbung aufgeführt. *Kösten* (oder *kästen*, *kesten*) ist ein alter süddeutscher Name für die Rosskastanie (*Aesculus hippocastanum* L.) und ihre Frucht.[500] Die Blüten enthalten ein Glykosid des Flavonolfarbstoffes Quercetin, das Isoquercitrin.[501] Die Rosskastanie ist seit dem 16. Jahrhundert in Mitteleuropa heimisch.[502]

Attichblätter (*Sambucus ebulus* L.) sind in den Quellen **In** und **Bas** in den Rezepten fol. 83v, 2 bzw. fol. 59r–59v, 156 als *attichpleter* und *atichpleter* mit Indigo für die Blaufärbung durch Aufstreichen genannt. Sie enthalten vermutlich wie die Blätter des Schwarzen Holunders (*Sambucus nigrus* L.) neben Gerbstoffen die Flavonoidfarbstoffe Quercetin, Rutin und Isoquercitrin als färbende Komponenten.[503] Die Blätter sind hier wohl Streckmittel für den Indigo. Je nach verwendeter Menge, dürfte der durch diese Färbung erzielte Blauton grünstichig sein. Unreife Attichbeeren (*nit zeittig und grun*) sind für die Gelbfärbung genannt.

Bei den für eine Grünfärbung mit Indigo und Safran genannten *galmei gamillen di plumen* (Quelle **M IV**, fol. 227r, 20) könnte es sich laut Oltrogge um auf Zinkböden vorkommende Pflanzen wie das im Aachener Raum beheimatete Gelbe Galmei-Veilchen (*Viola calaminaria* (DC.) Lej. s. str.) oder das Dickblatt-Täschelkraut (*Thlaspi calaminare* (Lej.) Lej. & Courtois) handeln. Für beide Pflanzen ist das Synonym Galmei-Blume belegt, über eine Verwendung in der Färberei ist allerdings nichts bekannt ist.[504] Hier ist aber ebenso denkbar, dass es sich um Galmei, ein für die Beize verwendetes Zinkerz, und um Färberkamillen (*Anthemis tinctoria* L.) handelt. Sie enthält Flavonoidfarbstoffe wie Luteolin und wird technisch wie Färberwau verwendet.[505]

Lorbeerblätter (*lauberen laub, lorper*) enthalten neben ätherischem Öl verschiedene Flavonoide (Quercetin, Rutin) und Gerbstoffe.[506] Sie sind bei Schweppe wegen ihres Flavonoidgehaltes als Farbmittel für die Gelbfärbung von Wolle mit einer Alaunbeize aufgeführt.[507] Als Lorbeer werden sowohl die Früchte des Lorbeerbaumes (*Laurus nobilis* L.) als auch der Baum selber sowie seine Zweige und Blätter

---

499 Vgl. Grimm: DWb, Bd. 28, Sp. 541; vgl. Brachert: Maltechniken, S. 155–156; vgl. Schweppe: Naturfarbstoffe, S. 403–404.

500 Vgl. Grimm: DWb, Bd. 11, Sp. 268 u. Sp. 1862.

501 Vgl. Schweppe: Naturfarbstoffe, S. 331. Grüne Schalen und Blätter der Kastanie werden in der modernen Literatur für Färbungen verwendet. Grüne Schalen färben Rot bis Braun, Blätter färben Gelb; vgl. Feddersen-Fieler: Farben aus der Natur, S. 104–106.

502 Vgl. Beckmann, Erfindungen, Bd. 1, 3. Stück, S. 498–502.

503 Vgl. Schweppe: Naturfarbstoffe, S. 400.

504 Vgl. Oltrogge: Datenbank; vgl. Marzell: Pflanzennamen, Bd. 4, Sp. 694 und 1197.

505 Vgl. Schweppe: Naturfarbstoffe, S. 349.

506 Vgl. Schöpke: Arzneipflanzenlexikon, Lorbeerblätter – Lauri folium; vgl. Hager et al.: Hagers Handbuch der pharmazeutischen Praxis, Bd. 3, S. 54.

507 Vgl. Schweppe: Naturfarbstoffe, S. 371–372.

bezeichnet.[508] Zwei Anleitungen der hier bearbeiten Quellen beschreiben die Verwendung der Blätter als Vorbehandlung für die Schwarzfärbung auf Leinen.[509] Hier wird nicht klar, ob mit der Vorbehandlung zunächst ein Gelbton auf dem Substrat erzielt werden soll, der dann anschließend durch eine zweite Färbung zu Schwarz überfärbt wird, oder ob die Vorbehandlung mit den in den Blättern enthaltenen Gerbstoffen im Vordergrund steht, was bei der anschließenden Verwendung von Gerbstoffschwarz eigentlich nicht erforderlich wäre.

5.5.4 Anthocyanfarbstoffe in Beeren und Blüten

Anthocyanfarbstoffe, ebenfalls eine Untergruppe der Flavonoidfarbstoffe, sind rote, violette und blaue Farbstoffe, die in unterschiedlichen Mengen in Beeren, Blüten und zum Teil auch in Blättern verschiedener Pflanzen vorkommen und deren charakteristische Färbungen hervorrufen. Der Name leitet sich von griech. *anthos* = Blüte und *kyanos* = blau ab. In den Pflanzen liegen die Farbstoffe als Anthocyane, d.h. als Glykosidverbindungen der entsprechenden Farbstoffe (Anthocyanidine) vor, die bei der Flottenherstellung durch Erhitzen in saurer Lösung in Anthocyanidine und Zucker gespalten werden.

Das Grundmolekül aller Anthocyanidine wird als Flavyliumkation bezeichnet. Es enthält je nach Anthocyanfarbstoff Hydroxyl- und/oder Methoxygruppen in ortho-Stellung zur am Ring A befindlichen Hydroxylgruppe (Tab. 27).[510]

Tab. 27: Strukturen der Anthocyanidine[511]

Grundstruktur	Anthocyanidin	Rest R_1	Rest R_2	Farbe
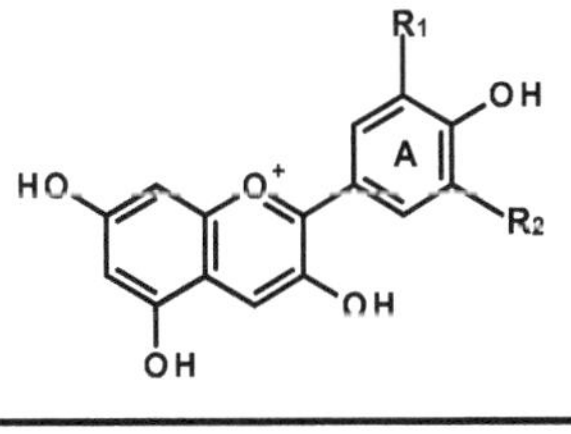	Pelargonidin	-H	-H	Orange
	Cyanidin	-OH	-H	Orange-Rot
	Delphinidin	-OH	-OH	Blau-Rot
	Petunidin	-OH	$-OCH_3$	Blau-Rot
	Malvidin	$-OCH_3$	$-OCH_3$	Blau-Rot
	Peonidin	$-OCH_3$	-H	Rot

Lage, Anzahl und Art der Substituenten haben Einfluss auf den Farbton der Anthocyanidine. Zusätzlich ist die Farbe der einzelnen Anthocyanfarbstoffe pH-Wert-abhängig, was auf Änderungen in der Molekülstruktur durch Säure- bzw.

508 Vgl. Grimm: DWb, Bd. 12, Sp. 1146.

509 In der Quelle **M III** (fol. 195r, Rezept 133) soll das Substrat vier Stunden im Lorbeersud gekocht werden, das Rezept der Quelle **H IV** (fol. 225–225v, 370) nennt eine Stunde. Anschließend wird in beiden Anleitungen mit Gerbstoffschwarz gefärbt.

510 Vgl. Watzl et al.: Anthocyane, S. 148; vgl. Neumüller: Römpp, Bd. 1, S. 221–222; vgl. Diemair et al.: Untersuchungen über Anthocyane, S. 173–175; vgl. Otteneder, Stintzing: Anthocyane, in: RÖMPP Online, RD-01-02670.

511 Vgl. Watzl et al.: Anthocyane, S. 148: vgl. Otteneder, Stintzing: Anthocyane, in: RÖMPP Online, RD-01-02670; zu den Farben vgl. Rein: Berry anthocyanins, S. 11.

Alkalieinfluss zurückzuführen ist.[512] Diese pH-Abhängigkeit des Farbtones zeigt sich nicht nur bei der Vorbereitung der Färbeflotte, sondern ebenso in einer Empfindlichkeit der Färbungen gegenüber Säuren und Laugen.[513]

In den bearbeiteten Quellen sind für Färbungen mit Anthocyanfarbstoffen Heidel-, Holunder-, Attich-, Him- und Ligusterbeeren, sowie Kornblumen- und Klatschmohnblüten aufgeführt, die verschiedene Anthocyanderivate in unterschiedlicher Konzentration enthalten (Tab. 28).

Tab. 28: Anthocyanidinderivate in frischen Früchten und Blüten[514]

Frucht/Blüte	Anthocyanidinderivate	Gehalt [mg/100g]
Brombeere (*Rubus fructicosus agg.*)	Cyanidin	~ 115
Heidelbeere (*Vaccinium myrtillus* L.)	Cyanidin, Petunidin, Malvidin, Delphinidin, Peonidin	83–600
Himbeere (*Rubus ideaeus*, L.)	Cyanidin	10–220
Holunderbeere (*Sambucus nigra* L.)	Chrysanthemin, Glykoside des Cyanidins (Sambucin)	340–980
Schwarze Johannisbeere (*Ribes nigrum* L.)	Cyanidin, Delphinidin	80–810
Süßkirsche (*Prunus avium*)	Cyanidin	350–450
Weintrauben (*Vitis vinifera* L.)	Pelargonidin, Cyanidin, Petunidin, Malvidin, Delphinidin	30–750
Klatschmohnblüten (*Papaver rhoeas* L.)	Delphinidin, Cyanidin	-
Kornblumenblüten (*Centaurea cyanus* L.)	Cyanidin	-

Für die Farbe und Stabilität einiger Anthocyanfarbstoffe spielen komplex gebundene Metallionen eine Rolle. Zinn, Kupfer, Eisen, Aluminium oder Magnesium bilden mit Cyanidin, Delphinidin und Petunidin, Anthocyanidine mit ortho-ständigen funktionellen Gruppen am Ring A, dunkelviolette bzw. blaugefärbte Komplexe (Abb. 28). Daher kann durch Einsatz von Metallbeizen der Farbton bei Anwendung von Anthocyanfarbstoffen zusätzlich verändert werden.[515]

512 Vgl. Wolf: Blütenfarbstoffe.

513 Vgl. Schweppe: Naturfarbstoffe, S. 399.

514 Vgl. Watzl et al.: Anthocyane, S. 149; vgl. Otteneder, Stintzing: Anthocyane, in: RÖMPP Online, RD-01-02670; zu Klatschmohn- und Kornblumenblüten vgl. Hänsel, Sticher: Pharmakognosie, S. 1201; vgl. Rein: Berry anthocyanins, S. 14–16; zu Holunderbeeren vgl. Pechanek: Sambucus nigra; zu Holunderbeeren und Heidelbeeren vgl. Melo et al.: Anthocyans, S. 143. Zu den in weiteren Beeren enthaltenen Anthocyanfarbstoffen vgl. Suomalainen, Eriksson: Beerenfrüchte.

515 Vgl. Hänsel, Sticher: Pharmakognosie, S. 1199; vgl. Bayer: Über Anthocyankomplexe, S. 1067; vgl. Haas: Anthocyane, S. 19.

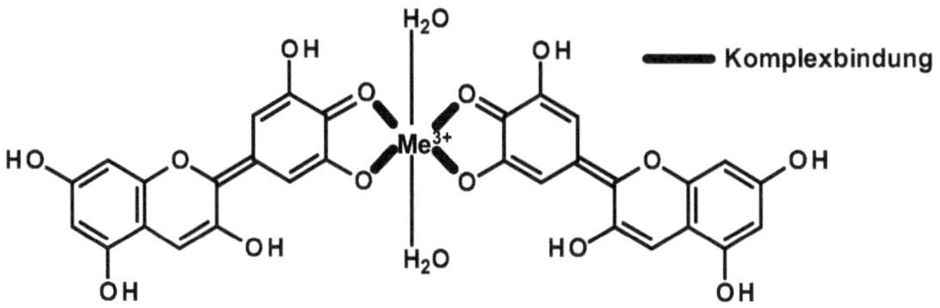

Abb. 28: Delphinidinmetallkomplex[516]

Heidelbeeren, andere noch gebräuchliche Namen sind Blaubeere, Schwarzbeere, Waldbeere oder auch Bickbeere, sind die Früchte des Heidelbeerstrauches (Vaccinium myrtillus L., vgl. Tafel 28, links).[517]

Violettfärbungen mit Heidelbeersaft wurden von römischen Autoren bei den gallischen und germanischen Völkern beschrieben.[518] Frische, reife Heidelbeeren enthalten neben 5–12 % Gerbstoffen ca. 0,3 % Anthocyane, vor allem Cyanidin-, Delphinidin-, Petunidin- und Malvidin-Glykoside, als färbende Substanzen.[519] In der Literatur sind in Abhängigkeit von der eingesetzten Beize violettblaue (Alaun), blauviolette (Zinn) und blauschwarze (Eisen) Farbtöne auf Wolle angegeben.[520] Krünitz beschreibt die verschiedenen Farbtöne, die mit Heidelbeeren erzielt werden können wie folgt:

> „Eben dieser Heidelbeersaft färbt mit Alaun und einem Zusatz von Kupferschlag schön blau; welche Farbe noch dunkler wird, wenn Galläpfel dazu genommen werden. Mischt man zu diesem Safte vier Mahl so viel ungelöschten Kalk, Grünspan und Salmiak, seihet es durch, und läßt es gehörig einkochen, so erhält man eine schöne Purpurfarbe zum Färben.“[521]

Die Attichbeere ist die Frucht des Zwergholunders (*Sambucus ebulus* L., vgl. Tafel 28, rechts), dessen alter Name Attich ist.[522] Die reifen Beeren enthalten blaue Anthocyanfarbstoffe, im Wesentlichen Chrysanthemin und Sambucin (auch Sambucyanin genannt), die laut Literatur ohne Zusatz blau färben und mit Alaun und Essig ein Dunkelblau ergeben.[523]

Holunderbeeren, die Früchte des Schwarzen Holunders (*Sambucus nigra* L., vgl. Tafel 28, Mitte), enthalten die gleichen Farbstoffe wie Attichbeeren. Laut

---

516 In Anlehnung an Haas: Anthocyane, S. 19, Abb. 6.

517 Vgl. Grimm: DWb. Bd. 2, Sp. 83, Bd. 5, Sp. 2322 und Bd. 10 Sp. 803, Bd. 27, Sp. 1070 und 1095, 2, Bd. 1, Sp. 1808; vgl. Krünitz: Oekonomische Encyklopädie. Th. 22, S. 740; vgl. Marzell: Pflanzennamen, Bd. 4, Sp. 936–942.

518 Vgl. Vogler: Germanen und Kelten, S. 237.

519 Vgl. Hänsel und Sticher: Pharmakognosie, S. 1266.

520 Vgl. Schweppe: Naturfarbstoffe, S. 401.

521 Vgl. Krünitz: Oekonomische Encyklopädie, Th. 22, S. 753.

522 Vgl. Grimm: DWb, Bd. 1, Sp. 595; vgl. Marzell: Pflanzennamen, Bd. 4, Sp. 58–60.

523 Vgl. Schweppe: Naturfarbstoffe, S. 400.

Schweppe wird mit den Beeren auf mit Kupfersulfat gebeizten Cellulosefasern Violettblau gefärbt, durch Behandlung mit Essig wird die Farbe zart lila. Auf Wolle wird mit Alaun ein stumpfes Braun-Violett erreicht. Mit Alaun und Essig erzielt man ein Dunkelblau.[524]

Himbeeren, Ligusterbeeren, Maulbeeren und Schlehen enthalten ebenfalls Anthocyanfarbstoffe und werden in den Quellen für Blau- und Braunfärbungen benutzt. Über die einzelnen Inhaltsstoffe und das Färben mit Himbeeren, den Früchten von *Rubus idaeus* L.[525], ist in der Literatur nichts belegt. Ligusterbeeren, die Früchte des Ligusters (*Ligustrum vulgare* L.)[526], enthalten neben den zuvor genannten Flavonoiden ebenfalls Glykoside der Anthocyanfarbstoffe Malvidin, Cyanidin und Delphinidin.[527] Ein kalter Beerenauszug ergibt einen roten Absud, der Leinen und Wolle mit Zinnbeize hellblau färbt. Mit einem heiß bereiteten Auszug erhält man ein tieferes Blau. Bei gleichen Teilen Alaun- und Eisenbeize wird Leinen matt blau und Wolle schwarzblau gefärbt.[528] In Quelle **M I**, fol. 67, Rezept 54 werden *tincken per* (Tintenbeeren) für die Blaufärbung verwendet. Tintenbeere ist in der Literatur als Bezeichnung für Kreuzdorn- und Ligusterbeeren belegt.[529] Da mit Kreuzdornbeeren Gelb- oder Grüntöne erzielt werden, dürfte es sich im genannten Rezept um Ligusterbeeren handeln. In der Vorschrift fol. 68, 64 der gleichen Quelle sind ebenfalls *tincken per* für die Blau- und Grünfärbung genannt. Da sich die Färbungen in der Rezeptur nicht unterscheiden, müssen unterschiedliche Beeren verwendet werden, was aber aus der Anleitung nicht deutlich wird. Ligusterbeeren sind vermutlich ebenfalls in Quelle **H II**, fol. 58v–59, Rezept 7 genannt. Obwohl die hier für die Blaufärbung aufgeführten *wardernper* von Reinking als Heidelbeeren identifiziert werden,[530] können aber doch Ligusterbeeren gemeint sein, da in anderen Anleitungen der Quelle Heidelbeeren (fol. 56v–57, Rezept 3 und fol. 58, Rezept 5) als solche erwähnt werden.[531]

---

524 Vgl. Schweppe: Naturfarbstoffe, S. 400; vgl. Brachert: Maltechniken, S. 30–31; vgl. Roth et al.: Färberpflanzen, S. 132–133.

525 Der Name leitet sich nach J. und W. Grimm vom ahd. *hint-peri* und mhd. *hint-ber* ab, da die Beeren bevorzugte Nahrung der Hinde (Hirschkuh) gewesen sein sollen. Vgl. Grimm: DWb, Bd. 10, Sp. 1332. Himbeeren sind nur in **M II** im Rezept 119v, 12 mit Alaun für die Blaufärbung genannt.

526 Der Liguster ist ein in Europa heimischer bis zu 5 m hoher Strauch mit erbsengroßen schwarzen Früchten. Andere Namen für den Strauch sind Hartriegel, Rainweide, Mundweide, Zaunweide usw., die Beeren werden auch als Tintenbeeren bezeichnet; vgl. Grimm: DWb, Bd. 2, Sp. 1181; vgl. Krünitz: Oekonomische Encyklopädie, Th. 78, S. 745; vgl. Sauerhoff: Pflanzennamen, S. 117–118.

527 Vgl. Schweppe: Naturfarbstoffe, S. 403.

528 Vgl. Schweppe: Naturfarbstoffe, S. 404.

529 Vgl. Grimm: DWb, Bd. 2, Sp. 1181, Krünitz: Oekonomische Encyklopädie, Th. 185, S. 163; vgl. Marzell: Pflanzennamen, Bd. 3, Sp. 1310.

530 Reinking vermutet hier einen Schreibfehler; vgl. Reinking: Färberei der Pflanzenfasern, S. 199, Anmerkung 15.

531 Warde bezeichnet eine Weidenpflanzung zum Schutz vor Wasser und das mhd. *vade* bedeutet Zaun oder Umzäunung. Der Name Liguster leitet sich vom lat. *ligare* = binden ab, der Liguster

Als Ersatz für Attichbeeren bei der Blaufärbung sollen in Quelle **B** fol. 12, Rezept 27 *fackelpern* (Fackelbeeren) benutzt werden. Fackel ist nach Marzell ein Synonym für den Liguster (*Ligustrum vulgare* L.), Fackelbaum für den Gemeinen Schneeball (*Viburnum opulus* L.).[532] Die roten Früchte des Schneeballs sind für Färbezwecke nicht belegt. Ligusterbeeren dagegen wurden für Gelb- (unreife Beeren), Grün- (Beeren und Blätter) und Blaufärbungen (reife Beeren) verwendet.[533]

Maulbeeren (*maulbör*) sind im Rezept 434 der Quelle **H IV**, fol. 265, mit Essig und Alaun für eine Braunfärbung genannt. Maulbeere ist sowohl Bezeichnung für den Baum als auch für dessen Früchte (Weiße Maulbeere – *Morus alba* L., Schwarze Maulbeere – *Morus nigra* L.).[534] Die Beeren sind den Brombeeren vergleichbar und schmecken süß. Die Schwarze Maulbeere gehört zu den in Kapitel 70 des „*Capitulare de villis*" aufgeführten Pflanzen.[535] Der Maulbeerbaum und seine Früchte wurden in der Antike und im Mittelalter als Heilmittel, zur Weinherstellung und zur Weinfärbung benutzt. Die Wurzeln des Maulbeerbaumes enthalten Anthrachinonfarbstoffe mit dem Hauptfarbstoff Morindon.[536] Nach Marzell wurde die Bezeichnung Maulbeere (*morus*) in historischen Quellen aber ebenso für heimische Beeren verwendet, die der Maulbeere in Form oder Farbe ähneln. Er nennt insbesondere Brom-, Him- und Heidelbeeren, so dass hier auch die Verwendung dieser Beeren denkbar ist.[537]

Schlehen, die Früchte des Schleh- oder Schwarzdorns (*Prunus spinosa* L.), enthalten Cyanidin- und Delphinidinglykoside. Zum Färben werden die reifen Früchte verwendet. Sie färben Leinen Rot.[538] Schlehen sind in zwei Anleitungen als Ersatz für Mohnblüten bei Braunfärbungen genannt.

Anthocyanfarbstoffhaltige Beeren sollen nach der Quellenlage insbesondere für Blaufärbungen eingesetzt werden. 31 Vorschriften führen Beeren als Farbmittel auf, wobei 14 Anleitungen zusätzlich die Verwendung von Grünspan oder anderen Metallzusätzen vorschreiben (Tab. 29). Neben Heidel-, Holunder- und Attichbeeren, die einzeln, zusammen oder als Ersatz für einander verwendet werden, sind Himbeeren und Ligusterbeeren als Farbmittel aufgeführt.[539] Nahezu alle Färbungen erfolgen aus saurer Flotte mit einer Alaundirektbeize.

---

wird häufig für Flechtzäune verwendet; vgl. Grimm: DWb. Bd. 27, Sp. 1986; vgl. BMZ, Bd. 4, S. 201.

532 Vgl. Marzell: Pflanzennamen, Bd. 5, Sp. 114; vgl. ebenso Grimm: DWb, Bd. 3, Sp. 1227.

533 Vgl. Brachert: Maltechniken, S. 155–156; vgl. Schweppe: Naturfarbstoffe, S. 403–404.

534 Vgl. Grimm: DWb, Bd. 12, Sp. 1798.

535 Vgl. Schwarzer Maulbeerbaum, in: Freundeskreis Botanischer Garten Aachen e.V.: Der Karlsgarten.

536 Vgl. Schweppe: Naturfarbstoffe. S. 386–387.

537 Vgl. Marzell: Pflanzennamen, Bd. 3, Sp. 218.

538 Vgl. Schweppe: Naturfarbstoffe. S. 403.

539 Heidelbeeren sind als *haidper, heilderber, haidel per, haider per, Heibit* oder *Heydelberlin* genannt. Als *schwarczper* (Schwarzbeere) werden sie in **H II**, fol. 58v–59, Rezept 7 und als *beckberen* (Bickbeere) in **Gö**, fol. 311v, IV Rezept 11 genannt. Bei den in **Tr**, fol. 22r–23r,

Tab. 29: Beeren in den Färbeanleitungen für die Blaufärbung

Quelle	Rezept	Farbton	Farb- und Hilfsmittel
M I	fol. 67, 54	*plab*	Heidel- (*haidper*) od. Ligusterbeeren (*tincken per*), Essig, Alaun
	fol. 68, 64b	*plab*	Ligusterbeeren (*tincken per*), Essig, Alaun
M II	fol. 119v, 12	*plab*	Himbeeren (*himper*), Essig, Harn, Alaun
	fol. 119v, 16	*plab*	Heidelbeeren (*haidper*), Wachswürz, Wein Alaun
M IV	fol. 228v, 39	*Sat plab*	Holunderbeeren (*holerper*), 3 od. 4 Hand voll *zeidlper,* Essig, Alaun
H II	fol. 56, 1	*plab*	Heidel- (*haidel per*) Holunder- (*holer per*) od. Attichbeeren, (*atich per*), Wasser, evtl. Schwarz
	fol. 58v–59, 7	*plab*	1 Maß *wardernper* (Ligusterbeeren?), Wein, Alaun
M V	fol. 234r, 1262	*Plab*	Heidelbeeren (*Schwartzper*), Wasser, Alaun
Al	fol. 307, 16b	*liecht blaw*	Heidelbeeren (*Heydelberlin*), Wasser, Alaun
B	fol. 12, 27	*Enndich, Endich plau*	wie viel du willst Attichbeeren (*Attichper*) od. *fackelpern* (Ligusterbeeren?), Wasser, Alaun
H IV	fol. 256v, 400	*blaw*	Heidelbeeren (*Haidlber*), Alaun
	fol. 259, 410	*blaw*	1 Kopf Heidelbeeren (*Heibit*), Harn, Alaun
H V	fol. 280v, 27	*Blau*	Heidelbeeren (*heidelbeer*), Wachswürz, Alaun
	fol. 288, 60	*blaw*	Heidelbeeren (*heidelbeer*), Alaun
E	fol. 204v, 2	*weit (blo)*	Heidelbeeren (*heidilbere*), Grünspan, Alaun
Be	143–144, 71	*blaw*	Heidelbeeren (*heilderber*), Eisenvitriol, Essig, Alaun, für Leinen: Öl
Au	fol. 17r–18r, 26	*plab*	1 Schüssel Heidelbeeren (*haidper*), 1 Quentchen Grünspan, Lauge
M IV	fol. 227r–227v, 24	*plab*	Heidel- (*swarcz per*), Attichbeeren (*atich per*), Grünspan, Essig, Alaun, Lauge
Quelle	**Rezept**	**Farbton**	**Farb- und Hilfsmittel**
Tr	fol. 22r–23r, 77b	*Bla*	Heidel- (*walbren*) od. Holunderbeeren (*holleren*),

Rezept 77 genannten *walbren* kann es sich ebenfalls um Heidelbeeren handeln, die bei J. und W. Grimm auch als Walbeere oder Waldbeere belegt sind; vgl. Grimm: DWb. Bd. 2, Sp. 83, Bd. 5, Sp. 2322 und Bd. 10 Sp. 803, Bd. 27, Sp. 1070 und 1095, 2, Bd. 1, Sp. 1808; vgl. Krünitz: Oekonomische Encyklopädie. Th. 22, S. 740; vgl. Marzell: Pflanzennamen, Bd. 4, Sp. 936–942 und Sp. 945–946. Als *mostbör* sind Heidelbeeren in Quelle **H IV**, fol. 262, Rezept 421 für die Braunfärbung genannt. Laut Grimm ist Mostbeere oder auch Moosbeere ein Synonym für die Heidelbeere, vgl. Grimm: DWb, Bd. 12, Sp. 2599; vgl. Marzell: Pflanzennamen, Bd. 4, Sp. 952.

Attichbeeren sind in den Quellen als *achtichper*, *atichper*, *adith per*, *atich per, adich per* und *atiper* genannt. In **H IV** 264, 429 werden *anckbör* als Ersatz für Heidelbeeren mit Alaun für eine Violettfärbung verwendet. Anke ist eine alte Bezeichnung für Butter, Butterbeeren bzw. Ankenbeeren sind in der Literatur im Zusammenhang mit Färbungen aber nicht nachgewiesen. Marzell führt *Akte(n)ber* und *Akebeeri* als Namen für Attichbeeren im schweizer Sprachraum auf und bei Brunello ist Actenbeere belegt. Vgl. Grimm: DWb, Bd. 1, Sp. 378; vgl. Marzell: Pflanzennamen, Bd. 4, Sp. 60; vgl. Brunello: Art of Dyeing, S. 386. Sowohl Farbton als auch Herkunft der Handschrift (Süddeutschland) lassen eine Identifikation als Attichbeeren zu.

Holunderbeeren sind in den Quellen als *holdern* oder *holerper* für Blau-, Grün- und Schwarzfärbungen genannt. Vgl. Grimm: DWb, Bd. 10, Sp. 1762. Der ahd. Name des Holunders ist *holantar*, *holuntar*, *holandir*, mhd. *holunter*, *holenter*, *holnder*, verkürzt *holder* und *holler*; vgl. Marzell: Pflanzennamen, Bd. 4, Sp. 64.

			Grünspan, Wasser
H II	fol. 56v–57, 3	*plab*	Heidel- (*haider per*) od. Holunder- (*holer per*) od. Attichbeeren (*atich per*), Grünspan, Alaun
	fol. 57–57v, 4	*plab*	Heidelbeeren (*schwarczper*), Zinkvitriol, Alaun, Kupferschlag, Wasser
	fol. 58, 5	*plab*	so viel du willst Heidel- (*schwarczper*) od. Attichbeeren (*atichper*), Kupferschlag, Essig, Alaun
M V	fol. 177r, 673a	*plab*	3 Maß Heidel- od. Holunderbeeren (*dauben per, holerper*), Kupferschlag, Alaun
	fol. 232r–232v, 1238	*Plab*	4 Pfd. Heidel-, Holunder- od. Attichbeeren (*Swartzper, holerper, Attichper*), Schliff, Essig, Alaun
	fol. 234r, 1264	*plab*	Heidel- od. Schwarzbeeren (*haitper, Swartzper*), Kupferschlag, Wachswürz, Alaun
	fol. 234r, 1266	*plab*	Heidelbeeren (*Swartzper*), Kupferschlag, faules Wasser, Alaun
Gö	fol. 311v, IV 11	*blaw*	*sprickerne beren* od. Heidelbeeren (*beckberen*), Kupferschlag, Lauge, Salz
Al	fol. 307, 16a	*liecht blaw*	Attichbeeren (*Attigberlin*), Grünspan, Essig, Alaun
B	fol. 100v, 286a	*plaw*	Attichbeeren (*Attichperlin*), Grünspan, Essig, Alaun
H IV	fol. 264, 428	*blaw*	Heidelbeeren (*Haidelber*), *anckbör* (Attichbeeren?), Kupferasche, Essig, Alaun

Zehn weitere Vorschriften schildern Violettfärbungen (Tab. 30). Hier werden ebenfalls vorrangig saure Färbeflotten mit einer Alaundirektbeize verwendet. Grünspan- oder Metallzusätze werden in diesen Anleitungen nicht verwendet.

Tab. 30: Beeren in den Färbeanleitungen für die Violettfärbungen

Quelle	Rezept	Farbton	Farb- und Hilfsmittel
M II	fol. 119v, 13	*veyol*	Himbeeren (*himper*), Alaun
Be	fol. 141–143, 70	*Viol*	reife Heidelbeeren (*heilderber*), Essig, Alaun
Au	fol. 22r, 41	*feiel, blab*	reife Heidelbeeren (*heidper*), Essig, Alaun
M V	fol. 234r, 1265	*Feyelplab*	Attichbeeren (*Attichpery*), Wachswürz, Alaun
B	fol. 102, 292	*Veyhel plaw*	½ Seidel Heidelbeeren (*haidelper*), Essig, Alaun
H IV	fol. 256v, 401	*Fiol*	Heidelbeeren (*Haidlbör*), Alaun
	fol. 256v, 402	*violfarb*	16? Heidelbeeren (*Haidlberg*), Metwürz
	fol. 259v, 412	*violfarb*	Heidelbeeren (*Haidlberg*), Alaun
	fol. 264, 429	*veyhelfarb*	1 Maß Heidelbeeren (*haidlber*) od. *Anckbör* (Attichbeeren), wenn du willst Holunderbeeren (*Holderbör*), Alaun
M IV	fol. 230r, 62	*veyol*	Attichbeeren (*atichper*), Lasur, Alaun, Weinessig, Gummi

Anthocyanfarbstoffhaltige Beeren werden außerdem in vier Vorschriften für die Grünfärbung, in je einer Anleitung für die Rot- und Schwarzfärbung sowie in vier Rezepten für die Braunfärbung verwendet (Tab. 31). Für alle Farbtöne wird Alaun als Beizmittel verwendet. Bei der Grünfärbung werden möglicherweise unreife grüne Beeren benutzt und bei der Rotfärbung scheint eher der Gerbstoffgehalt der Beeren im Vordergrund zu stehen. Bei einem Vergleich der Grünfärbeanleitungen mit denen für Brauntöne ist nicht erkennbar, welche Flottenzusätze die unterschiedlichen Farbtöne bewirken sollen.

Tab. 31: Beeren in den Färbeanleitungen für weitere Farbtöne

Quelle	Rezept	Farbton	Farb- und Hilfsmittel
In	fol. 101r, 13a	*grün*	Holunderbeeren (*holdern*), Alaunwasser
N II	fol. 53v, 94	*grün*	Heidelbeeren (*swarczper*), Essig, Wasser, Grünspan
M V	fol. 223v, 1254	*grien*	grüne Heidelbeerern (*grien haitper*), Alaun
B	fol. 107v, 314	*grien*	Holunderbeeren (*holderper*), Färberscharte
M IV	fol. 227r, 22	*fewrfarb*	Attichbeeren (*atiper*), Zinnober, *Parisrot*, Metwürz, Alaun
In	fol. 101r, 13b	*swarcz*	Holunderbeeren (*holdern*), Alaunwasser, Schwarz
M I	fol. 67, 55a	*prawn*	Heidelbeeren (*haidper*), Harn, Alaun
Bas	fol. 59r, 155	*prawn*	Attichbeeren (*attich per*), Alaun?
H IV	fol. 262, 421	*Braun*	*mostbör* (Heidelbeeren?), Essig, Alaun
	fol. 265, 434	*Braun*	*Maulbör*, (Maulbeeren, Heidelbeeren?), Essig, Alaun

Anthocyanfarbstoffe sind außer in Beeren ebenso in verschiedenen Blüten zu finden. In den bearbeiteten Quellen werden Kornblumen als *choren plumen, plau korn plomen* oder *Rockenbluemen* sowie Klatschmohnblüten als *rot rosen in dem korn die bletter*, *rot choren plumen pleter*, *feldrosen* bzw. *feldtt Rossen* aufgeführt.[540]

Die blauen Blütenblätter der Kornblumen (*Centaurea cyanus L.*, vgl. Tafel 29, links) enthalten neben einem Derivat des Flavonoidfarbstoffes Apigenin den Anthocyanfarbstoff Centaurocyanin.[541] Krünitz beschreibt die Verwendung von Kornblumen in der Malerei. Er schildert aber ebenfalls die durch die pH-Abhängigkeit des Farbtones eher schlechten färberischen Eigenschaften:

> „Zur Färberey im Großen nutzt der blaue Saft aus den Blumen nichts, indem er, wie der Saft aus allen blauen Blumen, unbeständig ist, und von den laugenhaften Salzen leicht in das Grüne, und von den sauren in das Rothe geändert wird. Für die Mahler aber lässet sich aus den blauen Blumen eine dauerhafte blaue Farbe verfertigen."[542]

Der Einsatz von Kornblumen in der Malerei ist ebenfalls in den hier bearbeiteten Quellen belegt. In Anleitungen zur Gewinnung von Tüchleinfarben wird aus den blauen Blütenblättern mit Wasser, Gummi und Alaun eine Malerfarbe gewonnen.[543]

540 Grimm und Marzell unterscheiden blaue und rote Kornblumen. Roggenblume ist eine alte Bezeichnung für die blaue Kornblume; vgl. Grimm: DWb, Bd. 14, Sp. 1112 und Bd. 11, Sp. 1821; vgl. Marzell: Pflanzennamen, Bd. 1, Sp. 875. Kornrose und Feldrose sind alte Bezeichnungen für den Klatschmohn (*Papaver rhoeas* L.); vgl. Grimm: DWb. Bd. 11, Sp. 1829; vgl. Brachert: Maltechniken. S. 142; vgl. Marzell: Pflanzennamen, Bd. 1, Sp. 875 und Bd. 5, Sp. 121.

541 Vgl. Schöpke: Arzneipflanzenlexikon, Kornblumenblüten.

542 Vgl. Krünitz: Oekonomische Encyklopädie, Th. 44, S. 760.

543 Vgl. Anleitungen für Tüchleinfarben im Anhang.

Die Blütenblätter des Klatschmohn (*Papaver rhoeas* L., vgl. Tafel 29, rechts) enthalten Derivate der Anthocyanfarbstoffe Cyanidin und Pelargonidin. Außerdem sind Glykoside des Gelbfarbstoffes Quercitin vorhanden. Die Pflanze blüht von Mai bis Juli. Der Saft der roten Blütenblätter ergibt je nach pH-Wert eine purpurrote oder blaue Saftfarbe.[544]

Kornblumenblüten sind in den bearbeiteten Quellen in sechs Rezepten für die Blaufärbung genannt. Für alle Färbungen wird eine saure Flotte zum Teil mit Alaundirektbeize verwendet. Klatschmohnblüten sind in einer Anleitung für die Rotfärbung und in zwei Vorschriften für die Braunfärbung aufgeführt (Tab. 32). Hier wird ebenfalls direkt mit Alaun gebeizt.

Tab. 32: Kornblumen- und Klatschmohnblüten in den Färbeanleitungen

Quelle	Rezept	Farbton	Farb- und Hilfsmittel
In	101r, 11b	*tunchel plawe*	Lasur, Schwarz, Kornblumen (*plawe plumen stent in dem roggen*), Essig, Gummi, Alaun, Harn
M IV	227v, 29	*liecht plab*	Kornblumen (*korn plüemen*), Azurit, Alaun?
M V	39r, 111	(Blau)	Kornblumen (*flores flauos frumenti*), sauren Wein oder einen Holzapfel, ein wenig Himmelstau
B	fol. 101, 288	*plaue*	Kornblumen (*plaw korn plomen*), Essig, Alaun
H V	fol. 288–288v, 62	*blaw*	Kornblumen (*kornblomen*), Essig, Alaun
Wi	fol. 304v, 11	*liechtt blaw*	12 Hand voll Kornblumen (*korn blu(o)men*), Wachswasser, Essig
M V	38v-39r, 107	(Rot)	Mohnblüten (*flores rubeos in blado crescentes*), Brasilholzpulver, Vitriol, Sal petri, Alaun, Sal ammoniacum, (Wasser)
B	fol. 104, 300	*braun*	Mohnblüten od. Schlehen (*feldrosen* od. *schlehen*) Wasser, Alaun
H V	fol. 278v, 18	*Braun*	Mohnblüten od. Schlehen (*feldtt Rossen von schlehen*), Alaun

Beeren- und Blütenanthocyane sind außerdem in acht Anleitungen für Blaufärbungen mit Indigo genannt. Sie dienen als Streckmittel für den teuren Farbstoff Indigo (Tab. 33).

Tab. 33: Anthocyanfarbstoffe und Indigo für Blaufärbungen

Quelle	Rezept	Farbton	Farb- und Hilfsmittel
Au	fol. 16r–16v, 23	*blab*	1 Maß reife Heidelbeeren (*zeittige heitper*), 1 Lot Indigo (*indich*), Wasser, Essig
N II	fol. 53 r, 92	*plob*	Heidel-, (*heidelper*), Attichbeeren (*atichper*), Indigo (*yndich*), Waidasche, Essig, Alaun, Gummi
M IV	fol. 227v, 28	*(liecht plab) tunckel plab*	Heidel- (*swarcz per*) od. Attichbeeren (*atich per*), ein wenig Indigo (*endigs*), Kupfersinter, Alaun, Gummi
M IV	fol. 229v–230r, 61	*plab*	Heidel- (*haidper*), Attichbeeren (*atichper*) Indigo (*indich*), Waidasche, Essig, Alaun, Gummi
H II	fol. 56–56v, 2	*plab*	Heidel- (*schwarczper*) Attichbeeren (*atich per*), Indigo (*endich*), Alaun, Essig

544 Vgl. Schweppe: Naturfarbstoffe. S. 405–406.

Quelle	Rezept	Farbton	Farb- und Hilfsmittel
M V	fol. 234r, 1263	*venedigsch plab*	3 Handvoll Heidelbeeren (*Swartzper*), 1 Lot Indigo (*Indich*), Alaun, Essig
B	fol. 102, 293	*plaw*	gleich viel Attichbeeren (*atichper*) und Indigo (*endich*), starker Essig, Alaun
H IV	fol. 265v–266, 436	*blaw*	Kornblumen (*Rockenbluemen*), Indigo (*Enndich*), Alaun, Essig

Keines der aufgelisteten Rezepte beschreibt den richtigen Umgang mit dem Küpenfarbstoff Indigo. Zunächst wird mit den Beeren, Essig und Alaun eine saure Färbeflotte hergestellt, der anschließend Indigo zugemischt wird. Da der Indigo in der Flotte als Pigment vorliegt, ist in einigen Anleitungen der Zusatz des dispergierend wirkenden Gummi, vermutlich Gummi arabicum, gefordert.

Neben den zuvor beschriebenen Anthocyanfarbstoffen aus Beeren und Blüten, können diese außerdem aus Laub gewonnen werden. Blätter enthalten viele unterschiedliche Farbstoffe, neben den Chlorophyllen kommen Xanthophylle, Carotinoide sowie Anthocyane vor. Chlorophylle sind für Grüntöne, Xanthophylle für Gelbtöne, Carotinoide für Orange- und Rottöne und Anthocyane für Rot- und Blautöne verantwortlich. Da der Chlorophyllgehalt im Vergleich zu den anderen Farbstoffen sehr hoch ist, überwiegt im Normalfall die Farbe Grün in vielen Varianten. Abgesehen von Ausnahmefällen wie der Blutbuche, werden die Farben der anderen Farbstoffe überdeckt. Im Herbst werden die Chlorophylle abgebaut und die überlagerten Farbstoffe treten in Erscheinung. Zusätzlich werden Anthocyane synthetisiert, die vor der im Herbst häufig auftretenden Kombination aus tiefen Temperaturen und starkem Sonnenlicht (Fotoinhibition) schützen, die Blätter wärmen und Schwermetalle binden können. Eine vermutete Wirkung auf Schadinsekten konnte bisher nicht bestätigt werden.[545] Typische Beispiele für besonders intensive Färbung des Herbstlaubs zeigen die verschiedenen Ahornarten (vgl. Tafel 31). Die Färbung ist umso intensiver, je kälter das Umgebungsklima ist.[546]

Apfelbaumlaub und Kastanienblüten ebenfalls für die Rotfärbung auf Ahornlaub ist in den bearbeiteten Quellen in acht Anleitungen als Streckmittel für Brasilholz bei der Rotfärbung genannt, ein weiteres Rezept führt es mit Apfelbaumlaub und Kastanienblüten ebenfalls für die Rotfärbung auf (vgl. Tab. 34).

545 Vgl. Chittka, Döring: Autumn Foliage Colors, S. 1640–1641; vgl. Schaefer, Wilkinson: Red leaves, S. 616–618; vgl. Lee, Gould: Why Leaves Turn Red, S. 524–531.

546 Vgl. Kremer: Bunter Abfall, S. 321.

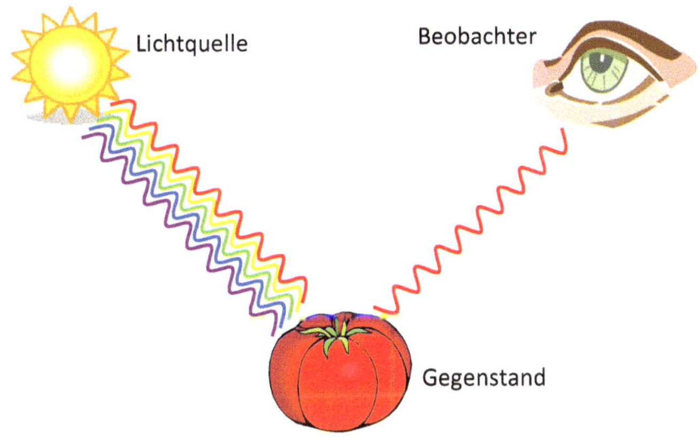

Tafel 1: Vereinfachte Darstellung des Sehvorganges[547]

Probe	Lichtart	L*	a*	b*		
	D65	67.48	10.08	24.03		
	A	70.06	14.13	27.16	**ΔE_{D65-A}**	5.7
	F2	69.01	6.53	27.27	**ΔE_{D65-F2}**	5.0

Tafel 2: Farbkoordinaten L*, a*, b* und berechnete Farbabweichung ΔE bei Wechsel der Lichtart[548]

547 In Anlehnung an Meyer, Zollinger: Farbmetrik, S. 2.

548 25 %ige Färbung mit Ahornlaub auf Baumwolle, FV = 1:35, 60 min. bei 80 °C.

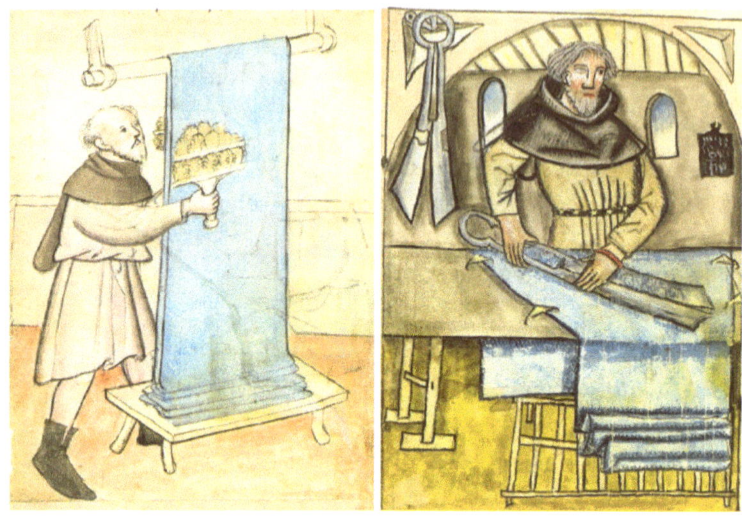

Tafel 3: Tuchrauher (links), Tuchscherer (rechts)[549]

Tafel 4: Wollfärber mit Färbestock (links), Färbebaum mit Haspel (rechts)[550]

549 Tuchrauher: Hausbuch der Mendelschen Zwölfbrüderstiftung, Bd. 1, fol 90v, Stadtbibliothek Nürnberg [Abb. 317.2°]; Tuchscherer, ebd., Bd. 1, fol. 90v, Stadtbibliothek Nürnberg [Abb. 317.2°].

550 Wollfärber mit Färbestock: Hausbuch der Landauerschen Zwölfbrüderstiftung. Bd. 1, fol. 13r, Stadtbibliothek Nürnberg [Abb. 279.2°]; Färbebaum mit Haspel: Hausbuch der Mendelschen Zwölfbrüderstiftung. Bd. 1, fol. 37v, Stadtbibliothek Nürnberg [Abb. 317.2°].

Tafel 5: Balkenwaage eines Krämers (links),
Tafel 6: Große Balkenwaage für schwere Lasten (rechts)[551]

Tafel 7: Schwarzfärber mit hölzernem Färbebottich[552]

551 Balkenwaage eines Krämers: Hausbuch der Mendelschen Zwölfbrüderstiftung. Bd. 1, fol. 75r, Stadtbibliothek Nürnberg [Abb. 317.2°]; große Balkenwaage für schwere Lasten: ebd. Bd. 1, fol. 5r, Stadtbibliothek Nürnberg [Abb. 317.2°].

552 Schwarzfärber mit hölzernem Färbebottich: Amman: Beschreibung aller Stände, Holzschnitt Nr. 52.

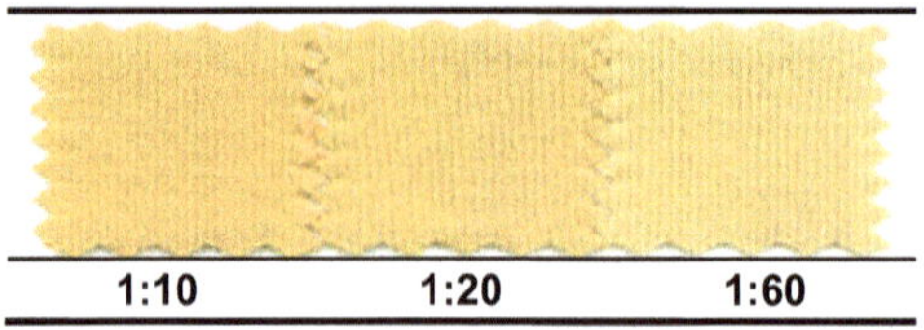

Tafel 8: Farbtiefe in Abhängigkeit vom Flottenverhältnis (FV)[553]

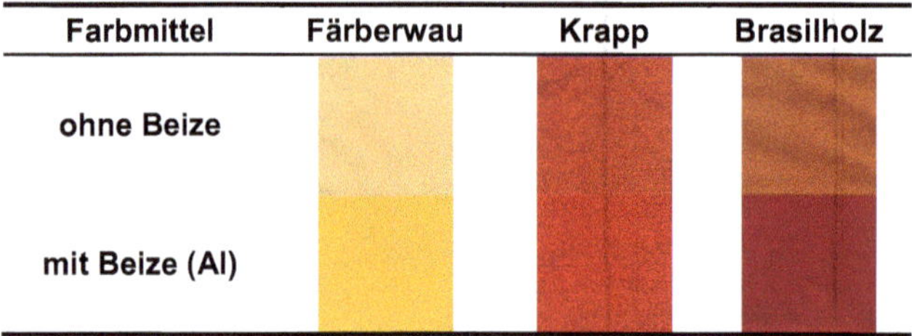

Tafel 9: Farbton ohne und mit Alaunbeize am Beispiel von Wau-, Krapp- und Brasilholzfärbungen auf Wolle[554]

Beizmetall			
Aluminium	**Zinn**	**Kupfer**	**Eisen**

Tafel 10: Krappfärbung mit Al-, Sn-, Cu- und Fe-Beize[555]

Farbmittel	Vorbeize	Direktbeize	ΔE
Wau			23.4
Brasilholz			11.3

Tafel 11: Farbtiefe durch Vor- bzw. -direktbeize am Beispiel von Wau- und Brasilholzfärbungen auf Wolle[556]

553 0,4 % Sirius Lichtorange 3GD-LL 125%, 0,062 % Sirius Lichtblau GR-LL 167%, 10 % Na_2SO_4 calc., 60 min. bei 85 °C auf Baumwolle.

554 50%ige Wau-, Krapp- bzw. Brasilholzfärbung, 60 min. bei 80 °C, FV = 1:35, Vorbeize mit 10 % Alaun.

555 50%ige Krappfärbung, FV = 1:35, 60 min. bei 80 °C, Vorbeize mit 10 %, Alaun, 5 % Zinnchlorid, 5 % Kupfersulfat, Nachbeize mit 5 % Eisensulfat.

556 50 %ige Wau- und Brasilholzfärbung, FV = 1:35, 60 min. bei 80°C, Beizmittel: 10 % Alaun.

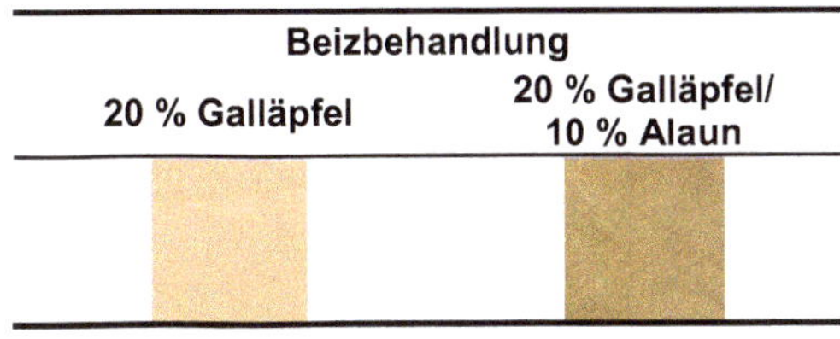

Beizbehandlung	
20 % Galläpfel	20 % Galläpfel/ 10 % Alaun

Tafel 12: Farbveränderung von Baumwolle durch Beizbehandlung[557]

Substrat	ohne Beize	Beize	ΔE
Wolle			19.2
Seide			5.0

Tafel 13: Farbtiefendifferenz bei Pigmentfärbungen durch nicht erforderliche Alaunbeize[558]

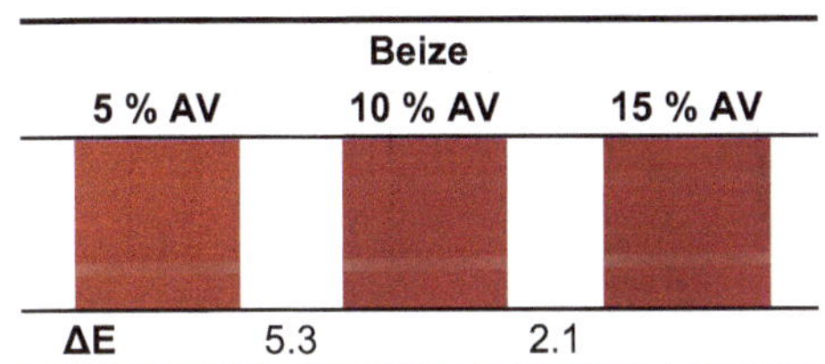

	Beize		
	5 % AV	10 % AV	15 % AV
ΔE	5.3	2.1	

Tafel 14: Abhängigkeit der Farbtiefe von der Beizmittelmenge am Beispiel von Krappfärbungen[559]

20 °C	40 °C	60 °C	80 °C	100 °C

Tafel 15: Farbtiefe in Abhängigkeit von der Färbetemperatur[560]

557 Beizbehandlung auf Baumwolle jeweils 60 min. bei 90 °C, FV = 1:35.

558 20 %ige Grünspanfärbung, FV = Wolle 1:35, Seide 1:70, 60 min. bei 80°C,: 10% Alaun Direktbeize.

559 50 %ige Krappfärbung auf Wolle, FV = 1:35, 60 min. bei 80°C.

560 1,1 % Sirius Lichtgelb GD 167%, 0,6 % Sirius Lichtorange 3GD-LL 125%, 0,27 % Sirius Lichtgrau CG-LL 250%, FV: 1:20, 25 % Na_2SO_4 calc., 60 min. bei 85 °C auf Baumwolle.

Tafel 16: Krapp (*Rubia tinctorum* L., links), gemahlene Krappwurzel (rechts)[561]

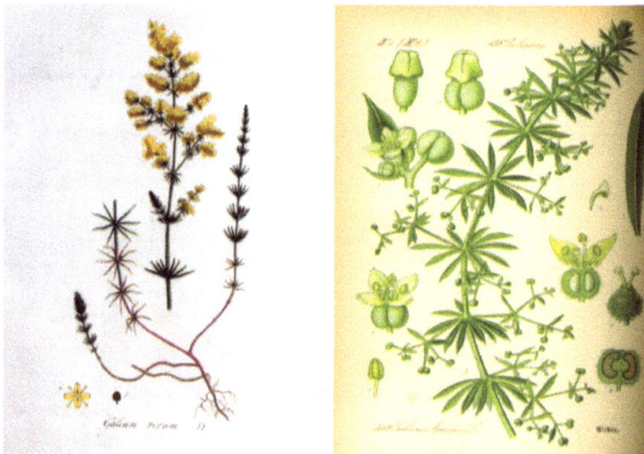

Tafel 17: Echtes Labkraut (*Galium verum* L., links), Klebkraut (*Galium aparine* L., rechts)[562]

Tafel 18: Getrocknete Cochenille[563]

561 Krapp, Pabst: Köhler's Medizinal-Pflanzen, Bd. 3, Taf. 53; gemahlene Krappwurzel, Foto: Struckmeier.

562 Echtes Labkraut, Kops: Flora Batava, T. 1, Taf. 33; Klebkraut, Thomé: Flora von Deutschland, Bd. 4, Taf. 91.

563 Getrocknete Cochenille, Foto: Struckmeier.

Tafel 19: Berberitze (*Berberis vulgaris* L., links), Schöllkraut (*Chelidonium majus* L., rechts)[564]

Tafel 20: Färberwau (*Reseda luteola* L., links), Wauextraktpulver (rechts)[565]

Tafel 21: Färberginster (*Genista tinctoria* L., links),
Färberscharte (*Serratula tinctoria* L., rechts)[566]

564 Berberitze, Thomé: Flora von Deutschland, Bd. 2, Taf. 229; Schöllkraut, ebd., Bd. 2, Taf. 105.
565 Färberwau, Kops: Flora Batava, T. 4, Taf. 308. Wauextraktpulver, Foto: Struckmeier.
566 Färberginster, Kops: Flora Batava, T. 14, Taf. 1106. Färberscharte, ebd. T. 9, Taf. 653.

Tafel 22: Saflor (*Carthamus tinctorius* L., links), getrocknete Saflorblüten (rechts)[567]

Tafel 23: Safran (*Crocus sativus* L.)[568]

Tafel 24: Galläpfel[569]

---

567 Saflor, Thomé: Flora von Deutschland, Bd. 4, Taf. 130; getrocknete ungewaschene Saflorblüten, Foto: Struckmeier.

568 Safran, Thomé: Flora von Deutschland, Bd. 1, Taf. 136.

569 Foto: Struckmeier.

Tafel 25: Perückenstrauch (*Cotinus coggygria* SCOP., links), Färbermaulbeerbaum (*Chlorophora tinctoria* (L.) GAUD., Broussonetia tinctoria (L.) Kunth., rechts)[570]

Tafel 26: Kreuzdorn (*Rhamnus catharticus* L.)[571]

Tafel 27: unreife (links) und reife (rechts) Kreuzdornbeeren[572]

570 Perückenstrauch, Jacquin: Florae austriacae, Bd. 3, Taf. 210; Färbermaulbeerbaum, Blanco: Flora die Filipinas, Atlas II, lám 418).

571 Kreuzdorn, Pabst: Köhler's Medizinal-Pflanzen, Bd. 1, Taf. 63.

572 Kreuzdornbeeren, Fotos: Struckmeier.

Tafel 28: Heidelbeere (*Vaccinium myrtillus* L., links), Schwarzer Holunder (*Sambucus nigra* L., Mitte), Attich (*Sambucus ebulus* L., rechts)[573]

Tafel 29: Kornblume (*Centaurea cyanus* L., links), Klatschmohn (*Papaver rhoeas* L. rechts)[574]

Tafel 30: Kornblumenblütenblätter[575]

573 Heidelbeere, Thomé: Flora von Deutschland, Bd. 4, Taf. 7; Schwarzer Holunder, ebd.: Bd. 4, Taf. 94; Attich,. Kops: Flora Batava, T. 18, Taf. 154.

574 Kornblume, Thomé: Flora von Deutschland, Bd. 3, Taf. 81; Klatschmohn, Pabst: Köhler's Medizinal-Pflanzen, Bd. 3, Taf. 17.

575 Foto: Struckmeier.

Tafel 31: Herbstlaubfärbung am Beispiel Zuckerahorn (*Acer saccharum* MARSH.)[576]

Tafel 32: Erle (*Alnus glutinosa* L., links), Stieleiche (*Quercus robur* L., rechts)[577]

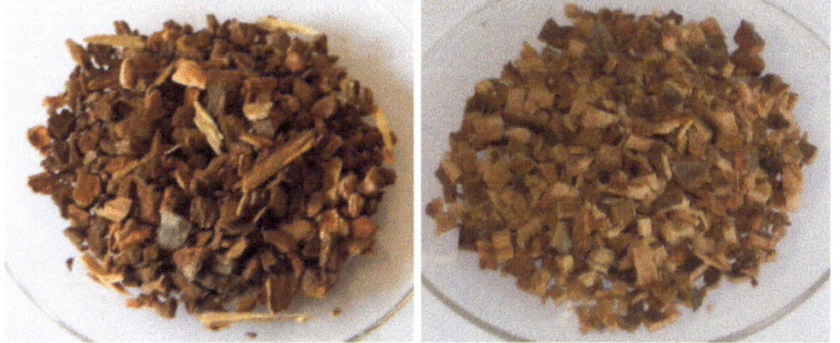

Tafel 33: getrocknete Erlenrinde (links), getrocknete Eichenrinde (rechts)[578]

576 Glass: Fall Colors, mit freundlicher Genehmigung von Chris Glass, Cincinnati.
577 Erle, Thomé: Flora von Deutschland, Bd. 2, Taf. 7; Stieleiche, ebd., Bd. 2, Taf. 3.
578 Getrocknete Erlenrinde, getrocknete Eichenrinde, Fotos: Struckmeier.

Tafel 34: Indigostrauch (*Indigofera tinctoria* L., links), Waid (*Isatis tinctoria* L., rechts)[579]

Tafel 35: Indigo in Stücken[580]

Tafel 36: Alkanna (*Alkanna tinctoria* L. TAUSCH.)[581]

579 Indigostrauch, Pabst: Köhler's Medizinal-Pflanzen, Bd. 3, Taf. 49; Waid, Lindman: Bilder ur Nordens Flora, Taf. 213.

580 Indigo in Stücken, Kremer Pigmente, Aichstetten .

581 Alkanna, Blackwell: A curious herbal, Vol. 1, Taf. 112.

Tafel 37: Walnuss (*Juglans regia* L., links), getrocknete Walnussschale (rechts)[582]

Tafel 38: Brasilholz (*Caesalpinia sappan* L., links), Sandelholz (*Pterocarpus santalinus* L. fil., rechts)[583]

582 Walnuss, Pabst: Köhler's Medizinal-Pflanzen, Bd. 1, Taf. 4; Getrocknete Walnussschale, Foto: Struckmeier.

583 Brasilholz, Blanco: Flora de Filipinas, Atlas I, Lám 121; Sandelholz, Pabst: Köhler's Medizinal-Pflanzen Bd. 2, Taf. 176.

Tafel 39: Brasilholzstoßer (links), geraspeltes Brasilholz (rechts)[584]

Tafel 40: Brasilholzflotte nach neutraler (links) und alkalischer Vorbereitung (rechts)[585]

584 Brasilholzstoßer, Hausbuch der Landauerschen Zwölfbrüderstiftung, Bd. 1, fol. 63r, Stadtbibliothek Nürnberg [Abb. 279.2°]); Geraspeltes Brasilholz, Foto: Struckmeier.

585 Foto: Struckmeier.

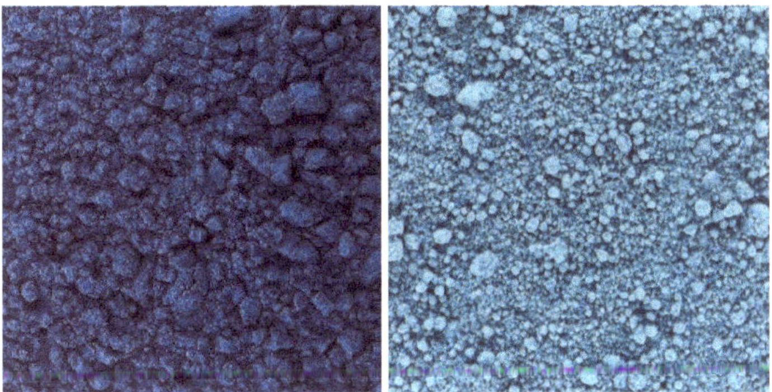

Tafel 41: Lapis Lazuli, reinst (links), Azurit, Korngröße bis 120 μ (rechts)[586]

Tafel 42: Malachit, Korngröße bis 120 μ (links), Grünspan (rechts)[587]

586 Lapis Lazuli, Azurit, Kremer Pigmente, Aichstetten.

587 Malachit, Grünspan, Kremer Pigmente, Aichstetten.

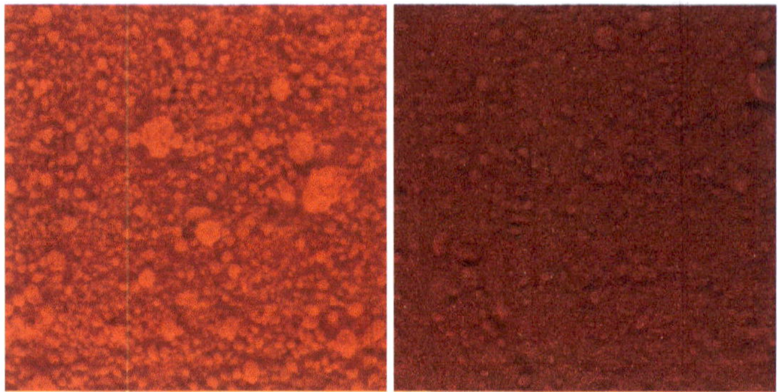

Tafel 43: Mennige (links), gemahlener Zinnober, Korngröße < 20 µ (rechts)[588]

Tafel 44: Auripigment, Korngröße 175 µ[589]

Tafel 45: Bleigelb (Massicot, links), Bleizinngelb (rechts)[590]

588 Mennige, gemahlener Zinnober, Kremer Pigmente, Aichstetten.

589 Auripigment, Kremer Pigmente, Aichstetten.

590 Bleigelb, Bleizinngelb. Kremer Pigmente, Aichstetten.

Tab. 34: Ahornlaub in den Färbeanleitungen

Quelle	Rezept	Farbton	Farb- und Hilfsmittel
In	fol. 101r, 14	*röt*	Brasilholz, ½ so viel Ahornlaub (*massaltereins laup*), Essig, Alaun, Gummi
M II	fol. 119, 3	*rot*	Brasilholz, ½ so viel Ahornlaub (*massaltrein lawb*), Essig, Alaun, Gummi
Au	fol. 21v, 39	*rot*	Brasilholz, ½ so viel Ahornlaub (*massalter laub*), Essig, Alaun, Gummi
	fol. 24r–24v, 49	*rot*	Brasilholz, ½ so viel Ahornlaub (*massalter laub*), Essig, Alaun, Gummi
M IV	fol. 227v, 25	*rot*	Brasilholz, ½ so viel Ahornlaub (*massoltens laub*), Essig, Alaun, Gummi
M V	fol. 232v, 1244	*Rott*	Brasilholz, ½ so viel Ahornlaub (*mosalte laub*), Essig, Alaun, Gummi
H IV	fol. 223v–224, 366	*rot*	Brasilholz, ½ so viel Ahornlaub (*masolter louber*), Essig, Alaun, Gummi
H V	fol. 281v, 33	*Rott*	Brasilholz, ½ so viel Ahornlaub (*holrans Latten*), Essig, Alaun,
Wi	fol. 303v, 8	*rött*	Holzapfellaub, gleich viel Ahornlaub (*masholtrin loub*), gleich viel *köstenn blumen* (Kastanienblüten?), Wachswasser, Alaun

Eine weitere Vorschrift beschreibt das Aufstreichen einer aus Brasilholz und Ahornlaub hergestellten Färbeflotte. Die Anleitungen sind in den Quellen **In**, **M II**, **Au**, **N I**, **M IV**, **M V**, **H IV**, **H V** und **Wi** enthaltenen und somit über den gesamten untersuchten Zeitraum nachweisbar. Das Ahornlaub ist in den Rezepturen als *massaltereins laup, massaltrein lawb, massalter laub, massaldrenlaub, massoltens laub, masolter louber* und *holrans Latten* aufgeführt. J. und W. Grimm, Zedler und Marzell nennen Maßholder als alte Bezeichnung für den Feldahorn (*Acer campestre* L.).[591] Die Verwendung von frischem, geraspeltem Feldahornholz und Baumrinde sowie jungen und ausgereiften Blättern des Spitzahorns (*Acer plantanoides* L.) ist bei Brunello belegt. Mit Holz werden auf Wolle Brauntöne, mit Rinde Rotbrauntöne und mit den Blättern grüne bzw. zitronengelbe Töne erzielt.[592] Über Rotfärbungen mit Ahornlaub ist in der Literatur nichts bekannt.

Für die Herstellung der Färbeflotte werden Brasilholz und Ahornlaub zunächst mit Essig gekocht. Nach Zugabe von Alaun und Gummi wird nochmals aufgekocht und anschließend gefärbt.

5.6 Gerbstoffe als Farbmittel

Neben der beschriebenen Anwendung von Gerbstoffen für die Vorbeize auf Cellulosefasern, wurden hydrolysierbare Tannine aus Galläpfeln, Erlen- und Eichenrinde seit alters her in Kombination mit Metallen oder Metallsalzen für

591 Vgl. Grimm: DWb, Bd. 12, Sp. 1741; vgl. Zedler: Universallexikon, Bd. 1, S. 289; vgl. Marzell: Pflanzennamen, Bd. 1, Sp. 66.

592 Vgl. Brunello: The Art of Dyeing, S. 325.

Schwarz-, Grau- und Braunfärbungen verwendet. Mit in Apfelbaum-, Pflaumen- oder Schlehenrinden enthaltenen kondensierten Gerbstoffen wurden Gelb- und Rottöne erzeugt.

Die Schwarzfärbung mit Rinden- oder Gallapfelgerbstoffen und Metallzusätzen hat eine lange Tradition und gelangte vermutlich mit den Römern nach Nordeuropa.[593] Im Mittelalter wurde insbesondere Erlenrinde für die Wollfärbung und in Kombination mit Galläpfeln für die Seidenfärbung verwendet. Mit den in den Rinden enthaltenen hydrolysierbaren Gerbstoffen und Metallzusätzen (Hammerschlag, Schliff) oder Metallsalzen (Eisen- oder Kupfervitriol) unter Einwirkung von Sauerstoff bilden sich in Abhängigkeit von der Herkunft des Gerbstoffes und der Art des Metalles schwarze oder braune wasserunlösliche Farbkomplexe.[594] Die Gerbstoffkomplexe der zweiwertigen Metallionen aus Vitriolen sind farblos bis bläulich und wasserlöslich. Die Komplexe der dreiwertigen Metallionen sind zwar farbig, aber schwer wasserlöslich und besitzen nur eine geringe Affinität zur Faser. Daher muss der Farbstoffkomplex während der Färbung auf der Faser erzeugt werden, wozu drei unterschiedliche Verfahrensweisen möglich sind (Tab. 35).

Tab. 35: Verfahrensvarianten bei der Gerbstofffärbung von Wolle[595]

Variante	Schritt 1	Schritt 2	Schritt 3
1	Beize der Wolle mit Metall^{2+}	alkalisches Bad	Behandlung mit Gerbstofflösung
	Beize der Wolle mit Metall^{3+}	Behandlung mit Gerbstofflösung	-
2	Behandlung der Wolle mit Gerbstofflösung	Behandlung mit Metall^{3+}	-
		Behandlung mit Metall^{2+}	an der Luft oxidieren
3	Bildung des Komplexfarbstoffes aus Gerbstofflösung und Metall^{2+}	Wolle färben	an der Luft oxidieren

In Variante 1 wird die Ware mit einer Metallsalzlösung vorbehandelt. Werden dreiwertige Metallionen verwendet, kann sofort mit der Gerbstofflösung weiterbehandelt werden. Bei der Verwendung von zweiwertigen Ionen, z.B. aus Vitriolen, müssen diese zunächst zu dreiwertigen Ionen oxidiert werden. Diese Verfahrensvariante eignet sich gut für Wolle und Seide, die ein relativ hohes Bindevermögen für Metalle aufweisen.[596]

Bei Variante 2 wird zunächst mit der Gerbstofflösung behandelt und erst im zweiten Schritt mit der Metallsalzlösung. Auch hier muss sich bei der Verwendung von zweiwertigen Metallionen ein Oxidationsschritt anschließen. Dieses geschieht durch Verhängen an der Luft. Variante 2 ist eher für die Färbung von Cellulose-

593 Vgl. Vogler: Germanen und Kelten, S. 238–239.

594 Vgl. Wizinger: Gerbstoff- und Blauholzschwarz, S. 4 und 6.

595 Vgl. Wizinger: Gerbstoff- und Blauholzschwarz, S. 6; vgl. ebenfalls Schweppe: Analyse der Farbstoffe, S. 289–290.

596 Vgl. Daniels: Degradation of artifacts, S. 214.

fasern geeignet, da diese leichter Gerbstoff- als Metallsalzlösungen aufnehmen. In Variante 3 werden mit zweiwertigen Metallionen wasserlösliche Komplexe hergestellt, auf die Faser aufgefärbt und anschließend durch Verhängen an der Luft zu Komplexen mit dreiwertigen Metallionen oxidiert.[597] Werden Metallabfälle wie rostiges Eisen, Feilspäne oder Schliff für die Komplexbildung verwendet, bilden sich ebenfalls zunächst die wasserlöslichen farblosen Gerbstoffkomplexe, die aufgefärbt und anschließend durch Aushängen oxidiert werden.

$$\textbf{Gallussäure} + \textbf{Fe(II)SO}_4 \longrightarrow \underset{\text{bläulich}}{[\textbf{Fe(II)-gallat}]} + \textbf{H}_2\textbf{SO}_4$$

$$[\textbf{Fe(II)-gallat}] + \textbf{0,5 O}_2 \longrightarrow \underset{\text{schwarz}}{[\textbf{Fe(III)-gallat}]} + \textbf{H}_2\textbf{O}$$

Abb. 29: Bildung von Gerbstoffschwarz mit Eisenvitriol[598]

Das Färben mit Eisen bzw. Eisensalzen und Gerbstoffen ist mit Alterungseffekten der Textilien verbunden. Diese Tatsache war schon den Färbern vergangener Jahrhunderte bekannt, so dass die Gerbstoffschwarzfärbung häufig schon im Mittelalter verboten war.[599] Bei der Verwendung von Vitriol zur Herstellung des Gerbstoffkomplexes (Abb. 29) entsteht bei der Bildung des noch wasserlöslichen zweiwertigen bläulichen Komplexes Schwefelsäure auf der Textilfaser, die der Ware auch nach Oxidation und Spülen einen leicht sauren Charakter verleiht, und die Hydrolyse des Farbstoffkomplexes und damit die Freisetzung von Eisen fördert. Bei der Verwendung von Metall bzw. Metallabfällen gelangt feinster Metallstaub auf und in die Ware, der sich durch Spülen und Waschen nicht vollständig entfernen lässt, was zunächst zu einer Versteifung der Ware führt. Im Laufe der Zeit können dann beim Gebrauch der Ware unter Einfluss von Licht und Feuchte Alterungseffekte auftreten, die durch das auf der Ware verbliebene Eisen katalysiert werden. Bei Cellulosefasern führt die durch Eisenionen hervorgerufene Oxidation zu einem zunehmend sauren Charakter der Ware, was wiederum die Hydrolyse des Farbstoffes und die Freisetzung weiterer Eisenionen bewirkt. Sowohl Hydrolyse als auch Oxidation fördern den Abbau der Polymerketten und die Verringerung der Faserfestigkeit, was dann zu Rissen in der Ware oder auch zum vollständigen Verlust von Fasern führen kann. Die Mechanismen des Faserabbaus bei den Eiweißfasern beruhen

597 Vgl. Wizinger: Gerbstoff- und Blauholzschwarz, S. 6.

598 Abbildung in Anlehnung an Fuchs: Tinten und Tuschen, S. 28.

599 Vgl. Hofenk de Graaff: Hofenk de Graaff: The Colourful Past, S. 294; dies.: Geschichte der Textilfärberei, S. 26; vgl. Farbe, Färber, Farbensymbolik, 3. Spezifische Probleme, in: Angermann et al.: LexMa, Bd. 4, Sp. 287; vgl. Cassebaum: Ursprung der Indigofärberei, 1965, S. 1331.

ebenfalls auf Redoxvorgängen, die die Lichtempfindlichkeit der Fasern erhöhen und auf Dauer ebenfalls zur Festigkeitsverminderung führen.[600]

Eine nicht faserschädigende, aber kostenintensivere und verfahrenstechnisch aufwändigere Methode für die Schwarzfärbung war die Kombinationsfärbung mit Waid bzw. Indigo und Krapp. Diese Variante wurde von den Färbern in der handwerklichen Färberei genutzt und ist in Zunftquellen belegt. Mit der Entdeckung Amerikas wurde das Blau- oder Campecheholz (*Haematoxylum campechianum* L.) in Europa bekannt, welches dann bis zur Einführung der synthetischen Farbstoffe für die Schwarzfärberei von besonderer Bedeutung war.[601]

Ein Beispiel für das Verbot des Schwarzfärbens mit Gerbstoffen und Metallzusätzen ist in der Zunftrolle der Lübecker Tuchfärber aus dem Jahr 1500 zu finden:

> „Idt schall ock kein farver Engelsche lackenn schwart farven ahne wede und mede, by vorlust der farwerye und twintig guldenn, und wen idt de koepman alrede hebben wolde, wente idt is bedroch."[602]
>
> „Idt will ock ein Erbar Raedt, dat alle de farwer, so mit mede und wede farwen, keine koelicken und schlipschwarte mackenn schoelenn, by straffe eines Erbarn Rades."[603]

Schwarz sollte mit Waid und Krapp gefärbt werden. Schliffschwarz (Gerbstoffschwarz) durfte bei Strafe nicht benutzt werden. Hielt sich ein Färber nicht an diese Vorschrift, musste er eine Strafe zahlen und ging seiner Handwerkerehre verlustig.

Die hier betrachteten Quellen beinhalten vorrangig Anleitungen für die Hausfärberei, so dass der größte Teil der Vorschriften die Schwarzfärbung mit Gerbstoffen beschreibt. Außer den bereits beschriebenen Galläpfeln, werden Erlen- und Eichenrinde mit Vitriolen oder Metallabfällen verwendet.

Erlen sind zirkumpolar auf der Nordhalbkugel der Erde verbreitet und wachsen bevorzugt auf nassen Standorten. In Mitteleuropa sind Schwarz-, Grau- und Grünerle beheimatet.[604] Die Rinde der Schwarzerle (*Alnus glutinosa* L., vgl. Tafel 32, links) enthält neben dem Anthrachinon Emodin und dem Flavonoidfarbstoff Quercetin ca. 20 % Gerbstoffe, die zu Gallussäure und Glucose hydrolysieren.[605] Die

---

600 Vgl. Daniels: Degradation of artifacts, S. 211 und 214; vgl. Joosten et al.: Halstatt Textiles, S. 170–171; vgl. Wizinger: Gerbstoff- und Blauholzschwarz, S. 7. Der genannte Effekt kann auch bei Papier oder Pergament auftreten, hier wird dann vom „Tintenfraß" gesprochen; vgl. Schwedt: Chemische Experimente, S. 32; vgl. Lehmann: Erhaltung von historischen Textilien, S. 1298.

601 Zu Blauholz vgl. Schaefer: Das Blauholz, S. 326–330; ders.: Blauholzverwendung, S. 331–335.

602 Zitiert nach Wehrmann: Wantfarver, S. 486.

603 Zitiert nach Wehrmann: Wantfarver, S. 488.

604 Vgl. Aas: Die Schwarzerle, S. 7–10; vgl. Augustyn, Lepsky: RDK-WEB, Bd. 5, Sp. 1279–1280.

605 Vgl. Hofenk de Graaff: The Colourful Past, S. 294.

Rinde wird von April bis Anfang Mai geerntet, da zu dieser Zeit der Gehalt an wasserlöslichen Gerbstoffen besonders hoch ist. Danach wird sie geraspelt und kann frisch oder getrocknet weiterverwendet werden.[606] Auf alaungebeizter Wolle wird ein Braunton erzielt, bei einer Vorbehandlung mit Chrom wird der Ton rötlichbraun.[607] Für Schwarz ist der Zusatz von Eisenvitriol oder Eisenabfällen erforderlich, während Kupfervitriol zu einem braunstichigen Schwarz führt.

Die Rinde der in Europa heimischen Eichenarten Stiel- oder Sommereiche (*Quercus robur* L., vgl. Tafel 32, rechts) und Trauben- oder Wintereiche (*Quercus petrea* L.) enthält ebenfalls bis zu 17 % Gerbstoffe. Das Hauptanwendungsgebiet für Eichenrinde war allerdings die Lohgerberei.[608] Die Ernte der Rinde erfolgt wegen der hohen Konzentration hydrolysierbarer Gerbstoffe wie bei der Erlenrinde ebenfalls im Frühjahr. Zu dieser Zeit lässt sich die Rinde leicht vom Stamm lösen.[609]

In den Quellen dient bevorzugt Erlenrinde als Gerbstofflieferant für die Schwarz- und Graufärbung. Sie ist als *erlein rinden, erlen rintten, erlin rinten, erlyn rinden, erlem rinten, cortices alni* und *wasser von edlen rinten* in 25 Anleitungen genannt (Tab. 36). Eichenrinde ist als *loe wassir, löch?*[610]*, von klainen aichenholtz die rinden* und *eichen rinden* in fünf Anleitungen für die Schwarzfärbung genannt.

Tab. 36: Erlen- und Eichenrinde in den Schwarzfärbeanleitungen

Quelle	Rezept	Farbton	Farb- und Hilfsmittel
M I	fol. 67v, 57	*Swarcz*	Erlenrinde, Atrament, Schliff, Schwarz, *lanch* (Alaun?)
M II	fol. 119, 1	*Swarcz*	2 Hand voll Erlenrinde, 1 Hand voll Schliff, Alaun, Wasser
	fol. 119v, 11	*Swarcz*	Erlenrinde, Schliff, Alaun, Wachswürz
M III	fol. 195r, 133	*schwarcz*	Schwarz (aus Erlenrinde, Schliff, Hammerschlag etc.)
Be	fol. 126–127, 40	*Swartz*	Erlenrinde, Feilspäne, Mehl, Trester, Wein, Alaun
Au	fol. 18v–19r, 30	*Swarz*	2 Hand voll Erlenrinde, 1 Hand voll Schliff, Alaun, Wasser
	fol. 19r, 31	*swarz*	Schwarz, Salbeiblätter, Erlenrinde, Eisenfeilspäne, Schliff, *knopf aichen laub,* Essig, Alaun, Gummi
	fol. 19v, 32	*Swartz*	Erlenrinde, Schliff, rostiges Eisen
N II	fol. 55v, 100	*Swarcz*	Erlenrinde, Schliff, Alaun, Wasser
Tr	16r–17r, 64	*Swartz*	Erlenrinde (Mai), rostiges Eisen (so viel ihr habt), Kleie, Wasser

606 Vgl. Hofenk de Graaff: The Colourful Past, S. 295.

607 Vgl. Roth, Kormann, Schweppe: Färbepflanzen, S. 34.

608 Vgl. Brachert: Maltechniken, S. 96; vgl. Grimm: DWb, Bd. 5, Sp. 3591 und Krünitz: Oekonomische Encyklopädie, Th. 80, S. 201.

609 Vgl. Hänsel, Sticher: Pharmakognosie, S. 1262–1265; vgl. Schöpke: Arzneipflanzenlexikon, Eichenrinde – Quercus cortex; zum Gerbstoffgehalt vgl. Otto Dille: Vegetabile Gerbstoffe.

610 Lohrinde, Gerberlohe: nach Brachert tanninhaltiges Material der Gerber, vorrangig aus Rinden bestehend; vgl. Brachert: Maltechniken, S. 96. Grimm nennen hier Eichenrinde; vgl. Grimm: DWb, Bd. 5, Sp. 3591.

Quelle	Rezept	Farbton	Farb- und Hilfsmittel
H II	fol. 64–65, 17	*schwarcz*	Erlenrinde, Eisenfeilspäne od. -hammerschlag, Wasser
M V	fol. 143v, 440	*(schwarz)*	schwarze Farbe aus Erlenrinde und Hammerschlag oder Eisenfeilspänen und Schliff
	fol. 144v, 445a	*swartz*	1 Hand voll Schliff, 2 Hand voll Erlenrinde, Wasser
	fol. 144v, 445b	*swartz farb bestätten*	1 Hand voll Schliff, 2 Hand voll Erlenrinde, Grünspan
	fol. 234r, 1268	*Schwartz*	Schliff, Erlenrinde, Vitriol, Alaun, Wachswürz, Wasser
	fol. 234r, 1269	*Swartz*	Atrament, Schusterschwarz, Alaun
B	fol. 86v, 243	*schwartz*	Erlenrinde, Vitriol, Schliff, Wasser
	fol. 94, 261	*schwartz*	Erlenrinde, Schliff, Hammerschlag
	fol. 94, 262	*schwartz*	Erlenrinde, Eisenfeilspäne, Wasser
H IV	fol. 257, 403a	*schwartz*	2 Hand voll Erlenrinde, 1 Hand voll Schliff, Wasser, Alaun, Harn, Essig
	fol. 257, 403b	*schwartz*	2 Hand voll Erlenrinde, 1 Hand voll Schliff, Wasser, Schuhmacherschwarz, Alaun, Essig
H IV	fol. 259v, 414	*schwartz*	Erlenrinde, Schliff, Alaun, Wasser
H V	fol. 277v, 10	*Schwartz*	Erlenrinde, Eisenfeilspäne
	fol. 227v, 11	*schwartz*	Erlenrinde, Schliff, Hammerschlag
	fol. 281, 29	*schwartz*	2 Hand voll Erlenrinde, 1 Hand voll Schliff, Wachswürz, Alaun, Wasser
E	fol. 204v, 1	*swartz*	Lohwasser
B	fol. 92, 263	*schwartz*	½ Topf Eichenrinde, Wasser
H IV	fol. 67v, 139	*Dinten*	1 Kessel grüne Eichenrinde, 4 Lot Vitriol, Wasser
H V	fol. 227v, 12	*schwartz*	1 Topf Eichenrinde, Wasser
H VI	fol. 50, 3	*schwartz*	2 Schüsseln ungestampfte Gerste, Eichenrinde, Zinkvitriol, Wasser

Mit Erlenrinde soll der Farbstoffkomplex bevorzugt mit Abfällen aus der Metallverarbeitung wie Feilspänen, Schliff, Hammerschlag oder rostigem Eisen erzielt werden, Vitriol als Metallkomponente ist lediglich vereinzelt genannt.[611] Bei dem z.T. aufgeführten Atrament ist aus dem Inhalt der Vorschriften nicht abzuleiten, ob

611 Feilspäne sind als *figel spon eisen* (Quelle **W**, fol. 32v, Rezept 2), *eiserein veilspenn,* (Quelle **Au**, fol. 19r, Rezept 31), *afoylich* (Quelle **M I**, fol. 67v, Rezept 60) sowie *figelotte oder fligen* (Quelle **Be**, fol. 126–127, Rezept 40) aufgeführt; zu *figel* = feile, *figeln* = feilen und *figelet* = gefeilt vgl. Grimm: DWb, Bd. 3, Sp. 1629: Schliff ist als *slifstein oder slifsteins*: (Quelle **Au**, fol. 18v–19r, Rezept 30) genannt. Sinter ist die mnd. bzw. mhd. Bezeichnung für Hammerschlag oder Schlacke. Vgl. Grimm: DWb, Bd. 16, Sp. 1215. Hammerschlag (vgl. Quelle **M III**, fol. 195r, Rezept 133) meint in historischen Quellen meist Eisenhammerschlag. Kupfer(hammer)schlag ist als *sintter von de chupffer*, *chupfferschlag*, *kupfferschlag*, *chupferslag* oder *kupfferfelinn* (Kupferfeilspäne) genannt und wird für Beerenfärbungen verwendet. Kupferschlag ist der gröbere Hammerschlag aus der Kupferverarbeitung, der feinere wurde als Kupferbraun bezeichnet. Vgl. Grimm: DWb, Bd. 11, Sp. 2761, 2763 und 2768; vgl. Krünitz: Oekonomische Encyklopädie, Th. 56, S. 177. Rostiges Eisen ist als *rottigs eyssen* (Quelle **M I**, fol. 67v, Rezept 60) erwähnt.

es sich um Eisenvitriol oder eine zuvor hergestellte schwarze Farbe handelt.[612] Bei den Schwarzfärbungen mit Eichenrinde fehlt zum Teil der für die Bildung des Farbstoffkomplexes erforderliche Metallzusatz.

In den bearbeiteten Quellen sind weitere gerbstoffhaltige Mittel aufgeführt. In Quelle **B**, fol. 95–95v, Rezept 264 soll mit Rausch und verschiedenen Metallzusätzen Schwarz gefärbt werden, in Quelle **M IV**, fol. 227r, Rezept 23 wird Rausch mit einem Auszug aus Erlenrinde für eine Graufärbung verwendet. J. und W. Grimm identifizieren Rausch als Pflanzennamen und als Bezeichnung für ein Bleierz, das bei der Galmeigewinnung anfiel.[613] Sowohl die gerbstoffhaltigen Rauschbeeren als auch das Erz sind bei Grimm für die Färbung belegt. Im ersten Rezept bezeichnet Rausch vermutlich eine gerbstoffhaltige Pflanze, da sonst der für die Färbung benötigte Gerbstoff fehlen würde. Im zweiten Rezept liefert Erlenrinde den Gerbstoff, was hier für die Deutung des Rauschs als Erz spricht. In Quelle **Au**, fol. 19r, Rezept 31 sollen *knopf aichen laub* und *salberem pletter* (Salbeiblätter) mit Erlenrinde und weiteren Substanzen für die Schwarzfärbung verwendet werden. Eine „Knopfeiche“ ist in der Literatur nicht belegt. Vermutlich handelt es sich hier um einen Schreibfehler und es sind Knoppern, die Galläpfel der Knoppereiche (*Quercus aegilops* L.) gemeint.[614] Die Blätter des Salbei (*Salvia officinalis* L.) enthalten neben ätherischen Ölen und Flavonoidfarbstoffen auch Gerbstoffe, insbesondere Rosmarinsäure (bis zu 3,4 %).[615]

Weitere neun Rezepte beschreiben die Graufärbung (Tab. 37). Hier ist die gerbstoffhaltige Erlenrinde zum Teil in Verbindung mit schwarzer Farbe (*schwercz*, *swarczer varb*, *swercz*, *schuster swerz* und *schuch swerz*) genannt, worunter eine zuvor gewonnene Schwarzfärbeflotte aus Gerbstoffen und Metallzusätzen zu verstehen ist. Da der Gerbstoffschwarzkomplex schlecht wasserlöslich ist und lediglich geringe Affinität zu Textilfasern hat, dient die schwarze Farbe vermutlich nicht der Färbung sondern lediglich dem Abdunkeln des Farbtones. Auffällig ist der Alaunzusatz, der in sieben Anleitungen zu finden ist. Für die Bildung und das Aufziehen des Farbstoffkomplexes ist er nicht erforderlich.

---

612 Atrament kann im Zusammenhang mit Gerbstoffschwarzfärbungen sowohl für Eisenvitriol als auch für eine aus Eisenvitriol und Gerbstoffen hergestellte Schwarzfärbeflotte stehen. Vgl. Merrifield, Original treatises, S. xiii.

613 Als Rausch wurden die Rauschbeere (*Vaccinium uliginosum* L.), die Preiselbeere (*Vaccinium vitis idaea* L.) und verschiedene Alpenrosenarten bezeichnet; vgl. hierzu Grimm: DWb, Bd. 14, Sp. 305; vgl. Krünitz: Oekonomische Encyklopädie, Th. 121, S. 255 und Th. 22, S. 754–755; vgl. Brachert: Maltechnik, S.203; vgl. Marzell: Pflanzennamen, Bd. 4, Sp. 959. Zur Namensgebung vgl. Netolitzky: Rauschbeeren, S. 43–44. Nach Clasen bestand in Augsburg verwendeter Rausch aus Rhododendronarten, vgl. Clasen: Textilherstellung in Augsburg, S. 241.

614 Vgl. Grimm: DWb, Bd. 11, Sp. 1483; vgl. Krünitz: Oekonomische Encyklopädie, Th. 41, S. 704–712.

615 Sächsische Landesanstalt für Landwirtschaft, Sächsisches Landesamt für Umwelt und Geologie (Hrsg.): Nachwachsende Rohstoffe, S. 27–28. Zur Rosmarinsäure vgl. Krammer: Rosmarinsäure, in: Römpp-Online, RD-18-01793; vgl. Hermann: Labiatenblätter, S. 1043.

Tab. 37: Erlenrinde in den Graufärbeanleitungen

Quelle	Rezept	Farbton	Farb- und Hilfsmittel
M II	fol. 119v, 9a	*eysuar*	Erlenrinde, *löch* (Lohe?), Schliff, Schwarz, Met, Alaun
N II	fol. 54v, 99	*grab*	Erlenrinde, Schliff, Alaun
M III	fol. 184r, 72a	*griseo*	Schwarz
	fol. 184r, 72b	*griseo*	Erlenrinde, Brasilholzsud, Brasilholz, Regenwasser, Alaunwasser
M IV	fol. 227r, 23	*grab*	Erlenrindenwasser, Rausch (Bleierz?)
M V	fol. 123r, 331	*griseo*	schwarze Farbe od. Erlenrindenflotte [gleiche Menge wie Tuch], Brasilholzsud, Regenwasser
H V	fol. 277, 9a	*grawe-schwertz*	Erlenrinde, Schliff, Metwürz, Alaun
	fol. 280, 23	*wurtz graw*	Erlenrinde, Schwarz, Wachswürz, Alaun
	fol. 281v–282, 36a	*eissengraw*	Erlenrinde, Schwarz, Schliff, Alaun

Galläpfel als Gerbstofflieferanten sind als *aychephel*, *galöpfel*, *galnus*, *gall oppel*, *Galla Romana* und *gallas* in vier Anleitungen für die Schwarzfärbung und in fünf Anleitungen für die Graufärbung aufgeführt. Die hier aufgelisteten Rezepte beschreiben sowohl Färbungen auf Wolle als auch auf Leinen. Fünf weitere Vorschriften beschreiben die Schwarzfärbung mit einer Kombination aus Erlenrinden und Galläpfeln (Tab. 38).

Tab. 38: Galläpfel in den Färbeanleitungen

Quelle	Rezept	Farbton	Farb- und Hilfsmittel
In	fol. 101r, 12	*Swarcz*	Galläpfel, Bergweiß, Dunkler: Schwarz, Alaun, Harn
W	fol. 32v, 2	*Swartz*	2 Lot Galläpfel, 3 Lot Vitriol, Eisenfeilspäne nach Gutdünken, Alaun, Wasser, Gummi
M V	fol. 177v, 674	*Swartz*	6 oder 7 Kugeln Galläpfel, Wasser, Schusterfarbe
B	fol. 95v, 266	*schwartz*	1 Lot gepulverte Glasgallen, 1 Lot Vitriol, ½ Lot Kupferfeilspäne, Alaun, Wasser
M V	fol. 99r–99v, 228	*graw*	1 Lot Kupferwasser, 1 Lot Galläpfel
B	fol. 93, 257	*Eschenfarb*	1 Korb Galläpfel (9 Pfd.?), 1 Kübel Kupfervitriol (10 Pfd.?)
	fol. 93, 258	*graw*	1 Pfd. Galläpfel, 1 Pfd. Kupfervitriol, Alaunwasser
	fol. 96, 267a	*graw*	½ Pfd. Galläpfel, 2 Pfd Kupfervitriol, Wasser
H VI	fol. 50v, 5	*groe*	4 Lot Galläpfel, 1 Lot Eisenvitriol
Tr	fol. 16r–17r, 64a	*Swartz*	Erlenrinde (Mai), Galläpfel, rostiges Eisen (so viel ihr habt) Kleie, Wasser
M V	fol. 99r, 227	*schwarez*	4 Lot Galläpfel, 4 Lot Kupferwasser, 1 Faustvoll Schliff und Eisenhammerschlag, Eichenrinde, Wasser?
B	fol. 95v, 265	*schwartz*	gleich viel Erlenrinde und Espenlaub, 2 Lot Glasgallen, Alaun (od. NH_4Cl od. Vitriol), Regenwasser
H IV	fol. 55–55v, 116	*schwartz*	4 Lot Galläpfel oder so viel du willst, 2x so viel Erlenrinde, für 1? Drachme Vitriol
	fol. 194v–195, 328	*schwartz*	4 Lot Galläpfel oder so viel du willst, 2x so viel Erlenrinde, 3 Lot? Vitriol

Außer den Anleitungen für die Schwarz- und Graufärbung mit Gerbstoffen, sind in den Quellen ebenfalls Anleitungen für die Gelb- und Rotfärbung mit kondensierten Gerbstoffen zu finden. Kondensierte Gerbstoffe sind Derivate des Flavans, die zu sog. Proanthocyanidinen kondensiert sind (Abb. 30). Diese färben Gelb und bilden bei Oxidation, beispielsweise durch längeres Sieden, rote Gerbstoffe.[616]

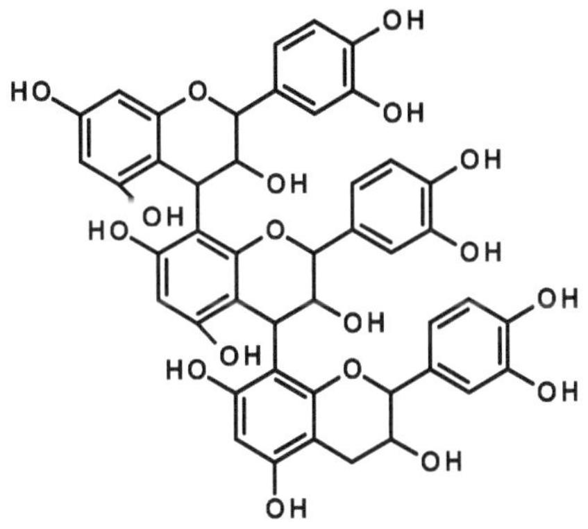

Abb. 30: Beispiel für ein Proanthocyanidin[617]

Proanthocyanidine sind neben Flavonoidfarbstoffen in Blättern und Rinde des wilden *(Malus sylvestris* L.) und des Kulturapfelbaumes (*Malus domestica* L.) enthalten. Rotfärbungen mit Apfelbaumlaub sind in drei Anleitungen der hier bearbeiteten Quellen aufgeführt. Für die Rotfärbung mit Apfelbaumrinde ist keine Beize erforderlich, mit Alaunbeize werden Gelbtöne erzielt. Die Färbung erfolgt mit gleichen Anteilen Substrat und Rinde. Die Rinde muss für mehrere Tage in Wasser eingeweicht werden. Leuchtendere Töne werden erzielt, wenn nur die innere Rinde für die Färbung verwendet wird.[618] Außerdem sind Pflaumenbaum-, Kreuzdorn- und/oder Schlehdornrinde für die Rotfärbung genannt (Tab. 39). Diese Rinden wurden z.T. in der Malerei verwendet. Abkochungen aus Schlehdorn- und Kreuzdornrinden (*Prunus spinosa* L.) dienten zur Herstellung von „Dornentinte“, Schlehdornwurzeln lieferten einen gelben bis roten Farbstoff. Pflaumenbaumrinde (*Prunus domestica* L.) wurde für die Herstellung eines Pflaumenbaumlackes genutzt.[619] Über die färbenden Inhaltstoffe dieser Rinden ist nichts bekannt, vermutlich handelt es sich aber wie bei der Apfelbaumrinde um kondensierte Gerbstoffe.

616 Im Gegensatz zu den Gallotanninen, bei denen es sich um Glykoside der Gallusäure handelt, bestehen die kondensierten Gerbstoffe aus Derivaten des Flavan (2-Phenylbenzodihydropyran). Diese kondensieren und bilden miteinander größere Moleküle; vgl. Schweppe: Naturfarbstoffe, S. 495 und S. 513.

617 Vgl. Schweppe: Naturfarbstoffe, S. 496.

618 Vgl. Dean: Wild Color, S. 107.

619 Vgl. Brachert: Maltechnik, S. 205–206 und S. 222; vgl. Fuchs: Tinten und Tuschen, S. 27.

Tab. 39: Kondensierte Gerbstoffe in den Färbeanleitungen

Quelle	Rezept	Farbton	Farb- und Hilfsmittel
Ba	fol. 181r, 3	*roth*	Mittlere Pflaumenbaumrinde (*corticem medium prunorum arborum*), Essig, Alaun
B	fol. 100, 284	*Rott*	Erlenrinde, Pflaumenbaumrinde, Schlehendornrinde (*Erlin rinden, pflaumenbaum rinden, rinden von schlehendorn*), Haferstroh
	fol. 100, 285	*rote*	Erlenrinde, Apfelbaumlaub od. Kreuzdornrinde (*Erlin rinden, apffel laub oder weedorn rinden*), Wasser, Asche, Salz
H V	fol. 275v, 1	*Rott*	Erlenrinde, Pflaumenbaumrinde, Schlehendornrinde (*Erlin Rinden, Rinden von pflaumenbaum, Rinden von schlehdörn*), Haferstroh
	fol. 275v, 2	*Rott*	Erlenrinde, Apfelbaumlaub od. Kreuzdornrinde (*Erlin Rinden, Öpffell Laub oder wehedörn Rinden*), Asche, Salz
Wi	fol. 303v, 8	*rött*	Holzapfellaub (*wild holcz öpfel loub*), gleich viel Ahornlaub, gleich viel *köstenn blumen* (Kastanienblüten?)
H II	fol. 62v–63, 14	*gelb*	untere Apfelbaumrinde (*wild affalter rinden, im Frühjahr geerntet*) so viel du benötigst, etwas Safran, Alaun, Lauge,
M V	fol. 223v, 1257	*Gelb*	mittlere Rinde von wilden Apfelbäumen (*Rintten von Wilden affalternn*), Alaun
H VI	fol. 51, 8	*gel*	untere Apfelbaumrinde (*affeltern schelfen*), Wasser, Alaun

5.7 Indigoide Farbstoffe

Zu den Naturfarbstoffen mit indigoider Struktur (Abb. 31), gehören die beiden schon seit der Antike bekannten Farbstoffe Purpur und Indigo.

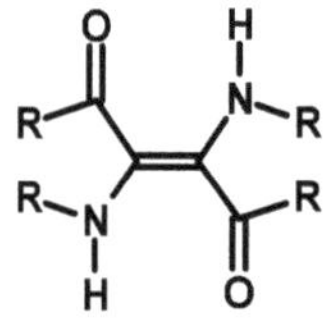

Abb. 31: Indigoide Struktur

Purpur, ein Schneckenfarbstoff (*Bolinus brandaris* L. = rotstichiger Purpur; *Hexaplex trunculus* L. = blaustichiger Purpur), hatte seit phönizischer Zeit große Bedeutung und war auf Grund der aufwendigen Gewinnung, für 1 g Farbstoff wurden mindestens 8.000 Schnecken benötigt[620], ein sehr teurer Farbstoff für Reiche oder hochgestellte Personen und daher Symbolfarbe für Macht und Reichtum. Mit dem Untergang des Römischen Reiches gingen die Kenntnisse über die Purpurfärberei im westlichen Europa verloren, im oströmischen Reich überlebten sie dage-

620 Vgl. Wittke: Farbstoffchemie, S. 41.

gen noch bis zum Fall Konstantinopels im Jahre 1453.[621] Die Rolle des Purpurs als Symbolfarbe übernahmen im Westen Europas im Hochmittelalter die Farben Rot und Blau. Einzelheiten über die Bedeutung und den Ablauf der Purpurfärberei können in verschiedenen Veröffentlichungen nachgelesen werden.[622] Über das Aussehen des Farbtones wird bis heute diskutiert.[623] Purpur ist in den hier bearbeiteten Quellen weder als Farbton noch als Farbstoff genannt.

Indigo (C.I. Natural Blue 1) ist der Name des Farbstoffes, der aus dem Indigostrauch (*Indigofera tinctoria* L., vgl. Tafel 34, links), heimisch in Ost- und Westindien, und aus dem europäischen Färberwaid (*Isatis tinctoria* L., vgl. Tafel 34, rechts) gewonnen wurde.[624] Die Geschichte und die Bedeutung beider Pflanzen für die Textilfärberei ist von verschiedenen Autoren eingehend beschrieben worden.[625] Daher soll hier nur eine Kurzdarstellung erfolgen.

Waid stammt ursprünglich aus Südeuropa, von wo er bis England und Schweden gelangte.[626] Er wurde in Europa schon früh als Farbmittel verwendet. Caesar berichtete nach der Eroberung Britanniens in seinem „*De Bello Gallico*“ (V, 14) von den Britanniern, die sich vor der Schlacht mit Waid bemalten, um noch schreckli-

---

621 Nur in besonders kostbar ausgestatteten Urkunden, den Purpururkunden, findet der Farbstoff auch im Westen noch Anwendung. Bei diesen Urkunden wird der Beschreibstoff, in der Regel Pergament, mit Purpur gefärbt und anschließend mit Goldtinte verziert. Eines der beeindruckendsten und bekanntesten Beispiele einer solchen Urkunde ist das Privilegium Ottonianum vom 13. Februar 962; vgl. Enzensberger: Purpururkunden; vgl. Vatikanisches Geheimarchiv: Privilegium Ottonianum; vgl. Brühl: Purpururkunden, in: Angermann et al.: LexMa, Bd. 7, Sp. 333–334; vgl. Mazal: Purpurhandschriften, in: Angermann et al.: LexMa, Bd. 7, Sp. 332–333.

622 Vgl. Krätz: 7000 Jahre Chemie, S. 9; vgl. Born: Die Purpurschnecke; vgl. ders.: Purpur im klassischen Altertum; vgl. ders.: Purpur im Mittelalter; vgl. Baker: Tyrischer Purpur; vgl. Ziderman: Purple Dyes Made form Shellfish; vgl. Lorke: Vom Indigo zum Purpur; vgl. Vogler: Färben in der Römerzeit; vgl. Volke: Waschen und Färben im Altertum; vgl. Knaggs: Dyestuffs of the ancients; vgl. Hütz: Textiltechnik zur Zeit des Alten Testaments; vgl. John und Ludwichoski: Tierische Farbstoffe in der Färberei; vgl. Sandberg: The red dyes; vgl. Melzer et al.: Der Purpur; vgl. Trueb: Antiker Purpur; vgl. Augustyn, Lepsky: RDK-WEB, Bd. 6, Sp. 1474.

623 Vgl. Zollinger: Welche Farbe hat der antike Purpur?, S. 207f; vgl. Sponagel: Echo: Welche Farbe hat der antike Purpur?, S. 207–212; vgl. Imming et al.: Welche Farbe hatte der antike Purpur? S. 22–24.

624 Vgl. Welsch: Indigo. In: RÖMPP Online, RD-09-00480. Der Name Indigo (mhd. *indich*) bedeutet der „der indische“ (Farbstoff). Er ist aus dem gr. *indikón* über das lat. *indicum* in die deutsche Sprache übernommen worden; vgl. Kluge, Seebold: Etymologisches Wörterbuch, S. 438.

625 Vgl. Krätz: 7000 Jahre Chemie, S. 9; vgl. Fox, Pierce: Indigo: Past and Present; vgl. Reckel: Teufelsfarbe, S. 57–81; vgl. Müllerott: Quellen zum Waidanbau; vgl. Benneckenstein: Waid; vgl. Clark et al.: Indigo, woad and Tyrian Purple; vgl. Seefelder: Indigo; vgl. Clark et al.: Indigo – red, white and blue; vgl. Fischer: Das blaue Wunder; vgl. Müller: Kulturgeschichte von Stoffen und Farben; vgl. Balfour-Paul: Indigo; vgl. Pastoureau: Blue; vgl. Mägdefrau: Waid- und Tuchhandel.

626 Vgl. Leggett: Ancient and Medieval Dyes, S. 31.

cher auszusehen.[627] Ein wichtiger Beleg für den Waidanbau in den karolingischen Hausgütern stammt aus dem „*Capitulare de villis*“ aus dem 8. Jahrhundert. In Kapitel 43 ist Waid (*waisdo*) unter den Materialien aufgelistet, die für die Tuchmacherwerksstätten der Hausgüter bereitzuhalten sind.[628] Seit dem 10. Jahrhundert wurde über den Anbau in Thüringen, am Niederrhein, im Elsass und in der Normandie berichtet. Ende des 12. Jahrhunderts verlagerte sich der Waidanbau in Frankreich aus der Normandie in das Languedoc, wo er den Reichtum der Region um Toulouse begründete.[629] Hauptabnehmer für den Waid waren die Tuchzentren in Flandern, Frankreich und England.[630] Der in Thüringen angebaute Waid war von besonders guter Qualität, insbesondere farbstärker als Waid aus anderen Regionen und von daher bei Färbern besonders begehrt.[631] Die Waidproduktion florierte. Sie wurde so profitabel, dass sich die Waidhändler organisierten und Anbau und Farbstoffqualität streng überwachten. Durch die verbesserte Qualität des Blaus ließ die Vorliebe für die rote Farbe nach und die Bedeutung der blauen Farbe stieg. Zu dieser Zeit trug die Jungfrau Maria in Gemälden einen blauen Umhang, und die Robe des französischen Königs, bisher rot, war nun blau.[632] Der Waidanbau im Thüringer Raum war so erfolgreich und gewinnbringend, dass die Waidhändler 1392 das Geld für die Gründung der Erfurter Universität gaben.[633] Der Erfolg des Waids ging einher mit dem Erfolg der europäischen Textilindustrie.[634]

Der Farbstoffgehalt des Waids liegt bei ca. 0,2 %, der des Indigoferastrauches zwischen 1,5–2 %.[635] Trotz der höheren Farbstärke wurde die Verwendung des Farbstoffes aus dem Indigostrauch zum Schutz der Waidproduzenten in Europa durch Gesetze und Verbote lange hinausgezögert.[636] In der Reichspolizei-Ordnung von 1577 wird der aus dem Indigostrauch gewonnene Farbstoff als „*[...] die schädliche, betriegliche fressende oder corrosiv Farbe, so man die Teufels=Farbe nennet*“

627 Vgl. Caesar: Bellum Gallicum, S. 105; vgl. Volke: Chemisches bei Caesar, S. 28; vgl. Carr: Woad, Tattooing, and the Archaeology, S. 5; vgl. dies.: Woad, Tattooing and Identity, S. 273–292.

628 Vgl. Hopf et al.: Farbe und Färben, in: Beck et al.: RGA, Bd. 8, S. 227; vgl. Kapitel des Capitulare de villis, in: Freundeskreis Botanischer Garten Aachen e.V.: Der Karlsgarten.

629 Vgl. Delamare, Guineau: Colors, S. 44–46; vgl. Reinicke: Waid, -anbau, -handel, in: Angermann et al.: LexMa, Bd. 8, Sp. 1929–1930; vgl. North: Deutsche Wirtschaftsgeschichte, S. 50.

630 Vgl. Leggett: Ancient and Medieval Dyes, S. 39.

631 Vgl. Rösler: Waidanbau und -handel in Thüringen.

632 Vgl. Wanzeck: Farbwortverbindungen, S. 132.

633 Vgl. Seefelder: Indigo, S. 26.

634 Vgl. Delamare, Guineau: Colors, S. 46–47.

635 Vgl. Richter: Waid-Indigo-Gärungsküpen, S. 1333; vgl. Nicolai et al.: Färbungen mit Waidpulver, S. 348; vgl. Kremer Pigmente: historische und moderne Pigmente, Indigo.

636 Vgl. Reckel: Teufelsfarbe, S. 57–58. Neuere Untersuchungen zeigen, dass Waid heute einen Indigogehalt von 0,2 bis 0,5% aufweist. Der Farbstoffgehalt könnte aber früher höher gewesen sein, da berichtet wird, dass nicht sorgfältig ausgesuchte Samen zu einer farbstoffärmeren Sorte verwilderten, vgl. hierzu Nicolai et al.: Textile Färbungen mit Waidpulver, S. 348.

beschrieben.[637] Der einheimische Waid wurde erst ab dem 17. Jahrhundert nach und nach durch den aus dem Indigostrauch gewonnenen Farbstoff abgelöst.[638]

Eine kurze Renaissance erlebte Waid während der durch Napoleon verhängten Kontinentalsperre in der Zeit von 1806 bis 1813. Das Einfuhrverbot für englische Waren betraf nicht nur Rohrzucker und Kaffee, sondern ebenfalls die für die Textilproduktion benötigten Rohstoffe wie Baumwolle und verschiedene Farbstoffe, die meist aus englischen Kolonien importiert wurden. Indigo wurde insbesondere für Uniformtuch benötigt, und da die Lieferungen ausblieben, wurde die Indigogewinnung aus Waid wieder interessant.[639] Mit dem Ende der napoleonischen Ära geriet der Waid wieder in Vergessenheit, aber die Erfahrung aus dieser Zeit führte nach Meinung von Historikern letztendlich zur Aufklärung der Farbstoffstruktur und der späteren Realisierung der Indigosynthese sowie zur Vermarktung des synthetisch hergestellten Farbstoffes in Deutschland.[640]

Sowohl Waid als auch der Indigostrauch enthalten die farblose, an Zucker gebundene Indigovorstufe Indoxyl (Abb. 32).

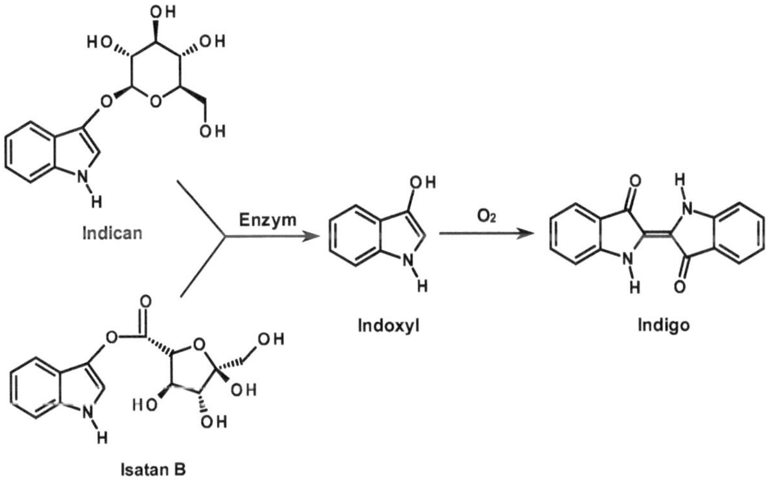

Abb. 32: Bildung von Indigo aus den Vorstufen[641]

637 Vgl. Wanzeck: Farbwortverbindungen, S. 132.

638 Vgl. Leggett: Ancient and Medieval Dyes, S. 40–41; vgl. Cardon: Colours in Civilizations, S. 23.

639 Vgl. Vaupel: Kontinentalsperre, S. 311; vgl. Krätz, Vaupel: Chemie im angelsächsischen Kulturkreis, S. 41–42.

640 Vgl. Vaupel: Kontinentalsperre, S. 311. Die Strukturaufklärung des Indigos erfolgte 1870 durch Adolf von Bayer. Der erste synthetisch hergestellte Indigo kam 1897 auf den Markt. Vgl. hierzu Seefelder: Indigo, S. 55–63; vgl. Schmidt: Indigo und ders.: Indigo – der „König“ der Farbstoffe; vgl. Welsch: Indigo. In: RÖMPP Online, RD-09-00480; vgl. Cardon: Colours in Civilizations, S. 24.

641 Vgl. Balfour-Paul: Indigo, S. 234; vgl. Cooksey: Indigo.

Waid enthält Isatan B, der Indigostrauch Indican. Für die Farbstoffproduktion aus den Pflanzen wird das Indoxyl durch Fermentation freigesetzt. Durch die Reaktion mit Sauerstoff wird es dann zum Indigo oxidiert.[642] Die Farbstoffgewinnung aus den Pflanzen war aufwendig und erforderte verschiedene Arbeitsschritte. Beim Waid wurden die Blätter nach der Ernte durch die Waidbauern gewaschen, mit großen Steinrädern in den Waidmühlen zermahlen und anschließend aufgeschichtet. In der zerquetschten Pflanzenmasse fand durch einen ersten Gärungsprozess[643] die enzymatische Aufspaltung der Vorprodukte in Zucker und Indoxyl statt. Die angegorene Masse wurde zu Kugeln bzw. Bällen geformt, die nach dem Trocknen gelagert oder in Fässern an die Waidhändler verkauft werden konnten.[644]

Beim Waidhändler wurde der Rohfarbstoff einer zweiten Gärung unterworfen. Dazu wurden die Waidbälle im Herbst oder Winter zerschlagen und auf Dachböden mit Wasser und Urin angefeuchtet, was zu starker Geruchsentwicklung führte. Die Waidmasse musste regelmäßig gewendet und befeuchtet werden, damit sie sich durch die bei der Gärung entstehende Wärme nicht zu stark erhitzte. Im Mai oder Juni war der Gärungsprozess beendet und der in den Pflanzen enthaltene Farbstoff zum größten Teil freigesetzt. Die Masse wurde getrocknet und gesiebt. In Fässer verpackt wurde sie an die Färber verkauft.[645]

Indigo ist ein wasserunlöslicher Farbstoff und besitzt keine Affinität zu Textilfasern. Für den Färbeprozess muss er zunächst in eine wasserlösliche Form, die Leukoform, auch Leukoindigo oder Indigoweiß genannt, überführt (reduziert) werden. Bei der Reduktion des Farbstoffes zum wasserlöslichen Leukoindigo verändert sich seine Farbe. Indigo ist blau, Leukoindigo ist gelb. Die bei der Reduktion zunächst entstehende Küpensäure ist zwar wasserlöslich, besitzt aber lediglich geringe Affinität zu Fasern. Erst das durch die Umsetzung mit Alkali gebildete Küpensalz (Leukofarbstoff) besitzt Affinität und zieht aus der Flotte auf die Faser auf. Dort wird es anschließend durch Oxidation mit Luftsauerstoff wieder in die wasserunlösliche Form überführt (Abb. 33).

642 Vgl. Körber-Grohne: Nutzpflanzen in Deutschland, S. 411–412; vgl. Nicolai et al.: Textile Färbungen mit Waidpulver, S. 348; vgl. Welsch: Indigo, in: RÖMPP Online, RD-09-00480; vgl. o.V.: Indican, in: RÖMPP Online, RD-09-00474.

643 Römpp definiert Gärung als den ungesteuerten Abbau organischer Substanzen durch Mikroorganismen oder Enzyme, während er Fermentation als den gesteuerten Prozess betrachtet; vgl. Neumüller: Römpp, Bd. 2, Sp. 1387 und 1253.

644 Vgl. Imhof: Nutzpflanzendatenbank, Isatis tinctoria; vgl. Leggett: Ancient and Medieval Dyes, S. 32–33.; vgl. Delamare, Guineau: Colors, S. 44–47. Beispiele für die genaue Zusammensetzung verschiedener Küpen gibt Edmonds: Medieval woad vat. Ein an der Reduktion des Indigo beteiligtes Bakterium „Chlostrium isatidis" wurde vor kurzem aus einer Waidküpe isoliert, vgl. hierzu Padden et al.: *Clostridium isatidis*, S. 1025–1031.

645 Vgl. Pötsch: Gestank als Qualitätsmerkmal, S. 170.

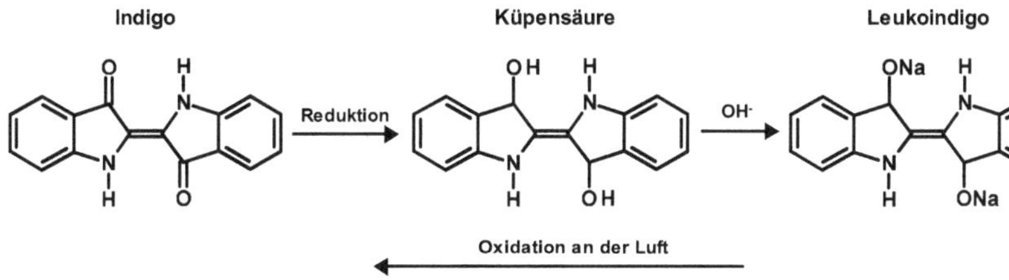

Abb. 33: Reaktion vom Indigo zum Leukoindigo

Die Färbung erfolgte meist in der aus Holz bestehenden Küpe, so dass dieser Arbeitsschritt der Reduktion mit Bezug auf den Flottenbehälter als Verküpung bezeichnet wurde und zum Begriff des Küpenfarbstoffes führte.[646]

Im Laufe der Geschichte der Küpenfärberei kamen verschiedene biologische und chemische Varianten der Farbstoffverküpung zum Einsatz. Die älteste im europäischen Raum genutzte Verküpungsart war die Gärungsküpe, die zunächst für die Färbung mit Waidindigo verwendet wurde. Mit zunehmender Bedeutung des Export-Indigos wurde diese Waidküpe auf diesen übertragen und bis in das 19. Jahrhundert in der Färberei genutzt.

Für die Gärungsküpe wurde der Rohindigo (Waidkugeln oder Indigobarren, vgl. Tafel 35) zerkleinert und mit heißem Wasser übergossen. Kleie, Melasse, Honig, Weinhefen oder auch Krapp dienten als Kohlenhydratlieferanten. Zum Neutralisieren der bei der Reduktion entstehenden Säuren sowie zum Einstellen des für die Färbung erforderlichen pH-Wertes wurden Alkalien zugesetzt. Für die Färbung von Leinen (Cellulosefaser) wurde Kalk oder Pottasche, für die Färbung von Wolle (Proteinfaser) Soda oder Urin verwendet.

Die Reduktion erfolgte durch Wasserstoff, der von auf den Waidblättern befindlichen Bakterien (z.B. *Clostridium isatidis*) aus den Kohlehydraten hergestellt wurde. Die dabei entstehenden Säuren wurden durch den Alkalizusatz neutralisiert. Eine optimale Reduktionswirkung wird mit den Bakterien bei Temperaturen um 50 °C erreicht. Die vollständige Verküpung des Indigos erfordert je nach Farbstoffgehalt der Flotte und Qualität des eingesetzten Farbmittels zwei bis drei Tage. Ließ die Gärung nach, wurde Kleie zugesetzt.[647] Zum Halten der Temperatur über den

646 Der Begriff Verküpung ist noch heute in der modernen Färberei gebräuchlich. Synthetische Farbstoffe auf Basis von Indanthren (**Ind**igo + **Anthr**ac**en**) werden mit Natronlauge und Natriumdithionit zum Leukofarbstoff verküpt und nach dem Aufziehen mit Wasserstoffperoxid zum wasserunlöslichen Farbstoff oxidiert. Diese Farbstoffe werden als Küpenfarbstoffe (engl.: vat-dyes) bezeichnet.

647 Vgl. Padden et al.: *Clostridium isatidis*, S. 1025 und 1029; vgl. ebenso Nicholson, John: Bacterial indigo reduction, S. 117–118; vgl. Cassebaum: Ursprung der Indigofärberei, 1965, S. 848. Krappzusätze dienten der Reduktionsbeschleunigung, vgl. hierzu: John: Indigo reduction, S. 33. Waidzusätze zu Indigoferaküpen lieferten die erforderlichen Mikroorganismen. Cassebaum beschreibt die Verwendung von Honig als Kohlenhydratlieferant, durch dessen

langen Zeitraum, wurde hin und wieder heißes Wasser zur Flotte gegeben oder der Flottenbehälter wurde verpackt, um ihn gegen die kältere Umgebung zu „isolieren“. Beide Varianten sind in den hier bearbeiteten historischen Quellen beschrieben.[648]

Der Gärungsprozess musste ständig überwacht und kontrolliert werden, da der Farbstoff bei zu schneller und heftiger Reaktion irreversibel zu farblosen Substanzen abgebaut werden konnte. Mögliche Überreaktionen bei der Verküpung waren das „Scharf-“ oder „Schwarzwerden“ der Küpe bei zu großen Kalkzugaben oder das „Durchgehen der Küpe“ bei zu geringen Kalkmengen.[649] Schwierigkeiten bei der Überwachung der Verküpung ergaben sich dadurch, dass die Färber noch im späten 19. Jahrhundert selten über Messgeräte für die Prozesskontrolle verfügten.

> „Die Zusätze wurden oft [...] nach „Schaufeln“ bemessen, [...], die Temperatur in der Regel mit der Hand, der pH-Wert mit der Zunge und der Küpenstand mit der Nase und nach dem Aussehen der Küpe „bestimmt“.“[650]

Weitere Probleme bereiteten die im gehandelten Farbmittel enthaltenen Verunreinigungen. In Merck's Warenlexikon aus dem Jahr 1884 werden für gute Sorten 40–60 % und für schlechtere Sorten 7–10 % Farbstoffgehalt angegeben.[651] Besonders störend sind Verunreinigungen mit Indirubin, einem roten Pigment, die den Farbton des zu erreichenden Blaus in Richtung Purpur verändern. Indirubin entsteht bei der Umsetzung von Indigo aus Indoxyl in einer Nebenreaktion durch Überoxidation (Abb. 34). Naturindigo kann zwischen 2–15 % Indirubin enthalten, selbst im synthetischen Indigo ist es in geringer Menge zu finden.[652]

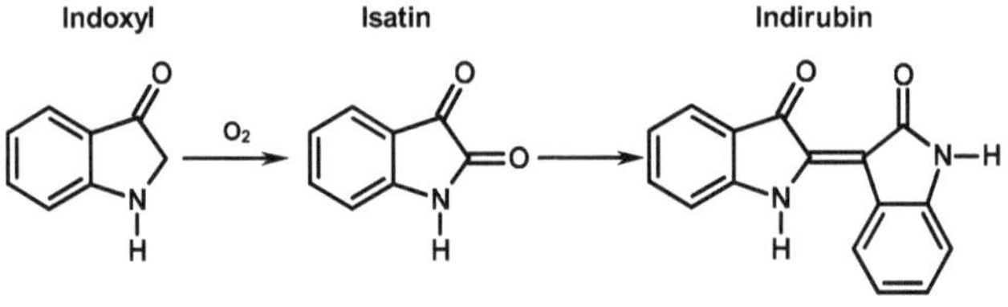

Abb. 34: Bildung von Indirubin durch Überoxidation von Indoxyl[653]

Anwendung die Verküpungszeit deutlich reduziert werden konnte; vgl. Cassebaum: Ursprung der Indigofärberei, 1965, S. 326–327.

648 Vgl. Quelle **B**. In den Anleitung fol. 78–79, Rezept 229 und 79–79v, Rezept 230 ist das Verpacken des Flottenbehälters beschrieben. In der Vorschrift fol. 82v, Rezept 235 ist das Begießen mit heißem Wasser genannt.

649 Vgl. o.V.: Indigfärberei, in: Pierer: Universal-Lexikon, Bd. 8, S. 886; vgl. Krünitz: Oekonomische Encyklopädie, Th. 232, Sp. 571–572.

650 Zitiert nach Richter: Blaufärben von Wolle, S 741.

651 Vgl. Indigo, in: Merck: Merck's Warenlexikon, S. 224.

652 Vgl. Rosenberg: Historical organic dyestuffs, S. 36; vgl. John: Indigo – Extraction, S. 112–113; vgl. Schweppe: Naturfarbstoffe, S. 286.

653 Vgl. Rosenberg: Historical organic dyestuffs, S. 36.

Weitere Verunreinigungen des aus Pflanzen gewonnenen Indigos sind Indigoleim und Indigobraun, die sich während der Verküpung am Boden des Flottenbehälters absetzen und zu fleckigen Färbungen führen können.[654] Um die Berührung der Ware mit dem Bodensatz zu vermeiden wurden Siebböden in den Küpenbehälter eingehängt, die das Absinken der Ware bis zum Boden verhinderten. Zusätzlich erfolgte die Beheizung des Flottentroges indirekt, um ein Aufwühlen des Bodensatzes zu vermeiden.

Nach erfolgter Verküpung wurden die Textilien (Garne, Gewebestücke) je nach gewünschter Farbtiefe kürzer oder länger in der Flotte belassen. Auch das Färben in mehreren Passagen zur Erzielung dunkler Blautöne war üblich. Der auf die Faser aufgezogene Leukofarbstoff wurde anschließend durch Aushängen an der Luft zum wasserunlöslichen Indigo rückoxidiert.[655] Jedes unnötige Rühren der Färbeflotte muss vermieden werden, da durch die Bewegung Sauerstoff in die Flotte gelangt, der einen Teil des verküpten Farbstoffes oxidiert. Die Ware darf ebenfalls nicht mit Luft in Berührung kommen, da die Oxidation von schon aufgezogenem Leukofarbstoff und daran anschließende erneute Reduktion in der Flotte zu fleckigen Färbungen führen kann. Auf der Oberfläche der Küpenflotte bildet sich mit Luftsauerstoff eine „Haut“ bzw. ein Schaum aus oxidiertem Indigo, die Waidblume. Sie wurde abgeschöpft, getrocknet und anschließend zum Malen oder Färben weiter verwendet.[656] Nach Untersuchungen von Wendelstadt und Binz erleichterte die Bildung der Waidblume an der Flottenoberfläche und der damit verbundene Abschluss gegenüber Luftsauerstoff die vollständige Reduktion des darunter befindlichen Farbstoffes.[657] Mit einer Gärungsküpe konnte 3–6 Monate gefärbt werden. Dazu wurde die Küpe durch Waid-, Krapp- und Kleiezusätze regelmäßig aufgefrischt, um die Gärung in Gang zu halten.[658]

Varianten der warmen Gärungsküpe, die sich vorrangig durch die Art der zugesetzten Alkalien unterschieden, kamen bis in das 19. Jahrhundert zum Einsatz. Andere Möglichkeiten für die Verküpung des Indigos boten die sog. kalten Küpen mit Operment, Eisenvitriol oder Zinkstaub in Verbindung mit Kalk als Alkali.[659] 1870 entdeckte Paul Schützenberger (1829–1897) Natriumdithionit (Hydrosulfit,

---

654 Vgl. Schweppe: Farbstoffe, S. 115; vgl. Indig (Indigo), in: Pierer: Universal-Lexikon, Bd. 8, S. 884.

655 Vgl. Imhof: Nutzpflanzendatenbank, Isatis tinctoria. In der modernen Küpenfärberei wird Wasserstoffperoxid für die Oxidation eingesetzt. Da die Ware während der Oxidation nicht trocknet, kann sehr schnell auf eine nicht genügende Farbtiefe reagiert werden.

656 Vgl. hierzu Grimm: DWb. Bd. 27, Sp. 1036; vgl. Cassebaum: Ursprung der Indigofärberei, 1968, S. 331. Waidblume (*weydblum*) ist bei Marzell auf Grund der blauen Blüten auch als Synonym für die Kornblume belegt; vgl. Marzell: Pflanzennamen, Bd. 1, Sp. 877.

657 Vgl. Wendelstadt, Binz: Gärungsküpe, S. 1628–1629.

658 Vgl. Krünitz: Oekonomische Encyklopädie, Th. 232, S. 571; vgl. Cassebaum: Ursprung der Indigofärberei, 1968, S. 332.

659 Vgl. Indigo, in: Merck: Merck's Warenlexikon, S. 222; vgl. Möhlau: Indigo, in: Lueger: Lexikon der gesamten Technik, Bd. 5, S. 172–176.

$Na_2S_2O_4$), das dann ab 1906 großtechnisch von der BASF als Reduktionsmittel für die Verküpung bei Raumtemperatur in alkalischem Bad hergestellt wurde.[660] Natriumdithionit ist noch heute in der modernen Küpenfärberei von Bedeutung. Geruchsbelästigungen und Abwasserprobleme infolge hoher Salzfrachten führten in den letzten Jahren aber dazu, dass alternative Möglichkeiten für die Reduktion erforscht werden. Dabei werden auch die historischen Verküpungsarten wieder berücksichtigt.[661]

Der mit Indigo zu erreichende Farbton ist von der Farbstoffqualität und der eingesetzten Farbstoffmenge, aber auch von der Anzahl der Farbbäder abhängig. Aus konzentriertem Bad können tiefschwarze Nuancen gefärbt werden, danach erzielt man mittlere Blautöne und zum Schluss, wenn die Farbstoffkonzentration im Bad immer mehr nachlässt, werden durch Überfärben mit gelben Farbstoffen Grüntöne erreicht. Wird der verdünnten Färbeküpe Krapppulver zugesetzt, können dunkle Purpurnuancen erreicht werden. Kombiniert mit anderen natürlichen Farbmitteln, ergibt sich eine breite Farbpalette, die die besondere Bedeutung des Farbstoffes als Universal-Färbemittel veranschaulicht.

In den bearbeiteten Quellen sind Indigo, Waid oder Waidblume in Anleitungen für Blau-, Grün- und Braunfärbung aufgeführt. Die Bezeichnung Indigo wird schon in der ältesten Quelle (**In**, um 1330) in einem Rezept für das Aufstreichen eines Blautons verwendet. Waidblume, das aus dem Schaum der Waidküpe gewonnene Handelsprodukt, ist erstmalig in der Quelle **Be** aus dem 15. Jahrhundert erwähnt. In den Quellen sind keine Aussagen über die Herkunft des Farbstoffes enthalten, so dass nicht geklärt werden kann, ob es sich um aus Indigofera gewonnenen Indigo oder um Waidindigo handelt. Lediglich in der Quelle **Wi** ist im Rezept fol. 304, 9 lombardischer Indigo (*lampartischen endich*) genannt, womit vermutlich Indigo aus Indigofera gemeint ist, der über eine der lombardischen Städte Mantua, Mailand oder Pavia gehandelt wurde.[662] Reine Blaufärbungen mit Indigo sind in 14 Vorschriften beschrieben (Tab. 40) und zwei weitere Vorschriften schildern die Braunfärbung mit Indigo. In keiner Anleitung ist der Hinweis auf die für die Färbung erforderliche Verküpung zu finden. Entweder fehlen die für die Reduktion des wasserunlöslichen Farbstoffes zur Küpensäure erforderlichen Kohlenhydrate oder das alkalische Milieu, in dem die Bildung des faseraffinen Küpensalzes stattfindet, ist nicht vorhanden. Da der Farbstoff während der Färbung wasserunlöslich

660 Vgl. Storey: Manual of Dyes and Fabrics, S. 77; vgl. Schmidt: Indigo, S. 122.

661 Vgl. Blackburn et al.: Indigo reduction methods, S. 195–206; vgl. Božič, Kokol: Ecological alternatives to the reduction, S. 304–308; vgl. Chavan, Chakraborty: Dyeing of cotton with indigo, S. 88–94; vgl. Semet, Grüninger: Eisen(II)-Salz-Komplexe, S. 161–164. Neuere Untersuchungen beschäftigen sich mit der Anwendung von Bakterien; vgl. Nicholson und John: Bacterial indigo reduction, S. 117–123.

662 Im Mittelalter wurde Indigofera aus den Anbaugebieten in Indien über Bagdad in den Mittelmeerraum exportiert. Der Handel über die oberitalienischen Städte ist seit der Mitte des 12. Jahrhunderts belegt; vgl. Reinicke: Indigo, in: Angermann et al.: LexMa, Bd. 5, Sp. 405.

bleibt, wird er als Pigment auf die Faser aufgebracht. Ölzusätze dienen zum Dispergieren und Fixieren.

Tab. 40: Indigofärbungen in den Quellen

Quelle	Rezept	Farbton	Farb- und Hilfsmittel
Be	fol. 126, 38	*Blouw*	Waidblumen (*weit bluomen*)
W	fol. 33r, 5a	*Blo*	1 Viertel Waidblumen (*Weydtplůmen*), Regenwasser
M IV	fol. 228r, 33	*Plab*	Indigo (*Indich*), Essig, Salz, Leinöl
H II	fol. 58v, 6	*Plab*	Waid (*waid*), Waidaschenlauge, Alaun
	fol. 69–69v, 28	*Plab*	1 Lot od. so viel du brauchst Indigo (*endich*), Waidaschenlauge, Öl
B	fol. 89–89v, 249	*Plaw*	Indigo (*Endich*), Weinstein, Wasser
H IV	fol. 53v–54, 112	*Blo*	1 od. 2 Lot Indigo (*Endich*), Waidaschenlauge, Öl
	fol. 130v–131, 225	*Liecht blaw*	dünne Waidflotte (*dunns weite*), Alaun, NH_4Cl
	fol. 192v–193, 324	*Blo*	1 od. 2 Lot Indigo (*Endich*), Waidaschenlauge, Öl
	fol. 259, 411	*Plaw*	Indigo (*endich*), Alaun, Wasser
	fol. 266, 437b	*enndich*	Indigo (*Endich*), Leinöl
	fol. 268–268v, 442	*blaw*	Indigo (*enndich*), rostiges Eisen Essig, weißer Harn, Alaun
Wi	fol. 304, 9	*Blaw*	4 Lot lombardischer Indigo (*lampartischen endich*), NH_4Cl, Alaun, Wachs- od. altes Regenwasser, Leinöl
H VI	fol. 50–50v, 4	*ploe*	1 Quentchen Waidblume (*weidplumen*), 3 Lot Galläpfel, 2 Lot Eisenvitriol, Wasser, Leinöl
W	fol. 33r, 5b	*Praum pla*	1 Viertel Waidblumen (*Weydtplůmen*), Regenwasser, Waidasche
H VI	fol. 50v–51, 7b	*praun*	Brasilholz, Indigo (*enditt*, wie 2 Bohnen), fließendes od. Regenwasser, Alaun

In acht weiteren Vorschriften, die die Färbung mit Anthocyanfarbstoffen aus Beeren oder Blüten und Indigo beschreiben (Tab. 33, S. 143), fehlt ebenfalls der Hinweis auf die Verküpung. Die Beeren würden zwar Kohlenhydrate liefern, aber die Färbungen finden alle im sauren Milieu statt. Es liegen keine optimalen Ziehbedingungen für den Farbstoff vor. Die hier bearbeiteten Quellen belegen, dass die erforderlichen Bedingungen für die Verküpung nicht zum „Allgemeinwissen" gehörten. Um ausreichende Farbtiefen zu erzielen, musste der Indigo mit Öl und Gummi vermischt wie in der Malerei aufgestrichen werden oder er wurde für die Färbung mit anderen Farbmitteln, wie z.B. anthocyanfarbstoffhaltige Beeren, gestreckt.

Die Vorgehensweise und zeitliche Abfolge beim Ansetzen der Färbeküpe ist erst in einigen Vorschriften der Quelle **B** vom Beginn des 16. Jahrhunderts detailliert erläutert. Alle Anleitungen schildern die Arbeitsweise mit einer Gärungsküpe. Die für die Waidbakterien erforderlichen Kohlenhydrate liefern Kleie, Krapp und Weinhefen. Das alkalische Milieu wird durch Asche erreicht, die allerdings im Rezept 232 vergessen wurde.

Die Anleitungen sind z.T. sehr ausführlich in der Schilderung des Ablaufs, als Beispiel sei hier das Rezept fol. 78–79, 229 (Tab. 41) näher beschrieben, welches auch Hinweise für das an die Verküpung anschließende Färben enthält.

Tab. 41: Beispiel für eine Verküpungsanleitung (Quelle **B**, fol. 78–79, Rezept 229)

Substrat	Farbmittel	Hilfsmittel	Ablauf
40 Pfd. Wolle/ Leinen	½ od. 1 Metzen Waid	1 Metzen od. 1 Viertel Roggenkleie, 1 Vierding Weinstein, 4,5 Pfd. Waidasche	x Uhr: Roggenkleie und Weinstein 1 Std. in Wasser kochen, heiß an den Waid gießen, rühren, abdecken, warm ruhen lassen
			x Uhr + 1 Std.: speisen (1 Pfd. Waidasche), rühren, abdecken, warm ruhen lassen
			x Uhr + 2 Std.: speisen (1,5 Pfd. Waidasche), rühren, abdecken, warm ruhen lassen
			x Uhr + 3 Std.: speisen (2 Pfd. Waidasche), rühren, abdecken, warm ruhen lassen
			x Uhr + 6 Std. bzw. + ½ Nacht: 1 Std. färben, Küpe 1 Std. ruhen lassen

Für den Ansatz werden Roggenkleie und Weinstein eine Stunde in Wasser gekocht, heiß über den Waid gegeben und gerührt. Anschließend wird der Flottenbehälter abgedeckt, zum Warmhalten eingepackt und muss eine Stunde ruhen. Im Abstand von jeweils einer Stunde wird die Küpe dreimal gespeist. Dazwischen wird der Behälter immer wieder abgedeckt und die Küpe muss warm ruhen. Als Waidspeise dient Waidasche, die erste Speise erfolgt mit einem Pfund, die zweite mit eineinhalb Pfund und die dritte mit zwei Pfund Asche. Nach der dritten Speisung soll die Küpe eine halbe Nacht bzw. sechs Stunden abgedeckt und warm ruhen. Der gesamte Prozess erfordert einen Zeitaufwand von zehn Stunden, an den sich eine einstündige Färbung anschließt. Vor dem zweiten Färbedurchgang soll die Küpe wieder eine Stunde ruhen.

Wie zuvor beschrieben, diente Indigo nicht nur für Blaufärbung, sondern wurde in Kombination mit gelben Farbmitteln ebenfalls für Grüntöne verwendet. Grünfärbungen mit Indigo sind in elf Vorschriften der hier bearbeiteten Quellen zu finden (Tab. 42).[663] Fünf Anleitungen beschreiben die einbadige Färbung, hier fehlt wieder der Hinweis auf die Verküpung. Sechs beinhalten die zweibadige Arbeitsweise. Hier kann zumindest bei den Instruktionen der Quelle **B** vermutet werden, dass es sich bei den für das Blaufärben verwendeten Flotten um zuvor hergestellte Gärungsküpen handelt.

663 Quelle **H IV**, fol. 262v–263, Rezept 424 nennt als Farbton Blau. Für die Färbung werden aber zusätzlich Gilbblumen verwendet, so dass je nach Menge eher ein Grünton erreicht wird.

Tab. 42: Grünfärbungen mit indigoidem Farbstoff und Gelbfarbmitteln

Quelle	Rezept	Farbton	einbadig	zweibadig	Farb- und Hilfsmittel
M II	fol. 119v, 10	*lawbuar*	x		Berberitzenbeeren (*suram*), Indigo, Safran, Wasser, Alaun
W	fol. 33r, 6b	*dunckel grűn*		x	Färberscharte od. -ginster (?), blaue Flotte, Lauge, Wasser
M IV	fol. 227r, 20	*laubvarb*	x		Indigo, *galmei gamillen di plumen*, Safran, Gummi, Alaun
B	fol. 88, 246	*Satgrienn, schweitzer grien*		x	mit Waid blau färben, gelb färben
	fol. 107, 310b	*grienn*		x	2 Kreuzer Waidblumen, 25 Maß Kreuzbeerensaft, evtl. Grünspan, Wasser, Alaun, Wein
	fol. 107v, 311	*grien*		x	mit Waid blau färben, gelb färben
H IV	fol. 59v–60, 125	*gruen*	x		4 Lot Indigo, 1 Pfd. Saftgrün, Lauge, Öl
	fol. 129–129v, 223	*grien*		x	Berberitzenwurzel, Wein, Wasser, Waidküpe?, Alaun, NH_4Cl
	fol. 262v–263, 424	*Blaw* (grün?)	x		Indigo, Gilbblumen, Alaun, Essig
W	fol. 33r, 6a	*praun grůn*		x	Färberscharte od. -ginster (?), blaue Flotte, Waidaschenlauge, Wasser
Wi	fol. 305, 13	*brun satt grün*	x		1 Maß reife Kreuzbeeren, 1 Settin Indigo, Alaun, Wasser

Die Küpenfärberei wird in der Literatur häufig als Ursprung der Begriffe „Blauer Montag“ und „blau machen“ beschrieben.[664] Diesen Zusammenhang führt erstmals Kluge in seinem Etymologischen Wörterbuch von 1953 auf. Nach seinen Angaben verblieb Wolle werktags zum Färben ca. zwölf Stunden, sonntags aber 24 Stunden in der Küpe, so dass sie den ganzen Montag zum Oxidieren ausgehängt wurde und die Färber nichts zu tun hatten. Allerdings fehlen Belege für diese Theorie.[665] Die Herkunft des Begriffs „Blauer Montag“ wird unter Spachwissenschaftlern und Historikern seit den Zeiten von J. und W. Grimm kontrovers diskutiert. Laut Grimm handelte es sich beim Blauen bzw. „Guten“ Montag ursprünglich um den Montag vor Aschermittwoch, der ab Mitte des 16. Jahrhunderts belegt ist. Alle Gesellen, nicht nur die in der Färberei, hatten arbeitsfrei und konnten Sitzungen ihrer Vereinigungen abhalten.[666] Die Bezeichnung für den freien Tag wurde später auf jeden freien Montag übertragen und von den Handwerkern wurde „blau gemacht“. Landmann und Girtler leiten den Begriff vom hebräischen *b'lo* bzw. *b'law* als Tag

664 Vgl. z.B. Ulber, Soyez: Biotechnologie, S. 176; vgl. Seefelder: Indigo, S. 42; vgl. Schmidtchen: Die Technik des Färbens und Gerbens, in: König: Propyläen Technikgeschichte, Bd. 2, S. 538.

665 Vgl. Kluge: Etymologisches Wörterbuch, S. 84.

666 Vgl. Grimm: DWb, Bd. 12, Sp. 2515; vgl. Reulecke: Vom blauen Montag, S. 207–208.

ohne Arbeit ab.[667] Eine umfangreiche Betrachtung der Diskussion geben Wanzeck in ihrer Arbeit zur Herkunft von Farbwortverbindungen und Fouquet in seiner Veröffentlichung über Zeit, Arbeit und Muße im Spätmittelalter.[668] Für eine Verbindung zwischen der Küpenfärberei und dem Blaumachen im Sinne von freier Zeit haben, gibt es keine Quellenbelege.

5.8 Naphthochinonfarbstoffe

Die Naphthochinonfarbstoffe erhielten ihre Bezeichnung nach dem 1,4-Naphthochinon (Abb. 35, links), auf das sich alle Farbstoffe dieser Gruppen in ihren Grundstrukturen zurückführen lassen.

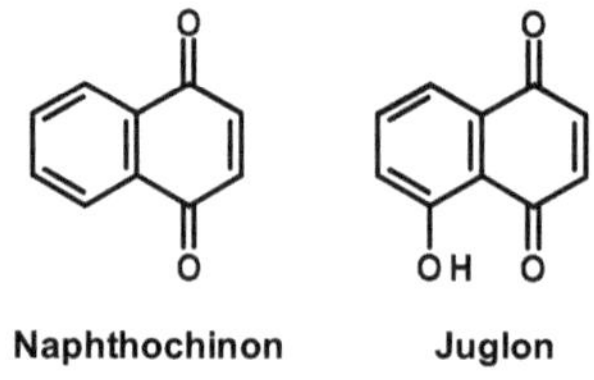

Naphthochinon **Juglon**

Abb. 35: Naphthochinon und Juglon[669]

Wichtige Vertreter der Naphthochinonfarbstoffe sind der Hauptfarbstoff der Walnussschale, das Juglon, sowie der in der Alkanna enthaltene Farbstoff Alkannin.

5.8.1 Walnussschale

Die Bezeichnung des Walnussbaumes (*Juglans regia* L., vgl. Tafel 37, links) leitet sich von seiner Herkunft ab. Er stammt ursprünglich aus dem östlichen Mittelmeergebiet, dem Balkan sowie Vorder- und Mittelasien. Durch die Römer wurde die Walnuss in weiten Teilen Süd-, West- und Mitteleuropas eingebürgert. Um sie von der heimischen Haselnuss zu unterscheiden, wurde sie als *wälsche nusz* bezeichnet. Wälsch oder Welsch ist ein alter Begriff für die romanischen Länder, Völker und Sprachen.[670]

Die Früchte reifen Ende September bis Anfang Oktober. Sie sind reif, wenn die grüne fleischige Umhüllung (Schale) aufplatzt und die Nüsse zu Boden fallen. Zum Färben müssen die grünen Fruchtschalen (frisch oder getrocknet, vgl. Tafel 37, rechts) zunächst zerstoßen werden und anschließend einige Tage fermentieren. Der

667 Vgl. Landmann: Jiddisch, S. 453.; vgl. Girtler: Rotwelsch, S. 175.

668 Siehe Wanzeck: Farbwortverbindungen, S. 156–211; siehe Fouquet: Zeit, Arbeit und Muße, S. 251.

669 Vgl. Schweppe: Naturfarbstoffe, S. 190.

670 Vgl. Grimm: DWb, Bd. 27, Sp. 1319 und Sp. 1327; vgl. Marzell: Pflanzennamen, Bd. 2, Sp. 1053–1054.

neben Gerbstoffen und verschiedenen Flavonkomponenten zu ca. 0,2 % enthaltene Farbstoff Juglon (C.I. Natural Brown 7, C.I. 75500, Abb. 35, rechts) kann mit heißem Wasser extrahiert werden.[671] Das Substrat wird direkt aus der Flotte bis zu ausreichender Farbtiefe Braun gefärbt. Bei Verwendung einer Aluminiumbeize resultiert ebenfalls ein Braun, mit Eisenbeize wird ein Braunschwarz erzielt.[672]

In den bearbeiteten Quellen werden grüne Walnussschalen in einer Anleitung für die Schwarzfärbung und in fünf weiteren Vorschriften für die Braunfärbung (haarfarben) benutzt (Tab. 43). Im Schwarzfärberezept fehlt die Eisenbeize. Die Braunfärbung erfolgt in saurer Flotte mit einer Alaundirektbeize.

Tab. 43: Naphthochinonfarbstoff in den Färbeanleitungen

Quelle	Rezept	Farbton	Farb- und Hilfsmittel
In	fol. 83v, 3	*schwarcz*	grüne Nussschalen (*grün nusschaln*)
M I	fol. 68, 62a	*haruar*	*nuschellreich*, grüne Walnussschalen (*grün wällisch nüschäl*), Essig, Alaun, Harn
Au	fol. 22v–23r, 44	*harnvarbe*	Grüne Walnussschalen (*schalen von welischen nussen*), Alaun
	fol. 24r, 48a	*harvarb*	Grüne Walnussschalen (*grun welisch nusschalen*), Essig, Alaun, ein wenig Harn
M V	fol. 223v–234r, 1261a	*harfar*	*grien muschelnn* (Nussschalen?), Essig, wenig Urin
H IV	fol. 260v–261, 418	*harfarb*	*Nuschelin* (Walnussschalen), Safran, Alaun, ½ Wasser, ½ Harn

5.8.2 Alkanna

Die Alkanna (*Alkanna tinctoria* (L.) TAUSCH., Tafel 36), andere Bezeichnungen sind färbende Ochsenzunge, Ochsenzungenwurzel oder Schminkwurzel, ursprünglich heimisch im Mittelmeerraum, wurde bereits in der Antike für Färbezwecke verwendet, hatte laut Ploss allerdings während des Mittelalters in der Färberei kaum Bedeutung.

Die Pflanze enthält in den Wurzeln neben mengenmäßig unbedeutenden Farbstoffen 5–6 % des Hauptfarbstoffes Alkannin (C.I. Natural Red 20, Abb. 36). Zum Färben wird die Wurzel im Frühjahr oder Herbst geerntet.[673] Alkannin ist nur gering in Wasser löslich, dagegen gut in organischen Lösemitteln und Ölen. Die Farbe des Alkannins ist vom pH-Wert der Lösung abhängig, im sauren Milieu ist der Farbstoff Rot, in basischer Umgebung ist er Blau. Diese Eigenschaft drückt sich in einer Empfindlichkeit der Färbungen gegenüber Säuren und Basen aus.

---

671 Vgl. Sewekow: Naturfarbstoffe, S. 272.

672 Vgl. Hofenk de Graaff: The Colourful Past, S. 308–309.

673 Vgl. Schweppe: Naturfarbstoffe, S. 195–197; vgl. Hofenk de Graaff: The Colourful Past, S. 44–45; vgl. Papageorgiou et al.: Chemie und Biologie von Alkannin, S. 281–284.

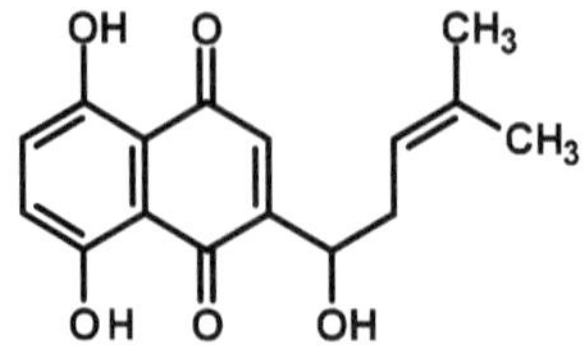

Abb. 36: Alkannin[674]

Alkanna wird auf mit Alaun vorgebeizter Wolle oder Seide gefärbt. Dazu wird das Substrat kochend in einem Wurzelauszug bis zu ausreichender Farbtiefe behandelt. Mit der Alaunbeize resultiert eine Violettfärbung. Die Lichtechtheit dieser Färbung ist allerdings mit einer Note von 3–4 eher gering.[675]

Die Alkannawurzel (*alkanne*) ist in den hier bearbeiteten Quellen lediglich in einer Anleitung für die Färbung in Verbindung mit Sandelholz aufgeführt. Das Rezept 104 aus Quelle **M V**, fol. 38r–38v, ursprünglich für die Lederfärbung gedacht, soll mit einer Alaunbeize auf Tuch, Garn oder Seide übertragen werden und vermutlich zu einem Rotton führen.

5.9 Neoflavonoidfarbstoffe (Brasilholz)

In die Farbstoffklasse der Neoflavonoidfarbstoffe gehört der rote Farbstoff des Brasilholzes, das Brasilein. Bereits seit dem 10. Jahrhundert wurde das in Sumatra, Ceylon und Indien beheimatete Holz über Venedig nach Europa importiert.[676] Die Bezeichnung Brasilholz leitet sich von arab. *braza* ab, was Flamme oder Glut bedeutet. Als die Portugiesen bei der Eroberung Südamerikas große Mengen an Rothölzern vorfanden, nannten sie einen der neu gegründeten Staaten Brasilien. Der bisher für das aus Asien stammende Produkt benutzte Name ging auf das südamerikanische Holz über. Asiatisches Rotholz wird heute im Allgemeinen als Sappanholz (*Caesalpinia sappan* L., vgl. Tafel 38, links), südamerikanisches als Brasilholz (*Caesalpinia brasiliensis* L.) bezeichnet.[677]

Der Farbstoff ist im Kernholz als farbloses Vorprodukt Brasilin enthalten, das durch Oxidation (z.B. schon bei Lagerung) in den eigentlichen Farbstoff Brasilein (C.I. Natural Red 24, C.I. 75280) überführt wird (Abb. 37).[678]

674 Vgl. Schweppe: Naturfarbstoffe, S. 190.

675 Vgl. Hofenk de Graaff: The Colourful Past, S. 45.

676 Vgl. Bruns: Das Rätsel Farbe, S. 62; vgl. Leix: Farbstoffe des Mittelalters, S. 21; vgl. Augustyn, Lepsky: RDK-WEB, Bd. 6, Sp. 1473.

677 Vgl. Hofenk de Graaff: The Colourful Past, S. 142; vgl. o.V.: Brasilin, in: RÖMPP Online, RD-02-02460; vgl. Ploss: Rotfärbungen, S. 230.

678 Vgl. Schaefer: Die Rothölzer, S. 344.

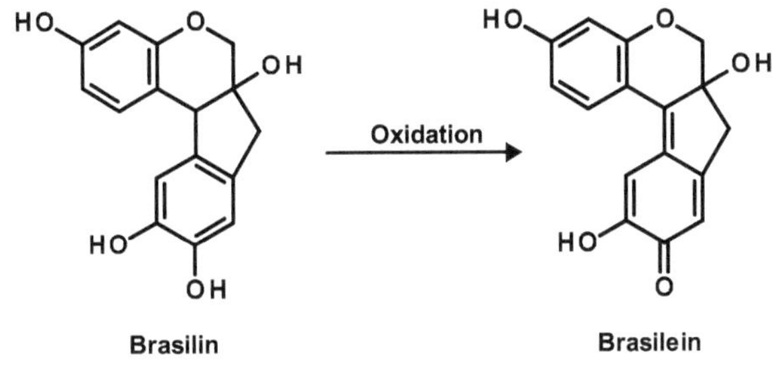

HO O OH HO OH Oxidation HO O OH HO O

Brasilin Brasilein

Abb. 37: Oxidation von Brasilin zu Brasilein[679]

Der Farbstoffgehalt ist in älterem, abgelagertem Holz größer als in frischem Holz. Durch Raspeln des Holzes wird die Oxidation des Brasilins gefördert (vgl. Tafel 39, rechts). In Nürnberg ist der Beruf des Brasilholzstoßers für das späte 16. Jahrhundert belegt (vgl. Tafel 39, links). Zum Teil fand das Raspeln des Holzes aber vielfach in Arbeits- und Zuchthäusern statt. Das erste Zuchthaus für Männer, 1595 in Amsterdam gegründet, um Straftäter, Bettler sowie Arme aufzunehmen, hieß deshalb „Rasphuys".[680]

Das Kernholz des Farbmittels gibt seinen Farbstoff leicht an kochendes Wasser ab, weshalb das Brasilholz zu den löslichen Rothölzern gezählt wird.[681] Für die Färbung wird geraspeltes oder gemahlenes Holz ein- oder mehrmals in einer wässrigen Lösung gekocht. Brasilein ist ein Beizenfarbstoff, Wolle und Seide werden deshalb mit Alaun vorgebeizt und anschließend in der Farbstofflösung gefärbt. Hofenk de Graaff nennt als weiteren Schritt eine Nachbehandlung mit heißer Seifenlösung.[682] Mit Brasilein erzielt man auf ungebeizter Ware orange-braune, auf Alaunbeize blaurote, auf Zinnbeize gelbstichig-rote sowie auf Eisenbeize grauviolette Farbtöne.[683] Wird der pH-Wert durch Laugen ins Basische verschoben, wird der Rotton stärker. Da der Farbton pH-abhängig ist, kann bei bereits gefärbten Textilen durch nachträgliche Säure- oder Alkalibehandlung die Farbe verändert werden.

In den bearbeiteten Quellen wird Brasilholz (presilig, presilgen, prisiligis, prisilg holz, presilien, brisiligen, presillyen holt, presilim, presili und zigelholz) als Farbmittel für alle Farbtöne verwendet, besonders häufig aber für Rot- und Braunfärbungen (Tab. 44).

679 Vgl. Schweppe: Naturfarbstoffe, S. 413.

680 Vgl. Wendt: Geschichte der sozialen Arbeit, S. 26.

681 Vgl. Schaefer: Die Rothölzer, S. 341.

682 Vgl. Hofenk de Graaff: The Colourful Past, S. 142; vgl. Schweppe: Naturfarbstoffe, S. 415–416.

683 Vgl. Richter: Magenta auf Flanell, S. 530.

Tab. 44: Brasilholz für Rot- und Braunfärbungen (Extraktions-pH-Wert, S = sauer, N = neutral, A = alkalisch)

Quelle	Rezept	Farbton	Farb- und Hilfsmittel	pH-Wert			Absud	
				S	N	A	1x	2-3x
In	fol. 83v, 4	*rot*	Brasilholz, Kalk, Wasser, Alaun			x	x	
	fol. 119v, 14	*rot*	4 Lot Brasilholz, Wasser, Wachswürz		x		x	
M II	fol. 120, 22	*rot*	4 Lot Brasilholz, 1½ Lot Alaun, 1½ Kopf Wasser		x		x	
	fol. 183v, 71b	*rubeo*	2 Unzen Brasilholz, doppelt so viel Wasser wie zum Eintauchen des Tuches benötigt wird		x			x
M III	fol. 127-129, 41b	*rot*	Brasilholz, Wasser	x				x
	fol. 20v-21r, 37	*rott*	Brasilholz, Lauge, Alaun, ½ Lot NH_4Cl, Gummi für die Nachbehandlung			x		x
Be	fol. 21r, 38	*rot*	3 Lot Brasilholz, 1½ Lot Alaun, 1½ Maß Wasser		x		x	
	fol. 25r-25v, 51a	*parisgarn, rot*	½ Lot Brasilholz, weiches od. *pir* Wasser, ½ Ei voll Wein	x			x	
Au	fol. 29v-31r, 54b	*rot*	1 Pfd. Brasilholz, weiches Wasser (so viel, dass du die Ware darin netzen kannst), ½ Pfd Alaun		x			x
	fol. 228v, 44	*rott*	Br.asilholz, Gummi		x		x	
N II	fol. 61-61v, 11a	*rot*	1 Lot Brasilholz, 1 Trinken Regenwasser od. abgestandenes Wasser, dünner Leim		x		x	
	fol. 117v, 14	*rod*	Brasilholz, Alaun, Wasser		x		x	
M IV	fol. 39r, 108	*rubeum*	1 Pfd. Brasilholz, fünffache Menge Wasser, ungelöschter Kalk			x		x
	fol. 98r, 222b	*rotte*	Brasilholzabsud		x			x
H II	fol. 122v-123r, 330b	*rubeo*	2 Unzen Brasilholz, 2 x doppelt so viel Wasser, wie es zum Eintauchen des Tuches reicht.		x			x
	fol. 231v, 1233a	*Rot*	12 Lot Brasilholz, 2 Maß kaltes Wasser, 6 Schälchen kalte Lauge, Alaun wie du mit zwei oder drei Fingern greifen kannst			x	x	
Wo	fol. 231v, 1234a	*Rot*	12 Lot Brasilholz, Wasser, so viel Alaun, wie du mit drei Fingern nehmen kannst		x		x	
	fol. 232v, 1241a	*Rot*	4 Lot Brasilholz, faules Wasser oder durchgeseihte Jauche oder Wachswürz, 2 Lot Alaun	x			x	
M V	fol. 232v, 1242	*Rot*	4 Lot Brasilholz, 2 Maß Wasser, 2 Lot Alaun, ½ Trinken Wein oder halb so viel Essig	x			x	
	fol. 311v, IV 12	*(Rot)*	Brasilholz, Wasser, Alaun		x			x
Gö	fol. 308, 19a	*roth*	1 Lot Brasilholz, ungelöschter Kalk, Regenwasser, 1 Lot Alaun			x	x	
	fol. 98v, 278	*Rott*	Brasilholz, Wasser, Alaun, Nachbehandlung mit Leim		x			x
Al	fol. 98v, 279b	*feurroth*	4 Lot Brasilholz, 1 ½ Lot Alaun, Wasser		x		x	
	fol. 99, 280	f *Rot*	1 Lot Brasilholz, ungelöschter Kalk, Regenwasser, 1 Lot Alaun			x	x	
B	fol. 99v, 283a	*Rosin*	Brasilholz, ungelöschter Kalk, Regenwasser, 1 Lot Alaun, scharfe Lauge			x		x

Quelle	Rezept	Farbton	Hilfsmittel	pH-Wert S	N	A	Absud 1x	2-3x
B	fol. 99v, 283b	*Rosin*	Brasilholz, ungelöschter Kalk, Wasser, Alaun			x	x	
	fol. 50-50v, 105a	*liecht rot*	1 Lot Brasilholz, 1 Maß Wachswürz, 1 Lot Alaun	x			x	
	fol. 58v-59, 123	*rott*	2 Lot od. so viel du willst Brasilholz, 1 Maß Regenwasser für jedes Lot Brasilholz, 1 Schüssel Wein	x			x	
	fol. 129v-130v, 224	*roth*	1 Lot Brasilholz, Waidaschenlauge, 1Lot Alaun, 1Lot NH_4Cl			x	x	
H IV	fol. 187v-189, 318a	*Liecht rot*	1 Lot Brasilholz, 1 Maß Wachswürz, 1 Lot Alaun	x			x	
	fol. 199-199v, 334	*rot*	2 Lot od. so viel du brauchst Brasilholz, 1 Maß Regenwasser für jedes Lot Brasilholz, 1 Schüssel Wein	x			x	
	fol. 256-256v, 399a	*rot*	4 Lot Brasilholz, 1 ½ Lot Alaun, Wachswürz	x			x	
	fol. 264v, 432	*rot*	Brasilholz aus 264v, 431, Alaun		x		x	
H V	fol. 280v, 25	*Rott*	1 Lot Brasilholz, 1 ½ Lot Alaun, Wachswürz	x			x	
	fol. 281, 30	*Rott*	4 Lot Brasilholz, 2 Lot Alaun, 1 Kopf Wasser, 1 Maß Wein od. Essig	x			x	
Wi	fol. 303, 2	*rott*	2 Lot Brasilholz, 2 Maß altes Regenwasser, 1½ Lot Alaun		x		x	
H VI	fol. 50v-51, 7a	*rot*	Brasilholz, fließendes od. Regenwasser, Alaun (bohnengroß)		x		x	
H I	fol. 148v, 5	*pravn*	Brasilholz, faules Wasser, Alaun		x		x	
N II	fol. 29v-31r, 54c	*praun*	1 Pfd Brasilholz faules od. weiches Wasser (so viel, dass du die Ware netzen , kannst), ½ Pfd. Alaun, walnussgroße Menge Waidasche od. Lauge			x		x
H II	fol. 67-67v, 23	*prawn*	Brasilholz, Waidaschenlauge (gleiche Menge wie Brasilholz)			x		(x)
M V	fol. 231v, 1234b	*prawn*	12 Lot Brasilholz Wasser, so viel Alaun dazu, wie du mit drei Fingern nehmen kannst, 1 Maß mehr oder weniger kalte Lauge, etwas Alaun wie vorher			x		x
	fol. 232v, 1241b	*prawn*	4 Lot Brasilholz, Lauge, 2 Lot Alaun			x	x	
B	fol. 103, 297a	*braun*	Brasilholz, Lauge, Alaun, Kalklauge für Nachbehandlung			x	x	
	fol. 103, 298	*braun*	Brasilholz, Laugen, Alaun, gebrannter Weinstein, wenn es nicht braun genug ist, frische Lauge für Nachbehandlung			x	x	
H IV	fol. 50-50v, 105b	*Praun roth*	1 Lot Brasilholz, 1 Maß Wachswürz, 1 Lot Alaun	x			x	
	fol. 187v-189, 318b	*Praun Rot*	1 Lot Brasilholz, 1 Maß Wachswürz, 1 Lot Alaun	x			x	
H V	fol. 287-287v, 56	*Braun*	1 Lot Brasilholz, Alaun (wie ½ Daumen), Kalklauge (1 Finger über dem Brasilholz)			x	x	

Brasilholz als einziges Farbmittel wird in 37 Vorschriften für Rotfärbungen und in zehn weiteren Instruktionen für Braunfärbungen verwendet. Während für die Rotfärbungen das Auskochen des Holzes bevorzugt in neutraler Lösung erfolgt (ca. 50 % der Anleitungen), überwiegt für die Braunfärbung die Extraktion in alkalischer Flotte (70 %). Die Extraktionsbedingungen haben einen Einfluss auf die Farbe der Färbeflotte. Die alkalisch vorbereitete Flotte ist von deutlich intensiverer Farbe (vgl. Tafel 40). Mit beiden Flotten wird dann anschließend mit einer Alaundirektbeize gefärbt, durch die der pH-Wert der Flotte aus dem alkalischen in den neutralen bzw. aus dem neutralen in den sauren pH-Bereich verschoben wird.

Acht weitere Rezepte beschreiben die Blau-, Rot-, Grau- bzw. Braunfärbung mit dem Farbholz und einem Kupferzusatz. Als Kupferkomponente wird Kupferschlag, Grünspan oder Kupfervitriol verwendet (vgl. Tab. 45).[684] Während Blau- und Rottöne durch saure Färbung erreicht werden sollen, erfolgen die Grau- und Braunfärbungen in alkalischer Flotte. Brasilholz als einziges Farbmittel wird in 37 Vorschriften für Rotfärbungen und in zehn weiteren Instruktionen für Braunfärbungen verwendet. Während für die Rotfärbungen das Auskochen des Holzes bevorzugt in neutraler Lösung erfolgt (ca. 50 % der Anleitungen), überwiegt für die Braunfärbung die Extraktion in alkalischer Flotte (70 %). Die Extraktionsbedingungen haben einen Einfluss auf die Farbe der Färbeflotte. Die alkalisch vorbereitete Flotte ist von deutlich intensiverer Farbe (vgl. Tafel 40). Mit beiden Flotten wird dann anschließend mit einer Alaundirektbeize gefärbt, durch die der pH-Wert der Flotte aus dem alkalischen in den neutralen bzw. aus dem neutralen in den sauren pH-Bereich verschoben wird.

Tab. 45: Brasilholz und Kupfer für Rot- und Braunfärbungen

Quelle	Rezept	Farbton	Farb- und Hilfsmittel
Al	fol. 308, 17	*Blaw*	2 Lot Kupferhammerschlag, warme Brasilholzlösung, Salz, Essig, Kupfergefäß
B	fol. 100v, 287	*Blau*	2 Lot Kupferhammerschlag, warme Brasilholzlösung, Salz, Essig, Kupfergefäß
Wo	fol. 115r–116r, 9	*rod*	2 Lot Brasilholz, 2 Lot Kupferschlag, Alaun, Wasser, Weinessig od. Wein
H IV	fol. 224v–225, 369	*rot*	Brasilholz, *boschgrien* (Buschgrün?) od. Kupfergrün
	fol. 258–258v, 407	*rot*	4 Lot Brasilholz, 1½ Lot Kupferwasser, Alaun, Wein od. halb so viel Essig
B	fol. 102v, 294	*Seydengraw*	2. Brasilholzsud (B 98v, 278)?, Kupfervitriol, warmes Wasser, scharfe Lauge od. Weinsteinwasser
	fol. 102v, 295	*seydengraw*	Brasilholz, Kupfervitriol, Weinsteinwasser, Lauge
B	fol. 103, 296	*Braun*	Brasilholz, Weinsteinwasser, Lauge, Kupfervitriol

684 In Quelle **H IV**, fol. 224v–225, Rezept 369 ist *Kupffer grien* für die Färbung genannt. Kupfergrün war eine andere Bezeichnung für den Grünspan; vgl. Brachert: Maltechniken, S. 145; vgl. Grimm: DWb, Bd. 11, Sp. 2763; vgl. Krünitz: Oekonomische Encyklopädie, Th. 20, S. 229.

Weitere Rot- und Braunfärbungen mit Brasilholz werden in Kombination mit Safran, Pigmenten, Krapp, Kermes oder Indigo durchgeführt. Die restlichen Vorschriften, in denen Brasilholz für die Färbung benutzt wird, schildern Gelb-, Grau-, und Violettfärbungen (Tab. 46). Bei den mit Berberitzenbast bzw. Safran und Brasilholz durchgeführten Gelbfärbungen werden keine reinen Gelbtöne, sondern je nach zugesetzter Brasilholzmenge Orangetöne erreicht. Für die Graufärbung wird die Brasilholzflotte mit Gerbstoffschwarz kombiniert und für den Violettton wird die mit Brasilholz erfolgte Rotfärbung durch eine Laugenbehandlung nuanciert.

Tab. 46: Brasilholz mit weiteren Farbmitteln für Rot-, Braun-, Gelb-, Grau- und Violettfärbungen

Quelle	Rezept	Farbton	Farb- und Hilfsmittel
In	fol. 100v, 5b	*tunchelrot*	Zinnober, Brasilholz, Schwarz od. Grünspan, Alaunwasser, Alaun, Essig, Harn
M I	fol. 67, 53	*rot*	Brasilholz, Safran (od. Saflor?), Alaun
M V	fol. 38v–39r, 107	(Rot)	Mohnblüten, Brasilholzpulver, Vitriol, Sal petri, Alaun, Sal ammoniacum, (Wasser)
	fol. 232v, 1243	*Rot*	Brasilholz, ein wenig Safran, Alaun, Wasser
Al	fol. 308, 18	*roth*	1 Lot Zinnober, 1 Lot Brasilholz, Regenwasser, Alaun
B	fol. 98v, 279a	*feurroth*	1 Lot Zinnober, 2 Lot Brasilholz, Regenwasser, Alaun
H IV	fol. 256–256v, 399b	*rot*	4 Lot Brasilholz, weiteres Brasilholz, Krebsscheren, Alaun
Wi	fol. 303, 3	*rott*	1 Lot Zinnober, 2 Lot Brasilholz, Alaun, altes Regenwasser od. Wachswasser
B	fol. 92, 255c	*preun, prein*	1/3 Pfd. Krapp, Brasilholz, lauwarmes Wasser, Wasser, Alaun
H IV	fol. 260v, 417	*Harfarb*	Brasilholz, Mennige, Alaun
Wi	fol. 303, 4	*brun rott*	1 Lot Brasilholz, 2 Lot Kermes, Alaun, Weinstein, Regen- oder Wachswasser
	fol. 303v, 5	*satt brun*	1 Lot Brasilholz, 2 Lot Kermes, Alaun, Weinstein, Regen- oder Wachswasser
H VI	fol. 50v–51, 7b	*praun*	Brasilholz, Indigo (wie 2 Bohnen), fließendes od. Regenwasser, Alaun
In	fol. 101r, 10	*gelbiu?*	Berberitzenbast, Brasilholz, Auripigment, Alaunwasser
H IV	fol. 57–57, 120	*goltbluemen*	½ Lot Safran, 1 Lot Brasilholz, Wasser, Gummiwasser
	fol. 196v–197, 331	*goltbluemenn*	½ Lot Safran, 1 Lot Brasilholz, Wasser, Gummiwasser
Wi	fol. 306, 19	*gelw*	so viel ihr wollt Schöllkraut, ein wenig Brasilholz, Wachs- od. altes Regenwasser, Alaun
M III	fol. 184r, 72b	*griseo*	Schwarz od. Erlenrinde, 2. Brasilholzsud (**M III**, 183v, 71), Brasilholz
M V	fol. 123r, 331	*griseo*	schwarze Farbe oder Erlenrindenflotte [gleiche Menge wie das Tuch], 2. Brasilholzsud (**M V**, 122v–123r, 330), Regenwasser
H IV	fol. 260, 416	*graw*	Brasilholz, Schwarz, Alaun
	fol. 264–264v, 430	*grau*	Brasilholz, Schwarz, Alaun
H IV	fol. 187v–189, 318c	*veyhelfarb*	1 Lot Brasilholz, 1 Maß Wachswürz, 1 Lot Alaun, kaltgegossene scharfe Lauge

5.10 Riboflavin

In Quelle **B**, fol. 105v, Rezept 305 ist eine Gelbfärbung mit rostigem Eisen und *milchwasser* und einer Nachbehandlung mit Lauge beschrieben. Milchwasser ist ein Synonym für Molke, der grünlich-gelbe Restflüssigkeit der Käseherstellung.[685] Molke enthält 0,1–0,27 %, Molkenpulver bis zu 2,7 % Riboflavin (Vitamin B_2, Lactoflavin, Abb. 38), einen in vielen pflanzlichen und tierischen Lebensmitteln vorkommenden natürlichen Farbstoff. Riboflavin wird unter der Nummer E 101 als gelber Lebensmittelfarbstoff zum Färben von Mayonnaise, Eiscreme oder Pudding verwendet.[686] Die Farbigkeit des Riboflavins beruht auf dem Grundbaustein Isoalloxazin, bei dem es sich um ein heterocyclisches Molekül mit Carbonylgruppen handelt. Farbstoffe, die auf dem Isoalloxazin basieren, werden mit dem Trivialnamen „Flavine" bezeichnet.

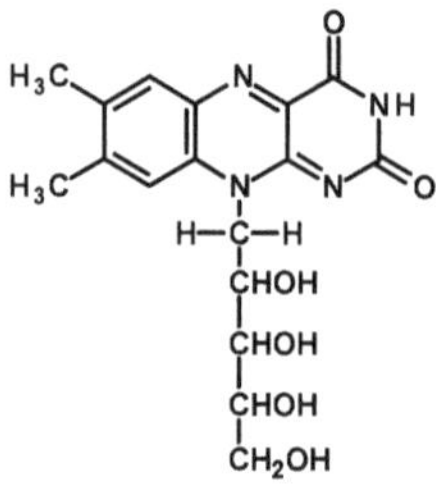

Abb. 38: Riboflavin[687]

5.11 Unlösliche Rothölzer (Sandelholz)

In den bearbeiteten Handschriften ist in einer Färbeanleitung der Quelle **M V** (fol. 38r–38v, Rezept 104) Sandelholz als Farbmittel in Verbindung mit Alkanna für die Färbung genannt. Bei dem für Färbezwecken genutzten Sandelholz handelt es sich um das blutrote Kernholz des in Ostindien, Ceylon und den Philippinen beheimateten *Pterocarpus santalinus* L. (vgl. Tafel 38, rechts), dass in Blöcken gehandelt und für die Färberei geraspelt und gemahlen wurde.

Die enthaltenen Farbstoffe Santalin A, B und C (Abb. 39) sind selbst heiß nur zu einem geringen Anteil wasserlöslich, so dass für tiefe Farbtöne zur Extraktion alkoholische Lösungen verwendet werden müssen.

---

685 Vgl. Grimm: DWb, Bd. 12, Sp. 2200; vgl. Krünitz: Oekonomische Encyklopädie, Th. 90, S. 674.

686 Vgl. Spreer: Milchverarbeitung, S. 47; vgl. Belitz et al.: Lebensmittelchemie, S. 414; vgl. Mödeneder: Riboflavin, in: RÖMPP-Online, RD-18-01317.

687 Vgl. Neumüller: Römpp, Bd. 5, S. 3586.

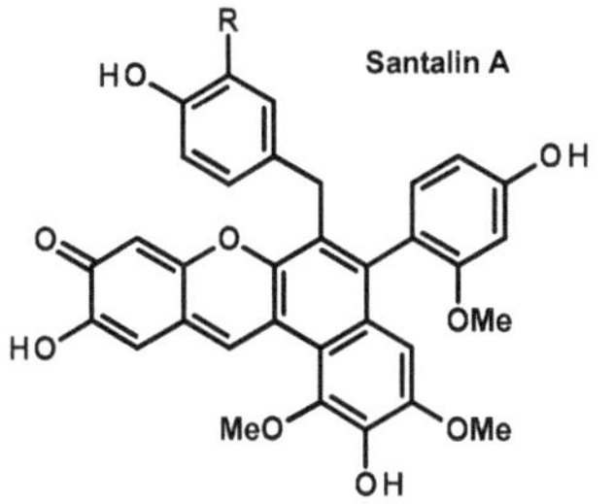

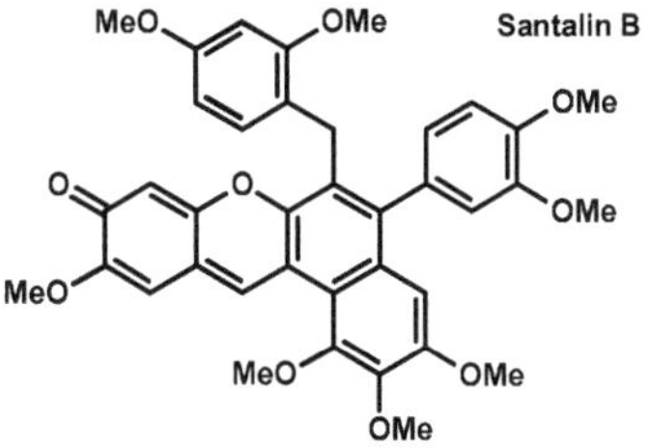

Abb. 39. Santalin A und B[688]

Historisch wurde Sandelholz häufig in Kombination mit anderen Farbmitteln benutzt, um tiefe Rot- und Brauntöne zu erreichen.[689] Auch das vorliegende Färberezept beschreibt eine Färbung bei der Sandelholz mit Alkannawurzel kombiniert wird. Mit Sandelholz kann mit einer Alaunbeize ein Orange-Rot, mit einer Eisenbeize ein Kastanienbraun erzielt werden. Durch Abkühlen des Substrates in der Färbeflotte kann die Farbtiefe erhöht werden.[690]

5.12 Pigmente

Pigmente sind laut DIN 55943 im Anwendungsmedium unlösliche Farbmittel. Wasserunlöslich bzw. nur gering wasserlöslich, sind sie für die Farbgebung von Textilien aus wässriger Lösung schwer nutzbar. Lediglich zu den Proteinfasern Wolle und Seide besteht auf Grund der in den Fasern vorhandenen Ladungen eine geringe Affinität. Die historisch bedeutendste Verwendung der Pigmente war daher der Bereich der Malerei. Erdpigmente, wie Ocker oder Umbra, gehören zu den ältesten Substanzen für die Farbgestaltung und wurden bereits für Höhlenmalereien verwendet.[691] Veröffentlichungen, die sich mit der Kulturgeschichte der Pigmente beschäftigen, haben daher immer direkten Bezug zur Malerei.[692]

688 Schweppe: Handbuch, S. 424–425; die Struktur des Santalin C ist bis heute unbekannt.

689 Vgl. Hofenk de Graaff: The Colourful Past, S. 155–157; vgl. Ferreira et al.: Historical textile dyes, S. 333–334.

690 Vgl. Dean: Wild Color, S. 114.

691 Ein Zeugnis der frühesten Anwendung von Farbpigmenten ist die 1994 im Ardèche (Frankreich) entdeckte Höhle Chauvet-Pont-d'Arc mit Malereien, deren Malereien nach C^{14}-Datierungen z.Z. als die ältesten der Welt gelten (ca. 33.500 v. Chr.) Vgl. Valladas et al.: Palaeolithic paintings, S. 479. Die Ergebnisse dieser Untersuchungen sind inzwischen umstritten. Neue C^{14}-Datierungen sollen durchgeführt werden, Ergebnisse liegen bisher noch nicht vor. Zu den verwendeten Farbmitteln vgl. Vignaud et al.: Farbstoffe prähistorischer Malereien, S. 48. Weitere Belege der Anwendung von Pigmenten für die Wandmalerei sind aus Altamira (Nordspanien, ca. 15.000 v. Chr.), Lascaux (17.000–15.000 v. Chr.) oder Çatal Hüyük (Türkei, ca. 6.000 v. Chr.) bekannt. Vgl. Zahn: Farbe, Kunst und Technik, S. 59–70.

692 Vgl. Finlay: Das Geheimnis der Farben; vgl. Bruns: Das Rätsel Farbe.

Nach DIN 55944 erfolgt eine allgemeine Unterteilung in anorganische und organische Pigmente, die weiterhin in natürliche und synthetisch hergestellte Produkte unterschieden werden. Natürliche anorganische Pigmente wurden durch Mahlen aus Mineralien gewonnen, während synthetische anorganische Pigmente durch Umwandlungen wie Glühen, gewonnen wurden. Organische Pigmente sind im wesentlichen Farbstoffe, die durch Verlackung und damit Blockierung der löslichmachenden Gruppen, in eine wasserunlösliche Form überführt wurden. Ein natürliches organisches Pigment ist z.B. das wasserunlösliche Farbmittel Indigo.[693]

Bei den in den Quellen aufgeführten Pigmenten handelt es sich um verschiedene natürliche, aber auch bereits synthetisch hergestellte anorganische Metallverbindungen, die für Blau-, Rot-, Gelb- Grün-, Braun- und Schwarzfärbungen verwendet werden sollen.

5.12.1 Blaupigmente

Mineralien für beständige blaue Färbungen waren außergewöhnlich selten und schwer zugänglich, so dass auch in der Malerei z.T. Pflanzen- und Beerenfarbstoffe zur Anwendung kamen. Die Identifizierung von Blaupigmenten in mittelalterlichen Rezeptsammlungen ist daher schwierig. So weist Fuchs daraufhin, dass der Begriff *lasur* in alten Anleitungen manchmal eher die Farbe Blau bezeichnet und nicht für ein bestimmtes Färbematerial steht.[694] Lasur bzw. Berglasur sind in den hier bearbeiteten Handschriften in drei Rezepten als Farbmittel für die Blau- bzw. Violettfärbung genannt (Tab. 47). Die in der Handschrift **In** enthaltene Anleitung beschreibt zwei Varianten für die Färbung. Ein Gummizusatz ermöglicht das Dispergieren des Pigments in der Färbeflotte. Alaun soll vermutlich als Direktbeize dienen, ist aber für die Färbung nicht erforderlich.

J. und W. Grimm, Krünitz und Beckmann identifizieren Lasur als Lapislazuli.[695] Brachert nennt verschiedene Deutungen für den Begriff (Lapislazuli, Azurit, eine Mischung aus Indigo und Bleiweiß und weitere Materialien), während er Berglasur eindeutig als Bergblau oder Azurit identifiziert, was ebenfalls bei Fuchs zu finden ist.[696]

Lapislazuli (Lasurit, Lasurstein, vgl. Tafel 41, links) ist ein schwefelhaltiges Natriumaluminiumsilikat der Formel ($Na_4[Al_3Si_3O_{12}]S_3$).[697] Der noch heute beliebte Halbedelstein wurde schon von den Ägyptern als Schmuckstein und für Einlegearbeiten verwendet. Lapislazuli war ausgesprochen kostbar und teurer als andere

693 Vgl. Groteklaes, Weber-Mußmann: Pigmente, in: RÖMPP Online, RD-16-02368.
694 Vgl. Fuchs: Blaufarbmittel, S. 1.
695 Vgl. Grimm: DWb, Bd. 12, Sp. 267; vgl. Krünitz: Oekonomische Encyklopädie, Th. 65, S. 221; vgl. Beckmann: Erfindungen, Bd. 3, 2. Stück, S. 176–177.
696 Vgl. Brachert: Maltechniken,. S. 39 und 151; vgl. Fuchs: Blaufarbmittel, S. 1.
697 Vgl. Berke: Chemie im Altertum, S. 2595; vgl. Neumüller: Römpp, Bd. 3, S. 2320.

Blaupigmente, da die Anzahl der Lagerstätten begrenzt war und der Handel durch politische Veränderungen und Kriege beeinflusst wurde.[698] Marco Polo beschrieb 1271 die aufwendige, sich über Wochen erstreckende Herstellung, wobei lediglich 10 % des eingesetzten Rohmaterials als Malerfarbe übrigblieben.[699] Der gemahlene Lapislazuli wurde als Ultramarin bezeichnet. Dieser Name weist auf seine Herkunft hin, denn Lapislazuli wurde über das Meer aus Asien (Afghanistan) nach Europa importiert.

Nachdem die Struktur des Lapislazuli 1806 bestimmt wurde, begann die Produktion des synthetischen Pigmentes, das als Ultramarin verkauft wurde. Ultramarin wurde u.a. bis zur Einführung der modernen optischen Aufheller im Haushalt als „Waschblau" verwendet. Als Zusatz zum Spülwasser überdeckte es additiv den bei älterer Weißwäsche auftretenden Gilb.[700]

Azurit (vgl. Tafel 41, rechts), ein natürlich häufiger vorkommendes basisches Kupfercarbonat ($2CuCO_3 \cdot Cu(OH)_2$ oder $Cu_3[OH/CO_3]_2$), ist schon als Bestandteil in den Farbschichten chinesischer Kunstgegenstände aus vorchristlicher Zeit nachgewiesen worden. Andere gebräuchliche Bezeichnungen waren Kupferlasur oder Bergblau.[701] Azurit wurde bis ins 19. Jahrhundert als Malerfarbe verwendet, galt aber schon immer als weniger gutes Blaupigment, weil sich seine Farbe im Laufe der Zeit vom Blau zum Grün veränderte. Bei dieser Reaktion wird aus blauem Azurit unter Aufnahme von Wasser und Abgabe von CO_2 grüner Malachit ($CuCO_3 \cdot Cu(OH)_2$ oder $Cu_2[(OH)_2/CO_3]$) (vgl. Tafel 42, links).[702] Dieser Mangel hat vermutlich dazu geführt, dass schon die Ägypter nach einem Ersatz für den Azurit suchten.[703] Gemahlener Azurit weist je nach Feinheitsgrad einen hellen himmelblauen Farbton auf.

Weiterhin ist in der Literatur unter dem Begriff Lasur die Verwendung von „Kalkblau", einem hellen blauen Kupferpigment, das aus reinem Kupfer und Grünspan (oder in einem Kupfergefäß) mit Kalk und Essig gewonnen wurde, belegt. Andere Materialien sind mit Indigo behandeltes Bleiweiß oder eine alchimistische Variante der Zinnobergewinnung, bei der ein blauer Dampf erzeugt wurde.[704] In

---

698 Vgl. Kühn: Farbmaterialien, in: Kühn et al.: Handbuch der künstlerischen Techniken, S. 35–37; für Belege zu Handel und archäologischen Nachweisen vgl. Derakhshani: Kupfer und Lapislazuli; vgl. Vogt: Farben und ihre Geschichte, S. 27–28; vgl. weiterhin Augustyn, Lepsky: RDK-WEB, Bd. 6, Sp. 1483–1484.

699 Vgl. Seel et al.: Das Geheimnis des Lapis lazuli, S. 66.

700 Vgl. Kremer Pigmente: historische und moderne Pigmente, Waschblau.

701 Vgl. Brachert: Maltechniken,. S. 39 und 151; vgl. Fuchs: Blaufarbmittel, S. 1.

702 Vgl. Neumüller: Römpp, Bd. 3, S. 2289 und Bd. 4, S. 2471–2472; vgl. Amelingmeier: Azurit, in: RÖMPP Online, RD-01-04190; vgl. Amelingmeier: Malachit, in: RÖMPP Online, RD-13-00310; vgl. Vogt: Farben und ihre Geschichte, S. 27; vergleiche weiterhin Augustyn, Lepsky: RDK-WEB, Bd. 6, Sp. 1484; Kühn: Farbmaterialien. in: Kühn et al.: Handbuch der künstlerischen Techniken, S. 34–35.

703 Vgl. Berke: Chemie im Altertum, S. 2595–2600.

704 Vgl. Fuchs: Blaufarbmittel, S. 1–3.

Quelle **B** sind in den nicht die Textilfärberei betreffenden kunsttechnologischen Anleitungen verschiedene Varianten für die Herstellung von Lasur beschrieben.[705]

5.12.2 Rotpigmente

Die Pigmente Mennige und Zinnober sind in den Quellen für Rot- und Braunfärbungen genannt. J. und W. Grimm identifizieren Mennige (vgl. Tafel 43, links) als eine rote aus Blei gewonnene Farbe. Der Name leitet sich aus dem lateinischen *minium* ab, ahd. Bezeichnungen waren *minio*, *miniin*, *minig*.[706] Unter Mennige versteht man heute ein rotes Blei(II,IV)-oxid der Formel Pb_3O_4, das bei der Oxidation von Bleiglätte (Blei(II)-oxid, PbO) entsteht.[707] Krünitz beschreibt Mennige als *„lebhaft pomeranzenrothen Farbenkörper, welcher [...] durch eine starke Calcination aus dem Bleye oder Bleyweiße erhalten wird"*.[708]

Die Herstellung aus Bleiweiß über das Zwischenprodukt Bleigelb durch längeres Erhitzen wurde bereits von den antiken Autoren Plinius und Vitruv beschrieben, gleichlautende Vorschriften für die Herstellung des Pigmentes sind ebenfalls in mittelalterlichen Quellen zu finden.[709] Mennige wurde während des Mittelalters in der Buchmalerei insbesondere für rote Initialen verwendet. Der Begriff „Miniatur" ist von der lat. Bezeichnung für Mennige abgeleitet.[710] Das Pigment ist empfindlich gegenüber Säuren, es wird aufgelöst. Die Reaktion mit schwefelhaltigen Verbindungen führt zu einer Verschwärzung und längerer Lichteinfluß führt zum Verbräunen.

Im Gegensatz zum synthetisch gewonnenen Mennige, kommt das zweite in den Quellen aufgeführte Rotpigment Zinnober in der Natur vor. Zinnober, rotes Quecksilbersulfid (HgS), war das erste leuchtend rote Farbpigment, das antiken Künstlern zur Verfügung stand. Während des Mittelalters wurde mineralischer Zinnober vor

705 Die Zinnoberrezeptvariante ist in sieben Vorschriften (vgl. fol. 4, Rezept 9, fol. 5v–6, Rezept 13, fol. 6–6v, Rezept 14, fol. 8, Rezept 18, fol. 9, Rezept 20, fol. 9–9v, Rezept 21 und fol. 10v, Rezept 25), die Bleiweiß/Indigovariante in einer Vorschrift (vgl. fol. 4, 10), die Kalkblauvariante in vier Vorschriften (vgl. fol. 4, Rezept 11, fol. 7v, Rezept 17, fol. 8, Rezept 19 (Kupfergefäß) und fol. 10–10v, Rezept 24) und die Lapislazulivariante in zwei Vorschriften (vgl. fol. 4v–5, Rezept 12 und fol. 6v–7, Rezept 15) beschrieben.

706 Vgl. Grimm: DWb, Bd. 12, Sp. 2020. Als weitere Namen nennen Grimm *rot mingen, menige, menge, menginge, menning, meny, menye, mynge, mynye, miny, minig, minin, meining*.

707 Vgl. Neumüller: Römpp, Bd. 1, S. 469; vgl. Kaiser: Bleimennige, in: Römpp Online, RD-02-01937; vgl. Kühn: Farbmaterialien. in: Kühn et al.: Handbuch der künstlerischen Techniken, S. 22.

708 Vgl. Krünitz: Oekonomische Encyklopädie, Th. 88, S. 360. Bleiweiß ist ein natürlich vorkommendes basisches Bleicarbonat ($2PbCO_3 \cdot Pb(OH)_2$); vgl. Holleman, Wiberg: Lehrbuch der Anorganischen Chemie, S. 804.

709 Vgl. Fuchs, Oltrogge: Farbenherstellung, S. 441; vgl. Augustyn, Lepsky: RDK-WEB, Bd. 6, Sp. 1470. Vorschriften in den hier bearbeiteten Quellen finden sich in **B** 2v, 6, 2v–3, 7 und 3,8. In dieser Quelle sind allerdings keine Färbeanleitungen mit Mennige enthalten.

710 Vgl. Jüttner: Mennige, in: Angermann et al.: LexMa, Bd. 6, Sp. 519; vgl. Ruprecht-Karls-Universität Heidelberg: Buchmalerei und Buchherstellung.

allem in Spanien abgebaut. Der natürlich gewonnene Zinnober war häufig grobkristallin und mit anderen Gesteinen durchsetzt (vgl. Tafel 43, rechts), durch Sublimieren konnte er aufgereinigt werden.[711] Seit dem Mittelalter ist auch die synthetische Gewinnung von Zinnober belegt. Dazu wurde ein Gewichtsteil Schwefel mit zwei Gewichtsteilen Quecksilber thermisch umgesetzt.[712] Die synthetische Gewinnung von Zinnober ist in der Handschrift Quelle **B** in fünf Anleitungen beschrieben.[713]

5.12.3 Gelbpigmente

Für die Färbung mit gelben Pigmenten sind in den Quellen Auripigment und Bleigelb genannt. Auripigment (vgl. Tafel 44) ist ein natürlich vorkommendes Mineral, das auch als Arsengelb, Rauschgelb oder Königsgelb bezeichnet wurde. Es handelt sich um ein Arsensulfid (Arsen(III)-sulfid) der Formel As_3S_6. Der Name ist von lat. *aurum* und *pigmentum* abgeleitet und bedeutet „Goldfarbe". Das Pigment war seit der Antike bekannt und fand schon in Ägypten künstlerische Anwendung, außerdem wurde es als Schminke und Haarentfernungsmittel verwendet. Während des Mittelalters fand es in der Buchmalerei Verwendung, wobei es bei gleichzeitiger Verwendung von Grünspan zu Schwärzungen durch die Bildung von Kupfersulfid kommen konnte. Auripigment kommt in der Natur vielfach in Verbindung mit Realgar (Arsen(II)-sulfid, As_4S_4), einem roten Arsensulfid, vor. Synthetisches Auripigment, das aus der Verschmelzung von Arsen(III)-oxid (Arsenik, As_2O_3) und Schwefel entsteht, enthält häufig nicht umgesetztes Arsenoxid und ist im Gegensatz zum reinen Pigment giftig.[714]

Bleigelb (vgl. Tafel 45, links) ist die gelbe orthorhombische Modifikation des Blei(II)-oxids (PbO, Bleiglätte). Es entsteht als Zwischenprodukt bei der Herstellung von Mennige aus Bleihydroxid oder Bleiweiß. Reines Bleigelb wird durch Lichteinflüsse rötlich bzw. bräunlich verfärbt, da sich die rote, stabilere Form des Blei(II)-oxids bildet. In alten Quellen wird es häufig als Massicot bezeichnet.[715] Durch geringe Zinnverunreinigungen (Bleizinngelb, Pb_2SnO_4, vgl. Tafel 45, rechts)

711 Vgl. Skelton: History of Western art, S. 44; vgl. Jüttner: Zinnober, in: Angermann et al.: LexMa, Bd. 9, Sp. 622; vgl. Kühn: Farbmaterialien. in: Kühn et al.: Handbuch der künstlerischen Techniken, S. 20–21.

712 Vgl. Fuchs, Oltrogge: Farbenherstellung, S. 442.

713 Vgl. Quelle **B** fol. 1a, Rezept 1; fol. 1-1av, Rezept 2; fol. 1-1v, Rezept 3; fol. 1v-2, Rezept 4; fol. 2, Rezept 5.

714 Vgl. Neumüller: Römpp, Bd. 1, S. 279; vgl. Augustyn, Lepsky: RDK-WEB, Bd. 6, Sp. 1476–1477; vgl. Grund et al.: Arsenic and Arsenic Compounds, S. 25; vgl. Kühn: Farbmaterialien. in: Kühn et al.: Handbuch der künstlerischen Techniken, S. 26; vgl. Thompson: Medieval Painting, S. 178.

715 Vgl. Krünitz: Oekonomische Encyklopädie, Th. 5, S. 695; vgl. Neumüller: Römpp, Bd. 1, S. 469; vgl. Augustyn, Lepsky: RDK-WEB, Bd. 6, Sp. 1477–1478; vgl. Kühn: Farbmaterialien. in: Kühn et al.: Handbuch der künstlerischen Techniken, S. 27.

wird das Pigment deutlich stabiler gegenüber Lichteinwirkung.[716] Neuere Untersuchungen an alten Gemälden zeigen, dass während des Mittelalters und der Renaissance nicht wie bisher angenommen, Bleigelb in reiner Form oder in Mischung mit anderen Pigmenten als gelbe Malerfarbe verwendet wurde, sondern schon zu dieser Zeit häufig mit dem stabileren Bleizinnoxid gearbeitet wurde.[717]

5.12.4 Grünpigmente

In den bearbeiteten Quellen ist das Pigment Grünspan (vgl. Tafel 42, rechts) aufgeführt, das zu den ältesten synthetisch hergestellten Pigmenten gehört. Als Grünspan bezeichnet man ein Gemisch aus grünen bis blauen basischen Kupfer(II)-acetaten mit der allgemeinen Zusammensetzung $1\text{–}3Cu(OOCCH_3)_2 \cdot 1\text{–}3Cu(OH)_2 \cdot n\, H_2O$.[718]

Für die Grünspanherstellung wurden Kupferbleche oder -späne in einem Gefäß mit Essig, Wein oder fermentiertem Harn übergossen und unter Luftabschluss an einem warmen Ort (Misthaufen) für einige Zeit gelagert. Bei der im Gefäß stattfindenden Hydrothermalreaktion korrodierte das Kupfer und es bildeten sich Kupfersalze unterschiedlicher Zusammensetzung. Vorrangig entstanden basische Acetate, bei Zusatz von Kochsalz und Urin auch Chloride und Carbonate.[719] Die entstandene Kruste wurde abgekratzt und zum Malen oder Färben verwendet. In Quelle **B** sind im kunsttechnologischen Teil der Handschrift sechs Rezepte für die Herstellung von Grünspan enthalten, die sich weniger in den Zutaten als in den Angaben zur Lagerzeit unterscheiden.[720] Eine Alternative zur Grünspangewinnung über Kupferbleche war die Verwendung eines Kupfergefäßes für die Flottenherstellung und den Färbeprozess. Wird der Grünspan in einem Kupferkessel hergestellt, sind als Flottenzusätze Honig, Salz und Essig genannt.[721] Das Gefäß wurde mit Honig ausgestrichen, mit Salz bestreut und anschließend wurde Essig zugegeben.

---

716 Vgl. Fuchs, Oltrogge: Farbenherstellung, S. 441; vgl. Kühn: Farbmaterialien. in: Kühn et al.: Handbuch der künstlerischen Techniken, S. 26–27.

717 Bei Untersuchungen alter Gemälde konnte in den gelben Farbpartien häufig Blei nachgewiesen wird werden. Vgl. Kremer Pigmente: historische und moderne Pigmente, Bleizinngelb.

718 Vgl. Neumüller: Römpp, Bd. 2, S. 1551; vgl. Augustyn, Lepsky: RDK-Web, Bd. 6, Sp. 1480; vgl. Beckmann: Erfindungen, Bd. 2, 1. Stück, S. 69–78; vgl. Kühn: Farbmaterialien. in: Kühn et al.: Handbuch der künstlerischen Techniken, S. 31–32; vgl. Schweizer, Mühlethaler: Kupferpigmente, S. 1159–1160. Bei der häufig umgangssprachlich als Grünspan bezeichneten Patina auf Kupferdächern handelt es sich im Gegensatz zum Pigment um Kupferoxide.

719 Vgl. Fuchs, Oltrogge: Farbenherstellung, S. 441; vgl. Brachert: Maltechniken, S. 107; vgl. Hickel: Arzneischatz deutscher Apotheken, S. 69–70.

720 Vgl. Quelle **B**, fol. 13, Rezept 29, fol. 13–13v, Rezept 30, 13v, Rezept 31, fol. 14, Rezepte 32 und 33 und fol. 14v, Rezept 34.

721 Honig reagiert schwach sauer und wirkt konservierend; vgl. Brachert: Maltechniken, S. 125. Die Bedeutung des Begriffes *salcz* ist vielfältig, in erster Linie ist aber Kochsalz (NaCl) gemeint. Da die Verwendung von Kochsalz bei der Grünspanherstellung belegt ist, kann die Gleichsetzung des Begriffes Salz mit Kochsalz hier als sicher gelten; vgl. Grimm: DWb, Bd. 14, Sp. 1705–1709; vgl. Brachert: Maltechniken, S. 107.

Aus der Malerei ist bekannt, dass die Verwendung von Grünspan mit schwefelhaltigen Pigmenten wie Auripigment oder Ultramarin, durch Kupfersulfidbildung zur Verschwärzung führen kann, was durch Zwischenschichten aus Firnis oder Bindemitteln verhindert wurde. Farbveränderungen durch Alterung des Grünspans sind ebenfalls nachweisbar.[722]

5.12.5 Braun- und Schwarzpigmente

Verschiedene Eisenoxidpigmente, wie Ocker, Hämatit oder Umbra, wurden in der Malerei für Brauntöne benutzt. Sie sind bereits für die Höhlenmalereien in Altamira und Lascaux verwendet worden. Ein Rezept der Quelle **M V** (fol. 233r, 1245) führt für die Braunfärbung von Leinen die Verwendung von Eisen, Eisenfeilstaub sowie rostigem Eisen mit Pech und Alaun auf. Hier wird das färbende Pigment auf der Faser hergestellt. Alle Zutaten sollen gemischt und „gut" gekocht werden. Bei der Reaktion (Rosten) von Eisen in wässriger sauerstoffhaltiger Lösung entstehen gelbrote bis braun gefärbte Eisenhydroxide und -oxide, insbesondere FeO(OH), die Hauptkomponente des Ockers.[723]

Ein Pigment für Schwarz- und Graufärbungen in historischen Anleitungen ist der Ruß. Ruß ist ein pulverförmiger schwarzer Feststoff, der zu 80–99,5 % aus Kohlenstoff besteht. Er entsteht bei der unvollständigen Verbrennung oder Pyrolyse von Kohlenwasserstoffen, kann aber auch als unerwünschtes Produkt bei anderen Verbrennungsvorgängen auftreten. Die Teilchengröße liegt zwischen 5–500 nm und hat Einfluss auf verschiedene Verarbeitungseigenschaften des Pigmentes. Kleine Teilchen sind dunkler und eher blaustichig, größere Teilchen sind braunstichiger. Größere Teilchen lassen sich aber leichter dispergieren und die dazu benötigte Ölmenge ist geringer.[724] Im Mittelalter wurde Ruß durch die Verbrennung von Harzen und Ölen unter Sauerstoffmangel erzeugt. Das Pigment lagerte sich im Ofenschacht oder an einem über das Feuer gestülpten Gefäß ab und wurde abgekratzt. Ruß wurde außerdem aus verschiedenen Hölzern, Kirschkernen, Walnussschalen oder Weinhefen gewonnen.[725]

5.12.6 Pigmente in den Quellen

Lasur bzw. Berglasur sind in in drei Rezepten als Farbmittel für die Blau- bzw. Violettfärbung genannt (Tab. 47). Die in der Handschrift **In** enthaltene Anleitung beschreibt zwei Varianten für die Färbung. Ein Gummizusatz ermöglicht das Dispergieren des Pigments in der Färbeflotte. Alaun soll vermutlich als Direktbeize dienen, ist aber für die Färbung nicht erforderlich.

722 Vgl. Thompson: Medieval Painting, S. 178; vgl. Kühn: Grünspan, S. 707.

723 Vgl. o.V.: Rost, in: Römpp Online, RD-18-01801; vgl. Groteklaes, Schwab: Eisenoxidpigmente, in: Römpp Online, RD-05-00476.

724 Vgl. Neumüller: Römpp, Bd. 5, S. 3638; vgl. Wizinger: Gerbstoff- und Blauholzschwarz, S. 5.

725 Vgl. Fuchs, Oltrogge: Farbenherstellung, S. 442.

Tab. 47: Färbeanleitungen mit Blaupigmenten

Quelle	Rezept	Farbton	Farb- und Hilfsmittel
In	fol. 101r, 11a	*plawe*	Lasur (*Lasawr*), Essig, Gummi, Alaun
	fol. 101r, 11b	*tunchel plawe*	Lasur (*Lasawr*), Schwarz, Kornblumen, Essig, Gummi, Alaun, Harn
M IV	fol. 230r, 62	*veyol*	Attichbeeren, Lasur (*Lassur*), Alaun, Weinessig, Gummi
	fol. 227v, 29	*liecht plab*	Kornblumen, Azurit (*perck lassur*), Alaun?

Für die Rotfärbung sind Mennige und Zinnober in zwölf Anleitungen belegt, zwei weitere Vorschriften beschreiben die Braunfärbung (Tab. 48). Die Färbungen mit Mennige finden in alkalischer Flotte ohne Zugabe sauer reagierender Salze statt, womit die Säureempfindlichkeit des Pigments in den historischen Anleitungen belegt ist. Gummi- oder Ölzugaben dienen dem Dispergieren sowie für die Fixierung auf der Faser. Für helle Rottöne (*leibfarb*) wird das Pigment Bleiweiß zugemischt. Die Braunfärbungen erfolgen in saurer Flotte unter Zusatz eines weiteren pflanzlichen Farbstoffes.[726]

Tab. 48: Färbeanleitungen mit Rotpigmenten

Quelle	Rezept	Farbton	Farb- und Hilfsmittel
H II	fol. 66v–67, 22	*liecht rot*	10 Lot Mennige (*myni*), Gummiwasser, Öl, Lauge
H IV	fol. 51v–52, 108	*liecht roth*	4 Lot polnische Mennige (*bolensche menig*), Kupfergefäß, Gummiwasser, Öl, Lauge
	fol. 54, 113	*leybfarb*	1 Lot Bleiweiß, 1 Settin Mennige (*menig*), Öl, reines Wasser
	fol. 189v–190v, 320	*liecht roth*	4 Lot polnische Mennige (*Pollnische menig*), Kupfergefäß, Gummiwasser, Öl, Lauge
	fol. 193–193v, 325	*leybfarb*	1 Lot Bleiweiß, 1 Settin Mennige (*menig*), Öl, reines Wasser
In	fol. 100v, 6	*ziegelvar*	Mennige (*minig*), zindlot (Färberscharte?), Essig, Alaun
H IV	fol. 260v, 417	*Harfarb*	Brasilholz, Mennige (*minie*), Alaun
In	fol. 100v, 5a	*rot*	Zinnober (*zynober*), Alaunwasser
H II	fol. 66–66v, 21	*rod*	Zinnober (*zinober*), Gummiwasser, Wasser
In	fol. 100v, 5b	*tunchelrot*	Zinnober (*zynober*), Brasilholz, Alaun, Essig, Harn, Schwarz od. Grünspan
M IV	fol. 227r, 22	*fewrfarb*	Attichbeeren, Zinnober (*zinober*), *Parisrot*, Alaun, Metwürz
Al	fol. 308, 18	*roth*	1 Lot Zinnober (*Zinober*), 1 Lot Brasilholz, Alaun, Regenwasser,
B	fol. 98v, 279a	*feurroth*	1 Lot Zinnober (*Zinober*), 2 Lot Brasilholz, Alaun, Regenwasser
Wi	fol. 303, 3	*rott*	1 Lot Zinnober (*zinober*), 2 Lot Brasilholz, Alaun, Regen- od. Wachswasser

726 Ploss vermutet, dass es sich hier um die Färberscharte handelt. Er begründet seine Vermutung mit der Bedeutung des Wortes *zindeln* = ausgefranst; vgl. hierzu Grimm: DWb, Bd. 31, Sp. 1386–1388; vgl. Ploss: Buch von alten Farben, S. 100.

Für die Gelbfärbung ist in den bearbeiteten Quellen ist Auripigment (*auripigmentum*, *opriment*, *Operment geel* oder *Schildfarb* bzw. *schilltt farw*[727]) in acht Vorschriften für die Gelbfärbung enthalten, während Bleigelb (*pleÿgeel*, *bleigel*) lediglich in je einer Anleitung für die Gelb- und Grünfärbung genannt ist (Tab. 49).

Auripigment soll allein oder in Verbindung mit Pflanzenfarbmitteln, vorrangig Safran oder Brasilholz, verwendet werden. Ein Teil der Färbungen erfolgt in saurer Flotte mit einer Alaundirektbeize, andere Anleitungen enthalten die dispergierend und fixierend wirkenden Gummi- und Ölzusätze. Bleigelb ist für beide Färbungen in Kombination mit Safran genannt, für die Grünfärbung soll zusätzlich Grünspan verwendet werden.

Tab. 49: Färbeanleitungen mit Gelbpigmenten

Quelle	Rezept	Farbton	Farb- und Hilfsmittel
In	fol. 101r, 9	*gelbiu*	Auripigment (*auripigmentum*), Alaun, Essig
H II	fol. 69v, 29	*gelb*	2 Lot Auripigment (*opriment*), 1 Maß Wasser, Öl, Gummi
H IV	fol. 53–53v, 111	*gel*	2 Lot Auripigment (*Operment*), 1 Maß Wasser, Öl, Gummi
	fol. 192–192v, 323	*geel*	2 Lot Auripigment (*Operment*), 1 Maß Wasser, Öl, Gummi
In	fol. 101r, 10	*gelbiu?*	Berberitzenbast, Brasilholz, Auripigment (*auripigmentum*), Alaunwasser
H IV	fol. 224–224v, 367a	*geel*	Blumen, die gelb färben, 3 Finger dick Kupferschlag, ein wenig Auripigment (*gelbe Schiltfarben*)
	fol. 258v–259, 409	*gelb*	Auripigment (*Schilltfarb*), Safran, Alaun
Wi	fol. 306, 18	*gelb*	2 Lot Auripigment (*schilltt farw*), 1 Lot Safran, Alaun, Wachs- od. altes Regenwasser
B	fol. 106v, 308	*saffran gell*	1 Quentchen Safran, für 1 Pfennig Bleigelb (*pleÿgeel*), kaltes Wasser
Au	fol. 15v, 20	*grun*	9 Lot Grünspan, ½ Lot Bleigelb (*bleigel*), ein wenig Safran, Essig

Das Pigment Grünspan (*spongrun*, *spengrun*, *grunspat, grünspat* oder *grünspan*)[728] ist sehr häufig in den Quellen aufgeführt. Er dient allein oder in Verbindung mit verschiedenen Pflanzenfarbstoffen für die Grünfärbung (Tab. 50). Außerdem wird er als Beizmittel für die Grünfärbung mit Saftgrün und die Blaufärbung mit Beeren- und Blütenfarbstoffen verwendet.

Die Herstellung des Grünspans in einem Kupfergefäß beschreiben die Färbevorschriften der Quellen **M I** (fol. 67v, 59), **N I** (fol. 1v, 4) und **M V** (fol. 39v, 113). Allerdings fehlt in den Rezepten der Quellen **M I** und **N I** der Hinweis auf das Kupfergefäß. Die Verwendung von Kupferkesseln in der Färberei war vermut-

727 Identifikation nach Oltrogge, vgl. Oltrogge: Datenbank.

728 Der Name entstand durch Versetzen der Silben aus Spangrün (spanisches Grün), was auch in den Quellen belegt ist. Vgl. Krünitz: Oekonomische Encyklopädie, Th. 20, S. 229; vgl. Grimm: DWb, Bd. 9, Sp. 960.

lich so selbstverständlich, dass eine besondere Erwähnung des Materials nicht immer als erforderlich angesehen wurde. Die Färbung erfolgt im Allgemeinen aus saurer Flotte, z.T. ist der Zusatz von Gummi oder Öl aufgeführt. Zwei Anleitungen empfehlen die Verwendung von Auripigment zum Aufhellen des Farbtones.[729] Für die Aufhellung ist nicht nur das zugegebene Gelb verantwortlich, hier zeigen sich außerdem Konkurrenzreaktionen um die Bindungsstellen an der Faser, die ebenfalls bei Färbungen mit Grünspan unter Alaunzusatz zu beobachten sind. In den Färberezepten der älteren Quellen ist die Alaundirektbeize bei der Färbung mit Grünspan vorgesehen, in den neueren Anleitungen (**H IV**) fehlt der Alaun, so dass eine größere Farbtiefe erreicht werden kann.

Tab. 50: Färbeanleitungen mit dem Pigment Grünspan

Quelle	Rezept	Farbton	Farb- und Hilfsmittel
M I	fol. 67v, 59	*grünewe*	(Kupfer?)-gefäß, Honig, Salz, Essig, Alaun
N I	fol. 1v, 4	*gelgrun*	(Kupfer?)-gefäß, Honig, Salz, Essig, Alaun
M V	fol. 39v, 113	*viride*	1 Teil Honig, Essig, Alaun, Kupfertopf
In	fol. 100v, 8	*grün*	Grünspan (*grünspat*), Harn, Alaun, Gummi, heller: Auripigment
Gr	fol. 6r	(Grün?)	Grünspan (*grünspat*), Harn, Alaun, Gummi, heller: Auripigment
Au	fol. 24v–25r, 50	*grun*	2 Lot Grünspan (*spen grun*), Lauge, Alaun, NH_4Cl, heller: ein wenig Safran
H II	fol. 67v–68, 24	*grún*	10 Lot Grünspan (*spon grün*), Kupfergefäß, Öl
M V	fol. 223v, 1253	*grien*	Grünspan (*Spangrien*), Wasser, Kupferasche
H IV	fol. 52–52v, 109	*gryenn*	4 Lot Grünspan (*Spongrien*), Kupfergefäß, Öl, Essig
	fol. 190v–191v, 321	*feingrienn*	4 Lot Grünspan (*Spongrien*), Kupfergefäß, Öl, Essig
	fol. 258, 406	*grien*	Grünspan (*Spongrien*), Alaun, Wasser
Wi	fol. 305v, 16	*grün*	2 Lot Grünspan (*span grün*), Kupfergefäß, Essig, NH_4Cl, Galitzenstein, Weinstein, Kalk
Au	fol. 15v, 20	*grun*	9 Lot Grünspan (*spongrun*), ½ Lot Bleigelb (*bleigel*), ein wenig Safran
M V	40r, 116a	(Grün?)	Honig, Essig, Alaun, Kupfertopf, ein wenig Safran
H V	fol. 287v, 57	*grün*	1 Lot Grünspan (*spön grön*), Safran (erbsengroß)

Für die Braun- und Schwarzfärbung mit Pigmenten soll nach der Quellenlage Ruß verwendet werden (Tab. 51). Für die Schwarzfärbung ist Ruß das einzige Farbmittel, während für Brauntöne zusätzlich Labkraut und Safran benutzt werden. Die Färbungen erfolgen aus saurer, neutraler oder alkalischer Flotte. Im Rezept 2b der Quelle **N I** ist die Herstellung des Rußes näher beschrieben. Über einer Kerze soll Weihrauch (*wirauch*) verbrannt werden. Mit einem darüber gestülpten Gefäß wird der Ruß aufgefangen, abgestrichen und für die Färbung mit Gummi und Wasser gemischt. In der Anleitung 260a aus Quelle **B** wird der erforderliche Ruß durch Verbrennen von Nussschalen gewonnen.

729 Aufhellung bei der Grünfärbung: Quelle **In**, fol. 100v, Rezept 8 und Quelle **Gr**, fol. 6r.

Tab. 51: Färbeanleitungen mit Braun- und Schwarzpigmente

Quelle	Rezept	Farbton	Farb- und Hilfsmittel
H IV	fol. 222v, 363	*harfarb*	Ruß (*rues*), Essig
H IV	fol. 56–57, 119	*har farb*	2 Teile Klebkraut, 4 Lot Ruß (*Ruess*), 1 Settin Safran, Lauge, Öl
	fol. 195v–196v, 330b	*harfarb*	2 Teile Klebkraut, 4 Lot Ruß (*ruess*), 1 Settin Safran, Lauge, Öl
N I	fol. 1–1v, 2b	*schvarch*	Ruß (*rüs*), Gummi, Wasser
	fol. 2v, 6	*swarcz*	Ofenruß (*kadeloffzam*), Wasser, Essig, Alaun
B	94, 260a	*Schwartz*	gebrannte Nussschalen, Wasser, Essig, Alaun

Pigmente als Farbmittel sind in den untersuchten Quellen in insgesamt 48 Teilanleitungen enthalten. Auf Seide und Wolle kann auf Grund der größeren Affinität der Pigmente zu den Proteinfasern im Vergleich zu Cellulosefasern eine größere Farbtiefe erreicht werden. Nach der Quellenlage wurden bevorzugt Proteinfasern (Seide) gefärbt, was beweißt, dass die größere Affinität der Pigmente zu diesen Fasern wahrgenommen wurde (Tab. 52).

Tab. 52: Faserrohstoffe für die Pigmentfärbung[730]

Zeit	Vorschriften insgesamt	davon in %				
		keine Angabe	Aufmachung (Garn, textile Fläche)	Leinen	Wolle, Leinen	Seide
14. Jh.	7	100.0	-	-	-	-
15. Jh.	16	25.1	18.8	12.5	-	43.8
16. Jh.	23	17.4	17.4	-	4.3	60.9
alle Färbungen	369	-	-	15,4	1.9	20,9

Beim Vergleich der genannten Faserrohstoffanteile mit den entsprechenden Durchschnittswerten für alle Färbungen nach dem Ausziehverfahren, zeigt sich, dass die Proteinfaser Seide in den Quellen des 15. und 16. Jahrhunderts für die Pigmentfärbung deutlich bevorzugt wird Der Woll-/Leinenanteil ist im 16. Jahrhundert geringfügig rößer als der für alle Färbungen genannte Anteil.

5.13 Nicht zu identifizierende Farbmittel

Einige der in den Quellen genannten Farbmittel lassen sich nicht eindeutig identifizieren und können daher keiner der zuvor beschriebenen Farbstoffklassen zugeordnet werden (Tab. 53). Es handelt sich dabei um *plab regen plumen*, *weyd-öpfel*, *zeidlper*, *sprickerne beren* und *mos blu(o)men.*

730 Teilrezepte wurden bei der Auswertung nicht berücksichtigt.

Tab. 53: Nicht identifizierbare Farbmittel in den Färbeanleitungen

Quelle	Rezept	Farbton	Farb- und Hilfsmittel
M I	fol. 67, 55b	*prawn*	*plab regen plumen*
	fol. 67–67v, 56a	*Gelbewe*	*weyd-öpfel*, Safran, Berberitzenwurzel
M IV	fol. 228v, 39	*Sat plab*	Holunderbeeren, 3 od. 4 Hand voll *zeidlper*
Gö	fol. 311v, IV 11	*blaw*	*sprickerne beren* od. Heidelbeeren, Kupferhammerschlag
Wi	fol. 305v–306, 17	*gelb*	1 große Schüssel *mos blu(o)men*, ½ Lot Safran

In Quelle **M I**, fol. 67, Rezept 55b soll mit *plab regen plumen* eine Braunfärbung durchgeführt werden. Die Rezeptvariante 55a nennt Heidelbeeren als Farbmittel. Regenblume, Regenringel oder Regenringelblume sind Synonyme für die Ringelblume (*Calendula officinalis* L.) bzw. für eine Unterart (*Calendula pluvialis* L.). Eine blaue Regenblume ist nicht bekannt. Aus frischen Ringelblumen kann ein Saft gepresst werden, mit dem auf Aluminiumbeize gelb gefärbt werden kann.[731] Regenblume ist außerdem ein Synonym für weitere Pflanzen wie den Acker-Gauchheil (*Anagallis arvensis* L.), das Gänseblümchen (*Bellis perennis* L.) oder verschiedene Glockenblumen-Arten (*Campanula*), die z.T. als blaue Varietäten auftreten[732], über deren Verwendung in der Färberei aber nichts bekannt ist. Im Rezept 56 der gleichen Quelle (fol. 67–67v) sollen *weyd-öpfel*, Safran und Berberitzenwurzel für eine Gelbfärbung benutzt werden. Weidäpfel oder Waidäpfel sind in der Literatur für die Färberei nicht belegt. Sowohl J. und W. Grimm als auch Krünitz führen Weidenapfel als Bezeichnung für eine Reinettensorte auf.[733] Über eine Verwendung in der Färberei ist nichts bekannt.

In **M IV**, fol. 228v, Rezept 39 werden *zeidlper* mit Holunderbeeren, Alaun und Essig für die Blaufärbung benutzt. Zeidel ist eine alte Bezeichnung für den Seidelbast (*Daphne mezereum* L.) und den Bittersüßen Nachtschatten (*Solanum dulcamara* L.).[734] Zeidelbeeren sind als solche nicht nachweisbar, aus den roten Blüten des Seidelbastes wurde aber eine rote Saftfarbe für Maler gewonnen.[735] Aus den Beeren des Schwarzen Nachtschattens wurde Saftgrün gewonnen (vgl. Kap. 5.5.2).

Mit *sprickerne beren* als Ersatz für Heidelbeeren soll im Rezept IV, 11 (fol. 311v) der Handschrift **Gö** eine Blaufärbung durchgeführt werden. Marzell führt Sprickel als Synonym für den Faulbaum (*Frangula alnus* L.) und den Kreuzdorn (*Rhamnus catharticus* L.) auf und Krünitz nennt ebenfalls Sprecken oder Sprickler

731 Vgl. Brunello: The Art of Dyeing, S. 339.

732 Vgl. Marzell: Pflanzennamen, Bd. 5, Sp. 447.

733 Die Bezeichnung Weidenäpfel bezieht sich auf Äpfel, die auf Weidenstämme gepfropft wurden; vgl. Grimm: DWb, Bd. 28, Sp. 576; vgl. Krünitz: Oekonomische Encyklopädie, Th. 236, S. 64.

734 Vgl. Grimm: DWb. Bd. 31, Sp. 497 und Krünitz: Oekonomische Encyklopädie. Th. 36, S. 787. Marzell: Pflanzennamen, Bd. 5, Sp. 638.

735 Vgl. Krünitz: Oekonomische Encyklopädie. Th. 36, S. 796.

als weitere Namen des Faulbaums.[736] Nach J. und W. Grimm ist Sprickbeere eine Bezeichnung für Faulbaumbeeren.[737] Unreife Faulbaumbeeren sind für Grünfärbungen, Faulbaumrinde für Braunfärbungen nachgewiesen, über Blaufärbungen mit den Beeren ist nichts bekannt.[738] Unreife Kreuzdornbeeren wurden für die Gelbfärbung und fast reife Kreuzdornbeeren für die Saftgrüngewinnung verwendet (vgl. Kap. 5.5.2). Auch hier ist die Blaufärbung in der Literatur nicht erwähnt.

In Quelle **Wi**, fol. 305v–306, Nr. 17 soll mit großen gelben *mos blu(o)men* und Safran eine Gelbfärbung durchgeführt werden. Moosblume ist ein Synonym für verschiedene Pflanzen, wie z.B. die Moosheide (*Bryanthus gmelinii*), die Sumpfdotterblume (*Caltha palustris* L.) oder auch Goldblume oder Butterblume, die Herbstzeitlose (*Colchium autumnale*) und die Sand-Strohblume (*Helichrysum arenarium*)[739], über deren Verwendung in der Färberei nichts bekannt ist.

---

736 Vgl. Marzell: Pflanzennamen, Bd. 5, Sp. 535; vgl. Krünitz: Oekonomische Encyklopädie. Th. 161, S. 690.

737 Vgl. Grimm: DWb. Bd. 17, Sp. 71.

738 Vgl. Brachert: Maltechniken, S. 83

739 Vgl. Marzell: Pflanzennamen, Bd. 5, Sp. 375; vgl. Grimm: DWb, Bd. 12, Sp. 2521; vgl. Krünitz: Oekonomische Encyklopädie, Th. 236, S. 65.

6. Färbeexperimente nach historischen Anleitungen

Aus der Verwendung eines bestimmten Farbmittels kann auf einen „Grundfarbton" geschlossen werden, das letztendlich unter Berücksichtigung aller Färbeparameter zu erzielende Färbeergebnis ist aber nicht vorherzusehen. Bei der Analyse der Vorschriften bezüglich der Aussagen zum erreichbaren Farbton fiel auf, dass sich die Angaben im Wesentlichen auf die acht Grundfarbtöne Blau, Violett, Rot, Gelb, Grün, Schwarz, Grau und Braun beschränkten. Allenfalls im Hinblick auf die Farbtiefe wurde in helle sowie dunkle Töne unterschieden und in wenigen Ausnahmefällen war der Farbton näher präzisiert.

Mit den in den Quellen genannten Farbtönen verbinden wir z.T. leuchtende klare Farben. Soll heute eine bestimmte Richtung des Farbtons ausgedrückt werden, erfolgt dieses über Wortverbindungen, die aus dem täglichen Leben bekannt sind und mit denen eine Farbvorstellung verbunden ist. Hierzu gehören z.B. Farbbezeichnungen wie Sonnengelb, Zitronengelb, Rostrot oder Bordeauxrot. Diese weitergehenden Beschreibungen der Farbe fehlen in den hier untersuchten Quellen. Daher mussten für eine umfassende Beurteilung der historischen Vorschriften, Färbungen auf Basis der Quellenrezepte nachgestellt werden.

Zunächst wurden alle Anleitungen nach dem Ausziehverfahren den o.g. Grundfarbtönen (Tab. 54) zugeordnet, wobei die Zuordnung der selten genannten Farbtöne „*leybfarb*", „*negelfarb*", „*harfarb*" und „*zigelfarb*" entsprechend ihrer „Farbrichtung" zu den Grundfarben Rot bzw. Braun erfolgte.[740]

Tab. 54: Anteile der Farbtöne [%] nach dem Alter der Quelle

		davon								
Quelle	**Teilrezepte**	**Blau**	**Violett**	**Rot**	**Gelb**	**Grün**	**Schwarz**	**Grau**	**Braun**	**nicht eindeutig**
14. Jh.	28	10.7	-	17.9	17.9	10.7	14.3	-	21.4	7.1
15. Jh.	177	17.5	3.4	22.0	10.7	21.5	12.4	4.5	7.3	0.6
16. Jh.	198	14.6	3.5	20.2	17.2	12.6	10.6	5.6	13.1	2.5
alle Quellen	403	15.6	3.2	20.8	14.4	16.4	11.7	4.7	11.2	2.0

740 „*leybfarb*" steht nach Grimm: DWb, Bd. 12, Sp. 599–600 für fleischfarben (hautfarben); „*negelfarb*" ist ein heller Beigebraunton, bei Grimm: DWb, Bd. 13, Sp. 264 ist Nägelchen oder Nägelein als alte Bezeichnung für die Gewürznelke (*Syzygium aromaticum* (L.) MERRILL & PERRY) belegt. Sakuma identifiziert Negeleinfarbe als einen Gelbton; vgl. Sakuma: Die Nürnberger Tuchmacher, S. 119, Fußnote 184. „*harfarb*" steht nach Grimm: DWb, Bd. 10, Sp. 28 für haarfarben und meint wohl meist einen kastanienbraunen Ton; „*zigelfarb*" beschreibt vermutlich Braunrottöne, wie sie bei Backsteinen üblich sind.

Wie sich zeigte, sollen mit etwa einem Fünftel der betrachteten Vorschriften Rottöne erzielt werden. Der Anteil der Rotfärbungen bleibt, über den gesamten Zeitraum betrachtet, annähernd gleich. Blau-, Gelb- und Grüntöne haben insgesamt mit jeweils ca. 15 % Anteil gleich große Bedeutung. Schwarz- und Brauntöne sind in insgesamt jeweils 11 % der Vorschriften aufgeführt, besonders häufig im 14. Jahrhundert. Violett- und Grautöne sind im 14. Jahrhundert nicht und in den Quellen des 15. und 16. Jahrhunderts eher selten genannt.

Nach der Auswertung bezüglich des im Rezept genannten Farbtons, erfolgte eine weitere Analyse der einzelnen Farbtöne im Hinblick auf die benutzten Farb- und Hilfsmittel. Die Auswahl der Farbmittel für Färbeversuche erfolgte vorrangig anhand ihrer Bedeutung in den bearbeiteten Quellen. Zusätzlich wurden interessant erscheinende Rezeptvarianten berücksichtigt. Färbungen mit giftigen Substanzen wie Zinnober oder Auripigment, wurden trotz ihrer nach der Quellenlage relativ großen Bedeutung nicht durchgeführt.

6.1 Rekonstruktion der Färbebedingungen – Vorversuche

Exakte Angaben bezüglich der nach modernen Maßstäben erforderlichen Verfahrensparameter wie z.B. Flottenverhältnis oder Färbetemperatur, sind in den historischen Färbevorschriften nicht zu finden. Da aber gerade diese Parameter einen deutlichen Einfluss auf den Farbton haben, wurde zunächst im Rahmen von Vorversuchen und mit Hilfe moderner Rezepte für Färbungen mit Naturfarbstoffen ein „Standardfärbeverfahren" entwickelt, das eine Vergleichbarkeit der Ergebnisse erlaubt.

Ausgehend von einer zu färbenden Probenmenge von 10 g Ware erfolgten Färbeversuche zur Festlegung des Flottenverhältnisses, der Färbetemperatur und -zeit, der Beizmittelmengen sowie zur Vereinheitlichung der Färbeflottenvorbereitung. Durch die Vereinheitlichung von Flottenvorbereitung und Färbeverfahren wird die Vergleichbarkeit der gefärbten Proben bei einer anschließenden Lichtechtheitsprüfung ermöglicht. Die Lichtechtheit steht mit der Farbstoffaggregation in direktem Zusammenhang. Die Farbstoffaggregation hängt wiederum von der Farbstoffkonzentration in der Flotte ab. Konzentrationsabweichungen bewirken Echtheitsschwankungen.

Ein wichtiger Faktor für die Egalität der Färbung ist das Bewegen der Ware in der Flotte. Im Rahmen dieser Untersuchung wurde das Laborfärbegerät Linitest-Plus® der Firma Atlas für die Färbeversuche benutzt[741]. Dadurch war eine gleichmäßige Bewegung der Ware mit 30 Umdrehungen pro Minute durch die Maschine gesichert. Das Flottenverhältnis war so zu wählen, dass eine ausreichende Farbtiefe bei möglichst egaler, d.h. gleichmäßiger Färbung erreicht wurde. Gemeinsam ist den

741 Linitest+®, Atlas Materials Testing.

Angaben aus der modernen Literatur die Steigerung des Flottenverhältnisses bei abnehmender Warenmenge (Tab. 55). Um bei Färbungen im Kochtopf, der üblichen Praxis bei der Hausfärbung, das gleichmäßige Benetzen der Ware und ein egales Färbeergebnis zu gewährleisten, muss bei kleinen Substratmengen mehr Färbeflotte eingesetzt werden. Außerdem muss berücksichtigt werden, dass bei der Färbung von Wolle bei einem sehr kurzen Flottenverhältnis die Gefahr einer Verfilzung des Substrates zunimmt.

Tab. 55: Substrat- und Wassermengen bzw. FV aus der modernen Literatur[742]

	Substrat [g]	Wasser [mL]	FV
	1.000.0	16.000–20.000	1:16–1:20
Feddersen-Fieler	500.0	12.000–15.000	1:24–1:30
	250.0	8.000–12.000	1:32–1:48
	1.000.0	45.500	1:45
Casselman	453.0	27.000	1:60
	226.5	18.000	1:80
Cannon	100.0	5.000	1:50

Probefärbungen (vgl. Tafel 46) bei verschiedenen Flottenverhältnissen zeigten, dass egale Färbungen mit ausreichender Farbtiefe am ehesten bei einem Flottenverhältnis von 1:35 erreicht wurden. Größere Flottenverhältnisse führten zu verminderter Farbtiefe, kürzere Flotten zu unegalen, fleckigen Färbungen ohne weitere Zunahme der Farbtiefe.

Die Färbetemperatur hat ebenfalls Einfluss auf den Farbausfall. Insbesondere bei Rotfärbungen mit Krapp und Brasilholz führt die Literatur Temperaturen von 70–80 °C auf, die mit einer Farbtonänderung bei Kochtemperatur begründet werden.[743] Hinweise auf reduzierte Färbetemperaturen finden sich auch in den Quellen wieder, wo „heiß", aber „ohne Dampf", d.h. nicht kochend gefärbt werden soll.

Wie die Vorversuche zeigten, ergibt eine Färbetemperatur von 80 °C auf einer Alaunvorbeize bei Krappfärbungen leuchtende Rottöne, während die Färbung bei Kochtemperatur eine Verschiebung des Farbtones zum Braunen erkennen lässt. Bei der Färbung mit Brasilholz führt die höhere Temperatur zu einer Farbvertiefung ohne Verbräunen).

In weiteren Vorversuchen wurde die einzusetzende Beizmittelmenge bestimmt. Da sich die Krappfärbungen als besonders empfindlich gegenüber Veränderungen der Färbebedingungen erwiesen, erfolgten diese Tests wieder an Krappfärbungen auf Wolle. Die Beize wurde mit 5, 10, 15 und 20 % Alaun als Vorbeize durchgeführt (vgl. Tafel 14).

742 Vgl. Feddersen-Fieler: Farben aus der Natur, S. 21; vgl. Casselman: Craft oft the dyer, S. 63; vgl. Cannon: Dye plants and Dyeing, S. 13.

743 Vgl. Bochmann, Weiser: Pflanzenfarben auf Leinen und Wolle, S. 203–204.

Eine Beizmittelmenge bis 10 % des Warengewichtes führt zu einer deutlich gesteigerten Farbstoffaufnahme, während 15 bzw. 20 % Beizmittelzusatz nicht zu einer weiteren signifikanten Zunahme der Farbtiefe führen.

Zur Vereinheitlichung der Flottenvorbereitung mit Bezug auf einen konstanten Farbstoffgehalt, wurden wieder am Beispiel Brasilholz Färbungen direkt mit den Holzspänen sowie mit einem zuvor hergestellten Absud durchgeführt.

Die Farbtiefe der direkt gefärbten Wollproben ist deutlich geringer als die Farbtiefe der mit dem Absud gefärbten Proben, so dass für alle Färbungen das Farbmittel vor der Färbung extrahiert wurde. Wird mit Holzspänen direkt gefärbt, kann außerdem eine Fleckenbildung nicht ausgeschlossen werden, wenn sich Späne des Farbmittels im Substrat verhaken.

Wiederholungsfärbungen mit Brasilholz und Krapp, bei denen der Farbmittelabsud für jede Färbung einzeln angesetzt wurde, ergaben bei sonst gleichen Färbeparametern Farbtonabweichungen von $\Delta E > 3{,}5$. Um diese materialbedingte Streuung des Ergebnisses zu reduzieren, erfolgte für Färbungen, die miteinander verglichen werden sollten, ein gemeinsamer Flottenansatz, dem die jeweils erforderliche Menge entnommen wurde. So konnte die Streuung des Farbtones auf einen ΔE-Wert von $1 \pm 0{,}5$ verkleinert werden, welcher nach modernen Maßstäben an der Toleranzgrenze liegt (vgl. 2.2.2).

Für alle im Folgenden beschriebenen Färbeversuche wurden 10 g Woll- bzw. Baumwollgewebe bei einem Flottenverhältnis von 1:35 gefärbt. An ausgewählten Beispielen erfolgten zusätzlich Färbungen mit Seide. Zur Entfernung von Fett- und/oder Avivageresten auf den Substraten wurden die Proben vor dem Färben mit einem milden Wollwaschmittel bzw. mit Marseiller Seife vorgewaschen und anschließend getrocknet. Die Standardfärbung erfolgte, wenn nichts anderes angegeben ist, für 60 Minuten bei 80 °C.

Die eingesetzte Farbmittelmenge bezieht sich auf die zu färbende Substratmenge, d.h. bei der Angabe 100 % wurden 10 g Substrat mit dem Äquivalent eines Absuds aus 10 g des entsprechenden Farbmittels gefärbt. Beizbehandlungen wurden als Vorbeize (V), als Direktbeize (D) und als Nachbehandlung (N) durchgeführt. Als Beizmittel dienten Kaliumaluminiumsulfat-12-hydrat (Alaun, A), Kupfer(II)-sulfat-5-hydrat (Kupfersulfat, Kupfervitriol, Cu), Eisen(II)-sulfat-7-hydrat (Eisensulfat, Eisenvitriol, Fe) und Grünspan (G).

Die Farbtiefe wurde anschließend mittels Farbmessung mit dem Spectrophotometer CM-3600d der Firma Minolta unter Verwendung der Software SpectraMagic, Ver. 2.10 G, beurteilt.

6.2 Blau- und Violettfärbungen

Laut Quellenlage beschreiben 63 Anleitungen das Färben von Blautönen und 13 Anleitungen das Färben von Violetttönen nach dem Ausziehverfahren (Abb. 40).

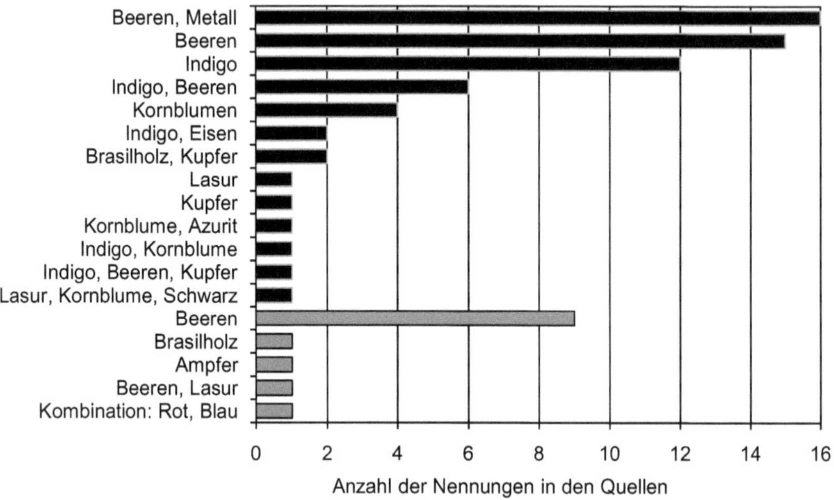

Abb. 40: Farbmittel für Blau- (schwarz) und Violettfärbungen (grau)

Für die Blaufärbung überwiegen deutlich die Vorschriften mit anthocyanhaltigen Beeren, die allein oder in Verbindung mit Kupferhammerschlag oder Grünspan verwendet werden sollen. Weiterhin soll mit Indigo gefärbt werden. Zusätzlich sind Blaufärbungen mit einer Mischung aus Indigo und anthocyanhaltigen Beeren und Blüten beschrieben. Weitere Farbmittel, die aber lediglich in einzelnen Rezepten aufgeführt sind, sind die Pigmente Azurit und Lasur. Für die Violettfärbung überwiegen ebenfalls die Beerenfärbungen. Ein Rezept beschreibt die Nachbehandlung einer Brasilholzfärbung mit Lauge zur Erzielung von Violetttönen.

Färbungen wurdenmit Heidelbeeren, Holunderbeeren, Kornblumenblüten und Klatschmohnblüten sowie Waidindigo durchgeführt. Außerdem fand an ausgewählten Brasilholzfärbungen eine Nachbehandlung mit Lauge statt.

6.2.1 Färbungen mit Heidel- und Holunderbeeren

Heidel-, Holunder- und Attichbeeren werden nach der Quellenlage einzeln, zusammen oder als Ersatz für einander verwendet. Sie werden mit einer Alaundirektbeize aus saurer Lösung aufgefärbt. In einigen Anleitungen sind zusätzlich kupferhaltige Metallzusätze aufgeführt.[744] Bezüglich der Färbetemperatur sind die Anga-

744 Zur Färbung mit Beeren ohne weitere Zusätze vgl. Quelle **M I**, fol. 67, Rezept 54; Quelle **M II**, fol. 119v, Rezept 16 oder Quelle **M IV**, fol. 228v, Rezept 39. Für Anleitungen mit kup-

ben in den Quellen uneinheitlich. Ein Teil der Vorschriften beschreibt die heiße Färbung, die restlichen Rezepturen enthalten dagegen keine Angaben.

Für den Flottenansatz wurden Wildheidelbeeren[745] zerdrückt und über Nacht in Essig (5%ige Essigsäure) eingeweicht. Anschließend wurde die Lösung eine Stunde gekocht, abgekühlt und filtriert. Die Färbungen erfolgten ohne und mit Direktbeize (D). Als Beizmittel dienten jeweils 10 % Alaun (A), Kupfersulfat (Cu) und Grünspan (G). Da in den Quellen keine übereinstimmenden Aussagen bezüglich der Färbetemperatur zu finden sind, wurde 60 Minuten bei 80 °C sowie über Nacht (18 Stunden) bei Raumtemperatur (RT) gefärbt.

Heidelbeerfärbungen auf Wolle führen zu Violetttönen. Bei gesteigertem Farbmitteleinsatz wird der Farbton rotsticher, ist aber immer noch eher hell. Eine Alaundirektbeize bewirkt im Vergleich zur Färbung ohne Beize keine Farbvertiefung, der Farbton wirkt aber reiner. Die Kupferdirektbeize hat Grau-, die Grünspandirektbeize hat schwache Türkistöne zur Folge. Deutlich ist der Einfluss der Färbetemperatur zu erkennen. Bei Raumtemperatur sind lediglich violettstichige Grautöne erreichbar. Bei der Heidelbeerfärbung auf Baumwolle ist der Einfluss der Färbetemperatur ebenfalls deutlich sichtbar. Während die heiße Färbung zu hellen Grau- und Brauntönen führt, sind bei kalter Färbung mit entsprechenden Beizmitteln auf Baumwolle Blautöne erreichbar. Die Erhöhung der eingesetzten Farbmittelmenge hat eine Farbvertiefung zur Folge. Bei heißer Färbung ist der Einfluss der Alaundirektbeize im Vergleich zur Färbung ohne Beize gering. Bei Färbung bei Raumtemperatur bewirkt sie eine leichte Farbvertiefung. Die Kupferdirektbeize führt zu Blaugrautönen, die Grünspandirektbeize zu einem reineren Blau (vgl. Tafel 47).

Die Flottenvorbeitung für die Holunderbeerfärbung erfolgte wie oben angegeben. Die Färbungen wurden ohne und mit Direktbeize (D) durchgeführt. Als Beizmittel dienten hier jeweils 10 % Alaun (A) und Grünspan (G). Auf Grund der mit Heidelbeeren bei unterschiedlicher Färbetemperatur erzielten Ergebnisse wurden Wolle und Seide 60 Minuten bei 80 °C gefärbt, während die Baumwolle zusätzlich über Nacht (18 Stunden) bei Raumtemperatur (RT) behandelt wurde.

Insgesamt ist die Farbtiefe der Holunderbeerfärbungen größer als die der Heidelbeerfärbungen, hier reichen durch den höheren Anthocyangehalt der Beeren auf Wolle schon 100 % Farbmittel für tiefe Farbtöne aus. Auf Wolle werden ohne und mit Alaundirektbeize Violett- und Violettbrauntöne erzielt, der Zusatz von Grünspan führt zu Graubrauntönen. Ein tieferer Blauton ist wie bei der Heidelbeerfärbung lediglich bei Raumtemperatur auf Baumwolle mit Grünspanzusatz erzielbar.

---

ferhaltigen Zusätzen vgl. Quelle **E**, fol. 204v, Rezept 2; Quelle **M IV**, fol. 227r–227v, Rezept 24 oder Quelle **H IV**, fol. 91–91v, Rezept 167.

745 Da in der Literatur immer wieder erwähnt wird, dass der Farbstoffgehalt bei wildgewachsenen Beeren höher sein soll als bei Plantagenbeeren, wurden Wildheidelbeeren verwendet.

Die Alaundirektbeize führt hier zu einem zarten blaustichigen Violett (vgl. Tafel 47).

Bei den Beerenfärbungen ist der Zusammenhang zwischen Faserart und Färbetemperatur deutlich zu erkennen. Der in den Quellen beschriebene Blauton ist lediglich bei der Verwendung einer größeren Farbmittelmenge auf Baumwolle bei kalter Färbung und gleichzeitiger Grünspanbeize erzielbar. Da nur ein Teil der Vorschriften die Verwendung eines Kupferzusatzes für die Blaufärbung erwähnt, wurden vermutlich alle Färbungen in einem Kupferkessel durchgeführt, da sonst kein Blau zu erreichen war. Die fehlende Auflistung des Kupferkessels zeigt, dass der Zusammenhang zwischen Beizmittel und Farbton nicht erkannt wurde. Als Faserrohstoff für Blautöne mit Beeren kommt, wie die hier erzielten Ergebnisse zeigen, nur die mit Baumwolle zu vergleichende Leinenfaser in Frage. Die Überprüfung der 32 Blaufärbeanleitungen mit Beeren bzw. Beeren und Metallzusätzen hinsichtlich des zu färbenden Substrates zeigt, dass in neun Vorschriften die Cellulosefaser Leinen und in vier Anleitungen Seide gefärbt werden soll. Wolle ist nicht aufgeführt. In elf weiteren Rezepten ist die Aufmachung des Färbegutes beschrieben. Die Ergebnisse der hier durchgeführten Beerenfärbungen unterstützen die These von Hofenk de Graaf, dass es sich bei dem allgemeinen Begriff „Garn“ in historischen Quellen um die Cellulosefaser Leinen handeln muss.[746]

6.2.2 Färbungen mit Kornblumen- und Mohnblüten

Für die Blaufärbung mit Kornblumen soll der Saft aus den Blüten mit Essig und Alaun vermischt werden. Mit dieser Mischung wird gefärbt, wobei über die Färbebedingungen (Temperatur, Zeit) keine Aussagen gemacht werden. Für die Färbeversuche wurden zunächst Blütenköpfe über Nacht in Essig (5 %ige Essigsäure) eingeweicht, anschließend 1 Stunde gekocht, abgekühlt und filtriert. Da diese Färbeflotte lediglich gelbliche Anschmutzungen auf Wolle ergab, wurden für weitere Färbeflotten die blauen Blütenblätter abgezupft und wie zuvor beschrieben vorbereitet. Für die Färbung mit Mohnblüten wurde mit den roten Blütenblättern eine vergleichbare saure Färbeflotte hergestellt. Alle Färbungen erfolgten auf Wolle und Seide als Standardfärbung (80 °C, 60 Minuten), auf Baumwolle über Nacht (18 Stunden) bei Raumtemperatur (RT). Als Direktbeizmittel dienten jeweils 10 % Alaun (A) bzw. Grünspan (G). gefärbt. Die Farbmittelmenge betrug jeweils 100 %.

Die Färbungen mit Mohnblütenblättern haben tiefere Farbtöne als die Färbungen mit Kornblumenblütenblättern. Auf Wolle wird mit Kornblumen ein heller Beigeton erzielt, mit Mohnblüten ein zartes Rosa. Beide Farbtöne werden durch die Alaundirektbeize vertieft. Auf Seide wird in beiden Fällen ein Rosa erzielt, das bei Kornblumen durch die Direktbeize mit Alaun blauer, bei Mohnblüten brauner wird. Die Direktbeize mit Grünspan führt bei Kornblumen zu einem grauen Grün, mit

746 Vgl. Hofenk de Graaff: The Colourful Past, S. 144.

Mohnblüten zu einem Braun. Die Farbtöne auf Baumwolle sind mit Kornblumen ohne Beize hell rosa, bei Alaundirektbeize etwas dunkler und bei Grünspanbeize hellblau. Mit Mohnblüten wird ohne Beize ein Blauviolett, mit Alaunbeize eine Braunviolett und mit Grünspan eine braunstichiges Grün erzielt (vgl. Tafel 48).

6.2.3 Färbungen mit Waidindigo und Kombinationsfärbungen mit Beeren

In den bearbeiteten Quellen ist der Farbstoff Indigo nach den verschiedenen Beeren das wichtigste Farbmittel für die Blaufärbung. Er wird rein oder mit Beerenzusätzen gestreckt verwendet. Die Färberezepte mit Waidindigo bzw. Indigo beschreiben keine Verküpung, sondern nutzen den Farbstoff unverküpt als Pigment. Er wird mit Wasser, Essig oder Lauge angeteigt und heiß gefärbt.[747] Weitere Anleitungen beschreiben die zusätzliche Verwendung eines trocknenden Öles bei heißer Färbung.[748] Werden für die Blaufärbung Heidel- oder Holunderbeeren in Kombination mit Indigo bzw. Waidindigo verwendet, wird zunächst eine neutrale, saure oder alkalische Beerenflotte hergestellt, zu der dann Indigo gegeben wird. Die Färbung erfolgt lauwarm oder heiß.[749] In diesen Anleitungen ist ebenfalls keine Verküpung des Indigos beschrieben. Lediglich in der aus der frühen Neuzeit (1. Hälfte 16. Jh.) stammenden Quelle **B** sind Anleitungen für die Herstellung der Färbeküpe aufgeführt (Tab. 41, S. 180). In diesen Vorschriften sind Mengen und Prozessparameter aufgelistet, und der Ablauf der Verküpung ist genau beschrieben. Aufgeführt sind verschiedene Alkalien wie Waidasche, aber auch die als Waidspeise dienenden Krapp- und Kleiezusätze.

Im Rahmen dieser Untersuchung wurden für die Blaufärbung mit Waidindigo unterschiedliche Flottenvarianten vorbereitet. Für die erste Variante wurde mit 3 g Waidpulver (Farbstoffgehalt ca. 30 %[750]) und Natriumhydroxid für die Baumwollküpe bzw. Ammoniaklösung für die Wollküpe sowie Natriumdithionit bei 50 °C eine Küpe hergestellt. Die Zeit bis zur vollständigen Verküpung betrug ca. 20 Minuten für die Baumwollküpe und ca. 45 Minuten für die Wollküpe. Danach wurden Baumwoll- bzw. Wollproben 30 Minuten bei 50 °C mit wenig Bewegung gefärbt, anschließend abgequetscht und 30 Minuten an der Luft verhängt. Dieser Vorgang wurde wiederholt.

---

747 Vgl. Quelle **Be**, fol. 126, Rezept 38 (Waidblumen ohne weitere Angaben); Quelle **H IV**, fol. 259, Rezept 411 (Indigo und Wasser); Quelle **W**, fol. 33r, Rezept 5a + b (Waidblumen mit Wasser oder Lauge); Quelle **H II**, fol. 58v, Rezept 6 (Waid und Lauge).

748 Vgl. Quelle **M IV**, fol. 228r, Rezept 33 (Indigo, Essig und Öl); Quelle **H II**, fol. 69–69v, Rezept 28 (Indigo, Lauge und Öl); Quelle **H IV**, fol. 53v–54, Rezept 112 (Indigo, Lauge und Öl); Quelle **H IV**, fol. 192v–193, Rezept 324 (Indigo, Lauge und Öl).

749 Vgl. Quelle **Au**, fol. 16r–16v, Rezept 23 (Heidelbeeren, Wasser, Indigo); Quelle **N II**, fol. 53r, Rezept 92 (Indigo, Heidelbeeren, Attichbeeren, Essig, Gummi arabicum); Quelle **H II**, fol. 56v–57, Rezept 3 (Heidel-, Holunder- od. Attichbeeren, Grünspan, Indigo); Quelle **M V**, fol. 234r, Rezept 1263 (Indigo, Heidelbeeren).

750 Mitteilung von Herrn Dr. Kremer, 18.08.2009.

Für weitere Färbungen wurde das Waidpulver in Essig (5 %ige Essigsäure, pH 4,5) bzw. Holzaschenlauge (pH 10) angeteigt und über Nacht stehen gelassen. Am nächsten Morgen wurde unter Rühren Leinöl zugefügt und anschließend 60 Minuten bei 80 °C gefärbt. Die Kombinationsfärbung mit Waidindigo und Beeren erfolgte ebenfalls unter diesen Bedingungen in einer sauren Beerenlösung, in die eine vergleichbare Menge Indigo eingerührt wurde. Zusätzlich wurde Waidindigo mit Leinöl angeteigt und bei Raumtemperatur auf das Baumwollgewebe aufgestrichen.

Blautöne mit ausreichender Tiefe und Egalität werden bei der Färbung mit Waid lediglich durch die Verküpung des Farbstoffes erzielt, wobei Wolle grundsätzlich tiefer anfärbt als Baumwolle. Die saure, heiße Färbung mit Beeren und Waid führt auf Wolle zu einem dunklen Braun, auf Baumwolle zu einem hellen blaustichigen Violett. Der Unterschied in der Farbtiefe beruht z.T. auf der geringeren Affinität der Beerenfarbstoffe zur Cellulosefaser bei Kochtemperatur. Die Färbungen, bei denen das Waidpulver mit Säure bzw. Lauge gemischt und am nächsten Tag mit Öl verrührt wurde, zeigen auf Baumwolle schwache Rosatöne mit blauen Anschmutzungen, während Wolle eher bräunlich gefärbt ist. Das mit Öl aufgestrichene Waidpulver führt je nach aufgebrachter Menge zu mittleren bis dunklen Blauschwarztönen. Die auf diese Art erzielten Farbtöne sind nicht waschund reibecht, da der Farbstoff nur oberflächlich auf das Gewebe aufgebracht wurde (vgl. Tafel 49).

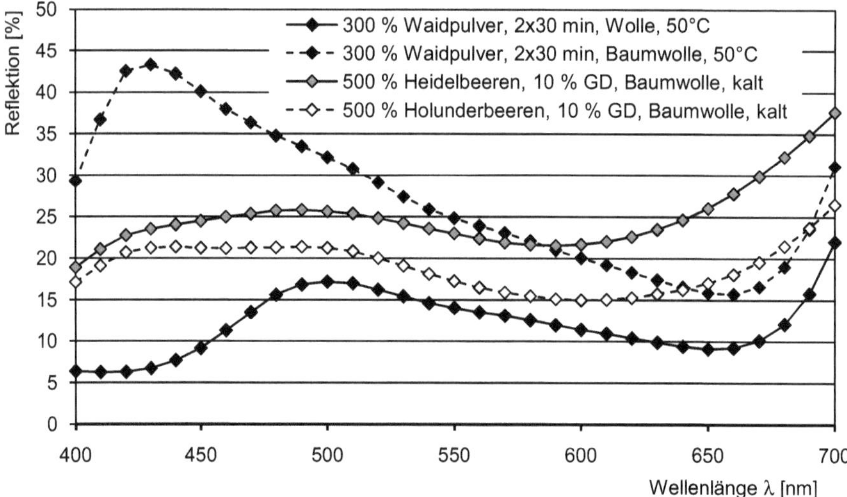

Abb. 41: Reflektionskurven für ausgewählte Blaufärbungen

Ein Vergleich der Reflektionskurven der mit Beeren und Waid erzielten Blautöne zeigt den deutlichen Farbabstand zwischen der Waidfärbung auf Baumwolle und Wolle (Abb. 41), der insbesondere auf der größeren Absorption der Wollprobe im Wellenlängenbereich zwischen 400 und 500 nm beruht. Die Beerenfärbungen bewegen sich in diesem Bereich zwischen den beiden Waidfärbungen, während hier die Reflektion im orangefarbenen und roten Bereich des Spektrums höher liegt. Im

Vergleich zu den Reflektionskurven der leuchtenden Waidfärbungen verlaufen die Kurven der Beerenfärbungen eher gleichförmig ohne auffällige Maxima und Minima.

6.2.4 Violettfärbung mit Brasilholz und Laugennachbehandlung

Nach der Quellenlage (z.B. Quelle **H IV**, fol. 187v–189, Rezept 318c) wurden Brasilholzfärbungen einer Nachbehandlung mit Laugen unterzogen, um Violetttöne zu erzielen. Für die hier durchgeführte Nachbehandlung wurden verschiedene unter Kap. 6.3.1 beschriebene Rotfärbungen mit einer aus Buchenholzasche hergestellten Lauge (pH-Wert ca. 10) eine halbe Stunde bei Raumtemperatur im Linitestgerät nachbehandelt.

Durch die Behandlung mit der Lauge verändern sich bei allen Proben die Farbtöne deutlich. Je nachdem, wie tief der Farbton zuvor war, ergeben sich rot-violette bis dunkelviolette Töne. Besonders leuchtend ist das Violett auf Seidengewebe (vgl. Tafel 46).

6.3 Rotfärbungen

Für die Rotfärbung nach dem Ausziehverfahren sind in den Quellen 84 Rezepte aufgelistet (vgl. Abb. 42). Fast die Hälfte der Anleitungen (37) beschreiben Färbungen mit dem neoflavonoidfarbstoffhaltigen Brasilholz. Brasilholz in ebenfalls in Kombination mit anthocyanfarbstoffhaltigem Ahornlaub in weiteren Vorschriften genannt. Außerdem soll es mit Zinnober oder mit Safran verwendet werden. Ein anderes häufig genanntes Farbmittel für die Rotfärbung ist der benzochinonfarbstoffhaltige Saflor (7). Die restlichen Vorschriften beschreiben Rotfärbungen mit Pigmenten, Krebsen, gerbstoffhaltigen Rinden, Apfelbaumlaub und Kastanienblüten als Farbmittel.

Der in der Literatur immer wieder als wichtige Ressource für Rottöne genannte Krapp mit seinen Anthrachinonfarbstoffen ist in den hier analysierten Quellen lediglich in vier Anleitungen als Farbmittel genannt. Zu vergleichbaren Ergebnissen kommt Wunderlich, der die Anwendung von Anthrachinonfarblacken in der Malerei und Färberei untersuchte. Nach seinen Quellenrecherchen wurde die zur Zeit der Römer bedeutende Textilfärberei mit Krapp *„in Europa erst zu Beginn der Neuzeit wieder aufgegriffen“*.[751] Die im Rahmen dieser Arbeit untersuchten Vorschriften sind in den Quellen **M IV** und **B** enthalten, die am Ende des 15. Jahrhunderts bzw. in der ersten Hälfte des 16. Jahrhunderts entstanden sind.[752] In diese Periode zu Beginn der frühen Neuzeit fällt die Förderung des Krappanbaus in den

751 Vgl. Wunderlich, Bergerhoff: Alizarin- und Purpurin-Farblacke, S. 1185.

752 Vgl. Quelle **M IV**, fol. 228v, Rezept 464; Quelle **B**, fol. 91v, Rezept 254; fol. 92, Rezept 255b und fol. 92v, Rezept 256b.

Niederlanden durch Kaiser Karl V. Die hier erzielten Ergebnisse untermauern Wunderlichs These.

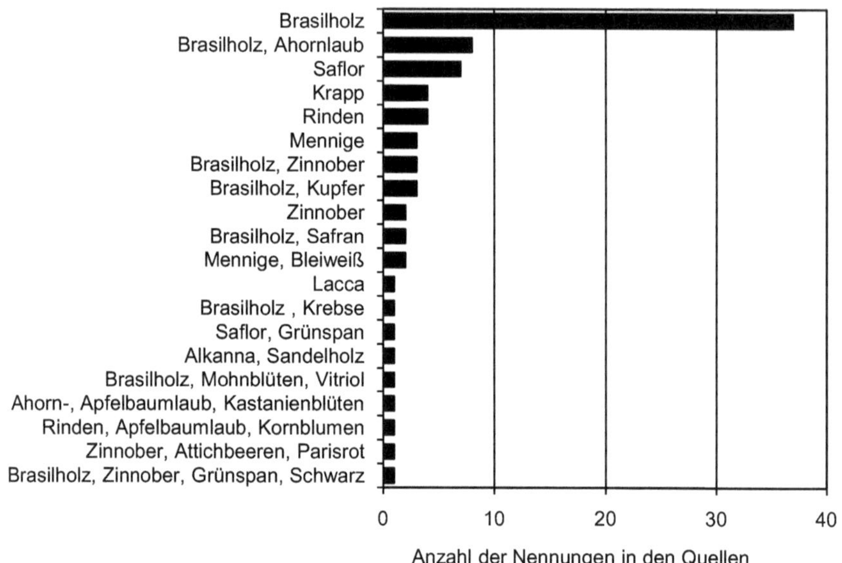

Abb. 42: Farbmittel für Rotfärbungen

Für die im Rahmen dieser Untersuchung durchgeführten Rotfärbungen wurden Brasilholz, Krapp und Saflor ausgewählt. Außerdem wurde mit einer Mischung aus Brasilholz und Ahornlaub gefärbt.

6.3.1 Färbungen mit Brasilholz

Nach der Quellenlage wurde mit Brasilholz sowohl aus neutraler als auch aus alkalischer Flotte gefärbt.[753] Außerdem ist für die Färbung das mehrmalige Auskochen des Holzes mit anschließender mehrstufiger Färbung beschrieben. Das Holz wurde bis zu dreimal mit jeweils frischem Wasser gekocht. Für die Färbung wurde dann zunächst die letzte, farbstoffärmste Flotte verwendet. Nach dem Trocknen wurde in der zweiten und nach nochmaligem Trocknen in der ersten Farbflotte gefärbt.[754]

Für die Brasilholzfärbungen (50 % Farbmittel) wurden die Holzspäne für einen Tag in Wasser eingeweicht, 4 Stunden gekocht und anschließend filtriert (Variante 1a). Dieser Vorgang wurde zweimal wiederholt (Variante 1b, 1c). Außerdem wurde

753 Für die alkalische Extraktion des Brasilholzes vgl. Quelle **In**, fol. 83v, Rezept 4; Quelle **Al**, S. 308, Rezept 19a oder Quelle **B**, fol. 99, Rezept 280. Für die wässrige Extraktion vgl. Quelle **N II**, fol. 29v–31r, Rezept 54b; Quelle **M V**, fol. 231v, Rezept 1234b und fol. 232v, Rezept 1241b oder Quelle **B**, fol. 98v, Rezepte 279b.

754 Vgl. Quelle **M III**, fol. 183v, Rezept 71b oder Quelle N II, fol. 29v–31r, Rezept 54b + c.

eine Färbeflotte durch einmaliges Auskochen des Holzes in Lauge hergestellt (Variante 2). Gefärbt wurde 60 Minuten bei 80 °C ohne Beize, mit 10 % Alaundirektbeize (10 % AD) und 10 % Alaunvorbeize (10 % AV). Der pH-Wert der Färbungen lag bei den wässrigen Flotten im neutralen bzw. mit Alaunbeize im sauren Bereich. Bei der mit Lauge hergestellten Flotte wurde alkalisch und durch Alaunzusatz schwach sauer gefärbt.

Die Färbungen mit neutral angesetzten Flotten ohne Beizbehandlung ergeben helle Beige- bis mittlere Brauntöne (vgl. Tafel 50). Rottöne sind nur durch eine Alaunbeize zu erzielen, wobei der Farbton bei der Vorbeize im Vergleich zur Direktbeize deutlich tiefer ist. Die alkalische Färbeflotte hatte zwar vor dem Färben einen intensiveren Farbton, dieser ist aber auf allen Substraten nach der Färbung nicht mehr erkennbar. Die Farbtöne sind sehr viel schwächer und matter als die bei einer neutralen Vorbereitung der Färbeflotte erreichten Ergebnisse. Deutliche Farbunterschiede sind zwischen Wolle bzw. Seide und Baumwolle zu erkennen. Während die Proteinfasern tiefe Farbtöne aufweisen, ist auf der Cellulosefaser mit einer Alaundirektbeize lediglich ein Rosaton zu erreichen. Auch die Gerbstoffvorbehandlung der Baumwolle führt nicht zu einem leuchtenden tiefen Farbton.

Das mehrmalige Auskochen der Holzspäne und darauffolgendes mehrbadiges Färben mit Zwischentrocknung führt auf Wolle ohne Beizbehandlung zu immer tieferen Brauntönen, mit Alaunvorbeize zu satten Rottönen.

6.3.2 Färbungen mit Krapp

Krapp ist in den bearbeiteten Quellen lediglich in vier Anleitungen aus der frühen Neuzeit (Quelle **M IV**, fol. 228v, Rezept 46 sowie Quelle **B**, fol. 91v, Rezept 254, fol. 92, Rezept 255b und fol. 92v, Rezept 256) für die Rotfärbung aufgeführt. Die Vorschriften der Quelle **B** beschreiben jeweils eine zuvor durchzuführende Vorbeize mit Alaun und im Rezept 255b ist der Hinweis auf das heiße, aber nicht kochende Färben enthalten.

Für die Färbeflotte wurden 50 % gemahlener Krapp über Nacht in Wasser eingeweicht, am nächsten Morgen für zehn Minuten gekocht und anschließend filtriert. Gefärbt wurde 60 Minuten bei 80 bzw. 95 °C. Die Färbungen erfolgten ohne Beize, mit Vor- (V) bzw. mit Direktbeize (D). Als Beizmittel wurde 10 % Alaun (A) bzw. 5 % Zinnsalz (Z) verwendet.

Krappfärbungen ohne Beize ergeben mittlere Brauntöne und durch die Direktbeize mit Alaun werden Orangetöne erzielt (vgl. Tafel 51). Rottöne werden lediglich bei einer Vorbeize mit Alaun erreicht. Die Vorbeize mit Zinn führt zu Rotorangetönen. Zusätzlich zeigt sich der deutliche Einfluss der Flottentemperatur. Kochendes Färben führt zu brauneren Farbtönen.

6.3.3 Färbungen mit Saflor

Für die Rotfärbung mit Saflor muss zunächst das wasserlösliche Saflorgelb entfernt und der rote Farbstoff in einer alkalischen Lösung extrahiert werden. Nach anschließendem Absäuern kann gefärbt werden. Wird der gelbe Farbstoff nicht durch Waschen entfernt, zieht er bei der Färbung mit auf die Faser auf und beeinflusst den Farbton. Nach der Quellenlage sollen Rotfärbungen mit Saflor sowohl mit ungewaschenem (vgl. Quelle **M V**, fol. 197v, Rezept 1018b) als auch mit gewaschenem Saflor (vgl. Quelle **N II**, fol. 54v, Rezept 98) durchgeführt werden.

Die Rotfärbung mit Saflor (100 %) wurde mit ungewaschenem und mit gewaschenem Saflor durchgeführt. Der ungewaschene Saflor wurde eine Stunde mit Lauge (pH 10) behandelt, anschließend mit Essigsäure auf pH 4–5 eingestellt und über Nacht (18 Stunden) bei Raumtemperatur aufgefärbt. Für den gewaschenen Saflor wurde zunächst das Saflorgelb über zwei Tage ausgewaschen und dann wie zuvor beschrieben weiterverfahren. Gefärbt wurde auf Wolle, Seide sowie Baumwolle ohne und mit Direktbeize (D), als Beizmittel dienten jeweils 10 % Alaun (A) bzw. Grünspan (G).

Die Färbung mit ungewaschenem Saflor auf Wolle führt zu einem hellen Orangeton (vgl. Tafel 51). Wird der Gelbfarbstoff zuvor durch Waschen aus dem Farbmittel entfernt, resultiert auf Wolle ein orangestichiger Rosaton. Die Alaundirektbeize führt zu einem hellen Rosa, die Grünspandirektbeize verändert den Farbton zum Altrosa. Auf Baumwolle und Seide wird mit gewaschenem Saflor ein leuchtender Pinkton erreicht. Ein Teil der Färbeflotte wurde erst nach einer Woche Wartezeit auf diese Substrate aufgefärbt. Bei diesen Proben ist ein deutlicher Verlust an Farbtiefe auf Grund der Alterung der Flotte zu erkennen.

6.3.4 Färbungen mit Brasilholz und Ahornlaub

Ahornlaub ist über den gesamten untersuchten Zeitraum in verschiedenen Anleitungen als Streckmittel für die Rotfärbung mit Brasilholz aufgeführt.[755] Für die Färbungen wird doppelt so viel Brasilholz wie Ahornlaub verwendet. Die Färbeflotten werden mit Essig angesetzt, so dass die im Ahornlaub enthaltenen Anthocyanfarbstoffe als rotgefärbte Moleküle vorliegen.

Für die hier durchgeführten Färbeversuche wurde das Brasilholz (50 %) wie oben beschrieben (Variante 1a) extrahiert. Das Ahornlaub (25 %) wurde in saurer Lösung (5%ige Essigsäure) fünf Tage eingeweicht, anschließend eine Stunde gekocht und filtriert. Gefärbt wurde mit 10 % Alaundirektbeize bei 80 °C für 60 Minuten mit der reinen Ahornlaublösung und mit einer Mischung aus einem Teil Ahornlösung und zwei Teilen Brasilholzlösung. Zum Vergleich wurde eine 75 %ige Färbung mit Brasilholz und 10 % Alaundirektbeize durchgeführt.

755 Vgl. das Rezept 14 in der ältesten Quelle **In** (fol. 101r) oder Rezept 8 in der frühneuzeitlichen Quelle **Wi** (fol. 303v).

Die Färbungen mit reinem Ahornlaub führen auf Wolle zu einem Beigeton, auf Baumwolle zu einem rotstichigen Beige (vgl. Tafel 51). Wird zusätzlich Brasilholz verwendet, resultiert auf Wolle im Vergleich zur reinen Brasilholzfärbung ein weniger leuchtender, aber dunklerer, ins Braune verschobener Rotton. Die Ahornlaub-Brasilholzfärbung auf Baumwolle ist im Vergleich zur reinen Brasilholzfärbung bei annähernd gleicher Farbtiefe eher Rot und weniger Braun.

Die mit Brasilholz, Krapp, sowie Brasilholz/Ahornlaub erzielten Farbtöne unterscheiden sich in ihren Reflektionswerten deutlich von der Rotfärbung mit Saflorrot (Abb. 43). Ein leuchtendes Rot ist mit Krapp erreichbar, das mit Brasilholz erzielte Rot ist dunkler und enthält im Vergleich zur Krappfärbung blaustichig. Die Brasilholz-Ahornlaubfärbung zeigt ein vergleichbares Reflektionsverhalten, wobei sich der Braunstich der Probe im flacheren Verlauf der Reflektionskurve zeigt. Deutlich abweichend ist der mit Saflorrot zu erzielende Farbton. Das ausgeprägte Maximum im blauen Bereich des Spektrums und der hohe Anteil der Reflektion im gelben bis roten Bereich führen zu einer leuchtenden, brillanten Farbe. Im Vergleich zur Saflorfärbung wirken die anderen Färbungen matt, was sich auch im Verlauf der Reflektionskurven widerspiegelt.

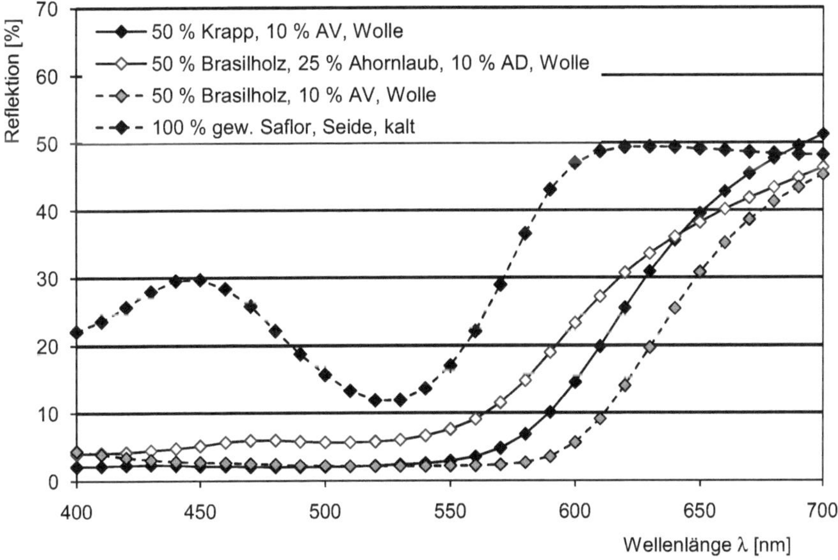

Abb. 43: Reflektionskurven für ausgewählte Rotfärbungen

6.4 Gelbfärbungen

58 Rezepte beschreiben Gelbfärbungen nach dem Ausziehverfahren. Die für diese Färbungen aufgeführten Farbmittel spiegeln das breite Angebot an gelbfärbenden Naturfarbstoffen und Pigmenten wider. Eine herausragende Stellung hat hier der

Safran, der in elf Anleitungen aufgeführt ist. Safran ist in der einschlägigen Literatur für die Textilfärbung belegt, die Häufigkeit der Nennung dieses extrem teuren Farbmittels in Textilfärberezepten überrascht aber doch. Sieben Rezepte nennen gelbe Blumen sowie Gilbkraut, sechs führen Berberitze und vier weitere Anleitungen Auripigment für die Gelbfärbung auf. Zusätzlich werden Färberginster, Gelbholz, Färberscharte, Schöllkraut, Saflorgelb und der Lebensmittelfarbstoff Riboflavin aus Molke verwendet (Abb. 44).

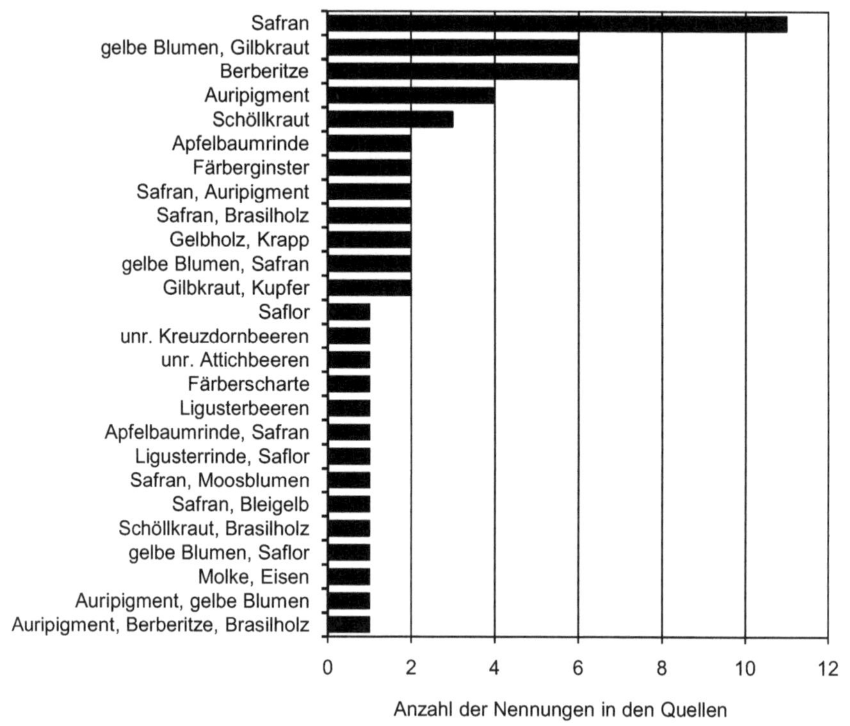

Abb. 44: Farbmittel für Gelbfärbungen

Die exakte Identifikation der in den Quellen für die Gelbfärbung aufgeführten Pflanzen gestaltet sich schwierig, da sowohl Färberwau als auch Färberginster, Färberscharte und weitere Pflanzen als „Gilbkraut“ oder „Gilbblume“ bezeichnet wurden.[756] Die in den Anleitungen verwendeten Begriffe erlauben daher keine Rückschlüsse auf die im Speziellen verwendete Pflanzenart. Färberwau, -ginster und -scharte enthalten als Hauptfarbstoff das Luteolin (vgl. Kap. 5.5.1), so dass stellvertretend der Färberwau für die im Rahmen dieser Arbeit durchgeführten Färbungen ausgewählt wurde. Zusätzlich wurden Färbungen mit unreifen Kreuzdornbeeren, Saflorgelb und Safran durchgeführt.

756 Vgl. Sauerhoff: Pflanzennamen, S. 111, 114–115.

6.4.1 Färbungen mit Färberwau

Für die nachgestellten Färbungen wurden 25 bzw. 50 % Waupulver[757] mit wenig Wasser angeteigt und anschließend mit weiterem Wasser bis zum FV 1:35 aufgefüllt. Da das Aufziehen des Farbstoffes in einem basischen Milieu verbessert wird, wurde ein Teil der Färbungen mit einer alkalischen Flotte (pH 9) durchgeführt. Gefärbt wurde 60 Minuten bei 80 °C mit variiertem Beizmitteleinsatz (ohne Beizmittel, 10 % Alaundirekt- (AD) und 10 % Alaunvorbeize (AV)). Baumwollproben wurden zusätzlich mit Gerbstoff und Alaun vorbehandelt.

Die Färbungen auf Wolle ohne Beize zeigen matte Beigetöne (vgl. Tafel 52). Eine Alaundirektbeize, aber insbesondere die Vorbeize, haben tiefe Gelbtöne zur Folge. Die Erhöhung des pH-Wertes führt zu einer Farbvertiefung, wobei ein deutlicher Unterschied zwischen der Vorbeize und der Direktbeize zu erkennen ist. Das Heraufsetzen der eingesetzten Farbmittelmenge führt ebenfalls zu einer Vertiefung des Gelbtones, allerdings enthalten die Restflotten noch sehr viel nicht aufgezogenen Farbstoff. Baumwolle zeigt ohne Beize nur ein „Anschmutzen", mit Alaundirektbeize einen schwachen hellen Gelbton. Wird auf mit Gerbstoff und Alaun vorbehandelter Baumwolle gefärbt, wird die Farbstoffaufnahme deutlich erhöht. Allerdings ist der erzielbare Farbton weniger rein, da sich die Eigenfarbe des Gerbstoffes bemerkbar macht.

6.4.2 Färbungen mit unreifen Kreuzdornbeeren

Für die Färbeversuche wurden getrocknete, unreife Kreuzdornbeeren für vier Tage in Wasser eingeweicht, eine Stunde gekocht und anschließend filtriert. Gefärbt wurde mit 100 % Farbmittel auf Wolle und Baumwolle für 60 Minuten bei 80 °C mit variiertem Beizmitteleinsatz (ohne Beizmittel, 10 % Alaundirekt- (AD) und 10 % Alaunvorbeize (AV)).

Reine, tiefe Gelbtöne wurden bei der Färbung mit unreifen Kreuzdornbeeren nicht erreicht (vgl. Tafel 52). Die Gelbfärbungen ohne Beizmittelzusatz führen auf Wolle und Baumwolle zu Beigetönen. Bei der Direktbeize mit Alaun resultiert auf Wolle ein orangestichiger Gelbton, der durch eine Vorbeize noch satter wird. Die Alaundirektbeize führt auf Baumwolle zu einem hellen, aber matten Gelbton.

6.4.3 Färbungen mit Saflorgelb

Für die Saflorgelbfärbungen wurden 100 % ungewaschener Saflor über Nacht in einer definierten Menge Wasser eingeweicht und am nächsten Tag filtriert. Dieser Vorgang wurde zweimal wiederholt. Mit dem Filtrat wurde auf Wolle, Seide und Baumwolle für 60 Minuten bei 80 °C mit variiertem Beizmitteleinsatz (ohne Beizmittel, 10 % Alaundirekt- (AD) und 10 % Alaunvorbeize (AV)) gefärbt.

757 Luteolingehalt ca. 10 %.

Saflorgelbfärbungen auf Wolle und Seide zeigen schon ohne Beize tiefere Töne als vergleichbare Färbungen mit Wau und unreifen Kreuzdornbeeren. Allerdings werden keine reinen Gelb-, sondern matte Beigeorangetöne erreicht. Die Direktbeize mit Alaun führt zu einer deutlich verminderten Farbtiefe und die Vorbeize zeigt einen geringfügig helleren Farbton als die Färbung ohne Beize. Diese Ergebnisse zeigen, dass für Färbungen mit Saflorgelb auf Proteinfasern kein Alaun erforderlich ist, der Farbstoff zieht direkt auf die Faser auf. Baumwolle weist ohne Beize einen Beigeton und mit Beize einen ins Gelbe verschobenen Beigeton auf. Hier führt die Beize zu einer Veränderung der Farbe (vgl. Tafel 52).

6.4.4 Färbungen mit Safran

Der Hauptfarbstoff des Safrans, das Crocetin, gehört zu den Direktfarbstoffen, d.h. er zieht ohne weitere Hilfsmittel aus der wässrigen Färbeflotte auf das Substrat auf. Für die Färbung wurde 1 g (= 5 %) gemahlener Safran in Wasser gelöst. Gefärbt wurde auf Wolle für 60 Minuten bei 80 °C ohne Beize und mit einer 10 %igen Alaunvorbeize.

Auf Grund der geringen Farbmittelmenge ist das Resultat bei der Färbung mit Safran auf Wolle ein heller Gelbton. Die Färbung auf mit Alaun vorgebeizter Wolle führt zu einer leichten Orangefärbung. Da es sich beim Crocetin um einen Direktfarbstoff handelt, kann durch die Beize keine Farbvertiefung erreicht werden (vgl. Tafel 52).

Der Vergleich der Reflektionskurven für die durchgeführten Gelbfärbungen (Abb. 45) zeigt den Einfluss der Beize bei der Färbung mit Wau und unreifen Kreuzdornbeeren. Bei beiden Farbmitteln weisen die Färbungen mit Beize gegenüber den Färbungen ohne Beize deutlich veränderte Reflektionswerte auf, wobei die Reflektion der Waufärbung lediglich im blauen Bereich des Spektrums abnimmt, während die der Kreuzdornbeerenfärbung zusätzlich auch einen geringeren Rotanteil aufweist.

Insgesamt liegt die Reflektion der Waufärbung im grünen, gelben und orangefarbenen Bereich des Spektrums über der der Kreuzdornbeerfärbung, was zu einem reineren und weniger roten Gelb führt. Bei der Färbung mit Saflorgelb ist der Einfluss der Beize minimal, der Farbton ist mit dem der Kreuzdornbeerenfärbung ohne Beize vergleichbar. Die Reflektionskurve der mit Safran gefärbten Probe liegt deutlich über den Kurven der anderen Proben, die Färbung ist heller. Der Gelbton ist mit dem der mit Färberwau und Alaun behandelten Probe vergleichbar. Allerdings ist der Anteil der reflektierten Strahlung im blauen Bereich des Spektrums größer, was dazu führt, dass das mit Safran erzielte Gelb grünstichiger ist als der mit Färberwau erreichte Gelbton.

Die durch nachgestellte Gelbfärbungen erzielten Farbtöne führen lediglich bei Wau und Safran zu einem reinen Gelb. Färbungen mit unreifen Kreuzdornbeeren und Saflorgelb sind rotstichig. Dieses Ergebnis begründet den großen Anteil der Färbungen mit Safran für den Farbton Gelb.

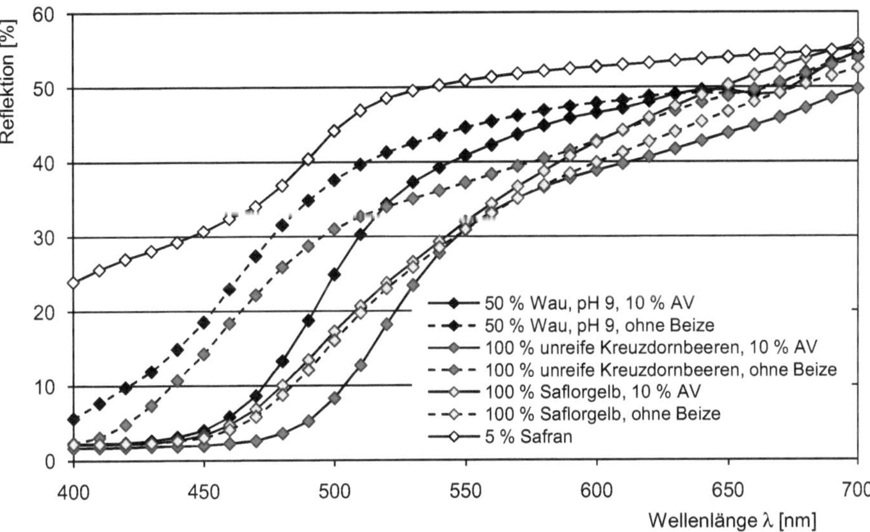

Abb. 45: Reflektionskurven für ausgewählte Gelbfärbungen

6.5 Grünfärbungen

Grün ist die vorherrschende Farbe in der Natur, natürliche Farbmittel mit denen leuchtende und echte Grünfärbungen auf Textilien erzielt werden können, sind jedoch ausgesprochen selten. So haben z.B. Färbungen, die auf Protein- oder Cellulosefasern mit dem grünen Pflanzenfarbstoff Chlorophyll durchgeführt werden, keine ausreichende Farbtiefe und sind weder wasch- noch lichtecht. Daher nutzten Färber bereits im Mittelalter außer den aus der Malerei bekannten Pigmenten und Saftfarben Kombinationen aus blauen und gelben Naturfarbstoffen für die Grünfärbung. 66 Quellenrezepte beschreiben die Grünfärbung nach dem Ausziehverfahren (Abb. 46).

Deutlich überwiegen nach der Quellenlage die Färbungen mit Saftgrün und Grünspan. In der Literatur wird das Überfärben eines Gelbtones mit blauer Indigoflotte bzw. das Überfärben eines hellen Blautones mit einer Gelbfärbeflotte als wichtigste Art der Grünfärbung beschrieben. In den hier bearbeiteten Quellen sind acht Anleitungen mit dieser Variante enthalten.

Für die im Rahmen dieser Untersuchung durchgeführten Färbungen wurden Grünspan, Saftgrün aus Kreuzdornbeeren und Mehrbadfärbungen mit Waidindigo und Färberwau ausgewählt.

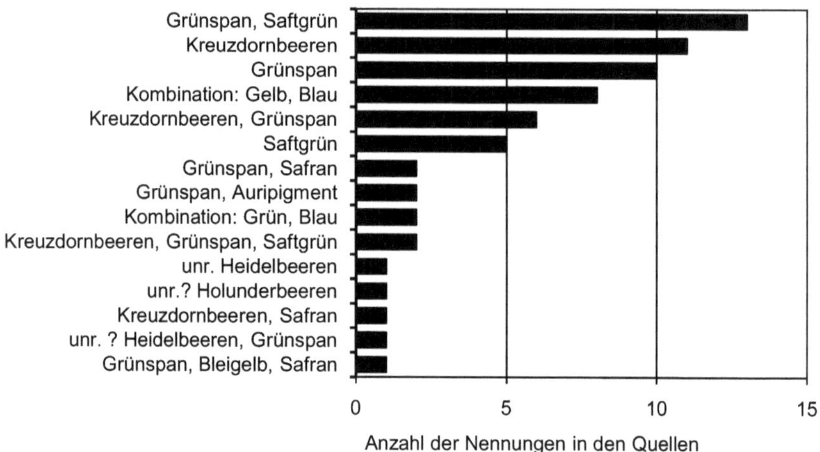

Abb. 46: Farbmittel für Grünfärbungen

6.5.1 Färbungen mit Grünspan

Grünspan ist ein synthetisch gewonnenes Pigment. Eine Färbeanleitung der Quelle **M I** (fol. 67v, Rezept 59) beschreibt die Grünspangewinnung vor der Färbung. Weitere Vorschriften schildern lediglich die Färbung mit dem bereits vorhandenen Pigment und enthalten keine Informationen bezüglich dessen Herstellung. Die Färbungen erfolgen vorrangig sauer mit einer Alaundirektbeize.[758]

Die im Rahmen dieser Untersuchung durchgeführten Grünspanfärbungen wurden mit dem nach historischen Rezepten hergestellten Grünspanpigment der Firma Kremer durchgeführt. 10 bzw. 20 % Pigment wurden in Wasser gelöst und anschließend 60 Minuten bei 80 °C auf Wolle, Seide und Baumwolle bei einem durch die Hydrolyse des Grünspans sauren pH-Wert gefärbt. Weiteren Färbungen wurde für die Direktbeize 10 % Alaun (AD) zugegeben und zusätzlich wurden Färbungen bei alkalischem pH-Wert durchgeführt.

Färbungen mit Grünspan auf Wolle ergeben einen eher stumpfen Grünton. Auf Seide werden bei vergleichbaren Färbungen sehr viel hellere Töne erzielt. Bei der Färbung in alkalischer Flotte resultiert ein braunstichiges Grün bzw. ein Braun. Baumwolle zeigt bei schwach saurer Färbung einen sehr geringen Grünschimmer, bei alkalischer Färbung einen wolkigen, schmutzigen Braunton. Die Alaundirektbeize führt bei saurer Färbung auf Grund von Konkurrenzreaktion zu einer reduzierten Farbtiefe. Wurde dagegen der alkalischen Färbeflotte Alaun zugesetzt, zeigte das Färbeergebnis Grüntöne, da der pH-Wert der Färbeflotte durch den Alaunzusatz in den neutralen Bereich verschoben wurde (vgl. Tafel 53).

758 Vgl. Quelle **H II**, fol. 67v–68, Rezept 24; Quelle **H IV**, fol. 52–52v, Rezept 109; fol. 190v–191v, Rezept 321, fol. 258, Rezept 406; Quelle **Wi**, fol. 305v, Rezept 16.

6.5.2 Färbungen mit reifen Kreuzdornbeeren (Saftgrün)

Die Flottenaufbereitung für die Grünfärbung mit Kreuzdornbeeren wird in den Quellen sehr unterschiedlich beschrieben. Während einige Rezepte lediglich das Einweichen der Beeren über mehrere Tage (2–7 Tage) in Wasser oder Essig mit anschließender Färbung beschreiben, schildern andere Anleitungen das Auskochen der Beeren und die zusätzliche Verwendung von Alaun, Alkali und/oder Grünspan.[759]

Wie Vorversuche zeigten, führt ein heißer Beerenauszug zu Gelbtönen. Daher wurde für die im Rahmen dieser Arbeit durchgeführten Grünfärbungen mit reifen Kreuzdorn-beeren ein saurer, kalter Auszug von 100 % Farbmittel hergestellt, der ohne und mit Direktbeize (D) gefärbt wurde. Als Beizmittel wurden 10 bzw. 20 % Alaun (A) und/oder Grünspan (G) verwendet. Für eine weitere Färbeflotte wurde ein kalter, wässriger Beerenauszug vor der Färbung mit 10 % Alaun und 10 % Pottasche (Kaliumcarbonat) gemischt und um die Hälfte eingekocht, wie es in der Literatur z.B. bei Kühn oder Krünitz beschrieben ist.[760] Diese Flotte wurde ebenfalls ohne und mit Direktbeize (D) durch Alaun (A) und Grünspan (G) aufgefärbt. Alle Färbungen erfolgten für 60 Minuten bei 80 °C auf Wolle.

Die Färbung mit dem sauren Beerenauszug ergibt ohne Beize auf Wolle einen Beigeton. Bei Alaundirektbeize werden grünstichige Gelbtöne (Senfgelb) erzielt, während die Grünspanbeize zu dunklen Olivtönen führt (vgl. Tafel 54). Durch gleichzeitige Anwendung beider Beizmittel resultieren grünstichigere Olivtöne. Der wässrige, mit Alaun und Alkali eingekochte Beerenauszug führt ohne und mit Alaun lediglich zu Gelbtönen. Erst bei zusätzlicher Anwendung einer Grünspanbeize ergeben sich matte Grüntöne. Vermutlich hat bei diesen Färbungen, ähnlich wie im Fall der Blaufärbungen mit Beeren, der verwendete Flottenbehälter Einfluss auf den Farbton. Ist der Zusatz des kupferhaltigen Grünspans in der Färbeanleitung nicht erwähnt, muss für die Färbung ein Kupferkessel verwendet werden.

6.5.3 Kombinationsfärbung mit Waid und Färberwau

In den bearbeiteten Quellen sind verschiedene Anleitung für die Grünfärbung mit Waid bzw. Indigo und einem Gelbfarbmittel aufgeführt. Einige Vorschriften beschreiben die einbadige Färbung, andere die zweibadige Verfahrensweise.[761] Die einbadige Variante erfordert sehr viel Erfahrung mit dieser Färbeweise, da die Tiefe des Grüntones schon bei der Vorbereitung der Färbeflotte bestimmt wird. Au-

---

759 Vgl. für das Einweichen der Beeren mit Alaun Quelle **Bas**, fol. 59r, Rezept 154; für alkalische Flotten mit Alaunzusatz Quelle **B**, fol. 107v, Rezept 312 und Quelle **Wi**, fol. 305, Rezept 14; für einen Grünspanzusatz Quelle **Au**, fol. 16r, Rezept 22 oder Quelle **N II**, fol. 54r, Rezept 96.

760 Vgl. Kühn: Farbmaterialien. in: Kühn et al.: Handbuch der künstlerischen Techniken, S. 34; vgl. Krünitz: Oekonomische Enzyklopädie, Th. 49, S. 103–105.

761 Einbadig: vgl. Quelle **M IV**, fol 227r, Rezept 20. Zweibadig: vgl. Quelle **W**, fol 33r, Rezept 6a + b.

ßerdem muss die für das Gelb verwendete Färbepflanze im alkalischen Bereich der Küpe ausreichend stabil sein.

Die zweibadige Färbung kann auf zwei unterschiedliche Arten erfolgen. Entweder wird erst mit einer blauen Flotte gefärbt, die dann mit der gelben Lösung überfärbt wird oder zuvor Gelb gefärbte Proben werden mit einem blauen Farbmittel nachbehandelt. Beide Varianten sind in den Quellen beschrieben.[762] Wird für die Blaufärbung eine Waid- oder Indigoküpe verwendet, ist das nachträgliche Überfärben des Blautones mit einem Gelbfarbmittel die einfachere Färbeweise. In der Gelbfärbeflotte bleibt die blaue Farbe des wasserunlöslichen Indigos erhalten und verändert sich durch das Aufziehen des Gelbfarbstoffes zu Grün. Der Farbton ist für den Färber bereits in der Flotte erkennbar, wobei durch Spülen und Trocknen der Ware noch eine geringe Aufhellung erfolgt. Soll dagegen eine Gelbfärbung mit einer Indigoküpe überfärbt werden, ist zu berücksichtigen, dass Indigo in seiner wasserlöslichen, faseraffinen Form ebenfalls gelb gefärbt ist. Ein erzielter Grünton kann erst nach der Oxidation des Farbstoffes beurteilt werden. Unter Umständen muss die Überfärbung mehrmals wiederholt werden, wobei durch das Herausnehmen und Wiedereingehen mit der Ware auch Sauerstoff in die Küpe gelangt. Dabei entstehender wasserunlöslicher Indigo kann sich auf der Ware ablagern und Unegalitäten und Flecken verursachen.

Für die Grünfärbung mit Waid und Wau im Rahmen dieser Untersuchung wurden die zunächst mit Waid blaugefärbten Proben mit einer Färbeflotte aus 25 % Waupulver bei einem pH-Wert von 9 mit 10 % Alaundirektbeize 30 Minuten bei 80 °C überfärbt.

Je nach Tiefe der zuvor durchgeführten Blaufärbung werden helle, eher gelbstichige oder dunkle, eher blaustichige Grüntöne erreicht (vgl. Tafel 55). Soll auf Wolle ein helles Grün erzielt werden, darf zuvor nur kurz mit Indigo gefärbt werden, da das Substrat den Blaufarbstoff sehr viel schneller aufnimmt als Baumwolle. Die Ergebnisse zeigen, dass die in der Literatur häufig beschriebenen blaustichigen Grüntöne auf historischen Textilien nicht zwangsläufig mit der schlechteren Lichtechtheit des Gelbfarbmittels zusammenhängen müssen. Zum einen ist die Echtheit des Gelbs vom verwendeten Farbmittel abhängig, beim Beispiel Wau ist diese nur geringfügig schlechter als bei Waid- bzw. Indigofärbungen, zum anderen kann der Grünton von Anfang an blaustichig gewesen sein.

Die Reflektionskurven der Grünfärbungen mit Grünspan und Kreuzdornbeeren zeigen einen gleichförmigen Verlauf, was auf die eher matten Grüntöne hinweist (Abb. 47). Die Färbungen mit Waid und Wau haben sowohl auf Wolle als auch auf Baumwolle ein Maximum bei ca. 500 nm im blau-cyanfarbenen Bereich des Spektrums und ein Minimum bei 660 nm im roten Bereich. Beide Färbungen sind leuchtender als die anderen Grüntöne.

762 Vgl. Gelb auf Blau in Quelle **B**, fol. 88, Rezept 246; vgl. Blau auf Gelb in Quelle **M II**, fol. 119v, Rezept 10.

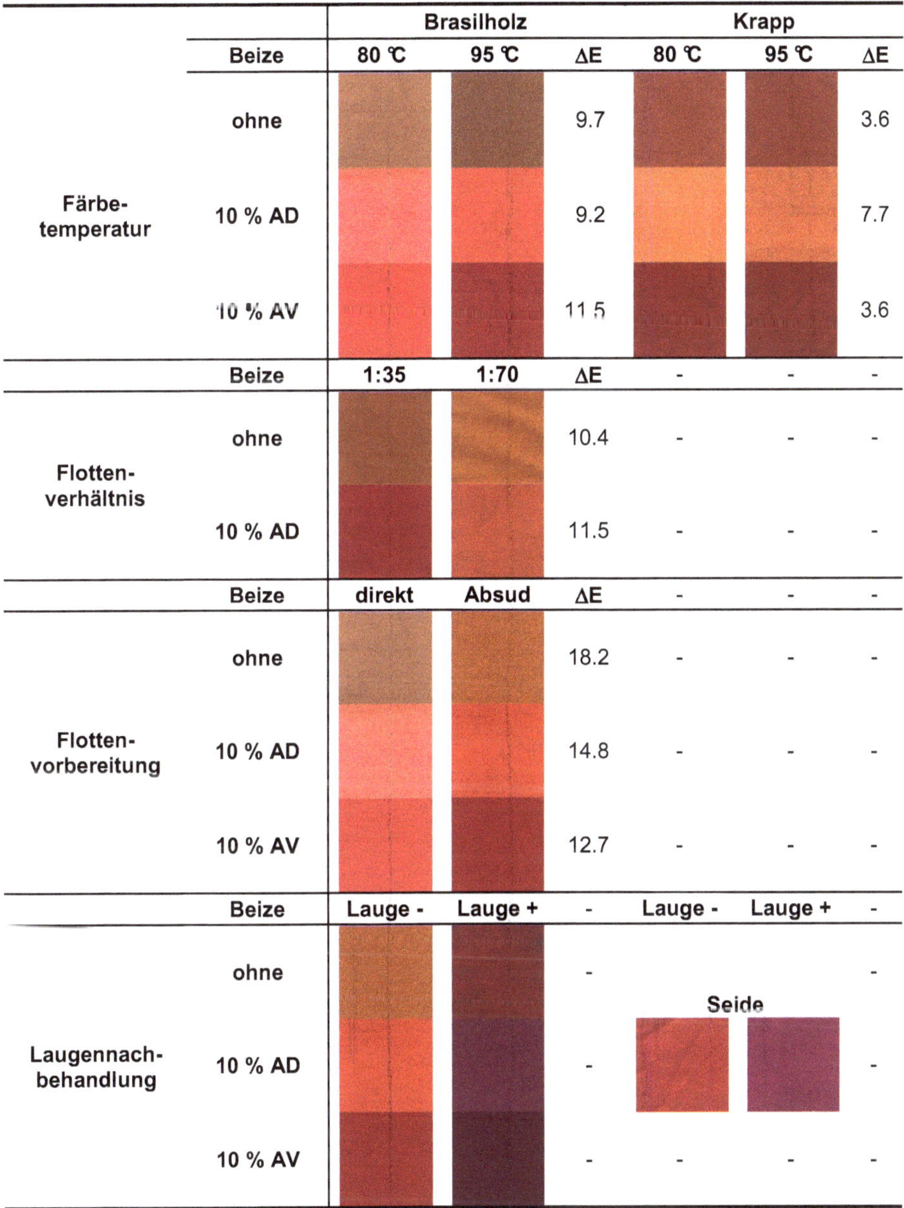

		Brasilholz			Krapp		
	Beize	**80 °C**	**95 °C**	**ΔE**	**80 °C**	**95 °C**	**ΔE**
Färbe-temperatur	**ohne**			9.7			3.6
	10 % AD			9.2			7.7
	10 % AV			11.5			3.6
	Beize	**1:35**	**1:70**	**ΔE**	-	-	-
Flotten-verhältnis	**ohne**			10.4	-	-	-
	10 % AD			11.5	-	-	-
	Beize	**direkt**	**Absud**	**ΔE**	-	-	-
Flotten-vorbereitung	**ohne**			18.2	-	-	-
	10 % AD			14.8	-	-	-
	10 % AV			12.7	-	-	-
	Beize	**Lauge -**	**Lauge +**	-	**Lauge -**	**Lauge +**	-
Laugennach-behandlung	**ohne**			-	**Seide**		-
	10 % AD			-			-
	10 % AV			-	-	-	-

Tafel 46: Einflussfaktoren auf Farbton und Farbabstand ΔE am Beispiel von Brasilholz- und Krappfärbungen auf Wolle[763]

763 Standardfärbung: 50 %ige Färbung auf Wolle, FV = 1:35, 60 min. bei 80 °C, 10 % Alaunbeize. Flottenvorbereitung: Färbung mit Holzspänen in der Flotte (direkt) oder Färbung mit zuvor hergestelltem Absud. Nachbehandlung mit Holzaschenlauge (pH-Wert ca. 10), 30 min. bei Raumtemperatur.

Farbmittel [%]		Färbe-temperatur	Substrat	Beize			
				ohne	10% AD	10% CuD	10% GD
	100	80 °C	Wo		-		
	100	80 °C	Co				
	100	RT	Co				
	500	80 °C	Co			-	
Heidelbeeren	500	RT	Co				
	1000	80 °C	Wo			-	
	1000	RT	Wo				
	1000	80 °C	Co				
	1000	RT	Co	-			
	100	80 °C	Wo			-	
Holunder-beeren	500	80 °C	Wo			-	
	500	80 °C	Co			-	
	500	RT	Co	-		-	

Tafel 47: Blau- und Violettfärbungen mit Heidel- und Holunderbeeren auf Wolle (Wo) und Baumwolle (Co)[764]

764 Standardfärbung: FV = 1:35, 60 min. bei x °C, 10 % Alaun- bzw. Kupfersulfat- oder Grünspandirektbeize bzw. ohne Beize.

Farbmittel [%]	Substrat	Beize: ohne	Beize: 10 % AD	Beize: 10 % GD
100 % Holunderbeeren	Se			-
500 % Holunderbeeren	Se	-		-
Kornblumenblüten	Wo			-
	Se			
	Co			
Mohnblüten	Wo			
	Se			
	Co			

Tafel 48: Blau- und Violettfärbungen mit Korn- und Mohnblüten auf Wolle (Wo) und Baumwolle (Co), Violettfärbungen mit Beeren auf Seide (Se)[765]

Flotte	Waidküpe		Waid + Beeren	Waid, Öl + Säure	Waid, Öl + Lauge	Waid + Öl
Färbe-pH	12,5 bzw. 9,5		4,5	4,5	10	6
Färbetemperatur	50 °C			80 °C		RT
Färbedauer	30 min	2 x 30 min		60 min		aufstreichen
Baumwolle						
Wolle						-

Tafel 49: Blaufärbungen mit Waid auf Wolle (Wo) und Baumwolle (Co)

765 Standardfärbung: FV = 1:35, 60 min. bei 80 °C, 10 % Alaun- oder Grünspandirektbeize bzw. ohne Beize.

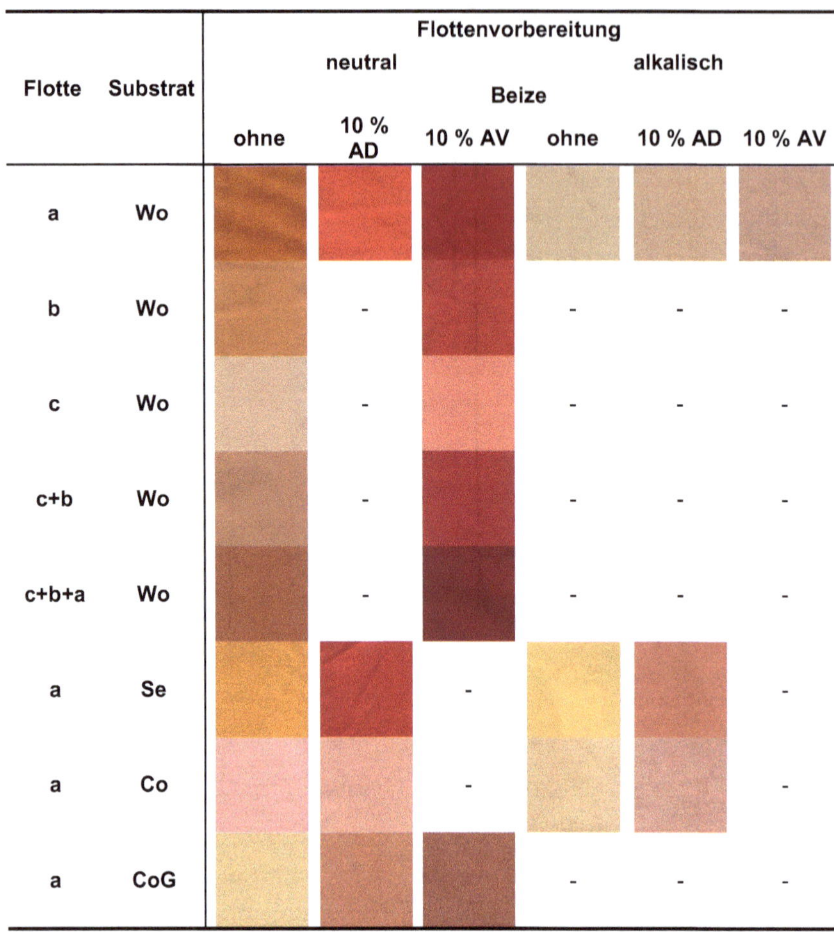

Flotte	Substrat	Flottenvorbereitung: neutral			alkalisch		
		Beize: ohne	10 % AD	10 % AV	ohne	10 % AD	10 % AV
a	Wo						
b	Wo		-		-	-	-
c	Wo		-		-	-	-
c+b	Wo		-		-	-	-
c+b+a	Wo		-		-	-	-
a	Se			-			-
a	Co			-			-
a	CoG				-	-	-

Tafel 50: Rotfärbungen mit Brasilholz auf Wolle (Wo), Seide (Se), unbehandelter Baumwolle (Co) und mit Gerbstoff vorgebeizter Baumwolle (CoG)[766]

766 Flottenvorbereitung: wässrige bzw. alkalische Lösung (ca. pH 10), 60 min. bei 80 °C, a = 1. Auszug, b = 2. Auszug, c = 3. Auszug. Standardfärbung: 50 % Brasilholz, FV = 1:35, 60 min. bei 80 °C, 10 % Alaundirekt- oder -vorbeize bzw. ohne Beize.

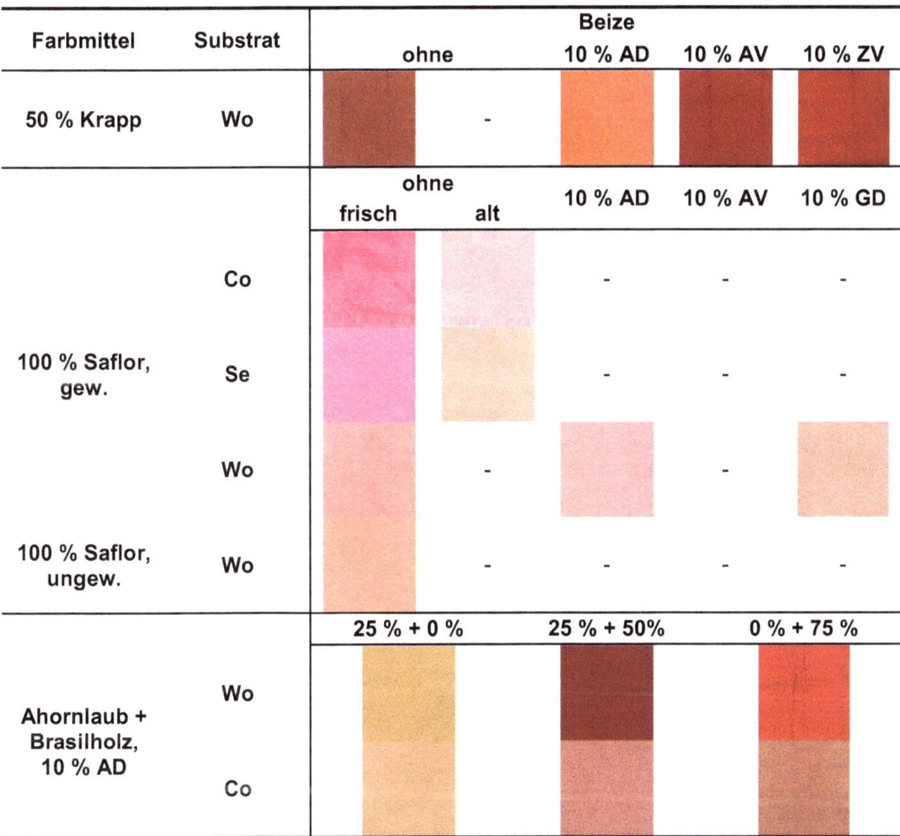

Farbmittel	Substrat	Beize: ohne		10 % AD	10 % AV	10 % ZV
50 % Krapp	Wo		-			
		ohne: frisch	alt	10 % AD	10 % AV	10 % GD
100 % Saflor, gew.	Co			-	-	-
	Se			-	-	-
	Wo		-		-	
100 % Saflor, ungew.	Wo		-	-	-	-
		25 % + 0 %		25 % + 50%		0 % + 75 %
Ahornlaub + Brasilholz, 10 % AD	Wo					
	Co					

Tafel 51: Rotfärbungen mit ausgewählten Farbmitteln und unterschiedlichen Beizmitteln[767]

767 Standardfärbung Krapp und Ahornlaub/Brasilholz: FV = 1:35, 60 min. bei 80 °C, 10 % Alaundirekt- oder -vorbeize bzw. ohne Beize. Standardfärbung Saflor: FV = 1:35, 60 min. bei Raumtemperatur mit frischem bzw. sieben Tage altem Auszug, 10 % Direktbeize bzw. ohne Beize.

Farbmittel	Substrat	Beize			
		ohne	10 % AD	10 % AV	Gerbstoff/ 10 % AV
25 % Wau, pH 6	Wo				-
25 % Wau, pH 9	Wo				-
50 % Wau, pH 9	Wo				-
	Co			-	
100 % Kreuzdorn-beeren	Wo				-
	Co			-	-
100 % Saflorgelb	Wo				-
	Se			-	-
	Co			-	-
5 % Safran	Wo		-		-

Tafel 52: Gelbfärbungen mit ausgewählten Farbmitteln und unterschiedlichen Beizmitteln[768]

768 Standardfärbung: FV = 1:35, 60 min. bei 80 °C, 10 % Alaundirekt- oder -vorbeize bzw. ohne Beize, Baumwolle zusätzlich mit Gerbstoff/Alaun-Beize.

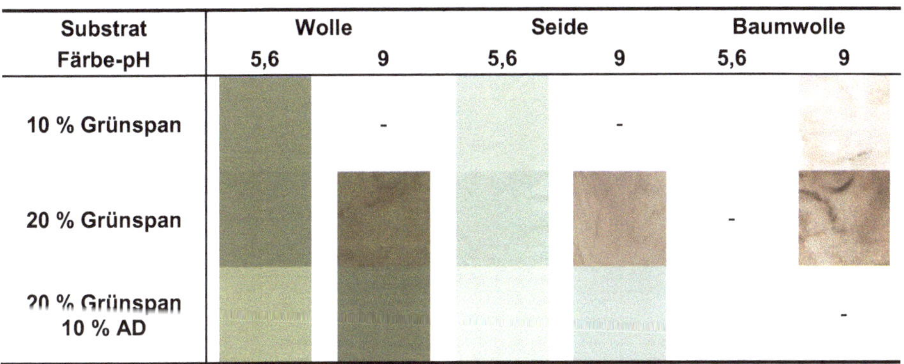

Substrat	Wolle		Seide		Baumwolle	
Färbe-pH	5,6	9	5,6	9	5,6	9
10 % Grünspan		-		-		
20 % Grünspan					-	
20 % Grünspan 10 % AD						-

Tafel 53: Grünspanfärbung auf Wolle, Seide und Baumwolle[769]

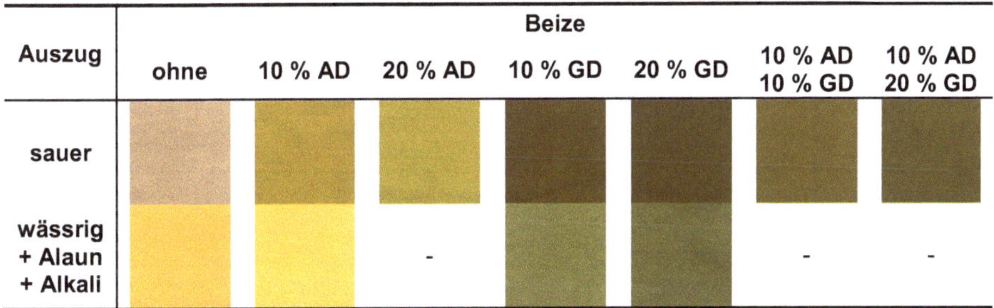

Auszug	Beize						
	ohne	10 % AD	20 % AD	10 % GD	20 % GD	10 % AD 10 % GD	10 % AD 20 % GD
sauer							
wässrig + Alaun + Alkali			-			-	-

Tafel 54: Färbungen mit reifen Kreuzdornbeeren (100 %) auf Wolle[770]

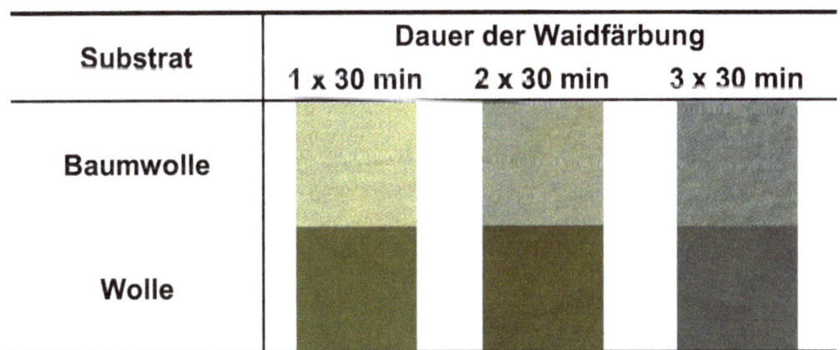

Substrat	Dauer der Waidfärbung		
	1 x 30 min	2 x 30 min	3 x 30 min
Baumwolle			
Wolle			

Tafel 55: Mehrbadige Grünfärbung mit Waid und Färberwau[771]

769 Standardfärbung: FV = 1:35, 60 min. bei 80 °C, 10 % Alaundirekt- bzw. ohne Beize.

770 Saurer, kalter Beerenauszug oder Saftgrün (wässriger, kalter Beerenauszug mit Alaun und Alkali). Standardfärbung: FV = 1:35, 60 min. bei 80 °C, 10 % Alaun- und/oder Grünspandirektbeize.

771 Waidfärbung auf mit 50 % Wau und 10 % Alaunvorbeize (Wo) oder 10 % Alaundirektbeize (Co) gefärbter Ware. Standardfärbung: FV = 1:35, 30 min. bei 50 °C.

Farbmittel	Substrat	Beize 10 % FeD	 10 % FeV	 10 % FeN	 10 % CuD	 10 % FeD/ CuD (4:1)
100 % Gallapfel	Wo					
	Co	-			-	-
100 % Eichen-rinde	Wo		-	-	-	-
100 % Erlen-rinde	Wo		-	-	-	-

Tafel 56: Schwarz- und Graufärbungen mit unterschiedlichen gerbstoffliefernden Substanzen und Beizmitteln[772]

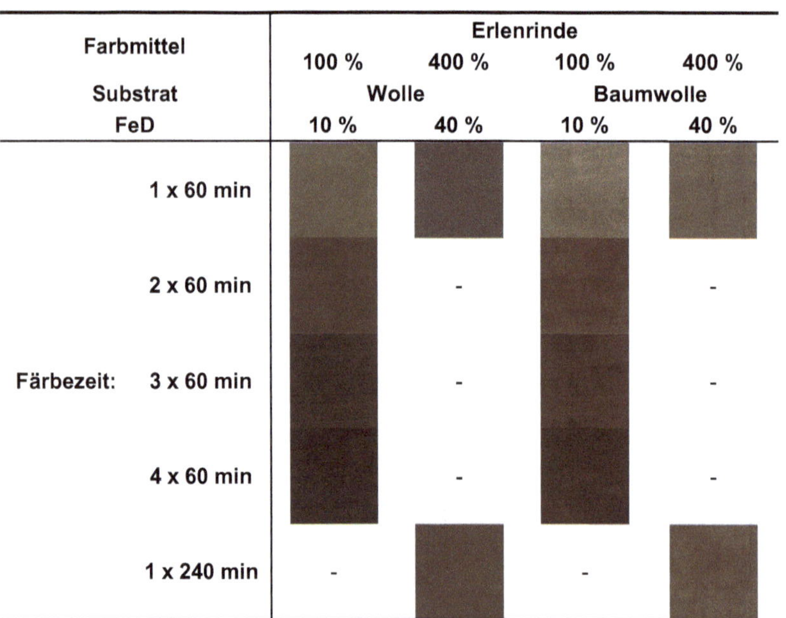

Farbmittel / Substrat / FeD		Erlenrinde 100 % Wolle 10 %	400 % 40 %	100 % Baumwolle 10 %	400 % 40 %
	1 x 60 min				
	2 x 60 min		-		-
Färbezeit:	3 x 60 min		-		-
	4 x 60 min		-		-
	1 x 240 min	-		-	

Tafel 57: Schwarz- und Graufärbungen mit Erlenrinde – Variation der Konzentrationen und der Färbezeit[773]

772 Standardfärbung: FV = 1:35, 60 min. bei 80 °C, 10 % Vor-, Direkt- oder Nachbeize.

773 Standardfärbung: FV = 1:35, 60 min. bei 80 °C, 10 % Direktbeize.

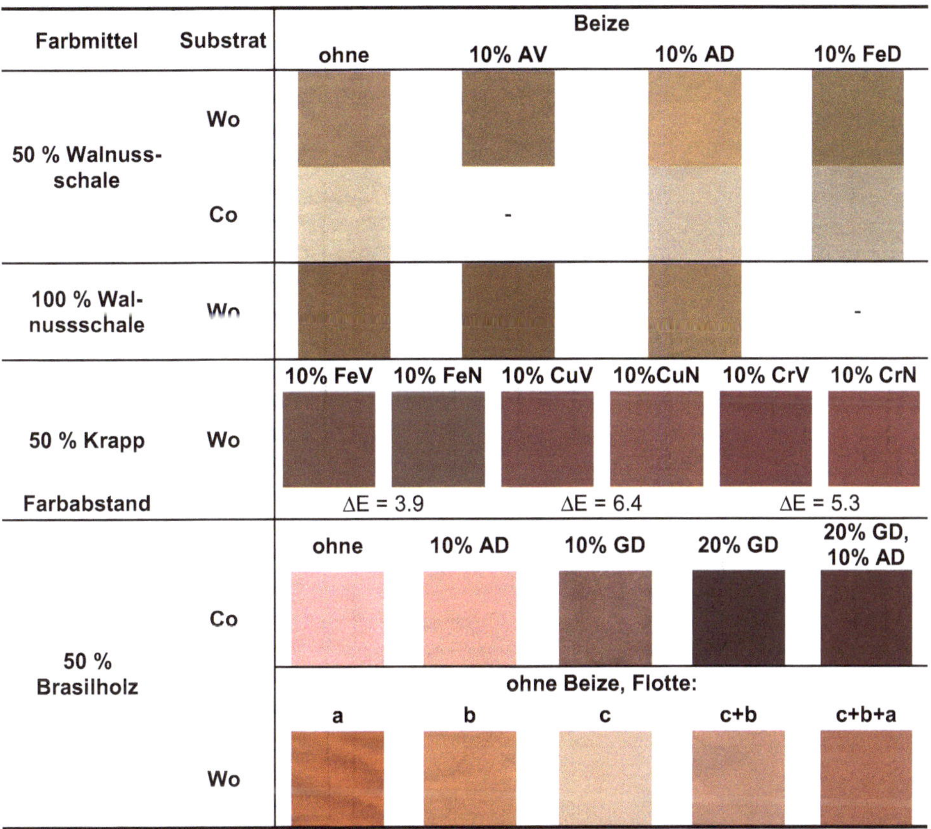

Farbmittel	Substrat	Beize: ohne	10% AV	10% AD	10% FeD
50 % Walnuss-schale	Wo				
	Co		-		
100 % Wal-nussschale	Wo				-

Farbmittel	Substrat	10% FeV	10% FeN	10% CuV	10%CuN	10% CrV	10% CrN
50 % Krapp	Wo						
Farbabstand		ΔE = 3.9		ΔE = 6.4		ΔE = 5.3	

Farbmittel	Substrat	ohne	10% AD	10% GD	20% GD	20% GD, 10% AD
50 % Brasilholz	Co					
		ohne Beize, Flotte: a	b	c	c+b	c+b+a
	Wo					

Tafel 58: Braunfärbungen mit ausgewählten Farbmitteln auf Wolle (Wo) und Baumwolle (Co)[774]

Maßstab	Note		Farbstoff	Belichtungszeit [h]
	8	hervorragend	C.I. Sol.Vat.Blue 8	1000
	7	vorzüglich	C.I. Sol.Vat.Blue 5	600
	6	sehr gut	C.I. Acid Blue 23	250
	5	gut	C.I. Acid Blue 47	150
	4	ziemlich gut	C.I. Acid Blue 121	100
	3	mäßig	C.I. Acid Blue 83	30-40
	2	gering	C.I. Acid Blue 109	8-12
	1	sehr gering, schlecht	C.I. Acid Blue 104	2-4

Tafel 59: Lichtechtheitsmaßstab: Noten, Farbstoffe und mögliche Belichtungszeit[775]

774 Standardfärbung: FV = 1:35, 60 min. bei 80 °C, 10 % Vor-, Direkt- oder Nachbeize.

775 Vgl. Reumann: Prüfverfahren, S. 591; Zahlenwerte für die mögliche Belichtungszeit nach Rouette: Enzyklopädie Textilveredlung, Bd. 3, S. 448; Foto: Struckmeier.

Farbmittel	Substrat	Beize					
		ohne	Note	10% GD	Note	10% AV	Note
1000 % Heidelbeeren	Co		3		5	-	-
500 % Holunder-beeren	Co		2		4	-	-
50 % Brasilholz	Co/G	-	-		8	-	-
50 % Walnussschale	Wo		6	-	-		6
20 % Grünspan	Wo		8	-	-	-	-
100 % reife Kreuzdornbeeren	Wo	-	-		8	-	-
Wau/ Waid 1x30min, zweibadig	Wo		8	-	-	-	-
50 % Krapp	Co	10% FeN	8	10% CuV	8	10%CrV	8
100 % Eichenrinde	Wo	10 %FeD	5	10% FeN -	-	10%FeV -	-
100 % Erlenrinde	Wo		7	-	-	-	-
100 % Gallapfel	Wo		8		8	-	-
100 % Gallapfel	Co	-	-	-	-		8

Tafel 60: Lichtechtheiten ausgewählter Blau-, Violett-, Grün-, Schwarz-, Grau- und Braunfärbungen[776]

776 Standardfärbung: FV = 1:35, 60 min. bei 80 °C, 10 % Vor-, Direkt- oder Nachbeize. Waidfärbung auf mit 50 % Wau und 10 % Alaunvorbeize (Wo) oder 10 % Alaundirektbeize (Co) gefärbter Ware. Standardfärbung: FV = 1:35, 30 min. bei 50 °C.

Farbmittel	Substrat	Beize					
		ohne	Note	10 % AD	Note	10 % AV	Note
50 % Brasilholz, a	Wo		4		4		4
50 % Brasilholz, a	Co		4		4	-	-
50 % Brasilholz, a	CoG		7		6		5
50 % Brasilholz, c+b+a	Wo	-	-	-	-		5
50 % Krapp	Wo		6		7	-	-
Brasilholz, Ahorn-laub	Wo	-	-		6	-	-
100 % Saflor, ungew.	Wo		3	-	-	-	-
100 % Saflor, gew.	Co		1	-	-	-	-
50 % Färberwau	Wo		7	-	-		7
100 % unreife Kreuzdornbeeren	Wo		6		3		4
100 % Saflor	Wo		3		3		3
100 % Saflor	Se		1		1	-	-

Tafel 61: Lichtechtheiten ausgewählter Rot- und Gelbfärbungen[777]

777 Standardfärbung: FV = 1:35, 60 min. bei 80 °C, 10 % Vor- und Direktbeize bzw. ohne Beize. Saflorrotfärbung bei Raumtemperatur.

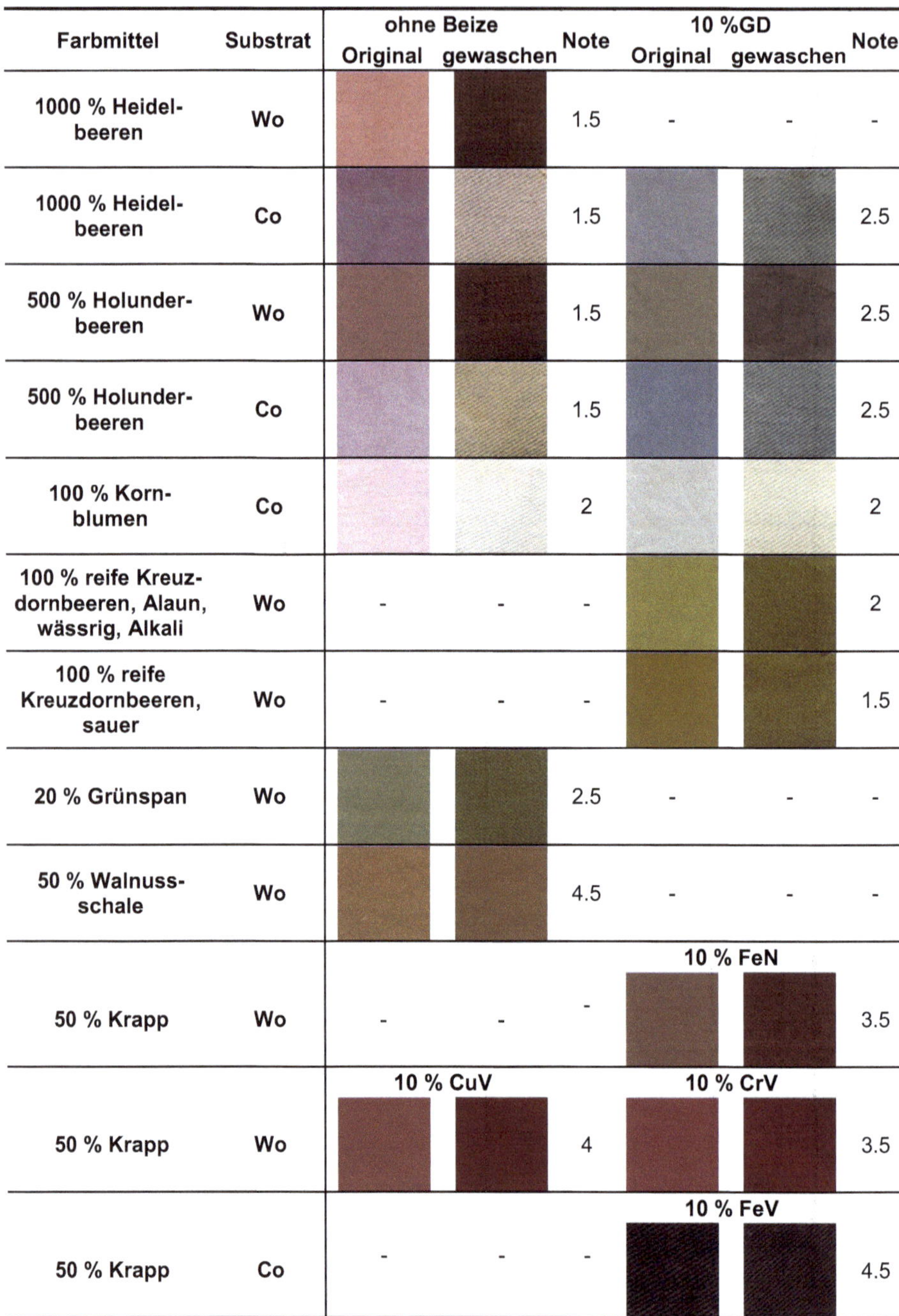

Farbmittel	Substrat	ohne Beize Original	gewaschen	Note	10 %GD Original	gewaschen	Note
1000 % Heidelbeeren	Wo			1.5	-	-	-
1000 % Heidelbeeren	Co			1.5			2.5
500 % Holunderbeeren	Wo			1.5			2.5
500 % Holunderbeeren	Co			1.5			2.5
100 % Kornblumen	Co			2			2
100 % reife Kreuzdornbeeren, Alaun, wässrig, Alkali	Wo	-	-	-			2
100 % reife Kreuzdornbeeren, sauer	Wo	-	-	-			1.5
20 % Grünspan	Wo			2.5	-	-	-
50 % Walnussschale	Wo			4.5	-	-	-
50 % Krapp	Wo	-	-	-	10 % FeN		3.5
50 % Krapp	Wo	10 % CuV		4	10 % CrV		3.5
50 % Krapp	Co	-	-	-	10 % FeV		4.5

Tafel 62: Waschechtheiten ausgewählter Blau-, Violett-, Grün- und Braunfärbungen[778]

778 Standardfärbung: FV = 1:35, 60 min. bei 80 °C, 10 % Vor-, Direkt- und Nachbeize bzw. ohne Beize. Beeren- und Kornblumenfärbungen auf Baumwolle bei Raumtemperatur.

Farbmittel	10 % FeD Original	10 % FeD gewaschen	Note	10 % FeN Original	10 % FeN gewaschen	Note
100 % Eichenrinde			2.5	-	-	-
100 % Erlenrinde			2.5	-	-	-
100 % Gallapfel			2.5			4

Tafel 63: Waschechtheiten ausgewählter Schwarz- und Graufärbungen (Wo)[779]

Farbmittel	Substrat	ohne Beize Original	ohne Beize gewaschen	Note	10 % A[780] Original	10 % A[780] gewaschen	Note
50 % Brasilholz, c+b+a	Wo			1.5			1
50 % Brasilholz, a	Co			1			1
50 % Krapp	Wo			2.5			2
Brasilholz, Ahornlaub	Co	-	-	-			2.5
50 % Färberwau	Wo			3			2.5
50 % Färberwau	Co	-	-	-			2,5
100 % unreife Kreuzdornbeeren	Wo	-	-	-			1
100 % Saflor	Wo			3			3

Tafel 64: Waschechtheiten ausgewählter Rot- und Gelbfärbungen

779 Standardfärbung: FV = 1:35, 60 min. bei 80 °C.

780 Standardfärbung: FV = 1:35, 60 min. bei 80 °C, 10 % Vor-, Direkt- und Nachbeize bzw. ohne Beize. Wolle: 10 % Alaunvorbeize, Baumwolle: Wau mit 10 % Alaundirektbeize, Brasilholz mit 10 % Alaunvorbeize.

Prüflösung Zeit, Temperatur Probe	Original	DIN Seifenlsg., pH 9,8 30 Min., 40 °C F	 A	CCI 13/14 Tensidlsg., pH 6,5 15 Min., RT F	 A	CCI 13/13 Tetrachlor-ethen 15 Min., RT F	 A
50 % Brasilholz, 1c+b+a, ohne Beize, Wo		1.5	-	keine Farbänderung	-	keine Farbänderung	kein Anbluten, keine Fleckenbildung
50 % Brasilholz, 1c+b+a, 10 % AV, Wo		1	-		4.5		
50 % Krapp, 10 % AV, Wo		2	3.5		-		
20% Grünspan, Wo		2.5	-		-		
100 % Kreuzdornbeeren, sauer, 10 % AD, Wo		1.5	-		4.5		
100 % Kreuzdornbeeren, wässrig, Alaun, Alkali, 10 % AD, Wo		2	-		4.5		
100 % unreife Kreuzdornbeeren, 10 % AV, Wo		1	-		4.5		
100 % Saflor, ungewaschen, Wo		3.5	-		-		
100 % Saflor, gewaschen, Wo		3	-		4.5		
50 % Färberwau, 10 % AV, Wo		2.5	-		-		
500 % Holunderbeeren, ohne Beize, Wo		1.5	-		4.5		
500 % Holunderbeeren, 10 % GD, Co		2.5	-		4.5		

Tafel 65: Vergleich der Nassechtheitsnoten ausgewählter Färbungen – Note für die Farbänderung (F) und das Anbluten (A) nach DIN EN 20105-C01, CCI Notes 13/14 und CCI Notes 13/13

Färbung	Farbton lt. Quelle	Probe	SCOTDIC-Nr.	Nr.
1000 % Heidelbeeren, 10 % GD, Co	Blau, Sattblau, Hellblau, Waidblau		675503	B1
500 % Holunderbeeren, 10 % GD, Co			676004	B2
Waid, 30 min., Co,	Blau, Indigoblau		675005	B3
Waid, 30 min., Wo			693001	B4
500 % Heidelbeeren, 10 % AD, Wo	Veilchenfarben, Veilchenblau		935504	V1
500 % Heidelbeeren, 10 % AD, Se			895503	V2
50 % Brasilholz, 10 % AD, Wo			954509	V3
50 % Brasilholz, 10 % AD, Se			955008	V4
50 % Brasilholz (a), 10 % AV, Wo	Rot, Parisrot, Feuerrot		035008	R1
50 % Krapp, 10 % AV, Wo			055008	R2
100 % Saflor, gewaschen, Se			937006	R3
100 % Saflor, gewaschen, Co			017007	R4
50 % Brasilholz, 25 % Ahornlaub, 10 % AD, Wo			075006	R5
50 % Wau, pH 9, 10 % AD, Wo	Gelb, *Keßprue*		258507	G1
50 % Wau, pH 9, 10 % AV, Wo			258010	G2
100 % reife Kreuzdornbeeren, 10 % AV, Wo			196507	G3
100 % ung. Saflor, 10 % AV, Wo			197006	G4
10 % Grünspan, sauer, Wo	Grün, Feingrün, Laubgrün, Saftgrün, Dunkelgrün		436001	Gr1
100 % reife Kreuzdornbeeren, Al, Alkali, 10 % GD, Wo			276503	Gr2
Waid, 25 % Wau, 10 % AD, pH 9, Wo			355003	Gr3

Tafel 66: Vergleich der nach historischen Färberezepten erzielten Farbtöne – Identifikation nach SCOTDIC-Nummer

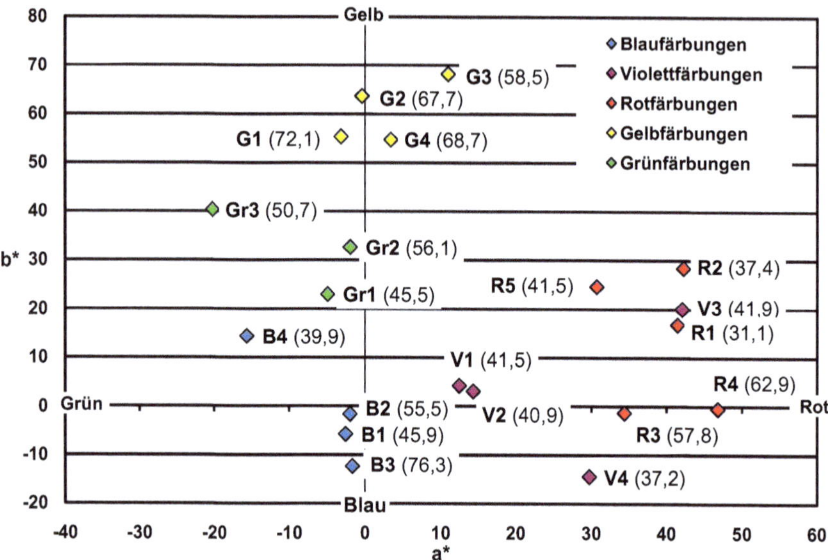

Tafel 67: CIELab a*-b*-Koordinaten der nach historischen Färberezepten erzielten Farbtöne (in Klammern: Helligkeit L*)[781]

781 Zu Einzelheiten der Färbungen vgl. Tafel 31.

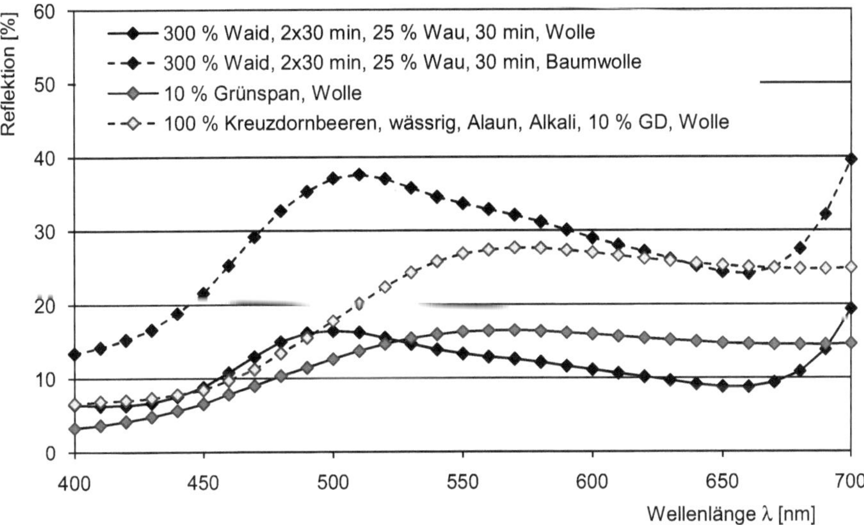

Abb. 47: Reflektionskurven für ausgewählte Grünfärbungen

6.6 Schwarz- und Graufärbungen

Im Gegensatz zu Burde, die schreibt, dass „... *Originalquellen zur Schwarzfärberei im 16. Jahrhundert nicht aufgetrieben werden konnten ...*“[782], ist als Ergebnis der Recherche für die vorliegende Arbeit festzustellen, dass insbesondere die Quellen aus der frühen Neuzeit (**B**, **H IV** und **H V**) Anleitungen zum Schwarzfärben enthalten (Abb. 48).

Alle Quellen enthalten insgesamt 47 Rezepte für die Schwarz- und 19 Rezepte für die Graufärbung nach dem Auszichverfahren. In erster Linie wird mit gerbstoffhaltigen Rinden bzw. Galläpfeln und Vitriol- oder Metallzusätzen gefärbt. Für die Schwarzfärbung überwiegt deutlich die Erlenrinde als Farbmittel, das in den Rezepten der älteren Quellen (**In** – **Tr**, 1334 – 4. Viertel 15. Jahrhundert) bevorzugt in Kombination mit Metallzusätzen wie z.B. Schliff oder Hammerschlag, in den Quellen aus der frühen Neuzeit (**B**, 1. Hälfte 16. Jahrhundert) dann ebenso mit Vitriol verwendet wird. Galläpfel werden besonders häufig für die Graufärbung mit Vitriolen eingesetzt.[783] Weitere Farbmittel für Schwarz- bzw. Grautöne sind Beeren, Brasilholz und das Pigment Ruß. Diese werden meist mit zuvor hergestellter schwarzer Farbe, vermutlich Gerbstoffschwarz aus Rinde und Vitriol, zum Färben verwendet.

782 Vgl. Burde: Bedeutung und Wirkung, S. 55.

783 Erlenrinde mit Schliff vgl. Quelle **M II**, fol. 119, Rezept 1; Erlenrinde mit Vitriol vgl. Quelle **B**, fol. 86v, Rezept 243. Galläpfel mit Vitriol vgl. Quelle **H VI**, fol. 50v, Rezept 5.

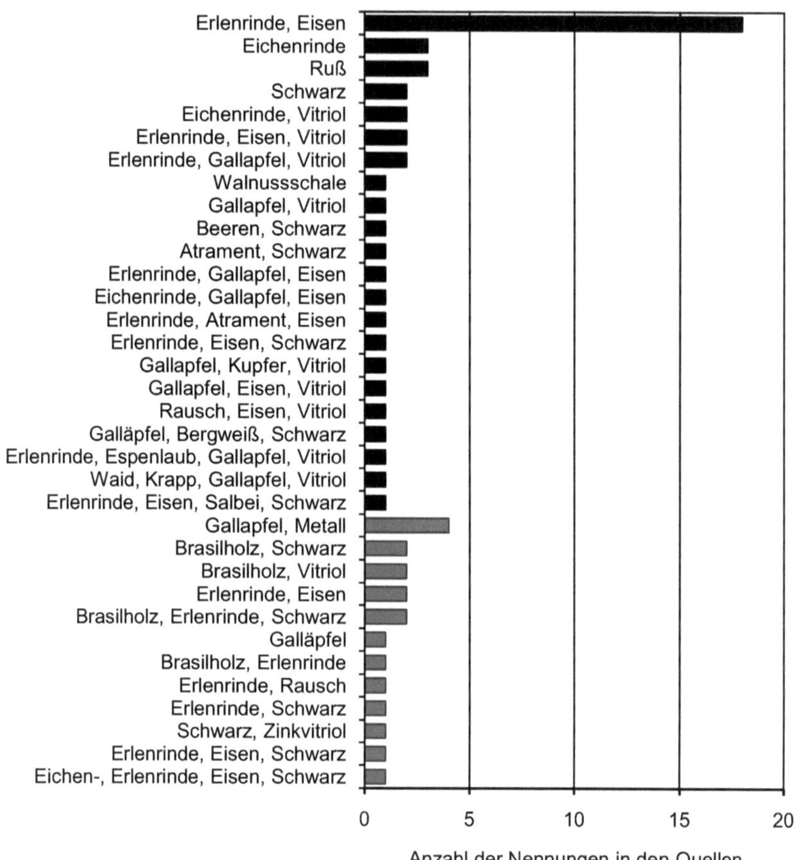

Abb. 48: Farbmittel für Schwarz- und Graufärbungen

In der Literatur wird darauf hingewiesen, dass die Schwarzfärbung mit Gerbstoff und Eisen bzw. Vitriol auf Grund der möglichen Faserschädigung in der handwerklichen Färberei verboten war, und stattdessen mit konzentrierten Indigoküpen und Krappzusätzen schwarz gefärbt wurde. Lediglich ein Rezept aus der Quelle **B** (fol. 83v, Rezept 237) beschreibt die Küpenherstellung für eine Blaufärbung mit anschließender Schwarzfärbung. Allerdings soll auch in dieser Vorschrift für die Schwarzfärbung Gerbstoff (Galläpfel) und Vitriol verwendet werden.

Im Rahmen dieser Untersuchung wurden für die durchgeführten Schwarz- und Graufärbungen Erlenrinde, Eichenrinde sowie Galläpfel in Kombination mit Eisen- und Kupfervitriol verwendet.

Für die Vorbereitung der Färbeflotten wurden die Rinden (100 %) sieben Tage in Wasser eingeweicht, eine Stunde gekocht und anschließend filtriert. Galläpfel (100 %) wurden ebenfalls für sieben Tage in Wasser eingeweicht und anschließend eine Stunde gekocht. Allerdings wurde hier der Kochprozess nach der Hälfte der

Zeit unterbrochen, um die inzwischen weich gewordenen Galläpfel zu zerquetschen und die Extraktion des Gerbstoffes zu erleichtern. Danach wurde die Lösung nochmals eine halbe Stunde gekocht.

Die Färbung erfolgte 60 Minuten bei 80 °C. Die Beize wurde in der Regel direkt (D) durchgeführt. Als Beizmittel dienten Eisen- (Fe) und Kupfervitriol (Cu), wobei Vorversuche zeigten, dass für eine Gerbstoffmenge von 100 % eine Vitriolmenge von 10 % ausreichte. Größere Konzentrationen führten nicht zu einer signifikanten Farbvertiefung. Aus den Vorversuchen war ebenfalls ersichtlich, dass ein möglichst tiefer Farbton bei einer Direktbeize nur durch wiederholtes Färben oder Verlängern der Färbezeit zu erzielen war. Daher wurden Mehrfachfärbungen mit jeweils 100 % Erlenrinde und 10 % Eisenvitriol sowie Färbungen mit höherer Gerbstoff- und Vitriolkonzentration bei verlängerter Färebedauer durchgeführt.

Die im größten Teil der Färbeanleitungen beschriebene Direktbeize führt bei einmaligem Färben lediglich zu Grautönen. Durch Erhöhung der Farbmittelkonzentration ist ebenfalls kein Schwarz zu erreichen. In Abhängigkeit von der gerbstoffliefernden Substanz unterscheiden sich die Grautöne deutlich voneinander. Während mit Gallapfelgerbstoff ein reines Grau erzielt wird, zeigen die Proben, die mit Rindengerbstoff gefärbt wurden ein braunstichiges Grau. Besonders auffällig ist dieser Farbstich bei den Färbungen mit Erlenrinde, die außer Gerbstoffen noch verschiedene Flavonoidfarbstoffe enthalten, die den Farbton beeinflussen (vgl. Tafel 56).

Die Wiederholungsfärbungen mit 100 % Erlenrinde und 10 % Eisenvitriol-Direktbeize zeigen sowohl auf Wolle als auch auf Baumwolle eine mit der Anzahl der Färbungen zunehmende Farbtiefe. Ein tiefes Schwarz wird allerdings auch nach viermaliger Färbung nicht erreicht (vgl. Tafel 57 und Abb. 49).

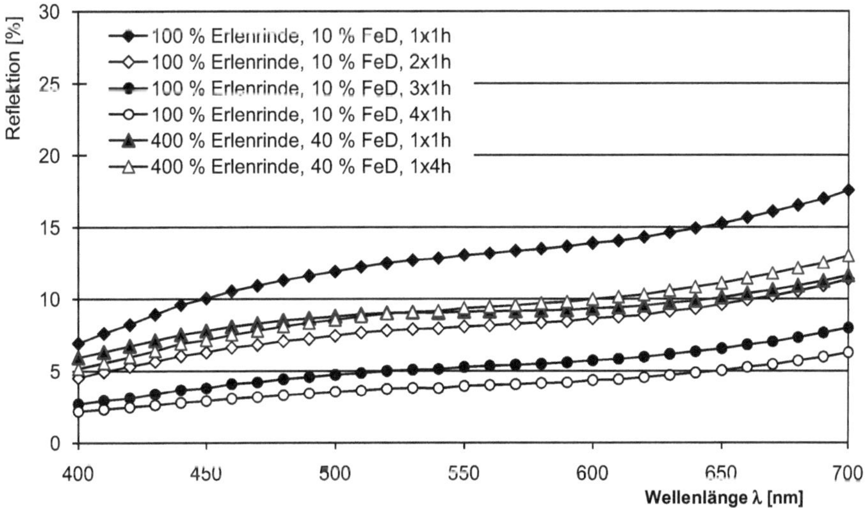

Abb. 49: Reflektionskurven für ein- und mehrstufige Schwarzfärbungen

Durch Heraufsetzen der Farbmittelkonzentration werden mittlere Grautöne erzielt, die deutlich heller sind als die der viermaligen Stufenfärbung. Wird bei erhöhter Farbmittelkonzentration die Färbezeit verlängert, resultieren ebenfalls lediglich Grautöne.

Da mit einer Direktbeize sowohl durch Erhöhen der Gerbstoff- und Beizmittelkonzentration als auch durch Verlängern der Färbezeit lediglich Grautöne erreicht wurden, fanden weitere Färbungen mit Gallapfelgerbstoff und Vor- (V) bzw. Nachbeize (N) statt. Wird bei der Färbung mit 100 % Gallapfelgerbstoff an Stelle der Direktbeize eine Vor- oder Nachbeize durchgeführt, ist ein Schwarz zu erreichen. Auf Wolle führt die Vorbeize, auf Baumwolle die Nachbeize zur größeren Farbtiefe (vgl. Tafel 56 und Abb. 50).

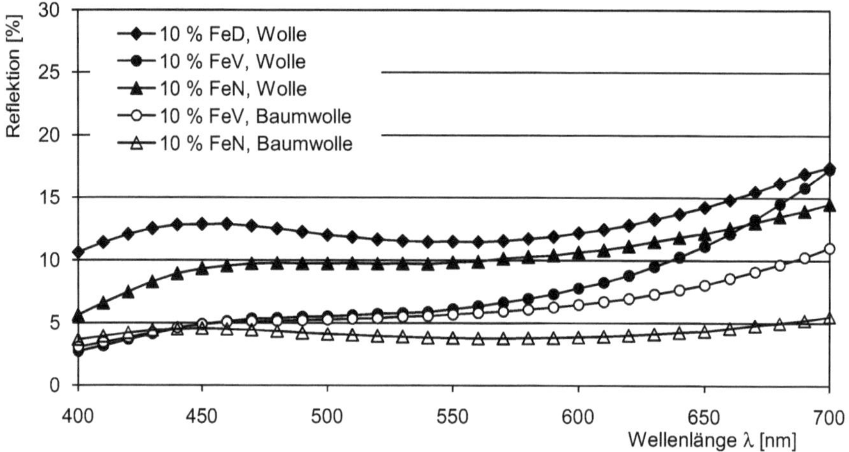

Abb. 50: Reflektionskurven für Schwarzfärbungen mit Variation des Beizzeitpunktes

Neben dem Gerbstoffgehalt des eingesetzten Rohstoffes hat auch die Art und Qualität des verwendeten Vitriols Bedeutung für den Farbausfall. Eisenvitriol führt zu Grau- bzw. Schwarztönen, während mit kupferhaltigem Vitriol Brauntöne erreicht werden). Wird mit einem Gemisch aus vier Teilen Eisen- und einem Teil Kupfervitriol gefärbt, ist der Einfluss des Kupfers schon deutlich in einer Braunfärbung des Substrates erkennbar. Da das Handelsprodukt Eisenvitriol im hier betrachteten Zeitraum erhebliche Kupfermengen enthalten konnte (vgl. S. 76–77), war der Braunstich des Schwarz- bzw. Grautones nur bei Verwendung der besten Vitriolqualität zu vermeiden (vgl. Tafel 56).

Die Ergebnisse der hier durchgeführten Gerbstoffschwarzfärbungen zeigen, dass der Aufwand zur Erzielung tiefer Töne sehr groß war. Die Reinheit des Gerbstoffes und der Zeitpunkt der Beize hatten einen großen Einfluss auf die Farbtiefe. Schwarz ist selbst mit synthetischen Farbstoffen färbetechnisch immer noch eine problematische Farbe. Da es sich bei vielen Schwarzfarbstoffen nicht um einen „Reinfarbstoff“, sondern um eine Farbstoffmischung handelt, kann es zu Problemen mit dem Ziehverhalten auf verschiedenen Substraten, insbesondere Fasermischungen, kommen. Zieht einer der Farbstoffe schneller oder langsamer auf das Substrat auf als die anderen in der Mischung befindlichen Farbstoffe, sind Farbtonabweichungen die Folge und es wird kein reines Schwarz erreicht. Daher werden in den Sortimenten mehrere Schwarzmarken angeboten, die die Anforderungen der unterschiedlichen Substrate berücksichtigen.

Die mehrbadige Gerbstofffärbung mit Direktbeize hatte große Auswirkungen auf die Warenqualität, Wolle wurde mit zunehmender Färbedauer immer trockener und spröder, Baumwolle immer steifer. Vermutlich beruhte das Verbot der Gerbstoffschwarzfärbung im handwerklichen Bereich nicht auf der durch Eisenionen katalysierten Faserschädigung, diese zeigt sich erst nach längerer Zeit, sondern auf der sich verschlechternden Warenhaptik.

6.7 Braunfärbungen

Braun ist neben Grün eine ebenfalls in der Natur häufig auftretende Farbe. Sie gehört zu den gebrochenen Farben, und entsteht durch Abdunkeln von Gelb-, Orange- oder Rottönen sowie durch Mischen aller Farben. Farbmittel, die für sich allein gefärbt, „reine" Brauntöne ergeben, sind selten. Die Palette der Brauntöne ist umfangreich und reicht von einem hellen Sandton über das Braunrot von Kastanien bis zum Braunschwarz dunkler Holzarten. Während des Mittelalters war Braun die Kleidungsfarbe der Unfreien, die sich keine Stoffe in reinen leuchtenden Farbtönen leisten konnten. Die Franziskaner wählten daher Braun als Farbe ihres Ornats, um ihr Armutsgelübde und ihre Demut vor Gott zu symbolisieren.

Brauntöne nach dem Ausziehverfahren sind in 45 Anleitungen der hier bearbeiteten Quellen beschrieben (Abb. 51). Die Anleitungen enthalten viele verschiedenen Farbmittel, die auch in Kombination miteinander verwendet werden. Vorrangig sind Färbungen mit Brasilholz, anthocyanfarbstoffhaltigen Beeren und Walnussschalen genannt. Weiterhin sollen Saflor, Indigo, gelbe Flavonoidfarbmittel und das Pigment Ruß in Kombination mit Labkraut (Klebkraut[784]) für die Braunfärbung verwendet werden. Außerdem ist die Kombination von Brasilholz mit Kermes oder Krapp aufgeführt. Die häufige Verwendung der Rotfarbmittel lässt darauf schließen, dass insbesondere rotstichige Brauntöne gefärbt wurden.

Für die hier durchgeführten Färbungen wurden Walnussschalen, Brasilholz und Krapp verwendet.

784 In den Rezepten **H IV**, fol. 56–57, 119 und fol. 195v–196v, 330 ist *kleberig* genannt. Nach Grimm und Marzell kann hier das Klebkraut (*Galium aparine* L.), auch Klebekraut, Kleberich oder Klettenlabkraut, gemeint sein; vgl. Grimm: DWb, Bd. 11, Sp. 1043 und 1051; vgl. Marzell: Pflanzennamen, Bd. 2, Sp. 563–565. Die Wurzeln der Labkräuter enthalten verschiedene Anthrachinonfarbstoffe und wurden wie Krapp zum Rotfärben verwendet; vgl. hierzu Schweppe: Naturfarbstoffe, S. 238.

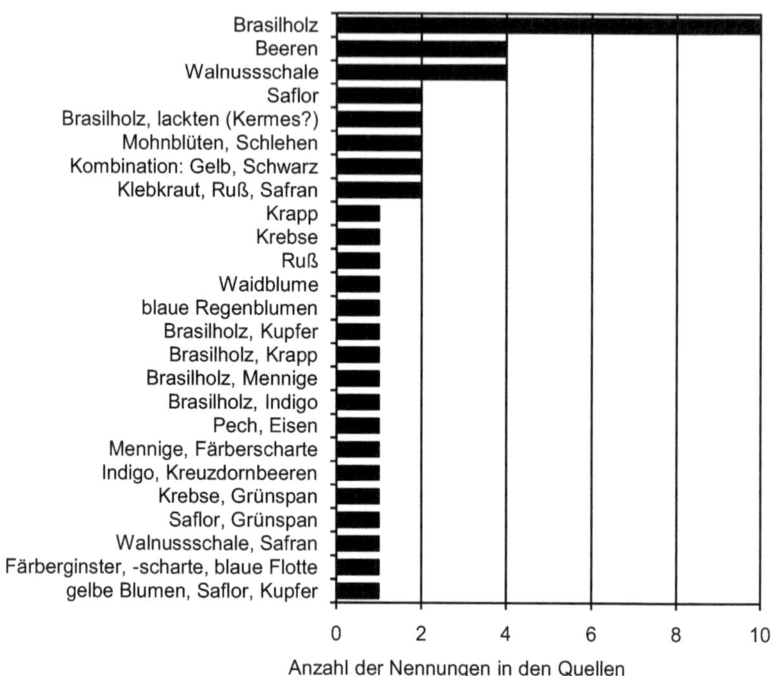

Abb. 51: Farbmittel für Braunfärbungen

6.7.1 Färbungen mit Walnussschale

Walnussschalen enthalten neben dem Hauptfarbstoff Juglon Gerbstoffe und verschiedene Flavonoidfarbstoffe. Nach der Quellenlage wird das Substrat direkt aus saurer Flotte mit und ohne Alaunbeize gefärbt. Für die Färbungen wurden 50 und 100 % getrocknete Walnussschalen verwendet, die zunächst für sieben Tage in Essig (5%ige Essigsäure) eingeweicht wurden. Anschließend wurden die Flotten eine Stunde sprudelnd gekocht und filtriert. Die Beize erfolgte als Vor- (V) und Direktbeize (D). Als Beizmittel dienten 10 % Alaun (A) sowie 5 % Eisensalz (Fe). Gefärbt wurde auf Wolle und Baumwolle für 60 Minuten bei 80 °C.

Die Walnussfärbungen auf Wolle haben eine größere Farbtiefe als die Färbungen auf Baumwolle (vgl.). Die mit einer Alaundirektbeize gefärbten Wollproben sind heller als die ohne Beize gefärbten Proben, während die Färbung mit einer Vorbeize auf Wolle zu einer weiteren Farbvertiefung führt. Die Eisenbeize, die bei den meisten anderen Farbmitteln eine deutliche Farbverschiebung zu dunkleren Tönen bewirkt, hat hier nur einen geringen Einfluss. Auf Baumwolle führt eine Alaundirektbeize lediglich zu einer minimalen Farbvertiefung. Die Eisenbeize verschiebt den Braunton in Richtung Grau. Die geringe Farbtiefe der Cellulosefaser beruht vermutlich auf dem sauren pH-Wert der Färbeflotte (vgl. Tafel 58).

6.7.2 Färbungen mit Brasilholz und Krapp

Die Braunfärbung mit Brasilholz erfolgt nach der Quellenlage mit alkalisch extrahierten Flotten unter Alaunzusatz. Für die Färbung mit Krapp wird ein wässriger Auszug mit einer Alaundirekt beize verwendet. Die Alaunbeize führt bei beiden Farbmitteln zu Rottönen. Für die Braunfärbung mit Brasilholz wurden wie in Kapitel 6.3.1 beschrieben Brasilholzspäne mehrmals mit Wasser kochend extrahiert. In diesen Flotten wurden Woll- und Baumwollgewebe dann nacheinander 60 Minuten bei 80 °C ohne und mit einer 10 %igen Alaundirektbeize gefärbt. Bei der Baumwollfärbung erfolgte zusätzlich eine Beize mit Grünspan.

Bei Färbung mit einem wässrigen Holzauszug werden ohne und mit Beize Rosatöne erreicht. Erst die Verwendung von Grünspan als Direktbeizmittel führt über ein rotstichiges Braun (10 % Grünspan) zu einem dunklen Braun (20 % Grünspan) (vgl. Tafel 58).

Die Krappfärbeflotte wurde ebenfalls wie die entsprechende Rotfärbeflotte vorbereitet (vgl. 6.3.2). Gefärbt wurde 60 Minuten bei 80 °C und 95 °C ohne Beizmittel. Weitere Färbungen wurden mit Eisen- (Fe), Kupfer- (Cu) und Chromsalz (Cr) als Beizmittel durchgeführt. Die Beize erfolgte bei diesen Färbungen als Vor- (V) und als Nachbeize (N). Die Krappfärbung ohne Beize bei 80°C ergibt Rotbrauntöne, wird kochend gefärbt, wird der Braunstich intensiver. Mit einer Eisenvorbeize wird ein dunkles Braun erreicht, das durch Nachbeize nochmals dunkler wird. Kupfer- und Chrombeizen ergeben braunviolette Farbtöne, wobei hier durch die Vorbeize der tiefere Ton erreicht wird (vgl. Tafel 58).

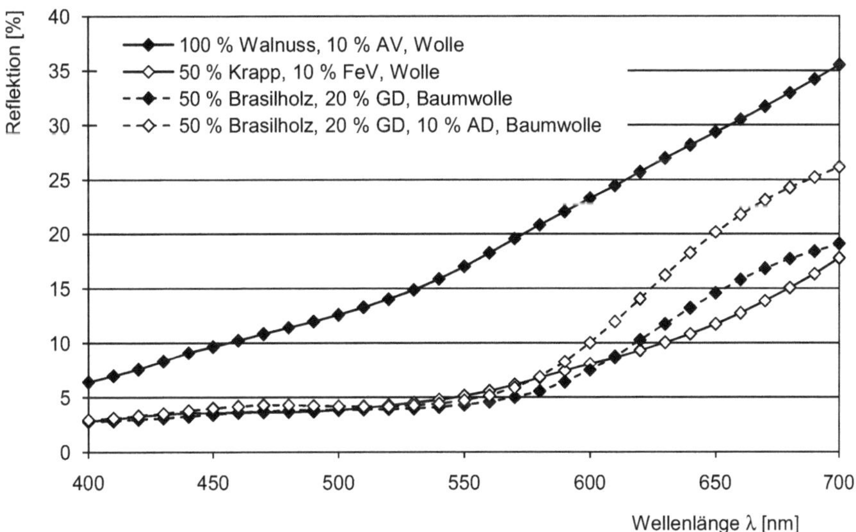

Abb. 52: Reflektionskurven für ausgewählte Braunfärbungen

Der Vergleich der Reflektionskurven für die Braunfärbungen zeigt, dass die Reflektion bei den Färbungen mit Walnussschale und Krapp auf Wolle im blauen Bereich des Spektrums gering ist um dann fast linear bis auf 35 bzw. 17 % im roten Bereich anzusteigen (Abb. 52). Die Farbtiefe der Walnussfärbung ist deutlich geringer. Die Färbungen mit Brasilholz und Beizmittel (Grünspan bzw. Grünspan/Alaun) auf Baumwolle reflektieren einen höheren Rotanteil als die Krappfärbung.

6.8 Echtheitsprüfungen an Färbungen nach historischen Anleitungen

Neben dem Farbton und der Farbtiefe wird die Qualität einer Färbung durch ihre Beständigkeit gegenüber Beanspruchungen, die zu einer Reduzierung der Farbtiefe oder einer Veränderung des Farbtons führen können, bestimmt. Diese Beständigkeit wird als Echtheit bezeichnet. Sie wird mittels verschiedener Verfahren, die den Gebrauch einer gefärbten Ware simulieren, überprüft. Für die Echtheitsprüfung an Färbungen nach historischen Anleitungen sind vor allem die Licht- und Waschechtheiten von Interesse.

6.8.1 Prüfung der Lichtechtheit

Die Lichtechtheit beschreibt die Beständigkeit einer Färbung gegenüber Ausbleichen (Verschießen) bei längerer Belichtung. Insbesondere Sonnenlicht mit seinem hohen UV-Anteil kann zu einer sichtbaren Farbveränderung führen, die sich als Abweichung in der Farbtiefe oder als Abweichung in der Farbnuance äußern kann.

Bei Kombinationsfärbungen mit mehreren Farbmitteln müssen die Lichtechtheiten der verwendeten Farbstoffe vergleichbar sein, um einen stabilen und dauerhaften Farbton zu erhalten. Ist das nicht der Fall, überwiegt im Laufe der Zeit zunehmend der Farbton des echteren Farbstoffes. Bei historischen Textilien sind grüne Farbpartien häufig blaustichig, was in der Literatur damit begründet wird, dass für die Blaufärbung der lichtechte Indigo, für die Gelbfärbung aber ein weniger lichtechter Farbstoff, wie z.B. Berberin, verwendet wurde.[785]

Die Lichtechtheit wird durch viele unterschiedliche Faktoren beeinflusst. Neben der Strahlungsquelle und den photochemischen Eigenschaften von Farb- und Faserstoff, sind Lufttemperatur und -feuchte, in der Atmosphäre vorhandene Schadgase und insbesondere das Aggregationsverhalten des Farbstoffes von Bedeutung. Farbstoffaggregate bestehen aus zusammengelagerten Farbstoffmolekülen. Für das Aufziehen des Farbstoffes ist die Aggregation eher hinderlich, da der Farbstoff vorrangig als Mono- oder Dimer an der Faseroberfläche adsorbiert wird. Bei einem

785 Vgl. Rosenberg: Historical organic dyestuffs, S. 36; vgl. Ponting: Dictionary of dyes and dyeing, S. 89. Berberin, der Hauptfarbstoff der Berberitzenwurzel, hat eine geringe bis mäßige Lichtechtheit (Note 2–3); vgl. Hofenk de Graaff: Colourful Past, S. 173.

Angriff durch Licht oder Sauerstoff ist die Lichtechtheit aggregierter Farbstoffteilchen allerdings größer als die monodisperser Moleküle, da lediglich die an der Oberfläche des Aggregats befindlichen Moleküle der Lichteinwirkung ausgesetzt sind. Mit steigender Aggregation nimmt die Lichtechtheit zu, da der Anteil an nicht zugänglichen Farbstoffmolekülen steigt. Die Tendenz zur Assoziatbildung nimmt mit steigendem Molekulargewicht des Farbstoffes, Farbstoffmetallkomplexe haben im Allgemeinen bessere Echtheiten als die Farbstoffe allein, sowie Erhöhung der eingesetzten Farbstoffmenge zu. Gegenteilige Wirkung hat die Erhöhung der Färbetemperatur.[786]

Der direkte Zusammenhang zwischen Lichtechtheit und Teilchenaggregation kann Fehler bei der Lichtechtheitsprüfung verursachen. Wiederholungsfärbungen müssen nicht zwangsläufig den gleichen Aggregationszustand aufweisen, woraus sich dann abweichende Echtheitswerte ergeben.[787] Das Problem dürfte insbesondere bei pflanzlichem Färbematerial auftreten, das keine gleichbleibende Farbstoffkonzentration enthält. Außerdem sind die enthaltenen Mengen im Vergleich zu synthetischen Farbstoffen gering, so dass sich Streuungen stärker auf das Ergebnis auswirken. Ein Vergleich der Lichtechtheit ist daher nur sinnvoll, wenn die Farbstoffextraktion und Flottenvorbereitung nach einem standardisierten Verfahren erfolgt und bereits bei der Färbung auf exakte Temperatur- und Zeitführung geachtet wird.

Für die Prüfung der Lichtechtheit werden Färbungen unter definierten Bedingungen dem Licht ausgesetzt und anschließend mit Hilfe des mitbelichteten Blaumaßstabes (vgl. Tafel 59)[788], dessen blaue Typfärbungen das unterschiedliche Echtheitsniveau von Farbstoffen repräsentieren, beurteilt.

Für die im Rahmen dieser Arbeit durchgeführte Lichtechtheitsprüfung wurden insbesondere die Färbungen ausgewählt, für die in der Literatur bisher keine Angaben vorliegen. Der Test erfolgte in Anlehnung an DIN EN ISO 105-B02 über 200 Stunden mit dem Belichtungsprüfgerät Suntest CPS+ der Firma Atlas.

Die Ergebnisse der Lichtechtheitsprüfung von Blau- und Violettfärbungen mit Beeren- und Blütenfarbstoffen zeigen ohne und mit Alaundirektbeize geringe bis mäßige Echtheiten. Lediglich die mit Grünspan gebeizten Proben auf Baumwolle haben ziemlich gute bis gute Lichtechtheiten.

Die Lichtechtheiten der Grünfärbungen sind alle hervorragend. Sowohl die Färbungen mit Grünspan als auch die Färbungen mit reifen Kreuzdornbeeren und Grünspandirektbeize zeigen keinerlei Farbveränderung. Gleiches gilt für die kom-

---

786 Vgl. Bird: Theory and practice of wool dyeing, S. 13–16; vgl. Bird, Boston: Coloration of Textiles, S. 86–90.

787 Vgl. Feller: Accelerated Aging, S. 181.

788 Zur Begriffsbestimmung und allgemeinen Durchführung von Lichtechtheitsprüfungen vgl. Kratzel: Lichtechtheit, S. 1094–1097.

binierte Grünfärbung mit Waid und Wau auf Wolle. Hier ist ebenfalls nach der Belichtung keine Abweichung vom ursprünglichen Farbton erkennbar.

Schwarzfärbungen mit Gerbstoffen und Eisenvitriol haben gute bis hervorragende Lichtechtheiten, wobei die Färbung mit Eichenrindengerbstoff nach der Belichtung eine deutliche Farbabweichung (Note 5) zeigt, während bei Färbungen mit Gallapfelgerbstoff keinerlei Veränderung des Farbtones zu erkennen ist. Der Zeitpunkt der Beize (Direkt-, Vor- oder Nachbeize) beeinflusst die Lichtechtheit nicht.

Die Lichtechtheiten der Braunfärbungen mit Krapp unter Zusatz von Eisen-, Grünspan-, Kupfer- oder Chrombeize sind hervorragend (Note (8), während die Färbungen mit Walnussschale zwar immer noch sehr gut sind (Note 6), aber doch schon eine sichtbare Aufhellung des Farbtones zeigen (vgl. Tafel 60).

Die Lichtechtheiten der mit Brasilholz gefärbten Rottöne sind eher gering (Notenbeschreibung: ziemlich gut). Hier zeigt sich der Einfluss der aufgefärbten Farbstoffmenge. Je tiefer die Färbung, desto lichtechter der Farbton. Die Echtheiten der Färbungen auf mit Gerbstoff vorbehandelter Baumwolle sind etwas besser. Die Echtheit der Kombinationsfärbung mit Brasilholz und Ahornlaub sowie die der Krappfärbung sind sehr gut, wobei die Beize mit Alaun die Echtheit der Krappfärbung erhöht. Die Färbung mit ungewaschenem Saflor zeigt eine mäßige Echtheit. Der auf dem belichteten Teil der Probe verbliebene „Restfarbton" beruht vorrangig auf dem mitaufgefärbten Saflorgelb. Schlechter ist die Echtheitsnote für die mit gewaschenem Saflor durchgeführte Rotfärbung. Bei dieser Färbung weist der belichtete Teil der Probe nach der Prüfung die ursprüngliche Farbe des Rohgewebes auf.

Die Lichtechtheiten der Gelbfärbungen mit Färberwau sind vorzüglich. Auf mit Alaun vorgebeizter Wolle ist der Farbton sogar intensiver. Die Färbungen mit unreifen Kreuzdornbeeren zeigen ohne Beize eine sehr gute Echtheit, allerdings war die ursprüngliche Farbtiefe hier sehr gering. Auf direkt- bzw. vorgebeizter Wolle wird eine mäßige bzw. ziemlich gute Echtheit erreicht. Bei den Saflorgelbfärbungen wird die Lichtechtheit durch das Substrat beeinflusst. Während Färbungen auf Wolle mäßige Echtheiten aufweisen, zeigen Färbungen auf Seide sehr geringe Werte. Von den im Rahmen dieser Arbeit für die Gelbfärbung benutzten Farbmitteln zeigt Färberwau mit deutlichem Abstand die besten Lichtechtheiten (vgl. Taf. 27).

Im Vergleich zu modernen synthetischen Farbstoffen weisen die Naturfarbstoffe schlechte Lichtechtheiten auf. Wenige Farbstoffe führen bei ausreichender Farbtiefe zu echten Färbungen. Hier sind insbesondere Indigo, Krapp, Färberwau, Grünspan und Gerbstoffschwarz zu nennen. Extrem schlecht sind dagegen die Lichtechtheiten von Brasilholz-, Kreuzdornbeer-, Saflor-, Heidelbeer-, Holunderbeer- (Tafel 61) sowie Blütenfärbungen. Teilweise kann die Echtheit durch eine Beize auf ausreichende Werte verbessert werden, allerdings ist damit immer eine Veränderung des Farbtones verbunden, insbesondere wenn eisen- oder kupferhaltige Beizen verwendet werden. Die Überprüfung der Quellen bezüglich Angaben zur Lichtechtheit der Färbungen zeigt, dass entsprechende Hinweise in vierzehn Vorschriften (3,5 % aller Rezepte für das Ausziehverfahren) enthalten sind. Die Färbeanleitungen enthalten die Anweisung, die gefärbte Ware nicht an der Sonne zu trocknen, und beziehen sich insbesondere auf Rot- und Braunfärbungen mit Brasilholz bzw. Saflor, Gelbfärbungen mit Safran und Blaufärbungen mit Beeren.[789] Diese Farbmittel zeigten auch im Rahmen der hier durchgeführten Lichtechtheitsprüfungen schlechte Ergebnisse.

6.8.2 Prüfung der Waschechtheit

Neben der Beständigkeit der Färbung bei Lichteinwirkung ist ihre Dauerhaftigkeit bei einer Waschbehandlung ebenfalls von Interesse. Untersuchungen zur Kulturgeschichte des Waschens befassen sich in erster Linie mit den Veränderungen durch die Einführung von Maschinen und universell einsetzbaren Waschmittelformulierungen in der Neuzeit[790] oder beziehen sich allgemein auf die Körperhygiene,[791] so dass über die Textilpflege während des hier bearbeiteten Zeitraums nur wenige Berichte vorliegen.

Die Verwendung von Seife (*saponem*) bei der Textilherstellung ist schon für das frühe Mittelalter durch die Nennung im Kap. 43 des „*Capitulare de villis*" belegt.[792] Die Wäsche der Bekleidung erforderte in früheren Zeiten einen größeren Aufwand als heute, bis in das 19. Jahrhundert wurde daher an wenigen Terminen im Jahr gewaschen.[793] Dazu wurde die Wäsche zumeist an den Fluss gebracht, da zum Spülen fließendes Wasser bevorzugt wurde.[794] Zum Waschen wurden Seife, Asche, Urin und evtl. Rindergalle verwendet.[795] Weiße Wäsche wurde im An-

789 Brasilholz: Quelle **Bc**, fol. 127–129, Rezept 41; fol. 98v, Rezept 278; Quelle **M V**, fol. 231v, Rezept 1233a; Quelle **H IV**, fol. 187v–189, Rezept 318a, b + c. Saflor: **M V**, fol. 225r, Rezept 1200; fol. 225r–225v, Rezept 1201. Safran: Quelle **B**, fol. 106v, Rezept 309a + b; Quelle **H V**, fol. 278, Rezept 15a. Beeren: Quelle: **M V**, fol. 177r, Rezept 673a. Gerbstoffschwarz: Quelle **Tr**, fol. 16r–17r, Rezept 64a. Gelbe Blumen: Quelle: **H V**, fol. 277v–278, Rezept 13.

790 Vgl. Orland: Wäsche waschen; vgl. Lorenz-Schmidt: Wert und Wandel.

791 Vgl. Delille, Grohn: Geschichten der Reinlichkeit; vgl. Jung: Kleine Kulturgeschichte der Haut.

792 Vgl. Freundeskreis Botanischer Garten Aachen e.V. Der Karlsgarten.

793 Für die Wäsche mussten Geräte zur mechanischen Bearbeitung der Wäsche (Schlagholz), Behälter für die Waschlauge (Wannen, Zuber, Kessel) und Brennmaterial zum Erhitzen des Wassers beschafft werden; vgl. Klug: Armut und Arbeit, S. 211. Übliche Zeiten für die große Wäsche waren das Frühjahr nach der Schneeschmelze und der Spätsommer/Herbst nach Abschluss der Ernte; vgl. Lorenz-Schmidt: Wert und Wandel, S. 162.

794 Vgl. Lorenz-Schmidt: Wert und Wandel, S. 169; Vgl. Schlegel-Matthies: Große Wäsche, S. 36; vgl. Klug: Armut und Arbeit, S. 210. Da hartes Wasser zu einem erhöhten Seifenverbrauch und durch Reaktion mit der Seife zu Kalkseifenablagerungen auf der Wäsche führen konnte, wurde weiches Wasser, d.h. Regenwasser, bevorzugt.

795 Vgl. Klug: Armut und Arbeit, S. 210. Geschichte und Bedeutung der Seife wurden von Beckmann und anderen beschrieben; vgl. hierzu Beckmann: Erfindungen, Bd. 4, 1. Stück, S. 1–27;

schluss an die Reinigung im Allgemeinen noch einer Rasenbleiche unterzogen. Der Zusatz von Asche bei der Wäsche erfolgte laut Krünitz nicht bei Wollwaren und nicht echt gefärbten Waren, da diese „von der Lauge leiden“ und vermutlich wurden die gefärbten Waren auch bei niedrigeren Temperaturen gewaschen.[796] Allerdings ist die Nutzung von Laugen aus Buchenholzasche oder Weinrebenasche für die Fleckentfernung in historischen Quellen belegt. So enthält die im Rahmen dieser Arbeit hinsichtlich der Färberei betrachtete Quelle Al, die Allerley Matkel, verschiedene Anleitungen dieser Art[797] und ein weiteres Rezept ist in Quelle W, dem Hausbuch der Fürsten von Waldburg-Wolfegg, enthalten. Dieses Rezept lautet wie folgt:

> „*Wein flecken auß bringen. Recipe waid laugenn, schütt die waidlaugen 3 oder 4 mal durch die rebaschen; das wasser nympt aus weinber, obs und ole flecken.*“[798]

Die Waschechtheit einer Färbung hängt im Wesentlichen von der Art der Farbstoff-Faser-Bindung und der Größe des Farbstoffmoleküls ab. Je fester die Bindung, desto waschechter ist die Färbung. Bei Farbstoffen, die nicht über Hauptvalenzbindungen fixiert sind, zeigen größere Moleküle auf Grund stärkerer Nebenvalenzkräfte bessere Echtheiten. Die bei vielen Naturfarbstoffen übliche Beizbehandlung hat eine Molekülvergrößerung zur Folge, die die Nassechtheit der Färbung steigert. Eine mangelnde Waschechtheit kann sich durch Aufhellung oder Veränderung des Farbtons äußern.

Für die Bestimmung der Waschechtheit liegen viele unterschiedliche Prüfnormen vor, die sich vor allem in der Waschtemperatur, der mechanischen Beanspruchung während der Wäsche und dem eingesetzten Waschmittel unterscheiden.[799] Die Waschechtheit wird über die Änderung der Farbe (Ausbluten des Farbstoffes) und über das Anbluten mitgewaschener Begleitgewebe beurteilt. Dazu werden gefärbte Proben in Begleitgewebe eingenäht und nach Norm gewaschen. Nach der Wäsche werden die Prüflinge auseinander getrennt, getrocknet, konditioniert[800] und anschließend visuell durch Vergleich des Farbabstands zwischen gewaschener und ungewaschener Probe mit den sog. Graumaßstäben beurteilt. Je nach Größe des Farbabstands wird eine Note vergeben. Die Notenskala reicht mit Zwischenstufen

---

vgl. Gellendien: Geschichte der Seife, S. 170–176; vgl. Routh et al.: Soaps, S. 3–6. Über die Waschwirkung von Urin berichten Binz und Vogler, vgl. Binz: Verwendung des Harnes, S. 355; vgl. Vogler: Textilveredlung in der Antike, S. 34–36 und 28–29.

796 Vgl. Krünitz: Oekonomische Encyklopädie, Th. 233, S. 391.

797 Vgl. Edelstein: Allerley Matkel, S. 303 und 305.

798 Vgl. Bossert, Storck: Das Mittelalterliche Hausbuch, S. XXVI.

799 Vgl. Mägel et al. Farbechtheitsprüfungen an Textilien, S. 17–35 Erläuterungen zum Begriff Nassechtheit gibt Kratzel: Naßechtheiten, S. 657–659; Definitionen und Erklärungen zur Waschechtheit gibt ebenfalls Kratzel: Erläuterungen zu den Waschechtheiten, S. 413–414.

800 Mit der Trocknung des Prüflings ändert sich mit der Substratfeuchte auch der Farbeindruck. In der Praxis wird daher die Beurteilung nach einer Konditionierung der Proben von mindestens 24 Stunden empfohlen; vgl. Ulshöfer: Farbechtheiten, 3/4, S. 28.

von 1 bis 5, wobei 1 eine geringe Echtheit und 5 eine sehr gute Echtheit kennzeichnet.

Die Waschechtheitsprüfung im Rahmen dieser Untersuchung erfolgte in Anlehnung an DIN EN 20105-C01, da diese Norm am ehesten dem „mittelalterlichen Waschverhalten“ vergleichbare Bedingungen (40 °C Waschtemperatur, alkalischer pH-Wert durch Seife) vorschreibt. Alle Waschversuche wurden im Laborfärbegerät Linitest-Plus® durchgeführt. Die Bewertung des Anblutens bzw. der Änderung der Farbe erfolgte zunächst mit den oben beschriebenen Graumaßstäben. Da aber nahezu alle Proben nach der Wäsche deutliche Veränderungen des Farbtons aufwiesen und die Bestimmung der Echtheitsnote mit dem Maßstab nicht möglich war bzw. nicht ausreichte, wurde die Note zusätzlich farbmetrisch nach DIN EN ISO 105-A05 bestimmt.

Bei der Prüfung der Waschechtheit der Blau- und Violettfärbungen zeigt sich die Alkaliempfindlichkeit der in den Beeren und Blüten enthaltenen Anthocyanfarbstoffe. Alle Proben weisen nach der Prüfung einen deutlich veränderten Farbton auf, wobei die Noten der mit Grünspan gebeizten Proben geringfügig besser sind. Es fällt auf, dass die Wollfärbungen nach der Wäsche dunkler, die Baumwollfärbungen dagegen heller sind. Dieses weist auf eine bessere Fixierung der Farbstoffe auf der Proteinfaser hin. Die auf Baumwolle mit einer Grünspandirektbeize erreichten Blautöne werden grüner, die Färbungen auf Wolle verändern sich zu Braun- und Grautönen. Während die Farbabweichung bei Heidel- und Holunderbeeren vorrangig auf einer Änderung des Farbtones beruht, verlieren Kornblumen- und Mohnblütenfärbungen außerdem deutlich an Farbtiefe. Ein Anbluten der Begleitgewebe aus Baumwolle und Wolle fand nicht statt. Auch bei der Waschechtheitsprüfung an Grünfärbungen zeigen sich zwischen unbehandelter und gewaschener Probe wieder deutliche Farbunterschiede. Alle Proben sind dunkler und grüner als die Originalprobe. Braunfärbungen, an denen eine Waschechtheitsprüfung durchgeführt wurde, weisen nach der Wäsche ebenfalls einen erkennbar veränderten Farbton auf. Allerdings ist der Farbabstand zwischen ungewaschener und gewaschener Probe geringer als bei den anderen Farbtönen, was in vergleichsweise hohen Echtheitsnoten zum Ausdruck kommt (vgl. Tafel 62).

Während die Beizart auf die Lichtechtheit der Schwarz- und Graufärbungen keinen Einfluss hat, zeigt die Prüfung der Waschechtheit deutliche Unterschiede zwischen den Färbungen mit Direktbeize und denen mit Vor- bzw. Nachbeize (vgl. Tafel 63). Während die nachgebeizte Wolle sowie die vorgebeizte Baumwolle durch die Waschbehandlung geringfügig heller geworden sind, zeigen alle mit einer Direktbeize durchgeführten Färbungen unabhängig von der Gerbstoffquelle einen deutlich dunkleren Farbton.

Die Rotfärbungen zeigen nach der Behandlung ebenfalls einen deutlich veränderten Farbton. Die Brasilholzfärbungen auf Baumwolle werden durch die Waschbehandlung heller, alle anderen Proben haben nach der Wäsche einen dunkleren Farbton. Ein Anbluten der Begleitgewebe aus Baumwolle und Wolle ist lediglich bei der mit Krapp ohne Beizmittelzusatz durchgeführten Färbung auf Wolle erkennbar. Hier zeigte das Wollbegleitgewebe ein Anbluten (Note: 3,5).

Wie bei den zuvor beschriebenen Ergebnissen der Waschechtheitsprüfung für die Blau- und Rotfärbung ist auch bei den Gelbfärbungen eine deutliche Veränderung des Farbtones durch die Waschbehandlung zu beobachten, während ein Anbluten der Begleitgewebe nicht zu erkennen ist. Eine Verminderung der Farbtiefe durch die Wäsche ist nicht eingetreten, alle Färbungen sind dunkler geworden (vgl. Tafel 64).

Die Waschechtheitsprüfung, ein wichtiges Instrument der Qualitätskontrolle in der heutigen Veredlung, bestehen nur sehr wenige der hier durchgeführten Färbungen. Dabei ist die Ursache nicht ein durch die Wäsche verursachter Verlust an Farbtiefe, sondern die deutliche Änderung des Farbtons durch die alkalische Behandlung. Nach modernen Maßstäben wären die Farbmittel für die Färbung von Bekleidungs- und Heimtextilien, die in regelmäßigen Abständen gewaschen werden, ungeeignet. In früheren Zeiten war der Anspruch an die Waschechtheit von Textilien zwar geringer als heute, es wurde nicht so oft gewaschen, aber bei der Wäsche mit Seife musste immer mit einer Farbänderung gerechnet werden. Allerdings wird verständlich, warum echtere Farbmittel wie Indigo, Krapp, Kermes oder Cochenille ein so hohes Ansehen genossen. Gute Nassechtheiten waren mit leuchtenden, dauerhaften Farbtönen verbunden.

Licht- und Waschechtheiten beeinflussen die Handhabung historischer Textilien in Museen. Durch mangelnde Lichtechtheit werden die Möglichkeiten für die Präsentation eingeschränkt, schlechte Waschechtheiten bedingen Probleme bei der Entfernung von Verschmutzungen und der Konservierung der Textilien.

7. Prinzipien und naturwissenschaftlich-technische Grundlagen konservatorischen Handelns

Mit der Erhaltung historischen Kulturgutes sind die Begriffe „Vorbeugen, Konservieren und Restaurieren“ verbunden. Unter Vorbeugen wird die Herstellung optimaler Bedingungen für Aufbewahrung und Präsentation verstanden. Die Konservierung umfasst erhaltende Maßnahmen als direkte Eingriffe am Objekt zur Stabilisierung des Ist-Zustands und zum Schutz vor weiterem Zerfall. Bei einer Restaurierung soll unter Berücksichtigung ästhetischer und historischer Zusammenhänge eine bessere Lesbarkeit des Objektes erreicht werden, wozu u.U. auch ergänzende bzw. rekonstruierende Arbeiten durchgeführt werden.[801]

Am Anfang der musealen Arbeit zu Beginn des 19. Jahrhunderts stand die Wiederherstellung des als ursprünglich gedachten Zustands im Vordergrund. Dieses führte dazu, dass Baudenkmäler z.T. Aus- und Anbauten erhielten, die eher dem ästhetischen Empfinden der Zeit als den historischen Tatsachen entsprachen. Diese Art der Baurekonstruktion wurde insbesondere von Eugène Viollet-le-Duc[802] geprägt. „Der Restaurator war ein Künstler oder ein Handwerker, der die „Erneuerung“ des vermuteten ursprünglichen Zustandes eines Kunstwerkes oder Kulturgutes anstrebte. [...] „Veraltete“ Werke wurden den Sichtweisen oder Moden einer neuen Zeit angepasst.“[803]

John Ruskin (1819–1900) und später Georg Dehio (1850–1932) sahen in dieser Vorgehensweise eine Verfälschung, für beide stand die Konservierung im Vordergrund der Arbeiten. Dehio skizzierte die verschiedenen Ansätze anlässlich einer Festrede im Jahr 1905 wie folgt:

> „Der Historismus des 19. Jahrhunderts hat aber außer seiner echten Tochter, der Denkmalpflege, auch ein illegitimes Kind gezeugt, das Restaurationswesen. Sie werden oft miteinander verwechselt und sind doch Antipoden. Die Denkmalpflege will Bestehendes erhalten, die Restauration will Nichtbestehendes wiederherstellen. Der Unterschied ist durchschlagend. Auf der einen Seite, die vielleicht verkürzte, verblaßte Wirklichkeit, aber immer Wirklichkeit – auf der andern die Fiktion.“[804]

Die unterschiedliche Herangehensweise wird ebenfalls bei Arbeiten an historischen Textilien deutlich. Wandteppiche wurden z.B. durch Sticken repariert bzw. ergänzt und verschmutzte Stücke einer der Haushaltswäsche vergleichbaren Reinigung unterzogen, ohne zu wissen, dass durch diese Arbeiten der historische Wert der Objekte vermindert wird oder die Stücke Schaden nehmen können.[805]

---

801 Vgl. die entsprechenden Stichworte unter Deutscher Museumsbund: Das Museum.

802 Eugène Viollet-le-Duc (1814–1879), französischer Architekt. Rekonstruierte im 19. Jahrhundert zahlreiche historische Bauwerke in Frankreich, z.B. Notre Dame in Paris und die Abtei von Saint Denis.

803 Vgl. Verband der Restauratoren e.V. (VDR): Der Restaurator.

804 Zitiert nach Dehio: Denkmalschutz und Denkmalpflege, S. 274.

805 Vgl. Hofenk de Graaf: Vorwort zu Tímár-Balázsy, Eastop: Textile Conservation, S. IX.

Ein Beispiel für die Problematik sind die von Brandis und Jordan-Fahrbach[806] beschriebenen Restaurierungsarbeiten an den Wienhäuser Teppichen, die in den Jahren von 1923 bis 1939 durch Carlotta Brinkmann und ihre Werkstatt erfolgten. Wurden zu Beginn der Arbeiten Fehlstellen in den Teppichen mit Spannstichen unterlegt und mit Wollgarn, das sich farblich am Original orientierte, ergänzt, blieben in dem ab 1939 restaurierten Speculum-Teppich die Fehlstellen erhalten. Außerdem wurden einige zuvor ausgeführte Ergänzungsarbeiten an anderen Teppichen wieder entfernt.[807] Noch 1976 beschreibt Lehmann in der Restaurierung übliche Ergänzungsarbeiten, die dem Original in Material und Farbton völlig gleichen. Dabei müsse insbesondere auf die Lichtechtheit der für die Färbungen verwendeten Farbstoffe geachtet werden, häufig kämen moderne Metallkomplexfarbstoffe zum Einsatz.[808]

Ziel der konservatorischen Arbeiten ist heute nicht mehr die Wiederherstellung eines vermuteten Originalzustands. Veränderungen durch Alterung und Eingriffe früherer Generationen sind Teil des Kulturgutes geworden.[809] Mit den Veränderungen des „konservatorischen Leitbildes" änderte sich auch die Ausbildung der Konservatoren. Bis in die 50er Jahre des vorigen Jahrhunderts bestand die Arbeit vorrangig aus handwerklicher Tätigkeit, was insbesondere auch darauf beruhte, dass viele Konservatoren aus dem künstlerischen Bereich kamen. Zenz gibt ein Beispiel für die Ende der 70er Jahre in der österreichischen Restauratorenausbildung vermittelten Inhalte. Techniken wie Kunststicken, Weben und Wirken standen im Vordergrund, während Spitzentechnik, „Faserbestimmung" und Kunstgeschichte geringere Bedeutung hatten. Geschichte der Textilkunst und der Mode sowie Museumskunde und Denkmalpflege wurde lediglich in geringem Umfang vermittelt. Vier Stunden pro Woche wurde in der Restaurierungswerkstatt praktisch gearbeitet.[810] Die Ausbildung umfasst heute neben dem Erlernen handwerklicher Arbeitsgänge, die im zuvor geschilderten Beispiel noch im Vordergrund standen, auch das Studium naturwissenschaftlicher und historischer Hintergründe der zu erhaltenden Objekte.[811] Der relativ junge Wissenschaftszweig der Archäometrie berücksichtigt biowissenschaftliche, chemische, geowissenschaftliche und physikalische Inhalte und Methoden, aber ebenso archäologische, kunstgeschichtliche, denkmalpflegerische und restauratorische Belange.

Die Basis der erhaltenden Museumsarbeit ist heute die „Charta von Venedig", die im Jahr 1964 vom II. Internationalen Kongreß der Architekten und Techniker der

806 Vgl. Brandis, Jordan-Fahrbach: Werkstatt Carlotta Brinkmann, S. 238–249; zu den Wandteppichen vgl. Kohwagner-Nikolai: Bildstickereien, S. 188–249.

807 Vgl. Brandis, Jordan-Fahrbach: Werkstatt Carlotta Brinkmann, S. 246.

808 Vgl. Lehmann: Restaurierung und Konservierung, S. 24–25.

809 Vgl. VDR: Der Restaurator.

810 Vgl. Zens: Entwicklungsgeschichte der Textilrestaurierung, S. 41.

811 Vgl. Hofenk de Graaf: Vorwort zu Tímár-Balázsy, Eastop: Textile Conservation, S. IX; vgl. VDR: Der Restaurator.

Denkmalpflege verabschiedet wurde. In Art. 9. der Charta ist festgehalten, dass die Restaurierung immer den Charakter „*einer ausnahmsweisen Maßnahme*" hat. „*Sie findet dort ihre Grenze, wo die Hypothese beginnt* [...]". In Art. 12 heißt es „*Die Elemente, welche dazu bestimmt sind, fehlende Teile zu ersetzen, müssen sich dem Ganzen harmonisch eingliedern, aber dennoch vom Originalbestand unterscheidbar sein, damit die Restaurierung den Wert des Denkmals als Kunst- und Geschichtsdokument nicht verfälscht.*" Retuschiermethoden für Fehlstellen im Original sollen also den Blick des Betrachters nicht vom eigentlichen Inhalt ablenken, aber bei genauerem Hinsehen erkennbar sein. In der modernen Konservierung sollen mit möglichst minimalen Eingriffen die Bedingungen zur Erhaltung des Kunstwerks verbessert werden. Die dazu durchgeführten Arbeiten müssen reversibel sein, d.h. sie müssen später wieder entfernt werden können, um die Anwendung neuerer Methoden zu ermöglichen. Dieses Postulat leitete man aus den teilweise schädigend wirkenden Rekonstruktionsarbeiten des 19. und 20. Jahrhunderts ab. Unter dem Aspekt der Reversibilität muss der Einfluss einer Behandlung bzw. Nichtbehandlung auf den Zustand eines Objektes betrachtet werden. Dazu müssen wissenschaftliche Grundlagen im Kontextzusammenhang bekannt sein. Die durchgeführten Arbeiten sind zu dokumentieren.[812]

Am Anfang der konservatorischen Arbeit stehen die Aufnahme des „Ist-Zustands" und die Planung der erforderlichen Arbeitsschritte. Nach einer Rohstoffanalyse wird das Schadensbild festgehalten. Handelt es sich bei dem zu konservierenden Stück um eine gefärbte Textilie, muss dieser Tatsache Rechnung getragen werden. Zu berücksichtigen sind hier Nass- und Lichtechtheiten der Färbungen, sowohl unter den Bedingungen der Konservierungsschritte, als auch bei der Präsentation in der Ausstellung. Die umfassende Dokumentation erfordert außerdem die Bestimmung der vorhandenen Farbtöne. Worch weist daraufhin, dass sich der Restaurator nicht mit einer subjektiven sinnlichen Farbwahrnehmung zufrieden geben sollte, sondern stattdessen „*Musterkarten mit definierten Farbsystemen*" zur Hand nehmen sollte. Sie nennt als Mindestanforderung für die Dokumentation „*eine standardisierte Farbkennzeichnung, wie z.B. RAL*" und für bedeutende Objekte wenn möglich eine „*naturwissenschaftliche Farbanalyse*".[813] Die Farbtonbestimmung nach dem RAL-System ist sicher möglich, besser geeignet sind aber für den textilen Bereich entwickelten Farbordnungssysteme, wie z.B. SCOTDIC, die eine umfangreichere Farbtonpalette mit exakt definierten Werten für Buntton, Sättigung und Helligkeit zur Verfügung stellen.

812 Vgl. VDR: Charta von Venedig, Art. 9 und 12.

813 Vgl. Worch: Dokumentation von Textilrestaurierungen, S. 183–184.

7.1 Farbstoffanalyse bei historischen Textilien

Mit der Beurteilung einer Färbung mittels Farbmetrik und der Überprüfung von Echtheitseigenschaften ist noch keine Identifikation des Farbstoffes verbunden. Dass der Farbeindruck nicht zwangsläufig Rückschlüsse auf den verwendeten Farbstoff zulässt, schildern Tímár-Balázsy und Eastop am Beispiel der Untersuchungen von Needles und Regazzi, die ungebeizte und mit Aluminium-, Eisen- sowie Zinnbeizen behandelte Wollproben mit Alizarin färbten und in sandigem Lehmboden vergruben. Nach einigen Wochen wiesen alle Proben eine Farbveränderung nach Violett auf.[814] Hier wird deutlich, wie wichtig außer den Kenntnissen der Farbstoffe und Färbetechnik das Wissen über die Bedingungen, denen Textilien im Laufe der Zeit ausgesetzt waren, ist. Farbtonveränderungen können durch Säure-, Alkali- und/oder Redoxmitteleinflüsse verursacht werden, aber ebenso können Metalle, hohe Temperaturen oder Luftfeuchtigkeit die Ursachen sein. Nach dem Augenschein kann deshalb ein für die Färbung verwendeter Farbstoff nicht identifiziert werden.

Die verschiedenen Möglichkeiten zur Anwendung naturwissenschaftlicher Methoden bei der Farbstoffanalyse sind in den letzten Jahren in vielen einschlägigen Veröffentlichungen aufgezeigt und besprochen worden,[815] daher werden die üblichen Methoden im Folgenden lediglich im Überblick dargestellt.

Für die Farbstoffanalyse wird zunächst die verwendete Faserart durch mikroskopische Untersuchung oder Lösetests bestimmt.[816] In der Asche einer Probe können dann als Beizen verwendete Metalle, wie z.B. Aluminium, Kupfer oder Zinn, nachgewiesen werden.[817] Für die Identifikation von Beizenfarbstoffen müssen diese von der Faser abgezogen werden. Um dabei die farbigen Komponenten aus dem Metallkomplex zu lösen, ist das Kochen einer gefärbten Probe in Salz- oder Schwefelsäure üblich. Die resultierende Lösung kann anschließend mit verschiedenen Lösemitteln ausgeschüttelt und die auftretenden Farbreaktionen protokolliert werden, wie Hofenk-De Graaff am Beispiel der Insektenfarbstoffe Kermes, Cochenille und Wurzelkermes beschreibt (Tab. 56).[818] Durch die subjektive visuelle Beurtei-

---

814 Vgl. Tímár-Balázsy, Eastop: Textile Conservation, S. 97–98.

815 Siehe Schweppe: Naturfarbstoffe, Kap. IV; Hofenk de Graaff: Colourful Past, S. 19–41 und jeweils am Ende der Farbmittelbeschreibung; Joosten et al.: Hallstatt Textiles; Rosenberg, Wie: Analytik von natürlichen organischen Farbstoffen; Rosenberg: Historical organic dyestuffs; siehe ebenso die verschiedenen Jahrgänge der Zeitschrift Dyes in History and Archäologie (DHA), Textile Research Associates, York.

816 Für die Fasermikroskopie und Identifizierung über Löseversuche vgl. Stratmann: Erkennen und Identifizieren der Faserstoffe, vgl. ebenfalls Loske: Methoden der Textilmikroskopie; vgl. Latzke, Hesse: Rasterelektronenmikroskopie.

817 Vgl. Sharples, Westwell: Chemical Analysis and Tests, S. 42; vgl. Behr: Taschenbuch der Textilchemie, S. 339.

818 Vgl. Sharples, Westwell: Chemical Analysis and Tests, in: Booth et al.: Dyes, S. 42.

lung ist diese Methode nur bedingt reproduzierbar, bei photometrischer Messung im Vergleich zu Standardlösungen kann das Ergebnis aber abgesichert werden.

Tab. 56: Identifikation der Insektenfarbstoffe durch Löseversuche

Lösemittel	**Kermes**	**Cochenille**	**Wurzelkermes**
Salzsäure	leicht pink	leicht pink	orange
Petrolether	-	-	-
Diethylether	Extrakt vollständig orange	-	-
Benzen	Lösung leicht gefärbt, Säure etwas klarer	-	-
Trichlormethan	Lösung leicht gefärbt	-	-
Ethylacetat	komplette Extraktion	teilweise Extraktion	teilweise Extraktion
1-Pentanol	Extrakt orange	Extrakt orange	Extrakt vollständig pink-orange

Die zuvor beschriebenen Löseversuche erfordern relativ große Probemengen, welche bei historischen Textilien naturgemäß nicht gegeben sind.[819] Auf Grund des Wertes dieser Objekte gewinnen probenarme Untersuchungsmethoden sowie zerstörungsfreie Analysen an Bedeutung.[820]

Für die weitere systematische Analyse kommen heute chromatographische und spektrophotometrische Methoden zur Anwendung, für die erheblich geringere Probenmengen benötigt werden und die exaktere Ergebnisse liefern.[821] Die Chromatographie ist ein Verfahren zur Auftrennung eines Stoffgemisches durch unterschiedliche Verteilung der Einzelstoffe zwischen einer stationären und einer mobilen Phase (Eluens). Die Trennung beruht im Wesentlichen auf Adsorptionsvorgängen an der stationären Phase und/oder Verteilungsvorgängen in den nicht mischbaren Phasen.[822] Für die Farbstoffanalyse kommen Papier- (PC), Dünnschicht- (DC), Gas- (GC) und Hochleistungsflüssigkeitschromatographie (HPLC) zum Einsatz, die sich durch Art und Zustand der verwendeten Phasen voneinander unterscheiden.[823] Das aufgetrennte Probengemisch kann für weitere Untersuchungen verwendet werden.

Die Ergebnisse der Chromatographie, die Chromatogramme, werden in innere und äußere Chromatogramme unterschieden. Innere Chromatogramme entstehen bei der Papier- oder Dünnschichtchromatographie[824] und zeigen die Einzelkompo-

819 Vgl. Hofenk de Graaff: Red Dyestuffs. S. 73.

820 Vgl. Fuchs: Archäometrische Untersuchungen, S. 23.

821 Vgl. Sharples, Westwell: Chemical Analysis and Tests, S. 47; vgl. Hofenk de Graaff: Red Dyestuffs. S. 74.

822 Vgl. Fleischmann: Chromatographie, in: Römpp Online, RD-03-01679.

823 Vgl. Sharples, Westwell: Chromatography, S. 47–52.

824 Bei der Papierchromatografie wird ein Filterpapier als stationäre Phase und ein Lösemittel bzw. Lösemittelgemisch als mobile Phase verwendet. Die zu untersuchende Probe wird gelöst und ein kleiner Tropfen auf das Filterpapier gebracht. Zusätzlich werden bekannte Vergleichssubstanzen aufgetragen. Das Papier wird in einer Chromatographierkammer, meist ein Glas-

nenten nach der Auftrennung an unterschiedlichen Stellen der stationären Phase (z.B. Papier). Über den Quotienten R_f (Retentionsfaktor) aus der Laufstrecke der Substanz und der Laufstrecke der mobilen Phase kann die Substanz identifiziert werden, die Größe des Fleckes gibt Auskunft über die Menge. Bei der Verwendung von gleicher stationärer (Papierart, DC-Platte) und flüssiger Phase (Eluenszusammensetzung) ist der Retentionsfaktor eine Stoffkonstante.

Äußere Chromatogramme stammen aus der Säulenchromatographie, die als Gas- oder Flüssigkeitschromatographie durchgeführt werden kann. Die HPLC ist eine Weiterentwicklung der klassischen Flüssigkeitschromatographie und bietet durch eine reduzierte Teilchengröße der stationären Phase eine größere Empfindlichkeit, bessere Auftrennung und Verkürzung der Analysedauer.[825] Bei der Säulenchromatographie legen alle Stoffe den gleichen Weg durch die stationäre Phase zurück, verlassen die Säule aber zu unterschiedlicher Zeit, was durch einen angeschlossenen Detektor registriert wird.

Für die Auswertung der Chromatogramme müssen Vergleichsmessungen mit bekannten Standards definierter Konzentrationen durchgeführt werden. Die qualitative Auswertung erfolgt über die Retentionszeit, d.h. die Zeit zu der die Substanz im Chromatogramm registriert wurde (Peak), die quantitative Auswertung erfolgt über Peak-Flächen oder Peakhöhen.[826]

Die chromatographischen Verfahren werden heute im Allgemeinen bei der Farbstoffanalyse zum Auftrennen von Farbstoffmischungen verwendet und mit spektroskopischen Messverfahren wie z.B. NMR (engl. Nuclear Magnetic Resonance, Kernspinresonanzspektroskopie), MS (Massenspektrometrie), UV-Vis-Spektroskopie oder Infrarotspektroskopie kombiniert. Die Untersuchung der Proben mit UV-, visuellem oder Infrarot-Licht ermöglicht die Aufnahme von entsprechenden Transmissions- oder Absorptionsspektren, die mit Hilfe von Referenzspektren (Vergleichsstandard) interpretiert werden können. Wird im sichtbaren Bereich des Lichtes gearbeitet, können durch die Wahl des Lösemittels unterschiedliche Spektren erhalten werden, die die Möglichkeit zur Identifikation erweitern. Beim Arbeiten im IR-Bereich stören dagegen farblose Beimischungen nicht.[827] Eine anschauliche Darstellung über die verschiedenen Möglichkeiten der Farbstoffanalyse und

---

behälter, so in das Lösemittel gehängt, dass die Startpunkte nicht in Flüssigkeit eintauchen. Das Lösemittel steigt im Laufe der Zeit im Filterpapier nach oben und nimmt die in der Probe enthaltenen Substanzen unterschiedlich weit mit. Die Dünnschichtchromatographie verläuft vergleichbar, allerdings wird hier als stationäre Phase eine mit einer absorbierenden Schicht versehene Platte verwendet. Zu weiteren Details vgl. Guiochon: Basic Principles of Chromatography; vgl. Touchstone: Thin Layer Chromatography, S. 4–5.

825 Vgl. Brehm: HPLC, in: Römpp-Online, RD-08–01905.

826 Vgl. Fleischmann: Chromatographie, in: Römpp Online, RD-03-01679; für Details zur Gas- und Flüssigkeitschromatographie vgl. Sandra: Gas Chromatography, S. 2–4; vgl. Lembke et al.: Liquid Chromatography, S. 3–9.

827 Vgl. Schweppe: Naturfarbstoffe, S. 654–659.

deren Abfolge und Kombination gibt Hofenk de Graaff.[828] Durch die ständige Verbesserung der Analyse- und Messtechnik werden die erforderlichen Mengen an „Originalsubstanz" für die Farbstoffanalyse immer geringer.

Jedes Farbmittel enthält eine individuelle Zusammensetzung verschiedener Reinfarbstoffe bzw. deren Derivate, insbesondere Glykosidverbindungen. Um durch die Analyse nicht nur Farbstoffe zu identifizieren, sondern ebenso Rückschlüsse auf das verwendete Farbmittel zu ziehen, ist es wichtig bei der Extraktion von der Faser möglichst viele Komponenten in unveränderter Form abzulösen. Auch Mengenanteile sind von Interesse. Bei der Chromatografie werden die Verbindungen erfasst und unterschieden. Erfolgt die Extraktion von Beizenfarbstoffen mittels Salz- oder Schwefelsäure werden nicht nur die Komplexe hydrolytisch gespalten sondern ebenfalls die Farbstoffglykosidverbindungen, wodurch Informationen zum Farbmittel verloren gehen. Diese zusätzliche, unerwünschte Hydrolyse kann nach neueren Untersuchungen vermieden werden, wenn beim Abziehen der Komplexe mit weniger starken Säuren wie Ameisensäure oder Ethylendiamintetraessigsäure (EDTA) gearbeitet wird.[829]

Neben dem apparativen Aufwand und immer noch bestehenden Problemen mit Störsubstanzen (z.B. Steifausrüstungen o.ä.) erfordert die Farbstoffanalyse, insbesondere die der Naturfarbstoffe, eine aufwendige Interpretation und Deutung der Messergebnisse. Für jede Art der Chromatographie und Spektroskopie werden Vergleichsstandards zur Identifikation der in der Probe enthaltenen Farbstoffe benötigt. Geeignet sind im Chemikalienhandel erhältliche reine Farbstoffe, Extrakte aus Färberpflanzen und –insekten oder nach alten Rezepten durchgeführte Färbungen. Außerdem können gefärbte Textilreste, die in der Restaurierung anfallen, z.B. aus nicht wiederverwendbarem, geschädigtem Material, für Vergleichszwecke benutzt werden. Bei diesem Probematerial werden zusätzliche Einflüsse durch Alterungsprozesse berücksichtigt.[830] Allerdings sollten bei Benutzung gealterter Proben, Informationen zu deren Nutzung und Lagerung vorliegen.

Dienen historische Färberezepte als Basis für die Herstellung von Vergleichsproben für die Farbstoffanalyse, müssen, wie die hier vorliegende Auswertung mittelalterlicher Anleitungen zeigt, beim Nachfärben viele Faktoren beachtet werden. Häufig wurden bei der Färbung mehrere Farbmittel miteinander kombiniert, z.B. Indigo und Beeren, Brasilholz und Ahornlaub, so dass nicht nur variierte Farb-, Beiz- und Hilfsmittelkonzentrationen zu berücksichtigen sind, sondern ebenso die Auswirkungen, die Kombinationen bei der Färbung und bei der anschließenden Analyse haben können. Unterschiedliche oder sogar nicht angegebene Färbetemperaturen und -zeiten, sowie die Verwendung von in der Vorschrift nicht aufgeführten

828 Vgl. Hofenk de Graaff: Colourful Past, S. 24.
829 Vgl. Zhang, Laursen: Mild Extraction Methods, S. 2022, 2024–2025.
830 Vgl. Schweppe: Naturfarbstoffe, S. 659.

Arbeitsmitteln, wie z.B. Färbekesseln aus Kupfer, erweitern den Probenumfang für die Erarbeitung eines verlässlichen Vergleichsstandards deutlich.

7.2 Waschen und Reinigen (Nassechtheit)

Verschmutzungen auf historischen Textilien sind einerseits „Materie am falschen Ort", dokumentieren andererseits aber ebenso Nutzung und Gebrauch.[831] Wirken sich Schmutz oder Ablagerungen auf der Textiloberfläche schädigend aus, muss ihre Entfernung in Erwägung gezogen werden[832], wobei zu berücksichtigen ist, dass die Reinigung zu den nicht reversiblen Arbeitsgängen zu zählen ist, welche in ihren Auswirkungen nicht revidierbar sind.[833] Als Reinigungsflotten kommen wässrige Tensidlösungen, aber ebenso unpolare Lösemittel zur Anwendung, Lehmann beschreibt außerdem die Entfernung von fetthaltigen Verschmutzungen in schwach alkalischen Bädern.[834] Einflussgrößen sind die aus dem Bereich der Haushaltswäsche bekannten Faktoren Zeit, Temperatur, Chemie und Mechanik. Mechanik und Temperatur müssen bei der Reinigung historischer Textilien auf Grund ihrer schädigenden Auswirkungen reduziert werden. Effekte, die durch den Einsatz von Reinigungsmitteln (Chemie) und die Behandlungsdauer insbesondere bezüglich der Farbigkeit der Textilien erreicht werden, müssen vor ihrer Anwendung überprüft werden.

Die Behandlung mit wässrigen Lösungen kann durch die dabei auftretende Faserquellung Probleme verursachen. Sind in einer Textilie verschiedene Rohstoffe miteinander verarbeitet, kann deren unterschiedlich stark ausgeprägte Quellung zu Schäden am Objekt führen, die z.B. bei mit Seide besticktem Leinen zum Reißen des Stickgarns führen können, da die Cellulosefaser sehr viel stärker quillt als die Seide. Martius bemängelt außerdem, dass die mit der Nassreinigung verbundene anschließende Trocknung häufig mit einer starken Glättung verbunden ist, die dem Textil insbesondere bei Stickereien den dreidimensionalen Oberflächencharakter nimmt.[835]

Außer den möglichen schädigenden Auswirkungen einer Nassreinigung auf die Fasern, muss zusätzlich bei gefärbten Textilien die Nassechtheit der Färbung berücksichtig werden. Sie beeinflusst das Reinigungs- und Trocknungsverhalten von gefärbten Textilien. Nicht nassechte Farbstoffe können durch Waschprozesse ausbluten oder beim Trocknen zur Fleckenbildung führen. Sind die zur Färbung verwendeten Farbstoffe nicht durch Analysen bekannt, müssen Echtheitsprüfungen

831 Vgl. Euler: Alterswert Schmutz, S. 7–10.

832 Vgl. Martius: Reinigung historischer Textilien, S. 179; vgl. Tennent: Deterioration and Conservation, S. 41–42.

833 Vgl. Hofenk de Graaff: Vorwort zu Tímár-Balázsy, Eastop: Textile Conservation, S. IX–X.

834 Vgl. Lehmann: Restaurierung und Konservierung, S. 24.

835 Vgl. Martius: Reinigung historischer Textilien, S. 179.

durchgeführt werden. Die in der modernen Textilproduktion im Rahmen der Qualitätskontrolle üblichen Prüfverfahren für Waschechtheiten sind auf Grund ihrer Prüfbedingungen für den Einsatz im Rahmen der musealen Arbeit nicht anwendbar. Das genormte Verfahren für Waschechtheitsbestimmung mit der schonendsten Behandlung der Ware (DIN EN 20105-C01) findet in einer alkalischen Seifenlösung (pH-Wert 9,8) statt. Es führt zwar nicht unbedingt zu einer Verringerung der Farbtiefe, aber bei Naturfarbstoffen doch zu deutlichen Farbtonänderungen. Außerdem ist die vorgeschriebene Mechanik des Probenbehälters von 40 Umdrehungen pro Minute für historische Materialien nicht geeignet und das relativ große Flottenverhältnis von 1:50 auf Grund der zuvor beschriebenen Quellungsreaktionen ebenfalls nicht praktikabel.

Daher kommen für die Echtheitsprüfung im musealen Bereich andere Verfahren mit pH-neutralen Detergentien und ohne mechanische Beanspruchung zum Einsatz. Ein Beispiel ist die in den CCI Notes 13/14 beschriebene Prozedur, bei der zunächst die Wasserechtheit der Färbung überprüft wird.[836] Dazu wird die zu prüfende Probe auf einer Polyesterfolie auf Chromatographie- oder Fließpapier gelegt und anschließend mit einem Tropfen aufbereitetem Wasser versehen. Nachdem die Flüssigkeit von der Probe absorbiert wurde, wird diese mit weiterem Fließpapier und Folie abgedeckt und mit einer Glasscheibe beschwert. Nach wenigen Sekunden wird überprüft, ob Farbstoff auf das Fließpapier übergegangen ist. Ist kein Anbluten des Papiers erkennbar, werden Folie und Fließpapier ersetzt und die Prüfzeit auf 2, 5, 15 oder 30 Minuten ausgedehnt. Ist auch nach verlängerter Prüfzeit kein Anbluten feststellbar, kann der Test mit einer Tensidlösung bei der für die Wäsche erforderlichen Konzentration und Temperatur wiederholt werden.

Ist zu irgendeinem Zeitpunkt während des Versuchs ein Anfärben des Fließpapiers zu sehen, darf das entsprechende Textil nicht mit einer wässrigen Lösung gereinigt werden und eine Trockenreinigung[837] mit organischen Lösemitteln muss in Erwägung gezogen werden. Dabei ist zu berücksichtigen, dass nicht jedes Textil für die gewerbliche Trockenreinigung geeignet ist, da auch diese mit einer der Wäsche vergleichbaren Mechanik verbunden ist. Das übliche Lösemittel ist Tetrachlorethen (C_2Cl_4, Perchlorethylen, Per), da es den größten Teil der möglichen Verschmutzungen löst. Die Behandlung von empfindlichen Textilien erfolgt bei Temperaturen bis 25 °C auf einem Saugtisch, die Dauer muss der Empfindlichkeit des zu reinigenden Materials angepasst werden.[838]

Während die in der Textilveredlung übliche, den heutigen Ansprüchen im Gebrauch angepasste Prüfmethode deutlich veränderte Farbtöne zeigt, weisen die Pro-

836 Vgl. Canadian Conservation Institute (CCI). CCI Notes 13/14.

837 Die Trockenreinigung umfasst Reinigungsprozesse mit organischen Lösemitteln. Dieser Begriff der Textilveredlung steht im Gegensatz zur Nassreinigung, worunter Prozesse mit Wasser oder wässrigen Lösungen zu verstehen sind.

838 Vgl. Canadian Conservation Institute (CCI). CCI Notes 13/13; vgl. Tennent: Deterioration and Conservation, S. 42.

ben, die mit den in der Konservierung verwendeten Reinigungsmitteln behandelt wurden, keine Farbveränderungen auf (vgl. Tafel 65). Bei der Anwendung von Tensidlösungen ist aber trotzdem Vorsicht geboten. Wie das geringfügige Anbluten des aufgelegten Saugpapiers zeigt, kann das Tensid oberflächlich angelagerten Farbstoff ablösen, der dann auf andere Teile des Textils übergehen kann. Die Prüfung mit dem Lösemittel Tetrachlorethen bewirkte weder Farbänderung noch Anbluten bei den hier getesteten Proben. Ob Verschmutzungen entfernt werden und wenn ja, mit welcher Methode, wird immer eine Einzelfallentscheidung sein.

7.3 Lagerung und Präsentation (Lichtechtheit)

Textile Materialien sind hochmolekulare, teilkristalline Polymere, die durch Gebrauch, Zeit und äußere Einflüsse strukturellen Veränderungen unterliegen, die als Alterung bezeichnet werden. Alterungseffekte werden durch mechanische, chemische und insbesondere photochemische Beanspruchungen verursacht und können deutliche Änderungen der Materialeigenschaften bewirken.[839] Bei der Lagerung und Präsentation historischer Textilien muss daher der Einfluss der Umgebungsbedingungen auf Faser- und Gebrauchswerteigenschaften des Textils berücksichtigt werden. Luftfeuchte und -temperatur rufen bekanntlich Änderungen der Eigenschaften hervor, die allerdings meist reversibel sind. Licht dagegen löst durch photochemische Reaktionen irreversible Veränderungen am Material aus, die durch Feuchte- und Temperatureinflüsse katalysiert werden.

Somit ist das Umgebungsklima, d.h. die relative Luftfeuchte und die Temperatur, in dem das Textil aufbewahrt wird, ein wichtiger Einflussfaktor. Die relative Luftfeuchte [rL, %] ist das Verhältnis des Wasserdampfgehaltes der Umgebungsluft zum maximal möglichen Wasserdampfgehalt bei gegebener Temperatur. Der Wasserdampfgehalt steht in direktem Zusammenhang mit der Temperatur, warme Luft kann mehr Wasserdampf aufnehmen als kalte Luft. Kühlt warme, feuchte Luft ab, kondensiert der enthaltene Wasserdampf und schlägt sich z.B. auf Wänden oder Fenstern nieder. Bei gegebener Temperatur (z.B. 25 °C) enthält die Raumluft 70 % relative Luftfeuchte. Kühlt die Luft ab, steigt die relative Luftfeuchte bis zur Sättigungsgrenze (100 %). Wird weiter abgekühlt, ist das Feuchteaufnahmevermögen der Raumluft überschritten und der Wasserdampf kondensiert.

Textilien aus Naturfasern haben ein ausgeprägtes Feuchtesorptionsverhalten, das Einfluss auf die Fasereigenschaften hat. Wird das Textil in zu trockenem Klima aufbewahrt (< 20 % rL), trocknet es aus, die Fasern verspröden und können an Festigkeit verlieren, ist das Umgebungsklima zu feucht, kommt es zur Faserquellung und Ausdehnung des Textils. Unterliegt das Klima großen Schwankungen muss das textile Objekt ständig „arbeiten", so dass ein konstantes Umgebungsklima

839 Vgl. Bresee: General Effects of Ageing, S. 39–40.

wichtig ist. Für Museen mit Textilsammlungen ist heute nach den Empfehlungen des CCI eine rel. Luftfeuchte von 50 % und ein Temperaturbereich von 15–25 °C (15–20 °C im Winter, 20–25 °C im Sommer) üblich.[840] Hohe Luftfeuchte (> 60 % rL) kombiniert mit erhöhten Raumtemperaturen fördert außerdem die Bildung von Schimmel auf Cellulosefasern. Die verursachenden Vertreter der Gattungen *Aspergillus*, *Penicillium*, *Cladosporium* uvm. sondern Enzyme wie z.B. Oxidasen, Cellulasen oder Hydrolasen ab, die die Fasern angreifen, woraus Verfärbungen (= Stockflecken) und durch Faserabbau Festigkeitsverluste resultieren.[841]

Bei der Lagerung von Wolltextilien muss einem möglichen Befall durch Schadinsekten, wie z.B. der Kleidermotte (*Tineola bisselliella* HUM.), deren Larven und Raupen Wollproteine verdauen können, Rechnung getragen werden, da diese Insekten durch die optimierten Temperatur- und Feuchtewerte gute Lebensbedingungen vorfinden.[842]

Die Hauptursache für Alterungsschäden an Textilien oder das Ausbleichen bzw. Verblassen der Farbe, der Veredler spricht hier von Fading oder auch Verschießen, beruht auf den durch Licht hervorgerufenen Zersetzungsprozessen, die im Extremfall sogar zur Zerstörung der Textilfasern führen. Die Effekte sind kumulativ und irreversibel.[843] Besonders schädlich ist energiereiches ultraviolettes Licht, das zu einem bedeutenden Anteil im Tageslicht und verschiedenen künstlichen Lichtquellen enthalten ist, aber Infrarotlicht kann ebenso schädigend wirken, da es für eine Erwärmung des Objektes sorgt und spezielle photochemische Prozesse fördert. Durch Licht ausgelöste photochemische Reaktionen finden zu jeder Zeit statt. Sie sind die Ursache für einen Polymerkettenabbau, der zu Festigkeits- und Elastizitätsminderung führt. So geschädigtes Material kann dann z.B. in Konservierungsprozessen brechen. Zusätzlich werden durch die Kettenspaltung vorher gebundene reaktionsfähige Gruppen frei, die neue Angriffsmöglichkeiten für photochemische

840 Vgl. Canadian Conservation Institute: CCI Notes 13/1, S. 2; vgl. Kühn: Umweltbedingungen, S. 20–21.

841 Vgl. Sommer, Winkler: Werkstoffprüfung, S. 986; vgl. Kück et al.: Schimmelpilze, S. 181.

842 Vgl. Doehner: Wollkunde, S. 201–202; vgl. Wudtke: Alternative Methoden zur Bekämpfung von Museumsschädlingen, S. 43. Nach Auskunft von Frau Dipl.-Restauratorin Carmen Markert, Herzog-Anton-Ulrich-Museum Braunschweig, benutzte Carlotta Brinkmann bereits in den 30er Jahren des vorigen Jahrhunderts Eulan, ein von der damaligen Farbenfabrik Leverkusen (heute Bayer AG) entwickeltes Mittel zum Schutz vor Mottenfraß, bei Restaurierungsarbeiten. Eulan und seine verschiedenen Nachfolgeprodukte haben heute in der Museumsarbeit keine Bedeutung mehr, da die Anwendung mit Nassprozessen verbunden ist. Mottenschutz wird heute durch die Begasung der Objekte mit Stickstoff über einen längeren Zeitraum erreicht. Zusätzlich kommen Lockstofffallen zum Einsatz, die bei regelmäßiger Kontrolle einen Befall sofort erkennen lassen. Zur frühen Entwicklungsgeschichte des Eulans vgl. Stötter: Mottenschutz durch „Eulan Neu" und ders.: Moderne Mottenmittel; vgl. ebenfalls Haas: EULAN – ein Begriff; zur Begasung mit Stickstoff vgl. Wudtke: Alternative Methoden zur Bekämpfung von Museumsschädlingen.

843 Vgl. Butler, Nicholson: Colours of the North, S. 41; vgl. Meier: Photochemie der organischen Farbstoffe, S. 111; vgl. Tennent: Deterioration and Conservation, S. 41.

Reaktionen bieten.[844] Wie groß der schädigende Einfluss durch die Beleuchtung ist, hängt von der Faserart, aufgebrachten Fremdstoffen, z.B. Farbstoffen und der einwirkenden Lichtart ab. Seide ist am empfindlichsten gegenüber lichtinduzierter Faserschädigung und Wolle ist am stabilsten. Die Beständigkeit der Cellulosefasern Baumwolle und Leinen bewegt sich zwischen diesen Eckwerten.[845]

Das Ausbleichen von Färbungen auf Cellulosefasern geht im Allgemeinen auf eine oxidative Zerstörung des Chromophors durch Licht- und Feuchteeinflüsse in Anwesenheit von Sauerstoff zurück (vgl. Abb. 53). In Folgereaktionen kann das Substrat durch Oxidation der primären OH-Gruppen oder Spaltung der glykosidischen Bindungen verändert werden. Katalysiert wird der Prozess durch Schwermetalle wie beispielsweise Eisenverunreinigungen aus Färbeprozessen.

Primärreaktionen:

$$\mathbf{H\text{-}F} + h\nu \longrightarrow \mathbf{H\text{-}F^*}$$

$$\mathbf{H\text{-}F^* + O_2} \longrightarrow \mathbf{H\text{-}F + O_2^*}$$

Sekundärreaktionen:

$$\mathbf{O_2^* + H_2O} \longrightarrow \mathbf{2H_2O_2}$$

$$\mathbf{H_2O_2 + Cellulose} \longrightarrow \mathbf{Oxicellulose + H_2O}$$

$$\mathbf{H_2O_2 + H\text{-}F} \longrightarrow \mathbf{HO\text{-}F + H_2O}$$

Abb. 53: Reaktionen beim oxidativen Angriff auf Farbstoff (**H-F**) und Faserstoff[846]

An Proteinfasern finden eher reduktive Prozesse statt, an denen ebenfalls Feuchte und Sauerstoff beteiligt sind. Bestimmte Aminosäuren des Proteins, z.B. Histidin, geben dabei Elektronen an das Substrat ab, so dass das Protein selbst reduzierend auf den Faserstoff und u. U. auf den Farbstoff wirkt. Durch Oxidation werden die Cystinbrücken der Wolle gespalten, wobei Schwefelwasserstoff und schweflige Säure entstehen, aus denen sich durch Feuchteeinfluss Schwefelsäure bilden kann, die die Lichtempfindlichkeit der Faser heraufsetzt. Alle Effekte werden durch Temperaturerhöhung beschleunigt.[847]

Zusätzliche Schäden können durch Luftverunreinigungen auftreten, so dass auf die Qualität der Luft in Ausstellungs- und Lagerräumen zu achten ist. Bei Anwesenheit von Schwefeldioxid (SO_2) kann sich in Verbindung mit Feuchte auf der Materialoberfläche Schwefelsäure bilden, die säureempfindliche Cellulosefasern angreift. Auch hier wirken Metallverunreinigungen als Katalysatoren. Schädigend kann außerdem ein erhöhter Ozongehalt der Luft sein. Die durch Ozon bedingten

844 Vgl. Bresee: Aging of Textiles, S. 41–42.

845 Vgl. Tennent: Deterioration and Conservation, S. 41.

846 Vgl. Feller: Accelerated Aging, S. 51.

847 Vgl. Meier: Photochemie der organischen Farbstoffe, S. 114–115 und 117; vgl. Feller: Accelerated Aging, S. 178–180; vgl. Sommer, Winkler: Werkstoffkunde, S. 1270.

oxidativen Reaktionen erfordern keine Lichtenergie, d.h. sie laufen auch im Dunkeln ab und beschleunigen den Faserabbau durch Lichteinwirkung.[848]

Textilien gehören somit zu den besonders lichtempfindlichen Objekten, für deren Ausstellung eine maximale Beleuchtungsstärke von 50 lx üblich ist.[849] Durch das Herabsetzen der Beleuchtungsstärke wird der photochemische Abbauprozess der Fasern nicht aufgehalten, sondern nur verlangsamt. Um die besonders schädliche ultraviolette und infrarote Strahlung zu reduzieren, müssen weitere Vorkehrungen getroffen werden. Die Präsentation im Museum erfordert eine „schonende" Ausleuchtung der Objekte bei gleichzeitiger guter Farbwiedergabe. Direktes Sonnenlicht ist zu vermeiden, daher ist der Einsatz von Leuchtstofflampen mit UV-Filtern üblich, die zusätzlich möglichst geringe Wärmestrahlung abgeben sollen.[850]

848 Vgl. Kühn: Umweltbedingungen, S. 28–29; vgl. Butler, Nicholson: Colours of the North, S. 41; zu neueren Untersuchungen über den Einfluss von Ozon auf Optik und Eigenschaften von Wolle vgl. Quadflieg: Einwirkung von Ozon auf Wolle.

849 Vgl. Canadian Conservation Institute: CCI Notes 13/1, S. 1. Die Beleuchtungsstärke (Lux, [lx]) ist die Maßeinheit für den Lichtstrom (Lumen, [lm]), der von einer Lichtquelle auf eine Fläche trifft (1 lx = 1 lm • m^{-2}). In der Arbeitswelt ist bei Büroarbeiten eine mittlere Beleuchtungsstärke von mindestens 500 lx vorgeschrieben, sie kann im Alltag aber auch wesentlich höher liegen, wie zB. 100.000 lx an einem sonnigen Sommertag oder 20.000 lx an einem bewölkten Tag. Vgl. hierzu Fördergemeinschaft Gutes Licht: Licht-Know-how. Die für Textilien empfohlenen Beleuchtungswerte können zum Zwecke der Photographie kurzfristig auf 1000 lx erhöht werden, vorausgesetzt das Objekt wird ausreichend vor Hitzestrahlung geschützt. Für Restaurierungsarbeiten ist zum Teil eine Beleuchtungsstärke von 2000 lx erforderlich. Vgl. Kühn: Umweltbedingungen, S. 24–25.

850 Vgl. Feller: Accelerated Aging, S, 50; vgl. Lehmann: Restaurierung und Konservierung, S. 28; vgl. Kühn: Umweltbedingungen, S. 26–28.

8. Zusammenfassung und Ausblick

Verwendete Farbmittel. Für jeden Farbton ist in den hier bearbeiteten Quellen ein breites Spektrum an unterschiedlichen Färbepflanzen oder Pigmenten aufgeführt. Die Betrachtung der verwendeten Farbmittel in Abhängigkeit vom Alter der Quellen macht deutlich, dass nicht alle Farbmittel über den gesamten Zeitraum genutzt werden (Tab. 57). Während in den Quellen des 14. Jahrhunderts (**In**, **M I**) eher „exotische" Farbmittel wie Pech oder Krebse und die aus der Buchmalerei bekannten Pigmente für die Textilfärbung verwendet wurden, sind mit Beginn des 15. Jahrhunderts deutliche Präverenzen für bestimmte pflanzliche Farbmittel und Rezepte zu erkennen.

Tab. 57: Häufigkeit und prozentualer Anteil der wichtigsten Farbmittel

Farbton	Blau				Violett	Rot				Gelb			Grün					Schwarz	Grau	Braun
Rezepte	63				13	84				58			66					47	19	45
Quelle	Beeren/Metall	Beeren	Indigo bzw. Waid	Indigo/Beeren	Beeren	Brasilholz	Brasilholz/Ahornlaub	Saflor	Krapp	Safran	gelbe Blumen/Gilbkraut	Berberitze	Saftgrün/Gr	Kreuzdornbeeren	Grünspan (Gr)	Kombi Gelb/Blau	Kreuzdornbeeren/Gr	Erlenrinde/Eisen	Gallapfel/Vitriol	Brasilholz
14. Jh.	-	1	-	-	-	1	1	-	-	-	-	1	-	-	1	-	-	-	-	-
15. Jh.	12	6	5	5	4	18	5	5	1	3	2	1	7	7	5	3	4	11	-	5
16. Jh.	4	8	7	1	5	18	2	2	3	8	3	4	6	4	4	5	2	7	4	5
Σ	16	15	12	6	9	37	8	7	4	11	5	6	13	11	10	8	6	18	4	10
%	25	24	19	10	69	44	10	8	5	19	10	10	20	17	15	12	9	38	21	22
Σ %	78					67				39			73							

Blaufärbungen erfolgen zu ca. 80 % mit Beeren und Indigo. 50 % der Vorschriften enthalten Heidel-, Holunder- oder Attichbeeren mit und ohne Kupfer- oder Eisenzusatz. Indigo wird allein in 20 % und mit Beeren als Streckmittel in weiteren 10 % der Anleitungen verwendet. Für **Violetttöne** überwiegen ebenfalls deutlich mit ca. 70 % die Beerenfärbungen.

Die **Rotfärbung** wird von Färbeanleitungen mit Brasilholz dominiert. Außerdem wird es mit Ahornlaub gestreckt ebenfalls für Rottöne verwendet. Beide Varianten umfassen mehr als die Hälfte der Rotfärberezepte. Weitere, im Vergleich zum Brasilholz aber deutlich seltener benutzte Rotfarbmittel sind Saflor und Krapp.

Gelbtöne werden bevorzugt mit Safran erzielt. Häufig beschrieben sind ebenfalls Färbungen mit gelben Blumen bzw. Gilbkraut sowie Berberitze. Diese Farbmittel haben zusammen einen Anteil von ca. 40 % an den Vorschriften für die Gelbfärbung.

Für die **Grünfärbung** werden Kreuzdornbeeren, Grünspan sowie Saftgrün verwendet. Die ein- bzw. zweibadige Färbung mit einem Blau- und einem Gelbfarbmittel ist ebenfalls aufgeführt. Insgesamt entfallen auf diese Varianten über 70 % der Grünfärbeanleitungen.

Schwarz- und Graufärbungen erfolgen mit Gerbstoffen. Für die Schwarzfärbung überwiegt mit 38 % Erlenrinde mit einem Eisenzusatz, für die Graufärbung Galläpfel mit Eisenvitriol mit einem Anteil von 21 %.

Für **Brauntöne** ist wiederum in einem Fünftel der Anleitungen die Färbung mit Brasilholz beschrieben. In den anderen Vorschriften für die Braunfärbung spiegelt sich die Bedeutung des Brauns als Mischfarbe aus vielen unterschiedlichen Farbmitteln wider.

Waid bzw. Indigo, Krapp und Wau. Die in der Literatur zur Geschichte der Färberei immer wieder beschriebene Dominanz der Farbmittel Waid bzw. Indigo, Krapp und Wau in der mittelalterlichen Färberei, lässt sich anhand der hier betrachteten Quellen nur mit Einschränkungen bzw. nicht belegen.

Die Färbung mit **Indigo bzw. Waidindigo** impliziert, dass das Wissen über die aufwendige Färbeweise mittels Verküpung allgemein bekannt war. Taylor und Singer schildern die Mitte des 15. Jahrhunderts übliche Verküpung des Pigmentes mit Honig und Kalk.[851] In den betrachteten Quellen sind Waid, Indigo und Waidblume für die Blaufärbung in ca. 30 % der Vorschriften enthalten. Anhand des Färbeablaufs ist die Verwendung als Küpenfarbstoff aber frühestens für die Zeit ab dem 16. Jahrhundert (Quelle **B**) belegt. Davor ist das Wissen um den komplexen Verküpungsvorgang nicht allgemein bekannt, da alle anderen Vorschriften ein Färbemilieu schildern, das nicht für die Verküpung geeignet ist. Anhand der Quellenlage ist lediglich die Nutzung der Farbmittel als Pigment nachzuweisen.

Auf eine besondere Bedeutung des **Krapps** als Farbmittel für Rottöne kann nach der Quellenlage für den hier betrachteten Zeitraum nicht geschlossen werden. Die früheste Erwähnung entstammt dem Ende des 15. Jahrhunderts (Quelle **M IV**). Krapp ist lediglich in vier Teilvorschriften für Rotfärbungen genannt, jeweils zwei weitere Rezepte erläutern Braun- und Gelbfärbungen. Das weitaus häufiger benutzte Farbmittel für Rottöne ist nach der Quellenlage das Brasilholz. Dieses Fazit stützt die von Wunderlich in seiner 1993 publizierten Untersuchungen über Krapplacke und Türkischrot dargestellten Ergebnisse.[852]

Während Indigo und Krapp in den Quellen eindeutig identifiziert werden können, gestaltet sich die Zuordnung der in den Färbeanleitungen genannten Gelbfarbmittel weitaus schwieriger, so dass die hervorragende Stellung des **Färberwaus** als Farbmittel für Gelbfärbungen während des Mittelalters anhand der hier

851 Vgl. Taylor, Singer: Pre-scientific industrial chemistry, S. 365.

852 Wunderlich: Krapplack und Türkischrot, S. 17.

betrachteten Quellen nicht eindeutig beurteilt werden kann. Die heute verwendeten Pflanzennamen Wau oder Färberwau sind in den Quellen nicht zu finden. Hier herrschen die Bezeichnungen „Gilbblume“, „Gilbkraut“ oder „Blumen, die gelb färben“ vor. Diese Begriffe wurden im betrachteten Zeitraum nicht nur für den Färberwau sondern ebenso für weitere gelbfärbende Pflanzen gebraucht. Eine Identifikation als Färberwau wäre möglich, ist aber nicht zu belegen.

Farbmittelherkunft und -qualität. Moderne synthetische Farbstoffe bzw. Farbstoffformulierungen enthalten neben dem reinen Farbstoff weitere Beimischungen, die die Rieselfähigkeit bei der Dosierung gewährleisten und die Feuchteaufnahme bei der Lagerung reduzieren. Der Farbstoffgehalt wird vom Hersteller für die gesamte Charge garantiert. Ergeben sich durch veränderte Produktionsbedingungen andere Farbstoffkonzentrationen, im Allgemeinen steigt dabei der Farbstoffgehalt, erhält der Anwender die entsprechenden Informationen auf dem Gebinde.[853] Mit den angegebenen Faktoren können Rezepturen neu berechnet und Fehlfärbungen vermieden werden. Die Farbstoffkonzentration in natürlichen Farbmitteln ist gegenüber synthetischen Farbstoffen vergleichsweise gering. Sewekow nennt z.B. Konzentrationen von 0,3 % für Carthamin (nach anderen Untersuchungen 0,6 bzw. 0,9 %[854]), 1,5–2 % für Indigo aus Indigofera, wovon wiederum nur 20 % reiner Farbstoff sind, 1,9 % für Krapp sowie 1 % für Crocin und 6 % für Crocetin aus Safran.[855] Die Konzentration des Farbstoffes in modernen Farbstoffformulierungen bleibt konstant, während der Farbstoffgehalt in den natürlichen Farbmitteln in Abhängigkeit von Anbau- und Erntebedingungen schwanken kann sowie zusätzlich durch Aufbereitungs- und Lagerbedingungen beeinflusst wird. Da keine gleichbleibende Konzentration vorliegt, wird das Färben reproduzierbarer Ergebnisse erschwert. Die schwankende Qualität der eingesetzten Farbmittel müsste auch den Färbern in früheren Zeiten bekannt gewesen sein, so dass Angaben zur Qualität des Farbmittels zu erwarten waren.

Anhand der hier bearbeiteten Quellen lässt sich diese These allerdings nicht belegen. Beschreibungen, die Kenntnisse bezüglich des schwankenden Farbstoffgehaltes der eingesetzten Farbmittel andeuten, sind in den Vorschriften nicht enthalten. Lediglich in einzelnen Anleitungen wird deutlich, dass der unterschiedliche Farbstoffgehalt in unreifen und reifen Beeren bekannt war. Diese differierenden „Qualitäten“ wurden dann für verschiedene Farbtöne eingesetzt.

Weitere Angaben zur Herkunft der Farbmittel, aus denen sich aber ein direkter Zusammenhang mit einer besonderen Qualität nicht zweifelsfrei belegen lässt, sind erst in den aus dem 16. Jahrhundert stammenden Quellen **H IV** und **Wi** zu fin-

---

853 Beispiel: Bisher wurden für eine Färbung 4 g eines 120 %igen Farbstoffes verwendet. Der neue Farbstoff hat eine Konzentration von 150 %, so dass für eine gleichbleibende Farbtiefe die Farbstoffmenge auf 3,2 g reduziert werden muss.

854 Vgl. Dajue, Mündel: Safflower, S. 26; vgl. Srinivas et al.: Safflower petals, S. 90.

855 Vgl. Sewekow: Naturfarbstoffe, S. 272.

den.[856] Für eine Rotfärbung soll **Mennige** aus Polen (*bolensche menig*) benutzt werden. Über eine bedeutende Mennigeproduktion im polnischen Raum während des 16. Jahrhunderts ist in der Literatur allerdings nichts bekannt. Ein Rotfärberezept der Handschrift **Wi** (15./16. Jh. (1575, 1579)) führt **Krapp** aus den Niederlanden (*rötti die man vß niderland bringt*) auf und eine weitere Anleitung fordert die Verwendung von **lombardischem Indigo** (*lampartischen endich*). Zur Entstehungszeit der Quelle hatten die Niederlande Bedeutung für den Krappanbau. Der lombardische Indigo ist vermutlich der aus Asien stammende Indigo, der über die Lombardei gehandelt wurde. Der aus Indigofera gewonnene Farbstoff gewann im 16. Jahrhundert an Bedeutung und wurde zunehmend zur Konkurrenz des heimischen Waidindigos. In dieser Vorschrift ist der einzige Hinweis auf einen Indigoimport zu finden. Alle anderen Rezepte enthalten zwar neben Waid oder Waidblume auch die Bezeichnung Indigo, dass es sich dabei um das importierte farbstoffreichere Farbmittel handelt, ist aber nicht aus dem Inhalt abzulesen.

Das nach der Quellenlage für Rot- und Braunfärbungen besonders wichtige **Brasilholz** ist das einzige importierte Farbmittel, das bereits in der ältesten Handschrift **In** (um 1330) aufgeführt ist.[857] Der schon im Mittelalter bedeutende Handel mit Brasilholz ist z.B. in den Rechnungsbüchern des niedersächsischen Klosters Wienhausen nachgewiesen.[858] Der ab dem 15. Jahrhundert zusätzlich aufgeführte Saflor ist bezüglich Farbton und Echtheit keine Konkurrenz für das Brasilholz. Erst mit der Nutzung von Krapp als Beizenfarbmittel werden Rottöne mit verbesserten Echtheiten möglich.

Trotz des großen Angebots an heimischen Farbmitteln für leuchtende und echte Gelbtöne, wird in den hier bearbeiteten Quellen häufig **Safran** für die Färbung verwendet. Dass es sich um den echten Safran und nicht um Saflor handelt, ist durch die Bezeichnung der Farbmittel in den Vorschriften belegt. Safran wird *saffran* genannt, während Saflor als wilder Safran, wildes Brasilholz oder Landsafran bezeichnet ist. Die Nutzung des teuren Gewürzes ist überraschend, steht aber in der Tradition der Buchmalerei. Rückschlüsse, ob die Färbeanleitungen mit Safran häufig verwendet wurden, lassen sich allerdings nicht ziehen. In der frühneuzeitlichen Quelle **B** ist für eine Gelborangefärbung erstmals Gelbholz genannt. Ob das Farbmittel aus Südeuropa oder bereits aus Südamerika importiert wird, ist nicht belegt.

Schwarz- und Grautöne werden im 15. und 16. Jahrhundert mit **Gerbstoffe**n und Metall- oder Vitriolzusätzen gefärbt, obwohl zu dieser Zeit die Gerbstoffschwarzfärbung im Handwerk bereits verboten ist. Die Echtheiten dieser Färbungen sind im Vergleich zu Färbungen mit anderen Naturfarbstoffen hervorragend. Die für die handwerkliche Färberei belegte Verwendung von Indigo und Krapp ist

856 Vgl. Quelle **H IV**, fol. 51v–52, Rezept 108; Quelle **Wi**, fol. 303v, Rezept 7 und fol. 304, Rezept 9.

857 Vgl. Quelle **In**, fol. 83v, Rezept 4.

858 Vgl. Kohwagner-Nikolai: Bildstickereien, S. 96–97.

in einer Vorschrift der Quelle **B** beschrieben. Allerdings wird auch hier abschließend mit Gerbstoffschwarz überfärbt. Der heute bekannte faserschädigende Einfluss der Metallionen bei der Gerbstofffärbung ist vermutlich nicht die Ursache des Verbots für das Handwerk, sondern eher die extremen Veränderungen des Warengriffs durch die Färbung.

Erzielte Farbtöne. Färbungen mit modernen synthetischen Farbstoffen sind mit leuchtenden, brillanten und reinen Farbtönen verbunden, durch die unser Eindruck von Farbigkeit geprägt ist. Die hier bearbeiteten Quellen zeigen deutlich, dass sich diese moderne Vorstellung von Farbigkeit nicht auf die mit Naturfarbstoffen nach historischen Rezepten erzielbaren Farbtöne übertragen lässt. Die nachgestellten Färbungen führen insgesamt zu eher matten und stumpfen Farbtönen. Reine, leuchtende Töne sind lediglich mit einigen ausgewählten Rot- und Gelbfarbmitteln erreichbar. Der in der Färbeanleitung genannte Farbton wird undifferenziert als Gelb, Blau oder Rot bezeichnet und berücksichtigt nicht die gebrochenen oder getrübten Farben. Allenfalls die Kennzeichnung hellerer und dunklerer Töne erfolgt durch die Attribute *licht* (hell) bzw. *satt* (dunkel). Die laut Vorschrift zu erzielenden Farbtöne werden zwar gleich benannt, auf Grund der unterschiedlichen Farbmittel weichen sie aber deutlich voneinander ab. Besonders auffällig ist die Diskrepanz zwischen Farbbezeichnung und erzielbarem Farbton am Beispiel der Rotfärbungen erkennbar. Sowohl der helle, leuchtende Pinkton, der mit Saflorrot erzielt wird, als auch der mit einer Mischung aus Brasilholz und Ahornlaub erreichbare eher matte Rotbraunton ist in den Quellen mit Rot bezeichnet (vgl. Tafel 66).

Die Lage der einzelnen Färbungen im Farbmesskoordinatensystem zeigt ebenfalls die große Bandbreite an Farbtönen, die sich hinter einer Farbbezeichnung verbirgt. Je dichter die a*- und b*-Werte der Proben am Schnittpunkt der Achsen liegen, desto geringer ist die Farbsättigung. Der Farbton ist eher stumpf. Leuchtende Farbtöne weisen lediglich die Gelb- und Rotfärbungen sowie die auf Basis von Brasilholz erzielten Violetttöne auf. Aus der Bezeichnung des Farbtones im Quellenrezept kann nicht auf den in der Praxis erreichten Farbton geschlossen werden (vgl. Tafel 67).

Blaufärbungen mit Beeren und dem Beizmittel Grünspan (B1, B2) sowie die Färbung mit Waid auf Baumwolle (B3) unterscheiden sich im Blauanteil, während die Waidfärbung auf Wolle (B4) höhere Gelb- und Grünanteile aufweist. Alle Blautöne sind eher stumpf. Die **Violettfärbungen** mit Beeren (V1, V2) sind ebenfalls stumpf, die durch Nachbehandlung von Rotfärbungen mit Brasilholz erzielten Violetttöne haben einen größeren Rotanteil und sind leuchtender (V3, V4). Die Färbung auf Seide ist gelbstichiger (V4), die auf Wolle hat einen größeren Blauanteil (V3).

Rotfärbungen mit Brasilholz (R1) und Krapp (R2) sind leuchtend. Die Krappfärbung hat im Vergleich zur Färbung mit Brasilholz einen höheren Gelbanteil und ist eher Rotorange. Färbungen mit Saflor sind deutlich heller und blaustichiger. Die Färbung auf Baumwolle ist roter (R4) als die Seidenfärbung (R3). Die Rotfärbung mit Brasilholz und Ahornlaub (R5) hat im Vergleich zu den reinen Färbungen mit Brasilholz oder Krapp einen geringeren Rotanteil.

Im Vergleich zu allen anderen Farbtönen sind die **Gelbfärbungen** sehr viel leuchtender. Die Waufärbung mit Alaundirektbeize (G1) hat einen geringen Grünstich, die mit Alaunvorbeize zeigt einen reinen Gelbton (G2). Färbungen mit Saflorgelb (G4) und reifen Kreuzdornbeeren (G3) haben dagegen einen größeren Rotanteil als die Waufärbungen. Die **Grünfärbungen** mit Grünspan (Gr1) und Kreuzdornbeeren (Gr2) enthalten einen höheren Gelb- als Grünanteil und sind eher matt, während bei der Kombinationsfärbung mit Waid und Wau (Gr3) durch einen im Vergleich zu den anderen Färbungen doppelt so großen Grünanteil ein reinerer Farbton erreicht wird.

Rezeptaufbau und -entwicklung. In der modernen Färberei sind die wichtigsten Angaben in einer Färbevorschrift Art und Menge des Färbegutes. Die Faserart bestimmt geeignete Farbstoffe, Hilfsmittel und insbesondere den pH-Wert der Flotte. Mit der Nutzung einer bestimmten Farbstoffgruppe ist wiederum die Verfahrensführung bezüglich Temperatur und Zeit verbunden. Die Fasermenge bestimmt in Abhängigkeit vom gewünschten Farbton die einzusetzenden Farb-, Hilfs- und Lösemittelquantitäten (Flottenverhältnis).

In den hier betrachteten Quellen ist der zu färbende **Rohstoff** von nachrangiger Bedeutung (vgl. Tab. 58). Die Anleitungen des 14. Jahrhunderts enthalten zu lediglich 9,5 % Angaben zur Faserart und selbst in den Vorschriften des 16. Jahrhunderts fehlen diesbezügliche Hinweise in über 50 % der Rezepte. Über den ganzen Zeitraum sind aber Färbeanleitungen zu finden, die die Aufmachung der Ware als Garn oder Tuch beschreiben. Diese Angaben haben in den frühen Quellen einen Anteil von ca. 10 %, im 15. Jahrhundert von ca. 27 % und im 16. Jahrhundert von ca. 23 %. Alle weiteren Rezepte enthalten keine Angaben.

Tab. 58: Angaben zu Faser- und Farbmittelart bzw. -menge [%]

Zeit Teilrezepte		14. Jh. 28	15. Jh. 177	16. Jh. 198
Farbmittelart		100.0	99.4	98.0
Farbmittelmenge		-	29.4	48.5
Färbegut[859]	**keine Angabe**	81.0	27.7	33.5
	Garn, Fläche	9.5	26.5	23.1
	Faserrohstoff	9.5	45.8	43.4
Warengewicht		-	-	2.7
Flottenverhältnis		-	-	-

Unter den zu färbenden Fasern sind Seide und Leinen (jeweils ca. 20 %) besonders häufig aufgeführt, während der Anteil an Wolle unter 4 % liegt. Hier liegt die Ver-

859 Ohne Berücksichtigung von Tuch = Wolle, Garn = Leinen.

mutung nahe, dass unter Garn Leinen und unter Tuch Wolltuch zu verstehen ist, wodurch der Anteil der Wolle aber lediglich geringfügig zunimmt, während die Anzahl der Anleitungen, die Färbungen für Wolle und Leinen beschreiben, steigt. Im Bereich der Hausfärberei wurden bevorzugt Leinen- und weniger die teuren Wollwaren veredelt. Seidengarne wurden in Klöstern für Stickereien verwendet, hier kann die Ursache für den vergleichsweise großen Anteil an Seidenfärbungen zu suchen sein.

Während die zu verwendende **Farbstoffmenge** in den Handschriften des 14. Jahrhunderts nicht genannt ist, nimmt die Exaktheit bezüglich der Farbmittelmenge im 15. (ca. 30 %) und 16. Jahrhundert (ca. 50 %) zu. Allerdings kann aus diesen Angaben keine verbesserte Reproduzierbarkeit der Farbtöne abgeleitet werden, da die zu färbende Fasermenge lediglich in wenigen Anleitungen der Quelle **B** aus der ersten Hälfte des 16. Jahrhunderts enthalten ist, und somit die Bezugsgröße des Warengewichtes fehlt. Außerdem fehlen Hinweise auf die verwendeten Flüssigkeitsmengen und damit verbunden auf das Flottenverhältnis bei der Färbung. Eine Reproduzierbarkeit des Farbtones ist nicht gegeben.

Bezüglich des **Färbe-pH-Wertes** überwiegen sauer und neutral vorbereitete Färbeflotten, alkalische Lösungen werden eher selten verwendet (vgl. Tab. 59). Die Färbungen werden zum größten Teil mit dem Beizmittel Alaun durchgeführt, das den pH-Wert der Färbeflotte ebenfalls in den sauren Bereich verschiebt. Während in den Quellen des 14. Jahrhunderts 36 % der Rezepte keine Angaben zur Lösemittelart enthalten, fehlt dieser Hinweis im 16. Jahrhundert nur noch in einem Fünftel der Anleitungen. Aus den Färbevorschriften ist ersichtlich, dass bei der Wahl des Lösemittels die Extraktion des Farbstoffes aus dem Farbmittel und nicht der zu färbende Rohstoff im Vordergrund steht. Saure Färbeflotten mit Beeren werden z.B. sowohl für Seide als auch für Leinen verwendet.

Tab. 59: Angaben zu Lösemittelart und -menge [%]

Zeit Teilrezepte		14. Jh. 28	15. Jh. 177	16. Jh. 198
Warengewicht		-	-	2.7
Lösemittelmenge		-	1.6	-
Lösemittelart	**nicht genannt**	36.0	23.8	21.6
	Wasser	12.0	27.5	28.4
	Säure	32.0	32.5	24.2
	Lauge	4.0	6.9	10.5
	Urin	8.0	0.6	0.5
	Mischungen	8.0	8.8	14.7

Über den gesamten hier betrachteten Zeitraum werden die Farbmittel zu über 95 % durch eine Vorbereitung der Färbeflotte extrahiert (vgl. Tab. 60). Besondere Bedeutung hat dabei der heiße Auszug. Er ist in den frühen Quellen in 75 % der Anleitungen beschrieben und nimmt bis in das 16. Jahrhundert geringfügig bis auf ca. 60 % ab. Hier beträgt der Anteil der Vorschriften ohne Temperaturangaben um die 30 %. Bei der anschließenden Färbung fehlt bis in das 16. Jahrhundert hinein in über 50 % der Rezepte die Färbetemperatur. Vermutlich sollte die Temperatur aus der Vorbereitung übernommen werden.

Tab. 60: Angaben zu Flottenvorbereitung, Färbetemperatur und -dauer [%]

Zeit		14. Jh.	15. Jh.	16. Jh.
Teilrezepte		28	177	198
Flottenvorbereitung	ohne	-	2.8	4.5
Temperatur	keine Angabe	17.9	27.7	33.3
	kochend	75.0	64.4	57.6
	heiß	7.1	1.7	2.5
	warm	-	2.3	1.5
	kalt	-	0.6	0.5
Färbetemperatur	keine Angabe	92.9	62.1	58.6
	kochend	-	13.6	9.6
	kurz aufkochen	3.6	10.7	15.2
	heiß. nicht kochend	3.6	4.0	13.1
	lauwarm	-	6.8	2.5
	kalt	-	2.3	1.0
Färbedauer	keine Angabe	92.9	59.9	65.2
	bis es genug ist	-	6.2	6.6
	einlegen etc.	7.1	21.5	19.2
	über die Winde	-	3.4	4.5
	Zeitangabe	-	8.5	5.1

Die **Färbedauer** ist ebenfalls bis in diese Zeit höchstens in einem Drittel der Vorschriften enthalten. Zeitangaben in Stunden treten erstmals im 15. Jahrhundert auf, behalten aber vergleichsweise geringe Bedeutung. Hier spiegelt sich die differierende Faser-, Farb- und Hilfsmittelqualität wieder. Schwankender Farbstoffgehalt oder unterschiedliches Ziehverhalten der Fasern bedingen für den gleichen Farbton eine unterschiedliche Färbedauer.

Der **Beizprozess** (Tab. 61) unterliegt während des hier betrachteten Zeitraums deutlichen Veränderungen. Ist in den mittelalterlichen Quellen **In**, **M I**, **Gr**, **E**, **M II**, **Ba** sowie **Bas** vorrangig die Direktbeize beschrieben, wird in der zweiten Hälfte des 15. Jahrhunderts (**M III**) erstmals eine Färbung mit Vorbeize erwähnt. Im 16. Jahrhundert ist der Anteil der Färbungen mit Direktbeize dann auf 57 % reduziert. Der Anteil der ohne Beizbehandlung durchzuführenden Färbungen liegt bei ca. 15 % und verändert sich nicht über den betrachteten Zeitraum.

Tab. 61: Angaben zur Beizart [%]

Zeit		14. Jh.	15. Jh.	16. Jh.
Teilrezepte		28	177	198
Beize	ohne	14.3	16.4	14.1
	Direkt	85.8	70.5	56.5
	Vorbeize	-	6.2	15.7
	Vor- + Direktbeize	-	6.8	13.6

Färbegeräte und technische Hilfsmittel. Grundsätzlich erfordert die Färberei im Vergleich zu anderen Arbeitsschritten der Textilherstellung nur wenige technische Geräte und Hilfsmittel. Der Färbeprozess umfasst die Vorbereitung der Farb- und Hilfsmittel, die durch Raspeln von Farbhölzern und -wurzeln, Zerdrücken von Beeren oder Reiben von Pigmenten oder Beizmitteln erfolgt. Zum Abtrennen von Pflanzenresten aus der Färbelösung wurden die Flotten durch ein Tuch abgeseiht. Wasserunlösliche Reste aus Aschenlaugen wurden mit Hilfe eines Laugensacks entfernt. Um bei Flotten, in denen das Pflanzenmaterial während der Färbung verblieb, Flecken auf der Ware zu vermeiden, wurde der Kontakt zwischen Ware und Pflanzenmaterial mittels in den Flottenbehälter eingelegter Roste verhindert. Alle Varianten sind in den Handschriften zu finden.

Flottenbehälter bestanden aus Holz, Metall oder glasierter Keramik. Holztröge wurden für die Küpenfärberei verwendet, die kein Kochen der Flotte erforderte. Metallgefäße wurden für Direkt- und Beizenfärbungen benutzt, wobei die Metallart die Nuance der Farbtöne beeinflussen konnte. Sollte das verhindert werden, kamen glasierte Gefäße zur Anwendung, in denen eine Reaktion zwischen Flotte und Behältermaterial ausschlossen war. Die Art der Färbebehälter ist allerdings in den hier untersuchten Quellen nur in Ausnahmefällen genannt. Angaben zum Material sind z.B. bei Grünfärbungen zu finden, bei denen das Farbmittel Grünspan zuvor in einem Kupfergefäß mit Essig, Alaun und weiteren Zutaten gewonnen werden soll.

Für eine gleichmäßige, egale Färbung wird die Ware in der Flotte bewegt. Im Handwerk sind dazu Färbestöcke üblich, in den hier bearbeiteten Quellen ist der Vorgang im Allgemeinen aber nicht beschrieben. Wenn doch ein Bewegen stattfindet, erfolgt es mit der Hand. Erst in der aus der frühen Neuzeit stammenden Quelle **B** ist als technisches Hilfsmittel zum Bewegen der Ware die Haspel beschrieben, die das Färben von Stückware deutlich erleichtert. Da die Ware auf der Haspel breit geführt wird, können auch in kurzen Flotten Knicke und Falten vermieden werden. Zum Trocknen werden die Textilien ausgehängt oder auf Rahmen gespannt, welche in den Quellen der frühen Neuzeit ebenfalls belegt sind.

Ressourcennutzung. In den Färbevorschriften der hier betrachteten Quellen sind keine Hinweise enthalten, die auf Probleme durch eine Verknappung des Heizmaterials Holz oder durch verschmutztes Wasser schließen lassen. Die Entsorgung der Färbeflotten ist nicht beschrieben. Lediglich aus den gelegentlich enthaltenen allgemeinen Angaben können Rückschlüsse auf eine Weiterverwendung der Flotten gezogen werden. Die Farbstoffe können durch Verlackung ausgefällt werden oder die restliche Flotte wird in Schweinsblasen getrocknet, um zu einem späteren Zeitpunkt mit Wasser gelöst zum Färben oder Malen benutzt zu werden.

Auffällig ist der mit 18 Vorschriften relativ große Anteil der Anleitungen für die Farbstoffwidergewinnung aus Scherabfällen. Entsprechende Vorschriften sind über den gesamten Zeitraum in den Quellen enthalten. Der Prozess erstreckt sich vorrangig auf mit Kermes rotgefärbte Wolle. Auf diese Weise wird die Nutzung des hochwertigen und teuren Farbstoffes, der insbesondere aus der flämischen und italienischen Tuchproduktion bekannt ist, in der Hausfärberei ermöglicht.

Zwei Anleitungen der Quelle **Be** schildern das Überfärben von roter Seide, um den Farbton aufzufrischen.[860] Hier ist zu erkennen, dass Kleidung ein wertvoller Besitz ist, dessen Aussehen erhalten werden soll.

Färbetechnik und naturwissenschaftliches Wissen. Über den untersuchten Zeitraum sind verschiedene Veränderungen der Färbeanleitungen zu erkennen. Während in den Quellen des 14. Jahrhunderts die Angaben der erforderlichen Färbeparameter fast gänzlich fehlen, enthalten die Handschriften des 15. und 16. Jahrhunderts immer genauere Hinweise zu den erforderlichen Rohstoffen sowie zum Ablauf des Färbeprozesses. Selbst die nur bedingt messbaren Parameter Temperatur und Zeit werden häufiger genannt, setzen aber im Allgemeinen die Erfahrung des Färbers voraus. Trotzdem sind auch in dieser Zeit Rezepte zu finden, in denen lediglich die benutzten Farbmittel aufgelistet sind.[861]

Den Quellenverfassern ist nicht immer klar, welcher Flottenzusatz bzw. welches Beizmittel einen bestimmten Farbton hervorruft, und inwieweit andere Färbeparameter Einfluss haben. Dieses wird deutlich bei den Beerenfärbungen. Mit Heidel-, Holunder- oder Attichbeeren sollen vorrangig Blautöne erzielt werden. Wie die im Rahmen dieser Arbeit durchgeführten Färbeversuche zeigen, kann ein Blauton aber nur bei kalter Färbung mit einer Grünspanbeize auf Cellulosefasern erreicht werden. Das Beizmittel Alaun führt allenfalls zu blaustichigen Violetttönen. Der Hinweis auf den Faserrohstoff fehlt in allen Anleitungen, und Grünspan ist lediglich in der Hälfte der Vorschriften genannt. Bei den restlichen Färbungen muss zumindest ein Kupferkessel verwendet werden, um die Violetttöne Richtung Blau zu verschieben. Die Kaltfärbung kann auf Grund nicht vorhandener Angaben in den Anleitungen lediglich vermutet werden. Auf Grund stumpfer Farbtöne und mangelnder Echtheiten gehören Beerenfärbungen in den Bereich der Hausfärberei.

Verschiedene weitere Beispielen aus den hier betrachteten Quellen zeigen, dass die bei der Flottenherstellung und anschließenden Färbung ablaufenden Prozesse zwar nicht bis ins Detail verstanden, aber dennoch beobachtet wurden.

So orientieren sich die in den frühen Quellen enthaltenen Färbeanleitungen an Vorschriften für die Buchmalerei, worauf die häufige Verwendung von Pigmenten

860 Vgl. Quelle **Be**, fol. 127–129, Rezept 41a + b und fol. 129–130, Rezept 42.

861 Vgl. Quelle **H IV**, fol. 264, Rezept 428.

und das Fehlen der Faserart hinweist. In den Vorschriften des 15. Jahrhunderts sind die unterschiedlichen textilen Substrate aufgeführt, aber erst ab der Wende zum 16. Jahrhundert wird auch die Warenmenge berücksichtigt. Trotzdem bleiben die erreichbaren Farbtöne insbesondere in Bezug auf ihre Farbtiefe eher Zufallsprodukte, da nicht das Gewicht, sondern die zu färbende Stückzahl angegeben ist. Die mit einem Stück verbundenen Längen- und Breitenangaben geben keine Auskunft über die Basisgröße des Warengewichtes.

Die **Wahl des Lösemittels** hat Einfluss auf die Extraktion des Farbstoffes. Ein großer Teil der Naturfarbstoffe liegt als Glykosidverbindung in den Farbmitteln vor. Die Verwendung einer sauren Flotte fördert die Hydrolyse der Glykoside und verbessert die Farbstoffextraktion. Dieses spiegelt sich in den Handschriften wider, da bis auf wenige Ausnahmen z.B. alle Färbungen mit Heidel-, Holunder- oder Attichbeeren aus sauren Flotten erfolgen. Dass der Zusammenhang zwischen dem Lösemittel und dem resultierenden Farbton aber nicht immer verstanden wurde, zeigt dagegen die Verwendung alkalischer Brasilholzflotten für die Rotfärbung. Hier hat die im Vergleich zur wässrigen Lösung dunklere Farbe des Laugenauszugs keine größere Farbtiefe bei der Färbung zur Folge.

Die Verbesserung der Färbetechnik im Laufe des hier untersuchten Zeitraums lässt sich ebenfalls am sich ändernden **Ablauf der Beize** erkennen. Im 14. Jahrhundert schildern ca. 86 % der Färbungen eine Direktbeize. Wichtigstes Beizmittel ist Alaun, das selbst dann verwendet wird, wenn wie bei Grünspanfärbungen keine Beize erfolgen muss. Der von der Färbung abgetrennte Beizvorgang führt zu deutlich tieferen Farbtönen. Die zunehmende Anzahl der Vorbeizrezepte in den Quellen ab dem späten 15. Jahrhundert trägt dieser Tatsache Rechnung. Die durch die Vorbeize erreichbare Farbtiefe kann allerdings durch eine weitere Direktbeize während der Färbung nicht mehr gesteigert werden, was sich in den entsprechenden Färbeanleitungen aber nur bedingt widerspiegelt. So sind in den Quellen des 15. und 16. Jahrhunderts zu 13 % bzw. ca. 29 % Vorbeizbehandlungen beschrieben, jeweils die Hälfte dieser Vorschriften beinhaltet aber eine zusätzliche Direktbeize während der Färbung.

Die in den Quellen enthaltenen Blaufärbevorschriften mit Indigo bzw. Waid schildern keine **Küpenfärbung**. Das Farbmittels wird als Pigment mit Leinöl und dispergierend wirkenden Flottenzusätzen auf die Faser appliziert. Die Färbebedingungen bei der Verwendung in Kombination mit Beeren zeigen ebenfalls die Unwissenheit der Rezeptverfasser. Die Beeren liefern zwar Kohlenhydrate für die Verküpung, der vorherrschende saure pH-Wert sorgt aber dafür, dass der Farbstoff nicht als faseraffines Küpensalz vorliegt. Die Nutzung von Waid als Küpenfarbstoff ist in Quelle **B** eindeutig belegt, verschiedene Vorschriften schildern die Vorgehensweise beim Arbeiten mit einer Gärungsküpe. Da diese Handschrift aber ebenfalls Vorschriften enthält, die die Nutzung des unverküpten Pigmentes schildern, handelt es sich bei der Nichterwähnung der Verküpung wohl nicht um das

„Wahren geheimen Wissens“. Das mangelnde Verständnis für die Küpenfärbung beruht zusätzlich auf der sich während der Reaktion verändernden Farbe der Flotte. Die faseraffine Farbstoffform ist lediglich schwach gelblich, während das Pigment ein tiefes Dunkelblau aufweist. Vermutlich beruht auf dieser Tatsache die vergleichsweise späte Beschreibung der Verküpung in den hier betrachteten Quellen.

Anhand der **Grünfärbungen** sind die Schwierigkeiten bei der Färbung von leuchtenden Farbtönen, aber ebenso die Anwendung naturwissenschaftlich-technischen Wissens deutlich zu erkennen. Da keine grünen Naturfarbstoffe mit ausreichender Farbtiefe bekannt sind, werden aus der Buchmalerei bekannte Farbmittel wie Saftgrün oder Grünspan verwendet. Saftgrün wird durch Extraktion verschiedener Pflanzenmaterialien, Grünspan durch die chemische Reaktion von Kupfer und Essig gewonnen. Die Verwendung von Grünspan ist bereits in der ältesten Quelle **In** beschrieben. Die erreichten Farbtöne sind eher stumpf. Die Kombination von Blau- und Gelbfarbmitteln für die Grünfärbung ist in den Quellen ab dem 15. Jahrhundert belegt. Durch die kombinierte Färbung wird der Grünton reiner und leuchtender. Erfolgt die Färbung mehrbadig wird ebenfalls die Farbtiefe positiv beeinflusst.

Vergleichsstandards für die Farbstoffanalyse. Die Beschäftigung mit den in früheren Zeiten verwendeten Naturfarbstoffen hat Bedeutung für die historische Einordung textiler Artefakte, ihre Konservierung und ggf. Restaurierung. Materialkenntnisse geben (Kunst-)Historikern und Archäologen Hinweise auf die zu bestimmten Zeiten verwendeten Färbeverfahren und können das technische Verständnis einer Zeitperiode verdeutlichen. Aus der Identifikation der verwendeten Materialien kann bei einer umfassenden Betrachtung auf die Entstehungszeit und bei guter Quellenlage auch auf die Entstehungsregion geschlossen werden. Des Weiteren ergeben sich Rückschlüsse für die Aufbewahrung und Erhaltung textiler Kunstschätze.[862] Am Beispiel der Grabungen in Haithabu weist die Archäologin Inga Hägg auf die Bedeutung textiler Fundobjekte für die Archäologie hin und bemängelt, dass die Ergebnisse textiltechnischer Untersuchungen bei der Gesamtinterpretation eines Fundes viel zu wenig beachtet werden. Sie erläutert, dass die Erforschung textiler Reste Aussagen über die „*gesellschaftliche Gliederung und Sozialstruktur eines Ortes*“ erlaubt, die anhand anderer Funde nur selten greifbar sind.[863]

Historische Färberezepte dienen vielfach als Basis für die Herstellung von Vergleichsproben für die Farbstoffanalyse. Dabei dürfen aber nicht nur handwerkliche Anleitungen im Vordergrund stehen, die Färbungen von qualitativ hochwertigen Waren beschreiben, welche sich nur ein geringer Teil der Bevölkerung leisten konnte. Um umfassendere Angaben zu erhalten, muss ebenso das Quellenmaterial aus Klöstern oder dem häuslichen Bereich berücksichtigt werden. Dass die aus Klöstern stammenden Quellen auch in der Praxis genutzt wurden, belegen die von

862 Vgl. Rosenberg: Historical organic dyestuffs, S. 34.
863 Vgl. Hägg: Textilfunde als Spiegel der Gesellschaft, S. 187–188.

Kohwagner-Nikolai für das niedersächsische Kloster Wienhausen nachgewiesenen Käufe von Alaun und Brasilholz.[864] Die Übernahme von handwerklichen Entwicklungen in den häuslichen Bereich erfolgt zwar mit zeitlicher Verzögerung, findet aber statt. Durch erweiterten Handel erschlossene Rohstoffquellen finden ebenfalls Anwendung in der häuslichen Färberei. Die im Rahmen dieser Arbeit erhaltenen Ergebnisse verdeutlichen, dass die in der Hausfärberei verwendete Farbmittelpalette sehr viel mehr umfasste als Waid, Krapp und Färberwau. Die auf Basis des Quellenmaterials durchgeführten Versuche zeigen wiederum, dass anhand einer Farbtonbezeichnung keine Rückschlüsse auf das in der Praxis zu erzielende Färbeergebnis gezogen werden dürfen. Erst die Berücksichtigung aller Parameter, auch solcher, die nicht zwangsläufig in den Färbevorschriften aufgeführt sind, ermöglicht Aussagen bezüglich des zu erwartenden Farbtones. Das Nachfärben historischer Rezepte setzt demnach ein breites Quellenstudium voraus. Das diese Tatsache in einschlägigen Veröffentlichungen bisher nicht ausreichend beherzigt wurde, ist z.B. daran zu erkennen, dass Muster von Blaufärbungen mit Beeren in der Literatur nicht enthalten sind.

Erkennbar ist ebenfalls, wie wichtig die Zusammenarbeit verschiedener wissenschaftlicher Disziplinen ist. Germanisten sind für die Transkription und Übersetzung der Quellen verantwortlich, Historiker für die zeitliche Einordnung. Textile Praktiker sind aber diejenigen, die aus den in Quellen enthaltenen Angaben Rückschlüsse in Bezug auf die Durchführbarkeit und Relevanz ziehen müssen.

Resümee und Ausblick. In den hier analysierten Quellen zur Kloster- und Hausfärberei ist über den betrachten Zeitraum eine Verbesserung der Färbetechnik erkennbar. Der Buchmalerei verwandte Pigmentfärbungen, die in den ältesten Quellen überwiegen, werden bis zur frühen Neuzeit von „echten“ Textilfärbungen abgelöst. Im Handwerk gewonnenes Wissen zur Steigerung der Farbtiefe wird im Laufe der Zeit in die Vorschriften der Hausfärberei übernommen. Die Anwendung importierter Farbmittel und handwerklicher Geräte ist ebenfalls belegt. Bei den verwendeten Farbmitteln zeigen sich deutliche Präferenzen für solche, die auf Grund mangelnder Haltbarkeit in der handwerklichen Färberei lediglich geringe Bedeutung hatten. Ein Teil der Färbevorschriften muss allerdings trotzdem als „Gedächtnisstütze“ für in der Färberei erfahrene Personen betrachtet werden, da wichtige Angaben wie Mengen, Lösemittelart sowie Arbeitsgänge wie das abschließende Spülen fehlen. Eine mögliche Reproduzierbarkeit der Farbtöne nach heutigem Verständnis ist allenfalls ansatzweise in Färbevorschriften des 16. Jahrhunderts zu erkennen. Kohwagner-Nikolai weist im Zusammenhang mit der Entstehung mittelalterlicher Bildstickereien daraufhin, dass die in Klöstern entstandenen Arbeiten zur Ehre Gottes dienten und nicht mit einer handwerklichen Erwerbstätigkeit ver-

864 Vgl. Kohwagner-Nikolai: Bildstickereien, S. 96–97.

glichen werden können.[865] Somit trifft der Begriff Qualität in Bezug auf die Reproduzierbarkeit eines Farbtones, wie ihn die Zünfte über Ausbildung und Schau definierten, hier nicht zu. Das Erreichen des Farbtons, nicht seine Wiederholbarkeit stand im Vordergrund.

In verschiedenen deutschen und ausländischen Bibliotheken sind weitere bisher nicht transkribierte historische Texte aus dem betrachten Zeitraum mit Inhalten zur Textilfärberei vorhanden. Hier seien nur die Handschrift F 4 aus der Fürstlich Sayn-Wittgensteinschen Schloßbibliothek zu Bad Berleburg, die Handschrift 1028/1959 8° der Trierer Stadtbibliothek sowie die in Prag (Narodni Knihovna) befindliche Quelle Cod. XI. D. 10.[866] Da die Entwicklung des handwerklichen Wissens auch an den Quellen der Hausfärberei ablesbar ist, sollte die im Rahmen dieser Arbeit begonnene Quellenanalyse zur weiteren Absicherung der Ergebnisse mit der Betrachtung dieser Unterlagen fortgeführt werden. Durch die Erweiterung des Untersuchungszeitraumes auf Zeugnisse aus den folgenden Jahrhunderten, könnten Entwicklungen, die auf der Erschließung neuer Rohstoffquellen beruhen, wie z.B. der Import von Farbmitteln aus Amerika, berücksichtigt werden.

Ein Nachstellen von Färbungen erfolgte bisher lediglich mit ausgewählten Farbmitteln und sollte durch Färbungen mit den nicht berücksichtigten Pflanzen und Pigmenten ergänzt werden. Durch Erstellen einer Datenbank mit Standardrezepturen, Abbildungen von Färbeproben, Echtheitsprüfungen sowie farbstoffanalytischen Details, könnten die Ergebnisse einer breiteren Öffentlichkeit zugänglich gemacht und für die Bewertung historischer Funde genutzt werden. Die eingehendere Betrachtung der nur am Rande diskutierten Anleitungen zum Steifen oder zur Farbstoffrückgewinnung erlaubt einen weiteren Einblick in die Nutzung und Entwicklung chemischer Verfahren in der historischen Textilveredlung.

---

865 Vgl. Kohwagner-Nikolai: Gestickte Bildteppiche, S. 193–194; vgl. dies.: Bildstickereien, S. 109–110.

866 Vgl. Zentralredaktion mittelalterlicher Handschriftenkataloge: Manuscripta medievalia (05.07.2010); vgl. Bushey: Die deutschen und niederländischen Handschriften, S. 144–156; vgl. Dolch: K. K. Öff. und Universitätsbibliothek zu Prag, S. 36–39.

9. Literaturverzeichnis

9.1 Primärquellen

Al „*Allerley Matkel*". In: Edelstein, Sydney M. The Allerley Matkel (1532). In: Technology and Culture 5 (1964) 3, S. 297–321

Am Ms. 77, „Amberger Malerbüchlein", Amberg, Staatliche Provinzialbibliothek. MS 1 in Oltrogge: Datenbank (28.07.2004)

Au Cod. III. 2. 8°34, „Harburger Handschrift", Augsburg, Universitätsbibliothek. In: Vermeer, Hans J. Technisch-naturwissenschaftliche Rezepte aus einer Harburger Handschrift. In: Sudhoffs Archiv für Geschichte der Medizin und der Naturwissenschaften 45 (1961) S. 110–126

B Ms. germ. qu. 417, „*Vier puchlin von allerhand farben vnnd anndern kunnsten*", Berlin, Staatsbibliothek Preußischer Kulturbesitz. MS 8 in Oltrogge: Datenbank (25.03.2004)

Ba Msc. med. 12, Bamberg, Staatsbibliothek. In: Ploss: Buch von alten Farben, S. 140, Anmerkung 50 und 51 und Ploß: Färberei in der germanischen Hauswirtschaft, S. 22

Bas Cod. A.N.V. 12, „*Maister hannsen des von wirtenberg koch*", Basel, Universitätsbibliothek. In: Ehlert: Maister Hannsen, S. 275–277 und 281–283

Be Cod. Hist. Helv. XII 45, „Colmarer Kunstbuch", Bern, Burgerbibliothek. MS 12 in: Oltrogge: Datenbank (25.03.2004)

E Fol. 10, Elbing, Stadtbibliothek (Handschrift verschollen). In: Berlin-Brandenburgische Akademie der Wissenschaften. DTM, URL: http://www.bbaw.de/forschung/dtm/HSA/Elbing_700329940000.html (24.08.2009)

Gö Cod. hist. nat. 51, „Göttinger Färbebuch", Göttingen, Staats- und Universitätsbibliothek. In: Seidensticker, Peter. Mittelniederdeutsche Mal- und Färberezepte aus der Niedersächsischen Staats- und Universitätsbibliothek Göttingen. In: Wolfgang Kramer, Ulrich Scheuermann und Dieter Stellmacher (Hrsg.). Gedenkschrift für Heinrich Wesche. Wachholtz, Neumünster 1979, S. 287–304

Gr 8° Ms 875, Greifswald, Universitätsbibliothek. In: Baufeld: Gesundheits- und Haushaltslehren, S. XI–XVII und S. 11

H I Cod. Pal. germ. 558, Heidelberg, Universitätsbibliothek. MS 26 in Oltrogge: Datenbank (25.03.2004)

H II Cod. Pal. germ. 620, Heidelberg, Universitätsbibliothek. MS 27 in Oltrogge: Datenbank (25.03.2004); in Auszügen in: Reinking: Färberei der Pflanzenfasern, S. 198–200

H III Cod. Pal. germ. 211, Heidelberg, Universitätsbibliothek. MS 22 in Oltrogge: Datenbank (02.11.2005)

H IV Cod. Pal. germ. 489, „*Ain gar schones unnd vast nutzliches handbuechlin von allerlaye farbenn*", Heidelberg, Universitätsbibliothek. MS 25 in Oltrogge: Datenbank (16.01.2005)

H V Cod. Pal. germ. 183, Heidelberg, Universitätsbibliothek. MS 3785 in Oltrogge: Datenbank (18.04.2005)

H VI Cod. Pal. germ. 212, Heidelberg, Universitätsbibliothek. MS 23 in Oltrogge: Datenbank (25.03.2004)

In Cod. 355, Innsbruck, Universitätsbibliothek. In: Jeitteles: Färbemittel und andere Recepte, S. 338–340; in: Ploss: Buch von alten Farben, S. 125–127

Ka Cod. R. 49, Karlsruhe, Landesbibliothek. In: Ploss: Buch von alten Farben, S. 143

M I Cgm. 824, München, Bayerische Staatsbibliothek. MS 60 in Oltrogge: Datenbank (25.03.2004)

M II Cgm. 317, „Oberdeutsches Färbebüchlein", München, Bayerische Staatsbibliothek. In: Ploss: Buch von alten Farben, S. 154–158 und MS 53 in Oltrogge: Datenbank (25.03.2004)

M III Clm. 20174, München, Bayerische Staatsbibliothek. MS 52 in Oltrogge: Datenbank (23.05.2004)

M IV Cgm. 720, München, Bayerische Staatsbibliothek. MS 55 in Oltrogge: Datenbank (25.03.2004)

M V Cgm. 821, „*Liber illuministarum*", München, Bayerische Staatsbibliothek. In: Bartl et al.: Liber illuministarum, S. 96–101, 166–169, 220–221, 266–269, 282–285, 306–307, 366–367 und 386–399

N I Hs. 181503, Nürnberg, Germanisches Nationalmuseum. MS 4080 in: Oltrogge: Datenbank (09.12.2004)

N II Ms. Cent. VI. 89, „Nürnberger Kunstbuch", Nürnberg, Stadtbibliothek. In: Ploss: Buch von alten Farben, S. 127–154

Tr Hs. 1957/1491, 8°, „Trierer Malerbuch", Trier, Stadtbibliothek. MS 89 in Oltrogge: Datenbank (16.12.2004)

W ohne Signatur, „Mittelalterliches Hausbuch", Wolfegg, Fürstl. Waldburg-Wolfeggsche Bibliothek. In: Bossert et al.: Das Mittelalterliche Hausbuch, S. S. XXV–XXVI

Wi Cod. 4° 47, Winterthur, Stadtbibliothek. MS 961 in Oltrogge: Datenbank (16.12.2004)

Wo Cod. Guelf. 1213 Helmst., Wolfenbüttel, Herzog-August-Bibliothek. In: Wiswe: Mittelalterliche Rezepte zur Färberei, S. 49–58

9.2 Sekundärliteratur

Adelung, Johann Christoph. Grammatisch-kritisches Wörterbuch der Hochdeutschen Mundart, mit beständiger Vergleichung der übrigen Mundarten, besonders aber der Oberdeutschen. 4 Bände + 1 Supplementband. Breitkopf & Härtel, Zweyte vermehrte und verbesserte Ausgabe Leipzig 1793–1818

Agricola, Georg. ZWÖLF BÜCHER VOM BERG- UND HÜTTENWESEN in denen die Ämter, Instrumente, Maschinen und alle Dinge, die zum Berg- und Hüttenwesen gehören, nicht nur aufs deutlichste beschrieben, sondern auch durch Abbildungen, die am gehörigen orte eingefügt sind, unter Angabe der lateinischen und deutschen Bezeichnungen aufs klarste vor Augen gestellt werden. Sowie sein Buch von den Lebewesen unter Tage. In neuer dt. Übers. bearb. v. Carl Schiffner. Erstellt nach der lateinischen Ausgabe, Basel 1556. VDI-Verlag, Berlin 1928

Amman, Jost. Eygentliche Beschreibung aller Stände auff Erden, hoher und nidriger, geistlicher und weltlicher, aller Künsten, Handwercken und Händeln. Durch den weitberümpten Hans Sachsen gantz fleissig beschrieben und in teutsche Reime gefasset. Frankfurt/Main 1568

Andreas, Holger. Schweinfurter Grün – das brillante Gift. In: Chemie in unserer Zeit 30 (1996) 1, S. 23–31

Arens, Detlev; Bongartz, Marianne und Stephanie Henseler. Köln. DuMont Reiseverlag, 4. Aufl. Köln 2003

Bäumler, Siegfried. Heilpflanzen-Praxis heute. Porträts, Rezepturen, Anwendungen. Elsevier, Urban & Fischer, München 2006

Baker, J.T. Tyrischer Purpur: ein antiker Farbstoff, ein modernes Problem. In: Endeavour 33 (1974) 118, S. 11–17

Balfour-Paul, Jenny. Indigo. British Museum Press, London 1998

Banck-Burgess, Johanna und Landesdenkmalamt Baden-Württemberg (Hrsg.): Hochdorf IV – Die Textilfunde aus dem späthallstattzeitlichen Fürstengrab von Eberdingen-Hochdorf (Kreis Ludwigsburg) und weitere Grabtextilien aus hallstatt- und latènezeitlichen Kulturgruppen. Theiss, Stuttgart 1999

Bartl, Anna; Krekel, Christoph; Lautenschläger, Manfred und Doris Oltrogge. Der „Liber illuministarum" aus Kloster Tegernsee. Veröffentlichung des Instituts für Kunsttechnik und Konservierung im Germanischen Nationalmuseum, 8. Edition, Übersetzung und Kommentar der kunsttechnologischen Rezepte. Steiner, Stuttgart 2005

Bartsch, Karl. Die altdeutschen Handschriften der Universitätsbibliothek in Heidelberg. Koester, Heidelberg 1887, S. 151–154

Baufeld, Christa (Hrsg.). Gesundheits- und Haushaltslehren des Mittelalters. Edition des 8° Ms 875 der Universitätsbibliothek Greifswald mit Einführung, Kommentar und Glossar. Lang, Frankfurt 2002

Baumann, Wolf-Rüdiger. The Merchant Adventurers and the Continental Clothtrade (1560s–1620s). European University Institute, Series B, History, Bd. 2. de Gruyter, Berlin, New York 1990

Bayer, Ernst. Über Anthocyankomplexe. II. Farbstoffe der roten, violetten und blauen Lupinenblüten. In: Chemische Berichte 92 (1959) S. 1062–1071

Beck, Heinrich; Geuenich, Dieter und Heiko Steuer. (Hrsg.). Reallexikon der Germanischen Altertumskunde (RGA). 35 Bände + 2 Registerbände, De Gruyter, Berlin, New York 2. vollst. neubearb. und stark erw. Aufl. 1973–2008

Beckmann, Dieter. Der Garten Karls des Großen. In: Spiegel der Forschung 18 (2001) 2, S. 50–59

Beckmann, Johann. Beyträge zur Geschichte der Erfindungen. 5 Bände, Verlag Paul Gotthelf Kummer, Leipzig 1783–1805

Beecken, H.; Gottschalk, E.-M.; v. Gizycki, U.; Krämer, H.; Maassen, D.; Matthies, H.-G.; Musso, H.; Rathjen C. und U.I. Záhorszky. Orcein und Lackmus. In: Angewandte Chemie 73 (1961) S. 665–673

Behr, Detlef. Taschenbuch der Textilchemie. VEB Fachverlag, Leipzig 1988

Belitz, Hans-Dieter; Grosch, Werner und Peter Schieberle. Lehrbuch der Lebensmittelchemie. 5. Aufl. Springer, Berlin, Heidelberg, New York 2001

Bénech, Anita. Roh- und Zusatzstoffe. Gummi Arabicum. In: Food Technologie Magazin. Mai 2005, S. 2–4

Benecke, Georg Friedrich; Müller, Wilhelm und Friedrich Zarncke. Mittelhochdeutsches Wörterbuch (BMZ). 4 Bände + 1 Indexband. Nachdruck der Ausgabe Hirzel, Leipzig 1854–1866. Hirzel, Stuttgart 1990

Benneckenstein, Horst. Waid – des Thüringer Landes goldenes Vlies. Hohenfelder Hefte, 1. Thüringer Freilichtmuseum Hohenfelden, Hohenfelden 1993

Berger-Schunn, Anni. Praktische Farbmessung. Muster-Schmidt, Göttingen 1991

Berke, Heinz. Chemie im Altertum: die Erfindung von blauen und purpurnen Farbpigmenten. In: Angewandte Chemie 114 (2002), Heft 14, S. 2595–2600

Berry, Pauline Gracia und Mary Louisa Willard. A History of Dyes. In: The Journal of Home Economics 15 (1923) 3, S. 105–110, 4, S. 193–195, 5, S. 262–270

Bibliographisches Institut (Hrsg.). Meyers Konversations-Lexikon: eine Encyklopädie des allgemeinen Wissens. 16 + 3 Bände, 4., gänzl. umgearb. Aufl., Leipzig 1885–1890

Bingener, Andreas und Ulf Dirlmeier. Öffentliche Sauberkeit in der mittelalterlichen und frühneuzeitlichen Stadt. In: Sozialwissenschaftliche Informationen (SOWI) 26 (1997) 1, S. 6–14

Binz, A. Altes und Neues über die technische Verwendung des Harnes. In: Angewandte Chemie 49 (1936) S. 355–360

Bird, Charles Lawrence. The theory and practice of wool dyeing. SDC, 4. ed. Bradford 1972

Bird, Charles Lawrence und William Stanley Boston. The Theory of Coloration of Textiles. Dyers Company Publication Trust, ohne Ort 1975

Bischoff, Johann Nicolaus. Versuch einer Geschichte der Färberkunst von ihrer Entstehung an bis auf unsere Zeiten. Franzen & Grosse, Stendal 1780

Blackburn, Richard S.; Bechtold, Thomas und Philip John. The development of indigo reduction methods and pre-reduced indigo products. In: Coloration Technology 125 (2009) S. 193–207

Blanch, Robert J. The origins and use of medieval color symbolism. In: International Journal of Symbology 3 (1972) 3, S. 1–5

Blankenburg, Günter. Wolle – ihre Herkunft und Geschichte. In: Wirkerei- und Strickereitechnik 12 (1962) 12, S. 638–642

Bochmann, Renate. Einsatzmöglichkeiten von Naturfarbstoffen in der Textilindustrie. Färben von Cellulosefaserstoffen. In: Fachagentur Nachwachsende Rohstoffe e.V. (FNR). Forum „Färberpflanzen“ 2001. Gülzower Fachgespräche, Bd. 18. Gülzow 2001, S. 171–181

Bochmann, Renate und Monika Weiser. Applikation von Pflanzenfarben auf Leinen und Wolle. In: Fachagentur Nachwachsende Rohstoffe e.V. (FNR). Forum „Färberpflanzen“ 1999. Gülzower Fachgespräche. Gülzow 1999, S. 187–209

Bogucka, Maria. Der Pottaschehandel in Danzig in der ersten Hälfte des 17. Jahrhunderts. In: Fritze, Konrad; Müller-Mertens, Eckhard und Walter Stark (Hrsg.): Hansische Studien IV: Autonomie, Wirtschaft und Kultur der Hansestädte. Böhlau, Weimar 1984, S. 147–152

Bohnsack, Almut. Spinnen und Weben. Entwicklung von Technik und Arbeit im Textilgewerbe. Kulturgeschichte der Naturwissenschaften und der Technik, Bd. 2. Rowohlt, Reinbek 1981

Boockmann, Hartmut. Die Stadt im späten Mittelalter. Koehler & Amelung, Leipzig 1986

Born, Wolfgang. Die Purpurschnecke. In Ciba-Rundschau 4 (1936) S. 110–114

Born, Wolfgang. Purpur im klassischen Altertum. In Ciba-Rundschau 4 (1936) S. 115–122

Born, Wolfgang. Purpur im Mittelalter. In Ciba-Rundschau 4 (1936) S. 124–128

Bossert, Hellmuth Th. und Willy F. Storck (Hrsg.). Das Mittelalterliche Hausbuch. Nach dem Originale im Besitze des Fürsten von Waldburg=Wolfegg=Waldsee. E. A. Seemann, Leipzig 1912

Bothe, Friedrich. Beiträge zur Wirtschafts- und Sozialgeschichte der Reichsstadt Frankfurt. Dunker & Humblot, Leipzig 1906

Bowmaker, James K. und H.J.A. Dartnell. Visual pigments of rods and cones in a human retina. In: The Journal of Physiology 298 (1980) S. 501–511

Božič, Mojca und Vanja Kokol. Ecological alternatives to the reduction and oxidation processes in dyeing with vat and sulphur dyes. In: Dyes and Pigments 76 (2008) S. 299–309

Brachert, Thomas. Lexikon historischer Maltechniken. Callwey, München 2001

Brandis, Wolfgang und Eva Jordan-Fahrbach. Die Altrestaurierungen der Werkstatt Carlotta Brinkmann. In: Arbeitsblätter für Restauratoren 30 (1997) 2, S. 238–249

Brandt, Helga und Julia K. Koch (Hrsg.). Königin, Klosterfrau, Bäuerin – Frauen im Frühmittelalter. Bericht zur dritten Tagung des Netzwerks archäologisch arbeitender Frauen, 19. – 22. Oktober 1995 in Kiel. Agenda Frauen: Frauen – Forschung – Archäologie, 8, 2. Agenda, Münster 1997

Braun, Hans-Joachim. Die 101 wichtigsten Erfindungen der Weltgeschichte. Beck'sche Reihe Wissen, 2359. Beck, 2. aktualis. Aufl. München 2007

Brepohl, Erhard. Theophilus Presbyter und das mittelalterliche Kunsthandwerk. Gesamtausgabe der Schrift „De diversis artibus“ in zwei Bänden. Lateinischer Originaltext und deutsche Übersetzung mit Kommentaren. Böhlau, Köln, Wien, Weimar 1999

Bresee, Randall R. General Effects of Ageing on Textiles. In: Journal of the American Institute for Conservation (JAIC) 25 (1986) 1, S. 39–48

Brocher, H. Zur Geschichte der deutschen Wollenindustrie. Teil III. In: Hildebrand, Bruno (Hrsg.). Jahrbücher für Nationalökonomie und Statistik. Band 7, Manke, Jena 1866, S. 81–153

Brock, Thomas; Groteklaes, Michael und Peter Mischke. Lehrbuch der Lacktechnologie. Vincentz, Hannover ^{2}2000

Brock, William Hodson Viewegs Geschichte der Chemie. Vieweg, Braunschweig 1997

Bruch, Karl. Die Verwendung von Eisenbeizen im Textilhandwerk Westafrikas. In: Die BASF, Nr. II (1976) S. 57, 59, 63

Brunello, Franco. The Art of Dyeing in the history of mankind. Neri Pozza, Vicenza 1973

Bruns, Margarete. Das Rätsel Farbe – Materie und Mythos. Reclam, Stuttgart 1997

Bushey, Betty C. Die deutschen und niederländischen Handschriften der Stadtbibliothek Trier bis 1600. Beschreibendes Verzeichnis der Handschriften der Stadtbibliothek zu Trier, Bd. 1. Harrassowitz, Wiesbaden 1996, S. 230–235

Butler, Anthony und Rosslyn Nicholson. Colours of the North. In: Chemistry in Britain 37 (2001) 4, S. 40–41

Butler Greenfield, Amy. A Perfect Red: Empire, Espionage, and the Quest for the Color of Desire. HarperCollins, New York, NY 2005

Caesar, Gaius Julius. Bellum Gallicum. Schöningh, Paderborn 1978

Caley, Earle Radcliffe. The Leyden Papyrus X. An English Translation with Brief Notes. In: The journal of chemical education 3 (1926) S. 1149–1166

Caley, Earle Radcliffe. The Stockholm Papyrus. An English Translation with Brief Notes. In: The journal of chemical education 4 (1927) S. 979–1002

Cannon, John und Margaret Cannon. Dye Plants and Dyeing. Published in association with the Royal Botanic Gardens, Kew. Reprint der Edition 2003, Timber Press, Portland 2004

Cardon, Dominique. Colours in Civilizations of the World and Natural Colorants: History under Tension. In: Bechtold, Thomas und Rita Mussak (Hrsg.). Handbook of Natural Colorants. Wiley series in renewable resources. Wiley, Chichester 2009, S. 21–26

Carr, Gillian. Woad, Tattooing and the Archaeology of Rebellion in Britain. In: Kirby, Jo (Hrsg.). Dyes in History and archaeology (DHA) 18. Archetype, London 2002, S. 1–12

Carr, Gillian. Woad, Tattooing and Identity in later Iron Age and early Roman Britain. In: Oxford Journal of Archaeology 24 (2005) 3, S. 273–292

Cassebaum, Heinz. Der Ursprung der Indigofärberei. In: Melliand Textilberichte 46 (1965) S. 289–291, 625–627, 848–850, 1331–1333, 47 (1966) S. 295–297, 650–657, 1407–1409, 48 (1967) S. 207–209 und 49 (1968) S. 330–336

Casselman, Karen Leigh. Craft oft the dyer. Dover Publicatons, 2nd re. ed. Mineola, N. Y. 1993

Chavan, R.B. und J.N. Chakraborty. Dyeing of cotton with indigo using iron (II) salt complexes. In: Coloration Technology 117 (2001) S. 88–94

Chittka, Lars und Thomas F. Döring. Are Autumn Foliage Colors Red Signals to Aphids? In: PLoS Biology 5 (2007) 8, S. 1640–1644

Cho, Man-Ho; Paik, Young-Sook und Tae-Ryong Hahn. Enzymatic Conversion of Precarthamin to Carthamin by a Purified Enzyme from the Yellow Petals of Safflower. In: Journal of Agriculture and Food Chemistry 48 (2000) S. 3917–3921

Choudhury, Asim Kumar Roy. Colorimetric study of Scotdic colour specifier. In: Coloration Technology 124 (2008) 5, S. 273–284

Choudhury, Asim Kumar Roy. Textile Preparation and Dyeing. Science Publishers, Enfield, NH 2006

Christensen, Arne Emil; Anne Stine Ingstad und Bjørn Myhre: Osebergdronningens grav: vår arkeologiske nasjonalskatt i nytt lys. Schibsted, Oslo 1992

Christie, Robert M. Colour Chemistry. The Royal Society of Chemistry, RSC paperbacks, Cambridge 2001

Clarke, Mark. The Art of All Colours. Medieval Recipe Books for Painters and Illuminators. Archetype, London 2001

Clark, Robin J.H.; Cooksey, Christopher J.; Daniels, Marcus A.M. und Robert Withnall. Indigo, woad and Tyrian Purple: important vat dyes from antiquity to the present. In: Endeavour 17 (1993) 4, S. 191–199

Clark, Robin J.H.; Cooksey, Christopher J.; Daniels, Marcus A.M. und Robert Withnall. Indigo – red, white and blue. In: Education in Chemistry 33 (1996) 1, S. 16–19

Clasen, Claus-Peter. Textilherstellung in Augsburg in der frühen Neuzeit. Band II: Textilveredelung. Wißner, Augsburg 1995

Clemens, Lukas und Michael Matheus. Tuchsiegel – eine Innovation im Bereich der exportorientierten Qualitätsgarantie. In: Uta Lindgren (Hrsg.): Europäische Technik im Mittelalter – 800 bis 1200. Tradition und Innovation. Gebr. Mann, Berlin 1996, S. 479–480

Daniels, Vincent. Degradation of artefacts caused by iron-containing dyes. In: Kirby, Jo (Hrsg.). DHA 16/17. Archetype, London 2001, S. 211–215.

Day, Lance. Textile Chemicals. In: McNeil, Ian (Hrsg.): An encyclopaedia of the history of technology. Routledge reference. Routledge, London u.a. 1990, S. 199–205

Dean, Jenny. Wild Color. Watson-Guptill Publications, New York 1999

Decelles, Corinne. The Story of Dyes and Dyeing. In: Journal of Chemical Education 26 (1949) 11, S. 583–587

Degering, Hermann. Kurzes Verzeichnis der germanischen Handschriften der Preussischen Staatsbibliothek. II. Die Handschriften im Quartformat. Mitteilungen aus der Preussischen Staatsbibliothek, Bd. 8. Hiersemann, Leipzig 1926

Deimling, Barbara. Das mittelalterliche Kirchenportal in seiner rechtsgeschichtlichen Bedeutung. In: Toman, Rolf (Hrsg.). Romanik. Tandem Verlag, Königswinter 2004, S. 324–327

Delamare, François und Bernard Guineau. Colors – The Story of Dyes and Pigments. Harry N. Abrams, New York 2000

de Lespinasse, René und François Bonnardot (Hrsg.). Les métiers et corporations de Paris. XIIIE siècle: Le livre des métiers d'Étienne Boileau. Imprimerie Nationale, Paris 1879

Delille, Angela und Andrea Grohn. Geschichten der Reinlichkeit. Vom römischen Bad zum Waschsalon. Eichborn, Frankfurt/Main 1986

Deneke, Bernward. Die Kennzeichnung von Juden. Form und Funktion. In: Germanisches Nationalmuseum (Hrsg.). Anzeiger des Germanischen Nationalmuseums und Berichte aus dem Forschungsinstitut für Realienkunde. Germanisches Nationalmuseum, Nürnberg 1993, S. 240–252

Deneke, Dietrich und Helga-Maria Kuhn (Hrsg.). Göttingen – Geschichte einer Universitätsstadt. Bd. 1: Von den Anfängen bis zum Ende des Dreißigjährigen Krieges. Vandenhoeck + Ruprecht, Göttingen 1987

Derakhshani, Jahanshah. Kupfer und Lapislazuli in Text und Archäologie. In: Staatliche Museen Kassel; Universität Gesamthochschule Kassel (Hrsg.). Türkis und Azur: Quarzkeramik im Orient und Okzident. Katalog zur Sonderausstellung im Ballhaus am Schloß Wilhelmshöhe und in Schloß Wilhelmsthal vom 18. Juli bis 3. Oktober 1999. Ed. Minerva, Wolfratshausen 1999

Dézsy, Josef. Alaun: Macht und Monopol im Mittelalter. Karolinger, Wien 1999

Diemair, W., Postel, W. und H. Sengewald: Untersuchungen über Anthocyane, insbesondere über das Malvin. In: Zeitschrift für Lebensmittel-Untersuchung und Forschung 120 (1963) 3, S. 173–189

Dierkes, Gerhard. Farbe – Farbstoff – Färbung. In: Deutscher Färberkalender 85 (1981) S. 168–204

Dinges, Martin. Der „feine Unterschied". Die soziale Funktion der Kleidung in der höfischen Gesellschaft. In: Zeitschrift für historische Forschung 19 (1992) 1/4, S. 49–76

Dirlmeier, Ulf. Zu den Lebensbedingungen in der mittelalterlichen Stadt: Trinkwasserversorgung und Abfallbeseitigung. In: Herrmann, Bernd (Hrsg.). Mensch und Umwelt im Mittelalter. Colloquiumsreihe „Ökologische Aspekte des Mittelalters". Deutsche Verlagsanstalt, Stuttgart [3]1987, S. 150–159

Dirlmeier, Ulf; Fouquet, Gerhard und Bernd Fuhrmann. Europa im Spätmittelalter, 1215–1378. Oldenbourg-Grundriss der Geschichte, Bd. 8. Oldenbourg, München 2003

Doehner, Herbert. Wollkunde. Parey, Berlin, Hamburg 1958.

Dolch, Walther. Katalog der deutschen Handschriften der: K. K. Öff. und Universitätsbibliothek zu Prag. Bd. 1: Die Handschriften bis etwa zum Jahr 1500. Calve, Prag 1909

Duden. Fremdwörterbuch. Dudenverlag, 5., neubearb. u. erw. Aufl. Mannheim 1990

Duff, David G.; Sinclair, Roy S. und David Stirling. Light-Induced Colour Changes of Natural Dyes. In: Studies in Conservation 22 (1977) 4, S. 161–169

Eamon, William. Arcana disclosed: the advent of printing, the Books of Secrets tradition and the development of expirimental science in the sixteenth century. In: History of Science 22 (1984) S. 111–150

Ebner, Guido und Dieter Schelz. Textilfärberei und Farbstoffe. Beispiele angewandter organischer Chemie. Springer, Berlin, Heidelberg, New York 1989

Edelstein, Sidney M. The Role of Chemistry in the Development of Dyeing and Bleaching. In: Journal of Chemical Education 25 (1948) 3, S. 144–149

Edmonds, John. The history of woad and the medieval woad vat. Historic Dyes Series No. 1. Edmonds, Little Chalfont [1]1998

Edmonds, John. Medieval Textile Dyeing. Historic Dyes Series No. 3. Edmonds, Little Chalfont [1]2003

Ehlert, Trude. Maister Hannsen des von Wirtenberg Koch. Faksimile der Handschrift von 1460. Transkription, Übersetzung, Glossar und kulturhistorischer Kommentar. Im Auftr. von Tupperware, Tupperware, Frankfurt/Main 1996

Eisenbart, Liselotte Constanze. Kleiderordnungen der deutschen Städte zwischen 1350 und 1700: ein Beitrag zur Kulturgeschichte des Bürgertums. Göttinger Bausteine zur Geschichtswissenschaft, Bd. 32. Musterschmidt, Göttingen 1962

Endrei, Walter. Unidentifizierte Gewebenamen – namenlose Gewebe. In: Institut für Mittelalterliche Realienkunde Österreichs. Handwerk und Sachkultur im Spätmittelalter. Internationaler Kongress Krems an der Donau 7. bis 10. Oktober 1986. Veröffentlichungen des Instituts für mittelalterliche Realienkunde Österreichs Nr. 11. Verlag der Österreichischen Akademie der Wissenschaft, Wien 1988, S. 233–251

Ennen, Edith. Frauen im Mittelalter. Beck's historische Bibliothek. Beck, München [6]1999

Euler, Bernd. Alterswert Schmutz – Denkmalwert Schmutz? In: Österreichischer Restauratorenverband (Hrsg.). Konservieren – Restaurieren. Bd. 7: Schmutz – Zeitdokument oder Schadensbild. Wien 2000, S. 7–11

Feddersen-Fieler, Gretel. Farben aus der Natur. Textilkunst-Fachschriften. Schaper, Hannover 3. verb. Aufl. 1982

Felgenhauer-Schmidt, Sabine. Die Sachkultur des Mittelalters im Lichte der archäologischen Funde. Europäische Hochschulschriften, Reihe 38, Archäologie, Bd. 42. Lang, Frankfurt u.a. 1993

Feller, Robert A. Accelerated Aging. Photochemical and Thermal Aspects. Research in conservation, Vol. 4. Getty Conservation Institute, Marina del Rey, California 1994

Ferreira, Ester S.B.; Hulme, Alison N.; McNab, Hamish und Anita Quye. The natural constituents of historical textile dyes. In: Chemical Society Reviews 33 (2004) S. 329–336

Finlay, Victoria. Das Geheimnis der Farben. Claassen, München 2003

Fischer, Christian-Herbert. Farbrekonstruktion des Oldenburger Prachtmantels. In: Landesmuseum für Natur und Mensch (Hrsg.): Archäologische Mitteilungen aus Nordwestdeutschland. Isensee, Oldenburg 2000, S. 11–16

Fischer, Falk. Das blaue Wunder – Waid: Wiederentdeckung einer alten Nutz- und Kulturpflanze. Vgs, Köln 1997

Flieger, Ute Elisabeth. Bürgerstolz und Wollgewerbe. Der Bilderzyklus des Isaac Claesz van Svanenburg (1537–1614) in der Lakenhal in Leiden. Waxmann, Münster 2010

Förstemann, Karl Eduard. Erfurter Zuchtbrief v. J. 1351. In: Neue Mittheilungen aus dem Gebiet historisch-antiquarischer Forschungen 7 (1846) 2, S. 101–129

Forbes, Robert James. Studies in Ancient Technology. Bd. IV. Brill, Leiden [2]1964

Fouquet, Gerhard. Zeit, Arbeit und Muße im Wandel spätmittelalterlicher Kommunikationsformen. Die Regulierung von Arbeits- und Geschäftszeiten im städtischen Handwerk und Gewerbe. In: Haverkamp, Alfred (Hrsg.). Information, Kommunikation und Selbstdarstellung in mittelalterlichen Gemeinden. Schriftenreihe des Historischen Kollegs: Kolloquien, Bd. 40. Oldenbourg, München 1998, S. 237–275

Fox, Maurice R. und J.H. Pierce. Indigo: Past and Present. In: Textile Chemist and Colorist 22 (1990) 4, S. 13–14

Freb, H. Wie färbte man vor Perkin? In: Textil Praxis International 33 (1978) 10, S. 1220, 1227–1229

Freiburghaus, Franziska; Meyer, Pascale und Hanspeter Pfander. Geheimnisse des Safrans. In: Naturwissenschaftliche Rundschau 51 (1998) 3, S. 91–95

Fritsch, Emmanuel und George R. Rossman: Das Geheimnis der Edelsteinfarben. In: Spektrum der Wissenschaft, Spezial Farbe 4/2000, S. 40–45

Fuchs, Robert. Archäometrische Untersuchungen von Malereien. In: Praxis der Naturwissenschaften – Chemie in der Schule 59 (2010) 5, S. 20–27

Fuchs, Robert. Analyse von Tinten und Tuschen – Eine archäometrische Herausforderung. In: Praxis der Naturwissenschaften – Chemie in der Schule 59 (2010) 5, S. 27–34

Fuchs, Robert und Doris Oltrogge. Farbenherstellung. In: Lindgren, Uta (Hrsg.): Europäische Technik im Mittelalter – 800 bis 1200. Gebr. Mann Verlag, Berlin 1996, S. 435–450

Gabelkover, Oswald (Oswaldi Gæbelkhoveri. Der Artzney Doctoris, Weyland Fürstl. Würtembergischen Leib- und Hoff-Medici). Artzney-Buch: Darinnen Fast für alle deß Menschlichen Leibe Anliegen und Gebrechen/ außerlesene und bewährte Artzneyen/ gemeinem Vatterland Teutscher Nation zu gutem/ auß vielen hohen und nidern Stands-Personen geheim geschriebenen Artzney-Büchern zusammen getragen und in Druck verfertiget/ Von neuem von etlichen fürnehmen Medicis durchsehen/ vermehret und verbessert. Nunmehr zum drittenmahl gedruckt. Bencard, Frankfurt/Main 1694

Garfield, Simon. Lila: wie eine Farbe die Welt verändert. Siedler, Berlin 2001

Gelius, Rolf. Der europäische Seehandel mit Waid- und Pottasche von 1500 bis 1650. In: Jahrbuch für Regionalgeschichte 12 (1985) 3, S. 59–72

Gelius, Rolf. Waidasche und Pottasche als Universalalkalien für die chemischen Gewerbe des Ostseeraumes im 16./17. Jahrhundert. In: Hansische Studien VII – Der Ost- und Nordseeraum. Böhlau, Weimar 1986, S. 91–107

Gelius, Rolf. Historische Experimente in Chemie und chemischer Technik. In: Chemie in unserer Zeit 31 (1997) 3, S. 162–167

Gellendien, Walter. Aus der Geschichte der Seife, von ihrem Ursprung bis zum Industrieprodukt. In: Fette Seifen Anstrichmittel 56 (1954) S. 170–176

Gericke, Lothar und Klaus Schöne. Das Phänomen Farbe: zur Geschichte und Theorie ihrer Anwendung. Henschelverlag, Berlin 1970

Germer, Renate. Die Textilfärberei und die Verwendung gefärbter Textilien im Alten Ägypten. In: Helck, Wolfgang (Hrsg.). Ägyptologische Abhandlungen, 53. Harrassowitz, Wiesbaden 1992

Gies, Frances und Joseph. Cathedral, Forge and Waterwheel. Technology and Invention in the Middle Ages. Harper Perennial, New York 1995

Giesen, Monika und Klaus Ziegler. Die Absorption von Eisen durch Wolle und Haar. In: Melliand Textilberichte 62 (1981) 6, S. 482–483

Gimpel, Jean. Die industrielle Revolution des Mittelalters. Artemis, Zürich, München 1980

Girtler, Roland. Rotwelsch: die alte Sprache der Gauner, Dirnen und Vagabunden. Böhlau, Wien u.a. 1998

Glover, B. und J.H. Pierce. Are natural colorants good for your health? In: JSDC 109 (1993) 1, S. 5–7

Goldschmidt, Artur und Hans-Joachim Streitberger. BASF Handbuch Lackiertechnik. Vincentz, 12., stark überarb. und akt. Aufl., Hannover 2002

Grierson, Su; Duff, David G. und Roy S. Sinclair. The Colour and Fastness of Natural Dyes of the Scottish Highlands. In: Journal of the Society of Dyers and Colourists 101 (1985) S. 220–228

Grunfelder, H. Die Färberei in Deutschland bis zum Jahre 1300. In: Vierteljahresschrift für Sozial- und Wirtschaftsgeschichte 16 (1922) S. 307–324

Gulrajani, M.L. Natural dyes – Part I: Present status of natural dyes. In: Colourage 46 (1999) 7, S. 19–28

Haas, Johannes. EULAN – ein Begriff nicht nur als Produkt, sondern auch als Warenzeichen. In: Bayer Farben Revue 21 (1983) 35, S. 27–33

Haas, Liane. Anthocyane – faszinierende Stationen in gekoppelten Biosynthesewegen. In: Praxis der Naturwissenschaften – Chemie in der Schule 7/49 (2000) 7, S. 15–23

Hägg, Inga. Textilfunde als Spiegel der Gesellschaft – Erwägungen über das Beispiel Haithabu. In: Bender Jørgensen, Lise; Magnus, Bente und Elisabeth Munksgaard (Hrsg.). Archaeological Textiles: Report from the 2nd NESAT Symposium 01.05.–04.05.1984. Arkaeologiske Skrifter 2. Archæologisk Institut, Kopenhagen 1988, S. 187–196

Hägg, Inga. Die Textilfunde aus dem Hafen von Haithabu. Berichte über die Ausgrabungen in Haithabu, Bd. 20. Wachholtz, Neumünster 1985

Hänsel, Rudolf und Otto Sticher. Pharmakognosie – Phytopharmazie. 8. überarbeitete und aktualisierte Auflage, Springer, Berlin, Heidelberg, New York 2007

Hager, Hermann; Bruchhausen, Franz von; Schneemann, Hubert; Blaschek, Wolfgang; Keller, Konstantin und R. Braun. Hagers Handbuch der pharmazeutischen Praxis. 10 Bände + 1 Registerband. Springer, Berlin, Heidelberg, New York 5. vollst. neubearb. Aufl. 1990–1995

Hammel, Rolf. Räumliche Entwicklung und Berufstopographie Lübecks bis zum Ende des 14. Jahrhunderts. In: Graßmann, Antjekathrin (Hrsg.). Lübeckische Geschichte. Schmidt-Römhild, Lübeck 1988, S. 63–76

Hasse, Max. Neues Hausgerät, neue Häuser, neue Kleider – eine Betrachtung der städtischen Kultur im 13. und 14. Jahrhundert sowie ein Katalog der metallischen Hausgeräte. In: Zeitschrift für Archäologie des Mittelalters (ZAM) 7 (1979) S. 7–83

Haustein, Heinz-Dieter. Weltchronik des Messens. Universalgeschichte von Maß und Zahl, Geld und Gewicht. de Gruyter, Berlin, New York 2001

Hedfors, Hjalmar (Hrsg.). Compositiones ad tingenda musiva. Almquist & Wiksells, Uppsala 1932

Hegemann, Bernhard. Stift und Gemeinde Metelen. In: Beiträge aus dem Stadtarchiv Metelen Nr. 5 (^{2}1992), S. 220

Henning, Friedrich-Wilhelm. Das vorindustrielle Deutschland 800 bis 1800. 5. durchges. und erg. Auflage, Schöningh, Paderborn u.a. 1994

Hermann, Karl. Über den „Gerbstoff“ der Labiatenblätter. In Archiv der Pharmazie 298/65 (1960) S. 1043–1048

Hickel, Erika Gerda. Chemikalien im Arzneischatz deutscher Apotheken des 16. Jahrhunderts, unter besonderer Berücksichtigung der Metalle. Dissertation Technische Hochschule Braunschweig, Braunschweig 1963

Hillebrecht, Marie-Luise. Eine mittelalterliche Energiekrise. In: Herrmann, Bernd (Hrsg.). Mensch und Umwelt im Mittelalter. Colloquiumsreihe „Ökologische Aspekte des Mittelalters“. Deutsche Verlagsanstalt, Stuttgart ^{3}1987, S. 275–283

Höfler, Edgar und Martin Illi. Versorgung und Entsorgung nach dem archäologischen Befund. In: Landesdenkmalamt Baden-Württemberg, Stadt Zürich, Flüeler, Marianne und Niklaus. Stadtluft, Hirsebrei und Bettelmönch – Die Stadt um 1300. Katalog zur gemeinsamen Ausstellung des Landes Baden-Württemberg und der Stadt Zürich im Hof des Schweizerischen Landesmuseums vom 26. Juni bis 11. Oktober 1992. Theiss, Stuttgart 1992, S. 351–364

Hofenk de Graaff, Judith H. The Colourful Past. Origins, chemistry and identification of natural dyestuffs. Archetype, London 2004

Hofenk de Graaff, Judith H. The Chemistry of Red Dyestuffs in Medieval and Early Modern Europe. In: Harte, Negley B. und Kenneth G. Ponting (Hrsg.). Cloth and Clothing in Medieval Europe. Essays in Memory of Professor E. M. Carus-Wilson. Heinemann, London 1983, S. 71–79

Hofenk de Graaff, Judith H. Zur Geschichte der Textilfärberei. In: Fleury-Lemberg, Mechthild und Karen Stolleis (Hrsg.): Documenta Textilia – Festschrift für Sigrid Müller-Christensen. Forschungshefte, Bayerisches Nationalmuseum München, Bd. 7. Deutscher Kunstverlag, München 1981, S. 23–36

Hofmann, Helmut und Gerhart Jander. Qualitative Analyse. Sammlung Göschen, Bd. 7247. de Gruyter, Berlin u.a. 4. durchges., erw. u. verb. Aufl. 1972

Hofmann, Regina. Färbepflanzen und Färbedrogen. In: Österreichische Sektion des IIC (Hrsg.). Restauratorenblätter. Bd. 13: Zum Thema Malerei und Textil. Mayer & Comp., Klosterneuburg, Wien 1992, S. 39–63

Holleman, Arnold F. und Egon Wiberg. Lehrbuch der Anorganischen Chemie. 91.–100., verbesserte und stark erweiterte Auflage, de Gruyter, Berlin, New York 1985

Hübner, Karl. 150 Jahre Mauvein. In: Chemie in unserer Zeit 40 (2006) S. 274–275

Hütz, C. Textiltechnik zur Zeit des Alten Testaments. In: Textilveredlung 28 (1993) 3, S. 59–67

Ilg, Albert. De Diversis artibus. In: Quellenschriften für Kunstgeschichte und Kunsttechnik des Mittelalters und der Renaissance, Bd. 7. Braumüller, Wien 1874, Neudruck Zeller, Osnabrück 1970

Illi, Martin. Von der Schîssgruob zur modernen Stadtentwässerung. Verlag Neue Zürcher Zeitung, Zürich 1987

Imming, Peter; Zentgraf, Matthias und Ingo Imhof. Welche Farbe hatte der antike Purpur? In: Textilveredlung 35 (2000) 9/10, S. 22–24

Ingstad, Anne Stine. The Functional Textiles from the Oseberg Ship. In: Bender Jørgensen, Lise und Karl Tidow (Hrsg.): Archäologische Textilfunde. Bericht von der 2. NESAT-Tagung 06.05.–08.05.1981. Textilsymposium Neumünster, Neumünster 1982, S. 85–96

Irsigler, Franz und Arnold Lassotta. Bettler und Gaukler, Dirnen und Henker. DTV, München [7]1996

Jakits, Madeleine. Safran – rotes Gold aus einem schlichten lila Krokus. In: Pharmazeutische Zeitung 137 (1992) 20, S. 9–14

Jaritz, Gerhard. Handwerkliche Produktion und Qualität im Spätmittelalter. In: Veröffentlichungen des Instituts für mittelalterliche Realienkunde Österreichs

Nr. 11. Handwerk und Sachkultur im Spätmittelalter. Verlag der Österreichischen Akademie der Wissenschaft, Wien 1988, S. 33–49

Jeitteles, Adalbert. Färbemittel und andere Recepte. In: Germania 29 (1884) S. 338–340

Jenemann, Hans Richard. Die Geschichte der Waage im Mittelalter. In: NTM Zeitschrift für Geschichte der Wissenschaften, Technik und Medizin 3 (1995) S. 145–166

John, Philip. Indigo – Extraction. In: Bechtold, Thomas und Rita Mussak (Hrsg.). Handbook of Natural Colorants. Wiley, Chichester 2009, S.105–133

John, Philip. Indigo reduction in the woad vat: a medieval biotechnology revealed. In: Biologist 53 (2006) 1, S. 31–35

John, Stefan und Ingo Ludwichoski. Tierische Farbstoffe in der Färberei. In: Praxis der Naturwissenschaften/Biologie 44 (1995) 4, S. 16–21

Joosten, Ineke; van Bommel, Maarten R.; Hofmann-de Keijzer, Regina und Hans Reschreiter. Micro Analysis on Hallstatt Textiles: Colour and Condition. In: Microchimica Acta 155 (2006) S. 169–174

Jung, Ernst. G. Kleine Kulturgeschichte der Haut. Steinkopff, Darmstadt 2007

Kaiser, Reinhold. Mittelalterliche Tuchplomben – Überreste, Sammelobjekte und technik-, textil- und wirtschaftsgeschichtliche Quellen. In: Kranz, Horst und Ludwig Falkenstein. Inquirens subtilia diversa. Dietrich Lohrmann zum 65. Geburtstag. Shaker, Aachen 2002, S. 375–390

Kaiser, Renate. Quantitative Analyses of Flavonoids in Yellow Dye Plant Species Weld (*Reseda luteola* L.) and Sawwort (*Serratula tinctoria* L.). In: Angewandte Botanik 67 (1993) S. 128–131

Kanehira, Tsutomu; Naruse, Akira; Fukushima, Akiyoshi und Koshi Saito. Decomposition of Carthamin in aqueous solutions: influence of temperature, pH, light, buffer systems, external gas phases, metal ions and certain chemicals. In: Zeitschrift für Lebensmittel-Untersuchung und -Forschung 190 (1990) S. 299–305

Karisch, Karl-Heinz. Farben der Götter. Wissenschaftler lösen das Geheimnis der blauen Pigmente früher Hochkulturen. In: Frankfurter Rundschau 65 (2009) 162 vom 16. Juli 2009, S. 22–23

Karpenko, Vladimir und John A. Norris. Vitriol in the history of chemistry. In: Chemické Listy 96 (2002) S. 997–1005

Karstensen, Angela. Der Auferstehungsteppich zu Kloster Lüne. Bildtradition und Singularität. Schriften aus dem Kunsthistorischen Institut der Christian-Albrechts-Universität zu Kiel, Bd. 1. LIT Verlag, Berlin 2009

Keferstein, Christian. Mineralogia polyglotta. Gebauersche Buchdruckerei, Halle 1849

Kensaikan Co., LTD. SCOTDIC. Standard color of textile. Dictionnaire internationale de la couleur. Tokyo, Osaka, Köln, Paris, Zürich, Milano, London, New York, Rio de Janeiro 1982

Kielmeyer, A. Die Entwicklung der Färberei, Druckerei und Bleicherei. In: Dingler's Polytechnisches Journal 234 (1879) S. 62–71, 144–153, 226–244, 324–333, 411–421 und 477–483

Kirby, Jo; Saunders, David und Marika Spring. Proscribed pigments in Northern european renaissance paintings and the case of paris red. In: Saunders, David; Townsend, Joyce H. und Sally Woodcock (Hrsg.). The object in context: crossing conservation boundaries. Contributions to the Munich congress, 28. August – 1. September 2006. International Institute for Conservation of Historic and Artistic Works, London 2006, S. 236–243

Klessinger, Martin. Konstitution und Lichtabsorption organischer Farbstoffe. In: Chemie in unserer Zeit 12 (1978) 1, S. 1–11

Klose, Samuel Benjamin. Darstellung der inneren Verhältnisse der Stadt Breslau vom Jahre 1458 bis zum Jahre 1526. In: Stenzel, Gustav Adolf Harald (Hrsg.). Scriptores rerum silesiacarum oder Sammlung schlesischer Geschichtsschreiber, Bd. 3. Max, Breslau 1847

Klug, Martina B. Armut und Arbeit in der Devotio moderna. Studien zum Leben der Schwestern in niederrheinischen Gemeinschaften. Studien zur Geschichte und Kultur Nordwesteuropas, Bd. 15. Waxmann, Münster 2005

Kluge, Friedrich und Alfred Götze. Etymologisches Wörterbuch der deutschen Sprache. de Gruyter, 16. Aufl. Berlin 1953

Kluge, Friedrich und Elmar Seebold. Etymologisches Wörterbuch der deutschen Sprache. de Gruyter, 24., durchges. und erw. Aufl. Berlin 2002

Knaggs, Nelson S. Dyestuffs of the ancients. In: American Dyestuff Reporter 81 (1992) 11, S. 109–111

Knipf-Komlósi, Elisabeth; Rada, Roberta V. und Csilla Bernáth. Aspekte des Wortschatzes. Ausgewählte Fragen zu Wortschatz und Stil. Bölcsész Konzorcium, Budapest 2006

Koch, Paul-August. Unsere Textilrohstoffe in Rückblick und Ausblick. In: Textil-Rundschau 19 (1964) 4, S. 189–203

Koch, Paul-August und Günther Satlow. Großes Textil-Lexikon. 2 Bände. Deutsche Verlags-Anstalt, Stuttgart 1965 (Bd. 1) und 1966 (Bd. 2)

Köcher, Dieter. Einfluss von Rohmaterial und Herstellung natürlicher Krapplacke auf Farbigkeit und Lichtechtheit. Dissertation, Hochschule für Bildende Künste, Dresden 2006

König, Wolfgang (Hrsg.). Propyläen Technikgeschichte. 5 Bände. Unv. Neuausgabe der 1990 bis 1992 im Propyläen Verlag erschienenen Originalausgabe, Ullstein, Berlin 1997

Körber-Grohne, Udelgard. Nutzpflanzen in Deutschland: Kulturgeschichte und Biologie. Theiss, Stuttgart [3]1994

Kohwagner-Nikolai, Tanja. Gestickte Bildteppiche. Entstehungsbedingungen, Verwendung und ihre Funktion. In: Kruppa, Nathalie und Jürgen Wilke (Hrsg.). Kloster und Bildung im Mittelalter. Tagung des Klosters Ebstorf und des Max-Planck-Instituts für Geschichte, Germania Sacra, vom 17. – 21. März 2004, Kloster Ebstorf. Veröffentlichungen des Max-Planck-Instituts für Geschichte, Bd. 218. Studien zur Germania Sacra, Bd. 28. Vandenhoeck & Ruprecht, Göttingen 2006, S. 177–196

Kohwagner-Nikolai, Tanja. „per manus sororum …“. Niedersächsische Bildstickereien im Klosterstich (1300–1583). Meidenbauer, München 2006

Kopp, Hermann. Geschichte der Chemie. Zweiter Theil. Vieweg, Braunschweig 1844

Krämer, Johannes. Lebensmittel-Mikrobiologie. Unitaschenbuch 1421, 2. überarb. und erw. Aufl., Ulmer, Stuttgart 1992

Krätz, Otto. 7000 Jahre Chemie. Von den Anfängen im Orient bis zu den neuesten Entwicklungen im 20. Jahrhundert. Lizenzausgabe. Nikol, Hamburg 1999

Krätz, Otto und Elisabeth Vaupel. 1807 – Betrachtungen zur Chemie im angelsächsischen Kulturkreis zur Zeit Napoleons I. In: Angewandte Chemie 119 (2007) S. 24–51

Kratzel, Benno. „lichtecht" oder „Lichtechtheit". In: Wirkerei- und Strickerei-Technik 39 (1989) 10, S. 1094–1097

Kratzel, Benno. Begriffsbestimmungen und Erläuterungen zu den Waschechtheiten. In: Wirkerei- und Strickerei-Technik 40 (1990) 4, S. 413–414

Kratzel, Benno. Was versteht man unter den verschiedenen Naßechtheiten. In: Wirkerei- und Strickerei-Technik 40 (1990) 6, S. 657–659

Kremer, Bruno P. Bunter Abfall – Versuche mit herbstlichen Blattpigmenten. In: Chemie in unserer Zeit 32 (2002) 5, S. 319–326

Krünitz, D. Johann Georg. Oekonomische Encyklopädie oder allgemeines System der Staats=Stadt=Haus= u. Landwirthschaft in alphabetischer Ordnung. 242 Bände. Berlin 1773–1858

Kück, Ulrich; Nowrousian, Minou; Hoff, Birgit und Ines Engh. Schimmelpilze. Lebensweise, Nutzen, Schaden, Bekämpfung. Springer, Berlin, Heidelberg 3. Aufl. 2009

Kühlborn, Marc. „... 33 Ellen Leinenwandes ...". Eine Tuchplombe aus Leiden. In: Edgar Ring und Lüneburger Stadtarchäologie e.V. (Hrsg.). Denkmalpflege in Lüneburg 2002. S. 18–19

Kühn, Hermann, Heinz Roosen-Runge, Rolf E. Straub und Manfred Koller. Reclams Handbuch der künstlerischen Techniken. Bd. 1, Reclam, Stuttgart [2]1988

Kühn, Hermann. Optimale Umweltbedingungen zur Erhaltung von Kulturgut. In: Österreichischer Restauratorenverband (Hrsg.). Konservieren – Restaurieren. Bd. 2: Klima. Wien 1988, S. 19–31

Kühn, Hermann. Grünspan und seine Verwendung in der Malerei. In: Farbe und Lack 70 (1964) S. 703–711

Kühnel, Harry (Hrsg.). Bildwörterbuch der Kleidung und Rüstung. Kröner, Stuttgart 1992

Kühnel, Harry (Hrsg.). Alltag im Spätmittelalter. Edition Kaleidoskop, Graz, Wien, Köln 1984

Kühnel, Harry (Hrsg.). Klösterliche Sachkultur des Spätmittelalters. Int. Kongress Krems an der Donau 18. – 21. September 1978. VÖAW, Wien 1980

Küppers, Harald. Farbe – Ursprung, Systematik, Anwendung. Callwey, 4., vollständig überarb. u. neuverf. Aufl. München 1987

Kuhn, Richard und Nils Andreas Sörensen. Über die Farbstoffe des Hummers (*Astacus gammarus* L.). In: Angewandte Chemie 51 (1938) 27, S. 465–466

Kurras, Lotte. Die Handschriften des Germanischen Nationalmuseums, Nürnberg, Bd. 1: Die deutschen mittelalterlichen Handschriften. Teil 2: Die naturkundlichen und historischen Handschriften. Rechtshandschriften. Kataloge des Germanischen Nationalmuseums Nürnberg. Varia. Harrassowitz, Wiesbaden 1980

Landmann, Salcia. Jiddisch: das Abenteuer einer Sprache. Mit kleinem Lexikon jiddischer Wörter und Redensarten sowie jiddischer Anekdoten. Ullstein-Materialien, Bd. 35240. Ullstein, Frankfurt/Main u.a. 1986

Lasch, Agathe und Conrad Borchling. Mittelniederdeutsches Handwörterbuch. Fortgeführt von Gerhard Cordes. Hrsg. Von Dieter Möhn. Wachholtz, Neumünster 1928f.

Latzke, Peter M. und Rolf Hesse: Textile Fasern. Rasterelektronenmikroskopie der Chemie- und Naturfasern. Deutscher Fachverlag, Frankfurt/Main 1988

Lee, David W. und Kevin S. Gould. Why Leaves Turn Red. In: American Scientist 90 (2002) S. 524–531

Leggett, William Ferguson. Ancient and Medieval Dyes. Chemical Publishing, Brooklyn 1944

LeGoff, Jacques. Für ein anderes Mittelalter. Zeit, Arbeit und Kultur im Europa des 5. – 15. Jahrhunderts. Ullstein Materialien Sozialgeschichtliche Bibliothek, Nr. 35180. Ullstein, Frankfurt/Main, Berlin, Wien 1984

Lehmann, Detlef. Die Erhaltung von historischen Textilien. In: Melliand Textilberichte 48 (1967) 11, S. 1298–1302

Lehmann, Detlef. Restaurierung und Konservierung alter Textilien. In: Die BASF 26 (1976) Heft Juni, S. 23–28

Leitschuh, Friedrich und Hans Fischer. Katalog der Handschriften der Königlichen Bibliothek zu Bamberg. Bd. 1, Abt. 2, Lfg. 3: Philosophische, naturwissenschaftliche und medicinische Handschriften. Buchner, Bamberg 1899, S. 442–445

Leix, Alfred. Die Farbstoffe des Mittelalters. In: Ciba-Rundschau 1 (1936) S. 18–22

Lexer, Matthias von. Mittelhochdeutsches Handwörterbuch. [Zugleich als Supplement und alphabetischer Index zum Mittelhochdeutschen Wörterbuch von Benecke-Müller-Zarncke]. Nachdruck der Ausgabe Leipzig 1872–1878, 3 Bände, Hirzel, Stuttgart 1992

Lohrmann, Dietrich. Energieprobleme im Mittelalter: Zur Verknappung von Wasserkraft und Holz in Westeuropa bis zum Ende des 12. Jahrhundert. In: Vierteljahrcsschrift für Sozial- und Wirtschaftsgeschichte (VSWG) 60 (1979) S. 297–316

Lopez, Robert S. The Commercial Revolution of the middle ages 950–1350. Cambridge University Press, Cambridge 1976

Lorenz-Schmidt, Sabine. Vom Wert und Wandel weiblicher Arbeit. VSWG Beihefte 137, Steiner, Stuttgart 1998

Lorke, Werner. Vom Indigo zum Purpur. In: Hoechst-High-Chem-Magazin 8 (1989) S. 65–70

Loske, Theodore. Methoden der Textilmikrokopie. Franckh'sche Verlagshandlung, Stuttgart 1964

Ludi, Andreas. Berliner Blau. In: Chemie in unserer Zeit 22 (1988) 4, S. 123–127

Lueger, Otto. Lexikon der gesamten Technik und ihrer Hilfswissenschaften. 8 Bände + 2 Ergänzungsbände, Deutsche Verlags-Anstalt, 2. Aufl. Stuttgart, Leipzig 1904–1920

Lutz, Peter; Jenisch, Richard; Klopfer, Heinz; Freymuth, Hanns; Petzold; Karl und Martin Stohrer. Lehrbuch der Bauphysik. Schall – Wärme – Feuchte – Licht – Brand – Klima. Teubner, Stuttgart, Leipzig, Wiesbaden 5. überarb. Aufl. 2002

Mägdefrau, Werner. Zum Waid- und Tuchhandel thüringischer Städte im späten Mittelalter. In: Jahrbuch für Wirtschaftsgeschichte X (1973) II, S. 131–148

Mägel, Matthias; Lewicki, Catrin; Schiller, Wolfgang und Ulrich Fried. Prüfverfahren in der Textilindustrie (Teil III). Farbechtheitsprüfungen an Textilien. In: Loy, Walter (Hrsg.). Taschenbuch für die Textilindustrie 2003. Schiele & Schön, Berlin 2003, S. 17–35

Mann, Theo. Die Entwicklung der Abwassertechnik und der Wasserreinhaltung. In: Chemie in unserer Zeit 25 (1991) 2, S. 87–95

Martius, Sabine. Zur Reinigung historischer Textilien. Drei Beispiele aus dem jüdischen Kulturkreis: ein Torawimpel, ein Toramantel und ein Toravorhang. In: Restauro 100 (1994) 3, S. 178–183

Marzell, Heinrich. Wörterbuch der deutschen Pflanzennamen. 4 Bände + 1 Registerband, Hirzel, Leipzig 1943–1979

McCamy, C.S. Physical Exemplification of Color Order Systems. In: Color Research and Application 10 (1985) S. 20–25

Meier, Hans. Die Photochemie der organischen Farbstoffe. Organische Chemie in Einzeldarstellungen, Bd. 7. Springer, Berlin, Göttingen, Heidelberg 1963

Melchior, Hans und Hans Kastner. Gewürze – Botanische und chemische Untersuchungen. Parey, Berlin, Hamburg 1974

Mell, C.D. A brief historical account of weld. In: Textile Colorist 54 (1932) S. 335–337, 343

Mell, C.D. A brief historical sketch on dyers's broom. In: Textile Colorist 54 (1932) S. 26–28

Melo, Maria J.; Pina, Fernando und Claude Andary. Anthocyans: Nature's Glamorous Palette. In: Bechtold, Thomas und Rita Mussak (Hrsg.). Handbook of Natural Colorants. Wiley series in renewable resources. Wiley, Chichester 2009, S. 135–150

Melzer, Roland R.; Brandhuber, Peter; Zimmermann, Timo und Ulrich Smola. Der Purpur – Farben aus dem Meer. In: Biologie in unserer Zeit 31 (2001) 1, S. 30–39

Menzi, K. Die Kunst des Färbens vor Perkin. In: SVF-Fachorgan für Textilveredlung 11 (1956) 10, S. 547–576

Merck, Klemens (Hrsg.). Klemens Merck's Warenlexikon für Handel, Industrie und Gewerbe: Beschreibung der im Handel vorkommenden Natur- und Kunsterzeugnisse unter besonderer Berücksichtigung der chemisch-technischen und anderer Fabrikate, der Drogen- und Farbewaren, der Kolonialwaren, der Landesprodukte, der Material- und Mineralwaren. 3. gänzlich umgearb. Aufl., 2. rev. Abdruck, Gloeckner, Leipzig 1884

Merrifield, Mary Philadelphia. Original treatises dating from the XIIth to XVIIIth centuries on the arts of painting, in oil, miniature, mosaic and on glass. J. Murray, London 1849, Reprint: Dover Publications, New York 1967

Meth-Cohn, Otto und Anthony S. Travis. The mauvein mystery. In: Chemistry in Britain 35 (1995) 7, S. 547–549

Meyer, Bruno und H.R. Zollinger. Farbmetrik. Eine Einführung für Färbereifachleute aus der Textil-, Papier- und Lederindustrie. Sandoz AG, Basel 1989

Meyer, Karl. Carotinoide – Bedeutung und technische Synthese. In: Chemie in unserer Zeit 36 (2002) 3, S. 178–192

Meyer, Ute. Farbstoffe aus der Natur: Geschichte und Wiederentdeckung. Die Werkstatt, Göttingen 1997

Michelsen, Andreas Ludwig Jakob (Hrsg.). Die alte Erfurtische Wasserordnung. In: Rechtsdenkmale aus Thüringen. Fromann, Jena 1863, S. 101–138

Mosler-Christoph, Susanne. Die materielle Kultur in den Lüneburger Testamenten 1323–1500. Dissertation an der Georg-August-Universität Göttingen 1998

Müller, Wolfgang. Textilien: Kulturgeschichte von Stoffen und Farben. ecomed, Landsberg 1997

Müllerott, Hansjürgen. Quellen zum Waidanbau in Thüringen. Thüringer Chronik-Verlag, 1. Aufl. Arnstadt 1992

Munro, John H. The Medieval Scarlet and the Economics of Sartorial Splendour. In: Harte, Negley B. und Kenneth G. Ponting (Hrsg.). Cloth and Clothing in Medieval Europe. Essays in Memory of Professor E.M. Carus-Wilson. Heinemann, London 1983, S. 13–70

Munro, John H. Medieval Woollens: textiles, textile technology and industrial organisation, c.800–1500. In: Jenkins, David T. (Hrsg.). The Cambridge History of Western Textiles. Cambridge University Press, Cambridge 2003, S. 181–227

Nelkenbrecher, Johann Christian. Allgemeines Taschenbuch der Münz-, Maß- und Gewichtskunde für Bankiers und Kaufleute. Wever, 2. Aufl. Berlin 1769. Reprint Dr. Müller, Düsseldorf 2004

Netolitzky, Fritz. Die Giftigkeit der „Rauschbeeren“ (Vacchinium uligonosum) – ein Mißverständnis. In: Österreichische botanische Zeitschrift 64 (1914) 1, S. 43–45

Neuburger, Albert. Die Technik des Altertums. Reprint der Orig.-Ausg. Leipzig, Voigtländer von 1919. Reprint-Verlag Leipzig, Holzminden 1994

Neumüller, Otto Albrecht (Hrsg.). Römpps Chemie-Lexikon. 6 Bd. 8., neubearb. und erw. Aufl., Franckh, Stuttgart 1979–1988

Nicholson, S.K. und Philip John. The mechanism of bacterial indigo reduction. In: Applied Microbioloy and Biotechnology 68 (2005) 1, S. 117–123

Nicolai, M. und A. Nechwatal: Untersuchungen zur Aluminiumbeize beim Färben mit Naturfarbstoffen. In: Textilveredlung 29 (1994) 11, S. 330–335

Nicolai, M.; Nechwatal A. u. K.-P. Mieck. Textile Färbungen mit Waidpulver aus Isatis tinctoria L. In: Wirkerei- und Strickerei-Technik 44 (1994) S. 348–350

Niemann, Friedrich A. und Johann Friedrich Krüger. Vollständiges Handbuch der Münzen, Maaße und Gewichte aller Länder der Erde. Verlag Gottfried Basse, Quedlinburg, Leipzig 1830

Nixdorff, Heide und Heidi Müller. Weiße Westen – Rote Roben. Von den Farbordnungen des Mittelalters zum individuellen Farbgeschmack. Katalog zur Sonderausstellung 10. Dezember 1983 bis 11. März 1984. Staatliche Museen Preußischer Kulturbesitz, Berlin. Museum für Völkerkunde und Museum für Deutsche Volkskunde. Ohne Verlag, Berlin 1983

Nonn, Ulrich. Quellen zur Alltagsgeschichte im Früh- und Hochmittelalter, Teil 2. Wissenschaftliche Buchgesellschaft, Darmstadt 2007

North, Michael (Hrsg.). Deutsche Wirtschaftsgeschichte: ein Jahrtausend im Überblick. Beck, 2. völlig überarb. und akt. Aufl. München 2005

Nowak, Martin und Gislinde Forkel. Wolle vom Schaf. Ulmer, Stuttgart 1989

Obara, Heitaro und Jun-ichi Onodera. Structure of Carthamin. In: Chemistry Letters 8 (1979) 2, S. 201–204

Oda, Hironori. Improvement of the light fastness of natural dyes: the action of singlet oxygen quenchers on the photofading of red carthamin. In: Coloration technology 117 (2001) S. 204–208

ohne Verfasser. Ueber gemischten Vitriol. In: Journal für Praktische Chemie 11 (1837) 1, S. 378–379

Orland, Barbara. Wäsche waschen. Technik- und Sozialgeschichte der häuslichen Wäschepflege. Kulturgeschichte der Technik und Naturwissenschaften, Bd. 36. Rowohlt, Reinbek 1991

Padden, A. Nikki; Dillon, Vivian M.; Edmonds, John; Collins, M. David, Alvarez, Nerea und Philip John. An indigo-reducing moderate thermophile from a woad vat, Clostridium isatidis sp. nov. In: International Journal of Systematic Bacteriology 49 (1999) S. 1025–1031

Padfield, Tim und Sheila Landi. The Light-Fastness of the Natural Dyes. In: Studies in Conservation 11 (1966) 4, S. 181–196

Pagès-Camagna, Sandrine und Sylvie Colinart. Ägyptisch Blau und Grün. In: Spektrum der Wissenschaft – Spezial: Farben. Heidelberg 2004, S. 2483 – 2487

Papageorgiou, Vassilios P.; Assimoloulou, Andreana N.; Couladouros, Elias A.; Hepworth, David und K.C. Nicolaou. Chemie und Biologie von Alkannin, Shikonin und verwandten Naphtharazin-Naturfarbstoffen. In: Angewandte Chemie 111 (1999) S. 280–311

Päsler, Ralf G. Deutschsprachige Sachliteratur im Preußenland bis 1500. Böhlau, Köln/Weimar/Wien 2003, S. 145–149

Pastoureau, Michel. Blue – The History of a Color. Princeton University Press, Princeton 2001

Pfeiffer, Paul. Die Aufbauprinzipien der inneren Komplexsalze. In: Angewandte Chemie 53 (1940) 9/10, S. 93–98

Pfitzner, H. Innere Komplexverbindungen in der Farbenchemie. In: Angewandte Chemie 62 (1950) 9/10, S. 242–246

Pierer, Heinrich August. Universal-Lexikon der Vergangenheit und Gegenwart oder Neuestes encyclopädisches Wörterbuch der Wissenschaften, Künste und Gewerbe. 19 Bände. Pierer, 4., umgearb. u. stark verm. Aufl. Altenburg 1857–1865

Ploss, Emil Ernst. Ein Buch von alten Farben. Technologie der Textilfarben im Mittelalter mit einem Ausblick auf die festen Farben. 6. erw. Auflage, Moos, Gräfelfing 1989

Ploss, Emil Ernst. Das Amberger Malerbüchlein. Zur Verwandtschaft der spätmhd. Farbrezepte. In: Festschrift für Hermann Heimpel zum 70. Geburtstag am 19.

September 1971. 3. Band (Veröffentlichungen des Max-Planck-Instituts für Geschichte 36/III), Vandenhoeck & Ruprecht, Göttingen 1972, S. 693–703

Ploß, Emil Ernst. Die Färberei in der germanischen Hauswirtschaft. In: Zeitschrift für Deutsche Philologie 75 (1956) S. 1–22

Ploss, Emil Ernst. Rotfärbungen im alten Nürnberg. In: Die BASF 6 (1956) 6, S. 227–232

Ploss, Emil Ernst. Zur Geschichte des Wortes „Salmiak". In: Die BASF 6 (1956) 1, S. 4–7

Pötsch, W.R. Alaun – einst ein unersetzlicher Rohstoff. In: Melliand Textilberichte 80 (1999) S. 967

Pötsch, W.R. Naturfarbstoffherstellung aus Waidpflanzen: Gestank als Qualitätsmerkmal. In: Melliand Textilberichte 83 (2002) S. 170–171

Ponting, Kenneth G. A dictionary of dyes and dyeing. Bell & Hyman, London 1980

Pratt, Herbert T. Ammonia's better – Lant: gone and best forgotten. In: Textile Chemist and Colorist 19 (1987) 6, S. 23–26

Prechtl, Johann Joseph (Hrsg.). Technologische Encyklopädie oder alphabetisches Handbuch der Technologie, der technischen Chemie und des Maschinenwesens. Zum Gebrauche für Kameralisten, Ökonomen, Künstler, Fabrikanten u. Gewerbetreibende jeder Art. 20 Bände + 5 Supplementbände, Cotta, Stuttgart 1830–1869

Pritchard, Frances. The uses of Textiles, c. 1000 – 1500. In: Jenkins, David T. (Hrsg.). The Cambridge History of Western Textiles. Cambridge University Press, Cambridge 2003, S. 355–377

Ratermann, Martin. Was Tiere bunt macht – Farbstoffe in der Natur. In: CHEMKON 8 (2001) 3, 149–153

Rath, Hermann. Lehrbuch der Textilchemie einschließlich der textilchemischen Technologie. 3. neubearbeitete Aufl., Springer, Berlin, Heidelberg, New York 1972

Reckel, Sylvia. Von »Teufelsfarbe«, »Scharlachtüchern«, »Waidjunkern« und »Schönfärbern«. Aufstieg und Fall der natürlichen Farbstoffe. In: Andersen, Arne und Gerd Spelsberg (Hrsg.): Das blaue Wunder – Zur Geschichte der synthetischen Farben. Volksblatt, Köln 1990, S. 57–81

Reich, Anne-Kathrin. Kleidung als Spiegelbild sozialer Differenzierung. Städtische Kleiderordnungen vom 14. bis zum 17. Jahrhundert am Beispiel der Altstadt Hannover. Quellen und Darstellungen zur Geschichte Niedersachsens 125. Hahn, Hannover 2005

Rein, Maarit. Copigmentation reactions and color stability of berry anthocyanins. Academic Dissertation. University of Helsinki. Department of Applied Chemistry and Microbiology. Food Chemistry Division. Yliopistopaino, Helsinki 2005.

Reinighaus, Wilfried. Gewerbe in der frühen Neuzeit. Enzyklopädie deutscher Geschichte Bd. 3. Oldenbourg, München 1990

Reinking, Karl. Über die Färberei der Pflanzenfasern im Mittelalter. In: Melliand-Textilberichte 19 (1938) S. 198–200

Reinking, Karl. Zur Entstehung und Entwicklung der Färberei. Die Anwendung der Beizen. In: Melliand Textilberichte 19 (1938) S. 519–520

Reith, Reinhold. Lohn und Leistung: Lohnformen im Gewerbe 1450 – 1900. Vierteljahresschrift für Sozial- und Wirtschaftsgeschichte, Beiheft Nr. 151. Stuttgart, Steiner 1999

Reith, Reinhold. Lexikon des alten Handwerks. C. H. Beck, München 2. durchges. Aufl. 1991

Reulecke, Jürgen. Vom blauen Montag zum Arbeiterurlaub. Vorgeschichte und Entstehung des Erholungsurlaubs für Arbeiter vor dem ersten Weltkrieg. In: Archiv für Sozialgeschichte 16 (1976) S. 205–248

Reumann, Ralf-Dieter (Hrsg.). Prüfverfahren in der Textil- und Bekleidungsindustrie. Springer, Berlin, Heidelberg, New York 2000

Richter, Paul. Feuriges Krapprot auf loser Wolle. Notizen aus unserem Archiv zur Geschichte der Textilfärberei, 6. Fortsetzung. In: Wirkerei- und Strickereitechnik 40 (1990) 9, S. 971–972

Richter, Paul. Blaufärbungen auf Wolle. Notizen aus unserem Archiv zur Geschichte der Textilfärberei, 4. Fortsetzung. In: Wirkerei- und Strickereitechnik 40 (1990) 7, S. 741–742

Richter, Paul. Cochenille und Kermes für Hochrotfärbungen auf Wolle. Notizen aus unserem Archiv zur Geschichte der Textilfärberei, 1. Fortsetzung. In: Wirkerei- und Strickereitechnik 40 (1990) 4, S. 415–416

Richter, Paul. Waid-Indigo-Gärungsküpen für das Färben von Wolle. Notizen aus unserem Archiv zur Geschichte der Textilfärberei, 8. Fortsetzung. In: Wirkerei- und Strickereitechnik 40 (1990) 12, S. 1332–1333

Richter, Paul. Magenta auf Flanell. Notizen aus unserem Archiv zur Geschichte der Textilfärberei, 2. Fortsetzung. In: Wirkerei- und Strickereitechnik 40 (1990) 5, S. 530

Roosen-Runge, Heinz. Farbgebung und Technik frühmittelalterlicher Buchmalerei: Studien zu den Traktaten „Mappae clavicula“ und „Heraclius“. In: Kunstwissenschaftliche Studien 38, Deutscher Kunstverlag, München 1967

Roosen-Runge, Heinz: Farben- und Malrezepte in frühmittelalterlichen Handschriften. In: Ploss, Emil Ernst; Roosen-Runge, Heinz; Schipperges, Heinrich und Herwig Buntz. Alchimia: Ideologie und Technologie. Moos, München 1970, S. 48–66

Rosenberg, Erwin. Characterisation of historical organic dyestuffs by liquid chromatography-mass spectrometry. In: Analytical and Bioanalytical Chemistry 391 (2008) S. 33–57

Roth, Johann Ferdinand. Geschichte des Nürnbergischen Handels. Ein Versuch. 4 Bände, Böhme, Leipzig 1800–1802

Roth, Klaus. Berliner Blau: Alte Farbe in neuem Glanz. In: Chemie in unserer Zeit 37 (2003) S. 150–151

Roth, Lutz; K. Kormann und Helmut Schweppe. Färberpflanzen – Pflanzenfarben. ecomed, Landsberg/Lech 1992

Rottleuthner, Wilhelm. Alte lokale und nichtmetrische Gewichte und Maße und ihre Größen nach metrischem System. Universitätsverlag Wagner, Innsbruck 1985

Rouette, Hans-Karl. Enzyklopädie Textilveredlung. 4 Bände, Deutscher Fachverlag, 2009
Rouette, Hans-Karl. Handbuch Textilveredlung. 4 Bände, 15., überarbeitete Aufl., Deutscher Fachverlag; Frankfurt/Main 2006
Routh, Hirak Behari; Bhowmik, Kazal Rekha; Parish, Lawrence Charles und Joseph A. Wittkowski. Soaps: From the Phoenicians to the 20th Century – A Historical Review. In: Clinics in Dermatology 14 (1996) S. 3–6

Sakuma, Hironobu. Die Nürnberger Tuchmacher, Weber, Färber und Bereiter vom 14. bis 17. Jahrhundert. Schriftenreihe des Stadtarchivs Nürnberg, Band 51, Nürnberg 1993
Sandberg, Gösta. The red dyes: Cochineal, Madder and Murex Purple. Lark Books, Asheville 1997
Sato, Shingo; Kusakari, Takashi; Suda, Tohru; Kasai, Takaharu; Kumazawa, Toshihiro; Onodera, Jun-ichi und Heitaro Obara. Efficient synthesis of analogs of safflower yellow B, carthamin, and its precursor: two yellow and one red dimeric pigments in safflower petals. In: Tetrahedron Letters 61 (2005) S. 9630–9636
Sauerhoff, Friedhelm. Pflanzennamen im Vergleich. Studien zur Benennungstheorie und Etymologie. Zeitschrift für Dialektologie und Linguistik (ZDL), Beiheft 113. Steiner, Stuttgart 2001
Scarpatetti, Beat Matthias. Katalog der datierten Handschriften in der Schweiz in lateinischer Schrift vom Anfang des Mittelalters bis 1550. Band II. Die Handschriften der Bibliotheken Bern–Porrentruy. Graf, Zürich 1983
Schaefer, Gustav. Die Rothölzer. In: Ciba-Rundschau 10 (1937) S. 341–348
Schaefer, Gustav. Das Blauholz. In: Ciba-Rundschau 10 (1937) S. 326–330
Schaefer, Gustav. Zur Geschichte der Blauholzverwendung. In: Ciba-Rundschau 10 (1937) S. 331–335
Schaefer, Gustav. Der Anbau und die Veredelung der Krappwurzel. In: Ciba-Rundschau 47 (1940) S. 1714 1722
Schaefer, Gustav. Zur Geschichte der Türkischrotfärberei. In: Ciba-Rundschau 47 (1940) S. 1723–1732
Schaefer, Gustav. Zum Chemismus und zur Technik der Türkischrotfärberei. In: Ciba-Rundschau 47 (1940) S. 1733–1737
Schaefer, H. Martin und David M. Wilkinson. Red leaves, insects and coevolution. In: TRENDS in Ecology and Evolution 19 (2004) 12, S. 616–618
Schiller, Karl und August Lübben. Mittelniederdeutsches Wörterbuch. 6 Bände, Kühtmann, Bremen 1875–1881
Schlabow, Karl. Textilfunde der Eisenzeit in Norddeutschland. Wachholtz, Neumünster 1976
Schlabow, Karl. Der Prachtmantel Nr. II aus dem Vehnemoor in Oldenburg. In: Oldenburger Jahrbuch Nr. 2, 1953, S. 160–201
Schlegel-Matthies, Kirsten. „Große Wäsche – Samstag ist Badetag“. In: SOWI Sozialwissenschaftliche Informationen 26 (1997) 1, S. 36–41
Schmidt, Alfred. Drogen und Drogenhandel im Altertum. Reprint der Ausgabe Barth, Leipzig 1924, Ayer Publishing, New York 1979

Schmidt, Helmut. Indigo – 100 Jahre industrielle Synthese. In: Chemie in unserer Zeit 31 (1997) 3, S. 121–128

Schmidt, Helmut. Indigo – der „König“ der Farbstoffe wird 100. In: Melliand Textilberichte 78 (1997) 6, S. 418–421

Schneider, Karin. Die deutschen mittelalterlichen Handschriften. Die Handschriften der Stadtbibliothek Nürnberg, Bd. 1. Harrassowitz, Wiesbaden 1965, S. 239–240

Schneider, Karin. Die deutschen Handschriften der Bayerischen Staatsbibliothek München. Cgm 201–350. Harrassowitz, Wiesbaden 1970

Schneider, Karin. Die deutschen Handschriften der Bayerischen Staatsbibliothek München. Cgm 691–867. Harrassowitz, Wiesbaden 1984

Schubert, Ernst. Der Wald: wirtschaftliche Grundlage der mittelalterlichen Stadt. In: Herrmann, Bernd (Hrsg.). Mensch und Umwelt im Mittelalter. Deutsche Verlagsanstalt, Stuttgart [3]1987, S. 257–274

Schulte, Aloys. Geschichte des mittelalterlichen Handels und Verkehrs zwischen Westdeutschland und Italien mit Ausschluß von Venedig. Duncker & Humblot, Leipzig 1900

Schum, Wilhelm. Beschreibendes Verzeichnis der Amplonianischen Handschriften-Sammlung zu Erfurt. Weidmannsche Buchhandlung, Berlin 1887

Schuster, Peter. Das Frauenhaus: Städtische Bordelle in Deutschland (1350–1600). Schöningh, Paderborn 1992

Schwedt, Georg. Chemische Experimente in Schlössern, Klöstern und Museen. Wiley-VCH, Weinheim 2002

Schwedt, Georg. Chemie für alle Jahreszeiten. Wiley-VCH, Weinheim 2007

Schweizer, François und Bruno Mühlethaler. Einige grüne und blaue Kupferpigmente. In: Farbe und Lack 74 (1968) S. 1159–1173

Schweppe, Helmut. Handbuch der Naturfarbstoffe. ecomed, Landsberg 1992

Schweppe, Helmut. Analyse der Farbstoffe. In: Hägg, Inga. Die Textilfunde aus dem Hafen von Haithabu. Berichte über die Ausgrabungen in Haithabu. Band 20. Wachholtz, Neumünster 1985, S. 289–290

Schweppe, Helmut. Farbstoffe, natürliche. In: Ullmann, Fritz [Begr.] und Ernst Bartholomé. Ullmanns Encyklopädie der technischen Chemie. Bd. 11. Verlag Chemie, 4. neubearb. und erw. Auflage, Weinheim [u.a.] 1976, S. 99–134

Seefelder, Matthias. Indigo in Kultur, Wissenschaft und Technik. ecomed, Landsberg 1994

Seel, Fritz; Schäfer, Gisela; Güttler, Hans-Joachim und Georg Simon. Das Geheimnis des Lapis lazuli. In: Chemie in unserer Zeit 8 (1974) 3, S. 65–71

Semet, Birgit und G.E. Grüninger. Eisen(II)-Salz-Komplexe als Alternative zu Hydrosulfit in der Küpenfärberei. In: Melliand Textilberichte 76 (1995) S. 161–164

Sewekow, Ulrich. Naturfarbstoffe – eine Alternative zu synthetischen Farbstoffen? In: Melliand Textilberichte 69 (1988) S. 271–276

Sheffield, Ann und Margaret J. Doyle. Uptake of Copper(II) by Wool. In: Textile research Journal 75 (2005) 3, S. 203–207

Siewek, Fred. Exotische Gewürze. Birkhäuser, Basel, Boston, Berlin 1990. S. 106–108

Simon, Klaus. Farbe im Digitalen Publizieren. Springer, Berlin, Heidelberg, New York 2008

Simon-Muscheid, Katharina. Abfälle, Abwässer und Kloaken – Das Problem der Entsorgung. In: Lindgren, Uta (Hrsg.). Europäische Technik im Mittelalter – 800 bis 1200. Gebr. Mann Verlag, Berlin 1996, S. 117–120

Sinz, Herbert. Das Handwerk. Geschichte, Bedeutung und Zukunft. Econ, Düsseldorf – Wien 1977

Skelton, Helen. A colour chemist's history of Western art. In: Review of Progress in Coloration and Related Topics 29 (1999), S. 43–64

Smith, Anthony W. An Introduction to Textile Materials: their structure, properties and deterioration. In: Journal of the Society of Archivists 20 (1999) 1, S. 25–39

Society of Dyers and Colourists (SDC) und American Association of Textile Chemists and Colorists (AATCC). Colour Index. 3. Edition, Volume 3 + 4, Bradford 1971

Sommer, Herbert und Friedrich Winkler. Handbuch der Werkstoffprüfung. Bd. 5: Die Prüfung der Textilien. Springer, Berlin, Göttingen, Heidelberg 1. und 2. Aufl. 1960

Spränger, Emil. Färbbuch: Grundlagen der Pflanzenfärberei auf Wolle. Rentsch, Erlenbach-Zürich 3. Aufl. 1975

Spreer, Edgar. Milchverarbeitung. 7. neubearbeitete und aktualisierte Aufl., Behr, Hamburg 1995

Sponagel, R.K. Echo: Welche Farbe hat der antike Purpur? Bemerkungen zum Artikel von H. Zollinger in Textilveredlung 24 (1989) 6, S. 207. In: Textilveredlung 24 (1989) 7/8, S. 280–281

Sporbeck, Gudrun. Textilherstellung – Zu mittelalterlichen Spinn- und Webgeräten. In: Lindgren, Uta (Hrsg.). Europäische Technik im Mittelalter – 800 bis 1200. Gebr. Mann, Berlin 1996, S. 471–473

Srinivas, C.V.S.; Praveena, B. und G. Nagaraj. Safflower petals: A source of gamma linolenic acid. In: Plant Foods for Human Nutrition 54 (1999) S. 89–92

Sroka, Peter. Textilchemisches Färbereipraktikum. Laborversuchsanleitungen. Hartung-Gorre, Konstanz 1992

Stillman, John Maxson. The Story of alchemy and early chemistry. Ungekürztes und unveränd. Reprint der Ausgabe "The story of early chemistry" 1929, Dover Publications, New York 1960

Stötter, Hermann. Fortschritte auf dem Gebiet des Mottenschutzes durch „Eulan neu". In: Angewandte Chemie 42 (1929) S. 1074–1076

Stötter, Hermann. Moderne Mottenmittel. Entwicklungsgeschichte des „Eulan". In: Angewandte Chemie 59 (1947) S. 145–150

Storey, Joyce. The Thames and Hudson Manual of Dyes and Fabrics. Thames and Hudson, New York 1978, Reprint 1992

Storz-Schumm, Hildegard. Textilproduktion in der mittelalterlichen Stadt. In: Landesdenkmalamt Baden-Württemberg, Stadt Zürich. Stadtluft, Hirsebrei und Bettelmönch. Die Stadt um 1300. Theiss, Stuttgart 1992, S. 402–407

Stratmann, Maria. Erkennen und Identifizieren der Faserstoffe. Teildruck aus dem Handbuch für Textilingenieure und Textilpraktiker, Teil 16. Dr. Spohr-Verlag, Stuttgart 1973

Strayer, Joseph Reese. (Hrsg.). Dictionary of the Middle Ages. 12 Bände + 1 Indexband, Scribner, New York 1982–1989

Stromer, Wolfgang von. Die Gründung der Baumwollindustrie in Mitteleuropa – Wirtschaftspolitik im Spätmittelalter. Monographien zur Geschichte des Mittelalters, Bd. 17. Hiersemann, Stuttgart 1978

Struckmeier, Sabine. Naturfarbstoffe – Farben mit Geschichte. In: Chemie in unserer Zeit 37 (2003) 6, S. 402–409

Suomalainen, Heikki und Christine Eriksson. Anthocyanine in nordischen und in einigen anderen Beerenfrüchten. In: Zeitschrift für Lebensmitteluntersuchung und –Forschung A 112 (1960) 3, S. 197–212

Takahashi, Yoshiyuki; Miyasaka, Nobutoshi; Tasaka, Shigeo; Miura, Iwao; Urano, Shiro; Ikura, Mitsuo; Hikichi, Kunio; Matsumoto, Takeshi und Mizu Wada. Constitution of two coloring matters in the flower petals of *Carthamus tinctorius* L. In: S. Tetrahedron Letters 23 (1982) 49, S. 5163–5166

Taylor, F. Sherwood und Charles Singer. Pre-scientific industrial chemistry. In: Singer, Charles; Holmyard, E.J.; Hall, A.R. und Trevor I. Williams (Hrsg.): A History of technology. Volume II: The mediterranean civilization and the middle ages. Clarendon Press, Oxford [2]1957, S. 347–374

Taylor, George W. Botanical Alternatives to Alum. In: Kirby, Jo (Hrsg.). DHA 18. Archetype, London 2002, S. 37–39

ten Horn-van Nispen, Marie-Louise. 400.000 Jahre Technik-Geschichte – Von der Steinzeit bis zum Informationszeitalter. Primus, Darmstadt 1999

Tennent, N.H. The Deterioration and Conservation of Dyed Historic Textiles. In: Review of progress in coloration and related topics 16 (1986) S. 39–45

Thompson, Daniel Varney. The De Clarea or so-called Anonymus Bernensis. In: Technical Studies 1 (1932), S. 8f.

Thompson, Daniel Varney. De arte illuminandi. New Haven 1933 (Ms XII. E. 27, Nationalbibliothek Neapel, 14. Jahrhundert)

Thompson, Daniel Varney. The Craftsman's Handbook. New Haven 1933 (Engl. Übersetzung von Il libro dell'Arte o trattato dela pittura, Ms. medico 23. P. 78, Laurentianische Bibliothek Florenz, um 1390)

Thompson, Daniel Varney. De Coloribus Naturalia Exscripte et Collecta, from Erfurt, Stadtbücherei, Ms. Amplonius quarto 189 (XIII–XIV Century). In: Technical Studies in the field of Fine Arts 3 (1935) 3, S. 133–145

Thompson, Daniel Varney. The Materials and Techniques of Medieval Painting. Yale University Press, New Haven, CT 1936, Unveränd. Neuauflage des Reprints Dover Publications, New York 1956

Thorndike, Lynn. Some medieval texts on colours. In: Ambix 7 (1959) 1, S. 1–24

Thorndike, Lynn. Other texts on colours. In: Ambix 8 (1960) 2, S. 53–70

Tímár-Balázsy, Agnes und Dinah Eastop. Chemical Principles of Textile Conservation. Butterworth-Heinemann, Oxford 1998

Topik, Steven; Carlos Marichal und Zephyr Frank. From Silver to Cocaine: Latin American Commodity Chains and the Building of the World Economy, 1500–2000. Duke University Press, Durham, NC 2006

Trueb, Lucien F. Antiker Purpur. In: Naturwissenschaftliche Rundschau 50 (1997) 9, S. 345–347

Ulber, Roland und Konrad Soyez. 5000 Jahre Biotechnologie. Vom Wein zum Penicillin. In: Chemie in unserer Zeit 38 (2004) 5, S. 172–180

Ulshöfer, Hermann. Farbechtheiten – Allgemeine Grundlagen. In: Textilveredlung 37 (2002) 3/4, S. 25–29; 5/6, S. 20–23; 7/8, S. 17–24 und 9/10, S. 22–27

Valladas, H.; Clottes, J.; Geneste, J.-M.; Garcia, M.A.; Arnold, M., Cachier, H. und N. Tisnérat-Laborde. Palaeolithic paintings: evolution of prehistoric cave art. In: Nature 413 (2001) S. 479

Van der Wee, Herman. The Revival of the old and the rise of newer forms of the light draperies (draperies légères) during the later fifteenth and sixteenth centuries: Italy and the Low Countries. In: Jenkins, David T. (Hrsg.). The Cambridge History of Western Textiles. Cambridge University Press, Cambridge 2003, S. 428–445

Vankar, Padma S. Chemistry of Natural Dyes. In: Resonance – Journal of Science Education 5 (2000) 10, S. 73–80

Vaupel, Elisabeth. Napoleons Kontinentalsperre und ihre Folgen. Hochkonjunktur der Ersatzstoffe. In: Chemie in unserer Zeit 40 (2006) S. 306–315

Verdenhalven, Fritz. Alte Maße, Münzen und Gewichte aus dem deutschen Sprachgebiet. Degener, Neustadt/Aisch 1968

Vignaud, Colette; Marie-Pierre Pomies und Michel Menu. Farbstoffe prähistorischer Malereien. In: Spektrum der Wissenschaft – Spezial: Farben. Heidelberg 2004, S. 48

Vogler, Herbert. Farben und Färben im alten Ägypten. In: Deutscher Färberkalender 79 (1975) S. 369–401

Vogler, Herbert. Die Färberei der Antike bei den Völkern Vorderasiens. In: Deutscher Färberkalender 84 (1980) S. 365–390

Vogler, Herbert. Arbeitsmethoden und Farbstoffe der altindischen Färber. In: Deutscher Färberkalender 86 (1982) S. 209–232

Vogler, Herbert. Die Spuren früher Färberei im Minoerreich auf Kreta. In: Deutscher Färberkalender 88 (1984) S. 193–206

Vogler, Herbert. Gefärbt wird schon seit Jahrtausenden. In: Textilveredlung 21 (1986) S. 229–235

Vogler, Herbert. Die Färberei bei Germanen und Kelten. In: Deutscher Färberkalender. 93 (1989) S. 225–243

Vogler, Herbert. Färberei und Farben Alt-Griechenlands. In: Deutscher Färberkalender 94 (1990) S. 193–205

Vogler, Herbert. Färben in der Römerzeit. In: Deutscher Färberkalender 95 (1991) S. 182–193

Vogler, Herbert. Waren die Färber der Antike Alchemisten. In: Textilveredlung 27 (1992) S. 352–358

Vogler, Herbert. Textilveredlung in der Antike. Teil 1 in: Textilveredlung 34 (1999) 11/12, S. 32–36, Teil 2. In: Textilveredlung 35 (2000) 1/2, S. 28–33

Vogt, Hans-Heinrich. Farben und ihre Geschichte. Von der Höhlenmalerei zur Farbchemie. Franckh'sche Verlagshandlung, Stuttgart 1973

Volckmann, Erwin. Alte Gewerbe und Gewerbegassen. Reprographischer Nachdruck der Ausgabe Würzburg 1921, Gerstenberg, Hildesheim 1976

Volke, Klaus. Waschen und Färben im Altertum. In: Tenside, Surfactants, Detergents 29 (1992), 3, S. 161, 165, 174, 189, 198

Volke, Klaus. Chemisches bei Caesar. In: Chemie in unserer Zeit 40 (2006) S. 20–31

Vollmer, Günter und Manfred Franz. Chemische Produkte im Alltag. Thieme, Stuttgart, New York 1985

Vollrath, Hans-Joachim. Ellen im Mathematikunterrricht. In: Der Mathematikunterricht 48 (2002) 3, S. 49–61

Wagner, Hans Günter. Von der Metallbeize zum metallhaltigen Farbstoff. In: Die BASF 1976, Nr. II, S. 64–68

Wanzeck, Christiane. Zur Etymologie lexikalisierte Farbwortverbindungen. Untersuchungen anhand der Farben Rot, Gelb, Grün und Blau. Amsterdamer Publikationen zur Sprache und Literatur, Bd. 149. Rodopi, Amsterdam u.a. 2003

Wasmuth, Günter. Wasmuths Lexikon der Baukunst. 4 Bände + 1 Nachtragsband, Wasmuth, Berlin 1929–1937

Watzl, Bernhard und Gerhard Rechkemmer. Flavonoide. In: Ernährungs-Umschau 48 (2001) 12, S. 498–502

Watzl, Bernhard; Briviba, Karlis und Gerhard Rechkemmer. Anthocyane. In: Ernährungs-Umschau 49 (2002) 4, S. 148–150

Webb, Hanor A. Dyes and Dyeing. In: Journal of Chemical Education 19 (1942) 10, S. 460–470

Wehrmann, Carl Friedrich. Wantfarver (Tuchfärber). Zunftrolle vom 7. Juni 1500, revidiert 1586. In: Die älteren Lübeckischen Zunftrollen. Aschenfeldt, Lübeck 1864, S. 485–489

Welham, Arthur. The theory of dyeing (and the secret of life). In: JSDC 116 (2000) S. 140–143

Wendelstadt, H. und A. Binz. Zur Kenntnis der Gärungsküpe. In: Berichte der Deutschen Chemischen Gesellschaft 39 (1906) 2, S. 1627–1631

Wendt, Wolf Rainer. Geschichte der sozialen Arbeit. Bd. 1: Die Gesellschaft vor der sozialen Frage. Lucius & Lucius, 5., völlig neubearb. und erw. Aufl. Stuttgart 2008

Werner, Brita. Geschichte der Farbstoffchemie und Farbstoffindustrie. In: Schweizerischer Maler- und Gipsermeister-Verband (Hrsg.). Applica: Zeitschrift für das Maler- und Gipsergewerbe 110 (2003) 5, S. 4–16

WHO (World Health Organization). WHO monographs on selected medicinal plants. Volume 3, Genf 2007

Wiswe, Hans. Mittelalterliche Rezepte zur Färberei sowie zur Herstellung von Farben und Fleckenwasser. In: Jahrbuch des Vereins für niederdeutsche Sprachforschung 81 (1958) S. 49–58

Witthöft, Harald. Metrologisch-technische Betrachtungen zu Maß und Gewicht in Handwerk, Handel und Gewerbe. In: Lindgren, Uta (Hrsg.): Europäische Technik im Mittelalter – 800 bis 1200. Gebr. Mann, Berlin 1996, S. 381–390

Wittke, Georg. Farbstoffchemie. Studienbücher Chemie. Diesterweg, Salle, Sauerländer, Frankfurt ^{2}1984

Wizinger, Robert. Gerbstoff- und Blauholzschwarz. In: Ciba-Geigy AG: Rundschau. 1973, Heft 2, S. 4–9

Worch, Maria Theresia. Die Dokumentation von Textilrestaurierungen. Welche Erfahrungen liegen vor, wie verfaßt man sie heute? In: Restauro 105 (1999) 3, S. 180–185

Wudtke, Alexander. Alternative Methoden zur Bekämpfung von Museumsschädlingen mit inerten Gasen am Beispiel der Kleidermotte *Tineola bisselliella* (Hum.). In: Anzeiger für Schädlingskunde, Pflanzenschutz , Umweltschutz 67 (1994) 3, S. 43–44

Wunderlich, Christian Heinrich und Günter Bergerhoff. Konstitution und Farbe von Alizarin- und Purpurin-Farblacken. In: European Journal of Inorganic Chemistry 127 (1994) S. 1185–1190

Wunderlich, Christian Heinrich. Krapplack und Türkischrot: Ein Beitrag zur Chemie und Geschichte der Farblacke und Beizenfärbungen. Dissertation Universität Bonn, Bonn 1993

Zahn, Joachim. Farbe, Kunst und Technik in der Stadt aus der Steinzeit. In: Bayer Farben Revue Nr. 38 (1986), S. 59–70

Zahn, Joachim. Weh' dem der Safran schmiert! In: Textilveredlung 27 (1992) 6, S. 220–226

Zahn, Joachim. «Bei Leibesstraff sollen die Tücher ...». In: Textilveredlung 27 (1992) 11, S. 358–365

Zahn, Helmut; Wulfhorst, Burkhard und Hans Külter (Hrsg.): Faserstoff-Tabellen nach P.-A. Koch: Wolle (Schafwolle) – Feine Tierhaare. In: Chemiefasern/Textilindustrie 41 (1991) 1, S. 521–553

Zahn, Helmut; Wulfhorst, Burkhard und M. Steffens (Hrsg.): Faserstoff-Tabellen nach P.-A. Koch: Seide (Maulbeerseide) – Tussahseide. In: Chemiefasern/Textilindustrie 44 (1994) 1/2, S. 40–59

Zander-Seidel, Jutta. Textiler Hausrat. Kleidung und Haustextilien in Nürnberg von 1500–1650. Deutscher Kunstverlag, München 1990

Zedler, Johann Heinrich. Grosses vollständiges Universal Lexicon Aller Wissenschaften und Künste, Welche bißhero durch menschlichen Verstand und Witz erfunden und verbessert worden. Leipzig 1732–1754

Zenz, Ulla Joy. „Zerlegt in alle Einzelteile". Eine Entwicklungsgeschichte der Textilrestaurierung in Österreich. In: Österreichischer Restauratorenverband (Hrsg.). Konservieren – Restaurieren. Bd. 9: Restaurierung und Zeitgeist. Wien 2003, S. 41–45

Zhang, X. und Richard A. Laursen. Development of Mild Extraction Methods for the Analysis of Natural Dyes in Textiles of Historical Interest Using LC-Diode Array Detector-MS. In: Analytical Chemistry 77 (2005) 7, S. 2022–2025

Ziderman, I. Irving. Purple Dyes Made form Shellfish in Antiquity. In: Review of progress in coloration and related topics 16 (1986) S. 46–52

Zollinger, Heinrich. Color Chemistry. Syntheses, Properties and Application of Organic Dyes and Pigments. VCH, 2. überarb. Aufl. Weinheim 1991

Zollinger, Heinrich. Welche Farbe hat der antike Purpur? In: Textilveredlung 24 (1989) 6, S. 207–212

9.3 Internetquellen und Datenbanken

Aas, Gregor. Die Schwarzerle, Alnus glutinosa. In: Bayerische Landesanstalt für Wald- und Forstwirtschaft (LWF). LWF-Bericht 42: Beiträge zur Schwarzerle. Freising 2003, S. 7–10. URL: http://www.lwf.bayern.de/ (22.02.2005)

Angermann, Norbert; Bautier, Robert-Henri und Robert Auty (Hrsg.). Lexikon des Mittelalters (LexMA). 10 Bände, Metzler, Stuttgart 1977–1999. In: Brepolis medieval Encyclopaedias. Lexikon des Mittelalters. URL: http://www.brepolis.net/bme (31.07.2008)

Augustyn, Wolfgang und Klaus Lepsky. Reallexikon zur deutschen Kunstgeschichte – Online (RDK-WEB). Zentralinstitut für Kunstgeschichte München, Institut für Informationswissenschaft, Fachhochschule Köln. Köln 2008. URL: http://rdk.zikg.net/gsdl/cgi-bin/library.exe (07.04.2009)

Berke, Heinz und Hans-Georg Wiedemann. Zum Jubiläum die Lösung. Das Blau der Terrakotta-Armee. In: Uni-Journal – Die Zeitung der Universität Zürich, Heft 3 (1999). URL: http://www.unicom.unizh.ch/journal/archiv/3-99/terracotta.html (04.08.2007)

Blackwell, Elizabeth. A curious herbal. Containing five hundred cuts, of the most useful plants, which are now used in the practice of physick. 2 Bände. Samuel Harding, London 1737–1739. In: Missouri Botanical Garden. Botanicus. URL: http://www.botanicus.org/ (07.12.2009)

Blanco. Francisco Manuel (O.S.A.). Flora de Filipinas. Gran edicion, Atlas I, II. Establecimiento tipográfico de Plana, Manila 1880–1883? In: Real Jardín Botaníco, Madrid. Digital Library. URL: http://bibdigital.rjb.csic.es/ing/index.php (12.01.2010)

Burde, Christina. Bedeutung und Wirkung der schwarzen Bekleidungsfarbe in Deutschland zur Zeit des 16. Jahrhunderts. Dissertation, Universität Bremen 2005. URL: http://elib.suub.uni-bremen.de/publications/dissertations/E-Diss1214_Burde.pdf (14.07.2007)

Chatry, D. Les Métiers de nos Ancéstres. 1997. URL: http://www.vieuxmetiers.org/ (12.01.2010)

Cooksey, Chris. Indigo. URL: http://www.chriscooksey.demon.co.uk/ (03.10.2002)

Dajue, Li und Hans-Henning Mündel. Safflower. Int. Plant Genetic Resources Institute (IPGRI), Rom 1996. URL: http://www.bioversityinternational.org/publications/pdf/498.pdf (12.02.2007)

Dehio, Georg. Denkmalschutz und Denkmalpflege im neunzehnten Jahrhundert. Festrede an der Kaiser-Wilhelm-Universität zu Straßburg, 27. Januar 1905. URL: http://www.dehio.org/dehio/denkmalschutz_19.jhd.pdf (11.11.2009)

Deutsche Echtheitskommission e.V. (DEK). Geschichte der Deutschen Echtheitskommission. URL: http://www.dek-nmp511.de/ (20.11.2008)

Deutsche Gesetzliche Unfallversicherung (DGUV). BGV A8: Sicherheits- und Gesundheitsschutzkennzeichnung am Arbeitsplatz vom 1. April 1995 in der Fassung vom 1. Januar 2002. URL: http://www.arbeitssicherheit.de/ (18.02.2009).

Deutscher Museumsbund e.V. Das Museum. URL http://www.museumsbund.de/de/das_museum/themen/ (05.10.2009)
Deutsches Museum. Die Altamira-Höhle. URL: http://www.deutsches-museum.de/it/sammlungen/ausgewaehlte-objekte/meisterwerke-vi/altamira-hoehle/ (11.06.2007)
Die Verbraucher-Initiative e.V. E 120, echtes Karmin. URL: http://www.zusatzstoffe-online.de/ (04.02.2008)

Eckhardt, Karl August. Die mittelalterlichen Rechtsquellen der Stadt Bremen. Winter, Bremen 1931. In: Heidelberger Akademie der Wissenschaften. Deutsches Rechtswörterbuch (DRW). URL: http://www.rzuser.uni-heidelberg.de/~cd2/drw/t/BremRQ.htm (10.09.2009).
Emrath, Volker. Restaurierung von Gemälden. URL: http://www.emrath.de/ (06.11.2007)
Enzensberger, Horst. Purpururkunden. URL: http://web.uni-bamberg.de/ggeo/hilfswissenschaften/ringvorlesung/purpur.html (24.07.2007)
Europäische Kommission. Verordnung (EG) Nr. 2316/98 der Kommission vom 26. Oktober 1998 zur Zulassung neuer Zusatzstoffe und zur Änderung der Zulassungsbedingungen für mehrere bereits zugelassene Zusatzstoffe in der Tierernährung. Amtsblatt der Europäischen Gemeinschaften L 289 vom 28.10.1998, S. 4–15. URL: http://eur-lex.europa.eu/ (02.07.2009)

Fachagentur Nachwachsende Rohstoffe e.V. (FNR). Forum Färberpflanzen 1999. Gülzower Fachgespräche, Dornburg, 2./3. Juni 1999. Gülzow 1999. URL: http://www.fnr.de/pdf_72fnr_gf10.pdf (21.12.2007)
FAO (Food and Agriculture Organization of the United Nations). Compendium of Food Additive Specifications. Addendum 5. (FAO Food and Nutrition Paper – 52 Add. 5), 49th session, Rome 17–26 June 1997. URL: http://www.fao.org/docrep/W6355E/W6355E00.htm (09.03.2008)
Fördergemeinschaft Gutes Licht (licht.de), Frankfurt/Main. Licht-Know-how. URL: http://www.licht.de/ (08.02.2010).
Freundeskreis Botanischer Garten Aachen e.V. Der Karlsgarten. URL: http://www.biozac.de/biozac/capvil/karl_f.htm (17.09.2007)
Fuchs, Robert. Blaufarbmittel in illuminierten Handschriften und Drucken – ihre zerstörenden Wirkungen und restauratorischen Konsequenzen. Vortrag anlässlich des 7. Internationalen Graphischen Restauratorentags (IADA), 26.–30. August 1991 in Uppsala. URL: http://palimpsest.stanford.edu/iada/ta91_059.pdf (27.03.2007)

Gemeindeverwaltung Mund. Der Safran von Mund. URL: http://www.mund.ch/mund/mundersafran/DerSafranvonMund/ (05.12.2009)
GHS. Gesellschaft für Hafen- und Standortentwicklung mbH (Hrsg.). Hafencity Hamburg – Spuren der Geschichte. Hamburg 2001. URL: http://www.hafencity.com/ (12.01.2009)
Glass, Chris. Fall colors. URL: http://chrisglass.com/photos/2006/favorite/pages/1017-pantone.shtml (24.03.2010)

Götke, Klaus. Zur Geschichte von Kloster und Amt Ebstorf. Kapitel V: Die Klosterwirtschaft. S. 50. URL: http://klaus.goetke.bei.t-online.de/Kapitel_5.htm (05.07.2001)

Grimm, Jacob und Wilhelm. Deutsches Wörterbuch (DWb). 16 Bände in 32 Teilbänden. Hirzel Verlag, Leipzig 1854–1960. URL: http://germazope.uni-trier.de/Projects/DWB (03.01.2010)

Grund, Sabina C.; Hanusch, Kunibert und Hans Uwe Wolf. Arsenic and Arsenic Compounds. In: Ullmann's Encyclopedia of Industrial chemistry, Online Version. Wiley-VCH Weinheim 7th Edition, Release 2008. DOI: 10.1002/14356007.a03_113 (15.06.2000)

Grychtol, Klaus und Winfried Mennicke. Metal-Complex Dyes. In: Ullmann's Encyclopedia of Industrial chemistry, Online Version. Wiley-VCH Weinheim 7th Edition, Release 2008. DOI: 10.1002/14356007.a16_299 (15.04.2007)

Guiochon, Georges. Basic Principles of Chromatography. In: Ullmann's Encyclopedia of Industrial chemistry, Online Version. Wiley-VCH Weinheim 7th Edition, Release 2008. DOI: 10.1002/14356007.b05_155 (15.04.2007)

Halsall, Paul. Lateran IV Canon 68. In: Medieval Sourcebook. URL: http://www.fordham.edu/halsall/source/lat4-c68.html (19.03.2003)

Halsall, Paul. Dagobert, King of the Franks. In: Medieval Sourcebook. URL: http://www.fordham.edu/halsall/source/629stdenis.html (11.02.2003)

Hapke, Thomas. Vom Krapp zum Alizarin. Vom Faerberhandwerk zur chemischen Industrie. Ausstellung in der Universitätsbibliothek der TU Hamburg-Harburg November 1989. URL: http://www.tu-harburg.de/b/hapke/farbstof.html (09.08.2007)

Heitfeld, Michael; Klünker, Johannes und Kurt Krings. Hinterlassenschaften des historischen Galmei-Erzbergbaus in Aachen-Eilendorf. Bestandsaufnahme und geotechnich-markscheiderische Stellungnahme. URL: http://www.bergamt-dueren.nrw.de/Veroeffentlichungen/heitfeld_kluenker_ krings.pdf (29.01.2008)

Helmboldt, Otto; Hudson, L. Keith; Misra, Chanakya; Wefers, Karl; Heck, Wolfgang; Stark, Hans und Max Danner. Aluminium Compounds, Inorganic. In: Ullmann's Encyclopedia of Industrial chemistry, Online Version. Wiley-VCH Weinheim 7th Edition, Release 2008. DOI: 10.1002/14356007.a01_527.pub2 (15.04.2007)

Imhof, Stephan. Nutzpflanzendatenbank. URL: http://online-media.uni-marburg.de/biologie/nutzpflanzen/suche.html (13.11.2007)

Institut Dr. Flad. Naturstoffe als Indikatoren. URL: http://www.chf.de/eduthek/projektarbeit-naturstoffe-indikatoren.html (24.07.2008)

Jacquin, Nicolaus Josephus. Florae austriacae sive plantarum selectarum in Austriae archiducatu sponte crescentium icones: ad vivum coloratae, et descriptionibus, ac synonymis illustratae. 5 Bände, Wien 1773–1778. In: Missouri Botanical Garden. Botanicus. URL: http://www.botanicus.org/title/31753000660685.pdf (07.12.2009)

Kensaikan International Limited. SCOTDIC-Online – The World Textile Color System. URL: http://www.scotdic.co.jp/HHPP2.html (17.02.2009)

Klöckl, Ingo. Farbchemie. URL: http://www.2k-software.de/ingo/farbe/farbchemie.html (04.03.2009)

Köbler, Gerhard. Neuhochdeutsch-altsächsisches Wörterbuch. URL: http://www.koeblergerhard.de/germanistischewoerterbuecher/altsaechsischeswoerterbuch/neuhochdeutsch-altsaechsisch.pdf (16.09.2004)

Konica Minolta Sensing Inc. (Hrsg.). Exakte Farbkommunikation. URL: http://www.konicaminoltaeurope.com/pcc/pdfs/pcc_deutsch.zip (04.02.2009)

Kops, Jan. Flora Batava. Afbeelding en Beschrijving der Nederlandsche Gewassen. Teil 1– 17, J. C. Sepp en Zoon, Amsterdam 1800–1868; Teil 18–19, De Breuk en Smits, Leiden, 1889–1893; Teil 20–21, de Erven Loosjes, Haarlem 1898–1901; Teil 22, Vincent Loosjes, Haarlem 1901. In: Stüber, Kurt. BioLib. Eine Sammlung historischer und moderner Biologiebücher. URL: http://www.biolib.de/ (17.05.2010)

Krejsa, Susanne. Die Chinesischen Tonkrieger. In: Österreichische Apothekerzeitung 56 (2002) Heft 24. URL: http://www.oeaz.at/zeitung/3aktuell/2002/24/haupt/haupt24_2002rett.html (04.08.2007)

Krejsa, Susanne. Chinesische Terrakotta-Armee: Nicht grau, sondern leuchtend bunt. In: Innovation. Das Magazin von Carl Zeiss. Heft 13, 2003, S. 22. URL: http://www.zeiss.de/presse/ (04.08.2007)

Kremer Pigmente GmbH & Co. KG. Künstlerbedarf, historische und moderne Pigmente. URL: http://www.kremer-pigmente.de/shopint (17.11.2010)

Lagoni, Norbert. Die Schwarzpappel in der Heilkunde. In: Bayerische Landesanstalt für Wald- und Forstwirtschaft (LWF). LWF-Bericht 52: Beiträge zur Schwarzpappel. Freising 2006, S. 69–72. URL: http://www.lwf.bayern.de/ veroeffentlichungen/lwf-wissen/52/lwf-wissen-52.pdf (12.12.2009)

Leitner, Ernst und Uli Finckh. Geschichtliches zur Temperaturmessung. URL: http://leifi.physik.uni-muenchen.de/web_ph09/geschichte/01thermometer/thermometer_gesch.htm (04.06.2007)

Lembke, Peter; Henze, Günter; Cabrera, Karin; Brünner, Wolfgang und Egbert Müller. Liquid Chromatography. In: Ullmann's Encyclopedia of Industrial chemistry, Online Version. Wiley-VCH Weinheim 7th Edition, Release 2008. DOI: 10.1002/14356007.b05_237 (15.04.2007)

Lindman, Carl Axel Magnus. Bilder ur Nordens Flora. Wahlström & Widstrand, Stockholm 1917–1926. Taf. 70. URL: http://runeberg.org/nordflor/pics/213.jpg (17.05.2005)

Lüders, Klaus und Robert Otto Pohl (Hrsg.). Pohls Einführung in die Physik. Bd. 2, Elektrizitätslehre und Optik. Online-Ausgabe. Springer, Berlin, Heidelberg 2010. URL: http://dx.doi.org/10.1007/978-3-642-01628-8 (25.09.2010)

Mägel, Matthias, Lewicke, Catrin, Schiller, Wolfgang und Ulrich Fried. Prüfverfahren in der Textilindustrie (Teil III) – Farbechtheitsprüfungen an Textilien. URL: http://textil.stfi.de/tp/TBT-2003.pdf (25.07.2009) ohne Verfasser. Konzile im Lateran. In: Ökumenisches Heiligenlexikon. URL: http://www.heiligenlexikon.de/Glossar/Konzile_im_Lateran.htm (24.06.2003)

Oltrogge, Doris. Datenbank mittelalterlicher und frühneuzeitlicher kunsttechnologischer Rezepte in handschriftlicher Überlieferung. FH Köln, Institut für Restaurierungs- und Konservierungswissenschaften. URL: http://db.re.fh-koeln.de:2200 (03.01.2010)

Ostmann Gewürze GmbH & Co., Bielefeld. Safran in Fäden, Art.-Nr.: 10502. URL: https://www.ostmann.de/ (18.03.2008)

OTTO DILLE (Baeck & Co. Hamburg (GmbH & Co. KG). Vegetabile Gerbstoffe. URL: http://www.otto-dille.de/deutsch/eichenrinde.html (19.07.2007)

Pabst, G. (Hrsg.). Köhler's Medizinal-Pflanzen in naturgetreuen Abbildungen mit kurzerläuterndem Texte: Atlas zur Pharmacopoea germanica, austriaca, belgice, danica, helvetice, hungarica, rossica, suecica, Neerlandica, British pharmacopoeia, zum Codex medicamentarius, sowie zur Pharmacopoeia of the United States of America. 4 Bände Verlag Franz Eugen Köhler, Gera-Untermhaus 1883–1914. In: Missouri Botanical Garden. Botanicus. URL: http://www.botanicus.org (07.01.2010)

Pantone Europe GmbH. URL: http://www.pantone.de (17.02.2009)

Pechanek, Udo. *Sambucus nigra* L. – Physiologische Bedeutung der phenolischen Inhaltsstoffe. In: Österreichische Apothekerzeitung 57 (2003) 12. URL: http://www.oeaz.at/zeitung/3aktuell/2003/12/haupt/haupt12_2003phys.html (13.11.2007)

Physikalisch-Technische Bundesanstalt (PTB). Das metrische System. URL: http://www.ptb.de/de/wegweiser/einheiten/metrischessystem.html (15.08.2007)

Poth, Ulrich. Drying Oils and Related Products. In: Ullmann's Encyclopedia of Industrial chemistry, Online Version. Wiley-VCH Weinheim 7th Edition, Release 2008. DOI: 10.1002/14356007.a09_055 (15.04.2009)

Quadflieg, Joachim Helmut Alfred. Zur Einwirkung von Ozon auf Wolle und Aminosäuren. Dissertation RWTH Aachen, 2003. URL: http://darwin.bth.rwth-aachen.de/opus3/volltexte/2003/696/ (27.08.2009)

RAL gemeinnützige GmbH. RAL-Farben. URL: http://www.ral-ggmbh.de/ral-farben.html (18.02.2009)

Reichel, Andrea-Martina. Die Kleider der Passion. Für eine Ikonographie des Kostüms. Dissertation Humboldt Universität Berlin 1998. URL: http://edoc.hu-berlin.de/dissertationen/kunstgeschichte/reichel-andrea/HTML/index.html (23.07.2007)

RÖMPP Online. Version 3.2, Thieme, Stuttgart 2001ff. URL: http://www.roempp.com (3.1.2010)

Rösler, Lienhard. Waidanbau- und -handel in Thüringen. URL: http://www.thueringen.de/de/lzt/thueringen/blaetter/waid/content.html (6.6.2007)

Rosenberg, Erwin und Shoya Wei. Flüssigkeitschromatographie mit Diodenarray- und massenspektrometrischer Detektion für die Analytik von natürlichen organischen Farbstoffen in Kunstwerken. In: LC GC AdS, Oktober 2006, S. 36–42. URL: http://www.lcgcads.de/lcgcads/ (12.12.2009)

Ruprecht-Karls-Universität Heidelberg. Glossar zur spätmittelalterlichen Buchmalerei und Buchherstellung. URL: http://www.ub.uni-heidelberg.de/helios/ fachinfo/www/kunst/digi/glossar/m-o.html (27.05.2009)

Sächsische Landesanstalt für Landwirtschaft, Sächsisches Landesamt für Umwelt und Geologie (Hrsg.). Nachwachsende Rohstoffe (Hanf, Flachs, Salbei und Kamille) – Anbau und Bedeutung für den Lebensraum Acker. Dresden, 2001. URL: http://www.smul.sachsen.de/umwelt/download/umweltinformationen/ Nachwachsende_Rohstoffe.pdf (15.10.2009)

Sandra, Pat J. F. Gas Chromatography. In: Ullmann's Encyclopedia of Industrial chemistry, Online Version. Wiley-VCH Weinheim 7th Edition, Release 2008. DOI: 10.1002/ 14356007.b05_181 (15.06.2009)

Scandinavian Colour Institute AB. NCS Natural Colour System. URL: http://83.168.206.163 (17.02.2009)

Scotdic Colours Limited. SCOTDIC – The World Textile System. URL: http://www.scotdic.com/html/color_systems/Munsell.html (17.02.2009)

Schöpke, Thomas. Arzneipflanzenlexikon. URL: http://www.pharmakobotanik.de/ 6droge-f/ (13.11.2007)

Sharples, William Gibbard und Alan Westwell. Chemical Analysis and Tests. In: Booth, Gerald; Zollinger, Heinrich; McLaren, Keith; Sharples, William Gibbard und Alan Westwell. Dyes, General survey. In: Ullmann's Encyclopedia of Industrial chemistry, Online Version. Wiley-VCH Weinheim 7th Edition, Release 2008. DOI: 10.1002/14356007.a09 073 (15.06.2009), S. 36–47

Sharples, William Gibbard und Alan Westwell. Chromatography. In: Booth, Gerald; Zollinger, Heinrich; McLaren, Keith; Sharples, William Gibbard und Alan Westwell. Dyes, General survey. In: Ullmann's Encyclopedia of Industrial chemistry, Online Version. Wiley-VCH Weinheim 7th Edition, Release 2008. DOI: 10.1002/14356007.a09 073 (15.06.2009), S. 48–52

Stadtbibliothek Nürnberg und Germanisches Nationalmuseum. Die Hausbücher der Nürnberger Zwölfbrüderstiftungen. URL: http://www.nuernberger-hausbuecher.de/ (10.03.2009).

Stadtentwässerungsbetriebe Köln, AöR 2009. Gewässerausbau. URL: http://www.steb-koeln.de/76.html (15.05.2009)

Stockmeyer, Anne und Matthias Stappel. Linoleum und Stragula – historische Bodenbeläge I. Aus den Arbeiten des Freilichtmuseums Hessenpark, Informationsblatt 32, S. 1–6. URL: http://www.hessenpark.de/deutsch/details/subseiten/ pix/stappel/pdf/LinoleumStragula1.pdf (14.11.2007)

TALI, Helsa. Safranfäden. URL: http://www.tali.de/ (18.03.2008)

terra fusca GbR, Universität Hohenheim, Institut für Pflanzenbau und Grünland und Thüringer Landesanstalt für Landwirtschaft. Bundesprogramm Ökologischer Landbau. Marktpotenzial von Saflorerzeugnissen aus Ökologischem Landbau in Deutschland. Stuttgart 2005. URL: http://www.terra-fusca.de/uploads/media/ TF2005_Saflor_Marktstudie_07.pdf (03.11.2009)

Thomé, Otto Wilhelm. Flora von Deutschland, Österreich und der Schweiz in Wort und Bild für Schule und Haus. Gera-Untermhaus 1885–1905. In: Stüber, Kurt.

BioLib. Eine Sammlung historischer und moderner Biologiebücher. URL: http://www.biolib.de/ bzw. http://caliban.mpiz-koeln.mpg.de/thome/index.html (17.05.2009)

Touchstone, Joseph C. Thin Layer Chromatography. In: Ullmann's Encyclopedia of Industrial chemistry, Online Version. Wiley-VCH Weinheim 7th Edition, Release 2008. DOI: 10.1002/14356007.b05_301 (15.06.2009)

Universitätsbibliothek Innsbruck. Handschriften der Universitätsbibliothek Innsbruck mit deutschen Texten (bis ca. 1700). URL: http://homepage.uibk.ac.at/homepage/c108/c10838/dth.htm (17.06.2004)

Universitätsbibliothek Innsbruck. Literaturdokumentation zu den Handschriften der Universitätsbibliothek Innsbruck Cod. 301–400. URL: http://homepage.uibk.ac.at/homepage/c108/c10838/hsi3.htm (08.06.2004)

Vatikanisches Geheimarchiv. Privilegium Ottonianum. URL: http://asv.vatican.va/de/visit/p_nob/doc_privilegium_ottoniano.htm (19.11.2007)

Verband der Restauratoren e.V. (VDR), Bonn. Charta von Venedig. URL: http://www.restauratoren.de/fileadmin/red/pdf/charta_venedig.pdf (05.10.2009)

Verband der Restauratoren e.V. (VDR): Der Restaurator – ein Berufsbild im Wandel. URL: http://www.restauratoren.de/index.php?id=75 (05.10.2009)

Voragen, Alphons C.J. 7. Gum Arabic. In: Voragen, Alphons C.J.; Rolin, Claus; Marr, Beinta U.; Challen, Ian; Riad, Abdelwahab; Lebbar, Rachid und Svein Halvor Knutsen. Polysaccharides. In: Ullmann's Encyclopedia of Industrial chemistry, Online Version. Wiley-VCH Weinheim 7th Edition, Release 2008. DOI: 10.1002/14356007.a21_a25.pub2 (15.04.2009)

Winkle, Stefan. Die sanitären und ökologischen Zustände im alten Rom und die sich daraus ergebenden städte- und seuchenhygienischen Maßnahmen. Sonderdruck aus dem Hamburger Ärzteblatt 1984, Hefte 6 und 8. URL: http://www.aerztekammer-hamburg.de/funktionen/aebonline/pdfs/1181649879.pdf (16.11.2007)

Wissenschaft-online. Lexikon der Biologie. Astaxanthin. In: URL: http://www.spektrumdirekt.de/abo/lexikon/bio/5587 (28.07.2006)

Wolf, Christian. Blütenfarbstoffe. URL: http://www.old.uni-bayreuth.de/departments/didaktikchemie/umat/bluetenfarbstoff/bluetenfarbstoff.htm (01.02.2008)

Zentralredaktion mittelalterlicher Handschriftenkataloge im Internet. Manuscripta Mediaevalia. Handschriftendatenbank. URL: http://www.manuscripta-mediaevalia.de (21.05.2007)

9.4 Normen

Canadian Conservation Institute (CCI). CCI Notes 13/1. Textiles and the Environment. Communications Canada, Ottawa 1992. URL: http://www.cci-icc.gc.ca/publications/ ccinotes/enotes-pdf/13-1_e.pdf (04.02.2010)

Canadian Conservation Institute (CCI). CCI Notes 13/13. Commercial Dry Cleaning of Museum Textiles. Government of Canada, Ottawa 1995. URL: http://www.cci-icc.gc.ca/publications/ccinotes/enotes-pdf/13-13_e.pdf (04.02.2010)

Canadian Conservation Institute (CCI). CCI Notes 13/14. Testing for Colourfastness. Canadian Heritage, Ottawa 1996. URL: http://www.cci-icc.gc.ca/publications/ccinotes/enotes-pdf/13-14_e.pdf (04.02.2010)

Commission Internationale de l'Éclairage. Colorimetry. Publication CIE No. 15.2 (1986). 2. Aufl. Wien 1986

Commission Internationale de l'Éclairage. Colorimetry. Publication CIE Technical Report 15-2004. 3. Aufl. Wien 2004

DIN 55943: 2001-10. Farbmittel – Begriffe. Beuth, Berlin 2001

DIN 55944: 2003-11. Farbmittel – Einteilung nach koloristischen und chemischen Gesichtspunkten. Beuth, Berlin 2003

DIN 60001-1: 2001-05. Textile Faserstoffe – Teil 1: Naturfasern und Kurzzeichen. Beuth, Berlin 2001

DIN EN ISO 105-A01: 1995-12. Textilien – Farbechtheitsprüfungen – Teil A01: Allgemeine Prüfgrundlagen. Beuth, Berlin 1995

DIN EN ISO 105-A02: 1994-10. Textilien – Farbechtheitsprüfungen – Teil A02: Graumaßstab zur Bewertung der Änderung der Farbe. Beuth, Berlin 1994

DIN EN ISO 105-A03: 1994-10. Textilien – Farbechtheitsprüfungen – Teil A03: Graumaßstab zur Bewertung des Anblutens. Beuth, Berlin 1994

DIN EN ISO 105-A05: 1997-7. Textilien – Farbechtheitsprüfungen – Teil A05: Instrumentelle Bewertung der Farbe zur Bestimmung des Graumaßstabszahl. Beuth, Berlin 1997

DIN EN ISO 105-B02: 1999-09. Textilien – Farbechtheitsprüfungen – Teil B02: Farbechtheit gegen künstliches Licht: Xenonbogenlicht. Beuth, Berlin 1999

DIN EN ISO 105-B08: 1999-09. Textilien – Farbechtheitsprüfungen – Teil B08: Überprüfung der blauen Lichtechtheitstypen aus Wollgewebe 1 bis 7. Beuth, Berlin 1999

DIN EN 20105-C01: 1993-03. Textilien; Farbechtheitsprüfungen; Teil C01: Bestimmung der Waschechtheit von Färbungen und Drucken; Test 1. Beuth, Berlin 1993

10. Abkürzungsverzeichnis

A	Kaliumaluminiumsulfat ($KAl(SO_4)_2 \cdot 12H_2O$), Alaunbeize
AATCC	American Association of Textile Chemists and Colorists, Triangle Park, North Carolina, URL: http://www.aatcc.org/
AD	Alaundirektbeize
ahd.	Althochdeutsch
AV	Alaunvorbeize
BMZ	Mittelhochdeutsches Wörterbuch (Benecke, Müller, Zarncke), Mainzer Akademie der Wissenschaften und der Literatur, Akademie der Wissenschaften zu Göttingen, URL: http://www.mhdwb-online.de/index.html
CCI	Canadian Conservation Institute, Ottawa, URL: http://www.cci-icc.gc.ca/
Cgm	Codex germanicus monacensis deutsche Handschrift der Bayerischen Staatsbibliothek München
C.I.	Colour Index, Society of Dyers and Colourists und American Association of Textile Chemists and Colorists
CIE	Commission Internationale de l'Éclairage, Wien, URL: http://www.cie.co.at/
Clm	Codex latinus monacensis lateinische Handschrift der Bayerischen Staatsbibliothek München
Co	Baumwolle, Faserkurzzeichen nach DIN 60001-1
Cod.	Codex (Handschrift)
Cpg	Cod. Pal. germ., Codex Palatinus germanicus deutsche Handschrift der ehemaligen Bibliotheca Palatina (Bibliothek der pfälzischen Kurfürsten in Heidelberg), seit 1816 in der Universitätsbibliothek Heidelberg
Cr	Kaliumdichromat ($K_2Cr_2O_7$)
CrV	Chromvorbeize
Cu	Kupfer(II)-sulfat-5-hydrat (Kupfervitriol, $CuSO_4 \cdot 5H_2O$)
CuV	Kupfervorbeize
D	Direktbeize
DC	Dünnschichtchromatographie
DEK	Deutsche Echtheitskommission e.V. im DIN, Deutsches Institut für Normung e.V., Berlin, URL: http://www.dek-nmp511.de/
DGUV	Deutsche Gesetzliche Unfallversicherung, Berlin, URL: http://www.dguv.de/
DHA	Dyes in history and archaeology, ältere Ausgaben: Dyes on historical and archaeological textiles
DIN	Deutsches Institut für Normung e.V., Berlin, URL: http://www.din.de/
DRW	Deutsches Rechtswörterbuch, Heidelberger Akademie der Wissenschaften, URL: http://www.rzuser.uni-heidelberg.de/~cd2/drw/

DTM	Deutsche Texte des Mittelalters, Berlin-Brandenburgische Akademie der Wissenschaften, URL: http://dtm.bbaw.de/
DWb	Deutsches Wörterbuch von Jacob und Wilhelm Grimm, URL: http://germazope.uni-trier.de/Projects/DWB
ΔE	Gesamtfarbabstand, Farbabweichung
Fe	Eisen(II)-sulfat-7-hydrat (Eisenvitriol, $FeSO_4 \cdot 7H_2O$)
FeN	Eisennachbeize, Nuancierung
FeV	Eisenvorbeize
fol.	folio (Seite)
FAO	Food and Agriculture Organization of the United Nations, Food Quality and Standards Service (AGNS), Rom, URL: http://www.fao.org/
FV	Flottenverhältnis
G	Grünspan (1-3$Cu(OOCCH_3)_2 \cdot$1-3$Cu(OH)_2 \cdot nH_2O$)
GC	Gaschromatographie
GHS	Gesellschaft für Hafen- und Standortentwicklung mbH, heute: HafenCity Hamburg GmbH, Hamburg, URL: http://en.hafencity.com/
HPLC	Hochleistungsflüssigkeitschromatographie (engl. High Performance Liquid Chromatography)
IADA	Internationale Arbeitsgemeinschaft der Archiv-, Bibliotheks- und Graphikrestauratoren, Bern, URL: http://cool.conservation-us.org/iada/
IIC	International Institute for Conservation of Historic and Artistic Works, London, URL: http://www.iiconservation.org/
IPGRI	International Plant Genetic Resources Institute, Rom, URL: http://www.bioversityinternational.org/
JSDC	Journal of the Society of Dyers and Colourists, heute: Coloration Technology, URL: http://www.sdc.org.uk/publications/coltechnol.htm
L.	Linné, Carl von (1707–1778) Linné ist der Begründer der Systematik der Arten und der „binären Nomenklatur". Der wissenschaftliche Name (z.B. einer Pflanze) setzt sich aus einem groß geschriebenen Gattungsnamen (lat. Substantiv) und einem klein geschriebenen Artnamen (lat. Adjektiv) zusammen. Beide werden kursiv geschrieben. Dem Namen folgt der Name des Erstbeschreibers (Autors), der bei bekannten Systematikern (z.B. Linné) oft abgekürzt wird.
LexMa	Lexikon des Mittelalters, Online-Version: Brepols Publishers, Turnhout, Belgien, URL: http://www.brepolis.net/
L/mL	Liter bzw. Milliliter
mhd.	mittelhochdeutsch
mnd.	mittelniederdeutsch
MS	Massenspektroskopie
N	Nachbeize bzw. Nuancierung, Nachbehandlung
NESAT	North European Symposium for Archaeological Textiles
nhd.	neuhochdeutsch

NMR	engl. Nuclear Magnetic Resonance, Kernspinresonanzspektroskopie
PC	Papierchromatographie
PTB	Physikalisch-technische Bundesanstalt, Braunschweig, URL: http://www.ptb.de/
r	recto, Vorderseite eines gezählten Blattes
RAL	RAL gemeinnützige GmbH, Sankt Augustin, hervorgegangen aus dem 1925 gegründeten Reichs-Ausschuß für Lieferbedingungen, URL: https://www.ral-farben.de/
RDK-WEB	Reallexikon zur deutschen Kunstgeschichte – Online, Wolfgang Augustyn und Klaus Lepsky, URL: http://rdk.zikg.net/gsdl/cgi-bin/library.exe
Rf	Retentionsfaktor
RGA	Reallexikon der Germanischen Altertumskunde, Akademie der Wissenschaften, Göttingen, URL: http://www.uni-goettingen.de/de/107766.html
rL	relative Luftfeuchte [%]
RSC	Royal Society of Chemistry, London, URL: http://www.rsc.org/
RT	Raumtemperatur
SDC	Society of Dyers and Colourists, Bradford, URL: http://www.sdc.org.uk/
Se	Seide, Faserkurzzeichen nach DIN 60001-1
Sn	Zinn(II)-chlorid-Dihydrat, Zinnbeize
SnV	Zinnvorbeize
SVF	Schweizerische Vereinigung von Färberei-Fachleuten, heute: SVCT Schweizerische Vereinigung Textil und Chemie, Reinach, URL: http://www.svtc.ch
v	verso, Rückseite eines gezählten Blattes
V	Vorbeize
VDR	Verband der Restauratoren e.V., Bonn, URL: http://www.restauratoren.de/
Wo	Wolle, Faserkurzzeichen nach DIN 60001-1

11. Abbildungsverzeichnis

12. Tabellenverzeichnis

13. Farbtafelverzeichnis

14. Anhang

14.1 Erläuterungen zu den verwendeten Primärquellen

Al - Allerley Matkel

Standort: -
Signatur: -
Titel: *Allerley Matkel*
Herkunft: Mainz
Autor: Peter Jordan
Datierung: 1532
Vorbesitzer: -

Bei der Quelle **Al**, der „*Allerley Matkel*“, handelt es sich um das erste gedruckte deutsche Buch mit Rezepten zur Fleckentfernung und zum Färben. Die hier verwendete Ausgabe von Peter Jordan in Mainz stammt aus dem Jahr 1532 und wurde von Edelstein veröffentlicht.[867] Die Übersetzung erfolgte durch die Verfasserin.

Am, Ms. 77

Standort: Staatliche Provinzialbibliothek Amberg
Signatur: Ms. 77
Titel: Amberger Malerbüchlein
Herkunft: Bayern
Autor: Peter Jordan
Datierung: Ende 15. Jh. (c. 1492)
Vorbesitzer: -

Die Handschrift **Am** enthält hauptsächlich medizinischen Texte, die in deutscher und vereinzelt lateinischer Sprache gegen Ende des 15. Jahrhunderts (1492) in Bayern entstanden sind. Die aufgelisteten Färberezepte befinden sich auf den Seiten 221v–222v und 226v und wurden der Datenbank von Oltrogge entnommen.[868]

Au, Cod. III. 2. 8° 34

Standort: Universitätsbibliothek Augsburg
Signatur: Cod. III. 2. 8° 34
Titel: Harburger Handschrift
Herkunft: Bamberg
Datierung: 15. Jh./ 16. Jh.; Datierungen: 1489, 1511, 1516
Vorbesitzer: Maihingen bzw. Harburg, Oettingen-Wallerstein (ehem.)

Die vermutlich in Bamberg im 15./16. Jahrhundert entstandene Quelle **Au** enthält Färberezepte auf den Seiten 15v–28v und 128r–130v. Außerdem sind ein Wein-

867 Zu Transkription, Beschreibung und Übersetzung der Handschrift vgl. Edelstein: The Allerley Matkel, S. 297–321.

buch und verschiedene medizinische und kunsttechnologische Rezepte enthalten. Einzelne Blätter sind mit 1489, 1511 und 1516 datiert. Die bearbeiteten Rezepte entstammen der Edition von Vermeer.[869] Die Übersetzung erfolgte durch die Verfasserin.

B, Ms. germ. qu. 417

Standort:	Staatsbibliothek Preußischer Kulturbesitz Berlin
Signatur:	Ms. germ. qu. 417
Titel:	*Vier puchlin von allerhand farben vnnd anndern kunnsten*
Schreiber:	Niklas Kreytzer, Kilian Götz, Peter Ott
Herkunft:	Süddeutschland
Datierung:	1. Hälfte 16. Jahrhundert
Vorbesitzer:	-

Die Quelle **B** besteht aus drei Teilen. Buch I („*Volgt hernach wie man Zinober Menig lassur spangrien, pleÿweiss Endich maler virneyss allerhand küth vnnd leÿm machen soll etc.*") enthält auf S. 12 ein Färberezept. In Buch II (S. 77–109) werden unter dem Titel „*Volget hernach Das ander püchlin wie man allerlay farbenn auff wullj vnnd Lein samat vnnd seidenn machen vnnd ferben soll*" mehrere Rezepte für die Textilfärbung aufgelistet und in Buch III („*Volget Hernach Das Das dirt puchnn wie man Leder gerben vnnd allerlay farben ferben soll*") sind auf Seite 104v zwei Rezepte für die Farbstoffwiedergewinnung zu finden. Alle Rezepte sind in deutscher Sprache in Süddeutschland in der 1. Hälfte des 16. Jahrhunderts entstanden. Als ein Autor ist in Teil II der Handschrift Peter Ott genannt. Die hier bearbeiteten Rezepte wurden der Datenbank von Oltrogge entnommen.[870]

Ba, Msc. med. 12

Standort:	Staatsbibliothek Bamberg
Signatur:	Msc. med. 12
Titel:	-
Herkunft:	Bayern?
Datierung:	1. Hälfte 15. Jh.
Vorbesitzer:	-

Die Handschrift **Ba** ist in der 1. Hälfte des 15. Jahrhunderts in Bayern oder Salzburg verfasst worden. Sie enthält neben medizinischen, philosophischen und theologischen Texten auch verschiedene deutsche Färberezepte, von denen die hier be-

---

868 Zur Transkription, Übersetzung und Beschreibung der Handschrift vgl. Oltrogge: Datenbank.

869 Zur Transkription, Beschreibung und Nummerierung vgl. Vermeer: Technisch-naturwissenschaftliche Rezepte S. 110–126. Die Handschrift ist nach der Burg Harburg (Schwaben) der Fürsten zu Oettingen-Wallerstein benannt, aus deren Bibliothek sie ursprünglich stammt. Die Bibliothek wurde 1980 an den Freistaat Bayern verkauft und die Sammlung wurde in die Universitätsbibliothek Augsburg übernommen.

870 Transkription und Übersetzung nach Oltrogge: Datenbank; zur Beschreibung der Handschrift vgl. Degering: Kurzes Verzeichnis der germanischen Handschriften, S. 76.

arbeiteten auf den Seiten 181v–181r zu finden sind. Die aufgelisteten Rezepte entstammen der Edition von Ploss.[871] Die Nummerierung und Übersetzung erfolgte durch die Verfasserin.

Bas, A.N.V. 12

Standort: Universitätsbibliothek Basel
Signatur: A.N.V. 12
Titel: *Maister Hannsen, des von wirtenberg koch*
Herkunft: Nürnberg
Datierung: 1460
Vorbesitzer: -

Bei der Handschrift **Bas** handelt es sich um das Kochbuch des *„Maister Hannsen, des von wirtenberg koch"*, das überwiegend Luxuskochrezepte für die Oberschicht aufführt. Die Handschrift ist auf das Jahr 1460 datiert. Die drei enthaltenen Textilfärberezepte befinden sich auf den Seiten 59r–59v. Die Edition der Quelle erfolgte durch Ehlert.[872]

Be, Cod. Hist. Helv. XII 45

Standort: Burgerbibliothek in Bern
Signatur: Cod. Hist. Helv. XII 45
Titel: Colmarer Kunstbuch
Schreiber Jacobus Haller
Herkunft: Colmar
Datierung: 1478
Vorbesitzer: -

Die Handschrift **Be** trägt den Kurztitel „Colmarer Kunstbuch". Sie besteht aus vier Teilen (Teil I: *„von farwen"*, Teil II: *„von offen thuren"*, Teil III: *„von gold grunden"* und Teil IV: *„von artznie"*), die von zwei Schreibern in deutscher und z.T. lateinischer Sprache verfasst wurden. Sie enthält neben maltechnischen und kunsttechnologischen Vorschriften magische, alchemistische sowie medizinische Rezepte. Die Färbevorschriften befinden sich im Teil I auf den Seiten 126–130, 139–141 und 143–144. Der letzte Schreiber, Frater Jacobus Haller aus Colmar, hat die Handschrift auf der letzten Seite datiert. Die hier aufgeführten Rezepte entstammen der Datenbank von Oltrogge.[873]

---

871 Transkription nach Ploss: Buch von alten Farben, S. 140, Anmerkung 50 und 51 und ders.: Germanische Hauswirtschaft, S. 22; zur Beschreibung der Handschrift vgl. Leitschuh und Fischer: Katalog der Handschriften der Königliche Bibliothek zu Bamberg, S. 442–445 und die Beschreibung der Zentralredaktion mittelalterlicher Handschriftenkataloge im Internet: Manuscripta Mediaevalia; zur Datierung vgl. ebenfalls Oltrogge: Datenbank.

872 Transkription und Übersetzung nach Ehlert: Maister Hannsen, S. 275–277 und 281–283; zur Beschreibung der Handschrift vgl. ebd., S. 331–348.

873 Transkription und Übersetzung nach Oltrogge: Datenbank; zur Beschreibung der Handschrift vgl. Scarpatetti: Handschriften in der Schweiz, S. 32.

E, Fol. 10

Standort: Universitätsbibliothek Greifswald
Signatur: Fol. 10
Titel: -
Herkunft: Zisterzienserkloster Leubus (Niederschlesien)
Datierung: 15. Jahrhundert
Vorbesitzer: ehemals Stadtbibliothek Elbing

E ist eine Handschrift, die sich bis zum Ende des II. Weltkrieges in der Stadtbibliothek Elbing befand. Sie ist auf dem Transport nach Thorn verschollen. Die zwei hier aufgeführten Rezepte (fol. 204v) sind durch eine Kurzabschrift aus dem Jahr 1912 überliefert. Die Handschrift wird auf das 15. Jahrhundert datiert. Der größte Teil des Inhaltes ist wohl 1434 im Zisterzienserkloster Leubus (Niederschlesien) entstanden.[874] Die Übersetzung erfolgte durch die Verfasserin.

Gö, Cod. hist. nat. 51

Standort: Staats- und Universitätsbibliothek Göttingen
Signatur: Cod. hist. nat. 51
Titel: Göttinger Färbebuch
Herkunft: Rostock
Datierung: 1528
Vorbesitzer: -

Die Handschrift **Gö** ist eine in niederdeutscher Sprache verfasste medizinische Sammelhandschrift. Die Quelle wird auch als „Göttinger Färbebuch" bezeichnet. Als Entstehungsort wird Rostock im Jahr 1528 angenommen. Die hier genannten Färberezepte befinden sich auf den Seiten 311v–312v und wurden der Edition durch Seidensticker entnommen.[875] Die Übersetzung erfolgte durch die Verfasserin.

Gr, 8° Ms 875

Standort: Universitätsbibliothek Greifswald
Signatur: Ms 875
Titel: -
Herkunft: Nürnberg
Datierung: um 1430
Vorbesitzer: -

Die in Deutsch geschriebene Handschrift **Gr** enthält neben medizinischen und Hausrezepten ein Färberezept auf der Seite 6r. Die Handschrift ist vermutlich um

874 Zur Transkription und Beschreibung der Handschrift vgl. Berlin-Brandenburgische Akademie der Wissenschaften: DTM; vgl. ebenfalls die Beschreibung der Zentralredaktion mittelalterlicher Handschriftenkataloge im Internet: Manuscripta Mediaevalia; vgl. Päsler: Deutschsprachige Sachliteratur im Preußenland, S. 145–149.

875 Zur Transkription und Beschreibung der Handschrift vgl. Seidensticker: Mal- und Färberezepte S. 287–304; Ergänzungen des Autors sind kursiv wiedergegeben.

1430 in Nürnberg entstanden. Das Rezept wurde der Handschriftenedition von Baufeld entnommen.[876] Die Übersetzung erfolgte durch die Verfasserin.

H I, Cod. Pal. germ. 558

Standort:	Universitätsbibliothek Heidelberg
Signatur:	Cod. Pal. germ. 558
Titel:	-
Schreiber:	Johannes Kaurhamer
Herkunft:	Regensburg
Datierung:	15. Jh.; auf fol. 194 Datierung 1483
Vorbesitzer:	-

Die Handschrift **H I** enthält eine Sammlung medizinischer Texte. Die von Johannes Kaurhamer in Regensburg in deutscher Sprache verfassten Texte stammen aus dem 15. Jahrhundert. Die Handschrift enthält zwei für die Textilfärberei relevante Rezepte auf den Seiten 148v und 150v, die in der Datenbank von Oltrogge zu finden sind.[877]

H II, Cod. Pal. germ. 620

Standort:	Universitätsbibliothek Heidelberg
Signatur:	Cod. Pal. germ. 620
Titel:	-
Herkunft:	Süddeutschland
Datierung:	15. Jh.
Vorbesitzer:	Maywaldt, Matheus (16. Jh.); Degler, Bernhard (Zürich) 1545

Die aus Süddeutschland stammende, in deutscher Sprache abgefasste Handschrift **H II** enthält eine Sammlung von medizinischen Rezepten und Heilmitteln. Die Handschrift wird auf das 15. Jahrhundert datiert. Die auf den Seiten 56–69v befindlichen Färberezepte wurden aus der Datenbank von Oltrogge übernommen.[878]

H III, Cod. Pal. germ. 211

Standort:	Universitätsbibliothek Heidelberg
Signatur:	Cod. Pal. germ. 211
Titel:	-
Herkunft:	Südwestdeutschland
Datierung:	um 1500
Vorbesitzer:	-

876 Transkription nach Baufeld: Gesundheits- und Haushaltslehren, S. 11; Zur Beschreibung der Handschrift vgl. S. XI–XVII bzw. S. 11.

877 Transkription und Übersetzung nach Oltrogge: Datenbank; zur Beschreibung der Handschrift vgl. Bartsch: Die altdeutschen Handschriften, S. 151–154.

878 Transkription und Übersetzung (außer Rezept 9) nach Oltrogge: Datenbank; zur Übersetzung von Rezept 9 vgl. Reinking: Färberei der Pflanzenfasern, S. 199; zur Beschreibung der Handschrift vgl. Bartsch: Die altdeutschen Handschriften, S. 157–158.

Die um 1500 in Südwestdeutschland entstandene Handschrift **H III** enthält neben einem „Roßarzneibuch“ auch Haushalts- und Farbrezepte. Das hier verwendete Rezept zur Farbstoffwiedergewinnung befindet sich auf den Seiten 38v–39. Es entstammt der Datenbank von Oltrogge.[879]

H IV, Cod. Pal. germ. 489

Standort:	Universitätsbibliothek Heidelberg
Signatur:	Cod. Pal. germ. 489
Titel:	Teil I: *Ain gar schones unnd vast nutzliches handbuechlin von allerlaye farbenn* fol. 1–96 Teil II: *De coloribus. Von den farbenn* (1562) fol. 97–149 Teil III: *Von den farben aus der federn zu schreyben* fol. 150–269
Herkunft:	Süddeutschland
Datierung:	1562/63
Vorbesitzer:	-

Die aus den Jahren 1562/1563 stammende Handschrift **H IV** besteht aus drei Teilen, die außer Anleitungen zur Herstellung von Malfarben und Bindemitteln weitere Vorschriften für die Textilfärberei enthalten. Die hier verwendeten Rezepte befinden sich auf den Seiten 49v–91v (Teil I), 129–131 (Teil II) und 187–268v (Teil III) der Quelle. Alle Rezepte sind in deutscher Sprache abgefasst und in Süddeutschland entstanden. Die Rezepte wurden der Datenbank von Oltrogge entnommen.[880] Die Übersetzung erfolgte durch die Verfasserin.

H V, Cod. Pal. germ. 183

Standort:	Universitätsbibliothek Heidelberg
Signatur:	Cod. Pal. germ. 183
Titel:	-
Schreiber:	Michel
Herkunft:	Amberg (nach Zimmermann)
Datierung:	1570/71 (nach Zimmermann)
Vorbesitzer:	Amberg, Bibliothek des Pfalzgrafen (spät. Kurf.) Ludwig VI. (1539–83)

Bei der Handschrift **H V** handelt es sich um ein Hausbuch mit lutherischen Drucken, medizinischen Inhalten und vereinzelten metalltechnischen und alchemistischen Angaben, das in der Zeit von 1560–1570/71 in Amberg entstand. Die bearbeiteten Textilfärbeanleitungen sind neben Vorschriften zum Gerben und Färben

879 Transkription und Übersetzung nach Oltrogge: Datenbank; Zur Beschreibung der Handschrift vgl. Bartsch: Die altdeutschen Handschriften, S. 47–48 und die Beschreibung der Zentralredaktion mittelalterlicher Handschriftenkataloge im Internet: Manuscripta Mediaevalia.

880 Zur Transkription und Beschreibung der Handschrift vgl. Oltrogge: Datenbank.

von Leder auf den Seiten 275v–288v zu finden. Sie entstammen der Datenbank von Oltrogge.[881]

H VI Cod. Pal. germ. 212

Standort: Universitätsbibliothek Heidelberg
Signatur: Cod. Pal. germ. 212
Titel: -
Herkunft: vtl. Heidelberg
Datierung: 16. Jahrhundert
Vorbesitzer: -

Die aus dem 16. Jahrhundert stammende, vermutlich in Heidelberg entstandene deutsche Handschrift **H VI** ist eine Sammelhandschrift mit überwiegend medizinischen und magischen Inhalten. Sie enthält Färberezepte auf den Seiten 50–51. Die bearbeiteten Rezepte und deren Nummerierung entstammen der Datenbank von Oltrogge.[882]

In, Cod. 355

Standort: Universitätsbibliothek Innsbruck
Signatur: Cod. 355
Titel: -
Herkunft: Tirol
Datierung: um 1330
Vorbesitzer: Zisterzienserkloster Stams, Österreich

Die Handschrift **In** ist eine Sammelhandschrift in lateinischer und deutscher Sprache mit Färberezepten auf den Seiten 83v und 100v–100r. Die Vorschriften sind die ältesten bekannten Rezepte in deutscher Sprache und wurden erstmals 1884 von Jeitteles ediert. Hier wurde die Edition von Ploss aus seinem „Buch von alten Farben" verwendet.[883] Die Übersetzung erfolgte durch die Verfasserin.

Ka, Cod. R. 49

Standort: Badische Landesbibliothek Karlsruhe
Signatur: Cod. R. 49
Titel: -
Herkunft: Schwaben

881 Transkription und Übersetzung nach Oltrogge: Datenbank; zur Beschreibung der Handschrift vgl. die Beschreibung der Zentralredaktion mittelalterlicher Handschriftenkataloge im Internet: Manuscripta Mediaevalia, Handschriftendokument 32050001,T.

882 Transkription und Übersetzung nach Oltrogge: Datenbank; zur Beschreibung der Handschrift vgl. Bartsch: Die altdeutschen Handschriften, S. 48 und die Beschreibung der Zentralredaktion mittelalterlicher Handschriftenkataloge im Internet.

883 Transkription nach Ploss: Buch von alten Farben, S. 125–127; vgl. Jeitteles: Färbemittel und andere Recepte, S. 338–340. Zur Datierung und Beschreibung vgl. Universitätsbibliothek Innsbruck: Handschriften der Universitätsbibliothek Innsbruck mit deutschen Texten und Literaturdokumentation zu den Handschriften.

Datierung: 15. / 16. Jh.
Vorbesitzer: -

Die Handschrift **Ka** ist in Deutsch bzw. Schwäbisch abgefasst. Sie enthält neben medizinischen und alchemistischen Rezepten verschiedene Anleitungen für die Färberei auf den Seiten 1–6v, und 8–19. Die hier aufgenommene Vorschrift wurde von Ploss veröffentlicht.[884] Die Übersetzung erfolgte durch die Verfasserin.

M I, Cgm 824

Standort: München, Bayerische Staatsbibliothek
Signatur: Cgm 824
Titel: -
Herkunft: Böhmen (Schneider)
Datierung: um 1400 (Schneider)
Vorbesitzer: Augsburg, St. Ulrich und Afra, OSB

Die Handschrift **M I** besteht aus einer Sammlung medizinischer und kunsttechnischer Rezepte. Sie ist nach Schneider in böhmischer Mundart abgefasst und stammt aus der Zeit um 1400. Die der Datenbank von Oltrogge entstammenden Färberezepte befinden sich auf den Seiten 67–68v, wobei die Rezeptnummerierung von Oltrogge übernommen wurde.[885]

M II, Cgm 317

Standort: Bayerische Staatsbibliothek München
Signatur: Cgm 317
Titel: -
Herkunft: Österreich
Datierung: 1. Hälfte 15. Jh. (1. Teil), nach 1453 (2. Teil)
Vorbesitzer: Heiligenkreuz (Niederösterreich), Kloster O.Cist.

M II, die Handschrift wird auch als „Oberdeutsches Färbebüchlein" bezeichnet, besteht aus zwei zusammengebundenen Teilen, einer medizinisch-hauswirtschaftlichen und einer historischen Sammelhandschrift. Die Färberezepte befinden sich am Ende des ersten Teiles auf den Seiten 119–120. Dieser Teil der Handschrift entstammt der 1. Hälfte des 15. Jahrhunderts (vor 1453). Die vermutlich in Österreich entstandene Quelle ist in Deutsch (Südbairisch, Österreichisch) abgefasst. Die Vorschriften wurden von Ploss ediert, die Übersetzung erfolgte durch Oltrogge.[886]

---

884 Zur Transkription und Beschreibung der Handschrift vgl. Ploss: Buch von alten Farben, S. 143 und Anmerkung 55.

885 Transkription und Übersetzung nach Oltrogge: Datenbank. Zur Beschreibung der Handschrift vgl. Schneider: Cgm 691–867, S. 486–491.

886 Transkription nach Ploss: Buch von alten Farben, S. 155–158; zur Übersetzung vgl. Oltrogge: Datenbank; zur Beschreibung der Handschrift vgl. Schneider: Cgm 201–350, S. 306–316.

M III, Clm 20174

Standort: Bayerische Staatsbibliothek München
Signatur: Clm 20174
Titel: -
Herkunft: Tegernsee
Datierung: 1464-1473
Vorbesitzer: Tegernsee, Kloster OSB
Verwandschaft mit München cgm. 821 und 822

Die umfangreiche Handschrift **M III** enthält neben grammatischen, hauswirtschaftlichen und medizinischen Texten eine Sammlung kunsttechnologischer Rezepte in lateinischer und deutscher Sprache. Sie soll in der Zeit von 1464–1473 im Benediktinerkloster Tegernsee entstanden sein. Die hier aufgeführten Rezepte für die Textilfärberei (Seiten 183v und 195r) wurden aus der Datenbank von Oltrogge übernommen.[887]

M IV, Cgm 720

Standort: Bayerische Staatsbibliothek München
Signatur: Cgm 720
Titel: Bairisches Färbebüchlein
Herkunft: Aldersbach, Kloster O.Cist.
Datierung: 4. Viertel d. 15. Jh.
Vorbesitzer: -

M IV ist eine in ostmittelbairischer Mundart abgefasste Handschrift. Sie enthält auf den Seiten 224v–230r das „Bairische Färbebüchlein". Die Handschrift stammt aus dem Zisterzienserkloster Aldersbach und wird auf das 4. Viertel des 15. Jahrhunderts datiert. Sie ist in der Datenbank von Oltrogge zu finden.[888]

M V, Cgm 821

Standort: Bayerische Staatsbibliothek München
Signatur: Cgm 821
Titel: *Liber illuministarum*
Herkunft: Benediktinerkloster Tegernsee
Datierung: Teil I: 2. Hälfte 15. Jh., Teil II: bis 1512
Vorbesitzer: Benediktinerkloster Tegernsee

M V, die als „*Liber illuministarum*" bezeichnete Handschrift, besteht aus zwei Teilen. Teil I ist in der zweiten Hälfte des 15. Jahrhunderts entstanden und enthält im Wesentlichen kunsttechnologische Rezepte. Teil II besteht aus einer bis 1512 zusammengetragenen Sammlung technischer, alchemistischer, medizinischer, mathematischer und hauswirtschaftlicher Anleitungen, hier sind aber ebenfalls Färberezepte zu finden. Die Quelle stammt aus dem ehemaligen bayerischen Benediktinerkloster Tegernsee, für den zwei-

887 Zu Transkription, Beschreibung und Übersetzung vgl. Oltrogge: Datenbank.

888 Transkription und Übersetzung nach Oltrogge: Datenbank; zur Beschreibung der Handschrift vgl. Schneider: Cgm 691–867, S. 116–127.

ten Teil der Quelle ist dieser Entstehungsort belegt. Die Anleitungen sind vorwiegend in Mittelbairisch, zum Teil in Latein verfasst. Färberezepte sind auf den Seiten 30v–32v im ersten Teil und auf den Seiten 98r, 99r–99v, 122r–123r, 143v, 144v, 177r–177v, 197v, 225r–225v und 231r–234r im zweiten Teil der Quelle zu finden.[889]

N I, Hs. 181503

Standort: Germanisches Nationalmuseum Nürnberg
Signatur: Hs. 181503
Titel: -
Herkunft: Böhmen
Datierung: 2. Hälfte 15. Jh.
Vorbesitzer: -

Bei der Quelle **N I** handelt es sich um das Fragment einer Handschrift in böhmischer Mundart. Die vier erhaltenen Blätter mit Rezepten für Textil- und Malerfarben entstammen der 2. Hälfte des 15. Jahrhunderts. Sie wurden der Datenbank von Oltrogge entnommen.[890]

N II, Ms. Cent. VI. 89

Standort: Stadtbibliothek Nürnberg
Signatur: Ms. Cent. VI. 89
Titel: Nürnberger Kunstbuch
Herkunft: Nürnberg, Katharinenkloster
Datierung: 3. Drittel 15. Jh.
Vorbesitzer: -

N II ist eine im Nürnberger Dominikanerinnenkloster St. Katharina im 3. Drittel des 15. Jahrhunderts entstandene Handschrift. Die auch kurz als „Nürnberger Kunstbuch" bezeichnete Quelle enthält ein Kunstbuch, worin neben Anleitungen für Malerei, Farb- und Zeugdruck verschiedene Färberezepte aufgelistet sind. Die hier aufgeführten Rezepte sind auf den Seiten 20v–22v, 29r–33r und 53r–55v zu finden. Teile der Handschrift wurden von Ploss veröffentlicht.[891] Die Übersetzung erfolgte durch die Verfasserin.

Tr, Hs. 1957/1491 8°

Standort: Stadtbibliothek Trier
Signatur: Hs. 1957/1491 8°

889 Transkription und Übersetzung nach Bartl et. al.: Liber illuministarum, S. 96–101, 112–119, 166–169, 220–221, 266–269, 282–285, 306–307, 366–367 und 386–399; Zur Beschreibung der Handschrift vgl. Schneider: Cgm 691–867, S. 461–471; vgl. ebenfalls Bartl et. al.: Liber illuministarum, S. 34–36.

890 Transkription und Übersetzung nach Oltrogge: Datenbank; zur Beschreibung der Handschrift vgl. Kurras: Die deutschen mittelalterlichen Handschriften, S. 74–75.

891 Transkription nach Ploss: Buch von alten Farben, S. 127–154; zur Beschreibung der Handschrift vgl. Schneider: Die Handschriften der Stadtbibliothek Nürnberg, S. 239–240; vgl. ebenfalls Ploss: Rotfärbungen, 228.

Titel: Trierer Malerbuch
Herkunft: Eberhardsklausen?
Datierung: 2. H. 15. Jh.
Vorbesitzer: -

Die Handschrift **Tr** trägt den Kurztitel „Trierer Malerbuch“. Sie enthält ein Handbuch für die Buchmalerei und Nachträge für die Textilpflege und die Textilfärberei. Als Entstehungsort wird das Augustinerchorherrenstift Eberhardsklausen in Klausen (Eifel) in der 2. Hälfte des 15. Jahrhunderts vermutet. Die hier bearbeiteten Rezepte (ff. 16r–17r, 22r–23r) entstammen der Datenbank von Oltrogge.[892]

W, ohne Sig.

Standort: Bibliothek der Fürsten von Waldburg-Wolfegg
Signatur: ohne Signatur
Titel: Mittelalterliches Hausbuch
Herkunft: Mittelrhein?
Datierung: 3. V. 15. Jh.
Vorbesitzer: -

Das „Mittelalterliche Hausbuch“, hier aufgeführt mit der Abkürzung **W**, enthält neben Anleitungen für Hauswirtschaft, Astronomie und Bergbau verschiedene Färberezepte auf den Seiten 32v–33r. Die deutschen Texte stammen aus dem dritten Viertel des 15. Jahrhunderts (ca. 1480). Die Handschrift wurde 1912 von Bossert und Storck editiert.[893] Die Rezeptnummerierung und Übersetzung erfolgte durch die Verfasserin.

Wi, Cod. 4° 47

Standort: Stadtbibliothek Winterthur
Signatur: Cod. 4° 47
Titel: *Hie vachet an ein bewerte edle kunst und nützliche wie man sol ferwen lini tuoch wullin tuoch faden garn mitt allen farwen die da gerecht sind und wie man sÿ zuo venedig ferbt*
Schreiber: Thomas Haymhofer
Herkunft: Basel
Datierung: 15./16. Jahrhundert
Vorbesitzer: Winterthur, Burgerbibliothek (17. Jh.)

Die Quelle **Wi** ist eine aus alchemistischen, astronomischen und medizinischen Teilen bestehende Sammelhandschrift. Datiert wird sie auf das 15./16. Jahrhundert; zwei der von Thomas Haymhofer vermutlich in Basel verfassten Texte tragen die

---

892 Transkription und Übersetzung nach Oltrogge: Datenbank; zur Beschreibung der Handschrift vgl. Bushey: Die deutschen und niederländischen Handschriften, S. 230–235.

893 Transkription nach Bossert und Storck: Das Mittelalterliche Hausbuch, S. XXV–XXVI; zur Beschreibung der Handschrift vgl. S. VII–IX.

Jahreszahlen 1575 und 1579. Die hier bearbeiteten Färberezepte befinden sich auf den Seiten 302v–306v und wurden der Datenbank von Oltrogge entnommen.[894]

Wo, Cod. Guelf. Helmst. 1213

Standort:	Herzog-August-Bibliothek Wolfenbüttel
Signatur:	Cod. Guelf. Helmst. 1213
Titel:	-
Herkunft:	Norddeutschland
Datierung:	15. Jh.
Vorbesitzer:	-

Die auf das 15. Jahrhundert datierte Quelle **Wo** entstand vermutlich in einem niedersächsischen Kloster im nördlichen Harzvorland. Sie enthält neben medizinischen Rezepten das älteste erhaltene in mittelniederdeutscher Sprache verfasste Kochbuch sowie verschiedene chemisch-technische Anleitungen. Die Textilfärberezepte befinden sich auf den Seiten 115v–117v. Die hier bearbeiteten Rezepte entstammen der Edition durch Wiswe.[895] Die Übersetzung erfolgte durch die Verfasserin.

894 Zu Transkription, Beschreiung und Übersetzung vgl. Oltrogge: Datenbank.

895 Zur Transkription und Beschreibung der Handschrift vgl. Wiswe: Mittelalterliche Rezepte zur Färberei, S. 49–58.

14.2 Tabellarische Synopsen weiterer Färbeanleitungen

Aufstreichen der Färbeflotte

Quelle	Seite, Nr.	Farbton	Substrat	Vorbehandlung	Farb- und Hilfsmittel	Färbeablauf
In	83v, 2	*plawe*	weißes	-	Attichblätter, Indigo Essig, Alaun	Blätter reiben, Indigo reiben, mischen, trocknen, mit Essig aufkochen, Alaun zugeben, heiß aufstreichen
M I	67v, 61	*plab*	Tuch	-	Attichbeeren, Indigo Essig, Alaun	Beeren und Indigo trocknen, mit Essig und Alaun kochen, aufstreichen
M II	119, 5	*plab*	weißes	-	Attichbeeren, Indigo Essig, Alaun	Beeren und Indigo trocknen, mit Essig kochen, Alaun zugeben, heiß? aufstreichen,
Bas	59r-59v, 156	*plab*	weißes	-	Attichblätter, Indigo Alaun	Blätter reiben, kochen, Indigo und etwas Alaun zugeben, auftragen
Au	16v-17r, 24	*blab*	was du willst	-	Attichbeeren, Indigo Essig, Alaun	Attichbeeren und Indigo trocknen, Essig zugeben, sieden, Alaun zugeben, aufstreichen
N II	53r-53v, 93	*plob*	Leinen	-	Beeren, Indigo Starker Essig, Alaun	Beeren und Indigo reiben, mit starkem Essig erwärmen, Alaun in die heiße Lösung geben, heiß aufstreichen
M IV	227v, 26	*plab*	Tuch	-	Attichbeeren, Indigo Essig, Alaun	Attichbeeren und Indigo trocknen, mit Essig kochen, Alaun zugeben, heiß? aufstreichen
M V	39r, 109	*blaueo*	Tücher, Garn, Seide	40r, 116b	Kornblumen	Saft aus den Kornblumen drücken, aufstreichen
M V	39r, 110	*blaueo*	Tücher, Garn, Seide	40r, 116b	Kornblumen, Indigo	Saft aus den Kornblumen drücken, mit Indigo verreiben, aufstreichen
B	97v, 271c	*sitich plaw*	-	-	Indigo, Kornblumen Wein, Harn	Indigo und Kornblumen mit Wein und Harn beizen, reiben, aufstreichen
B	97v, 272	*plaw*	Leinentuch	-	Attichbeeren, Indigo Essig, Alaun, NH_4Cl	Salmiak, Attichbeeren, Indigo und Essig sieden, abkühlen, Alaun zugeben, aufstreichen
B	101, 289c	*sitich plaw auf plaw*	-	-	Indigo, Kornblumen Harn, Wein	Indigo und Kornblumen in Wein und Harn beizen, reiben, aufstreichen
B	101, 289d	*plaw*	-	-	Heidelbeeren, Grünspan Asche, Alaun, Wasser	Asche mit Heidelbeeren, Grünspan und Alaun zerstoßen, mit Wasser sieden
H IV	259v, 413b	*endich*	Tuch	259v, 413b	Indigo Leinöl	Ware mit Fischlein bestreichen, mit Indigo und Leinöl bestreichen?
H V	276-276v, 5	*blohe*	weißes	-	Attichbeeren, Indigo Essig, Alaun	Attichbeeren und Indigo verreiben, Essig zugeben, sieden, Alaun in die heiße Lösung geben, heiß? aufstreichen
Au	22v, 42	*feiol*	-	-	Klatschmohn, , Essig, Alaun	Klatschmohn mit Essig über Nacht stehen lassen, ausdrücken, Alaun dazugeben, aufstreichen
Be	129-130, 42	*rot*	altes rotes aufgerauhtes Seidentuch	Alaun	Brasilholz, Wasser	Holz und Laub in Essig sieden, Alaun und Gummi zugeben, aufkochen, malen
N I	1v, 3	*blancke rotho*	-	-	Brasilholz, Ahornlaub, Essig, Alaun, Gummi	Holz mit Wasser ½ einsieden, 2x aufstreichen
M V	38r, 103	*rubeum*	Tücher, Garn, Seide	40r, 116b	Brasilholz, 1 Teil Alaun, 4 Teile Wasser	Brasilholz, Alaun und Wasser bis zur Tintendicke einkochen, aufstreichen

Aufstreichen der Färbeflotte

Quelle	Seite, Nr.	Farbton	Substrat	Vorbehandlung	Farb- und Hilfsmittel	Färbeablauf
M V	38v, 105	*rubeum*	Tücher, Garn, Seide	40r, 116b	1 Pfd. Brasilholz, ½ Pfd. Lacca, Pottaschenlauge, doppelte Menge Wasser	Brasilholz, Lacca, Pottasche und Lauge kochen, austreichen
Au	15v-16r, 21	*safftgrun*	Tuch	-	*ambach per,* Alaun	Saft mit Alaun mischen, aufstreichen
B	97v, 271a	*Grien auf gel*	-	-	Indigo, Kornblumen, Wein; Harn	Indigo und Kornblumen mit Wein und Harn beizen, reiben, aufstreichen
B	97v, 273	*Grien auf gelb*	-	-	Erlenrinde, Schwarz	Rinde und Schwarz sieden, aufstreichen
B	101, 289a	*Grien auf geel*	-	-	Indigo, Kornblumen, Harn, Wein	Indigo und Kornblumen in Wein und Harn beizen, reiben, aufstreichen
H V	276, 4	*Grön auf geell*	-	-	Erlenrinde, Schwarz	Rinde und Schwarz sieden, aufstreichen
B	98, 276b	*Schwartz auf gelb*	-	-	Erlenrinden, Kornblumen, Schwarz, Schliff, Flugsinter, Wasser	alles in Wasser sieden, abseihen, Lösung 3 Tage in die Erde eingraben, aufstreichen
H V	276, 3b	*Schwartz auf gelb*	-	-	Erlenrinde, Kornblumen, Schwarz, Schliff, Hammerschlag	alles sieden, abseihen, Lösung 3 Tage in die Erde eingraben, aufstreichen
B	97, 270a	*eysengraw*	-	-	Lohe, Erlenrinde, Schliff, Metwürz, Alaun	alles zugedeckt sieden, 3 Tage stehen lassen, abseihen, aufkochen, aufstreichen
B	98, 276c	*Pleyfarb auf weiß*	-	-	Erlenrinden, Kornblumen, Schwarz, Schliff, Hammerschlag, Wasser	alles in Wasser sieden, abseihen, Lösung 3 Tage in die Erde eingraben, aufstreichen
H V	276, 3c	*Bleichfarb auf weiß*	-	-	Erlenrinde, Kornblumen, Schwarz, Schliff, Hammerschlag	alles sieden, abseihen, Lösung 3 Tage in die Erde eingraben, aufstreichen
B	97, 270b	*Weichselbraun auf schwartz und rot*	-	-	Lohe, Erlenrinde, Schliff, Metwürz, Alaun	alles zugedeckt sieden, 3 Tage stehen lassen, abseihen, aufkochen, aufstreichen
B	97v, 271b	*Praun auf roth*	-	-	Indigo, Kornblumen, Wein, Harn	Indigo und Kornblumen mit Wein und Harn beizen, reiben, aufstreichen
B	98, 276a	*Praun auf rot*	-	-	Erlenrinden, Kornblumen, Schwarz, Schliff, Hammerschlag, Wasser	alles in Wasser sieden, abseihen, Lösung 3 Tage in die Erde eingraben, aufstreichen
B	101, 289b	*Praun auf roth*	-	-	Indigo, Kornblumen, Harn, Wein	Indigo und Kornblumen in Wein und Harn beizen, reiben, aufstreichen
H V	276, 3a	*Braun auf Rott*	-	-	Erlenrinde, Kornblumen, Schwarz, Schliff, Hammerschlag	alles sieden, abseihen, Lösung 3 Tage in die Erde eingraben, aufstreichen

Unvollständige Rezepte, Tüchleinfarben

Quelle	Seite, Nr.	Farbton	Substrat	Vorbehandlung	Farb- und Hilfsmittel	Färbeablauf
M II	120ra, 24	*plab*	-	-	Wachswürz, etwas Wasser oder nur reines Wasser	Alles gut kochen
B	99v, 232	*leybfarb*	-	-	-	-
H IV	51-51v, 107	*rot*	Zendel	49v-50, 104	-, evtl. Brasilholzflotte, Wasser	? mit Wasser sieden, Ware heiß einlegen, aufkochen, spülen?, brauner: durch heiße Brasilholzflotte ziehen
H IV	189-189v, 319	*feur rot*	Zendel	187-187v, 317	-, evtl. Brasilholzflotte, Wasser	? mit heißem aufkochen, Ware kochend einlegen, auswringen, brauner: durch eine heiße Brasilholz[flotte] ziehen
H IV	262v, 423	*Grien*	Zwirn	-	Alaun, Essig	Grüner Zwirn. Nimm temperierten Alaun und Essig und koche das auf und lege dann den Zwirn hinein

Quelle	Seite, Nr.	Farbton	Substrat	Vorbehandlung	Farb- und Hilfsmittel	Färbeablauf Färbeablauf
Am	221v-222, 21	*tuchlein plab*	Tuch	-	2 x 12 Hand voll Kornblumenblüten, 1 Settin NH_4Cl, Gummi, 1 Settin Eisalaun, Wasser	Kornblumenblüten zerstoßen, abseihen, NH_4Cl zugeben, Farbe von Tuch aufnehmen lassen, trocknen, am nächsten Tag wieder Blüten zerstoßen, in Wasser geweichtes Gummi zugeben, Alaun zugeben, rühren, Ware so lange einlegen, bis die Farbe aufgenommen ist, Tücher aufbewahren
Am	222, 22	*violfar tuchlein*	Tuch	-	so viel du willst Mohnblumenblüten (1 Quart Saft), 1 Settin Alaun, Gummi	Mohnblumen zerstoßen, Saft ausdrücken, Alaun zugeben, Ware einlegen, färben, trocknen, nochmals Blüten auspressen, Gummi zugeben, Ware gut färben, trocknen, aufbewahren
Am	222-222v, 23	*praun bla*	Tuch	-	1 Schüssel Heidelbeeren, 1 Quart Wasser, 1 Settin NH_4Cl, 1 Settin Alaun	Beeren 8 Tage zugedeckt stehen lassen, zerstoßen, mit Wasser sieden, NH_4Cl und Alaun zugeben, vollständig abkühlen, abseihen, Ware 1x färben, trocknen
M V	30v-31v, 77	*blauio*	Tuch	-	2 x 12 Hand voll Kornblumenblüten, 1 Settin NH_4Cl, Gummi arabicum, Wasser, 1 Settin Eisalaun	Kornblumenblüten zerstoßen, abseihen, NH_4Cl zugeben, Farbe von Tuch aufnehmen lassen, trocknen, am nächsten Tag wieder Blüten zerstoßen, in Wasser geweichtes Gummi zugeben, Alaun zugeben, rühren, Ware so lange einlegen, bis die Farbe aufgenommen ist, Tücher aufbewahren
M V	31v-32r, 78	*Veyol*	Tuch	-	so viel du willst Kornblumen, 1 Settin Eisalaun für 1 Quartel Blumensaft, Gummi arabicum	Kornblumenblüten zerstoßen, abseihen, Alaun zugeben, Gummi in der Flotte zerreiben Tücher eintauchen, am Wind trocknen, wieder eintauchen, trocknen, in Papier aufheben
M V	32r-32v, 79	*prawn blabe*	Tuch	-	1 Schüssel Heidelbeeren, 1 Quartel Wasser, 1 Settin NH_4Cl, 1 Settin Eisalaun	Beeren in einem Topf 8 Tage bis zum Rand eingraben, zerreiben, mit Wasser aufgießen, aufkochen, abkühlen, zu der warmen Lösung NH_4Cl und Alaun zugeben, umrühren, abkühlen, abseihen, Tücher 1 x eintauchen und Farbe aufsaugen lassen, trocknen, in Papier einschlagen

Steifen

Quelle	Seite, Nr.	Farbton	Substrat	Vorbehandlung	Farb- und Hilfsmittel	Färbeablauf
N II	31 r-32r, 55b	*rot*	1 Stück Schetter (Leinen)	-	31 r-32r, 55a (Saflor), Abgeschabtes vom Pergament, sauberes Wasser	Abgeschabtes ½ h in Wasser sieden, abseihen, mit 1 Maß Farbe mischen, Tuch darin spülen, an der Luft trocknen
Tr	16r-17r, 64b	*Swartz*	Garn, 1 Elle Tuch	16r-17r, 64b	16r-17r, 64a (Gerbstoffschwarz), dünnes Leimwasser, ein wenig Eisenfarbe	Leimwasser mit wenig Farbe mischen, Garn oder Tuch durchziehen, Garn aufhängen und trocknen, Tuch spannen zum Trocknen
M V	231v-232r, 1235	-	Tuch	-	-, Mehl, kaltes Wasser	Mit Mehl und Wasser Stärke herstellen. Tuch in die Flotten tauchen und zum Trocknen aufhängen. Nach dem Trocknen mit einem Glas glätten
B	96, 267b	*graw*	6 Stück? Leinen (Schürlitz?)	-	96, 267a (Gerbstoffgrau), Leim	Nach dem Färben Ware in Leim spülen. Bei schwachem Leim die Ware zunächst trocknen, bei starkem Leim nasse Ware spülen
H IV	259v, 413a	*endich*	Tuch	-	259v, 413b (Indigo, Öl), Leim aus Hausenblasen	Ware mit Fischlein bestreichen, mit Indigo und Leinöl besteichen?
H IV	266, 437a	*enndich*	Tuch	stärken	259v, 437b (Indigo, Öl), Leim aus Hausenblasen	Ware mit Fischlein bestreichen, mit Indigo und Leinöl färben
H VI	50v, 5b	*grun*	1 Schürlitz	Alaun	50v, 5a (Gerbstoffgrau), Abgeschabtes vom Pergament, Wasser, 1 Zehe weißen Leim	Abgeschabtes vom Pergament in Wasser um ein Drittel einkochen, auspressen, die Lösung in die Färbeflotte geben und damit schlichten. Zum Stärken Leim in die Färbeflotte geben.

Farbstoffwiedergewinnung

Quelle	Seite, Nr.	Textilreste	Substrat	Vorbehandlung	Hilfs- und zusätzliche Farbmittel	Färbeablauf
M I	66v-67, 52	blaue Scherwolle	-	-	Kalklauge	Kalklauge 6 Tage stehen lassen, Wolle mit Lauge übergießen, halb einsieden, abseihen, reiben, trocknen
Ba	181v, 1	blaue Scherwolle	-	-	Lauge, Holzäpfel	Wolle in Lauge faulen lassen und sieden, so dass ein Brei entsteht, abseihen, trocknen, Holzäpfel mit Alaun reiben, mit dem getrockneten Brei mischen
Ba	181v, 2	rote Scherwolle	-	-	Lauge	Wolle mit Lauge sieden, 3 od. 4 Tage faulen lassen, mit Alaun sieden, gut rühren
W	32v, 3	½ Pfd. Klumpen aus roten englischen Flocken	3 Ellen Tuch, Seide	Alaun, Weinstein	Brunnenwasser, Weizenkleie, Wasser	Flocken in Brunnenwasser sieden, zerstoßen, Klumpen formen, trocknen, Kleie in Wasser 4 Tage zugedeckt stehen lassen, aufkochen, Klumpen mit Kleiewasser ½ Viertel einer Stunde sieden, trocknen, wiederholen bis rot genug, waschen
H I	150v, 19	1 Pfd. sattblaue Wolle	-	-	ungelöschten Kalk, Wasser, 2 Pfd. Waidasche	Scherwolle in Lauge kochen, bis sie zerrieben werden kann, durch Laugensack abseihen, Reste reiben und feinen Sand zugeben, Kugeln formen, trocknen, zum Gebrauch mit Wasser verdünnen und reiben
Au	26v-28v, 53	so viel Pfd. Flocken von rotem Londoner oder lombardischem Tuch wie du Pfd. Garn färben willst	Garn	-	Weinhefen, 1 Eimer Wasser, wie zwei Haselnüsse gebrannten Alaun	Weinhefen zu Asche brennen, 3 od. 4 Pfd. der Asche in 1 Eimer Wasser geben, rühren, erwärmen, durch Laugensack 3-4 mal abseihen, erwärmen, Alaun zugeben, Wolle zugeben, so lange sieden, bis sich die Flocken aufgelöst haben. Ware durch Färbeflotte ziehen, trocknen
Am	226v, 40	scharlachfarbene Scherwolle	-	-	2 Teile Pottasche, 1 Teil gebrannter Kalk, Alaun	Aus Pottasche und gebranntem Kalk eine Lauge machen, Scherwolle in der Lauge kochen, Alaun zugeben, mischen bis es dick wird, reiben
N II	20v-21r, 50	1 Pfd. sattblaue Scherwolle	-	-	2 Pfd. Waidasche, Wasser, ein wenig *subtils sants* (feiner Sand?)	Waidasche zerkleinern, mit Wasser sieden, Lauge abseihen, Scherwolle in Lauge sieden bis die Wolle aufgelöst ist, abseihen, auf dem Tuch verbleibenden Indigo reiben, mit Sand zu Knollen formen, trocknen
N II	21v-22v, 51	1 Pfd. gute rote Scherwolle	-	-	3 Pfd. Waidasche, so viel Wasser wie du zum Netzen der Wolle brauchst, 1 Vierding Alaun	Waidasche zerkleinern, Wasser zugießen, sieden; Laugenstärke mit Feder überprüfen, Lauge abseihen, abkühlen, Scherwolle in Lauge sieden bis die Wolle aufgelöst ist, abseihen, 2-3 Stunden mit frischem Wasser übergießen, auf dem Tuch verbleibenden roten Farbstoff reiben, Alaun zugeben. Farbe mit Wasser anfeuchten und aufkochen, Knollen formen, trocknen

Farbstoffwiedergewinnung

Quelle	Seite, Nr.	Textilreste	Substrat	Vorbehandlung	Hilfs- und zusätzliche Farbmittel	Färbeablauf
M IV	228r, 32	rosenrote oder scharlachfarbene Scherwolle	was du willst	-	1 Quintin Alaun, Attich- oder Heidelbeeren, Brasilholz	alles sieden, Ware hineinstoßen
M IV	228v, 47	rosenrote oder scharlachfarbene Scherwolle	-	-	1 Quintin Alaun?, Attichblätter? oder Heidelbeeren	alles sieden, Ware hineinstoßen
H III	38v-39, 7a,b,c	blaue, grüne oder schwarze Scher-wolle	blaues, grünes oder schwarzes Gewand	-	Waidasche, Wermutasche	Kaltguss aus den Aschen herstellen, abseihen, mit mehr Waidasche schärfen, abseihen, Scherwolle in dem Kaltguss waschen, Ware zugeben
Gö	311v, IV 14	feine rote schalachfarbene Scherwolle	-	-	Löschkalk, fließendes Wasser, Buchen-asche oder Waidasche, Alaun, Leinöl	Kalk mit Wasser verrühren, 6 Tage stehen lassen, jeweils rühren, abseihen, Asche zugeben, 2 Tage und Nächte stehen lassen, absei-hen, Beutel mit Scherwolle sieden bis die Wolle zerrieben werden kann, Wolle zu Klumpen formen, trocknen, reiben, Alaun zugeben, reiben, Leinöl zugeben, malen
B	114v, 321a,b,c	blaue, rote od. grüne Scherwolle	-	-	Weinhefen- od. Waidasche, warmes Wasser, doppelt so viel Kalk wie Asche, kaltes Wasser	Asche mit warmem Wasser und Kalk mit kaltem Wasser übergie-ßen, umrühren, nach dem Absetzen beide zusammengießen, kochen bis eine Feder ihre Härchen lässt, Scherwolle zugeben, verkochen lassen, abkühlen, mit Alaun Farbstoff abscheiden, abseihen

Beize, Teilrezepte

Quelle	Seite, Nr.	Farbton	Substrat	Alaun	Alaun/ Weinstein	Gerbstoff	Alaun/ Gerbstoff	Lauge	Beize für Färbung	Beizeablauf
M III	183v, 71a	Rot	1 Elle Leinen				1			½ Unze Galläpfel und für zwei Drachmen Alaun jeweils mit Wasser, das zum Eintauchen des Leinentuches ausreicht, mischen; zunächst in Gallapfelwasser beizen, dann trocknen, dann in Alaunwasser beizen und wieder trocknen
Be	126, 38b	Blau	Aufmachung					1		Garn über Nacht in Lauge legen
Be	127-129, 41a	Rot	Seide	1						Alaun in siedendem Wasser lösen, Ware in die lauwarme Beize legen, kneten
W	33r, 5c	Braunblau	Barchent	1						1½ Lot Alaun in 1 Maß Wasser lösen, Tuch zweimal darin sieden und jeweils trocknen
Au	25r-25v, 51b	Rot	Aufmachung	1						Gut in Alaunwasser „weichen" und trocknen
N II	29v-31r, 54a	Rot	10 Ellen Leinen				1		1	Ware mit 3 Vierding Galläpfel und Wasser, das zum Netzen ausreicht 2 h kalt? behandeln, trocknen, dann 2 h mit ½ Pfd. Alaun und ebensoviel Wasser behandeln, trocknen
Tr	22r-23r, 77a	Blau	Aufmachung	1					1	waschen, trocknen, in Alaunwasser ein wenig kochen, in Flotte abkühlen, trocknen
H II	61-61v, 11b	Rot	Aufmachung		1					in Lauge aus Weinstein und Alaun beizen, trocknen
M V	39v-40r, 116b	-	Aufmachung, Seide	1						Tücher, Garn und Seide müssen in Alaunwasser gekocht und getrocknet werden
M V	98r, 222a	Rot	Leinen				1			1 h in Gallapfelwasser, 1 Std. in Alaunwasser behandeln, jeweils trocknen
M V	122v-123r, 330a	Rot	Leinen				1			in ½ Maß Wasser mit ½ Unze Galläpfel beizen, trocknen, in ½ Maß Wasser mit Alaun (für 2 Drachmen) beizen, trocknen
Al	308, 19b	Rot	-					1	1	Ware durch heiße Lauge aus gebrannten Weinhefen ziehen, trocknen
B	91, 253a	Goldgelb	Aufmachung	1						Tuche in Alaunwasser kochen
B	91v, 254a	Rot	Wolle	1						Tuche in Alaunwasser kochen
B	92, 255a	Rot	Wolle/Baumwolle		1				1	pro Tuch 5 Pfd. Alaun, 2 Pfd. Weinstein, Wasser, 2 h kochen, kalt spülen
B	92v, 256a	Rot	Wolle		1					pro Tuch 5 Pfd. Alaun, 2 Pfd. Weinstein, Wasser, 2 h kochen, kalt spülen
B	103, 297b	Braun	Aufmachung	1					1	Ware in Alaunwasser legen, trocknen
B	105, 301b	Braun	Aufmachung	1					1	Ware mit Alaun beizen
B	105v, 304b	Gelb	Aufmachung	1						Ware zuvor mit Alaun beizen
B	107, 310c	Grün	-	1						vor der Färbung mit Alaunwasser beizen
H IV	257v-258, 405b	Grün	Leinen	1					1	mit Alaun kochen beizen
H V	278, 15b	Gelb	Aufmachung					1		in Essig und Urin kochen
H VI	50v, 6a	Grün	Aufmachung	1						mit Alaun und Wasser kochen, trocknen

Beize, gesonderte Rezepte

Quelle	Seite, Nr.	Farbton	Substrat	Alaun	Alaun/ Weinstein	Gerbstoff	Alaun/ Gerbstoff	Lauge	Beize für Färbung	Beizeablauf
W	32v, 1	-	Wolle				1			½ Pfd. Galläpel, 4 Lot Alaun, 2 Lot Asche, 1 Quintin NH_4Cl, ein wenig Olivenöl Galläpfel mit Öl dämpfen bis sie weich werden, weiter wie du es weißt
H II	62, 12	Rot	Leinen		1					alles sieden, Ware 3 Tage einlegen, danach in frisches Wasser oder Weinsteinlauge einlegen
B	84-84v, 239	Waidfärbung	Aufmachung		1					Alaun und Weinstein kochen, abschäumen, Ware kochend beizen, je nach Farbe 1,5-2h; spülen, schwarze Tücher in der Beize kochen, die übrig geblieben ist
B	89v-90, 250	Gelb	Aufmachung		1					mit Alaun, Weinstein und Wasser Ware 1 Stunde (keßprue) od. 1,5 h (gelb) sieden
B	93v, 259	-	Aufmachung		1					Alaun, Weinstein, Wasser und Ware 2 h kochen, Ware treten, 4 oder 5 x über die Winde durch Seifenwasser ziehen, auf den Rahmen spannen
B	99, 281	Rot	-					1		Rotweinhefen brennen, aus der Asche Lauge herstellen, kochen, Ware durchziehen, trocknen
B	107v, 315a	-	Tuch, Garn			1				Regenwasser und Roggenkleie aufkochen, Kalmas und Weinstein zugeben, aufkochen, abseihen, 9 Tage verschlossen stehen lassen, Ware einlegen und kochend beizen, trocknen
B	107v, 315b	Färbungen ohne Alaun	Tuch, Garn		1					Regenwasser und Roggenkleie aufkochen, Kalmas und Weinstein zugeben, aufkochen, abseihen, 9 Tage verschlossen stehen lassen, Ware einlegen und kochend beizen, trocknen, mit Alaunwasser beizen, trocknen
H IV	49v-50, 104	-	Seide	1						Alaun mit Regenwasser aufkochen, Ware einlegen, 1 Nacht und 1 Tag beizen, trocknen
H IV	54v-55, 115	Schwarz Vorbeize	Seide			1				Gerstenwasser oder Lohrindepulver mit siedendem Wasser verrühren, Ware einlegen, 3 Tage beizen lassen, trocknen
H IV	58-58v, 122	Rot	Leinen	1						Alaun, Wasser und Essig mischen, aufkochen, Ware einlegen, sieden, 3 Tage stehen lassen, ausdrücken, trocknen
H IV	59-59v, 124	Grün Vorbeize	Leinen					1		zerkleinerte Waidasche mit Wasser verrühren, 3 Tage stehen lassen, abseihen, Ware in der Beize aufkochen, ausdrücken, trocknen
H IV	187-187v, 317	-	Seide	1						Alaun mit Regenwasser aufkochen, Ware einlegen, 1 Nacht und 1 Tag beizen, trocknen
H IV	194-194v, 327	Schwarz Vorbeize	Seide			1				Gerstenwasser oder Lohrindenpulver mit siedendem Wasser verrühren, Ware einlegen, 3 Tage stehen lassen, trocknen
H IV	198-198v, 333	Rot	Leinen	1						Alaun mit Wasser und Essig aufkochen, Ware in die siedende Beize legen, 3 Tage stehen lassen, trocknen
H IV	199v-200, 335	Grün	Leinen					1		zerkleinerte Waidasche mit Wasser verrühren, 3 Tage stehen lassen, abseihen, Ware in der Beize aufkochen, ausdrücken, trocknen
Wi	302v-303, 1	-	Wolle/ Leinen		1					Regenwasser mit Roggenkleie verrühren, gut aufkochen, Alaun und Weinstein zugeben, aufkochen, abseihen, zugedeckt 14 Tage an einen warmen Platz stellen, Ware in der Beize kochen, 1 Nacht darin liegen lassen, auswringen, trocknen

Anleitungen für das Verküpen (Quelle **B**)

Seite, Nr.	Substrat	Farbmittel	Hilfsmittel	Beizeablauf
78-79, 229	40 Pfd. Wolle/ Leinen	½ od. 1 Metzen Waid	1 Metzen od. 1 Viertel Roggenkleie 1 Vierding Weinstein 4,5 Pfd. Waidasche	Roggenkleie und Weinstein 1 h in Wasser kochen, heiß an den Waid gießen, rühren, abdecken, warm ruhen lassen; x Uhr + 1 h: speisen (1 Pfd. Waidasche), rühren, abgedecken, warm ruhen lassen; x Uhr + 2 h: speisen (1,5 Pfd. Waidasche), rühren, abgedecken, warm ruhen lassen, x Uhr + 3 h: speisen (2 Pfd. Waidasche), rühren, abgedecken, warm ruhen lassen; x Uhr + 6 h bzw. + ½ Nacht: 1 h färben, Küpe 1 Std. ruhen lassen
79-79v, 230	-	1 Zt. Waid	1 Metzen Krapp 1 Metzen Kleie 6 Pfd. Weinhefe 10 Pfd. Waidasche	x Uhr: Faß ½ mit lauwarmem Wasser füllen, alles hineingeben, rühren, abgedecken, warm ruhen lassen; x Uhr + 3 h: speisen (3 Pfd. Weinhefe, 3 Pfd. Waidasche) nicht rühren, abdecken, warm ruhen lassen; x Uhr + 12 h: speisen (1,5 Pfd. Weinhefe?, 3,5 Pfd. Waidasche) rühren, schlagen, abdecken, warm ruhen lassen; x Uhr + 15-17 h: speisen (1,5 Pfd. Weinhefe?, 3,5 Pfd. Waidasche) rühren, schlagen, abdecken, warm ruhen lassen; x Uhr + 18-22 h: färben?
79v-80, 231	-	1/2 Pfd. Waid	1 Löffel? Weinhefe 1 Löffel? Asche	Tag1, 4-5 Uhr: Faß mehr als ½ mit warmem Wasser und Waid? füllen, nicht rühren, abgedeckt warm ruhen lassen; Tag1, 6-7 Uhr: heißes Wasser auf den Waid geben, speisen (1 Löffel Weinhefe, 1 Löffel Asche) rühren, abgedeckt warm ruhen lassen; Tag1, 8-9 Uhr: rühren, speisen (womit?), abdecken, warm ruhen lassen; Tag1, 11-12 Uhr: rühren, speisen (womit?), abdecken, warm ruhen lassen; Tag2, 3-4 Uhr: heiß? begießen, abdecken, warm ruhen lassen; Tag2, 5 Uhr: heiß begießen, 1½ Stunde rühren, färben?
80-81, 232	-	350 Pfd. Waid	3 Scheffel Krapp 1 Korb Kleie Asche Weinhefe	Tag 1, 2-3 Uhr: Waid, Krapp und Kleine verrühren, in einem Fass ½ mit Wasser übergießen, rühren, abdecken; Tag 1, 6 Uhr: rühren, abdecken; Tag 2, 3 Uhr in der Nacht: aufdecken, speisen (je 1 Schüssel Asche + Weinhefe), rühren, schlagen, abdecken; Tag 2, 5-6 Uhr: speisen (1 Kelle Asche, 4 Kellen Weinhefe), umrühren, schlagen, abdecken; Tag 2, 8 Uhr: speisen (2 Kelle Asche, 3 Kellen Weinhefe), umrühren, schlagen, abdecken; Tag 2, 11 Uhr: speisen (1 Kelle Asche, 1 Kellen Weinhefe), umrühren, schlagen, abdecken; Tag 3, 2-3 Uhr: speisen (3 Kelle Asche, 3 Kellen Weinhefe), umrühren, begießen, schlagen, abdecken; Tag 3, 6 Uhr: speisen (3 Kelle Asche, 3 Kellen Weinhefe), umrühren, schlagen, abdecken; Tag 3, 2:30 Uhr: speisen (1 Kelle Asche, 1 Kellen Weinhefe), umrühren, schlagen abdecken; Tag 3, 4 Uhr: mit Tuchen, die die schwarz werden sollen eingehen, 10 h färben; speisen (1 Kelle Asche, 1 Kellen Weinhefe), rühren, nicht schlagen, zudecken, 6 h färben; Man soll jeweils zu Beginn, wenn man ihn rührt oder speisen will, den Waid mit einer Schaufel hochziehen und besehen, dann speisen, rühren und die Blumen schlagen. Dann wird er wieder zugedeckt.
81-81v, 233	-	320 Pfd. Waid	32 Pfd. Asche 20 Pfd. Weinhefe 3 Metzen Krapp 1 Korb Kleie	3-4 Uhr: Küpe ansetzen (Waid, Krapp, Kleie); 7 Uhr: rühren; 4 Uhr (morgens): speisen (3,5 Kellen Asche, 3,5 Kellen Weinhefe), rühren, schlagen, ruhen lassen; 6 Uhr (morgens): speisen (3,5 Kellen Asche, 3,5 Kellen Weinhefe), rühren, schlagen, ruhen lassen; 9 Uhr (morgens): speisen (5 Kellen Asche, 6 Kellen Weinhefe), rühren, schlagen, färben?

Anleitungen für das Verküpen (Quelle **B**)

Seite, Nr.	Substrat	Farbmittel	Hilfsmittel	Beizeablauf
81v-82, 234	-	320 Pfd. Waid	32 Pfd. Asche 20 Pfd. Weinhefe 3 Metzen Krapp 1 Korb Kleie	Tag 1, x Uhr: Küpe ansetzen; Tag 1, 3 Uhr: rühren, speisen (je 5 Kellen Weinhefe und Waidasche); Tag 1, 5 Uhr: rühren, speisen (je 5 Kellen Weinhefe und Waidasche); Tag 2, 8 Uhr: rühren, speisen (je 6 Kellen Weinhefe und Waidasche); Tag 2, 11 Uhr: rühren, speisen (je 7 Kellen Weinhefe und Waidasche); Tag 2, 2-3 Uhr: begießen, rühren, restlichen Krapp zugeben, schlagen; Tag 3, 7 Uhr (nachts): rühren, schlagen; Tag 3, 3 Uhr (nachts): rühren; Tag 3, 4 Uhr (nachts): rühren, färben bis 5 Uhr; Tag 3, 5 Uhr (nachts): warme Lösung aus 2-3 Metzen Krapp und ½ Korb Kleie angießen, 24 h stehen lassen.
82v, 235	-	250 Pfd. Waid	51 Pfd. Weinhefe 2,5 Metzen Krapp 1 Korb Kleie	9 Uhr: Waid mit lauwarmem Wasser begießen, rühren, Weinhefe, Krapp und Kleie zugeben, rühren; 10 Uhr: heißes Wasser angießen, speisen (3 Kellen Weinhefe), rühren; 12 Uhr: speisen (2 Kellen Weinhefe) rühren; 13 Uhr: speisen (2 Kellen Weinhefe) rühren, 2 Std. stehen lassen, färben?
82v-83v, 236	-	275 Pfd. Waid	17 Pfd. Weinhefe 27 Pfd. reine Asche 2 gehäufte Metzen Krapp 2 Körbe Roggenkleie	Tag 1, 4 Uhr: 275 Pfd. Waid, 17 Pfd. Weinhefe, 27 Pfd. Asche, 2 gehäufte Metzen (Hafer) Krapp, 2 Körbe Roggenkleie in ein Fass geben, halb mit heißem Wasser auffüllen, umrühren; Tag 1, 7 Uhr: rühren; Tag 1, 1-2 Uhr: speisen (je 3-4 Kellen Weinstein und Asche), rühren, schlagen, zudecken; Tag 1, 4-6 Uhr: rühren; Tag 2, 7-9 Uhr: speisen (je 3-4 Kellen Weinstein und Asche), rühren, schlagen, zudecken; Tag 2, 11 Uhr: speisen (je 6 Kellen Weinstein und Asche), rühren, schlagen, zudecken; Tag 2, 14 Uhr: speisen (je 2-3 Kellen Weinstein und Asche), rühren, schlagen, zudecken; Tag 2, 18 Uhr: ½ Metzen Krapp zugeben, mit warmem Wasser gemischte Kleie zugeben, Fass auffüllen, rühren, zudecken; Dieser Waid ist vollständig vergangen, man mußte das Blaufärben sein lassen, es ist ihm zuviel zugesetzt worden und er ist durch die Weinhefe verdorben
83v, 237	Tuch	390 Pfd. Waid	4 Metzen Krapp 9 Metzen Kleie 28 Pfd. Weinhefe 39 Pfd. Waidasche	x Uhr: Küpe ansetzen (Waid, 3 Metzen Krapp, 9 Metzen Kleie, 28 Pfd. Weinhefe, 39 Pfd. Waidasche)?; x Uhr + 12 h: 1 Metzen Krapp + 1 Metze Kleie zugeben; x Uhr + 12 h + x h begießen, rühren

Meisterei (Quelle **B**) und allgemeine Hinweise zum Färben

Quelle	Seite, Nr.	Farbton	Substrat	Vorbehandlung	Hilfsmittel	Färbeablauf
B	84-84v, 240	*Spyba das ist Liechtplaw*	Tuch	-	zwei kleine Kübel Philot	Tuche 3 oder 4-mal schnell durch Philot ziehen. Die Flotte soll nur lauwarm sein und nicht kochen
B	84-84v, 241	*Hymel plaw*	Tuch	-	zwei Kübel Philot	Gieße in den Kessel 2 Kübel mit Philot. Mache ebenso die gesprenkelten Tuche
B	86v, 244b	*Braun auff plaw*	-	-	zwei Kübel Philot	Gieße in den Kessel 2 Kübel mit Philot
B	86v, 245	*Rosin, praun*	Tuch	-	je Tuch 3 oder 4 Scheffel Waidasche und Weinstein (1:1), 1 Kübel Wasser 1 Korb Kleie, 1 Kessel heißes Wasser 1 rosa Tuch: 30 Pfd. Philot 1 braunes Tuch: 30 Pfd. Philot (nach dem rosa Tuch), 20 Pfd. Krapp, 30 Pfd. Philot 1 Kessel Wasser, 9 Pfd. Galläpfel, 10 Pfd. Vitriol	Waidasche (20-24 h brennen) und Weinstein in Wasser verrühren, erhitzen bis es fast siedet, jedes Tuch drei x aufschlagen und durch die Flotte lassen, bis es glänzend (leuchtend?) genug ist, Tuche waschen,Kleie in heißes Wasser geben, rosa Tuche durch jeweils 30 Pfd. Philot ziehen, braune Tuche anschließend durch die Flotte ziehen, für jedes braune Tuch 20 Pfd. Krapp und 30 Pfd. Philot in einem Kessel erwärmen, Philot vorher über Nacht mit heißem Wasser benetzen, Färben? Galläpfel und Vitriol 3 h in Wasser kochen. färben?
B	92v, 256c	*Rosin*	1 Wolltuch	89v-90, 250, 2 h	Pulver (Philot?)	Tuch mit dem Pulver (Philot?) behandelt

Quelle	Seite, Nr.	Hilfs- und zusätzliche FarbmittelHinweis
M V	177r, 673b	du kannst die Farbe [aus Heidelbeeren oder Holunderbeeren, Alaun und Kupferhammerschlag] bis zu einem Jahr aufheben, sie darf aber nicht trocknen, weil sie sonst ausbleicht
	197v, 1018a	Saflorgelb kann zum Färben von Sämisch Leder verwendet werden
	231v, 1233b	der Rest [der Färbeflotte aus Brasilholz, Lauge und Alaun] kann [zur Herstellung von] Braun oder Grau aufgehoben werden
B	12, 28	Saft aus Attichbeeren, Wasser und Alaun mit gestoßener Kreide verrühren, zu Kugeln verarbeiten, trocknen. Der Saft kann auch aus Heidelbeeren gewonnen werden
	83v, 238	auf Waidblau kann man Schwarz, Braun, Sattgrün oder Schweizergrün, Nelkenfarbe, Leberfarbe, Himmelblau und Hellblau färben
	97v, 275	man kottiniert indem man Tuchschererfarbe mit Wasser zereibt, guten Leim zugibt und wenn dieser aufgelöst ist, die Lösung mit einer Bürste aufstreicht
	114v, 322	du kannst Farbe aus jeder frischen Wolle oder aus Scherwolle mit Asche und Kalk herausziehen
H IV	55-55v, 117 194v-195, 329	alle Farben die übrig bleiben, soll man aufheben bis man mehr färben will. Seide soll in der Farbe gekocht werden
	56, 118 195v-196v, 330a	auf die gleiche Weise soll man Schetter und Buckeram färben
H V	288, 61	willst du blaue Farbe aus Heidelbeeren und Alaun ein Jahr lang aufbewahren, fülle sie in eine Blase und lass sie trocknen. Zum Verwenden weiche sie in Wasser ein und mische sie mit Alaun
Wi	303v, 6	wenn die Farbe zum Färben heller sein soll, soll sie mit altem Regenwasser verdünnen werden

14.3 Maße und Gewichte in den Quellen

Die in den Quellen aufgeführten Maße und Gewichte lassen sich grundsätzlich in „beschreibende" Mengenangaben, Längen- bzw. Breitenmaße, Gewichtsmaße und Hohlmaße, welche wiederum in Flüssig- und Trockenmaße unterschieden werden können, unterteilen.

Beschreibende Mengenangaben werden in den Quellen für kleine Mengen verwendet, dazu wird z.T. mit Größenvergleichen gearbeitet. Hier dienen Bohne (*bone*), Erbse (*erbis*), Walnuss (*wellische nůsz*) oder Ei (*ay, eÿer*) als Vergleichsgrößen.[896] Verwandt mit diesen Angaben ist das Maß "Handvoll", das in den Quellen als *hend voll* oder *hant vol* genannt ist. Grimm und Krünitz beschreiben es als die Menge, die eine Hand fassen kann.[897] Zu den beschreibenden Mengenangaben gehören ebenso die in den Quellen enthaltenen Informationen zu kleinen Flüssigkeitsmengen. Es sind *lidlin*, *lit* und *gleßlin* genannt. *lit* oder *lid* ist das mhd. Wort für Deckel und leitet sich vom ahd. *Hlit* her. *lîn* oder auch *lî* ist eine mhd. Verkleinerungssilbe. Demnach ist ein *lidlin* ein Deckelchen oder kleiner Deckel, das *gleßlin* ist ein Gläschen oder kleines Trinkglas.[898]

Das einzige in den Quellen genannte Längenmaß ist die Elle (*eln*, *elen*), direkt aufgeführt ist die Nürnberger Elle.[899]

Zu den in den Färbevorschriften enthaltenen Gewichtsmaßen gehören neben dem Pfund, die daraus abgeleiteten Teilgewichte, wie das Vierding oder Vierteil, die Unze, das Lot, das Quent, das Settin oder die Drachme.

Das Vierding, in den Quellen als *vierdung*, *firdung* oder *viertail* bezeichnet, beschreibt nach Grimm allgemein den vierten Teil von Etwas, im Deutschen insbesondere den vierten Teil des Pfundes. Das Vierteil ist eine Bezeichnung für den einzelnen Bruchteil eines in vier Teile zerlegten Ganzen.[900] Die nächst kleinere Gewichtseinheit ist die Unze, die in den Quellen als *uniciam, unicias* oder *vncz*

896 Siehe z.B. Quelle **H VI**, fol. 50v–51, Rezept 7 („*vnd thu alant darzu als ein bone*"), Quelle **H V**, fol. 287v, Rezept 57 („*vnd als groß saffran als ein erbis*"), Quelle **Al**, fol. 308, Rezept 18 („*thu auch dareyn so grosz als ein wellische nůsz gestosznen alaun*"), Quelle **Au**, fol. 25r–25v, Rezept 51 („*½ eier wol wein*"), Quelle **H IV**, fol. 91–91v, Rezept 167 („*als ein halb ay gros alaun*"), fol. 129–129v, Rezept 223 und fol. 131, Rezept 227 („*als gros Alannt als ein Ay vnd halbsouil sal Armoniac*") und Quelle **Wi**, fol. 304, 10 („*j lott oder eÿer schallen vol boum ölÿ*").

897 Siehe z.B. Quelle **M V**, fol. 234r, 1263; vgl. Grimm: DWb, Bd. 10, Sp. 421 und Krünitz: Oekonomische Enzyklopädie, Th. 21, S. 467.

898 Vgl. BMZ, Bd. 1, S. 1000 und 1012; vgl. Krünitz: Oekonomische Enzyklopädie, Th. 19, S. 52; vgl. Grimm: DWb, Bd. 7, Sp. 7659ff und 7673.

899 Vgl. Quelle **N II**, fol. 29v–31r, 54.

900 Vgl. Grimm: DWb, Bd. 26, Sp. 281 und Sp. 313

aufgeführt ist. Das Handelspfund wurde in 16 Unzen, als Apothekerrpfund in 12 Unzen unterteilt.[901]

Das Lot, in den Quellen als *lod, lott, lat, löt* und *loth* aufgeführt, war wohl ursprünglich die Bezeichnung für ein Bleistück von bestimmtem Gewicht. Diese Bedeutung ist noch im engl. lead (= Blei) zu erkennen. Ein Lot war die Hälfte einer Unze und entsprach vier Quentchen (Quentin) oder $^{1}/_{32}$ Pfund nach Handelsgewicht bzw. $^{1}/_{24}$ Pfund nach Apothekergewicht.[902] Für kleine Mengen sind die gewichtsgleichen Einheiten Quentchen (*quinten, quintin, quint, quintlein, quentin, quent* oder *quentchen*), Settin (*settich,* satin, setin, sætin, settin, settit, setling) und Drachme (*dragma*) in den Vorschriften aufgeführt. Sie bezeichnen alle den vierten Teil eines Lots.[903]

Für das Abmessen benötigter Flüssigkeitsmengen sind in den Quellen verschiedene Flüssigkeitsmaße aufgeführt. Genannt sind Kopf, Maß, Quart, Kübel, Seidel und Trinken sowie die Trockenmaße Scheffel und Metze.

Der Kopf (*choph* oder *Kopf*) war ein dem Römer vergleichbares Trinkgefäß.[904] Die Maß (*maß, moß* oder *mass*) war ein Hohlmaß, das für Flüssigkeiten, insbesondere Wein und Bier, aber auch als Getreide- oder Trockenmaß in Gebrauch war.[905] Das Quart (Quelle **Wo**, fol. 115v–116r, 9) war nach Grimm ein Getränke- und Flüssigkeitsmaß, mit dem ein Viertel Flüssigkeit bezeichnet wurde.[906] *Kibelin* oder *kibalin*, (mhd. *Kübelîn*) kleiner Kübel, wird z.B. in Quelle **B**, Fol. 84v, 240 und 241 als Maß für eine Flotte aufgeführt. Ein Kübel war ein größeres Holzgefäß, das auch als Maß diente. Nach Krünitz ist ein Kübelchen ein hölzernes rundes Gefäß von mittlerer Größe, oben offen, mehr breit als hoch und u.U. oben weiter als unten. Krünitz verweißt auf die Verwandtschaft des Wortes mit Küpe und Kufe.[907] In Quelle **B**, fol. 102, 292 ist *seidlin* als Maß für Regenwasser genannt. Seidel war ein Flüssigkeits- und Trockenmaß, das besonders im oderdeutschen und mitteldeutschen Sprachgebiet gebräuchlich war.[908] Als weitere Maßeinheit für Wasser ist in

901 Vgl. Grimm: DWb, Bd. 24, Sp. 2272–2274; vgl. Verdenhalven: Alte Maße, S. 50.

902 Vgl. Grimm: DWb, Bd. 12, Sp. 1204 und 1206; vgl. Krünitz: Oekonomische Encyklopädie, Th. 80, S. 741.

903 Vgl. Grimm: DWb, Bd. 13, Sp. 2376 und 2354; Bd. 16, Sp. 641. Grimm weisen auf die Verwechslung von vier und fünf hin: lat. *quintus* = der Fünfte. Vgl. Krünitz: Oekonomische Encyklopädie, Th. 119, S. 720. Gegen Ende des 15. Jahrhunderts entsprach eine Drachme z.B. in Nürnberg 3,725 g; vgl. Krünitz: Oekonomische Encyklopädie, Th. 9, S. 464; vgl. Zedler: Universallexikon, Bd. 7, Sp. 1387; vgl. Baufeld (Hrsg.): Gesundheits- und Haushaltslehren, S. 175.

904 Vgl. Grimm: DWb, Bd. 11, Sp. 1744–1745 und Bd. 15, Sp. 1565.

905 Vgl. ebd., Bd. 12, Sp. 1731; vgl. Krünitz: Oekonomische Encyklopädie, Th. 85, S. 266.

906 Vgl. Grimm: DWb, Bd. 19, Sp. 2319; vgl. Krünitz: Oekonomische Encyklopädie, Th. 119, S. 270.

907 Vgl. Grimm: DWb, Bd. 11, Sp. 2485 und 2489; vgl. Krünitz: Oekonomische Encyklopädie, Th. 54, S. 251.

908 Vgl. Grimm: DWb, Bd. 16, Sp. 177.

Quelle **H II** 61–61v, 11 und 62–62v, 13 das Trinken (*trincken*) genannt, welches nach Grimm vom 13. bis zum 16. Jh. eine übliche oberdeutsche Maßeinheit war.[909]

Scheffel (*schiffel* in Quelle **B** 108v, 315) und Metze (*metzlin* in Quelle **B** 81–81v, 233; 81v–82, 234 und 82v–83v, 236 für Krapp, in Quelle **B** 91v, 254 für Mehl) waren alte, insbesondere für Getreide gebräuchliche Hohlmaße. Grimm nennen Scheffel als eine Bezeichnung für ein Holzgefäß und Metze als kleineres Trockenmaß. Laut Krünitz war die Metze in Oberdeutschland ein größeres und in Ober- und Niedersachsen ein kleineres Maß für trockene Waren, insbesondere Getreide. Metzlin ist wohl eine Verkleinerung von Metze.[910]

Desweiteren sind in den Quellen einige als Hausrat genutzte Gefäße genannt, die einen Eindruck von der zu verwendenden Menge geben. Hierzu gehören Schüssel, Krätze oder Kretze, Gelten sowie *schapffen.* Die Schüssel, z.B. in Quelle **B** als *schissel* für Asche und in Quelle **Wi** für Roggenkleie genannt, war ein rundes oder langrundes Gefäß mit flachem Boden und Rand. Es war in verschiedenen Größen und Formen in Benutzung.[911]

Die Krätze oder Kretze, in Quelle **B** als *kretzen* genannt, war eine oberdeutsche Bezeichnung für einen geflochtenen Korb.[912] Der Gelten *(gelten)* war ein im Haushalt gebräuchliches Holzgefäß mit nach Verwendungszweck variierender Größe. Es bestand aus länglichen und schmalen Dauben mit Reifen und war mit zwei herausragenden Handgriffen oder einem Stiel versehen.[913] *Schapffen* (vgl. Quelle **B**, fol. 90, Rezept 251) war eine bairische Bezeichnung für eine Schöpfkelle mit einem langen Stiel.[914]

14.4 Geräte und Material

14.4.1 Färbe-, Belichtungs- und Farbmessgerät

Atlas Material Testing Technology GmbH, Vogelsbergstraße 22, 63589 Linsengericht
Atlas Linitest-Plus® Laborfärbegerät
Suntest CPS+ mit Xenon-Bogenlampe

Konica Minolta Sensing Europe B.V., Edisonbaan 14-E, NL-3439MN Nieuwegein
Spectrophotometer CM-3600d mit Software SpectraMagic V. 2.10 G (Cyber-Chrome Inc., Minolta, 1998)

909 Vgl. Grimm: DWb, Bd. 22, Sp. 591.

910 Vgl. ebd., Bd. 12, Sp. 2152 und Bd. 14, Sp. 2383; vgl. Krünitz: Oekonomische Encyklopädie, Th. 90, S. 29–30. Zu Metzlin vgl. Fußnote 898.

911 Vgl. Grimm: DWb, Bd. 15, Sp. 227 und Sp. 2071–2071.

912 Vgl. ebd., Bd. 11, Sp 2073; vgl. Krünitz: Oekonomische Encyklopädie, Th. 47, S. 728.

913 Vgl. Grimm: DWb, Bd. 5, Sp. 3062–3064; vgl. Krünitz: Oekonomische Encyklopädie, Th. 17, S. 119.

914 Vgl. Grimm: DWb, Bd. 15, Sp. 1534.

14.4.2 Färbemittel

Kremer Pigmente GmbH & Co. KG, Hauptstr. 41–47, D-88317 Aichstetten
Indigo aus Waid, 50 g, Nr. 36003
Rotholz, geschnitten, 1 kg, Nr. 36150
Walnußschalen, geschnitten, 1 kg, Nr. 37300
Kreuzdornbeeren, reif, 1 kg, Nr. 37380
Kreuzdornbeeren, unreif, 1 kg, Nr. 37390
Galläpfel, 1 kg, Nr. 37400
Saflor, Färberdistelblüten, 1 kg, Nr. 37420
Grünspan, synth., 500 g, Nr. 44450

Friedrich Traub, Schorndorfer Str. 18, D-73645 Winterbach
Eichenrinde, 500 g, Nr. 801-07
Krapp, geschnitten, 500 g, Nr. 801-21
Reseda (Färberwau), Pulver, 500 g, Nr. 801-36

Mag. pharm. R. Kottas-Heldenberg und Sohn, Freyung 7, A-1010 Wien
Erlenrinde, geschnitten (Cortex alni cs.), 2 kg
Kornblumenblüte IA (Flos cyani IA), 1 kg
Klatschmohnblüte, geschnitten (Flos rhoeados cs.), 1 kg

Ostmann Gewürze GmbH, Industriestraße 25, 49201 Dissen a.T.W.
Safran gemahlen, 0,1 g, Nr. 10512

gesammelte Farbmittel
Wildheidelbeeren, Holunderbeeren

14.4.3 Chemikalien und Hilfsmittel

Honeywell Riedel-de Haën, Wunstorfer Straße 40, D-30926 Seelze
Kaliumaluminiumsulfat-12-hydrat p.A., Nr. 31242
Natriumcarbonat, wasserfrei, reinst, Nr. 31432
Essigsäure 100%, reinst, Nr. 27225

Merck KGaA, Frankfurter Str. 250, D-64293 Darmstadt
Kupfer(II)-sulfat-Pentahydrat p.A., Nr. 102790
Eisen(II)-sulfat-Heptahydrat p.A., Nr. 103965
Kaliumdichromat p.A., Nr. 104864
Oxalsäure-Dihydrat, Nr. 100495
Zinn(II)-chlorid-Dihydrat p.A., Nr. 107815
Citronensäure-Monohydrat, reinst, Nr. 100242
Natriumdithionit (Hydrosulfit), Nr. 106507
Natronlauge, etwa 32 %, reinst, Nr. 105587

GRÜSSING, An der Bahn 4, 26849 Pilsum
Tetrachlorethylen, 99 % reinst, Nr. 14002

testex PRÜFTEXTILIEN, Windheckenweg 53, D-53902 Bad Münstereifel
T.0310, Aufhellerfreie Seife nach DIN EN ISO 105-C01 bis C05:1993

Die „Cottbuser Studien zur Geschichte von Technik, Arbeit und Umwelt“

Angesichts des heutigen Diskussionsstandes sollte nicht eigens betont werden müssen, dass die Bereiche Technik, Arbeit und Umwelt in der historischen Darstellung – und nicht nur hier – untrennbar miteinander verbunden sind.
Die menschliche Arbeit bringt bestimmte Technikformen hervor und das jeweilige Techniksystem wiederum prägt Arbeitsverhältnisse und -bedingungen. Mit dem Mittelsystem der Technik nutzt der Mensch die naturgegebenen Ressourcen, und es sind nicht nur Kapital- und Arbeitseinsatz, die sich im fertigen Produkt widerspiegeln, sondern auch Naturvernutzung. Die Geschichte einer Produktion zu schreiben ohne diese Naturvernutzung zu berücksichtigen, entspricht nicht mehr dem heutigen Kenntnisstand.
Freilich müssen Technik, Arbeit und Umwelt unter vielerlei Konnotationen beschrieben werden: Ökonomische, politische, gesellschaftliche Bedingungen sind die wichtigsten davon, die anthropologische, humane Dimension nicht minder. Aber diese Ansätze sind bereits häufiger berücksichtigt worden, mitunter sind sie inzwischen Gegenstände eigener Disziplinen.
Die Reihe hat hingegen die enge Verknüpfung jener Bereiche, die herkömmlicherweise getrennt in den Subdisziplinen Technikgeschichte, Geschichte der Arbeit und Umweltgeschichte abgehandelt werden, zum Thema. Vorrangig sollen also Beiträge aufgenommen werden, die die Beschreibung und Analyse des Wechselspieles von Technik, Arbeit und Umwelt zum Gegenstand haben.

Da die Leistung einer Reihe immer als ein Gesamtes gesehen werden muss, soll dieses Kernanliegen jedoch keinen Ausschließlichkeitscharakter gewinnen: Studien zu den Teilbereichen, die Baustein zur Kenntnis jener Wechselbeziehungen sind, finden hier genauso ihren Platz. Ein Leitgedanke hat schließlich viele Facetten, die zu beleuchten sind.

Konkret sind es vor allem drei Typen von Literatur, die die Reihe prägen werden:

- Studien und Monographien,
- Tagungsbände sowie
- Aufsatz- und Textsammlungen.

Damit sollen sowohl neueste Ergebnisse der Forschung und Forschungsdiskussionen präsentiert, wie auch schwer beschaffbare Beiträge zu einzelnen Themen vorgelegt werden. Berichte aus der Forschung einerseits und Studienmaterialien andererseits will die Reihe damit vereinen.

Die Benennung als „Cottbuser Studien zur Geschichte von Technik, Arbeit und Umwelt“ schließlich will keinesfalls eine lokale Eingrenzung andeuten, sondern den Impuls einer neugegründeten Universität im Titel widerspiegeln: Cottbus ist der Ort der Konzeption und Initiation der Reihe, Cottbus will sich als neuer Arbeits- und Denkort in den Diskurs einschalten und bietet mit der Reihe eine weitere Plattform. Mögen viele die Einladung annehmen und die Reihe zu einem offenen Forum mitgestalten!

Cottbuser Studien zur Geschichte von Technik, Arbeit und Umwelt

Herausgegeben von Günter Bayerl

Band 28

Ulrich Ch. Knapp

Wankel auf dem Prüfstand

Ursprung, Entwicklung und Niedergang eines innovativen Motorenkonzeptes

2006, 216 Seiten, br., 25,50 €

ISBN 978-3-8309-1637-6

Der von Felix Wankel entwickelte Kreiskolbenmotor hat über Jahrzehnte die Fachwelt, aber auch die Laien, in Wankel-Anhänger und -Gegner gespalten. Die durch kontroverse Standpunkte gekennzeichnete Diskussion wird vom Autor anhand einer kritischen Analyse zu Ursprung, Entwicklung und Niedergang des Wankel'schen Motorenkonzeptes zusammengefasst und evaluiert. Dabei spiegelt die Analyse nicht nur die technische und ›institutionelle‹ Ebene wider, sondern widmet sich auch der komplexen Persönlichkeit Wankels und ihren Wirkungen auf die Durchsetzung der eigenen Motorenerfindung.

Band 29

Rainer Karlsch, Heiko Petermann (Hrsg.)

Für und Wider »Hitlers Bombe«

Studien zur Atomforschung in Deutschland

2007, 352 Seiten, br., 29,90 €

ISBN 978-3-8309-1893-6

Im Jahr 2005 erschien von Rainer Karlsch: »Hitlers Bombe. Die geheime Geschichte der deutschen Kernwaffenversuche.« Das Buch löste eine heftige Kontroverse aus. Sind in Deutschland 1944/1945 nukleare Sprengsätze, bestehend aus viel Sprengstoff und nur kleinen Mengen an Spalt- und Fusionsstoffen getestet worden, und wie kann dies nachgewiesen werden? Zur weiteren Klärung dieser und anderer Fragen äußern sich hier erstmals Kernwaffenspezialisten, Physiker, Historiker und Journalisten.

Band 31

Reinhold Bauer, James C. Williams, Wolfhard Weber (Hrsg.)

Technik zwischen *Artes* und *Arts* – Technology between *Artes* and *Arts*

Festschrift für Hans-Joachim Braun

2008, 196 Seiten, br., mit einigen s/w Abb., 24,90 €, ISBN 978-3-8309-2026-7

Längst bedienen wir uns einer Vielfalt von Techniken, um unsere Vorstellungen von einem erfüllten Leben zu verwirklichen. Diese Vielfalt kommt auch im Schaffen des Historikers und Vorstandes im ICOHTEC (Internationales Komitee für Technikgeschichte), Hans-Joachim Braun, zum Ausdruck. Den internationalen Autoren geht es darum, das Verhältnis zwischen Technik und Kunst, sowohl im Sinne der frühneuzeitlichen Handwerkskunst, wie im Sinne der sog. »schönen Künste« zu reflektieren.

Band 32

Wolfgang Höper

Asbest in der Moderne

2008, 314 Seiten, br., 34,90 €

ISBN 978-3-8309-2048-9

Die industriehistorische Analyse des Werkstoffes Asbest erfolgt anhand eines phasenorientierten, den kompletten Lebenszyklus eines Artefaktes abbildenden Ordnungssystems. Mit Hilfe dieses innovativen konzeptionellen Ansatzes der Technikgenese wird die komplexe und vielschichtige Materie durchdrungen und für den Leser geordnet. Nicht nur die Geschichte der Erfindung und Innovation, des Erfolges eines Produktes, sondern auch die Ambivalenz industrieller Innovationen, die Geschichte des Verschwindens von Artefakten und Ihrer Entsorgung wird exemplarisch dargestellt.

BAND 33

Günter Bayerl, Klaus Neitmann (Hrsg.)

BRANDENBURGS MITTELSTAND

Auf dem langen Weg von der Industrialisierung zur Marktwirtschaft des 21. Jahrhunderts

2008, 364 Seiten, br., mit zahlreichen Abb., 29,90 €, ISBN 978-3-8309-2049-6

Der Band fasst die Ergebnisse einer gemeinsamen Tagung des Lehrstuhls Technikgeschichte der BTU, des Brandenburgischen Landeshauptarchivs und der Industrie- und Handelskammer Cottbus zur Geschichte des Mittelstandes in Brandenburg zusammen. Beginnend bei der ökonomischen Situation am Ende des 18. Jahrhunderts werden Struktur und Leistungen des »Mittelstandes« in historischer Perspektive beschrieben und analysiert. Ein besonderer Schwerpunkt beschäftigt sich dabei mit der Vernichtung des Mittelstandes zu Zeiten der DDR und den Problemen seiner Rekonstruktion seit der Wiedervereinigung.

BAND 34

Günter Bayerl (Hrsg.)

BRAUNKOHLEVEREDELUNG IM NIEDERLAUSITZER REVIER

50 Jahre Schwarze Pumpe

2009, 348 Seiten, br., mit zahlreichen Abb., 29,90 €, ISBN 978-3-8309-1684-0

Aus Anlass des 50-jährigen Jubiläums der Grundsteinlegung des Gaskombinates »Schwarze Pumpe« im Jahr 1955 vereinigte eine Tagung Technik-, Wirtschafts- und Sozialhistoriker sowie Fachleute aus der Energiewirtschaft.

Der Band dokumentiert die Geschichte dieses für die Volkswirtschaft der DDR zentralen Kombinates, aber auch die Entwicklung nach der Wende. Darüber hinaus zeichnet der Band die Geschichte der Braunkohlennutzung in Deutschland mit spezieller Berücksichtigung der Niederlausitz nach. In der spezifischen Kombination historischer und technologischer Betrachtungen liegt der besondere Reiz des Bandes.

BAND 36

Marcus Stippak

BEHARRLICHE PROVISORIEN

Städtische Wasserversorgung und Abwasserentsorgung in Darmstadt und Dessau 1869–1989

2010, 492 Seiten, br., mit einigen Abbildungen, 39,90 €, ISBN 978-3-8309-2360-2

Dieses Buch ist bei www.e-cademic.de auch als E-Book erhältlich: 35,90 €

Als Kommunen im 19. Jahrhundert zentrale Systeme zur Wasserversorgung und Abwasserentsorgung schufen, hoffte man vielerorts, hygienische und ökologische Probleme ein für alle Mal lösen zu können. An die Stelle dieser auch auf Prestige-, Standort- und Machbarkeitsdenken ruhenden Erwartung trat aber bald Ernüchterung: Mit den beiden Infrastruktursystemen gingen unerwünschte Effekte wie ungenießbares Leitungswasser, ein ausufernder Wasserkonsum, die Versteppung von Landschaften, die Verunreinigung von Gewässern, Geruchsbelästigungen und partielle Systemzusammenbrüche einher.

Am Beispiel der Städte Darmstadt und Dessau wird deutlich, dass der noch zu BRD- und DDR-Zeiten für möglich gehaltene infrastrukturtechnische „Befreiungsschlag“ allenfalls zum Teil glückte. Der Kurzlebigkeit einzelner Systemkomponenten stand die Langlebigkeit des in die jeweilige Region ausgreifenden Gesamtsystems gegenüber. Neuen Handlungsspielräumen folgten neue Handlungszwänge. Die im Kaiserreich geschaffenen Infrastruktursysteme erwiesen sich aus einer Vielzahl von politischen, technischen und gesellschaftlichen Faktoren als beharrliche Provisorien.

Frühere Bände der Reihe finden Sie unter www.waxmann.com.